CHRISTOPH DRÖSSER

MATHE, LOGIK

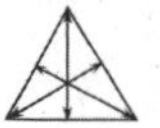

& PHYSIK

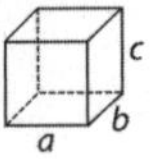

ALLTÄGLICHE VERFÜHRUNGEN ZUM WISSEN

NIKOL
VERLAG

Genehmigte Lizenzausgabe 2021 für
Nikol Verlagsgesellschaft mbH & Co. KG, Hamburg

DER MATHEMATIKVERFÜHRER

Veröffentlicht 2008 im Rowohlt Taschenbuch Verlag, Reinbek bei Hamburg

DER LOGIKVERFÜHRER

DER PHYSIKVERFÜHRER

Lektorat: Frank Strickstrock
Innengestaltung: Daniel Sauthoff
Grafiken: Lukas Engelhardt
Satz & Layout: Pinkuin Satz und Datentechnik, Berlin
Umschlaggestaltung: Nele Schütz Design unter Verwendung von shutterstock/best works (Wissenschaftssymbole), dramaj (Pi, Omega, Zirkel), TechSolution (Plexus), mhatzapa (Formel)
Druck: CPI Moravia Books s.r.o.
Printed in the Czech Republic

ISBN: 978-3-86820-598-5

Besuchen Sie uns im Internet:
www.nikol-verlag.de

BAND 1

DER MATHEMATIK-VERFÜHRER

ZAHLENSPIELE FÜR ALLE LEBENSLAGEN

Band 2

DER LOGIKVERFÜHRER

beginnt nach Seite 238 des ersten Teils

Band 3

DER PHYSIKVERFÜHRER

beginnt nach Seite 240 des zweiten Teils

For Andrea, my lucky number

INHALT

satz-Rechnung ist sogar schon einmal eine Frau gescheitert, Marilyn vos Savant, die als intelligenteste Frau der Welt gilt. Sie hatte sich mit Hühnern vertan. Aber das war in Wahrheit eine Denksportaufgabe.

DURCHSCHNITTSVERDIENER

ODER AB DURCH DIE MITTE Gehaltsverhandlungen in der Firma Brauner Elektronik. Die Mitarbeiter verdienen im Schnitt 2 850 Euro. Zu wenig, findet der Betriebsrat und fordert Nachbesserung. Denn der Durchschnittsverdienst in der Branche liegt bei 3 000 Euro. Doch was genau beschreibt der Durchschnitt eigentlich? Verdient der «typische» Mitarbeiter bei Brauner 2 850 Euro? Nein, die meisten bekommen deutlich weniger.

DAS HEIRATSPROBLEM

ODER ... OB SICH NICHT DOCH WAS BESSERES FINDET Marina ist eine begehrenswerte Frau. Gerade hat Karsten ihr einen Heiratsantrag gemacht. Ganz romantisch. Doch Marina zögert. Nicht zum ersten Mal. Es könnte ja noch ein Besserer kommen. Klarer Fall von Traumprinz-Syndrom, meint ihre Freundin. Dabei lässt sich die Wahrscheinlichkeit sogar berechnen, welcher Bewerber aus einer bestimmten Anzahl von Interessenten der beste sein dürfte. Eine mathematische Liebeshilfe.

DER ERRECHNETE WAHLSIEG

ODER WENIGER IST MANCHMAL MEHR Dicke Luft in Hoppenstadt. Da wegen einer Gebietsreform die Wahlkreise neu zugeschnitten werden müssen, sieht die Bürgerpartei ihre Chancen schwinden. Da ist Kreativität gefordert. Denn es ist durchaus möglich, mit weniger Stimmen mehr Mandate zu erringen. Ebenso ist es möglich, durch zu viele Stimmen

KEINE ANGST VOR GROSSEN ZAHLEN

ODER SECHS MOLEKÜLE VON GOETHE

«Die Mathematik als Fachgebiet ist so ernst, dass man keine Gelegenheit versäumen sollte, sie unterhaltsamer zu gestalten.»
Blaise Pascal (1623–1662)

«Mehr Licht!», soll Johann Wolfgang von Goethe gesagt haben, bevor er seinen letzten Atemzug tat. Dann entschlief der große deutsche Dichter.

Der letzte Atemzug Goethes – gewiss ein kostbarer Hauch für eingefleischte Fans des Geheimrats (und vielleicht eine unappetitliche Vorstellung für andere). Aber wo ist er hin? Ist in der Luft, die wir hier und heute in unsere Lungen ziehen, ein Molekül enthalten, das Goethe einmal ausgeatmet hat? Vielleicht sogar eines aus diesem einen, letzten Atemzug?

Man kann über so eine Frage ins Philosophieren verfallen. Oder aber ins Rechnen. Die wenigsten Leute kommen auf die letztere Idee – dabei ist die Sache gar nicht so schwierig, wenn man ein paar grundlegende Zahlenwerte kennt.

Manche erinnern sich vielleicht noch aus der Schule an die Einheit «Mol». Ein Mol eines Stoffes ist eine Menge von $6 \cdot 10^{23}$ Molekülen. Also 600 000 000 000 000 000 000 000 Moleküle. Solche Einheiten braucht man im Umgang mit diesen winzigen Bausteinen der Materie.

Für Gase aller Art gilt: Bei normalem atmosphärischem Druck hat ein Mol des Gases ein Volumen von etwa 25 Litern. Ein Atemzug – zum Beispiel der letzte von Goethe – hat etwa ein

Volumen von einem Liter, enthält also ein fünfundzwanzigstel Mol oder $2{,}4 \cdot 10^{22}$ Moleküle. Wir atmen im Durchschnitt vielleicht 20-mal pro Minute, das macht in 83 Jahren (so alt wurde Goethe) $20 \cdot 60 \cdot 24 \cdot 365 \cdot 83 = 872\,496\,000$ Atemzüge – oder aber $2 \cdot 10^{31}$ Moleküle. (Hier steckt schon mal eine grobe Vereinfachung drin: Sicher hat Goethe eine Menge der Moleküle zweimal ein- und ausgeatmet, insbesondere wenn nachts das Fenster geschlossen war).

Man kann davon ausgehen, dass sich die Luft in unserer Atmosphäre seit Goethes Tod sehr gut durchmischt hat und deshalb in jedem Liter Luft etwa gleich viele Goethe-Moleküle enthalten sind. Wie viel Luft enthält die Atmosphäre? Ihre Masse, das habe ich irgendwo nachgelesen, beträgt $5 \cdot 10^{21}$ Gramm. Ein Mol Luft wiegt etwa 30 Gramm. Das macht also $5 \cdot 10^{21} : 30 = 1{,}7 \cdot 10^{20}$ Mol Luft – oder auch die unvorstellbar große Zahl von 10^{44} Molekülen.

Nun haben wir alle Zahlen zusammen für die finale Rechnung: Wir dividieren die Zahl aller Luftmoleküle durch die Zahl der Goethe-Moleküle und erhalten: Eines von $5 \cdot 10^{12}$ (oder 5 Billionen) Luftmolekülen hat Goethe irgendwann mal geatmet, eines von $4 \cdot 10^{21}$ Molekülen war sogar in jenem letzten Atemzug. Da wir, wie schon Goethe, mit jedem Atemzug $2{,}4 \cdot 10^{22}$ Moleküle einatmen, sind darunter im Durchschnitt 5 Milliarden Moleküle, die Goethe irgendwann einmal geatmet hat – und 6 Moleküle aus dem Atemzug, mit dem der Dichter sein Leben aushauchte. Im Durchschnitt. Auf ähnliche Weise kann man übrigens die Zahl der Moleküle in einem Glas Wasser berechnen, die irgendwann einmal durch Goethes Körper gegangen sind.

Sechs Moleküle aus Goethes letztem Hauch in jedem Liter Luft, den wir einatmen! Da atmet man gleich sehr viel ehrfürchtiger. Zwar ist die ganze Rechnung eine ziemliche Spinnerei. Ich habe sehr grobe Schätzungen vorgenommen und das Ergebnis bei jedem Schritt großzügig auf- oder abgerundet. Aber darum geht es gar nicht. Gefragt war hier nach der Größenordnung: Ob es plausibel ist, dass wir ständig Goethe-Moleküle einatmen. Und das ist es offenbar – egal ob es nun 6 sind oder 2 oder 20.

Die Fragestellung ist natürlich völlig irrelevant, aber die Beschäftigung mit solchen Zahlen gibt uns ein Gefühl für Größenordnungen. Und ein solches Gefühl zu haben ist wichtig, spätestens wenn es um Geld geht: Es ist eben nicht egal, ob man 100 oder 10 000 Euro ausgibt. Wir hatten einmal einen Wirtschaftsminister, der auf die Frage eines Reporters, wie viele Nullen eine Milliarde hat, raten musste: «Ach du lieber Gott! Sieben? Acht?» Es sind neun, Herr Bangemann!

Nun kann es jedem einmal die Sprache verschlagen, wenn er plötzlich eine Fernsehkamera oder ein Mikrofon auf sich gerichtet sieht. Ein bisschen Bedenkzeit muss schon erlaubt sein. Aber vielen Politikern muss man leider zutrauen, dass sie es tatsächlich nicht wissen. Und trotzdem täglich über Beträge mit sieben, acht oder neun Nullen entscheiden.

Auch wenn wir ständig in den Nachrichten mit Berichten über Milliarden-Beträge überschüttet werden – ein richtiges Gefühl dafür, wie groß so eine Milliarde ist, haben die wenigsten Menschen. Psychologen haben das Verhältnis der Menschen zum Geld untersucht und festgestellt, dass sie bis etwa 500 000 (damals waren es noch D-Mark) noch eine sinnliche Vorstellung von der Höhe der Beträge haben («Eigenheim» antworten sie auf die Frage, was man dafür kaufen kann), aber dann hört es auf. Ein Minister mag dafür kämpfen, in diesem Jahr einen Etat von 21 Milliarden Euro zu bekommen, weil es letztes Jahr 20 Milliarden waren – aber ob er sich den Betrag wirklich vorstellen kann, darf man getrost bezweifeln.

Aber auch wenn große Zahlen das sinnlich Fassbare oft übersteigen, ist es nicht nur für Minister sinnvoll, den Umgang mit ihnen zu üben, um sie auf Plausibilität überprüfen zu können, indem man sie mit anderen, bekannten Größen vergleicht. Das Rechnen mit ihnen ist eigentlich genauso einfach wie das Rechnen mit kleineren Zahlen, wie man an dem Goethe-Beispiel sehen konnte (dabei waren die Exponenten sehr nützlich: Näheres dazu steht im Anhang auf S. 223).

Ein Beispiel zum Thema Geld: Nehmen wir an, der Vorstandsvorsitzende der Deutschen Bank, Josef Ackermann, sitzt an seinem Computer und arbeitet. Da erspäht er vor der Tür seines Büros einen 5-Euro-Schein auf dem Gang, den jemand verloren hat. Lohnt es sich für Ackermann, aufzustehen und den Geldschein aufzuheben? Dabei nehmen wir an, dass er in der Zeit, die er nicht am Computer sitzt, kein Geld verdient (was natürlich Unsinn ist). Die Frage ist also eigentlich: Wie lange muss Herr Ackermann für 5 Euro arbeiten? Schätzen Sie erst einmal, bevor Sie es ausrechnen!

Im Jahr 2006 hat Ackermann etwa 12 Millionen Euro verdient. Das ist eine Menge Geld. Wir nehmen zu seinen Gunsten an, dass er dafür pro Woche 60 Stunden gearbeitet und keinen Urlaub genommen hat. Dann ergibt sich, bei 52 Wochen, ein Stundenlohn von 3 846 Euro. Runden wir die Zahl noch einmal ab und sagen 3 600 Euro. Das heißt: Jede Sekunde verdient Josef Ackermann einen Euro. Damit es sich lohnt, den 5-Euro-Schein aufzuheben, darf die Aktion also nicht länger als 5 Sekunden dauern. Sputen Sie sich, Herr Direktor!

Ein anderer Vergleich, der verdeutlicht, wie viel unsere Spitzenmanager verdienen: Herr Ackermann muss 345 Sekunden oder knapp 6 Minuten arbeiten, bis er den Hartz-IV-Regelsatz von 345 Euro beisammen hat. Apropos Hartz IV: Schätzen Sie doch bitte noch einmal, wie viele Hartz-IV-Empfänger man für den Preis eines Eurofighters ein Jahr lang mit dem Regelsatz versorgen kann? 180, 1 800 oder 18 000?

Ein Eurofighter kostet den Steuerzahler 75 Millionen Euro. Geteilt durch den Regelsatz, geteilt durch 12 – macht ungefähr 18 000. Das ist die Zahl sämtlicher Hartz-IV-Empfänger in einer Stadt wie Bochum. Nun gut, das kann man nicht gegeneinander aufrechnen. So ein Jet muss ja auch sein. Deutschland hat aber nicht einen dieser Flieger bestellt, sondern 180.
Man kann gewiss politisch argumentieren, dass diese Rechnung demagogisch sei und Äpfel mit Birnen vergleiche. Dass wir die modernen Kampfjets zu unserer Verteidigung dringend bräuchten und der Preis gerechtfertigt sei. Das mag ja vielleicht so sein, die Rechnung stimmt aber trotzdem. Und wer sich für derartige Investitionen einsetzt, der darf nicht nur qualitativ argumentieren («Wir brauchen das, weil …»), sondern sollte auch quantitativ überzeugen: «Wir können uns diese Ausgabe leisten.» Und dann muss er sich auf einen entsprechenden Äpfel-Birnen-Vergleich einlassen, weil jeder Euro eben nur einmal ausgegeben werden kann.

MUT ZUR UNGENAUIGKEIT Stellen Sie sich – noch ein Beispiel – folgendes Spiel vor: Jemand hat am Rand der Autobahn von Hamburg nach Berlin eine zwei Zentimeter breite und zwei Meter hohe Latte in den Boden geschlagen. Irgendwo zwischen Hamburg und Berlin, Sie haben keine Ahnung, wo. Sie fahren die Strecke nachts mit dem Auto und haben eine Pistole dabei. Zu einem beliebigen Zeitpunkt, den Sie frei wählen können, kurbeln Sie die Fensterscheibe herunter und schießen in Richtung Straßenrand. Einmal. Wenn Sie die Latte treffen, haben Sie gewonnen.
Würden Sie auch nur einen Euro auf dieses Spiel wetten, selbst wenn der Gewinn im Fall eines Treffers eine Million betrüge? Nein? Genau das machen aber Millionen von Menschen jede Woche, wenn sie einen Lottoschein ausfüllen. Die Chance, sechs Richtige zu tippen, ist nämlich genauso groß wie die

Aussicht des nächtlichen Schützen, die Latte zu treffen, etwa 1 zu 14 Millionen. Viel Glück weiterhin!

Wir haben auch für Wahrscheinlichkeiten nur wenig Intuition. Je nachdem, wie ein Problem formuliert ist, täuschen wir uns über unsere Chancen. Auch da hilft letztlich nur eines: Ausrechnen, zumindest überschlagsweise.

In der Schule wurde von uns erwartet, genau zu rechnen. Da genügte auf die Frage «Wie viel ist 7 mal 14?» nicht die Antwort «Ungefähr 100!» – die Lehrerin wollte die exakte Lösung hören, nämlich 98.

Für die meisten praktischen Fälle aber ist 7 mal 14 ungefähr 100, die Kreiszahl π ist 3 (statt 3,14…, siehe S. 205), die Erdbeschleunigung 10 m/s^2 (statt 9,81). Exakte Werte sind nur notwendig, wenn es auf wirkliche Präzision und feine Unterschiede ankommt. Im Sport beispielsweise wollen wir nicht wissen, ob jemand die 100 Meter in «ungefähr 10 Sekunden» gelaufen ist – da liegen zwischen 9,8 und 10,4 Sekunden ganze Klassen. Beim Rechnen mit Größenordnungen ist Präzision dagegen oft eine Scheinpräzision. Der Statistiker Walter Krämer bringt gern das Beispiel einer Tabelle aus einer britischen Publikation, die die Zahl der zivilen Opfer des 2. Weltkriegs auflistet:

Zivilisten		
Alliierte	Großbritannien	60 595
	Belgien	90 000
	China	gewaltige Anzahl
	Dänemark	unbekannt
	Frankreich	152 000
	Niederlande	242 000
	Norwegen	3 638
	UdSSR	6 000 000
		6 548 233

Feinde	Deutschland	500 000
	Österreich	125 000
	Italien	180 000
	Japan	600 000
	Polen	5 300 000
	Jugoslawien	beträchtliche Anzahl
		6 705 000

Insbesondere die erste Tabelle ist natürlich völlig unsinnig, weil sie präzise Zahlen (Norwegen) mit ungefähren (Belgien) oder gar nicht bekannten vermischt. Bei solchen Additionen kommt immer eine scheinbar exakte Zahl heraus, die unser Vertrauen erweckt, die aber mit Sicherheit falsch ist.
Also: Haben Sie Mut zur Ungenauigkeit, solange die Größenordnung stimmt. Dann bekommen Sie mit etwas Übung das Reich der Zahlen in den Griff.

«AUSGERECHNET» Auf der Erde leben 6,5 Milliarden Menschen. Wenn sie alle dicht gedrängt nebeneinanderstünden, wie bei einem Rockkonzert – hätten sie dann auf dem Bodensee Platz? Erst schätzen, dann rechnen! (Der Bodensee hat eine Fläche von 536 Quadratkilometern.)
Auflösung unter *www.rowohlt.de/mathematikverfuehrer*

DER TANKSTELLENMÖRDER

ODER
EIN BEDINGT WAHRSCHEINLICHER TÄTER

Die Nachricht braucht zwei Stunden, um in der rheinischen Kleinstadt die Runde zu machen. «Haben Sie das mit der Inge Herkenbusch schon gehört? So ein nettes Mädchen.» Am nächsten Morgen titelt die Lokalzeitung: «Der letzte Kunde zahlt mit Mord.»

Die Zeitung geht bei der Lagebesprechung am späten Vormittag herum. Detlef Behnke, Leiter der Mordkommission, hat mit den Seiten die Überschwemmung rund um die übergelaufene Kaffeemaschine aus dem Baumarkt getrocknet. Die Seiten riechen besser, als dass sie sich entziffern lassen.

Jeder Kollege trägt seine Ergebnisse vor. Inge Herkenbusch, 28 Jahre, tritt um 20 Uhr ihren Nachtdienst in der Freien Tankstelle an der B 91 an. Feierabend wäre um 4 Uhr morgens gewesen. Die vielbefahrene Bundesstraße – beliebt als Ausweichstrecke der Autobahn – führt in Sicht- und Hörweite an der Stadt vorbei. Um 2.15 Uhr will ein Autofahrer seine 50 Liter Super plus bezahlen, er findet den Verkaufsraum menschenleer vor. Erst zwei oder drei Minuten später tritt er so dicht an die Kasse heran, dass er die Leiche hinter dem Tresen entdeckt. Über Handy alarmiert er die Polizei.

Das Opfer ist erwürgt worden. Die Kasse ist leer, der Autofahrer, der die Leiche fand, hat in einer übereifrigen Aktion in Anwesenheit der Beamten seine Taschen geleert. Er wollte seine Unschuld beweisen und zerstörte dabei womöglich wertvolle Spuren am Tatort. Beim folgenden Streit mit den

Beamten lässt sich der Autofahrer zu Bemerkungen hinreißen, die einer der Polizisten als eine auf sich gemünzte Beleidigung empfindet. Ein Verfahren dürfte folgen.

«Bleiben Sie beim Thema», mahnt Kommissar Behnke.

Im Kassencomputer hat Inge Herkenbusch seit Dienstantritt 34 Buchungen gespeichert. 28-mal ist getankt worden, davon einmal Gas. Die restlichen Buchungen betreffen Lebensmittel, Süßigkeiten (10 Rollen Mentos-Dragees der Geschmacksrichtung «fruit»!) und Zigaretten. 20-mal wurde mit Karte bezahlt, das wird von den Fahndern zurzeit abgeglichen. Die letzte Buchung stammt von 1.03 Uhr.

Wenn der Täter ein Tank-Kunde war, kann er an diesem Vormittag Hunderte von Kilometern entfernt sein oder das Ausland erreicht haben. Oder hat er nur Zigaretten gekauft? Dann könnte er in der Umgebung wohnen.

«Das ist eine müßige Diskussion», schneidet Behnke die Spekulationen seiner Mitarbeiter ab. «Wie viele Mörder hatten wir in den letzten Jahren, die vor dem Mord noch ordentlich bezahlt haben?»

Kollegin Benz mit dem Elefantengedächtnis hebt die Hand. Behnke übersieht das.

Die Spurensicherung ist bei der Arbeit. Alle bisher ausgewerteten Abdrücke an Kasse und Tresen stammen vom Mordopfer und von Kollegen – sowie von dem übereifrigen Autofahrer.

Gerade als die Runde wieder in Auflösung begriffen ist, kommt Jungkommissar Hufnagel herein, seinen abgestoßenen Kaffeebecher mit der Aufschrift «I Love Justice» in der rechten Hand. Hufnagel hat sich im Umfeld der Herkenbusch umgehört. Deren Zwei-Zimmer-Wohnung beschreibt er als piefig, zugebaut und mit acht Kissen auf dem Sofa. Inges Lebensgefährte, vier Jahre jünger und auffallend mager, erlitt einen Schock und ist noch nicht vernehmungsfähig.

«Hätte er die Kissen vor das Sofa gelegt und nicht darauf,

hätte er sich nicht so wehgetan, als er kollabierte», berichtet Hufnagel mitleidlos. Vor dem Kollaps konnte der Lebensgefährte noch mitteilen, dass Inge am Vorabend wie gewohnt mit ihrem Opel Corsa zur Arbeit gefahren sei. Niemand habe sie bedroht, auch sonst habe es keinen Ärger gegeben.

«Die führten ein Leben wie ein altes Ehepaar», erzählt Hufnagel. «Ohne Höhen, ohne Tiefen, ohne Dramen, ohne Ehrgeiz, ohne Phantasie.»

«Das sind die Fassaden, hinter denen Abgründe lauern», behauptet die Benz. Sie muss es wissen, sie stammt aus solchen Verhältnissen.

Alle Nachbarn berichten nur Gutes über das Mordopfer. Ein Nebenbuhler? Unmöglich. Schulden? Dunkle Geschäfte? Aber doch nicht die Inge.

Behnkes Leute schwärmen aus, er selbst wartet auf das Ergebnis der gerichtsmedizinischen Untersuchung. Am frühen Nachmittag meldet sich Horst Schlächter, Spezi des Kommissars seit vielen Jahren. «Auch schlechten Menschen lacht bisweilen das Glück», dröhnt Schlächter am Telefon. «Ich habe hier einen Volltreffer. Es ist nicht zur Vergewaltigung gekommen, das Opfer hat sich gewehrt, heftig gewehrt. Unter den Fingernägeln haben wir Blut gefunden, genug für eine DNA-Analyse.»

«Horst, habe ich dir schon mal gestanden, dass ich mit niemandem so gern telefoniere wie mit dir?»

«Warte ab, es kommt noch besser. Das Ergebnis habe ich mit unserer bundesweiten Datenbank für Sexualstraftäter abgeglichen.»

«Bingo?»

«Bingo! Matthias Bernsdorf, 43 Jahre, vorbestraft wegen Vergewaltigung. Hat fünf Jahre abgesessen und ist seit zwei Jahren wieder draußen. Weinst du?»

«Wenn du die Adresse hast, werde ich es tun.»

Matthias Bernsdorf ist in Köln gemeldet. Auf der Fahrt dorthin hört sich der Kommissar die Schwärmereien des jungen Wachtmeisters über die CSI-Serien im Fernsehen an. Er kennt alle drei auswendig und erklärt langatmig, warum er die aus Las Vegas am liebsten mag. Aus seinen bevorzugten Ermittlern hat er sich eine ganz persönliche CSI-Version zusammengebaut, die nur aus Frauen besteht.

«Hört sich mehr nach Erotikthriller an», wirft Behnke desinteressiert dazwischen.

Der Wachtmeister hält das nicht für einen Vorwurf. «Ich liebe es, wenn alles zusammenkommt», schwärmt er. «Die gute alte Ermittlungsarbeit mit der Faust, und auf der anderen Seite das Labor mit dem geilen blauen Licht, Pipette und das Strichmuster auf dem Gel-Streifen. Gerechtigkeit ist cool.» Er findet auch den Plan cool, die DNA aller Deutschen zu sammeln, zur Not per Zwangsgesetz. Ein Schamhaar, eine Hautschuppe, ein Tropfen Blut oder Sperma am Tatort, und der Computer spuckt den Täter aus. Behnke teilt die Begeisterung des Youngsters nicht, behält seine Bedenken jedoch für sich, weil es ihn anstrengt, mit Fortschrittsgläubigen zu diskutieren.

Die Vorortsiedlung unweit der Autobahn erfüllt alle Klischees, ebenso das Hochhaus, ebenso Matthias Bernsdorf. Jogginganzug, Badelatschen, laufender Fernseher, die Wohnung ein Chaos, und Bernsdorf flattert die Bierfahne voran. Weil dieser Kandidat nicht der Typ für lockeren Smalltalk ist, kürzt der Kommissar die Sache ab: «Wo waren Sie gestern Nacht zwischen 0 und 2 Uhr?»

«Sie meinen, nachdem ich aus der Oper raus und bevor ich im Casino aufgelaufen bin?» Bernsdorf lacht, es klingt nicht fröhlich. «Wo soll einer wie ich schon hin? Als vorbestrafter Vergewaltiger findest du seltsamerweise nur schwer Freunde. Und mit Hartz IV kannst du keine großen Sprünge machen.»

«Wird das jemand bezeugen?», fragt der Kommissar. «Wenn nicht, muss ich Sie bitten, mit uns auf die Wache zu kommen.»
«Aber was Sie mir vorwerfen, verraten Sie mir vorher doch noch, oder ?»
«Sie werden verdächtigt, gestern Abend in Greversrath die Tankstellen-Kassiererin Inge Herkenbusch getötet zu haben.»
Bernsdorf ist verblüfft. Oder täuscht er Verblüffung vor?
«Greversrath? Da war ich noch nie!», protestiert er. Der Wachtmeister tritt einen Schritt nach vorn, aber Bernsdorf leistet keinen Widerstand. Handschellen knacken, unterwegs sagt der Verhaftete: «In so einem noblen Wagen habe ich seit Jahren nicht gesessen.»
Kommissar Behnke ist ein guter Fahnder. Er hat gelernt, seinen Gefühlen zu trauen. Und ein Gefühl sagt ihm auf der Rückfahrt, dass die Verblüffung von Bernsdorf echt war. Prompt gesellt sich zum Gefühl ein handfestes Argument: Der Mann mit der Bierfahne wurde nie wegen Raub oder Diebstahl bestraft. Sein Vergewaltigungsopfer war eine 17-Jährige aus dem Bekanntenkreis – das Muster der Tat passt nicht zum Mord in der Tankstelle.
Nachdem er Bernsdorf abgeliefert hat, besucht Behnke seinen Spezi Schlächter. Der Gerichtsmediziner winkt sofort triumphierend mit seinem Bericht. «Wenn das so weitergeht, seid ihr bald überflüssig», ruft er in seiner poltrigen Art.
Behnke blättert die Seiten durch und murmelt: «Natürlich bin ich starr vor Ehrfurcht im Angesicht von so viel wissenschaftlicher Beweiskraft. Aber du weißt, dass ich meine Probleme mit 100 Prozent habe.»
Hinter Schlächter steht eine Espressomaschine. Schweizer Fabrikat, vierstelliger Preis. Behnke bemüht sich, nicht hinzusehen. Neid ist ein starkes Gefühl.

«Dieser Test der Firma Bionconvict, den wir seit neuestem hier haben, ist wirklich ein Knaller», schwärmt Schlächter.
«Bauen die auch Kaffeemaschinen?»
«Kaffeemaschinen? Nicht dass ich wüsste.»
«Dann erzähl weiter.»
«Wenn zwei Proben dasselbe DNA-Profil besitzen, erkennt der Test das praktisch mit Sicherheit. Umgekehrt, wenn die Profile verschieden sind, zeigt der Test nur in 0,001 Prozent der Fälle eine Übereinstimmung an – das ist einer von 100 000.»
«Klingt wirklich beeindruckend», erwidert Behnke. «Aber du sprichst immer von ‹DNA-Profil›. Kann es nicht sein, dass zwei Menschen ein identisches Profil haben? Dann würden wir eventuell einen Unschuldigen hinter Gitter bringen.»
«Das kommt tatsächlich vor», gibt Schlächter zu, «aber das ist noch seltener. Die Wahrscheinlichkeit, dass das DNA-Profil eines beliebigen Mannes mit der Probe vom Tatort übereinstimmt, liegt bei 0,0001 Prozent. Das heißt: einer von einer Million. Nein, nein, du kannst 100-prozentig sicher sein, dass wir den Richtigen am Haken haben. Na gut, sagen wir zu 99,99 Prozent, mit ein paar weiteren Neunen hinter dem Komma.»

STATISTIK ODER POLIZEIARBEIT? Dennoch ist Behnke nicht restlos überzeugt. Und der Kommissar tut gut daran zu zweifeln. Denn tatsächlich sind die beeindruckenden Zahlen des Gerichtsmediziners zunächst einmal nicht viel mehr als statistisches Blendwerk. Aus der «fast» 100-prozentigen Trefferquote folgt «fast» gar nichts. Es fehlt nämlich noch eine wichtige Größe, und die lässt den Fahndungserfolg in einem ganz anderen Licht erscheinen.
Ein einfacheres Beispiel aus der Polizeipraxis kann helfen, das Problem mit der «bedingten Wahrscheinlichkeit» zu erläutern: Ein Tourist beobachtet nachts in einer fremden Stadt, wie ein Taxifahrer ein parkendes Auto beschädigt und

Unfallflucht begeht. Er gibt bei der Polizei an, ein blaues Taxi erkannt zu haben. Da es in der Stadt nur zwei Taxiunternehmen gibt, eines mit blauen und eines mit grünen Autos, fällt der Verdacht sofort auf den Unternehmer mit den blauen Taxis. Aber die Polizisten wollen wissen, ob sie ihrem Zeugen trauen können. Schließlich war es dunkel, und da kann man blau und grün schon einmal verwechseln. Also führen sie am nächsten Abend unter ähnlichen Sichtverhältnissen einen Test mit dem Zeugen durch. Das Ergebnis: Mit jeweils 80-prozentiger Sicherheit identifiziert er grüne und blaue Wagen. Diese 80 Prozent sind für den Richter ein hinreichender Beweis, er verurteilt den Taxiunternehmer.

Ist das korrekte Statistik? Nein. Denn bei der Rechnung wurde nicht berücksichtigt, dass es in der Stadt 25 grüne, aber nur 5 blaue Taxis gibt. Wenn man nun die Anzahl der Taxis mit der Trefferquote des Zeugen in Verbindung bringt, lässt sich das Ergebnis in einer sogenannten Vier-Felder-Tafel darstellen:

	Zeuge: «Blaues Taxi!»	Zeuge: «Grünes Taxi!»
Taxi ist blau	4	1
Taxi ist grün	5	20

Entsprechend dem Sehtest, den die Polizei gemacht hat, irrt sich der Zeuge in 20 Prozent aller Fälle. Er bezeichnet also eines von den 5 blauen Autos als grün und 5 von 25 grünen Autos als blau. Wenn man nun alle 30 Taxis vorfahren lässt, dann wird – statistisch gesehen – der Zeuge 9-mal ein blaues erkennen. Aber in 5 von diesen 9 Fällen ist das Auto in Wahrheit grün! Wenn keine weiteren Indizienaussagen vorliegen, dann muss man die Aussage unseres Zeugen also als wertlos betrachten. Was von der Aussage eines Zeugen zu halten ist, können wir nicht schon aus seiner Wahrnehmungsfähigkeit (80 Prozent Trefferquote) schließen. Für medizinische Tests heißt das entsprechend: Wenn ein Test auf Brustkrebs oder Aids oder BSE positiv ist, dann kann man diese Aussage nur beurteilen, wenn man weiß, wie verbreitet diese Krankheiten unter den Menschen oder Tieren eines Landes sind (für Aids und Brustkrebs ist das einigermaßen bekannt, für BSE überhaupt nicht). Wenn eine Krankheit sehr selten ist, dann wird auch bei sehr guten Tests die Mehrheit der positiv Getesteten in Wirklichkeit gesund sein. Im Falle des Tankstellenmords heißt das, dass die Beweiskraft der DNA-Analyse erst zu beurteilen ist, wenn die Gesamtheit der potenziell Verdächtigen bekannt ist. Im Prinzip kommt jeder Mann in Frage, der zur Tatzeit am Tatort hätte sein können. Es gibt keinen Hinweis darauf, dass er aus der näheren Umgebung von Greversrath stammt – auf der vielbefahrenen Bundesstraße sind auch viele auswärtige Autos unterwegs. Nehmen wir hier beispielhaft einmal an, der Kreis der Verdächtigen bestehe aus 10 Millionen Männern (so viele wohnen vielleicht in einem Umkreis von 200 Kilometern um den Tatort).

Das Ergebnis lässt sich wieder mit der Vier-Felder-Tafel darstellen. Wie viele der 10 Millionen werden ein DNA-Profil haben, das mit dem am Tatort identisch ist? Zunächst mal natürlich der Täter selber. Zusätzlich aber gibt es noch zehn weitere Männer, die dasselbe Profil haben, denn «einer von einer Million», wie Horst Schlächter erklärt hat, kann ein identisches Profil aufweisen. Und weil der DNA-Test diese Übereinstimmung mit praktisch 100-prozentiger Wahrscheinlichkeit erkennt, können wir alle diese 11 Männer als positiv getestet eintragen. In die zweite Zeile kommen alle Männer, deren DNA-Profil verschieden ist von dem am Tatort gefundenen. Durch die 0,001-prozentige Fehlerquote wird aber einer von 100 000 Verdächtigen trotzdem positiv getestet, das sind bei knapp 10 Millionen Männern 100 Personen. Die restlichen bekommen das korrekte Ergebnis «nicht identisch».

	Test: «DNA-Profil identisch»	Test: «DNA-Profil nicht identisch»
DNA-Profil identisch	11	0
DNA-Profil nicht identisch	100	9 999 889

Das frappierende Resultat: Würden wir alle 10 Millionen Männer testen, so würde der Test 111-mal eine Übereinstimmung der DNA-Proben feststellen – bei einem Schuldigen und 110 Unschuldigen!

Die 100 falsch positiv Getesteten könnte man noch relativ leicht identifizieren. Bei solchen Diagnosen ist immer eine Wiederholung des Tests angesagt: So wie es nahezu unwahrscheinlich ist, zweimal hintereinander im Lotto zu gewinnen, so ist es auch nahezu unwahrscheinlich, zweimal falsch positiv getestet zu werden – statistisch passiert das nur in einem von 100 000 mal 100 000 Fällen, das ist einer von 10 Milliarden. Mit den restlichen 11 Fällen wird man aber durch noch so viel Testerei nicht fertig. Bei ihnen wird jeder Test wieder das – korrekte – positive Ergebnis liefern. Die Ermittler müssen sich also damit abfinden, dass es außer ihrem Verdächtigen möglicherweise noch 10 andere Männer gibt, von denen das Blut unter den Fingernägeln des Opfers stammen könnte. Kommissar Behnke wird wohl doch noch seine klassischen Ermittler-Methoden einsetzen müssen, um den Täter zu überführen.

«AUSGERECHNET» Eine Party. Zwei Gäste stellen fest, dass sie am selben Tag Geburtstag haben. «Was für ein Zufall!», sagt der eine. «Das würde ich nicht sagen», antwortet der andere. «Bei einer Party dieser Größe beträgt die Wahrscheinlichkeit dafür mehr als 50 Prozent.» Wie viele Gäste sind mindestens anwesend?

Auflösung unter *www.rowohlt.de/mathematikverfuehrer*

IN DREI SCHRITTEN ZUM ERFOLG

ODER AUCH GENIES KÖNNEN IRREN

Marilyn vos Savant ist die intelligenteste Frau der Welt – sagen viele. Jedenfalls stand sie jahrelang im *Guinness-Buch der Rekorde* als der Mensch mit dem höchsten je gemessenen IQ, bis diese Rubrik des Buchs abgeschafft wurde.

Die Dame hat eine wöchentliche Kolumne *(Ask Marilyn)* in dem amerikanischen Magazin *Parade*, in der sie logische Rätsel löst, aber auch philosophische Fragen beantwortet. Am berühmtesten ist ihre (korrekte) Antwort auf das «Ziegenproblem», bei dem es um die beste Wahlstrategie in einer Fernsehshow geht. Das Ziegenproblem soll hier nicht behandelt werden, aber festzuhalten ist: Marilyn vos Savant hatte recht, und Tausende Leserbriefschreiber, darunter Professoren der Mathematik, hatten unrecht.

Einmal stellte ihr ein Leser die folgende Frage: «Wenn eineinhalb Hennen in eineinhalb Tagen eineinhalb Eier legen, wie viele Hennen braucht man dann, damit in sechs Tagen sechs Eier gelegt werden?»

Die kluge Frau antwortete: «Mein Vater mochte diese Aufgabe auch, aber ich habe es damals genauso wenig verstanden wie heute: Wo ist das Problem? Ist die Antwort ‹eine Henne› zu offensichtlich? Wenn eineinhalb Hennen eineinhalb Eier legen usw., dann heißt das, dass eine Henne ein Ei pro Tag legt. Und wenn eine einzige Henne sechs Tage lang täglich ein Ei legt, dann haben wir genau sechs Eier, oder?»

Marilyn vos Savant hatte unrecht. Die Antwort «eine Henne»

ist falsch (die richtige Antwort steht weiter unten). Offenbar haben selbst die Schlauesten der Schlauen Schwierigkeiten mit der Rechenmethode, die wir in der Schule als «Dreisatz» beigebracht bekommen. Den lernt man gewöhnlich in der sechsten Klasse – aber ich bekomme immer noch Anrufe von Freunden, die mich bitten, mal «die Mehrwertsteuer rauszurechnen» aus einem Betrag. Das ist nämlich auch ein Dreisatz.

Auf einer Mathematikseite im Internet habe ich die schöne Definition gefunden: «Ein Dreisatzproblem ist dann gegeben, wenn eine Größe (die Zielgröße) antiproportional oder proportional von einer oder mehreren anderen Größen abhängt und man den Wert der Zielgröße für feste Werte der anderen Größen kennt und man nun den Zielwert für andere Werte berechnen soll.» Durchaus korrekt, der Satz, aber nicht gerade erkenntnisfördernd. Das fängt schon mit der Frage an, was denn in dem Beispiel die «Zielgröße» ist: Die Eier? Die Zahl der Hennen? Die Zeit?

Bei den einfachsten Dreisatzaufgaben hängen zwei Größen proportional zusammen – wenn die eine wächst, wächst auch die andere im gleichen Maße. Wenn zum Beispiel beim Obsthändler ein Schild an der Apfelkiste steht: «1 Kilo Äpfel 2,90 Euro», dann sind die beiden Größen «Gewicht der Äpfel» und «Preis» proportional – die doppelte Menge an Äpfeln kostet doppelt so viel, und zehnmal so viele Äpfel kosten zehnmal so viel.

Eine Dreisatzaufgabe ist dann eine mehr oder weniger verbrämte Frage nach diesem Zusammenhang:

1. «Was kosten 3 Kilo Äpfel?» Diese Frage können wahrscheinlich 90 Prozent der Bevölkerung beantworten.
2. «Was kosten 700 Gramm Äpfel?» Da wird es schon komplizierter, aber die meisten bekommen das wohl noch hin, notfalls mit Stift und Papier.

3. «Wie viele Äpfel bekomme ich für 5 Euro?» Bei dieser Aufgabe rechnet vielleicht noch die Hälfte spontan richtig.

4. Im Prinzip dieselbe Aufgabe ist die Frage: «Wenn ein Fernseher 599 Euro inklusive Mehrwertsteuer kostet, was ist dann der Nettopreis?» Aber die wird wahrscheinlich von den meisten falsch beantwortet, indem sie 19 Prozent abziehen.

Aber der Reihe nach.

1. Der einfachste Dreisatz ist ein Zweisatz:
1 Kilo Äpfel kostet 2,90 Euro.
3 Kilo Äpfel kosten 3 · 2,90 Euro, das sind 8,70 Euro.
Wenn man den Kilopreis kennt, braucht man ihn nur noch mit der Zahl der Kilos malzunehmen.

2. Der erste echte Dreisatz ist gegeben, wenn das Gewicht kein glattes Vielfaches von einem Kilo ist. Dazu braucht man, jedenfalls wenn man nach der alten Regel aus der Schule vorgeht, tatsächlich drei Sätze:
1 Kilo Äpfel kostet 2,90 Euro.
100 Gramm Äpfel kosten 2,90 / 10 Euro, das sind 0,29 Euro.
700 Gramm Äpfel kosten 0,29 · 7 Euro, das sind 2,03 Euro.

3. Wie kommt man nun auf die Apfelmenge, die man für 5 Euro erhält? Wenn man ein bisschen die Angst vor Gleichungen und Diagrammen abschüttelt, dann kann man den Zusammenhang so darstellen: Der Obsthändler hat mit seinem Schild eine Funktion definiert – aus der Kilomenge M (in Kilogramm) lässt sich der Preis P (in Euro) berechnen:

$$P = 2{,}90 \cdot M$$

Graphisch dargestellt, ergibt sich eine gerade Linie, deshalb sagt man auch, der Preis hängt linear von der Menge ab:

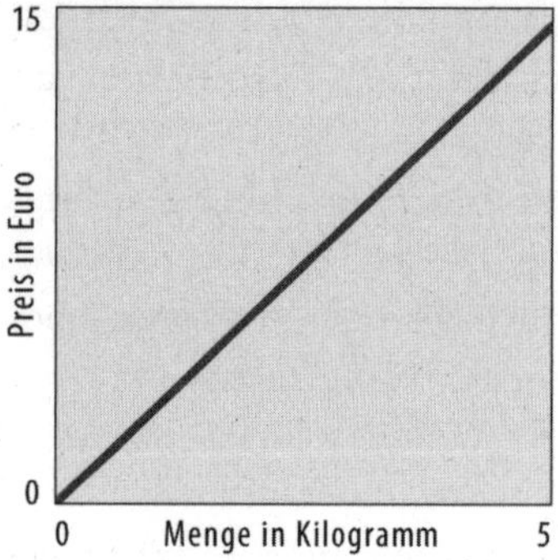

Zu jeder Menge *M* kann man den zugehörigen Preis ermitteln, indem man *M* mit 2,9 malnimmt. Dann braucht man auch gar keine drei Sätze mehr – der Preis für 700 Gramm (oder 0,7 Kilo) lässt sich dann direkt berechnen als 2,9 · 0,7.

Bei linearen Zusammenhängen kann man aber auch die umgekehrte Funktion bilden und die Menge in Abhängigkeit vom Preis berechnen. Dazu muss man nur die Gleichung nach *M* auflösen:

$$P = 2{,}90 \cdot M$$

$$M = \frac{P}{2{,}90} = \frac{1}{2{,}9} \cdot P$$

Die zugehörige Gerade sieht dann ganz ähnlich aus:

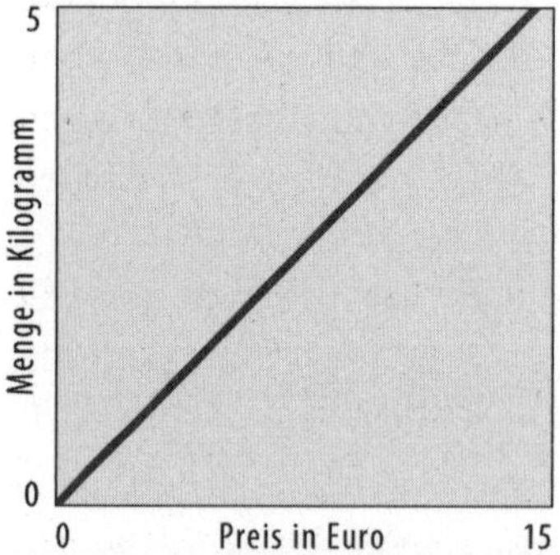

Und mit der Gleichung lässt sich zu jedem Preis ausrechnen, wie viele Äpfel man dafür bekommt. Für 5 Euro erhält man $5:2{,}9=1{,}72$ Kilogramm Äpfel.

4. Auch hinter der Mehrwertsteuer-Prozentrechnung verbirgt sich ein linearer Zusammenhang, also auch ein Dreisatz. Der Bruttopreis ist der Nettopreis plus 19 Prozent. Man kann aber auch sagen, dass er das 1,19-fache des Nettopreises ist:

$$B = 1{,}19 \cdot N$$

So kann fast jeder aus Netto auf Brutto schließen. Aber wie geht es umgekehrt? Viele rechnen so: Netto ist Brutto minus 19 Prozent, also

$$N = 0{,}81 \cdot B$$

Das ist aber falsch. Korrekt ist, die vorletzte Gleichung nach N aufzulösen, und dann ergibt sich

$$B = 1{,}19 \cdot N$$

$$N = \frac{B}{1{,}19} = \frac{1}{1{,}19} \cdot B \approx 0{,}84 \cdot B$$

Merke: Wenn man erst 19 Prozent addiert und dann 19 Prozent wieder abzieht, hat man weniger als zuvor!

MATHE IM HÜHNERSTALL Nun zu der Aufgabe, an der die IQ-Rekordhalterin gescheitert ist. Zur Erinnerung: «Wenn eineinhalb Hennen in eineinhalb Tagen eineinhalb Eier legen, wie viele Hennen braucht man dann, damit in sechs Tagen sechs Eier gelegt werden?»

Als Erstes fällt auf: Wir haben es mit drei Größen zu tun. Mit der Zahl der Hennen (H), der Zahl der Tage (T) und der Zahl der Eier (E). Natürlich gibt es keine halben Hennen oder drittel Eier, aber das soll hier nicht stören – alle drei Größen sollen kontinuierliche Werte annehmen können. Wie aber hängen die miteinander zusammen? Man kann sich mit einem Trick behelfen und eine der drei Größen konstant halten. Zum Beispiel nur einen einzigen Tag betrachten. Dann sind sicherlich *H* und *E* proportional zueinander – je mehr Hennen man hat, desto mehr Eier bekommt man.

Wenn man *H* konstant hält und nur die Eierproduktion einer einzelnen Henne betrachtet, dann sind *T* und *E* auch proportional zueinander: Je mehr Zeit man der Henne gibt, desto mehr Eier legt sie.

Anders sieht jedoch der Zusammenhang zwischen *T* und *H* aus: Wenn es um die Produktion einer vorgegebenen Menge von, sagen wir, 10 Eiern geht, dann ist die dafür benötigte Zeit umso kürzer, je größer die Schar der Hennen ist. Zeit und Hennen sind «umgekehrt proportional»: eine Größe wächst, wenn die andere schrumpft. Wenn man die Sache als Kurve darstellt, dann sieht das überhaupt nicht mehr gerade aus:

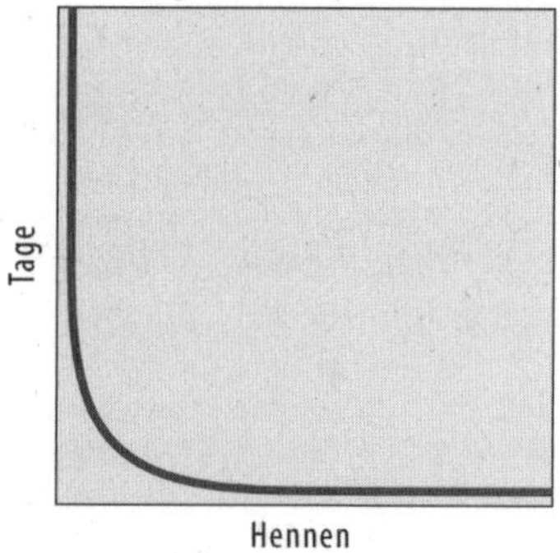

Zahlen stehen an dieser Graphik noch nicht dran, die kommen als Nächstes: *T* und *E* sind bei festem *H* proportional zueinander, das heißt: *E* ist ein Vielfaches von *T*.

$$E_H = l \cdot T$$

Das tiefgestellte *H* soll klar machen, dass wir die Sache nur für eine Henne betrachten. Das kleine *l* ist eine Konstante,

sie möge «Legekonstante» heißen – es ist nichts weiter als die Zahl der Eier, die eine Henne pro Tag legt. (In dem Beispiel ist natürlich die Leistung aller Hennen gleich.)
Das ist jetzt die Eierleistung pro Henne. Um den Gesamteierertrag zu erhalten, muss man das Ganze noch mit der Zahl der Hennen malnehmen:

$$E = l \cdot T \cdot H$$

In dieser Gleichung steckt alles drin, was die Beziehung zwischen Hennen, Eiern und Zeit beschreibt. Wir können sie zum Beispiel nach T auflösen:

$$T = \frac{E}{l \cdot H}$$

Mit dieser Gleichung beantwortet man Fragen der Art «Wie lange brauchen 12 Hennen, um 17 Eier zu legen?» Die Rätselfrage lautete aber: «Wie viele Hennen braucht man …?» Also wird die Gleichung so umgeformt, dass H auf einer Seite steht:

$$H = \frac{E}{l \cdot T}$$

Das ist die Formel für die Lösung – nur enthält sie noch eine Unbekannte, nämlich die «Legequote» l. Die aber steckt in der verwirrenden Information mit den anderthalb Hennen, Eiern und so weiter. Diesen Satz müssen wir schrittweise umformen, bis wir wissen, wie viele Eier eine Henne pro Tag legt:
3⁄2 Hennen legen in 3⁄2 Tagen 3⁄2 Eier.
Wie viele Eier legt eine Henne in derselben Zeit? Weniger! Man muss die Zahl der Eier durch 3⁄2 teilen, heraus kommt:
1 Henne legt in 3⁄2 Tagen 1 Ei.
Und wie viele Eier sind das pro Tag? Man muss nochmal durch 3⁄2 teilen (das ist der Schritt, den Frau vos Savant wohl übersehen hat):

1 Henne legt in 1 Tag ⅔ Eier.

Das ist die Legequote *l:* ⅔ Eier pro Henne und Tag. Nun kann man das in die Formel einsetzen und erhält

$$H = \frac{E}{\frac{2}{3} \cdot T} = \frac{3 \cdot E}{2 \cdot T}$$

Und da nach 6 Eiern in 6 Tagen gefragt wurde, ist die Lösung $^{18}/_{12}$ oder $^{3}/_{2}$. Anderthalb Hennen!

Diese Herleitung war zwar ein bisschen länglich, aber sie hat den Vorteil, dass man sie auf alle Dreisatzaufgaben mit umgekehrt proportionalen Größen verallgemeinern kann. Sogar wenn es um vier Größen geht, in Aufgaben wie dieser: «Wenn 2 Schneepflüge in 3 Stunden 12 Kilometer einer 4 Meter breiten Straße von Schnee befreien können, wie lange brauchen dann 10 Schneepflüge für einen Kilometer einer 12 Meter breiten?» Auflösung unter *www.rowohlt.de/mathematikverfuehrer*!

Marilyn vos Savant bekam natürlich haufenweise Leserpost auf ihre falsche Lösung hin, und sie nahm die Sache sportlich: «Erwischt, Jungs! Wer eineinhalb Hennen herausbekommen hat, hatte natürlich recht, und meine Antwort ‹eine Henne› ist falsch. Und ich dachte immer, die Sache sei bloß ein Zungenbrecher à la *How much wood would a woodchuck chuck if a woodchuck would chuck wood?* – dabei ist es tatsächlich eine Denksportaufgabe.»

«AUSGERECHNET» Zwei Gläser stehen auf dem Tisch, beide gleich groß, eines ist mit Wasser gefüllt, eines mit Whisky. Nun nimmt man einen Teelöffel voll Whisky und verrührt den gut im Wasserglas. Von der Mischung nimmt man wieder einen Teelöffel und verrührt ihn im Whiskyglas. Ist nun mehr Wasser im Whisky oder mehr Whisky im Wasser? Auflösung unter *www.rowohlt.de/mathematikverfuehrer*

DURCHSCHNITTSVERDIENER

ODER
AB DURCH DIE MITTE

Furchen zwischen Nase und Mundwinkel, mahlende Kiefer und diese kuriose Kuhle oberhalb der Nasenwurzel. Der Chef steht unter Druck. Würmer lächelt zuversichtlich. Wenn der Häuptling schwächelt, muss sein bestes Pferd im Stall mit dem Schwanz wedeln.

«Setzen Sie sich», brummt Max Bauner, der Eigentümer der Firma Bauner Elektronik, seinen Geschäftsführer an. «Und genießen Sie jede Minute des Sitzens, wer weiß, wie lange wir uns noch Stühle leisten können. Es rumort.»

Würmers Lächeln gefriert. «Lassen Sie mich raten: der Betriebsrat.»

«Er behauptet, unsere Leute verdienen zu wenig», sagt Bauner.

Würmer schnaubt. «Die sind gierig», sagt er verächtlich, «ich finde, wir zahlen sehr gut und durchaus zufriedenstellend.»

«Da ist der Betriebsrat aber anderer Meinung. Wie Sie wissen, hat er Einblick in die Gehaltslisten. In der letzten Woche hat er gerechnet. Und was kam heraus? Dass unsere Mitarbeiter 2 850 Euro verdienen. Brutto. Im Schnitt. Bevor Sie mir erklären, dass das sehr gut und durchaus zufriedenstellend ist, sollten Sie besser zur Kenntnis nehmen, dass der Durchschnittsverdienst in unserer Branche bei 3 000 Euro liegt. Ich habe keine Lust, mich als Lohndrücker beschimpfen zu lassen.»

«Wäre unser allseits verehrtes Betriebsratsmitglied Frau Weise in ihrem Job stärker ausgelastet, hätte sie weniger Zeit für solche Rechnereien», knurrt Würmer.

«Irgendeiner rechnet immer. Gibt ja neuerdings sogar Bücher, in denen sie dir erklären, was hinter den verschiedenen Rechnereien steckt. Tatsache ist: Ich bin sehr am sozialen Frieden in meiner Firma interessiert. Haben Sie die Liste dabei?»
Der Geschäftsführer reicht die Liste über den Tisch, auf der die Einkommen aller Beschäftigten aufgelistet sind.
«Schau an, schau an», sagt Bauner beeindruckt. «Wir haben zehn Mitarbeiter, die 2 000 Euro im Monat verdienen. Brutto. Würden Sie damit auskommen?»
«Darum geht's doch nicht», entrüstet sich Würmer. «Das sind ungelernte Kräfte in der Montage – woanders würden die noch weniger verdienen.»
«Dann stehen hier fünf Mitarbeiter mit 2 500 Euro. Das sind wohl die in der Verwaltung.»
«Genau. Und die drei mit 3 500 sind unsere Außendienstler – die sind jeden Cent wert. Das muss der Neid ihnen lassen.»
«Ihre Stellvertreterin, Frau Kraft, bezieht 4 000 Euro. Ist das angemessen?», fragt Bauner über den Rand seiner schmalen Lesebrille.
«Wenn sie als Youngster erst zwei Jahre aus der Uni raus ist, muss sie sich schon ein bisschen im Stahlbad der betrieblichen Realitäten bewähren», doziert Würmer mit der altväterlichen Attitüde, die niemand mehr hasst als Frau Kraft.
«Donnerwetter! Und Sie selbst beziehen Monat für Monat 10 000 Euro?»
Würmer rutscht auf die Kante seines Stuhls. «Herr Bauner, ich bin Geschäftsführer eines mittelständischen Unternehmens. Ich trage Verantwortung! Ich habe unseren Umsatz in den letzten beiden Jahren um jeweils 12 Prozent vorangebracht. Ich liege mit meinem Gehalt am unteren Ende der Skala!»
In aller Ruhe widmet sich Bauner den zeitraubenden Ritualen, bevor seine Pfeife brennt. «Atmen Sie durch!», sagt er freundlich. «Sie machen unbestreitbar einen guten Job. Deshalb orga-

nisieren wir beide jetzt den Befreiungsschlag. Was können wir tun? Der Betriebsrat betont die 3 000-Euro-Grenze. Wie wär's, wenn wir den armen Schluckern auf ihre 2 000 jeweils 200 drauflegen? Und den Heloten aus der Verwaltung auch. Ich rechne das mal aus.» Seine Pfeife landet wie immer still und süßlich stinkend im Aschenbecher.
Als Bauner fertig ist, sieht die Aufstellung folgendermaßen aus:

ALT			**NEU**		
10 · 2 000	=	20 000	10 · **2 200**	=	**22 000**
5 · 2 500	=	12 500	5 · **2 700**	=	**13 500**
3 · 3 500	=	10 500	3 · 3 500	=	10 500
1 · 4 000	=	4 000	1 · 4 000	=	4 000
1 · 10 000	=	10 000	1 · 10 000	=	10 000
Summe		**57 000**	Summe		**60 000**
Durchschnitt		57 000 : 20	Durchschnitt		60 000 : 20
	=	**2 850**		=	**3 000**

Würmer studiert den Zettel. «Kann man natürlich so machen», sagte er mit leicht besserwisserischem Unterton. «Liegt nahe. Aber Sie wissen, dass es dabei nicht mit den 15-mal 200 Euro, also 3 000 Euro pro Monat mehr, getan ist, oder? Dazu kommen noch die Lohnnebenkosten, die mit dem Einkommen steigen. Krankenkasse, Rentenversicherung, Arbeitslosenversicherung, Pipapo. Da kommt viel zusammen.»
Würmer zieht einen zusammengefalteten Zettel aus seinem Jackett, den er zeremoniell auseinanderfaltet. «Man könnte die Sache auch anders angehen. Wenn Sie mal schauen wollen.»
Bauner sieht sich die Aufstellung an.

ALT			**NEU**		
10 · 2000	=	20000	10 · 2000	=	20000
5 · 2500	=	12500	5 · 2500	=	12500
3 · 3500	=	10500	3 · 3500	=	10500
1 · 4000	=	4000	1 · 4000	=	4000
1 · 10000	=	10000	1 · **13000**	=	13000
Summe		57000	Summe		**60000**
Durchschnitt		57000 : 20	Durchschnitt		60000 : 20
	=	**2850**		=	**3000**

Die Männer blicken sich an. «Na, Sie sind ja ein ganz Schlauer», sagt Bauner. «Das macht eine Gehaltserhöhung von 30 Prozent. Davon haben doch die anderen nichts.»

«Ich wäre künftig 30 Prozent umgänglicher», entgegnet Würmer, dem zugleich bewusst wird, wie leicht man mit einem Scherz auf diesem moralisch verminten Gelände ausrutschen kann. Deshalb fährt er betont sachlich fort: «Für Sie wird es auf diese Weise billiger, weil ich längst nicht so hohe Lohnnebenkosten verursache. Meine private Krankenversicherung wird ja nicht teurer. Und der Effekt ist derselbe – der durchschnittliche Verdienst steigt auf 3000 Euro. Wir schlagen die zahlengläubigen Vertreter vom Betriebsrat mit den eigenen Waffen.»

«Damit bekommen wir keinen Frieden», gibt Bauner zu bedenken. «Die Mitarbeiter werden auf ihre Gehaltsabrechnung gucken und sich fragen: Wer hat denn eigentlich eine Erhöhung bekommen? Und danach werden wir eine Neiddebatte am Hals haben. Auch bekannt als das Gegenteil von Betriebsfrieden.»

«Aber so läuft das doch immer», verteidigt sich Würmer. «Das Statistische Bundesamt meldet genau solche Zahlen. Kürzlich gingen die Zahlen für 2005 durch alle Zeitungen. Danach ver-

dienen Angestellte in Deutschland im Durchschnitt 3 452 Euro brutto. Da wird doch auch alles in einen Topf geworfen – von der ungelernten Kraft bis zu höchst qualifizierten … äh … nun ja: Mitarbeitern wie mir eben.»
«Auch wieder richtig», stimmt Bauner zu. «Ich lass mir das durch den Kopf gehen. Wir sehen uns.»
Als Würmer den Raum verlassen hat, rettet der Chef seine Pfeife und beschließt, den diskreten Zuschuss zur Wohnungsmiete von Frau Kraft künftig um 200 Euro zu erhöhen. Danach studiert er die beiden Zettel auf seinem Tisch und schreibt einen dritten, auf dem sowohl die Mitarbeiter in der Montage als auch der Geschäftsführer ihre Gehaltserhöhung bekommen.

WAS DER DURCHSCHNITT BESCHREIBT Durchschnitt – das ist ein geläufiger Begriff für uns, er begegnet uns ständig im täglichen Leben: Wir berechnen die Durchschnittsnote unserer Kinder in der Schule, das Auto-Navigationssystem sagt uns, wie schnell wir im Durchschnitt gefahren sind, und die Fußball-Statistiker im Fernsehen wissen genau, wie viele Tore durchschnittlich in einer Bundesliga-Begegnung fallen.
Den Durchschnitt benutzen wir, wenn wir viele Größen auf eine einzige reduzieren wollen, und wir gehen davon aus, dass er das Geschehen ganz gut wiedergibt. Wenn wir hören, der Durchschnittsmann sei 1,78 Meter groß, dann sehen wir vor unserem inneren Auge eine gesichtslose Gestalt, die irgendwie der «typische» Bundesbürger ist.
Aber die Vorstellung, dass der Durchschnitt den «mittleren» Repräsentanten einer Gruppe beschreibt, ist falsch. Oft jedenfalls. Die Mathematiker kennen viele verschiedene Mittelwerte für eine Zahlenmenge, und je nach Situation ist eine andere angemessen. Man unterscheidet zum Beispiel das arithmetische, das geometrische, das harmonische Mittel sowie den Median.

Wenn der Laie einen Durchschnitt ermitteln soll, dann addiert er alle Zahlenwerte einer Menge und teilt sie dann durch die Zahl der Messwerte. Das ist das sogenannte arithmetische Mittel. Um das Durchschnittsgehalt in der Firma Bauner zu ermitteln, addiert man die Gehälter aller 20 Beschäftigten und teilt durch 20. Das Ergebnis: 2850 Euro. Aber verdient der «typische» Mitarbeiter bei Bauner so viel?

Als Erstes fällt natürlich auf, dass kein einziger Angestellter tatsächlich diesen Betrag verdient. Den «durchschnittlichen» Mitarbeiter gibt es also gar nicht. Das hat aber auch wohl niemand wirklich erwartet – es ist halt ein Mittelwert.

Gibt der Wert denn wenigstens das wieder, was wir uns unter einem «mittleren» Beschäftigten vorstellen? Überhaupt nicht, wie ein Blick auf das folgende Diagramm zeigt. Die Angestellten sind in der Reihenfolge ihres Gehalts verzeichnet, vom Kleinstverdiener bis zum Geschäftsführer:

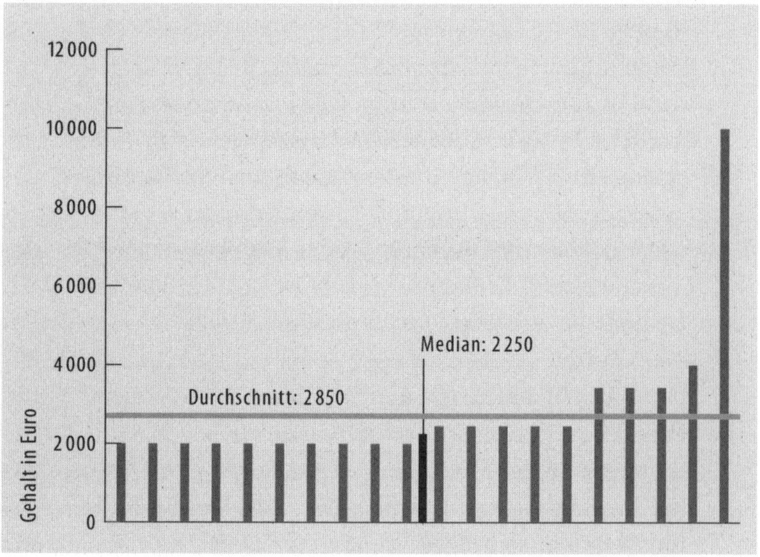

Was gleich ins Auge fällt: 15 von 20 Mitarbeitern verdienen weniger als der Durchschnitt! Wer also erwartet hat, dass der Durchschnitt die Belegschaft etwa in zwei Hälften teilt, der hat sich geirrt.

Der Grund dafür ist, dass das arithmetische Mittel sehr anfällig ist gegen «Ausreißer», also gegen einzelne Werte, die extrem vom Durchschnitt abweichen. Ein einziger Einkommensmillionär kann das Durchschnittseinkommen in einem ansonsten armen Dorf in die Höhe treiben. Eine am Durchschnitt orientierte Statistik sagt also nicht unbedingt etwas über die tatsächlichen Einkommensverhältnisse der «breiten Masse» aus.

Es gibt aber eine andere mathematische Größe, die das besser leistet: Der sogenannte Median. Zu dessen Ermittlung geht man im wahrsten Sinne des Wortes mitten ins Volk: Man sucht den «mittleren» Repräsentanten der Grundmenge aus. Der «mittlere Mitarbeiter» soll so bestimmt werden, dass die Hälfte der Kollegen mehr verdient als er und die Hälfte weniger.

Wenn die Zahl der Mitarbeiter ungerade ist, dann gibt es tatsächlich diesen einen, mittleren Kollegen. Bei 3 Mitarbeitern ist es der 2., bei 15 ist es der 8. Ist die Mitarbeiterzahl dagegen gerade, dann fällt die Mitte genau zwischen zwei Kollegen, hier zwischen Nummer 10 und Nummer 11. In diesem Fall wird der Median meist definiert als das arithmetische Mittel aus diesen beiden. In Bauners Firma ist der Median das Mittel aus Kollege 10 (2 000 Euro) und Kollege 11 (2 500 Euro), also 2 250 Euro.

Der Median ist in diesem Fall deutlich niedriger als der Durchschnitt, und er beschreibt die Lebenswirklichkeit von drei Vierteln der Mitarbeiter erheblich besser. Außerdem ist der Median unempfindlicher gegen die beschriebenen Ausreißer. Wenn sich der Geschäftsführer Würmer seine satte

Gehaltszulage bewilligen lässt, dann steigt zwar das Durchschnittseinkommen, aber der Median ist davon völlig unbeeindruckt – er bleibt bei 2250 Euro.

Anders sieht es dagegen aus, wenn die sozialere Variante der Gehaltserhöhung gewählt wird: Der Durchschnitt steigt ebenfalls auf 3000 Euro, aber auch der Median wird größer: Kollege 10 verdient nun 2200 Euro, für Kollege 11 sind es 2700, der Median liegt in der Mitte, bei 2450 Euro.

VERTEILUNGSFRAGEN Das arithmetische Mittel ist also immer dann ein schlechter Indikator für den mittleren Wert, wenn die Verteilung der Werte stark zu einer Seite tendiert. In diesem Fall: Wenn die Zahl der «Armen» viel größer ist als die Zahl der «Reichen».

Das hält aber zum Beispiel das Statistische Bundesamt nicht davon ab, Durchschnittswerte für das Einkommen der Bundesbürger zu veröffentlichen. So verdienten Angestellte im Jahr 2005 durchschnittlich 3452 Euro brutto – und wenn sich so mancher angesichts dieser Zahl unterdurchschnittlich fühlt, dann teilt er dieses Schicksal mit der Mehrheit der Bürger.

Der Begriff des Medians lässt sich verallgemeinern, wenn man die Bevölkerung nicht in zwei Hälften teilt, sondern etwa in 10 Gruppen, die jeweils 10 Prozent der Menschen ausmachen. Das ist der Fall, wenn von sogenannten «Dezilen» die Rede ist. Im Jahr 2004 war das Nettoeinkommen der deutschen Haushalte so verteilt:

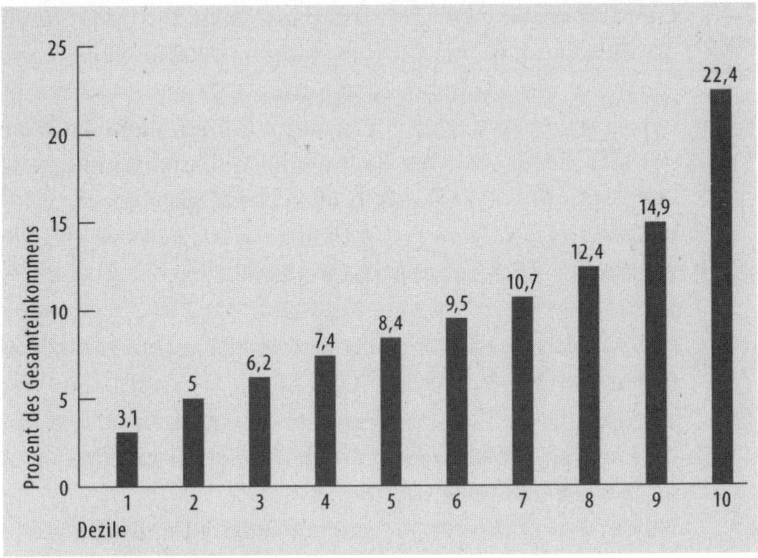

Das liest man so: Das ärmste Zehntel der Haushalte verdiente nur 3,1 Prozent des Volkseinkommens – das ist weniger als ein Drittel des Durchschnitts von 10 Prozent. Das reichste Zehntel verdiente dagegen 22,4 Prozent, also mehr als doppelt so viel wie der Durchschnitt.

Aus dem Diagramm wird auch klar: 60 Prozent der Bevölkerung hatten ein unterdurchschnittliches Einkommen, 10 Prozent verdienten etwa durchschnittlich (man müsste noch genauer unterteilen, um zu sehen, wo genau der Mittelwert liegt), und nur 30 Prozent lagen deutlich über dem Durchschnitt. Das Beispiel der Elektrofirma Bauner ist also durchaus realistisch gewählt.

Der Durchschnitt ist demnach nur dann eine aussagekräftige Größe, wenn die Datenwerte einigermaßen gleichmäßig verteilt sind. Das ist aber in der Wirklichkeit nur selten der Fall (siehe auch das Kapitel über Benfords Gesetz, S. 70). Deshalb gilt: Vorsicht, wenn jemand mit dem Mittelwert argumentiert!

Einen anderen Fehler mit dem Durchschnitt machen viele Autofahrer, wenn sie ihre Route planen, wie das folgende Beispiel zeigt: Frau Milz muss zu einer wichtigen Besprechung in eine andere Stadt. Sie hat sich ausgerechnet, dass sie durchschnittlich 100 km/h fahren muss, um rechtzeitig dort anzukommen. Sie fährt los – und steht prompt im Stau. Nervend langsam geht es vorwärts, erst auf halber Strecke löst sich der Stau auf. Der Bordcomputer zeigt an: Seit der Abfahrt ist sie durchschnittlich nur 50 km/h gefahren. Da sie noch die halbe Strecke vor sich hat, rechnet sie sich aus: Ich versuche jetzt auf einen Durchschnitt von 150 zu kommen, dann bin ich im Mittel 100 km/h gefahren und komme rechtzeitig an! Und am Ziel wundert sie sich, dass sie 40 Minuten zu spät zu ihrer Besprechung erscheint.

Wo hat sich Frau Milz verrechnet? Sie hat die Durchschnittsgeschwindigkeit auf die zurückgelegte Strecke bezogen: halbe Strecke mit 50 km/h, halbe Strecke mit 150 km/h. Wenn die Gesamtentfernung 200 Kilometer beträgt (es funktioniert genauso mit jedem anderen Wert), dann stellt sich das so dar:

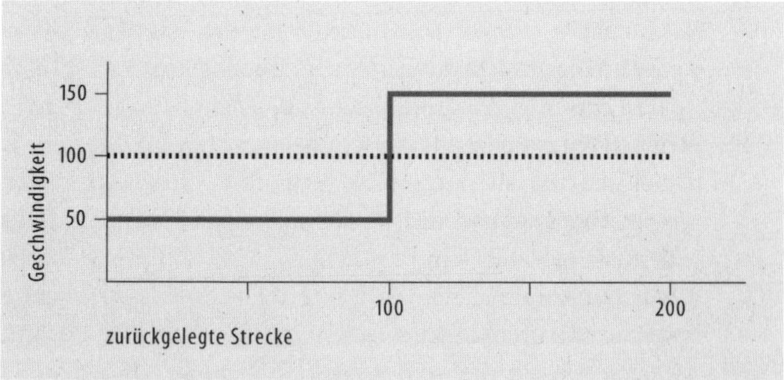

Ergibt dieser Durchschnitt irgendeinen Sinn? Wenn entlang des Wegs in regelmäßigem Abstand Radarkameras gestanden hätten, dann wäre der Durchschnittswert auf deren Blitz-Fotos tatsächlich 100 km/h gewesen.

Das ist aber nicht die Durchschnittsgeschwindigkeit, die Frau Milz im Sinn hatte: Sie wollte letztlich eine bestimmte Strecke in einer gewissen Zeit zurücklegen – und die Durchschnittsgeschwindigkeit ist die Gesamtstrecke geteilt durch die Gesamtzeit.

Wenn man das in einem Diagramm darstellen will, dann muss man den zurückgelegten Weg als Funktion der Zeit darstellen. Und dann ergibt sich ein ganz anderes Bild:

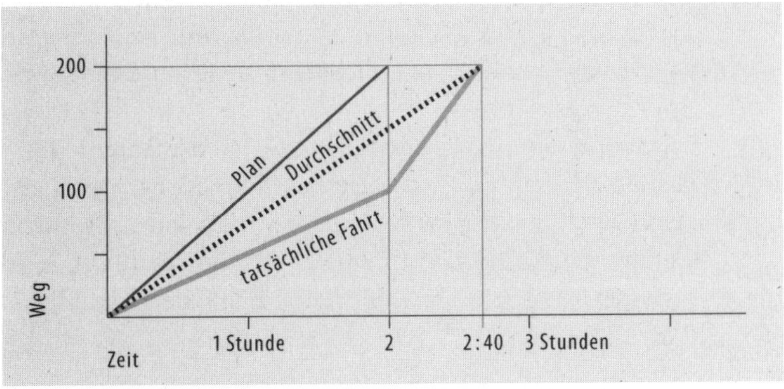

Man sieht nun:

- Frau Milz erreicht das Ziel nach 2 Stunden und 40 Minuten.
- Ihre Durchschnittsgeschwindigkeit dabei beträgt (nach der Regel «Weg durch Zeit») 75 km/h.
- Selbst wenn sie noch schneller gerast wäre, hätte sie das gewünschte Durchschnittstempo nie erreichen können. Denn wie man auf der Zeichnung sieht: Zu dem Zeitpunkt, als sie wieder freie Fahrt hatte (Knick in der Kurve), waren bereits zwei Stunden vergangen – und nach ihrer Planvorgabe hätte sie da schon am Ziel sein müssen. Nur Beamen hätte ihr in dieser Situation noch helfen können.

«AUSGERECHNET» Ein Jogger läuft eine Strecke von A nach B und wieder zurück. Auf dem Hinweg hat er Rückenwind und läuft mit einer Geschwindigkeit von 12 km/h, auf dem Rückweg weht ihm der Wind ins Gesicht, und er läuft nur 8 km/h. Wie groß ist seine Durchschnittsgeschwindigkeit? Auflösung unter *www.rowohlt.de/mathematikverfuehrer*

DAS HEIRATSPROBLEM

ODER
… OB SICH NICHT DOCH WAS BESSERES FINDET

«Er hat's getan!», jubelt Marina, noch bevor sie sich mit ihrer Freundin am Ecktisch im «Latte» ausgebreitet hat.
«Aber ihr tut es doch regelmäßig», stänkert Julia.
«Du weißt genau, was ich meine. Karsten hat mir einen Heiratsantrag gemacht. Ich dachte schon, er bringt es nicht mehr.»
Sie bestellen ohne Worte – Gnade des Stammkunden-Daseins. Marina ist aufgewühlt. «Er war ganz süß. Erst sind wir essen gegangen, ganz edel, im ‹Roten Haus›, dabei ist das zwei Nummern zu teuer für uns.»
«Da hast du wohl schon gewusst, was angesagt ist.»
«Nein, ja, ach, ich weiß auch nicht. Es war so schön. Die Teller sahen so gut aus. Selbst die Gäste sahen besser aus als anderswo. Bis zum Nachtisch hat er so getan, als wäre nichts. Aber du weißt ja: Karsten kann sich schlecht verstellen. Und dann ist er aufgestanden und hat eine richtige Rede gehalten. Dass wir jetzt schon zwei Jahre zusammen sind. Dass er die Nase voll davon hat, zwischen zwei Wohnungen zu pendeln, auch wenn wir meistens bei mir sind. Dass wir zusammen passen wie Topf und Deckel und es deshalb an der Zeit sei, jetzt den Schritt zu tun. Zuletzt kam der Kellner mit einem Blumenstrauß und Champagner.»
«Und du hast ja gesagt, und alle haben geklatscht, und ich werde deine Trauzeugin.»
«Geklatscht haben sie. Aber ich habe um eine Woche Bedenkzeit gebeten.»

Damit hat Julia nicht gerechnet. Nachdenklich zieht sie mit dem Löffel die Mundwinkel des Kakao-Smileys in die Länge, mit dem in diesem Lokal jeder Milchkaffee verziert wird. Marina spürt, wie überrascht die Freundin ist, und fängt an, wie aufgezogen zu reden. «Es ist so ein großer Schritt. Die wichtigste Entscheidung im Leben. Und ich will nur einmal heiraten, nämlich den Vater meiner beiden Kinder. Eine Woche Bedenkzeit ist doch wohl kein Drama, findest du nicht?»

«Willst du die Wahrheit hören?»

«Ich bin nicht sicher.» Marina beginnt, einen Bierdeckel zu zerkrümeln, und sagt leise: «Auf dem Weg nach Hause hat Karsten nicht viel gesagt. Streng genommen, hat er kein einziges Wort gesagt. Wir sind auch gleich schlafen gegangen. Wenn ich nicht immer so gut einschlafen würde, hätte ich gestern bestimmt lange wach gelegen.»

«Wie Karsten.»

«Wenn er mich liebt, versteht er das. Wenn ich nicht heiraten wollte, hätte ich schließlich sofort nein gesagt.»

Nicht zum ersten Mal wandert Marinas Blick zu dem Blondschopf, der an der Bar einen Espresso trinkt und ein Magazin durchblättert.

«Sehen wir es mal ganz pragmatisch», schlägt Julia vor. «Du bist jetzt 34. Okay, 33. Du kennst Karsten seit drei Jahren und lebst seit zwei Jahren mit ihm in einer festen Beziehung. Seitdem wir beide uns kennen, war für dich stets klar: Du willst heiraten und Kinder kriegen. Das ist das eine. Das andere ist: Karsten sieht gut aus, das finden alle Freundinnen …»

«… die meisten.»

«Okay, die meisten finden, dass der Bengel gut aussieht. Er hat einen guten Job, er bringt jeden Monat so viel Geld nach Hause, dass du selbst deiner besten Freundin nicht verrätst, wie viel.»

«Das musst du verstehen, das ist ...»
«In Ordnung, ich bin auch kaum noch eingeschnappt. Karsten vergöttert dich, er ist eine treue Seele. Er hat, soweit bekannt, keine ekligen Krankheiten und könnte sogar ein guter Vater sein. Schnapp dir den Kerl, bevor es eine andere tut.»
«Ich finde ihn ja auch hinreißend», schwärmt Marina. «Er ist ein ganz Lieber. Der Sex ist prima. Er hilft sogar freiwillig im Haushalt mit.»
Wieder der Blick zu dem Blonden.
«Nimm's mir nicht übel, aber ich habe schon leidenschaftlichere Sätze gehört», sagt Julia. «Wenn ich mich nicht irre, sogar von dir. Was stört dich denn genau? Dass es nach drei Jahren nicht mehr so kribbelt wie nach vier Wochen, ist doch normal. Du tust so, als würdest du alle paar Monate einen Heiratsantrag kriegen.»
«Uwe hat mich auch gefragt.»
«Der Uwe? Deine erste große Liebe?»
«Mit 18 lehnt ja wohl jede ab, da hast du doch noch nichts erlebt. Christian war nicht ganz so langweilig wie Uwe, aber fürs Heiraten war er viel zu flippig. Weißt du noch, was sein Traumberuf war? Hausmann. Da vergeht dir doch alles.»
«Und Marcel, der Langweiler?»
«Der wollte auch. Aber für den war das Heiraten eine Art Vorruhestand. Wenn bei einem Mann nach zwei Monaten nur noch das Standardprogramm angesagt ist, wirst du natürlich misstrauisch. Und Lorenz ...»
Julia erinnert sich gut. Acht Wochen vor dem Standesamt-Termin traf er Mona. Jetzt haben die beiden ein Endreihenhaus, zwei Autos, drei Kinder und vier Handys.
«Du bist eine schwierige Kandidatin, nicht schwer vermittelbar, aber schwer zufrieden zu stellen: klarer Fall von Traumprinz-Syndrom», behauptet Julia und bestellt zwei Kaffee, diesmal mit Brandy.

«Du denkst, ich liebe ihn nicht genug», sagt Marina wehleidig. «So ist es aber nicht. Ich denke nur manchmal …»

«Du denkst, dass nächste Woche ein Kandidat auf der Matte stehen könnte, bei dem dir die Knie weich werden – und weich bleiben.» Beide gucken zu dem Blonden an der Bar hinüber.

«Karsten ist ein Lieber», beharrt Marina trotzig, als müsse sie sich selbst überzeugen.

«Aber du hast Angst, dass deine Liebe für ihn nicht ein Leben lang reicht. Hast du ihm das so gesagt?»

«Natürlich nicht – nur angedeutet, spaßeshalber. Dass man ja dumm wäre, zu heiraten, wenn man damit eineinhalb Milliarden Männer von der Bettkante stößt.» Julia lacht, die beiden stoßen an. Der Blonde blickt herüber und gleich wieder weg.

«Den muss man sich nicht erst schöntrinken», sagt Marina mit Kennerinnenmiene.

«Wir tragen doch alle unsere biologische Uhr mit uns herum. Du hast – wie viel? – fünf Heiratsanträge bekommen. Das sind fünf mehr als ich, aber daran denken wir jetzt nicht.»

«Keinen einzigen? Und was war mit Florian? Du hast doch gesagt …»

«Manchmal lügen auch Freundinnen eben, okay? Also fünf Heiratsanträge. Meine Vermutung geht dahin, dass du nicht auf mehr als zehn kommen wirst. Wenn du zu Karsten nein sagst, wird der nächste Kandidat auch nicht hipper sein als der liebe Karsten. Dann bist du sauer, aber Karsten hat mittlerweile vier Bausparverträge, aus denen er nicht mehr rauskommt.»

«Du verstehst es, einem Mut zu machen.»

«Ich weiß eben, wie erregend es ist, jede Woche zum Speed-Blind-Date zu rennen und dann der aktuellen Pullover-Kollektion von C & A gegenüberzusitzen.»

«Ich kann doch nicht den Erstbesten …»

Julia sagt: «Willst du einen Rat von mir? Es ist der letzte für heute.»
«Wieso? Musst du zu deinem wöchentlichen Blind-Date?»
Sie kichern, sie mögen sich. Julia resümiert: «Für mich ist der Fall klar. Karsten ist es nicht, das verraten dein Zögern, deine Worte, dein Blick. Irgendetwas an ihm ist für dich zu ordentlich, anständig, bürgerlich, ohne Überraschungen. Merkst du, wie elegant ich das Wort ‹langweilig› umschiffe?»
«Ich mag ihn wirklich.»
«Es ist ja auch schwierig, solche Männer nicht zu mögen. Sie sind ideale Schwiegersöhne, aber eben keine Traummänner.»
«Ich will ihm auf keinen Fall weh tun», stellt Marina klar. «Aber ich befürchte, ich werde mir weh tun, wenn ich mich falsch entscheide. Was passiert denn, wenn ich nein sage? Dann ist unsere Beziehung im Eimer.»
Julia nickt. «Eine Beziehung zu beenden ist auch so etwas, was niemand von uns jemals richtig lernen wird ... Willst du heiraten oder nicht?»
«Ja, ich will.»
«Dann schau dir die nächsten Bewerber genau an. Du absolvierst das volle Programm, und beim nächsten, der besser ist als Karsten, was immer das heißt, schluckst du alle deine Bedenken runter und sagst ja. Und zwar sofort, ohne Ausflüchte. Sonst höre ich mir dein Gejammer noch in 20 Jahren an.» Der Schnaps tut seine Wirkung.
«Ich werde ein altes Fräulein werden», säuselt Marina weinerlich.
«Du wirst einfach nur überlegt handeln. Und ich habe auch einen Vorteil davon, denn ich will nicht die beste Freundin eines alten Fräuleins werden.»
Marinas Blick schweift durch den Raum. Auf der Bar steht eine Tasse, daneben liegen Münzen.

MATHEMATISCHE LIEBESHILFE Es gibt einen Zeitpunkt im Leben, da wollen viele Menschen irgendwie erwachsen werden, die wechselnden Beziehungen aufgeben und sich einen festen Partner suchen. Dieser Zeitpunkt lässt sich erstaunlicherweise mathematisch berechnen. Zu ernst sollte man das Ergebnis zwar nicht nehmen; die Liebe lässt sich natürlich nicht vollständig mit mathematischen Formeln beschreiben. Aber wenn man ein paar mehr oder weniger realistische Annahmen macht, kann man zumindest eine Empfehlung abgeben.
Ist die Strategie, die Julia empfohlen hat, wirklich die richtige? Es geht um das Problem, eine optimale Auswahl aus einer bestimmten Menge von Bewerbern zu treffen, von denen einige, die Künftigen, allerdings nicht bekannt sind. Wegen dieser Unbekannten kann man keine Gewissheit haben, die richtige Wahl zu treffen – aber es lässt sich, unter ein paar Voraussetzungen, zumindest die Wahrscheinlichkeit dafür angeben, dass man die beste Wahl trifft. Mathematiker nennen dieses spezielle Problem das «Sekretärinnenproblem», weil es zuerst in eine Geschichte gekleidet wurde, bei der es um die Auswahl von Bewerberinnen für eine Sekretärinnenstelle ging. Keine sehr realistische Problemstellung – in der Wirklichkeit muss sich ein Chef ja erst entscheiden, wenn er alle Bewerberinnen gesehen hat. Deshalb ist Marinas Heiratsproblem eigentlich ein besseres Beispiel für dieses Auswahlproblem.
Um das Heiratsproblem zu lösen, müssen wir die Realität nur ein wenig berechenbarer machen, als sie üblicherweise ist, und Folgendes voraussetzen:

- Es gibt eine eindeutige Rangfolge unter den Bewerbern. Heißt: Wenn Marina alle kennen würde, könnte sie ein eindeutiges Liebes-Ranking erstellen.
- Die Reihenfolge der Heiratsanträge wird nur vom Zufall bestimmt.
- Es gibt eine feste, vorher bekannte Zahl von Bewerbern

(das macht die Berechnung ziemlich weltfremd, aber es gibt auch eine Lösung für den Fall, dass die Zahl nicht bekannt ist, dazu später). Nehmen wir im Fall von Marina eine Gesamtzahl von 10 Männern an, die ihr irgendwann im Lauf ihres Lebens einen Heiratsantrag machen.

Wahrscheinlichkeitsrechnung ist für viele ein rotes Tuch. Im echten Leben eher vage – eben zufällige – Ereignisse und Chancen in exakte mathematische Formeln zwingen zu wollen, klingt immer ein bisschen nach Wahrsagerei. Wenn man aber die grundlegenden Prinzipien einmal akzeptiert hat (und die zeigen sich eindrucksvoll zum Beispiel im Fall der Spielcasinos, die einen kleinen rechnerischen Vorteil gegenüber den Spielern in Millionengewinne umsetzen, siehe S. 82), dann verschwindet das ungute Gefühl ganz schnell.

Die Definition der Wahrscheinlichkeit ist so einfach wie einleuchtend: Teile die Zahl der «günstigen» Ereignisse durch die Zahl aller möglichen Ereignisse. Das wird gern anhand von Würfeln demonstriert: Wenn man mit einem Würfel eine 6 würfeln will, dann gibt es bei einem Wurf ein günstiges Ereignis (die 6), aber 6 mögliche Ereignisse (1, 2, 3, 4, 5, 6). Die Wahrscheinlichkeit für die 6 ist also ⅙. Manchmal gibt man den Wert auch in Prozent an, eine Wahrscheinlichkeit von ⅙ entspricht dann 16,67 Prozent.

So weit, so klar. Als Fallstrick erweist sich jedoch häufig, die Zahl der möglichen Ereignisse richtig abzuzählen. Beim Würfeln mit einem Würfel ist das kein Probleme. Bei zwei Würfeln wird die Sache schon komplizierter. Nehmen wir die Frage, wie wahrscheinlich beim Spielen mit zwei Würfeln ein Pasch ist (bei dem beide Würfel dieselbe Augenzahl zeigen): Die Zahl der günstigen Ereignisse beträgt 6 (Pasch mit Einsen bis Pasch mit Sechsen), was aber ist die Zahl der möglichen Ereignisse? Da machen viele einen Fehler, weil sie den Wurf 1–2 nicht von dem Wurf 2–1 unterscheiden. Auch wenn das

Ergebnis gleich aussieht, sind es zwei verschiedene Ereignisse, weil beide Würfel jeweils unterschiedliche Augenzahlen aufweisen. Tatsächlich gibt es 6 Möglichkeiten für den ersten Würfel, und in jedem dieser Fälle kann der zweite Würfel 6 verschiedene Augenzahlen zeigen – macht insgesamt 36 Möglichkeiten. Die Wahrscheinlichkeit für einen Pasch ist also $\frac{6}{36}$, macht wieder $\frac{1}{6}$.

Wie groß ist nun die Wahrscheinlichkeit, dass Marina mit Julias Strategie ihren Traummann, den Allerbesten von allen, bekommt? Vielleicht war es ja doch Karsten. Oder Uwe. Oder Christian. Dann würde der traurige Fall eintreten, dass Marina überhaupt keinen Mann abbekommt. Eine Chance hat sie also nur, wenn ihr der Traummann, nennen wir ihn Adonis, bislang noch nicht über den Weg gelaufen ist. Da die Verteilung der 10 Männer rein zufällig sein soll, ist die Wahrscheinlichkeit dafür genau so groß wie die Wahrscheinlichkeit, dass der Allerbeste schon unter den ersten 5 war – also $\frac{5}{10}$ oder 50 Prozent.

Heißt das nun, dass Marina bei der nächsten Hormonausschüttung angesichts eines Mannes davon ausgehen kann, mit einer 50 : 50-Chance ihren Prinzen vor sich zu haben? Nein, denn dann hätte sie übersehen, dass ja noch vor Adonis ein weiterer Kandidat auftauchen könnte, der zwar besser als die ersten 5 Bewerber ist, aber noch nicht der Allerbeste. Das heißt, der schlimmste Widersacher für Adonis ist der beste von allen Kandidaten, die vor ihm aufgetaucht sind, er möge Bruno heißen.

Und es wird noch etwas komplizierter. Denn Bruno muss nicht unbedingt der Zweitbeste von allen sein, falls dieser nach Adonis kommt. Mathematisch gesagt: Während Adonis eine Konstante ist, ist die Identität von Bruno eine Variable! Wenn Bruno unter den ersten fünf Kandidaten war, dann kann nichts mehr schiefgehen, er hat damit sozusagen die

Latte so hoch gelegt, dass nur noch Adonis drüberspringen kann. Wenn Bruno dagegen erst später kommt, dann wird er Adonis die Braut wegschnappen – wenn es nicht sogar schon vorher ein anderer getan hat.

Dieses Dilemma lässt sich in Einzelwahrscheinlichkeiten beschreiben:

- Kommt Adonis an 6. Stelle, gibt es kein Problem – er wird vom Fleck weg akzeptiert. Die Wahrscheinlichkeit dafür ist $1/10$, da die 6. Stelle genauso wahrscheinlich ist wie jede andere.
- Kommt Adonis als Siebter, dann ist die Frage: Wann kam Bruno, der bis dahin Zweitbeste? Wenn er als Sechster kam, dann sieht es schlecht aus für Adonis – in den fünf anderen Fällen wird der Prinz erwählt. Die Wahrscheinlichkeit dafür ist $5/6$, multipliziert mit $1/10$ für die siebte Stelle.
- Ist Adonis der achte Kandidat, dann kann ihm Bruno in 2 von 7 Fällen die Braut wegschnappen – die Wahrscheinlichkeit zugunsten von Adonis beträgt $1/10$ mal $5/7$.

Und so weiter bis zu dem Fall, dass Adonis der letzte Kandidat ist – in 4 von 9 Fällen könnte ihm dann Bruno dazwischenfunken. Die Wahrscheinlichkeit dafür, dass Marina bis dahin noch keinen erwählt hat, beträgt $5/9$.

Diese fünf Einzelwahrscheinlichkeiten muss man aufaddieren, die Rechnung steht für alle Hartgesottenen im Kleingedruckten dieses Kapitels. Das Ergebnis: Mit der Wahrscheinlichkeit von 37,3 Prozent, also mehr als einem Drittel, bekommt Marina den besten aller Kandidaten ab. Das ist vielleicht auf den ersten Blick nicht sehr viel – aber es ist viel besser, als wenn Marina aus Panik gleich den Nächsten wählen würde. Und zu ihrem Trost sei gesagt: Die Chance, einen der beiden absolut besten Kandidaten auszuwählen, beträgt bei dieser Strategie etwa 46,8 Prozent – fast die Hälfte!

Gäbe es für Marina eine noch bessere Strategie als die von Julia vorgeschlagene? Jetzt nicht mehr – aber sie hätte ihre Chancen optimieren können, wenn sie früher auf den Rat der Freundin gehört hätte! Wenn sie nur die ersten drei Bewerber abgewiesen und dann beim nächsten zugegriffen hätte, der besser als die drei war, so wäre ihre Chance, damit den Besten zu wählen, auf 39,9 Prozent gewachsen. Allerdings wäre sie dann wohl jetzt mit Karsten verheiratet. Ist eben Mathematik.

DIE FORMEL FÜR HARTGESOTTENE Die Formel, die für 10 Bewerber aufgestellt wurde, lässt sich auch auf eine beliebige Anzahl von Bewerbern (n) verallgemeinern. Dann kann man berechnen, wie groß die Wahrscheinlichkeit p ist, ihren Adonis abzubekommen, wenn die Heiratswillige alle Kandidaten bis zum Bewerber mit der Nummer b ablehnt und dann den nächsten wählt, der besser ist als alle Vorgänger:

$$p = \frac{b}{n} \sum_{j=b}^{n-1} \frac{1}{j}$$

Bei dem Zeichen in der Mitte kriegen viele Menschen gleich einen Hautausschlag, aber so kompliziert ist dieses Summenzeichen nun auch wieder nicht: Es enthält eine Variable, j, und die soll nacheinander die Werte b, $b + 1$, $b + 2$ und so weiter einnehmen, bis $n - 1$ – dann wird alles aufsummiert. Das Ganze ist also nur eine bequeme Schreibweise für

$$p = \frac{b}{n} \left(\frac{1}{b} + \frac{1}{b+1} + \frac{1}{b+2} + \ldots + \frac{1}{n-1} \right)$$

In Marinas Fall war $n = 10$ und b = 5. Man kann aber nachweisen, dass der Wert p am größten wird, wenn b etwas mehr als ein Drittel von n beträgt, genauer gesagt: 36,7 Prozent. (Noch genauer gesagt: n/e. e ist die sogenannte Eulersche Zahl, die uns auch auf S. 146 begegnet.) Bei 10 Kandidaten bestünde also die mathematisch optimale Strategie darin, die ersten 3 abzulehnen, bei 100 sollte man die ersten 36 ziehen lassen und dann den Nächsten erhören, der besser ist als alle Vorgänger.

Natürlich steht die gesamte Konstruktion des Beispiels auf wackeligen Füßen. Mal von der Objektivierbarkeit der Liebe abgesehen: Die Zahl von 10 Heiratskandidaten ist eine grobe Abschätzung, und die ganze Rechnung, bei der es ja um sehr kleine Unterschiede geht, ist hinfällig, wenn sich diese Zahl im richtigen Leben ändert. Doch auch hier weiß die Mathematik Rat. Für den Fall, dass eine beliebige Zahl von Anträgen gestellt wird, gibt es eine erstaunlich einfache Lösung, die der Mathematiker F. Thomas Bruss entwickelt hat: Man muss nämlich nur eine Vorstellung über die zeitliche Verteilung der Heiratsanträge haben. Diese zeichnet man als Kurve und versucht dann abzuschätzen, welche senkrechte Linie etwa 36,7 Prozent der Fläche abteilt. An der waagerechten Zeitachse kann man nun den Punkt *x* ablesen, wann es Zeit ist, das Lotterleben sein zu lassen und sich einen Kandidaten fürs Leben zu suchen!

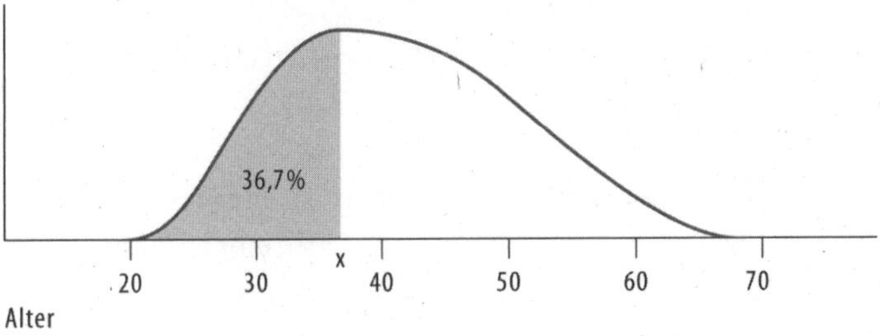

DAS KLEINGEDRUCKTE Adonis' Chance: *n* ist die Position in der Warteschlange, an der Adonis seinen Antrag macht. *n* kann Werte zwischen 6 und 10 anbieten.

$$n = 6\colon p_6 = \frac{1}{10}$$

$$n = 7\colon\ p_7 = \frac{1}{10} \cdot \frac{5}{6}$$

$$n = 8\colon\ p_8 = \frac{1}{10} \cdot \frac{5}{7}$$

$$n = 9\colon\ p_9 = \frac{1}{10} \cdot \frac{5}{8}$$

$$n = 10\colon\ p_{10} = \frac{1}{10} \cdot \frac{5}{9}$$

Für die Gesamtwahrscheinlichkeit gilt:

$$p = p_6 + p_7 + p_8 + p_9 + p_{10} = \frac{1}{10}\left(1 + \frac{5}{6} + \frac{5}{7} + \frac{5}{8} + \frac{5}{9}\right)$$
$$= \frac{1}{10} \cdot \frac{504 + 420 + 360 + 315 + 280}{504} = \frac{1879}{5040} = 0{,}3728\ \ldots$$

Einfach, oder?

«AUSGERECHNET» 15 Ehepaare haben an einer Abendgesellschaft teilgenommen. Jetzt gehen sie paarweise nach Hause, jeder mit seinem Gatten, und praktizieren dabei das folgende Abschiedsritual: Die Herren geben einander einen festen Händedruck. Die Damen verabschieden sich mit Küsschen rechts und Küsschen links. Ein Herr und eine Dame geben einander die Hand sowie einen Kuss auf die linke Wange. Wie viele Küsschen werden gegeben, und wie oft werden die Hände geschüttelt?
Auflösung unter *www.rowohlt.de/mathematikverfuehrer*

DER ERRECHNETE WAHLSIEG

ODER WENIGER IST MANCHMAL MEHR

Dicke Luft in der «Post» in Hoppenstadt. Und das liegt nicht etwa daran, dass in dem rauchfreien Gasthaus jemand seine Grenzen überschritten hätte. Seit drei Stunden zerbricht sich der Vorstand der Bürgerpartei (BP) im Vereinsraum den Kopf über die aktuelle politische Lage in der Gemeinde Hoppenstadt – beziehungsweise Heinfelden-Hoppenstadt, denn Anfang des Jahres wurden die beiden Ortschaften im Rahmen einer Gebietsreform der Landesregierung zusammengelegt. Eine Folge der Reform: Die Wahlbezirke müssen neu zugeschnitten werden. Aus vorher 16 Bezirken sollen 8 werden – aus Gründen der Kostenersparnis. Dagegen ist im Prinzip auch gar nichts einzuwenden. Und dennoch führt die Halbierung bei den fünf Vorständlern der Hoppenstadter BP zu Depressionen. Denn Hoppenstadt ist kleiner als Heinfelden, und in dem größeren Ort regiert unangefochten die Partei der Bürger (PB), Erzrivale der BP.

«Liebe Freunde, wir müssen mit unserer Stellungnahme endlich zu Potte kommen. Die PB hat eine Neuordnung der Wahlkreise erarbeitet. Höre ich Meinungsäußerungen?» Vergeblich versucht Justus Nöthing, Parteivorsitzender und Noch-Bürgermeister von Hoppenstadt, die Sorge über das gefährdete Amt durch Tatkraft zu verscheuchen.

An der Wand hängen die Karten. Die Konditorin Gesine Schwing und Fred Kugel, der Maurermeister, widmen sich schweigend ihrem stillen Wasser und dem Bier. Nur Pia Paulsen, Quoten-

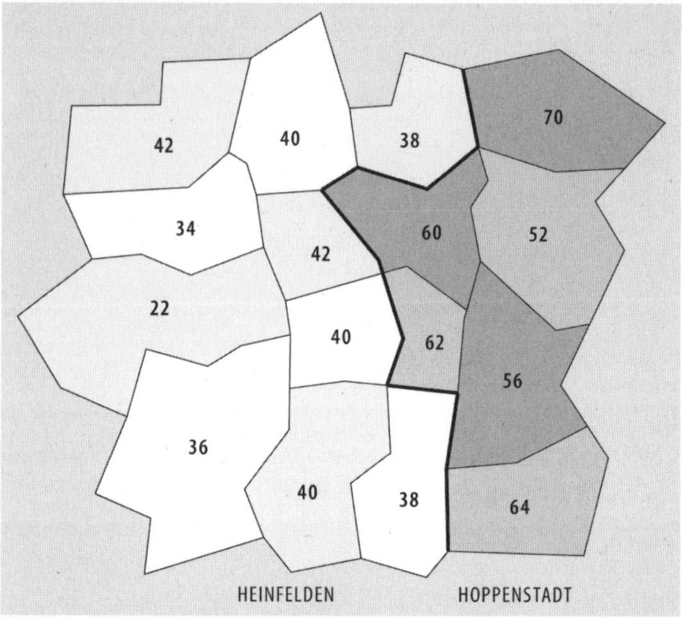

studentin der Partei, und Matthias Sauer, Bankangestellter mit Aussicht auf Beförderung zum Filialleiter, studieren die Zahlen und Graphiken. Für sie handelt es sich nicht um trockene Materie, sie wittern Gestaltungsmöglichkeiten.

Bisher waren Heinfelden und Hoppenstadt aufgeteilt in Wahlbezirke mit jeweils rund 1000 Wahlberechtigten, die je einen Vertreter in den Gemeinderat wählten – 10 Bezirke in Heinfelden (mehrheitlich protestantisch) und 6 in Hoppenstadt (mehrheitlich katholisch). Jeweils zwei der alten Bezirke sollen nun zu einem neuen vereinigt werden. Hoppenstadt wird traditionell von der BP regiert, Heinfelden von der PB. Eine dritte Partei existiert nicht. Parteichef Nöthing hat die Prozentzahlen seiner Partei bei der letzten Kommunalwahl auf der ersten Karte notiert.

«Das waren noch Zeiten», sagt Nöthing versonnen und blickt

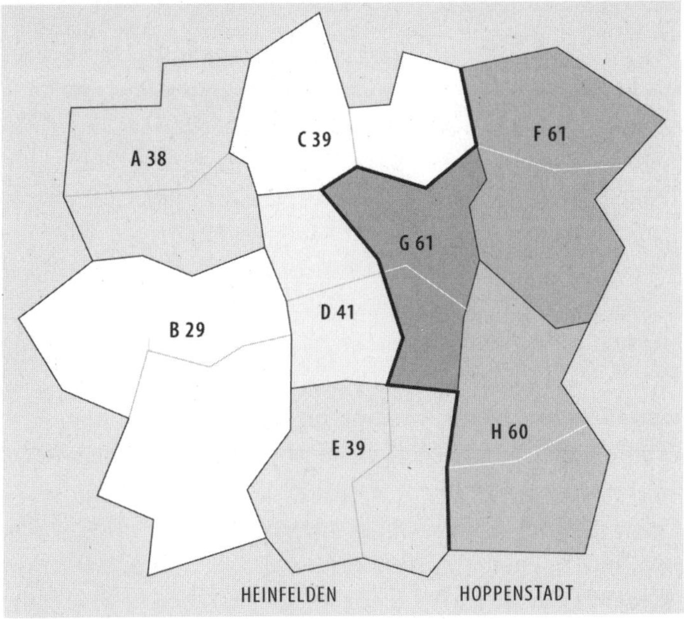

so liebevoll auf die Karte wie ein Urlauber auf den Sonnenuntergang am Meer. «Der Vorschlag der PB besticht durch seine Logik. Sie haben jeweils zwei benachbarte Bezirke zusammengefasst – in beiden Ortsteilen. Macht fünf Bezirke im Westen und drei bei uns.»

«Dann können wir uns künftig Wahlen sparen», murrt Kugel. «Unsere drei Bezirke gewinnen wir nach guter alter Sitte haushoch, und die anderen verlieren wir ebenso haushoch.»

«Ist ja auch einfach», sagt Pia, «du musst nur den Durchschnitt der beiden letzten Wahlkreisergebnisse nehmen und fertig.» (Das ist in diesem Fall korrekt – ansonsten kann man mit dem «Durchschnitt» allerlei Fehler machen, siehe S. 35.)

In der neuen Großgemeinde kommt die BP auf einen Stimmenanteil von 46 Prozent, die erhält man, wenn man alle 16 Wahlkreisergebnisse addiert und durch 16 teilt. Im künftigen Gemeinderat mit dann acht Sitzen wären das 3 von 8, also 37,5 Prozent. Alle wichtigen Positionen, vom Bürgermeister bis zu den Dezernenten, würden damit an die PB fallen.

«Was war gleich nochmal das Tolle an der Demokratie?», murmelt Gesine Schwing trübsinnig.

«Wahlkreise, schön und gut, aber es geht auch anders. Hat einer von euch schon mal das Wort ‹Gerrymandering› gehört?»

Alle starren Pia fragend an. Die ist nicht zu stoppen: «In den USA hat im 19. Jahrhundert der Senatsbewerber Elbridge Gerry die Wahl nur gewonnen, weil er die Wahlkreise zuvor kreativ zugeschnitten hatte. Einer besaß die Form eines Salamanders, daher Gerry-mandering.»

«Salamander heißt Gerry? Habe ich gar nicht gewusst», sagt Sauer leise vor sich hin und notiert sich das auf einem Zettel.

Pia geht zu den Karten an der Wand. «Unser Problem ist das gleiche wie bei Gerry. Einerseits verfügen wir über knapp die Hälfte der Stimmen. Andererseits sind die Stimmen sehr ungleich verteilt. In unserem besten Wahlkreis sind es 70 Prozent. Für den Sieg brauchen wir aber nur 50 Prozent plus eine Handvoll Stimmen über den Durst. Die restlichen 20 Prozent sind verschenkt.»

«Eigentlich mag ich satte Mehrheiten», wirft Kugel ein. «Der CSU wird es ja auch nicht langweilig da unten in Bayern.»

«Wartet nur ab», sagt Pia aufmunternd. «Bisher hatten wir in Hoppenstadt eine satte 60-Prozent-Mehrheit. Und nach jeder Wahl kam die legendäre 60er-Torte auf den Tisch.»

«Damit ist natürlich Schluss», kündigt die Konditorin an.

«Vielleicht nicht. Alles, was wir tun müssen, ist, ein paar Stimmen aus den starken Wahlkreisen in die schwächeren zu exportieren.»

«Ich ziehe nicht nach Heinfelden», ruft Gesine erschrocken. «So weit geht die Liebe zur Partei nicht.»

«Ich glaube, ich verstehe.» Sauer hat offenbar begriffen, worauf

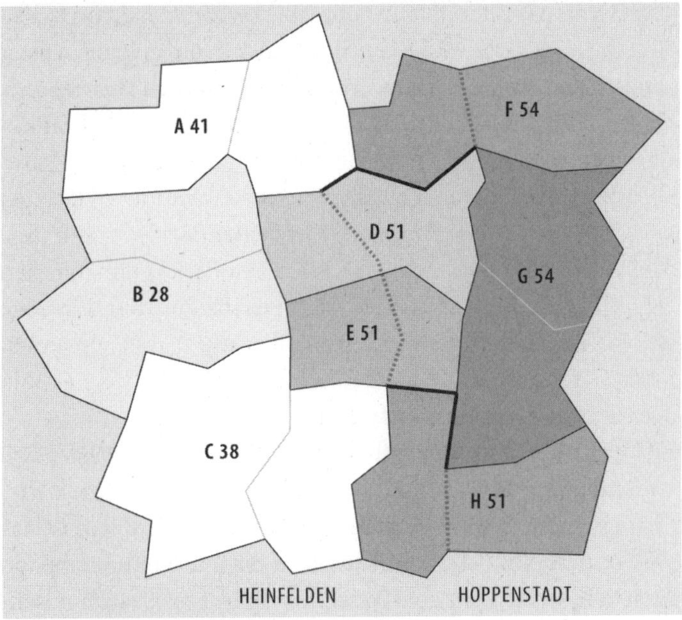

Pia hinauswill. «Wir schauen einfach mal, ob wir die Neuordnung der Wahlkreise nicht nutzen können, um die Ungleichheit ein wenig zu … ich sag mal, auszubügeln.»

«Zum Beispiel steht nirgendwo geschrieben, dass die traditionelle Trennung der beiden Orte auch künftig in den Wahlkreisen zementiert bleiben muss», sagt Pia und holt ihr Bierglas vom Tisch. «Vorschlag: Wir legen die Wahlkreise, die an der alten Gemeindegrenze liegen, so zusammen, dass ein Teil in Heinfelden liegt und ein Teil in Hoppenstadt. Schauen wir mal, was dabei herauskommt.»

Plötzlich ist die gedrückte Stimmung verflogen. Als die Kellnerin die neuen Bestellungen bringt, blickt sie auf fünf eifrig schreibende und rechnende Köpfe. «Brave Schüler», ruft sie und wartet, bis Pia ihren Rest ausgetrunken hat.

20 Minuten später sieht die Welt viel schöner aus. Die vier

Wahlkreise, die je zur Hälfte aus den beiden Gemeinden gebildet werden, würden alle an die Bürgerpartei gehen – wenn auch teilweise sehr knapp. Im Gesamtergebnis steigert sich die BP dadurch von 3 auf 5 Sitze. 5 von 8.

«51 Prozent in einem Wahlkreis ist aber keine bombenfeste Mehrheit», gibt der Vorsitzende zu bedenken und steckt routiniert die «Bedenkenträger»-Schmährufe weg.

«Ein wenig Wahlkampf werden wir schon noch machen müssen», gibt Pia zu. «Aber jetzt reden wir über Verhältnisse, die wir zu unseren Gunsten drehen können. Vorher waren wir auf Opposition programmiert.»

«Das merken die doch», wendet Gesine Schwing ein. «Die sind doch nicht blöd. Also blöd sind sie schon, aber dumm sind sie nicht.»

Es folgt einer der Momente, für die Justus Nöthing vor 17 Jahren in die Politik ging: Alle Augen richten sich auf ihn, in allen Augen sieht er den Funken der Hoffnung. «Ich werde die Zahlen schon nicht dranschreiben, wenn ich unseren Vorschlag für die neuen Wahlkreise nach Heinfelden und ans Ministerium schicke», sagt er grinsend. «Wir verkaufen denen die Sache politisch. Und vielleicht ein ganz klein wenig pathetisch.»

Mit erhobener Stimme und geballter Faust fährt er fort: «Die Bürgerpartei ist die Partei der neuen Einheit von Hoppenstadt und Heinfelden! Wir reißen die alten Grenzen nieder, anstatt die Teilung zu zementieren!»

An diesem Abend schleppt die Kellnerin so viele Runden in den Vereinsraum wie noch nie. Politik kann offenbar sogar Spaß machen, denkt sie.

WAHL-MATHEMATIK Die Orte Heinfelden und Hoppenstadt sind natürlich erfunden, ebenso wie die Wahlmodalitäten, die der Vorstand der Bürgerpartei dort so kreativ zu manipulieren versucht. Das «Gerrymandering» (mit dem Elbridge Gerry 1812 in Massachusetts 29 von 40 Wahlkreisen gewann, obwohl die Opposition 51 Prozent der Stimmen hatte) funktioniert nur beim Mehrheitswahlrecht, bei dem das Parlament aus direkt gewählten Wahlkreiskandidaten besteht – wie heute noch in den USA und Großbritannien. In Deutschland gilt für die Zusammensetzung fast aller Gemeinde- und Landesparlamente sowie für den Bundestag das Verhältniswahlrecht, das heißt, man versucht die Sitze gemäß dem Stimmenanteil auf die Parteien zu verteilen. Da diese Verhältniswahl aber meistens kombiniert wird mit einer direkten Personenwahl, gibt es auch bei uns die Möglichkeit, durch einen neuen Zuschnitt der Wahlkreise das Ergebnis zu beeinflussen.

Das Beispiel mit dem großen Westen und dem kleinen Osten ist dabei gar nicht unabsichtlich gewählt: In Berlin wurden im Jahr 2000 die Wahlkreise genau nach dem Muster von Heinfelden-Hoppenstadt neu definiert, man bildete neue Ost-West-Bezirke, die keine Rücksicht mehr nahmen auf den Verlauf der Mauer, die einst Osten und Westen voneinander schied. In diesem Fall war das Motiv nicht, die «Ostpartei» PDS zu stärken, sondern sie umgekehrt zu schwächen. Der Hintergrund: Nach unserem Wahlgesetz zieht eine Partei, die an der Fünf-Prozent-Hürde scheitert, trotzdem in den Bundestag ein (und dann auch gleich mit so vielen Abgeordneten, wie es ihrem Prozentanteil entspricht), wenn sie mindestens drei Direktmandate erringt. Und in Berlin verringerte man die Chancen der PDS auf direkte Parlamentssitze, indem man die Ost-Wahlkreise nach Westen ausdehnte, wo die Ex-SED nur eine Splitterpartei war. So hätte sie mit der Stimmenzahl von 1998 nur noch zwei statt vier Direktmandate errungen. (Tatsächlich war dann das Ergebnis von 2002 für die PDS so schlecht, dass auch mit der alten Aufteilung nur zwei Kandidaten direkt gewählt worden wären.)

Das komplizierte Zusammenspiel von Verhältnis- und Mehrheitswahlrecht, das bei der Bundestagswahl benutzt wird, führt aber auch zu anderen Seltsamkeiten. Die mögen gar nicht politisch gewollt sein, sind dafür aber umso absurder. Es geht so weit, dass eine Partei weniger Sitze im Bundestag bekommt, wenn sie mehr Stimmen erhält – «negatives Stimmgewicht» nennen das die Wahl-Mathematiker. Besonders augenfällig war es bei der Nachwahl im Dresdener Wahlkreis 160, die im Jahr 2005 stattfand. Eine NPD-Kandidatin war kurz vor der Wahl gestorben, sodass die Wahl in diesem Wahlkreis um zwei Wochen verschoben werden musste, um den Rechten Gelegenheit zu geben, einen Ersatz zu finden. Das Gesamtergebnis der Schicksalswahl zwischen Schröder und Merkel stand tendenziell schon fest, trotzdem konnte es durch die Dresdner Nachwahl noch Verschiebungen bei der Sitzverteilung geben. Und paradoxerweise lief die CDU Gefahr, einen Bundestagssitz zu verlieren, wenn sie zu viele Stimmen bekäme. Der CDU-Kandidat hätte also eigentlich dazu aufrufen müssen, ihm zwar die Erststimme zu geben (und damit seinen Parlamentssitz zu sichern), aber mit der Zweitstimme möglichst nicht die CDU zu wählen.

Um zu verstehen, wie es zu einem solchen Paradox kommen kann, muss man das komplizierte Bundestagswahlsystem genauer betrachten. Es funktioniert wie folgt:

Die Hälfte der Bundestagsabgeordneten, 299 an der Zahl, wird mit der Erststimme direkt gewählt, einer für jeden Wahlkreis. Wer dort die meisten Stimmen erhält, ist im Bundestag – und dieses Mandat kann ihm niemand nehmen.

Die andere Hälfte der Abgeordneten wird nach dem bundesweiten Ergebnis jeder Partei so besetzt, dass die Gesamtsitzzahl möglichst dem Stimmenanteil der Zweitstimmen der Partei entspricht (wie man von der Prozentzahl auf die Zahl der Sitze kommt, ist ebenfalls ein komplexes Problem, das soll aber hier nicht interessieren). Dabei werden aber die Stimmen auf Landesebene heruntergebrochen.

Beispiel: Einer Partei X stehen insgesamt 180 Bundestagsmandate zu, es sind bereits 93 ihrer Kandidaten direkt gewählt worden. Nun werden aber nicht einfach zusätzliche 87 Listenkandidaten bestimmt – nein, das Verfahren ist viel komplizierter: Die 180 Mandate werden zunächst auf alle Bundesländer verteilt, entsprechend der Stimmenzahl der Partei in den einzelnen Ländern – also fast so, als würden wiederum 16 Parteien um diese 180 Mandate konkurrieren.

Damit steht die Zahl der X-Abgeordneten für jedes Bundesland fest. Erst jetzt kommen die direkt gewählten Abgeordneten ins Spiel. Und da kann es passieren, dass deren Zahl schon größer ist als die Zahl der Abgeordneten, die der Landesliste zusteht. Beispiel SPD in Hamburg: Die gewinnt in guten Jahren alle sechs Direktmandate in der Hansestadt, aber ihr stehen vielleicht nur vier Abgeordnete zu. Auf diese Weise entstehen die sogenannten Überhangmandate – den direkt gewählten Kandidaten kann, wie gesagt, niemand ihr Mandat wieder wegnehmen. Man kann aber auch nicht eine andere SPD-Landesliste für den Erfolg der Hamburger «bestrafen». Der Bundestag hat dann einfach zwei Abgeordnete mehr.

Nun zur Situation in Dresden vor der Nachwahl 2005: Hätte die CDU mehr als 42 000 Zweitstimmen bekommen, so hätte sie einen Bundestagssitz verloren. Und zwar so:

- Auf die Sitzverteilung nach dem Parteienproporz hätte die Wahl keinen Einfluss gehabt – dazu ist der Wahlkreis zu klein.
- Die Verteilung auf die CDU-Landeslisten hätte sich aber verändert: Sachsen hätte einen Sitz mehr bekommen und Nordrhein-Westfalen einen weniger. Der Sachsen-CDU hätten demnach nicht wie bislang 10, sondern 11 Mandate zugestanden, der NRW-CDU 46 statt 47.
- In Sachsen waren aber schon 13 CDU-Leute direkt gewählt

worden, bisher gab es also schon drei Überhangmandate. Der einzige Unterschied wäre also gewesen, dass nur noch 2 als Überhangmandat gezählt hätten – die Zahl der CDU-Sachsen im Bundestag wäre aber gleich geblieben.

- Der Netto-Effekt: gleich viele Sachsen für die CDU im Bundestag, aber ein Nordrhein-Westfale weniger – also ein Verlust von einem Sitz für die Gesamtpartei!

Irgendwie hat es die CDU geschafft, dieses Dilemma dem Wähler zu vermitteln, ohne direkt dazu aufzurufen, die Stimme einer anderen Partei zu geben: Sie erhielt bei der Nachwahl im Wahlkreis 160 nur etwa 38 000 Zweitstimmen, das waren etwa 11 000 weniger als drei Jahre zuvor, ein Stimmenanteil von 24,4 Prozent. Bei den Erststimmen dagegen siegte der CDU-Mann Andreas Lämmel souverän mit 37 Prozent. Das verschaffte der CDU sogar noch ein weiteres Überhangmandat.

Sollte sich der CDU-Mann aus Nordrhein-Westfalen mit dem schönen Namen Caius Julius Caesar nun gefreut haben, dass er seinen Sitz behalten durfte, dann war das zu früh: Durch das schlechte Ergebnis der Dresdner CDU verschoben sich die Gewichte innerhalb der CDU-Fraktion erneut, ein Sitz wanderte von NRW ins Saarland. Anette Hübinger durfte sich damals bei dem verqueren Wahlrecht für ihr Bundestagsmandat bedanken.

Bei der Dresdner Nachwahl wurde das Problem des negativen Stimmgewichts offensichtlich – aber das heißt nicht, dass es sonst nicht existiert. Der Unterschied ist, dass man es bei der Wahl noch nicht weiß. Erst hinterher kann man sagen: «Hätte die Partei X im Wahlkreis Y weniger Stimmen bekommen, dann hätte sie einen Sitz mehr im Bundestag erhalten!»

KOALITION GEGEN DIE MATHEMATIK Wer Probleme hat, der komplizierten Wahl-Mathematik zu folgen, kann sich trösten: Politikern und Richtern geht es nicht anders. Immerhin hat jetzt das Bundesverfassungsgericht das «negative Stimmrecht» für verfassungswidrig erklärt. Allerdings wird nicht am Ergebnis der Bundestagswahl gerüttelt – das hätte ja auch gravierende Auswirkungen auf die bis dahin erfolgten Beschlüsse des Bundestages. Da gibt es glatt eine Allparteienkoalition für den Status quo und gegen die Mathematik.

«AUSGERECHNET» Im Kleingartenverein «Waldeslust» soll der neue Vorsitzende gewählt werden. Es gibt die drei Kandidaten A, B und C, und man hat sich darauf geeinigt, dass jedes Vereinsmitglied nicht einfach nur einen Kandidaten wählt, sondern seine persönliche Rangfolge der drei Kandidaten auf einen Zettel schreibt – so soll sich ein differenzierteres Bild des Wählerwillens ergeben. Es gibt 6 mögliche Rangfolgen, und die 21 Mitglieder stimmen folgendermaßen ab:

A–B–C:	4 Mitglieder	B–C–A:	7 Mitglieder
A–C–B:	4 Mitglieder	C–A–B:	2 Mitglieder
B–A–C:	0 Mitglied	C–B–A:	4 Mitglieder

Nach dem Wahlgang erklären sich alle drei Kandidaten zum Sieger. A sagt: «8 von 21 Wählern haben mich auf Platz 1 ihrer Liste, bei B sind es 7 und bei C nur 6 Wähler – ich bin eindeutig die Nummer 1!»

B sagt: «Jeweils die Mehrheit der Wähler findet mich besser als A (11 Stimmen) und C (11 Stimmen) – also bin ich der Sieger!»

C sagt: «Wir müssen die Stimmen so auswerten, dass der erste jeweils 3 Punkte bekommt, der zweite 2 Punkte und der dritte 1 Punkt. Dann habe ich zusammen 44 Punkte, A hat 39 Punkte und B 43 Punkte – also liege ich klar vorne!»

Wer hat recht?

Auflösung unter *www.rowohlt.de/mathematikverfuehrer*

DIE GEFÄLSCHTE SEMINARARBEIT

ODER BENFORDS SELTSAMES GESETZ

Lustlos stochert Maja in ihrem Putengulasch «Esterházy» herum. 40 Cent gespart, die Tages-Empfehlung des Küchenchefs ignoriert, massenhaft Ärger angesammelt. «Drei minus», murmelt sie.
Sascha wirft ihr seinen Ich-bin-ein-nettes-Hausschwein-Blick zu, Maja schiebt ihm ihren Teller hinüber. Mit Kennermiene macht sich der Freund und Kommilitone in der Mensa über die Reste her. «Drei minus», brummt Maja erneut. «Und ich habe mir solche Mühe gegeben.»
«Ach, du meinst die Arbeit», sagt Sascha kauend. «Ich dachte, du meinst den Fraß.»
«Hundert Leute habe ich auf der Straße nach ihrem Einkommen gefragt, schweinekalt war's, und bei jedem Dritten musste ich flüchten, weil er mir gleich seine ganze Lebensgeschichte erzählen wollte.»
«Für das Datensammeln allein kriegst du keine gute Note», entgegnet Sascha. «Das ist kein Survival-Kurs, sondern Statistik, da zählt die gute Aufbereitung der Zahlen.»
Es ist Ende Januar, in drei Wochen hört das Semester auf, im Kurs «Statistik für Volkswirtschaftler» wurden heute die Semesterarbeiten zurückgegeben. Die Studenten sollten einfache Aussagen über volkswirtschaftliche Zusammenhänge anhand von Daten aus der Realität auf ihre Richtigkeit überprüfen. Vor allem sollten sie diese Daten mit diversen statistischen Methoden untersuchen.

Sascha will etwas sagen, erkennt den falschen Zeitpunkt, kaut erst, schluckt und sagt: «Vielleicht war es keine so originelle Idee, den Zusammenhang zwischen Einkommen und Höhe der Miete zu untersuchen. Arme Leute drücken im Durchschnitt weniger für ihre Wohnung ab als reiche – da könnte man wirklich von allein drauf kommen.»
«Sehr witzig», entgegnet Maja und versucht, mit spitzen Fingern ein Flugblatt zu lesen, auf dem in der Mittagspause schon einiges abgestellt und abgewischt worden ist. «Du bist mit einer Zwei minus rausgekommen. Grins nicht so überheblich! An Gero kommst du trotzdem nicht heran. Ich glaube, der ist einfach unfähig, etwas anderes als Einsen zu schreiben.»
Am Ende ihrer Tischreihe unterhält sich Gero mit Freunden. Selbst unter den Volkswirtschaftlern fällt er mit seiner Kleidung auf: konservativ, teuer, stets im Anzug, immer mit Koffer. In der 11. Klasse gründete er seine erste Firma, nach dem Abitur baute er in Stadtvierteln mit Migrationsbevölkerung in Zusammenarbeit mit einer Computerfirma ein Computernetz auf. Im letzten Semester erhielt er eine Auszeichnung für seine Marketing-Kampagne für konsumkräftige «Golden Ager». Zur Feier war Maja eingeladen, an dem Abend lernte sie Gero besser kennen, als sie geplant hatte.
«Einfach geht bei dem gar nicht», spottet Maja. «Der Zusammenhang zwischen Höhe des Arbeitslosengeldes und der Dauer der Arbeitslosigkeit», zitiert sie das Thema von Geros Arbeit. «Und weißt du, zu welchem Ergebnis er kommt? Je höher die Unterstützung, desto länger bleibt einer ohne Job. Bei welcher Partei er sich damit wohl einschleimen will.»
«Bei welcher nicht», sagt Sascha kauend. «Du musst Gero ja nicht lieben, aber statistisch war die Arbeit sauber. Und fleißig war er auch. Bei 100 Arbeitsagenturen hat er die Daten eingeholt und dann eine Regression mit sämtlichen Koeffizienten berechnet. Die Eins geht in Ordnung.»

Maja widmet sich ihrem Vanillepudding und sieht zu, wie nebenan Gero seinen Zuhörern die Welt erklärt. «Wenn ich Eindruck schinden will, nehme ich auch so ein Riesenthema mit zehntausend Zahlen. Glaubst du, Professor Richter prüft die Daten nach? Ich wette, Gero hat höchstens zehn Ämter kontaktiert, den Rest hat er sich ausgedacht.»

«Hast du irgendwas mit dem Smartie?», fragt Sascha, während er weiter das nahrhafte Mensaessen in sich hineinschaufelt.

«Ich habe nichts gegen ihn», sagt Maja, «ich mag ihn nur nicht.»

«Man könnte das herausfinden», sagt Sascha kauend. «Die Arbeiten liegen ja alle auf dem Institutsserver. Gib mir einen Tag Zeit. Und deinen Pudding. Du siehst so satt aus.»

Nächster Tag, selber Tisch. Maja nimmt die Tagesempfehlung. Sascha lässt sich Zeit. Als er endlich kommt, wedelt er wild mit einem Zettel. «Ich glaube, du hattest recht», trompetet er und blickt sich um. «Ich sehe nirgendwo den Nachtisch.»

Maja muss Süßes holen. Sascha beginnt mit einem Fruchtquark, an dem er vorher schnuppert.

«Ich weiß nicht, ob ich dich eines Tages umbringen werde», unterbricht Maja sein Ritual. «Aber wenn ich es mache, wird es todsicher beim Essen sein.»

«Reg dich lieber über Gero auf. Die Daten sind gefälscht.»

«Sicher?»

Sascha hebt die Hand wie zum Schwur.

«Wie hast du das rausgekriegt? Hast du alle Arbeitsagenturen angerufen?»

«So würde es ein Amateur machen», erwidert Sascha großspurig. «Ein Mathematiker greift zu Benfords Gesetz.»

Er schiebt Maja den Zettel hinüber und sagt: «Ich habe mir Geros Daten mit den Regressionskoeffizienten aller Arbeitsagenturen vorgenommen.» Er genießt Majas verständnislosen

Blick und fährt lachend fort: «Müsste dir eigentlich geläufig sein. Der Begriff bezeichnet, wie stark die empirischen Werte von der linearen Geraden abweichen, mit der er sie angenähert hat. Wichtig in dem Zusammenhang ist: Solche Zahlen verhalten sich im Prinzip wie Zahlen aus der wirklichen Welt, und insbesondere gehorchen sie Benfords Gesetz.»

Nach dem Quark folgt der Pudding.

«Das ist eine seltsame Regel, die der amerikanische Physiker Frank Benford 1938 aufgestellt hat», erklärt Sascha. «Das Gesetz sagt: Wenn du die Zeitung von heute aufschlägst und alle Zahlen heraussuchst, von den Börsenkursen über den Wetterbericht, vom Sport bis zum Fernsehprogramm, und wenn du jeweils die erste Ziffer jeder Zahl notierst – dann ist nicht etwa jede Ziffer von 1 bis 9 gleich häufig vertreten.»

Sascha schweigt. Er wartet darauf, dass Maja eine Frage stellt. Maja sagt: «Wer etwas weiß, wird es früher oder später sagen. Männer erst recht.»

«30 Prozent der Zahlen fangen mit 1 an, 18 Prozent mit 2 und so weiter. Weniger als 5 Prozent beginnen mit 9.»

Zwei Mädchen mit Tabletts kommen an den Tisch und drehen ab, als sie die Zahlen auf Saschas Zettel sehen. Sascha blickt ihnen hinterher. Erst als Maja sich vernehmlich räuspert, kommt er wieder zurück zum Thema.

«Also: Dieser Benford fand heraus, dass sein Gesetz für erstaunlich viele Zahlensammlungen in der Wirklichkeit gilt – für die Einwohnerzahl von Städten, für die Auflagen von Zeitschriften. Und vor drei Jahren, das ist wichtig für uns, hat ein Soziologe aus der Schweiz herausgefunden, dass das eben auch für die Werte in diesen Regressionsanalysen gilt.»

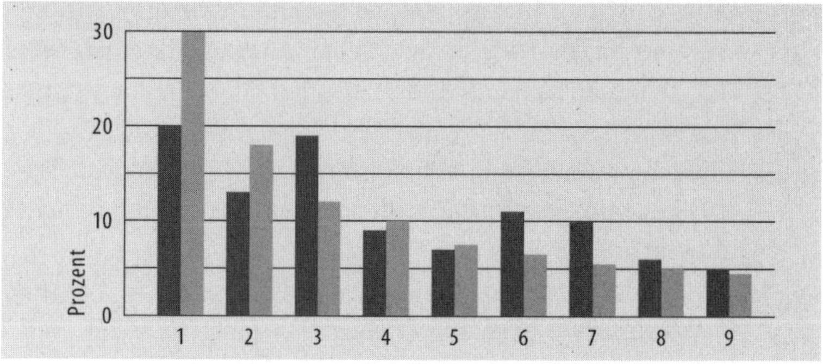

Sascha pocht mit dem Finger auf seinen Ausdruck und tupft danach alle Puddingflecken ab. «Die hellgrauen Balken zeigen die Werte, die nach Benfords Gesetz zu erwarten wären. Eins ist der unangefochtene Sieger, und dann nimmt die Häufigkeit immer weiter ab. Die dunkelgrauen Balken sind die Werte aus Geros Semesterarbeit. Sieh dir alles in Ruhe an, ich esse inzwischen weiter.»

Nach dem Pudding ein Tiramisu.

Die Abweichungen sind für Maja nicht zu übersehen: «Bei Gero fangen viel weniger Zahlen mit 1 und 2 an, dafür mehr mit 3, 6 und 7.» Skeptisch blickt sie auf. «Und das ist dein Beweis?» – «Was denkst du denn, was das ist?», ruft Sascha. Eine zierliche Wolke aus Kakaopulver steht im Luftraum über dem Tisch. «Mit solchen Analysen haben sie bestätigt, dass die Bilanzen des Enron-Konzerns geschönt waren. Gefälscht! Und getürkte Wahlergebnisse hat man damit auch schon entlarvt.»

Auch heute ist Gero in der Mensa. Er sitzt einen Tisch weiter mit einem älteren Mann. Es sieht aus, als würde er dem Älteren etwas anbieten oder verkaufen. Oder beides. Zwischen ihnen steht der Laptop, auf den Gero oft deutet.

«Was willst du machen?», fragt Maja. «Willst du mit deinem Diagramm zum Prof laufen und petzen?»

«Sehe ich so aus!?»

«Aber das ist … ja, was ist das eigentlich? Betrug?»
«Wissenschaftlicher Betrug. Richter ist Statistiker, der wird auch so sehen, dass unser edel gewandeter Gero ein schlimmer Finger ist.»
«Dann hat Gero eine Eins weniger», sagt Maja, «und du kriegst ein Fleißkärtchen für die praktische Anwendung statistischer Erkenntnisse.»
«Ein Monatsabo für Gratis-Nachtisch wäre mir lieber», murmelt Sascha.
Nebenan schütteln sich Gero und der Ältere die Hand. Beide strahlen um die Wette. Gero wird seinen Weg machen.

UNGLEICH VERTEILTE WAHRSCHEINLICHKEITEN Die Geschichte ist erfunden, aber die Daten sind echt. Ehrenwort! Es gab den Physiker Benford, es gibt sein Gesetz, und es gibt auch den Schweizer Soziologen Andreas Diekmann, der sich mit der möglichen Aufdeckung von Datenfälschungen beschäftigt hat. Er hat Studenten die Aufgabe gegeben, sich falsche Daten auszudenken (just zu dem Thema, das auch der fiktive Gero bearbeitet hat), und Saschas Diagramm gibt die echten gefälschten Zahlen von einem dieser Studenten wieder.
Benfords Gesetz müsste eigentlich «Newcombs Gesetz» heißen, denn es war der Mathematiker Simon Newcomb, der 1881 diese seltsame Regel entdeckte und auch veröffentlichte. Newcomb war aufgefallen, dass Bücher mit Logarithmentabellen vorne mehr abgegriffen waren als hinten. Zu Logarithmen später mehr – hier reicht es zu wissen, dass man im vorderen Teil die Logarithmen von Zahlen mit kleinen Anfangsziffern nachschaut und hinten die mit großen. Offenbar rechneten die Menschen also häufiger mit Zahlen, die mit 1, 2 oder 3 anfingen. Wie kann das sein? Warum kommt in großen Mengen von Zahlen die 143 öfter vor als die 943? Sollte nicht irgendwie jede Zahl gleich wahrscheinlich sein?

Auch wenn es gegen die Intuition geht: Die Wahrscheinlichkeiten sind nicht gleich verteilt. Wenn man jemand bittet, «irgendeine Zahl» zu sagen, dann hat er zwar die Auswahl aus einer unendlichen Menge, aber es ist nicht jede gleich wahrscheinlich. Nach einer ihnen spontan einfallenden Zahl gefragt, würden sicherlich mehr Menschen eine Zahl zwischen 0 und 10 nennen als eine zwischen 11 000 und 11 010. Je größer die Zahl, desto unwahrscheinlicher ist sie, kann man vermuten.

So ist es auch in anderen Zahlenmengen – etwa bei der Einwohnerzahl von Städten: Es gibt mehr kleine Städte als mittelgroße, und mehr mittelgroße als Großstädte. Die Einwohnerzahlen deutscher Städte sind sicherlich nicht gleich verteilt zwischen 300 und 3 000 000. Aber wie sind sie verteilt?

Um der Sache mathematisch näher zu kommen, schaut man sich am besten ein Beispiel an, das sich – im Gegensatz zu empirischen Daten wie der Bevölkerungszahl von Städten – exakt berechnen lässt. Geld ist ein gutes Beispiel. Ein Mensch legt einen Betrag von 1 000 Euro an, der mit 10 Prozent jährlich verzinst wird (die kriegt man zwar von keiner Bank, aber es ist ja nur ein Rechenbeispiel). Nach einem Jahr hat man 1 100 Euro, nach zwei Jahren (mit Zinseszins) 1 210. Acht Jahre dauert es, bis das Vermögen die 2 000-Euro-Marke überschreitet. Nur vier Jahre später besitzt man über 3 000 Euro, und nach weiteren drei Jahren hat man mehr als 4 000 Euro. Das heißt: Während man acht Jahre lang auf die Frage «Wie viel Geld hast du auf der Bank?» mit einer Zahl antwortet, die mit einer 1 anfängt, sagt man nur drei Jahre lang eine mit 3 beginnende Zahl – und die Abstände werden immer kürzer. Nach 24 Jahren hat sich das Geld fast verzehnfacht.

Aber das Wachstum geht weiter. Jetzt hat man wieder acht Jahre lang einen mit 1 beginnenden Kontostand – bis nach 32 Jahren die 20 000-Euro-Marke erreicht ist.

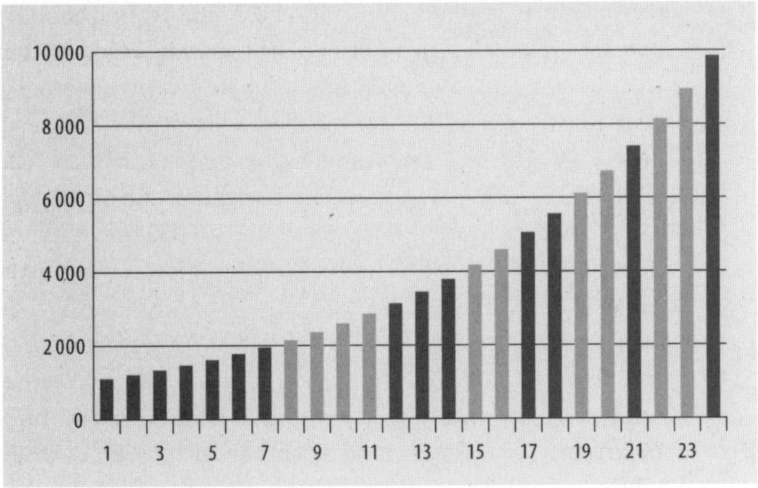

Nach 50 Jahren beträgt der Kontostand stolze 117 391 Euro – die Zahl fängt wieder mit 1 an. In 15 von 50 Jahren war das der Fall, also in 30 Prozent der Zeit. Hier sind die Prozentzahlen für alle Anfangsziffern (dunkelgrau) sowie die Werte von Benfords Gesetz (hellgrau).

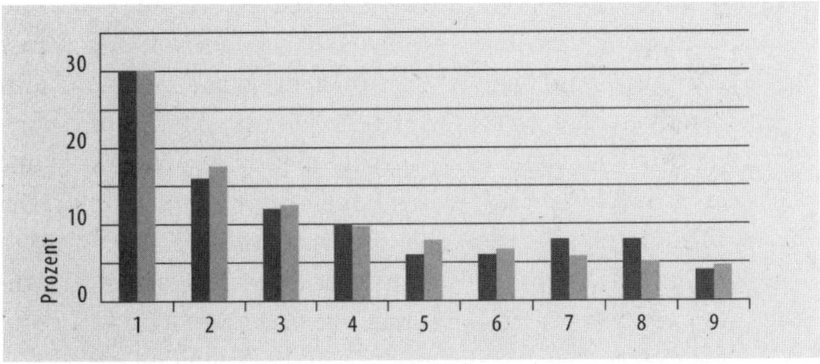

Eine frappierende Übereinstimmung! Das liegt daran, dass das Geld in einer sogenannten exponentiellen Kurve wächst – und Ähnliches passiert bei vielen Prozessen in der Natur (siehe S. 149). Bei der Verbreitung von Krankheiten, bei der

Zunahme von Tierpopulationen, beim Wachstum von Städten. Auch deren Bevölkerungszahl beginnt in etwa 30 Prozent der Fälle mit einer 1.

ZAHLEN IN POTENZ: DER LOGARITHMUS (BEI DEM NICHT JEDER MIT MUSS) Exponentielle Kurven haben die lästige Eigenschaft, dass sie schnell sehr steil werden. Bändigen lassen sie sich, indem man nicht den Geldbetrag selbst, sondern seinen Logarithmus zur Basis 10 betrachtet, kurz mit log(x) bezeichnet – ähnlich wie im Kapitel über Bachs Wohltemperiertes Klavier (siehe S. 175), nur dass dort die Basis 2 ist. log(x) ist die Zahl, mit der man 10 potenzieren muss, um x herauszubekommen. Der Logarithmus von 1 000 ist 3, der von 100 000 ist 5. Mit Logarithmen wird Benfords Gesetz nicht nur erklärbar, sondern genau bezifferbar. Wenn Sie also nicht nur wissen wollen, dass Benfords Gesetz gilt, sondern auch wieso, dann folgen Sie den nächsten paar Absätzen.

Wenn man die Entwicklung des Logarithmus des Kontostandes aufzeichnet, sieht die Sache überraschend brav aus:

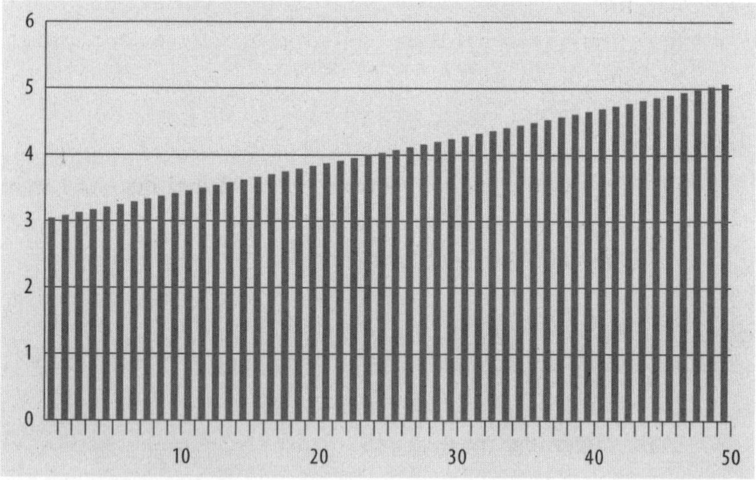

Ein annähernd lineares Wachstum! Wichtig für uns: Während die Geldbeträge nicht gleichmäßig verteilt waren zwischen 1000 und 120 000 Euro, sind es die Werte des Logarithmus sehr wohl – sie liegen genauso häufig zwischen 3 und 4 wie zwischen 4 und 5.

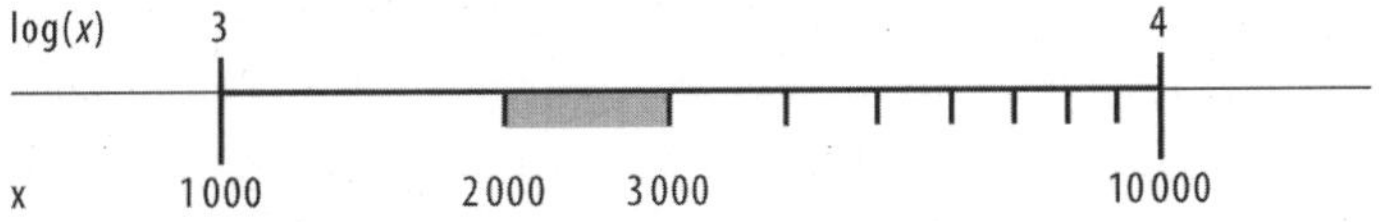

Und für Größen, deren Logarithmen gleichmäßig verteilt sind, gilt Benfords Gesetz in seiner strengen Form. So ist Benford auf seine Formel gekommen:
Auf der oberen Skala sind die Logarithmen verzeichnet, auf der unteren die Kontostände des Beispiels. Wenn die Logarithmen gleich verteilt sind, dann ist die Wahrscheinlichkeit, dass ein Wert in einen gewissen Bereich fällt, genau die Größe dieses Bereichs im Vergleich zum Ganzen.
Wenn man nur die Logarithmen zwischen 3 und 4 betrachtet und nach der Wahrscheinlichkeit fragt, dass die zugrunde liegende Zahl mit 2 beginnt, also zwischen 2 000 und 3 000, dann muss man die Breite des grau markierten Abschnitts berechnen. Es ist also

$$p(2) = \log(3000) - \log(2000)$$

Der Logarithmus eines Produkts ist die Summe der einzelnen Logarithmen (siehe die Formel im Anhang auf S. 233), sodass man das Ganze vereinfachen kann zu

$$\begin{aligned} p(2) &= (\log(3) + \log(1000)) - (\log(2) + \log(1000)) \\ &= \log(3) - \log(2) \end{aligned}$$

Oder, allgemein für jede Ziffer i zwischen 1 und 9:

$$p(i) = \log(i+1) - \log(i)$$

Für welche Zahlen gilt Benfords Gesetz, und für welche gilt es nicht? Es gilt zum Beispiel nicht für Lottozahlen – die sind nämlich wirklich gleichmäßig über den Zahlenraum von 1 bis 49 verteilt und gehorchen keinem logarithmischen Gesetz. Eine Benfordsche Verteilung wird man sicherlich auch nicht finden, wenn man die Größe von Menschen in Zentimetern betrachtet: Da fangen die meisten Werte mit 1 an, es gibt ein paar Riesen über zwei Meter und eine Minderheit von Kindern unter einem Meter. Der Intelligenzquotient (IQ) von Menschen gehorcht wiederum einer anderen Verteilung, der sogenannten «Gaußschen Normalverteilung», und fällt damit auch nicht unter Benfords Gesetz.

Wenn man aber einmal eine Benford-Zahlenmenge gefunden hat, dann bleibt die Eigenschaft erhalten, auch wenn man die Zahlen mit einem konstanten Wert multipliziert. Man kann das wachsende Konto in Dollar, Yen oder Pfund umrechnen, die Regel gilt immer noch, auch wenn der Startwert nun von 1000 verschieden ist.

Erstaunlich ist, dass eine Mischung von Zahlenmengen, die jede für sich gar nicht so streng dem Gesetz von Benford gehorchen, meist besser den Werten des Gesetzes entspricht. Daher klappt das Experiment mit den Zahlen, die in einer Zeitung enthalten sind, meist sehr gut. Da mischen sich Börsenkurse mit Temperaturvorhersagen, den Todesopfern eines Zugunglücks, den Paragraphen eines Gesetzes und den Prozentzahlen von Wahlergebnissen – und alle zusammen gehorchen ziemlich exakt dem Gesetz von Benford.

Bis vor ein paar Jahren war die Entdeckung von Newcomb und Benford eine mathematische Skurrilität, von der nicht viele Menschen wussten. Und wer die Regel nicht kennt, ist nicht besonders gut darin, entsprechende Zahlenmengen zu fälschen. Wer Spesenabrechnungen oder Firmenbilanzen fingieren will, der neigt dazu, möglichst «zufällig» erscheinende, «krumme» Werte einzusetzen. Und weil der Fälscher seine Zahlen besonders echt aussehen lassen will, verteilt er sie übers ganze Zahlenspektrum – entsprechend ist dann die 1 unterrepräsentiert, oder die 6 taucht zu häufig auf. Untersuchungen haben gezeigt, dass Menschen beim Erfinden von Zahlen regelrechte «Fingerabdrücke» haben, die man in der Tabelle der Benford-Werte der 1. Ziffer finden kann oder auch in entsprechenden Tabellen, die die 2. Ziffer untersuchen oder Ziffernpaare – manch einem fällt eben immer «37» ein, wenn er sich einen krummen Centbetrag ausdenken soll.

Inzwischen sind Benford-Methoden ein beliebtes Mittel bei Bilanz- und Steuerprüfungen. Der amerikanische Mathematiker Mark Nigrini hat das nicht nur im Fall des Energiekonzerns Enron nachweisen können, bei dem kräftig die Zahlen geschönt wurden. Er hat auch einmal die Einkommensteuererklärung des Ex-Präsidenten Bill Clinton unter die Lupe genommen. Ergebnis: Bis auf ein paar Auf- und Abrundungen war offenbar alles korrekt.

«AUSGERECHNET» «Mehr als die Hälfte wohnt alleine», lautete vor einigen Jahren eine Zeitungsüberschrift. In der Unterzeile stand: «In 55 Prozent der Haushalte lebt nur noch eine Person».

Was stimmt da nicht?

Auflösung unter *www.rowohlt.de/mathematikverfuehrer*

FAIRPLAY

ODER EIN PERFEKTES SYSTEM

So hat sich Frank Burmeister eine Spielbank nicht vorgestellt. Das Casino Hohensyburg bei Dortmund ist ein Betonzweckbau aus den 1980er Jahren, Typ kommunales Kulturzentrum. Keine Spur von hochherrschaftlichem Ambiente, kein livrierter Türsteher am Eingang, kein James-Bond-Glamour, weder Männer im Smoking noch atemberaubend schöne Frauen, stattdessen Rentner und fünfzigjährige Glücksritter, die auf eine monetäre Aufbesserung ihres verlorenen Lebens hoffen. Das Interieur in Brauntönen, die Luft verqualmt und grau wie einst der Himmel über dem Ruhrpott.

Burmeister und sein Kumpel Bernd Biehl müssen ihren Personalausweis vorzeigen und fünf Euro Eintritt berappen. Die Kleiderordnung schreibt ein Jackett vor, notfalls als Leihgabe vom Casino; mit Anzug und Krawatte fühlen sich die beiden hier leicht deplatziert.

«So, nun zeig mir dein todsicheres System, Frankie», drängt Biehl als Erstes.

«Erfunden habe ich es nicht, das System heißt ‹Martingale› und ist sehr alt. Die Regeln beim Roulette kennst du, oder?»

Biehl kann es kaum erwarten, loszulegen, deshalb gibt ihm Burmeister sicherheitshalber noch schnell eine kleine Einführung. Beim Roulette kann man auf einzelne Zahlen setzen, aber auch auf Paare sowie Gruppen von vier oder sechs Zahlen; man kann auf gerade («pair») und ungerade («impair») Zahlen wetten, auf Rot («rouge») und Schwarz

(«noir») sowie auf die Ziffern bis 18 («manque») und die ab 19 («passe»). Und es gibt die ärgerliche Null («zéro»). «Am besten setzt du auf die ‹einfachen Chancen›, also zum Beispiel Schwarz oder Gerade», erläutert Burmeister. Er gibt sein Wissen gerne weiter, auch wenn alles bisher graue Theorie ist – denn auch er hat noch nie an einem Roulettetisch gesessen. «Wenn du da gewinnst, kriegst du deinen doppelten Einsatz zurück, also 10 Euro, wenn du 5 gesetzt hast. Die Chance auf einen Gewinn liegt bei etwa eins zu zwei.»
Erwartungsgemäß stellt Biehl die naheliegende Frage: «Wieso ‹etwa›? Wieso nicht exakt eins zu zwei?»
«Weil es noch die Null gibt, die weder rot noch schwarz ist. Wenn die fällt, wird dein Einsatz gesperrt und erst dann wieder ‹frei›, wenn das nächste Mal Schwarz fällt. Gewinnen kannst du dann erst wieder beim übernächsten Wurf. Aber diese Details sind gar nicht wichtig. Ich gleiche sie dadurch aus, dass ich höher setze», doziert Burmeister.

Die beiden schlendern durch die Säle und sind so in Burmeisters System vertieft, dass sie das ernüchternde Ambiente um sich herum gar nicht wahrnehmen. Burmeister erklärt weiter: «Ich setze mir ein Ziel, wie viel ich gewinnen will. Bleiben wir realistisch, sagen wir: 5 Euro. Ich setze also 5 Euro auf eine einfache Chance, sagen wir auf Schwarz. Wenn als Nächstes eine schwarze Zahl fällt, kriege ich meine 5 Euro zurück und 5 Euro obendrauf. Dann habe ich mein Ziel erreicht.»

«Und wenn eine rote Zahl fällt, sind die 5 Euro weg», ergänzt Biel trocken.

«So ist es, aber das ist kein Drama. Denn im nächsten Spiel setze ich 10 Euro. Wenn ich gewinne, bekomme ich 20 zurück. Die Bilanz sieht dann so aus: Ich habe 15 Euro gesetzt und insgesamt 5 Euro gewonnen.»

Biehl begreift schnell, wie der Hase läuft. Wenn auch beim zweiten Mal der Einsatz verloren geht, verdoppelt Burmeister seinen Einsatz erneut, auf dann 20 Euro. Bei einem Gewinn kriegt er 40 und hat nach Abzug der bisherigen Verluste 5 Euro gewonnen.

«Ich muss also nur so lange hartnäckig auf Schwarz setzen, bis Schwarz kommt, dann habe ich auf jeden Fall gewonnen. Eins darfst du aber nicht machen: die Nerven verlieren. Denn es ist natürlich möglich, dass mehrere Male hintereinander Rot kommt.» Burmeister lächelt so zuversichtlich, wie es jemand tut, der noch nie im Leben an einem Roulettetisch gesessen hat.

Biehl bleibt nüchtern: «Wenn du nach jeder vergeigten Runde verdoppelst, brauchst du aber unter Umständen einen saftigen Kapitalstock, sonst wirst du irgendwann nicht mehr mithalten können.»

Burmeister greift in die Hosentasche und zieht vorsichtig ein Bündel Geldscheine hervor. «Das sind 20 475 Euro, bis heute

Morgen lagen sie weitgehend wirkungslos auf meinem Sparkonto.»

«Aber hallo, du hast ja verborgene Werte!», lästert Biehl und fragt: «Warum so eine krumme Zahl? Hast du die Zinsen mit abgehoben?»

Burmeister steckt das Geld wieder ein. «Nee, ich habe nur exakt gerechnet: Das ist genau der Betrag, den ich brauche, um eine Durststrecke von elfmal Schwarz zu überstehen plus noch ein zwölftes Mal Schwarz setzen zu können.»

Fassungslos starrt Biehl in das siegesgewisse Gesicht des Freundes. «Das Risiko willst du wirklich eingehen? Für einen lumpigen Gewinn von 5 Euro? Wenn auch beim zwölften Mal Rot kommt, hast du einen fabrikneuen Polo GTI mit 150 PS und Sonderausstattung in den Sand gesetzt.»

Aber Burmeisters Vertrauen ist nicht zu erschüttern: «Du musst mathematisch denken, Bernd. Dass ich so viel Geld eingesteckt habe, ist pure Theorie. Denn die Wahrscheinlichkeit, dass zwölfmal hintereinander Rot fällt, liegt bei null.»

«Nahe bei null.»

«Okay, nahe bei null. Für den unwahrscheinlichen Fall ist es günstig, dass ich meine EC-Karte dabeihabe. Du auch?»

Biehl stellt klar, dass er nicht im Traum daran denkt, so hoch ins Risiko zu gehen. Aber er kommt mit, um endlich Chips zu holen. Am Wechselschalter tauschen sie ein paar Scheine gegen eine Handvoll 5-Euro-Jetons ein.

An Tisch 10 finden sie zwei freie Plätze. Acht Leute sitzen um den Roulettekessel, darunter ein gutsituiertes Ruheständler-Ehepaar und ein Mann mit wirren Haaren und einem Anzug, der schon bessere Tage gesehen hat. Auf einem Block notiert er pausenlos Zahlenkolonnen. Dazu murmelt er vor sich hin.

«Das ist einer von denen, die glauben, aus den bereits gefallenen Zahlen Rückschlüsse auf die künftig fallenden Zahlen ziehen zu können. Ein armes Schwein», flüstert Burmeister seinem Freund ins Ohr. «Erstaunlich, dass es immer noch nicht alle kapiert haben. Der Kessel hat kein Gedächtnis. Vor jedem Wurf ist die Wahrscheinlichkeit auf eine bestimmte Zahl gleich hoch. Das ist wie beim Lotto. Wenn Samstag die Zahlen 1, 2, 3, 4, 5, 6 gezogen werden, ist die Chance, dass eine Woche später dieselben Zahlen noch einmal fallen, kein bisschen kleiner geworden.»

Als Burmeister nun zum ersten Mal nicht nur im Kopf, sondern wirklich spielt, wird er doch ein bisschen nervös. Der Croupier thront auf seinem leicht erhöhten Hocker. Eine Hand hält den Rechen, der die Chips verschiebt, die andere dreht die Scheibe. Hektisch setzen die Spieler ihre Jetons. Die Kugel beginnt schon zu hüpfen, da tritt noch ein Mann an den Tisch und platziert seine Chips auf dem grünen Tuch.

«Nichts geht mehr», ruft der Croupier, einige Sekunden später bleibt die Kugel in einem Zahlenfach endlich liegen. Der Rechen harkt die meisten Chips in Windeseile zusammen und zahlt dann den Gewinnern ihre Dividende aus.

Nun macht Frank Burmeister Ernst und setzt 5 Euro auf Schwarz. Je nach Temperament und Kassenstand setzen die anderen Spieler kleine Werte, aber auch 50-Euro-Jetons.

«16, rouge, pair, manque!», ruft der Croupier in der globalen Sprache des Roulette.

Burmeister hat 5 Euro verloren, das war einkalkuliert. Gelassen schiebt er zwei Chips auf Schwarz.

«12, rouge, pair, manque!», heißt es nach dem nächsten Wurf, und Burmeister setzt vier Chips aufs schwarze Feld.

«23, rouge, pair, passe!»

«30, rouge, pair, passe!»

«30, rouge, pair, passe!»

Fünfmal hintereinander Rot. Frank Burmeister hat 31 Jetons

verloren, das sind 155 Euro. «Jetzt wird das System seine Stärke zeigen», sagt er mehr zu sich als zu Biehl. Aber Burmeister hat heute schon überlegener gelächelt. Biehl hingegen gibt sich gar keine Mühe, seine Besorgnis zu verbergen, als Burmeister 32 Chips auf Schwarz platziert.

Der zahlengläubige Alte glaubt, erkannt zu haben, nach welchem System Burmeister spielt. «Bloß nicht nervös werden», sagt er aufmunternd. «Das Gesetz der großen Zahl arbeitet für Sie. Schwarz ist längst überfällig.»

Er hat gut lachen: Er hat gerade für die 30 zweimal hintereinander den 36-fachen Einsatz ausgezahlt bekommen.

Die Leuchtanzeige über dem Tisch, die die letzten Spiele anzeigt, verbreitet die Kunde von fünfmal Rot hintereinander. Aus allen Richtungen setzt ein Strom von Schaulustigen und Experten zu Tisch 10 ein. Einige von ihnen setzen auch – auf Rot oder Schwarz. Eine Fraktion spekuliert auf das überfällige Schwarz, die anderen surfen auf der Rot-Welle.

«1, rouge, impair, manque!»

«25, rouge, impair, passe!»

«12, rouge, pair, manque!»

Achtmal hintereinander Rot! Das Gemurmel am Tisch wird lauter. Burmeister schickt seinen Freund zur Kasse, um neue Chips zu kaufen. Momentan steht er mit 1275 Euro im Minus – Burmeister fühlt leichte Panik in sich aufsteigen. So kaltblütig wie möglich setzt er den Stapel von zwölf 100-Euro-Jetons, einen 50er und drei 10er auf Schwarz – macht 1280 Euro.

«3, rouge, impair, manque!»

Biehl flüstert mit seinem Freund. Burmeister soll aufhören, aufstehen, das Casino verlassen, Abstand gewinnen. Biehl tut alles, was ein guter Freund tun muss. Burmeister schweigt und bleibt sitzen.

«34, rouge, pair, passe!»

«3, rouge, impair, manque!»
Längst sind die anderen Spieltische verwaist, eine Menschentraube drängt sich jetzt um Tisch 10. Gewagte Theorien werden flüsternd ausgetauscht. Manipuliert der Croupier? Ist der Kessel defekt? Hat es so etwas schon einmal gegeben? Klimawandel auch beim Zahlengläubigen: Seine Chipberge sind abgeschmolzen, das Gesetz der großen Zahl scheint heute nicht zu gelten.
Mit versteinerter Miene starrt Frank Burmeister auf seine Jetons. Ansprechbar ist er nicht mehr, aber rechnen kann er noch. In elf Runden hat er 10 235 Euro zu Grabe getragen. Vor ihm liegen 10 240 Euro in Chips. Danach wird er pleite sein. Biehl neben ihm bebt vor Nervosität.
«Alles oder nichts», raunt Burmeister und schiebt den Stapel mit den Jetons auf das schwarze Feld. Wenn jetzt Schwarz fällt – und Schwarz muss endlich kommen – hat er gewonnen: 5 Euro.
«Entschuldigung, der Herr, das kann ich nicht akzeptieren!» Die Worte des Croupiers sorgen schlagartig für Stille am Tisch. Alle Augen starren auf Burmeister.
«Was wollen Sie, ich habe die Chips bezahlt», sagt der mit so brüchiger Stimme, dass er sie selbst kaum als seine eigene erkennt.
«An diesem Tisch gilt ein Limit von 7 000 Euro für den Einsatz auf einfache Chancen», teilt der Croupier sachlich mit. «Sie können also nicht mehr als 7 000 setzen.»
«Aber ich muss!», bricht es aus Burmeister hervor.
«Tut mir leid, mein Herr, aber das sind die Regeln des Hauses. «Ich muss Sie bitten, den Einsatz zu reduzieren oder den Tisch zu verlassen.»
Wie gelähmt sitzt Burmeister am Tisch, vor ihm verschwimmt alles zu einem rotschwarzgrünen See. Biehl sammelt für seinen Freund die Jetons ein, hilft ihm in die Höhe und führt ihn

zur Kasse. Burmeister kann 10 240 Euro einlösen, die gleiche Summe ist verloren. Die gleiche Summe minus 5 Euro.
Das Letzte, was die beiden hören, ist die Stimme des Croupiers: «8, noir, pair, manque!»

DER TRUGSCHLUSS DER SPIELER So eine Geschichte kann man ja leicht erfinden, mögen Sie jetzt denken – in der Wirklichkeit kommt eine solche Folge von elfmal Rot doch wohl nur alle hundert Jahre vor.
Aber die Zahlenfolge in der Geschichte ist tatsächlich gefallen, am 10. März 2007 im Casino Hohensyburg. Die Spielbanken veröffentlichen ihre «Permanenzen», wie die Zahlenreihen auch genannt werden, im Internet – für jene armen Zeitgenossen, die glauben, daraus irgendwelche Schlüsse für die Zukunft ziehen zu können. Und ich habe nicht etwa Hunderte von diesen Listen durchforstet. Schon bei der dritten Tagespermanenz, die ich angesehen habe, konnte ich eine solche Folge finden.
Bevor wir uns näher mit der Mathematik des Glücksspiels und insbesondere der Martingale beschäftigen, mit der Frank Burmeister seinen 5-Euro-Gewinn machen wollte, eine kleine Fleißübung für Sie: Schreiben Sie eine Rot-Schwarz-Folge von 100 Würfen auf, die möglichst zufällig aussieht! Die Null vernachlässigen wir an dieser Stelle.
Wahrscheinlich sieht Ihre Folge so ähnlich aus wie diese:
R S RR S R SSS RR S R SS RR S R SSS R S RR SS R S RRR S R S R SSSS R SS RR S RRR S R SS RR S R SS R S RR S RRR SS R S RR SSS R S RR S R SSS R S RR SSS R S R S RR S
(Ich habe die Wiederholungen so gruppiert, dass man sie besser erkennen kann.)
Und das hier sind die letzten 100 Zahlen, die am 10. März 2007 am Tisch 10 in Hohensyburg gefallen sind (die sechs Nullen habe ich herausgenommen):

R SS R S RRR SSSS RR SS R S R SSSSS RRRRRRRRRRR S RR SSS R SS R SSS R S RRRR SSS RRR S R S RR SSSSS RRRR S RRR S RRR SS R SS RRR S RR SS RR S R S

Wenn Menschen Zufallsfolgen erfinden sollen, dann verteilen sie die Werte sehr gleichmäßig. Fünfmal oder öfter Rot hintereinander wird kaum jemand aufschreiben, das sieht eben nicht sehr «zufällig» aus. Beim echten Zufall dagegen treten erstaunlich oft Häufungen auf, die uns sehr unwahrscheinlich erscheinen. Im konkreten Beispiel gibt es neben der wirklich auffälligen Folge von 11-mal Rot noch zwei 5er- und drei 4er-Folgen.

Kein Statistiker wird diese Zahlenfolge als besonders «unzufällig» ansehen – es kommt zum Beispiel 54-mal Rot darin vor und 46-mal Schwarz, das liegt recht nahe an der zu erwartenden Verteilung von 50 : 50.

Trotzdem – dass das Spiel für Frank Burmeister so katastrophal ausgegangen ist, war nicht sehr wahrscheinlich. Wenn wir die Null wieder außen vor lassen, dann beträgt die Wahrscheinlichkeit für Rot oder Schwarz bei jedem Wurf 0,5. Zur Erinnerung: Man teilt dazu die Zahl der günstigen (oder ungünstigen) Fälle durch die Zahl aller möglichen Ereignisse.

Bei zwei Würfen ist die Zahl der möglichen Ereignisse 4: RR, RS, SR, SS. Deshalb ist die Wahrscheinlichkeit für RR ein Viertel oder 0,25.

Für drei Würfe gibt es 2 · 2 · 2, also 8 mögliche Ereignisse, die Wahrscheinlichkeit für RRR ist ⅛.

Das kann man nun bis 11 weiterführen – es gibt insgesamt 2^{11} Folgen von Rot und Schwarz, und nur in einem Fall verliert Burmeister. Also ist die Wahrscheinlichkeit dafür

$$\frac{1}{2^{11}} = \frac{1}{2048} \approx 0{,}0005$$

Anders gesagt: In 99,95 Prozent der Fälle führt das «todsichere» System zum Erfolg! Das ist doch eindrucksvoll, oder?
Leider reicht es nicht aus, nur die Wahrscheinlichkeit zu berechnen. Hier geht es um Geld, und deshalb muss man nicht nur berücksichtigen, wie wahrscheinlich die einzelnen Ereignisse sind, sondern auch, wie groß der jeweilige Gewinn oder Verlust ist. Ein Verlust von 10 000 Euro wiegt eben schwerer als ein Gewinn von 5 Euro.
Mathematisch wird das durch den sogenannten Erwartungswert beschrieben. Der drückt den durchschnittlichen Gewinn bei einem Spiel aus – oder, wenn er negativ ist, den Verlust. Der Erwartungswert gibt an, ob ein Spiel «fair» ist. Ein negativer Erwartungswert bedeutet, dass die Bank auf lange Sicht gewinnt. Und wie man sich schon denken kann, ist bei allen Setzmöglichkeiten im Roulette der Wert negativ.
Konkret ist der Erwartungswert so definiert: Wenn es n mögliche Ereignisse gibt, dann multipliziert man für jedes Ereignis seine Wahrscheinlichkeit p mit dem Gewinn g und summiert das Ganze auf:

$$E = p_1 \cdot g_1 + p_2 \cdot g_2 + \ldots + p_n \cdot g_n$$

Die Mathematiker schreiben das auch gern platzsparend mit dem Summenzeichen:

$$E = \sum_{i=1}^{n} p_i \cdot g_i$$

Ein Beispiel: In einer Kneipe macht Ihnen jemand ein Angebot, um Geld zu würfeln. Sie haben vier Würfe, wenn mindestens eine 6 dabei ist, bekommen Sie einen Euro – ansonsten müssen Sie ihm einen Euro zahlen. Ist das Angebot fair?
Es gibt $6 \cdot 6 \cdot 6 \cdot 6$, also 1296 verschiedene Würfelkombinationen, jede hat dieselbe Wahrscheinlichkeit von $1/1296$.

Bei wie vielen davon kommt eine 6 vor? Das auszurechnen ist recht kompliziert: Man muss die Fälle unterscheiden, ob eine, zwei, drei oder vier Sechsen gewürfelt werden, und jeweils die Kombinationen für die anderen Würfel berechnen. Viel einfacher ist es, die Zahl der Kombinationen zu bestimmen, bei denen keine 6 vorkommt. Das sind nämlich alle Kombinationen, bei denen alle vier Würfel eine Augenzahl zwischen 1 und 5 aufweisen. Das sind $5 \cdot 5 \cdot 5 \cdot 5$, also 625 Möglichkeiten, bei denen Sie einen Euro verlieren – in den anderen 671 Fällen gewinnen Sie. Das klingt schon ganz vorteilhaft!

Der exakte Erwartungswert:

$$E = 625 \cdot \frac{1}{1296} \cdot (-1) + 671 \cdot \frac{1}{1296} \cdot 1 = \frac{46}{1296} \approx 0{,}035$$

Das bedeutet: Im Durchschnitt gewinnen Sie bei einem Spiel 3,5 Cent. Ein recht magerer Vorteil, der bei den ersten paar Spielen nicht sehr relevant ist – aber wenn Sie das Spiel hundertmal spielen, können Sie davon ausgehen, etwa drei bis vier Euro im Vorteil zu sein. Sie sollten dem Fremden also sagen, dass Sie auf sein Angebot eingehen, aber gerne den Einsatz verzehnfachen würden.

Zurück zum Rouletteproblem: Da ist der Erwartungswert noch einfacher zu berechnen, so lange man die Null vernachlässigt. Es gibt 2048 mögliche Ergebnisse für 11 Würfe, bei denen entweder Rot oder Schwarz herauskommt, und in 2047 Fällen gewinnt Frank Burmeister 5 Euro, weil mindestens einmal Schwarz fällt. In dem einen ungünstigen Fall verliert er alle bisherigen Einsätze, die sich auf 10 235 Euro summieren. Der Erwartungswert ist also

$$E = 2047 \cdot \frac{1}{2048} \cdot 5 + \frac{1}{2048} \cdot \left(-10235\right) = \frac{10235 - 10235}{2048} = 0$$

Erwartungswert Null – das bedeutet, das Spiel ist fair für beide Parteien. Auf lange Sicht gleichen sich Gewinne und Verluste aus.

Allerdings würde das Casino mit einem fairen Spiel kein Geld verdienen. Deshalb gibt es die grüne Zero, die Null. Danach bleibt der auf Schwarz gesetzte Jeton «gesperrt», und im nächsten Wurf geht er entweder verloren (bei Rot), bleibt ohne Gewinn liegen (bei Schwarz) oder wird nochmals gesperrt (wenn wieder Zero fällt). Das ist ein klarer Vorteil für die Bank – und damit wird der gesamte Erwartungswert negativ. Ein ähnliches Ergebnis erhält man für alle Setzmöglichkeiten beim Roulette.

Es gibt eine Menge Rouletteratgeber, die Systeme für den angeblich sicheren Gewinn enthalten. Dabei wird nur selten die simple Martingale empfohlen, sondern teilweise sehr komplizierte Verfahren, bei denen der Spieler akribisch Buch führen und je nach Ausgang eines Spiels eine bestimmte Strategie verfolgen muss, mit mehreren Chips auf unterschiedlichen Chancen. Aber das Prinzip bleibt dasselbe: Wenn man verliert, muss man den Einsatz steigern, um mit den folgenden Spielen nicht nur zu gewinnen, sondern auch noch den Anfangsverlust wettzumachen.

Mathematiker können über all diese Systeme nur den Kopf schütteln. Denn der Erwartungswert hat die schöne Eigenschaft, dass er additiv ist: Die Werte für voneinander unabhängige Spiele addieren sich. Und wenn alle einzelnen Erwartungswerte negativ sind, kann man auch durch noch so komplizierte Kombinationen kein Spiel mit positivem Erwartungswert konstruieren.

Das kann man mathematisch beweisen, aber auch in der Realität: Die winzigen Vorteile der Bank addieren sich am Abend (fast) jeden Tages zu einem hübschen Gewinn. Der beträgt zwar nur einen kleinen Prozentsatz der Spieler-Einsätze, ist aber groß genug, dass die Bank davon gut leben kann. Das «Gesetz der großen Zahl» garantiert ihr, dass bei vielen Spielen (und jeder Einsatz jedes Spielers ist ein neues Spiel) sich der Gewinn tatsächlich dem Erwartungswert annähert.

Dieses Gesetz der großen Zahl wird von vielen Spielern missverstanden. Es besagt, dass zum Beispiel das Verhältnis von Rot und Schwarz sich immer mehr dem Wert 1 annähert, je mehr Würfe gemacht werden. Daraus schließt der Laie messerscharf: Wenn eine Weile besonders häufig Rot gefallen ist, muss nun entsprechend häufiger Schwarz fallen. Ein fataler Irrtum – denn der Roulettekessel hat, wie Frank Burmeister richtig bemerkt hat, wirklich kein Gedächtnis.

Wie passt das zusammen? Betrachten wir noch einmal die Situation bis zu Burmeisters Pechsträhne:

R SS R S RRR SSSS RR SS R S R SSSSS RRRRRRRRRR

Das Verhältnis von Rot zu Schwarz beträgt nach 35 Würfen 20 : 15, also 1,33 – viel mehr, als statistisch zu erwarten gewesen wäre. Nach 100 Würfen beträgt es 54 : 46, also etwa 1,17. Schwarz scheint gegenüber Rot tatsächlich «aufgeholt» zu haben, das Gesetz der großen Zahl bewahrheitet sich.

Aber ist nach Burmeisters Pleite tatsächlich besonders oft Schwarz gefallen? Ein Blick auf die nächsten 65 Würfe:

S RR SSS R SS R SSS R S RRRR SSS RRR S R S RR SSSSS RRRR S RRR S RRR SS R SS RRR S RR SS RR S R S

34-mal Rot, 31-mal Schwarz – wieder ein Vorteil für Rot! Trotzdem hat sich das Gesamtverhältnis zugunsten von Schwarz verbessert.

Der Grund dafür: Der absolute Abstand zwischen Rot und Schwarz ist im Verlauf des Spiels sogar noch gewachsen, von 5 Würfen auf 8. Aber die 5 Würfe machen einen größeren Anteil an den bis dahin gespielten 35 Runden aus als 8 von 100.

Das Gesetz der großen Zahl besagt also nicht, dass sich der

absolute Abstand zur statistisch erwarteten Zahl von Rot- oder Schwarz-Würfen verringert – im Allgemeinen wird der sogar wachsen. Es macht eine Aussage über das Verhältnis von Rot und Schwarz. Ein wichtiger Unterschied. Es gibt keine ausgleichende Gerechtigkeit, jedenfalls nicht beim Glücksspiel!

«AUSGERECHNET» Premiere im Opernhaus, 1500 Gäste schauen sich die neue Inszenierung der «Zauberflöte» an. Leider bringt die Garderobenfrau ihre Marken völlig durcheinander und weiß sich nur dadurch zu helfen, dass sie nachher jedem Gast, ob Mann oder Frau, irgendeinen Mantel in die Hand drückt. Wie groß ist die Wahrscheinlichkeit, dass dabei mindestens ein Besucher seinen eigenen Mantel bekommt? Auflösung unter *www.rowohlt.de/mathematikverfuehrer*

EIN MÖRDERISCHER GEHEIMBUND

ODER DER «GOLDENE SCHNITT»

«Philolaos, ich kann nicht länger schweigen!» Hippasos ist aufgebracht. Der junge Mann von Anfang 20 schlendert mit seinem älteren Freund durch das Zentrum von Metapont, einem Städtchen am Absatz des italienischen Stiefels.
Wir schreiben das Jahr 449 vor Christus, die Sonne brennt vom süditalienischen Himmel, auf dem Markt bieten Frauen aus der Umgebung Feigen und Oliven an. An einem Stand haben sich mehrere Männer versammelt und sprechen schon am frühen Nachmittag dem köstlichen Wein aus der Region zu. Aber Hippasos hat keinen Blick für das Treiben, er redet sich in Rage: «Alles ist Zahl! Alles ist Zahl! Ich kann es nicht mehr hören», ruft er so laut, dass sich Passanten umdrehen.
«Hippasos, sieh dich vor», mahnt Philolaos, «hier haben die Hauswände Ohren. Wenn das der Innere Kreis erfährt …»
«Oh, der Innere Kreis», äfft der Jüngere ihn nach und macht einen übertriebenen Bückling. «Die Bewahrer des Glaubens, die seine Sätze in Stein gemeißelt haben, damit sie ewig gültig bleiben. Pythagoras ist seit 50 Jahren tot!»
«Aber seine Gedanken leben», wendet Philolaos ruhig ein. «Sie haben eine neue Sicht der Welt begründet. Sie haben unseren Glauben geprägt, unsere Gemeinschaft von 600 Männern und Frauen begründet. Sie haben diese verlorene Gegend in eine blühende Landschaft verwandelt.»
«Deshalb ist er wohl auch nach dem Krieg aus Kroton geflüchtet», faucht Hippasos, «weil alle ihn so bewunderten!»

«Sei nicht ungerecht. Er musste vor seinen Neidern fliehen, die ihm den Erfolg nicht gönnten. Unsere Gemeinschaft bewahrt sein Erbe. Auch du hast geschworen, seinen Lehren zu folgen, bescheiden zu leben und die Geheimnisse des Bundes zu wahren. Wir haben ihm so viel zu verdanken. Die Musik, die ich erschaffe, wäre nicht denkbar ohne Pythagoras' Erkenntnisse über Harmonien. Die ganze Welt gehorcht seinen Gesetzen, von der Schwingung einer Saite bis zum Lauf der Gestirne.»

«Natürlich war er ein großer Mann», gesteht Hippasos zu. «Aber auch große Geister können irren. Er war kein Gott. Aber der Orden erklärt seine Werke für heilig. Heiligkeit ist das Gegenteil von Wissenschaft. Heiligkeit ist Anbetung, Heiligkeit braucht uns nicht. Sie braucht Gläubige. Ich habe nicht jahrelang meinen Geist gebildet, um ihn dann nicht einzusetzen.»

«Wärst du nicht mein Freund und Schüler, Hippasos, ich müsste dein Verhalten beim Inneren Kreis melden.» Philolaos blickt den jungen Eiferer besorgt an. «Was macht dich eigentlich so rasend? Du siehst, dies ist das Haus eines Menschen, nicht eines Gottes.» Die Männer stehen vor dem ehemaligen Wohnhaus des Pythagoras. Über dem Eingang prangt das Pentagramm, der fünfzackige Stern, Symbol des pythagoreischen Ordens.

«Er irrt», antwortet Hippasos. «Er sagt: Alles ist Zahl. Er meint, dass sich alle Verhältnisse in unserer Welt durch ganze Zahlen ausdrücken lassen. Was nichts anderes heißt, als dass zwei beliebige Zahlen ein gemeinsames Maß haben – eine Zahl, die in jeder der beiden ganzzahlig aufgeht. Aber das ist nicht wahr. Wir ermitteln doch das gemeinsame Maß zweier Zahlen, indem wir sie wechselweise voneinander abziehen, bis wir am Ende auf diesen größten gemeinsamen Teiler stoßen.»

Eine Gruppe Kinder kommt vorbei. Hippasos spricht den

Jungen an, der einen Stock dabei hat. Der Junge schüttelt den Kopf, Hippasos hält eine Münze in die Luft – der Stock wechselt den Besitzer. Mit ihm beginnt Hippasos, Figuren in den Sand zu malen. Die Kinder schauen zu.

«Nehmen wir die Zahlen 7 und 19», murmelt der junge Gelehrte. «Hier ist eine Strecke von 19 Einheiten. Ich ziehe davon zweimal 7 ab, es bleiben 5. Die 5 ziehe ich von der 7 ab, es bleiben 2. Die 2 ziehe ich zweimal von der 5 ab, bleibt 1, und 1 geht zweimal in der 2 auf. Genau zweimal.»

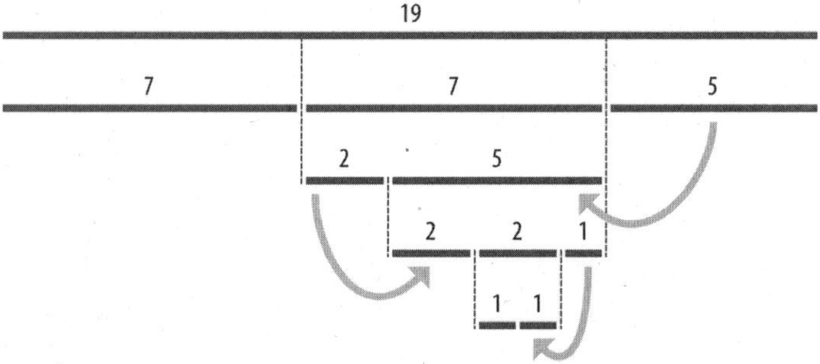

«Das Verfahren ist mir bekannt», sagt Philolaos lächelnd. «Es funktioniert auch mit Zahlen, die schon Brüche ganzer Zahlen sind. Es funktioniert überhaupt immer – immer gibt es ein gemeinsames Maß. Alles ist Zahl, wie der Meister sagt.»

«Eben nicht», ereifert sich Hippasos und verscheucht die Faxen schneidenden Kinder. «Und weißt du, wo ich einen Widerspruch gefunden habe? Im Symbol unserer Bruderschaft.» Er deutet auf das Pentagramm an der Hauswand und zeichnet dann den fünfzackigen Stern und das Fünfeck, das ihn umspannt, in den Sand.

Der Junge, der den Stock verkauft hat, kommt zurück und fragt scheinheilig: «Was gebt ihr uns, wenn wir die Strecke für unseren Wettlauf nicht über eure Zeichnung führen?»

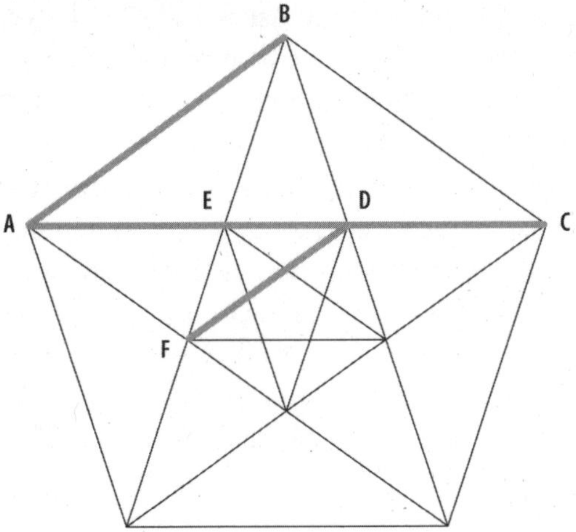

«Ich würde dann darauf verzichten, euch fünf an den Zacken des Pentagramms aufzuhängen», antwortet Hippasos. Als die Kinder registrieren, dass er es ernst zu meinen scheint, verkrümeln sie sich. Hippasos wendet sich wieder der Zeichnung zu. «Ich habe versucht, das gemeinsame Maß der Strecke AB und der Diagonalen AC des Fünfecks zu finden. Die Methode ist immer dieselbe: Zuerst muss ich die kürzere von der längeren Seite abziehen. Weil AB genauso lang ist wie AD, bleibt als Rest das Stück DC. Das muss ich jetzt von AD abziehen. Weil DC dasselbe ist wie AE, bleibt als Rest die Strecke ED. Wie ziehe ich die von AE ab? Nun, man kriegt schnell heraus, dass AE und DC genauso lang sind wie DF.»
Hippasos blickt lauernd zu seinem Mentor hinüber, doch der hört aufmerksam zu und sagt: «Ich habe das Gefühl, du hast noch etwas in Reserve.»
«Das will ich meinen», sagte Hippasos aufgeregt. «Denn wir sind wieder am Ausgangspunkt angelangt. ED und DF sind Seite und Diagonale des kleinen Fünfecks, das die gleiche Gestalt besitzt wie das große. Das Verhältnis des kleineren

zum größeren Stück war die ganze Zeit gleich, und es bleibt gleich. Der Prozess kommt nie zu einem Ende. Die beiden Strecken haben kein gemeinsames Maß. Und das bedeutet: Das Verhältnis von Diagonale und Seite im Fünfeck lässt sich nicht durch einen Bruch ganzer Zahlen ausdrücken! Wir haben die ganze Zeit in dem Symbol unserer Bruderschaft den Beweis dafür vor Augen gehabt, dass die Lehre des Pythagoras auf tönernen Füßen steht. Alles ist Zahl! Mag sein, aber es kommt nicht alles von den ganzen Zahlen.»

Hippasos schreitet erregt auf und ab und bleibt dann dicht vor seinem Freund stehen. «Hast du nichts zu sagen? Das ist doch eine Sensation! Das muss an die Öffentlichkeit!»

«Ach, Hippasos», antwortet Philolaos, «ich mag deinen Eifer. Du hast das Feuer, das vielen Gelehrten fehlt. Aber ich muss deinen Überschwang bremsen. Wir Pythagoreer sind keine dummen Nachbeter. Die Sache ist uns nicht entgangen.»

«Ach.» Das Wort fällt aus dem Mund des verdutzten jungen Genies.

«Einige von uns haben gemerkt, dass es Zahlen gibt, die kein gemeinsames Maß haben. Nimm nur den Satz über das rechtwinklige Dreieck, der ja sogar nach Pythagoras benannt ist. Selbst da kommt der Widerspruch vor. Wenn die beiden Seiten, die den rechten Winkel begrenzen, gleich sind – also ein Quadrat aufspannen –, dann hat die Diagonale des Quadrats kein gemeinsames Maß mit diesen Seiten.»

«Das habe ich auch schon vermutet», ruft Hippasos total begeistert. «Ich bin nur noch nicht dazu gekommen, es zu beweisen.»

«Ich bin durch meine Kunst, die Musik, darauf gekommen», sagt der ältere Freund lächelnd. «Nach Pythagoras leiten sich alle Harmonien aus den Verhältnissen ganzer Zahlen ab, je einfacher, desto schöner. Selbst die Himmelssphären schwingen in dieser göttlichen Harmonie.»

«Ist das etwa auch falsch?», fragt der staunende Hippasos.
«Nun, diese Harmonien existieren – aber auch sie passen nicht ganz zusammen. Es gibt immer wieder kleine Unstimmigkeiten, und ich arbeite daran, sie möglichst elegant auszugleichen.» (Siehe das Kapitel über Bach und das Wohltemperierte Klavier, S. 175.)
«Das heißt also, ihr wisst um diese Fehler und Widersprüche, aber ihr haltet sie geheim?» Hippasos fährt fassungslos mit dem Stock so oft durch den Sand, bis seine Zeichnung sich aufgelöst hat. «Wir streben doch nach Wahrheit», murmelt er. «Und die Wahrheit muss ans Licht.»
Später sitzen die beiden Männer an einem der Tische, die am Rand des Marktes aufgebaut sind. Der Wein ist kühl, das Herz von Hippasos ist heiß. Philolaos würde gern das Thema wechseln, aber er sieht, wie sehr es in dem Jüngeren arbeitet.
«Hippasos, mein Freund, wir Pythagoreer sind kein Klub, der sich nur mit Zahlenrätseln beschäftigt. Unserem Bund geht es um die Art, wie man die Welt betrachtet, es geht um die göttliche Ordnung und um die richtige Lebensweise.»
Hippasos kichert vor sich hin. «Vielleicht geht Pythagoras in diesem Augenblick den Göttern mit seiner Rechthaberei auf die Nerven, und sie überlegen, wie sie den Quälgeist wieder loswerden können.»
«Die göttliche Ordnung verträgt auch einen Quälgeist.»
Hippasos stellt den Becher auf den Tisch und sagt: «Ein schöner Bund sind wir. Und so lebensnah. Mir ist die Regel von den Bohnen die liebste. Sie erzeugen Blähungen, weil in ihnen menschliche Seelen stecken. Und warum? Weil ihre Form an einen Embryo erinnert. Willst du wissen, was ich glaube, Philolaos?»
«Würde es dich bremsen, wenn ich nein sage?»
«Ich glaube, dass es dem Bund um Macht geht. Unsere Mitglieder besetzen in Neu-Griechenland viele wichtige Posten,

die sie erhalten haben, weil man sie für weise und unanfechtbar hält. Aber wenn sich herumspricht, dass die Lehren des großen Meisters fehlerhaft sind, was wird dann von ihrer Weisheit bleiben? Wenn sie irren, sind sie ganz gewöhnliche Menschen. Wenn sie aber ganz gewöhnliche Menschen sind, kann man sie ersetzen. Wenn man sie ersetzen kann, verlieren sie ihre einflussreichen Posten.»

Philolaos schaut sich um. Sind die Gespräche an den Nachbartischen leiser geworden? Er packt Hippasos an den Schultern und sagt eindringlich: «Zuerst warst du mein Schüler, dann wurdest du auch mein Freund. Du bist einer der begabtesten Männer, die ich je getroffen habe. Ich warne dich, wie ein Vater seinen Sohn warnt. Der Innere Kreis betrachtet mit Sorge, was du tust. Du braust leicht auf und wirst dann laut. Du redest über gewisse Themen, du tust das oft und gegenüber den falschen Leuten.»

«Ihr verbietet das Denken?», stößt Hippasos hervor. «Ein Gelehrter verbietet einem anderen Gelehrten das Denken? Die Wahrheit muss an die Öffentlichkeit!»

«Wir verbieten dir nicht das Denken. Aber ich rate dir dringend, nicht alles auf den Marktplatz zu tragen.»

«Aber … aber wenn ich den Fehler gefunden habe …»

«Bei einem mathematischen Problem geht es nicht nur um richtig und falsch. Es geht um mehr.»

Hippasos atmet schwer. Er hat die Drohung verstanden. Rings herum ist es still geworden.

«Ihr sollt es alle hören», ruft Hippasos außer sich. «Pythagoras hatte unrecht, und ich, Hippasos von Metapont, kann es beweisen.» Und dann springt er so heftig auf, dass die Weinbecher umstürzen. Er drängt sich durch die anderen Tische und rempelt jeden an, der nicht schnell genug Platz macht.

Zwei Tage später finden Fischer an der Küste von Metapont den Leichnam eines jungen Mannes.

Der Dialog ist erfunden, aber Hippasos von Metapont hat tatsächlich gelebt und wohl als Erster bewiesen, dass die Vorstellung von Pythagoras falsch ist, alle Zahlen ließen sich als Verhältnis von ganzen Zahlen darstellen. Auch den Musiktheoretiker Philolaos hat es gegeben, ebenso wie den Geheimbund der Pythagoreer, der längst nicht nur der wissenschaftlichen Wahrheit verpflichtet war. Und der Legende nach ist Hippasos tatsächlich ermordet worden – von seinen Brüdern, die ihn auf offener See aus einem Boot warfen.

Heute ist die Tatsache, dass nicht alle Paare von Zahlen ein gemeinsames Maß haben, keine Sensation mehr. Wir lernen das in der Schule, wenn die Wurzeln durchgenommen werden. Die Wurzel einer Zahl *x* ist eine Zahl, die, mit sich selbst malgenommen, genau *x* ergibt. Manchmal ist das eine ganze Zahl, zum Beispiel bei der Wurzel aus 9. Manchmal kommt aber auch eine irrationale Zahl heraus, etwa wenn man die Wurzel aus 2 zieht. Geometrisch ist die Wurzel aus 2 die Diagonale in einem Quadrat, das die Seitenlänge 1 hat. Mit diesen Wurzeln gehen wir heute ganz selbstverständlich um.

Das Verhältnis von Seite und Diagonale im Fünfeck, dessen Irrationalität Hippasos bewiesen hat, spielt eine große Rolle in der Mathematik – und in der Ästhetik. Es handelt sich nämlich um den sogenannten «Goldenen Schnitt». Welchen Zahlenwert hat dieses Verhältnis? Das lässt sich mit Hilfe von Wurzeln schnell berechnen. Dabei benutzt man die Eigenschaft, auf die schon Hippasos hinwies: Das Verhältnis des größeren Stücks zum kleineren ist genauso groß wie das des kleineren zur Differenz der beiden. Geometrisch kann man das darstellen, indem man ein Rechteck zeichnet, das die beiden Strecken als Seiten hat:

Man trägt die kürzere Seite *b* an der längeren ab, schneidet also ein Quadrat der Größe *b* mal *b* ab. Dann bleibt ein Rechteck

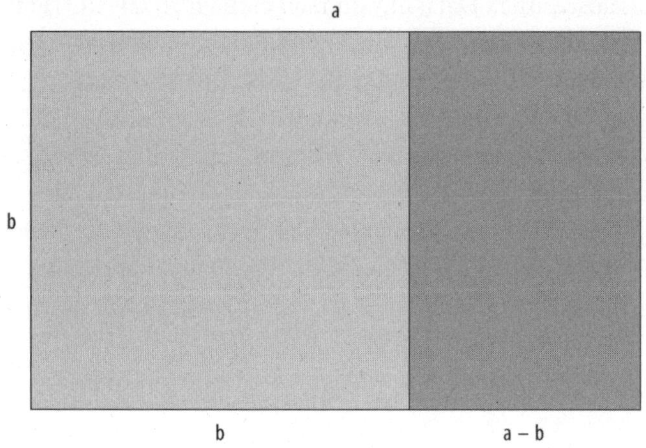

mit den Seiten *b* und *a* – *b* übrig. Und dieses neue Rechteck (das dunklere) soll nun wieder genau dasselbe Seitenverhältnis haben wie das Ausgangsrechteck.

Wie Hippasos richtig gesehen hat, kann man diesen Prozess immer weiterführen: einfach ein Quadrat abschneiden, und es entsteht eine verkleinerte Version desselben Rechtecks. Das ganze windet sich immer weiter in das Rechteck hinein.

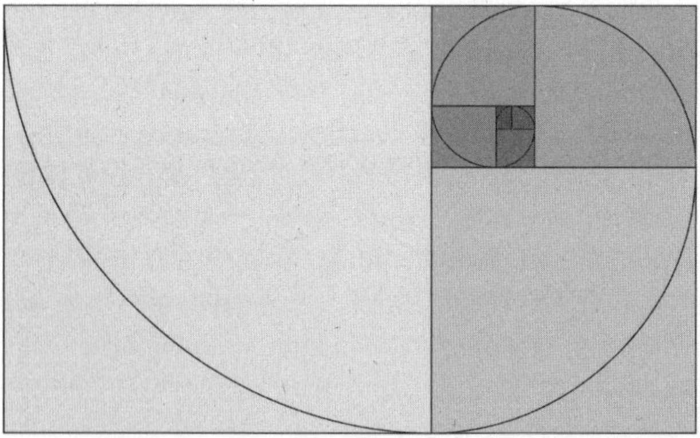

Dass dieser Prozess wirklich nur bei einem ganz bestimmten Seitenverhältnis möglich ist, sieht man, wenn man dieses Verhältnis ausrechnet. Dazu nimmt man einfach an, die kürzere Seite habe die Länge 1 (in welcher Maßeinheit auch immer), dann verhält sich x zu 1 wie 1 zu $x - 1$. Als Gleichung:

$$\frac{x}{1} = \frac{1}{x-1}$$

Man nimmt beide Seiten der Gleichung mit $x - 1$ mal, dann steht da

$$x \cdot (x-1) = 1$$

oder auch

$$x^2 - x - 1 = 0$$

Dies ist eine quadratische Gleichung, und für deren Lösung haben wir in der Schule eine Gleichung gelernt (siehe Anhang S. 219). Die Gleichung hat zwei Lösungen, nämlich

$$x_{1,2} = \frac{1}{2} \pm \sqrt{\frac{5}{4}} = \frac{\pm\sqrt{5}+1}{2}$$

Da die Wurzel aus 5 größer ist als 1, ist einer der beiden Werte negativ – der interessiert nicht, da das Verhältnis der beiden Zahlen ja eine positive Zahl sein soll. Es bleibt als Lösung

$$\Phi = \frac{\sqrt{5}+1}{2} \approx 1{,}618 \ldots$$

Der griechische Buchstabe nennt sich «Phi», und Φ ist die Zahl, die als der «Goldene Schnitt» bekannt ist. Φ ist viel weniger bekannt als etwa die Kreiszahl π, aber auch sie spielt in der Mathematik ein große Rolle.

Φ hat eine verblüffende Eigenschaft: Wenn man das Verhältnis umkehrt, also die größere Seite durch die kleinere teilt, dann erhält man die Zahl $1/\Phi$, die kleiner als 1 ist. Sie wird auch mit dem Kleinbuchstaben ϕ bezeichnet.

$$\phi = \frac{1}{\Phi} \approx 0{,}618\,...$$

Hinter dem Komma steht dieselbe Ziffernfolge wie bei Φ! Diese Eigenschaft, dass sich Φ und ϕ um 1 unterscheiden, kann man benutzen, um für die Zahl einen sogenannten Kettenbruch zu entwickeln:

$$\Phi = 1 + \varphi = 1 + \frac{1}{\Phi}$$

Wenn man diesen Ausdruck wieder für Φ einsetzt, erhält man:

$$\Phi = 1 + \frac{1}{\Phi} = 1 + \frac{1}{1 + \frac{1}{\Phi}}$$

Das sieht ein bisschen wie ein mathematischer Taschenspielertrick aus, ist aber völlig korrekt. Und bleibt sogar dann korrekt, wenn man dieses Einsetzen unendlich oft praktiziert:

$$\Phi = 1 + \frac{1}{\Phi} = 1 + \frac{1}{1 + \frac{1}{1 + \frac{1}{1 + \dots}}}$$

So sind sie, die Mathematiker – schreiben einfach «…» und erledigen damit das Problem der Unendlichkeit.
Ein unendlicher Kettenbruch bezeichnet stets eine irrationale Zahl. Wenn man den Bruch an irgendeiner Stelle abbricht, erhält man eine rationale Näherung für diese Zahl. Bei Φ ist es so, dass wegen der vielen Einsen unter dem Bruchstrich der «Fehler» bei dieser Annäherung immer maximal groß ist. Φ ist die irrationale Zahl, die sich am schlechtesten durch rationale Brüche annähern lässt – und deshalb wird sie auch manchmal als die irrationalste oder auch «nobelste» Zahl von allen bezeichnet.

DAS «SCHÖNE» PHI Wenn man ein Blatt Papier nimmt, dessen Seiten im Verhältnis des Goldenen Schnitts stehen, dann kann man ein Quadrat abschneiden und enthält wieder ein «goldenes» Rechteck. Macht man das immer weiter, so erhält man einen Haufen immer kleiner werdender Quadrate (und einen winzigen Schnipsel, der sich nicht mehr schneiden lässt).

Für Drucker und Hobbybastler ist aber ein anderes Seitenverhältnis von Papier interessanter. Nämlich das, bei dem man das Papier halbiert, und es kommt wieder ein Blatt im gleichen Seitenverhältnis heraus. Das ist zum Beispiel beim DIN-Format der Fall: Ein DIN-A5-Blatt hat die gleichen Proportionen wie ein DIN-A4-Blatt, nur ist es halb so groß.

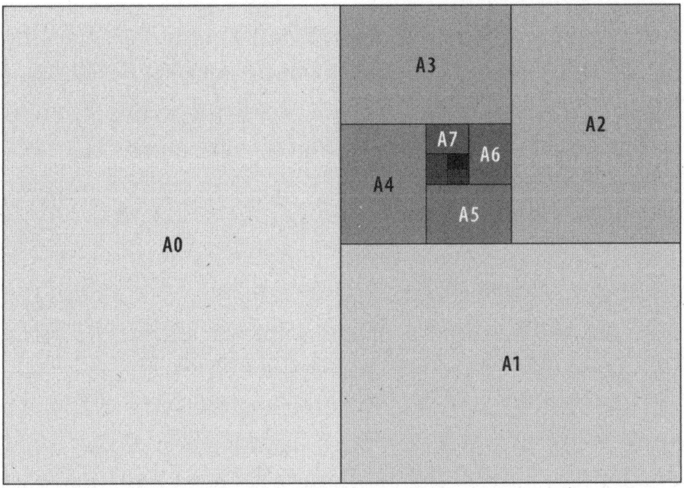

Welches Verhältnis müssen die Ausgangsseiten dieses Rechtecks haben? Nimmt man wieder an, dass die kurze Seite des großen Rechtecks die Länge 1 hat und die lange die Länge x, dann gilt in diesem Fall:

$$\frac{x}{1} = \frac{1}{\frac{x}{2}}$$

Das ist gleichbedeutend mit

$$x = \frac{2}{x}$$

oder auch:

$$x^2 = 2$$

Die (positive) Lösung dieser Gleichung ist die bekannte Wurzel aus 2, etwa 1,4142… – die andere irrationale Zahl, von der im Gespräch der beiden Griechen die Rede war!
(Nach der Norm sind die Seitenlängen von DIN A0 nicht 1 Meter und 1,41 Meter, sondern sie sind so definiert, dass die Fläche des Blattes genau ein Quadratmeter ist. Es ergibt sich ein Format von 841 mal 1189 Millimetern.)
Welches Rechteck finden Sie schöner, das goldene Rechteck oder das DIN-Rechteck? Um die Wahl zu erschweren, hier gleich noch ein paar andere Formate zur Auswahl, geordnet vom «quadratischsten» zum «länglichsten»:

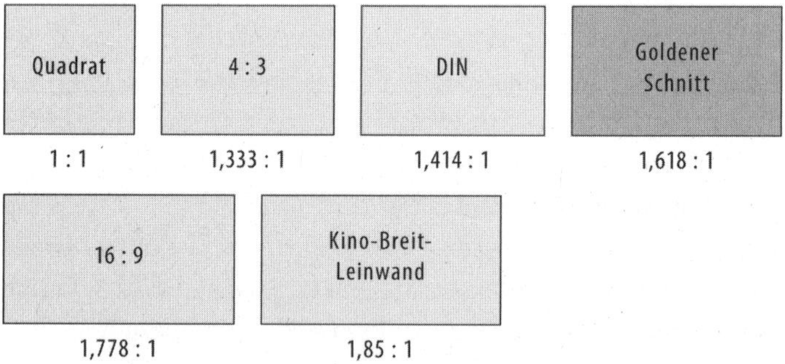

4 : 3 ist das klassische Fernsehformat, 16 : 9 das moderne, das besser für Spielfilme geeignet ist. Wenn ein Film allerdings im

noch breiteren Cinemascope-Format gedreht ist, dann bleiben auch auf diesem Fernseher oben und unten schwarze Streifen: Dessen Verhältnis ist nämlich 2,35 : 1. Lange Zeit galt der Goldene Schnitt als die «schönste» Proportion. Die alten Griechen verwendeten diese Proportion zum Beispiel beim Bau des Parthenon-Tempels in Athen. Auch in der Renaissance, als man sich auf das klassische Altertum besann, verwendete man dieses Seitenverhältnis viel. Kunsthistoriker haben es in Leonardos «Mona Lisa» gefunden und in seinen Zeichnungen der menschlichen Proportionen. Noch im 20. Jahrhundert war der Architekt Le Corbusier ein glühender Verfechter des Goldenen Schnitts. Viele seiner nüchternen Quader-Bauten finden wir heute grottenhässlich – aber sie haben die goldene Proportion.

Heute sieht man das alles etwas nüchterner. Jeder Mensch ist anders gebaut. Und finden wir wirklich diejenigen am schönsten, bei denen sich irgendwelche Augen- und Nasenabstände gerade im Verhältnis des Goldenen Schnitts befinden? Manche Psychologen wollen herausgefunden haben, dass die meisten Menschen unter verschiedenen Rechtecken tatsächlich das «goldene» als das schönste auswählen, andere wiederum konnten das nicht bestätigen. Auch in der modernen Kunst wird immer wieder der eine oder andere Goldene Schnitt gefunden, aber wenn man zum Beispiel die abstrakten, von rechtwinkligen Linien durchzogenen Gemälde von Piet Mondrian anschaut, dann gibt es darin so viele Rechtecke, dass fast zwangsläufig eines etwa das Verhältnis des Goldenen Schnitts haben muss. Ich habe mir einmal die Bildformate von etwa 20 berühmten Gemälden angesehen – die streuten über einen weiten Bereich von quadratisch bis länglich, ohne eine erkennbare Häufung bei einer bestimmten Proportion. Der Astrophysiker Mario Livio, der ein ganzes Buch über Φ geschrieben hat, meint denn auch: «Trotz der faszinierenden mathematischen Eigenschaften des Goldenen Schnitts und seiner Neigung, in der Natur überall da aufzutauchen, wo man ihn am wenigsten erwartet, sollten wir damit aufhören, ihn als universellen Standard für Schönheit anzusehen, weder im menschlichen Gesicht noch in der Kunst.»

«AUSGERECHNET» 10 Punkte sollen so angeordnet werden, dass sie auf 5 Geraden liegen, von denen jede 4 der Punkte enthält!
Auflösung unter *www.rowohlt.de/mathematikverfuehrer*

FRAUENFRAGEN

ODER MEHR IST MANCHMAL WENIGER

«Liebe Kolleginnen und Kollegen, ich habe Sie zusammengerufen, weil wir ein … ähm … Problem zu diskutieren haben, das keinen Aufschub duldet.»
Holger Ehrmann, Rektor der Hochschule für Übersetzungswesen in Erlangen, trägt staatsmännischen Ernst im Gesicht. Vor ihm sitzen die vier Fachbereichsleiter der Sprachenschule: Gerd Miesgang, der das Fach Russisch betreut; Kathleen Cross, die Englisch-Professorin; Franz Vogler, der die Spanisch-Lehrer vertritt; Ivana Campagnola vom kleinsten Fachbereich, an dem Italienisch gelehrt wird. Neben dem Rektor sitzt eine junge Frau mit dunklen, zurückgekämmten Haaren und modischer Brille. Sie blättert konzentriert in einem Stapel von Computerausdrucken. «Sicherlich kennen Sie alle Frau Weißer, die Frauenbeauftragte unserer Hochschule. Sie hat mich vor wenigen Tagen auf ein schwerwiegendes Problem hingewiesen, über das zu reden sein wird. Frau Weißer, bitte sehr.»
Aline Weißer blickt auffordernd in die Runde: «Wahrscheinlich haben Sie noch nicht mit mir zu tun gehabt und sind nicht traurig darüber. Die meisten Menschen glauben, dass ich mich nur um Dinge wie die geschlechtsneutrale Fassung diverser Formulare kümmere. Das ist nicht meine Hauptarbeit, obwohl sich die diskriminierenden Formulierungen natürlich nicht von allein tilgen.»
Vogler und Miesgang tauschen einen Blick, der Aline Weißer veranlasst, ihr Kreuz ein wenig stärker durchzudrücken.

«Wie Sie alle wissen, haben in den letzten Jahren die Mädchen und jungen Frauen an den deutschen Schulen erfreulich aufgeholt. Mittlerweile machen mehr Mädchen als Jungen Abitur, sie schließen im Schnitt auch mit besseren Noten ab, gerade in den Fremdsprachen. Die naheliegende Vermutung – auch von mir, das gebe ich zu – war, dass sich diese Entwicklung auch an den Hochschulen fortsetzen würde.»

«Ist doch auch so», fällt ihr Vogler ins Wort. «Für mein Fach kann ich das jedenfalls bestätigen. Meine besten Studenten sind weiblich.»

«Wenn Sie mich bitte ausreden lassen würden, Herr Vogler», antwortet die Frauenbeauftragte spitz. «Es geht mir nicht um den Studienerfolg. Mir geht es darum, dass wir vielen jungen Frauen gar nicht erst die Möglichkeit geben, ein Studium bei uns aufzunehmen.»

«Bei uns?»

«Ja, bei uns», bestätigt Frau Weißer nachdrücklich. «Seit einigen Jahren sind wir ja in der glücklichen Lage, die Auswahl der Studierenden selbst zu treffen. Die Zeit ist vorbei, in der wir nur auf den Notendurchschnitt gucken mussten.»

«Das wurde auch höchste Zeit», meldet sich Rektor Ehrmann. «Die Aussagekraft der Schulnoten ist ja doch eher … wie soll ich sagen …»

«Nichtssagend», schlägt Vogler vor. «Es ist doch selbstverständlich, dass eine Sprachenschule ihre Studenten nach ihren sprachlichen Fähigkeiten auswählt. Wonach denn sonst?»

Frau Weißer bringt sich in Erinnerung: «In der Theorie klingt das gut. Aber wählen wir wirklich nach der Qualifikation aus? Ich habe da meine Zweifel, begründete Zweifel.»

Niemand in der Runde kann ihr folgen, sodass Aline Weißer den Eindruck hat, Klartext reden zu müssen: «Frauen», fährt sie fort, «werden bei der Auswahl benachteiligt.»

«Wann? Wie? Wodurch?», fragt Kathleen Cross verdutzt.

«Ihnen das zu demonstrieren, liebe Kollegin», antwortet Frau Weißer zuckersüß, «zu diesem Zwecke sitzen wir heute hier.»
In der Runde entsteht Unruhe. Empörtes Verteidigungsgemurmel kommt auf. «Bitte, Kollegen», mahnt der Rektor, «wir wollen Frau Weißer doch in Ruhe ihr Anliegen vortragen lassen. Fahren Sie bitte fort, Frau Weißer.»
Nicht ohne Sinn für eine gewisse Dramatik zieht die Frauenbeauftragte ein Blatt aus ihrem Aktenordner. «Zum letzten Wintersemester haben sich bei uns 2175 junge Männer für ein Studium beworben und 849 Frauen.»
«Junge Frauen», wirft Vogler ein und holt sich den Knapp-über-den-Brillenrand-Blick der Frauenbeauftragten ab, von dem er schon gehört hat.
«Wir haben keinen Einfluss darauf, wer sich bewirbt», wendet der Rektor ein.
«Es geht mir auch nicht um die Bewerberzahl, obwohl ich schon denke, dass es nicht schaden könnte, wenn wir künftig stärker herausstellen würden, was gerade Frauen von einem Studium bei uns zu erwarten haben.» Rektor Ehrmann spielt hingebungsvoll mit seiner Brillenkette und bekommt den auffordernden Blick nicht mit, den ihm Frau Weißer zuwirft.
«Reden wir über die Zulassungsquote», fährt sie fort. «Von den männlichen Bewerbern wurden 47 Prozent akzeptiert, von den Frauen nur 31. Der Unterschied ist zu groß, um zufällig zu sein. Und in den letzten drei Jahren waren die Zahlen ähnlich.»
Sie wartet die Wirkung ihrer Sätze ab und stellt befriedigt fest, wie beeindruckt alle sind.
«Daraus folgt für mich, dass Männer bei der Annahme bevorzugt werden. Da meine Phantasie nicht so weit reicht, um mir vorzustellen, dass Männer in solchem Maße qualifizierter sind, haben wir also ein Problem.»
Als Erste bricht Ivana Campagnola das Schweigen. In ihrem italienischen Akzent, den alle so mögen, sagt sie: «An uns liegt

das nicht. Wir haben im letzten Semester nur 46 Studierende annehmen können, mezzo Frauen, mezzo Männer, obwohl wir mehr als zehnmal so viele Bewerbungen hatten. Und die Quoten, un attimo …» Sie blättert in ihrer abgewetzten Kladde, die alle so mögen. «6 Prozent der Männer wurden akzeptiert und 7 Prozent der Frauen.»

Auch die anderen haben in ihren Unterlagen geblättert, den Vorwurf der Frauendiskriminierung will schließlich keiner auf sich sitzenlassen.

«Wir nehmen in meiner Englisch-Abteilung viel mehr Kandidaten auf, wir sind ja das Massenfach», meldet sich Kathleen Cross zu Wort. «Über 600 neue Studierende jedes Jahr. Bei den Männern waren wir erheblich kritischer. Von denen haben 62 Prozent einen Studienplatz bekommen, bei den Frauen waren es 82 Prozent.»

Das sind eindeutige Zahlen, Kathleen Cross hat es geschafft, den Schwarzen Peter weiterzureichen. Nun sind die beiden männlichen Fachbereichsleiter in der Rechenschaftspflicht. Zuerst wehrt sich Miesgang gegen den Macho-Vorwurf. «Ich weiß auch nicht, warum so wenige Frauen sich für Russisch interessieren. Vielleicht liegt es daran, dass Russisch nicht als sexy gilt.» Erwartungsvoll blickt er in die Runde, findet aber nirgendwo Unterstützung und fährt seufzend fort: «Nur 25 Frauen haben sich beworben gegenüber 560 Männern. Aber die Annahmequote war auch hier bei den Frauen höher: 68 Prozent gegenüber 63 Prozent. An mir liegt's also nicht, wer hätte das gedacht. Es sieht nicht gut für den geschätzten Kollegen Vogler aus.»

«Ein bisschen mehr Männersolidarität stünde Ihnen gut zu Gesicht, Herr Kollege», antwortet der angesprochene Spanisch-Professor. Er verschweigt sicherheitshalber seine Forderung nach der Einführung eines Männerbeauftragten, die er beim letzten Doppelkopfabend unter Zeugen geäußert hat.

«Hier sind meine Zahlen: 792 Bewerber, ein paar Männer mehr als Frauen. 35 Prozent der Bewerberinnen bekamen einen Platz, 33 Prozent der Männer.»

Niemandem ist mehr nach Frotzeleien zumute, stattdessen überwiegt allgemeine Ratlosigkeit, zumal an den Zahlen kein Zweifel möglich ist. Der Rektor ergreift das Wort: «Die Ergebnisse sprechen für sich. An allen vier Fachbereichen ist der Prozentsatz der angenommenen Frauen höher als der der Männer. Das ist eigentlich Stoff für eine Pressemeldung und entspricht der Richtung, die unsere verehrte Frau Weißer vorhin auf ihre charmante Art anmahnte.»

Alle Augen wandern zur Frauenbeauftragten. Die ist sich der unausgesprochenen Frage wohl bewusst: «Meine Zahlen sind korrekt», faucht sie. «Aktuell sind sie sowieso, heute Morgen aus dem Sekretariat geholt, frisch aus dem Computer. Aber ich gebe zu: Es bleibt ein Rest, der rätselhaft ist.»

Vogler denkt: Von wegen ein Rest! Du hast dir selbst ein Bein gestellt, Mädchen.

Ehrmann fasst zusammen: « Es klingt ja schon ein wenig paradox. Ich schlage vor, wir vertagen uns. Nächsten Mittwoch treffen wir uns alle wieder, ich werde Herrn Weingarten aus dem Rechenzentrum dazu bitten. Der Mann lebt für Zahlen. Bis dahin erinnere ich an Churchills Klassiker: Traue keiner Statistik, die du nicht selbst gefälscht hast.»

«Protest!», fällt ihm Kathleen Cross ins Wort. «Das ist ein germanischer Mythos. Der Satz stammt nicht von Churchill, bei uns in England ist dieses Bonmot jedenfalls völlig unbekannt.»

DAS PARADOX DES HERRN SIMPSON Paradox findet Professor Ehrmann diese Zahlen, und tatsächlich werden solche seltsamen Zusammenhänge in der Mathematik als «Simpsons Paradox» bezeichnet. Der Mathematiker E. H. Simpson beschrieb es erstmals 1951, und es sorgt seitdem für allerlei

Verwirrung. Dabei lässt es sich eigentlich ganz einfach erklären.

Bevor wir uns den Frauenfragen zuwenden, ein etwas einfacheres Beispiel. Was halten Sie von folgender Geschichte: Zwei Sportler, A und B, absolvieren beide eine Art abgespeckten Triathlon, bei dem sie zuerst laufen müssen und dann schwimmen. Zusammen 10 Kilometer. Sportler A bewältigt die Laufstrecke mit 15 km/h, B ist langsamer und läuft nur 12 km/h. A schwimmt auch schneller als B: 4 km/h gegenüber 3 km/h. Trotzdem legt B die Gesamtstrecke in 1 Stunde 40 Minuten zurück, A braucht 2 Stunden und 8 Minuten, ist also insgesamt langsamer. Wie kann das angehen?

Wahrscheinlich werden Sie protestieren, wenn Sie die Lösung hören. Bei den beiden Athleten waren nämlich die Disziplinen unterschiedlich kombiniert. A musste 2 Kilometer laufen und 8 Kilometer schwimmen, bei B war es umgekehrt! Und da ist es natürlich kein Wunder, dass B früher am Ziel ist, obwohl er in jeder Einzeldisziplin schlechter war als A.

Man kann die Situation auch graphisch darstellen, als ein Weg-Zeit-Diagramm von A (schwarz) und B (grau):

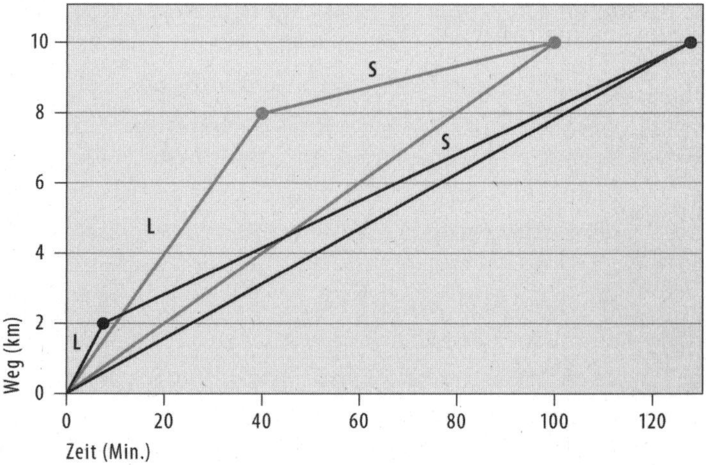

Die Steilheit jeder Strecke in dieser Graphik ist ein Maß für die Geschwindigkeit. Man sieht: Obwohl sowohl der mit L bezeichnete Lauf-Abschnitt von A als auch sein S-Abschnitt (Schwimmen) steiler sind als die von B, ist B am Ende doch schneller.

Kein Wunder natürlich, der Wettkampf war nicht fair. Und ähnlich ist es in der Geschichte mit den Bewerberzahlen. Die Daten sind übrigens wieder einmal echt: In den 1970er Jahren wurde an der kalifornischen Universität Berkeley tatsächlich über die angebliche Benachteiligung von Frauen bei der Zulassung diskutiert; es gab sogar eine Veröffentlichung im Wissenschaftsmagazin *Science*, in der gezeigt wurde, dass es sich hier um einen klassischen Fall von Simpson-Paradox handelte. Ich habe die exakten Zahlen von vier Fachbereichen aus dieser Publikation verwendet – die Fächer haben nur andere Namen bekommen.

Fach	männl. Bewerber	zugelassen	%	weibl. Bewerber	zugelassen	%
Englisch	825	512	62	108	89	82
Russisch	560	353	63	25	17	68
Spanisch	417	138	33	375	131	35
Italienisch	373	22	6	341	24	7
Summe	**2 175**	**1 024**	**47**	**849**	**261**	**31**

Man sieht noch einmal deutlich: In jedem einzelnen Fach war die Zulassungsquote der Frauen höher als die der Männer, trotzdem schneiden in der Gesamtschau die Frauen schlechter ab – nur 31 Prozent von ihnen werden zugelassen. Heißt das, dass Frauen diskriminiert werden? Oder, um es in Anlehnung an das Athleten-Beispiel zu formulieren: Müssen sie schwimmen, wo die Männer laufen dürfen?

Tatsächlich ist es so, dass sich die Frauen in großer Zahl die «schwierigeren» Disziplinen ausgesucht haben. Ein Blick auf die Tabelle zeigt: Im Fach Englisch wird die Mehrzahl der Bewerber angenommen (insgesamt etwa 64 Prozent), bei Italienisch sind es nur 6,5 Prozent. Und während die Männer vorwiegend die Fächer gewählt haben, bei denen man leicht einen Studienplatz ergattert (das «Laufen» sozusagen), drängen die Frauen vorwiegend in die beiden Fächer mit den härteren Aufnahmebedingungen, sie müssen quasi «schwimmen». Kein Wunder, dass dann in der Summe prozentual weniger Frauen zugelassen werden. Auch das kann man graphisch darstellen:

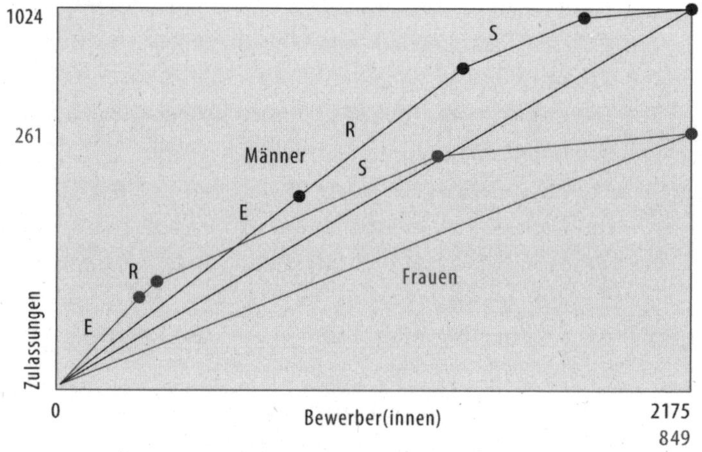

(Zur Übersichtlichkeit wurde hier die Darstellung für die Frauen so skaliert, dass sie genau so breit ist wie die für die Männer. Die schwarzen Streckenzüge haben also einen anderen Maßstab, aber die Verhältnisse und Steigungen sind dieselben!)

Man sieht: Die einzelnen Abschnitte sind bei den Frauen steiler als bei den Männern, aber die Gesamtsteigung ist flacher!

Bei allen Simpson-Paradoxa gibt es eine «verborgene Variable» – ein Umstand, der in der Gesamtschau nicht berücksichtigt worden ist. Bei den Sportlern ist es die ungleiche Verteilung der Lauf- und Schwimmstrecken, im Fall der Universität ist es die ungleiche Verteilung der Bewerber auf die einzelnen Fächer.

Manchmal ist diese verzerrende Nebenbedingung gar nicht so leicht zu erkennen. Noch ein Beispiel aus der Wirklichkeit: Die amerikanischen Fluggesellschaften veröffentlichen jedes Jahr eine «Pünktlichkeitsbilanz». Auf 30 ausgesuchten Flughäfen wird ermittelt, wie viele Prozent der Flüge verspätet gelandet sind. Dabei stand die Gesellschaft American West Airlines (inzwischen fusioniert mit US Airways) stets besser da als Alaska Airlines. Lässt das einen anderen Schluss zu, als dass die Fluglinie einfach zuverlässiger arbeitet als die Konkurrenz?

Die «verborgene Variable» ist in diesem Fall die Tatsache, dass die beiden Fluglinien nicht alle Flughäfen mit derselben Frequenz anfliegen. Jede Gesellschaft hat ihre «Hubs» oder Luftkreuze – Knotenpunkte im Netz, von denen die Linien sternförmig in alle Richtungen gehen. Bei American West ist das die Stadt Phoenix in Arizona – dort ist der Himmel das ganze Jahr über blau. Die kleine Alaska Airlines flog in der Vergangenheit überhaupt nur 5 der 30 großen Flughäfen an, und ihr Luftkreuz im amerikanischen Kernland war Seattle, ganz im Nordwesten gelegen und ein regelrechtes Nebelloch. So sahen 1991 die Zahlen für die beiden Fluggesellschaften auf den fünf Flughäfen aus, die sie beide anflogen:

	«Alaska Airlines»		«American West»	
	Flüge	% verspätet	Flüge	% verspätet
Los Angeles	559	11,1	811	14,4
Phoenix	233	5,2	5255	7,9
San Diego	232	8,6	448	14,5

San Francisco	605	16,9	449	28,7
Seattle	2146	14,2	262	23,3
Gesamt	**3775**	**13,3**	**7225**	**10,9**

Auf allen fünf Flughäfen stand Alaska Airlines besser da, trotzdem sieht es in der Summe besser aus für American West! Aber welche Betrachtung ist denn nun die richtige – die Gesamtschau oder der Blick aufs Detail? Da muss man uneingeschränkt sagen: Die detaillierten Tabellen verschaffen uns zusätzliche Informationen über einen scheinbaren Zusammenhang und können ihn glatt ins Gegenteil verkehren. Sie zeigen, dass die kleinere Airline bei schönem wie bei schlechtem Wetter pünktlicher ist als die Konkurrenz.

Auch das «Biathlon»-Beispiel versetzt uns in die Lage, «unfair!» zu rufen. Und bei der Frage «Frauendiskriminierung – ja oder nein?» muss man zu dem Schluss kommen: Die Frauen haben sich ja aus freien Stücken für die jeweiligen Fächer beworben; sie haben einfach den schwereren Weg gewählt. Daraus kann man der Hochschule keinen Vorwurf machen. Allenfalls könnte man überlegen, ob man die Fachbereiche, die offenbar Frauen besonders anziehen, vergrößert (nicht sehr wahrscheinlich), oder ob man die Bewerberinnen vorher besser beraten sollte.

Aber das geht nun über die Mathematik hinaus. Das Fazit ist: Aus der Gesamtbilanz auf eine Diskriminierung der Frauen zu schließen, war voreilig. Zusätzliche Informationen können dieses Bild umkehren und bilden die Wirklichkeit besser ab.

«AUSGERECHNET» Die folgende Tabelle zeigt echte Daten aus einer Untersuchung, die zwischen 1972 und 1994 in Großbritannien stattfand. Man wollte die Sterblichkeit von Rauchern und Nichtrauchern untersuchen. In jeder Altersgruppe schaute man, wie viele der Raucher bzw. Nichtraucher nach 20 Jahren gestorben waren. Dabei kam Folgendes heraus:

	55–64		65–74		55–74 kombiniert	
Raucher	51	44 %	29	80 %	80	53 %
Nichtraucher	40	33 %	101	78 %	141	56 %

Die schwarz gedruckten Zahlen suggerieren: Raucher überleben länger als Nichtraucher! Ist die Interpretation korrekt? Auflösung unter *www.rowohlt.de/mathematikverfuehrer*

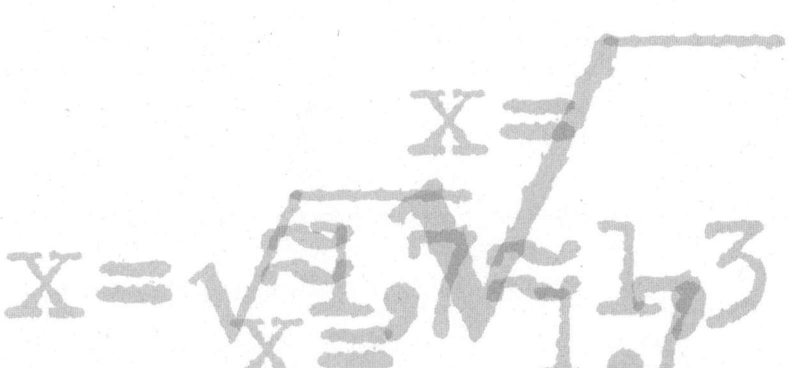

MÄNNERPHANTASIEN

ODER
BIER, BEINE UND ANDERE EXTREME

Hochspannung in Hamburg: Auf welchen Tag wird in diesem Jahr der Frühling fallen? Im besten Fall verteilt sich die milde Luft über einige Stunden im April und Mai. Schlagartig cruisen dann Hunderte Cabrios über die Elbchaussee von einer roten Ampel zur nächsten – auf der Suche nach dem einzigen Parkplatz zwischen Altonaer «Balkon» und Blankeneser Hirschpark.

Gut frequentiert ist mit Garantie die «Strandperle», ein Kiosk mit überschaubarem Angebot an Ess- und Trinkbarem und hohem Kult- und Flirtfaktor. Jungvolk lagert auf dem fünf Handtücher breiten Strand zwischen Osterfeuer-Kohle und Golden-Retriever-Kot. Selbst die Beach-Clubs der Stadt kratzen nicht am Ruf der «Strandperle». Spätestens beim zweiten Besuch haben viele Besucher ihre Lektion gelernt und tragen eine Bastmatte unterm Arm.

Kolja und Jens, zwei Freunde, liegen zwischen Frauenzeitschriften-Redakteurinnen mit Heinz-Erhardt-Brille und dynamischen IT-Fachkräften mit abgestelltem Handy. Kartoffelsalat und Würstchen sind aus der «Strandperle», die Halbliter-Bierdosen mit dem vernünftigen Preis-Leistungs-Verhältnis stammen aus dem Supermarkt. Am kühl gelagerten Vorrat brechen sich die Wellen der Elbe. Auf dem schmalen Betonweg zeigen junge Frauen das erste Bein der Saison: enthaart, gebräunt, trainiert.

Dementsprechend abgelenkt, nimmt Kolja einen Schluck

und stellt die Dose in den Sand zurück. Die Dose kippt um, Gerstensaft gluckert in den Elbsand.
«Mist», flucht Kolja und rettet den Rest. «Dass diese Dosen nie im Sand stehen bleiben.»
«Das liegt daran, dass ihr Schwerpunkt ziemlich hoch liegt – genau in der Mitte der Dose.» Aus Jens spricht die Kompetenz von vier Semestern Physik. «Zumindest wenn sie voll ist», fügt er hinzu und dreht seine Dose fest in den Sand.
«Der Schwerpunkt ist immer in der Mitte», sagt Kolja und schafft es, als angehender Germanist sein Grundlagenwissen in einen einzigen Satz zu fokussieren. «Auch wenn die Dose leer ist, ist er in der Mitte. Dann fällt sie noch leichter um.» Mit dem Mittelfinger kickt er seine mit Sand beklebte Dose in die Waagerechte.
«Wenn die Dose leer ist», stimmt Jens nachdenklich zu, «dann hast du recht. Aber bevor sie leer ist, liegt der Schwerpunkt tiefer. Wenn sie, sagen wir, halb leer ist, liegt der Schwerpunkt des Bieres bei einem Viertel der Dosenhöhe. Das ist eine gute Voraussetzung, um stabil zu stehen, denn die Dose selbst ist gegenüber dem Bier ja ziemlich leicht. Deshalb liegt auch der Gesamtschwerpunkt nicht viel höher.» Jens packt die ausgekippte Dose, lässt sie hin- und herschwingen, Sonnenlicht bricht sich auf dem Gold.
Mit der flachen Hand glättet Kolja den Sand und malt mit dem Finger eine Kurve in Form eines U in die Fläche. «Der Schwerpunkt liegt also am Anfang, wenn die Dose voll ist, in der Mitte. Mit sinkendem Bierspiegel sinkt er nach unten. Wenn die Dose ausgetrunken ist, liegt der Schwerpunkt aber wieder im Mittelpunkt. Das heißt, es muss einen tiefsten Schwerpunkt geben, und danach steigt er wieder an.»
«Die Sache ist ziemlich klar», bestätigt Jens, «am Anfang ist viel Bier da und relativ wenig Dose. Mit jedem Schluck wird das Gewicht des Bieres geringer, und die Metalldose mit ihrem

hohen Schwerpunkt fällt relativ und buchstäblich mehr ins Gewicht.»

«Dann gibt es also dumme Trinkstrategien und kluge Trinkstrategien», entgegnet Kolja angeregt.

«Die dumme hatten wir schon», sagt Jens maliziös. «Man kippt die Dose um.»

«Gut, gut. Ideal geht es so: Du öffnest die Dose …» Kolja demonstriert, was er sagt, mit einer vollen Dose. «Du trinkst und trinkst und stellst auf keinen Fall die Dose ab, du trinkst exakt so viel Bier, dass der niedrigste Schwerpunkt erreicht ist.» Koljas Blick bekommt dieses Entrückte, das dem Aufstoßen vorausgeht. «Dann steht sie am stabilsten im Sand.» Er stellt die Dose ab. «Und mit dem nächsten Schluck macht man sie leer, führt sie also ihrem eigentlichen Daseinszweck zu.» Der gelockte Kopf schräg vor Kolja schaut so weit zur Seite, dass Kolja das linke Ohr erkennt. Sie hört ihm zu. Er hat ihr Interesse geweckt. Ihr Begleiter hat zottiges Fell und macht den Eindruck, als sei er bestechlich. Kolja überlegt, wie viele Würstchen in der «Strandperle» wohl bestellt werden, um mit ihnen den Hund eines Traumpartners auf seine Seite zu ziehen.

«Was fehlt uns noch?», fragt Jens in diesem Moment. «Der ideale Füllstand, mit anderen Worten: der tiefste Punkt auf der U-förmigen Kurve, die du leicht verzittert in den Sand gegraben hast. Das ist eine sogenannte Extremwertaufgabe, für viele Oberschüler ein ziemlicher Horror. Dabei ist eine Kurvendiskussion eigentlich gar nicht schwer.»

«Muss ich nicht haben», wehrt Kolja ab. «Es sei denn, wir bitten eine der bemitleidenswert einsamen Frauen zu uns, damit sie den dritten Mann abgibt.»

«Sprich das Wort Kurvendiskussion nur aus, und sie brechen dir den Arm», erwidert Jens.

«Weißt du, dass die Blonde zum vierten Mal vorbeikommt? Diese Beine! Und gleich zwei davon!»

«Wie zwei Parallelen, die sich im Unendlichen schneiden» sinniert Jens.

«Man müsste näher ran», entgegnet Kolja, «wie ein investigativer Journalist. Unbestechlich und zupackend.»

«Aber nicht zu nahe.»

«Wieso denn nicht?»

«Um möglichst viel von den Beinen zu sehen, muss der Winkel, unter dem wir sie betrachten, möglichst groß sein.»

«Und schön.»

«Es gibt keine schönen und hässlichen Winkel.»

Jens nimmt einen Schluck Bier, und weil er kein Risiko eingehen will, noch einen. Dann sagt er: «Also wir haben eine Frau von fast eins achtzig. Sehr blond, sehr gerade, sehr stolz, Beinlänge über eins zehn. Wohlgefällig ruht unser Blick auf diesen Beinen ...»

«Und auf der Unendlichkeit.»

«Die lassen wir jetzt beiseite. Tolle Frau, tolle Beine. Und vier Augen, die sehen wollen. Der Winkel muss groß sein. Wenn wir zu weit weg sind, ist er zu klein, denn nur ein kleiner Winkel unseres Blickfeldes wird von diesen Beinen eingenommen.»

«Also ran, wenn es der Wahrheitsfindung dient», sagt Kolja verträumt.

«Aber nicht zu sehr, denn dann wird der Winkel auch wieder kleiner.»

«Das ist männerfeindliche Mathematik.»

«Ich gehe natürlich davon aus, dass man sich der tollen Frau im aufrechten Gang nähert und nicht sabbernd über den Boden rutscht. Dann musst du irgendwann steil nach unten gucken, und die Beine nehmen wieder nur einen kleinen Teil des Blickfeldes ein.»

«Auch wieder richtig», gibt Kolja zu. «Kleiner Winkel, großer Winkel, kleiner Winkel – hört sich verdammt nach einer neuen Extremwertaufgabe an.»

«Wenn ich mir ein bisschen Mühe gebe, kann ich sicherlich den optimalen Abstand berechnen.»
«Ich lenke sie ab, und du berechnest.» Sachlich blicken sie zwei endlosen Beinen hinterher, die sich auf dem Betonweg Richtung Blankenese bewegen, wo die Unendlichkeit wohnt.

EXTREME AUFGABEN, DIE MUT ERFORDERN Extremwertaufgaben wie das Bierdosen- und das Beinproblem gehören in den Bereich der Differenzialrechnung, ein Teilgebiet der Analysis. Ein Bereich der Mathematik, bei dem viele Oberstufenschüler endgültig das Verständnis verlieren oder am eigenen Verstand zu zweifeln beginnen – da ist von unendlich kleinen Zahlen die Rede und von Grenzwerten, alles ziemlich abstrakte Konzepte, und das Rechnen mit ihnen ist nicht gerade einfach.
Hinzu kommt, dass häufig auch die Begriffe ein bisschen irreführend sind, um es milde auszudrücken. Eine «Kurvendiskussion» beispielsweise hat natürlich nichts mit demokratischem Debattieren zu tun. Stattdessen geht es darum, die Eigenschaften einer mathematischen Funktion zu untersuchen: Ist sie «stetig» (das heißt, ohne abzusetzen in einem Strich zu zeichnen) und «differenzierbar» (also glatt und ohne Ecken)? Hat sie lokale Maxima (also «Berge») und Minima («Täler»)? Wie stark ist ihre Krümmung? Das Ergebnis dieser «Diskussion» ist keine Ansichtssache, sondern wahr oder falsch.
Wenn man nach Maxima und Minima sucht, dann beschäftigt man sich mit der Steigung von Kurven. Und das wichtigste Ergebnis der Analysis ist, dass man eine Steigung nicht nur für gerade Strecken definieren kann, sondern auch eine «momentane Steigung» für jeden Punkt einer Kurve. Und das stimmt ja durchaus mit der Erfahrung überein: Wenn wir einen Berg hinaufsteigen, dann haben wir ein Gefühl für

die Steigung an jedem Punkt, auch wenn der Weg mal steiler und mal flacher ist.
Mathematisch ist die Steigung einer Kurve in einem Punkt definiert als die Steigung einer Tangente, die man an diesen Punkt anlegt. Und lokale Extremwerte findet man, indem man Punkte sucht, an denen die Steigung Null beträgt. Das ist fast schon alles.

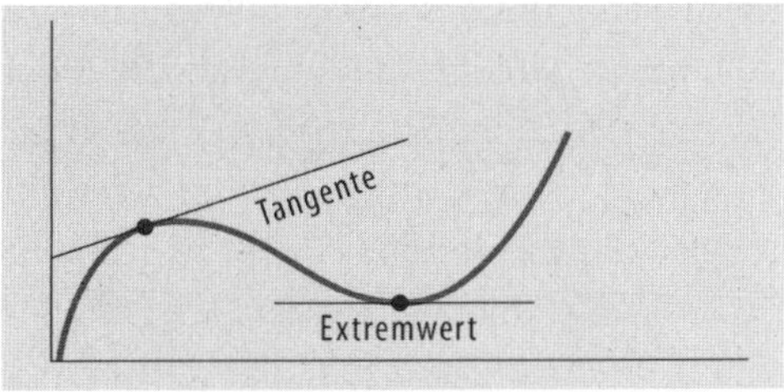

Aber leider nur fast. Denn wenn man nun jedem Punkt einer Kurve seine Steigung zuordnet, dann erhält man wieder eine Funktion, und die wird die «Ableitung» genannt. Die zu finden ist nicht ganz ohne, von ein paar einfachen Fällen abgesehen: Die Ableitung einer Geraden zum Beispiel ist eine Konstante, weil die Steigung in jedem Punkt gleich ist. Die Ableitung einer konstanten Funktion ist Null, weil das Bild dieser Funktion eine waagerechte Linie ist. In der Praxis ist es so, dass man die Ableitungen aller anderen möglichen Funktionen in Tabellen nachschauen kann (etwa indem man im Internet nach dem Wort «Ableitungsregeln» googelt), und das macht das Rechnen mit ihnen eigentlich ganz einfach.
Um zu Kolja und Jens zurückzukehren: Bei welcher Füllmenge liegt der Schwerpunkt der Bierdose am tiefsten? Weil die Dose schön rund ist, kann man sich auf die Betrachtung eines Längsschnitts beschränken, also auf ein Rechteck. Der Schwerpunkt S der leeren Dose (S_D) liegt genau in der Mitte des großen Rechtecks, der Schwerpunkt des Bieres (S_B) in der Mitte des kleineren, abhängig von der Höhe des Bier-

spiegels x. Wenn man die Dosenhöhe als Maßeinheit nimmt, so liegen die Schwerpunkte SD und SB bei ½ und x⁄2. Das x ist mit Bedacht gewählt, denn die Höhe der Bierfüllung ist ja die einzige veränderliche Größe in dieser Aufgabe, alles andere ist konstant.

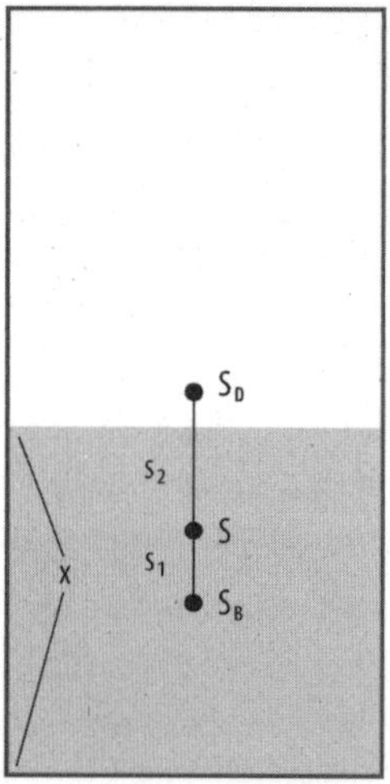

Wo aber liegt der Schwerpunkt der gesamten Dose inklusive Bier? Man könnte sagen: Genau in der Mitte zwischen den beiden Einzelschwerpunkten – aber das Bier ist um einiges schwerer als die Dose. Stattdessen muss man sich eine Erkenntnis zu Nutze machen, die zum Beispiel die Astronomen verwenden, wenn sie den Schwerpunkt eines Systems aus zwei Sternen berechnen: Der gemeinsame Schwerpunkt des Systems liegt auf der Linie zwischen den einzelnen Schwerpunkten, und er teilt diese Strecke im Verhältnis der beiden Massen – so, dass er näher an der schwereren Masse liegt. Wenn die beiden Teilstücke s_1 und s_2 heißen, dann gilt die Gleichung:

$$\frac{s_1}{s_1+s_2}=\frac{Masse_{Dose}}{Masse_{Bier}+Masse_{Dose}}$$

Für die Masse der Dose können wir 25 Gramm ansetzen, das Bier hat etwa die Dichte von Wasser, deshalb wiegt der Inhalt einer Halbliterdose 500 Gramm, bei der teilweise gefüllten Dose sind es x-mal 500 Gramm. Der Ausdruck $s_1 + s_2$ ist gerade die Differenz zwischen S_D und S_B, also $\frac{1}{2} - \frac{x}{2}$. Damit ergibt sich:

$$\frac{s_1}{\frac{1}{2} - \frac{x}{2}} = \frac{25}{500x + 25}$$

Diese Formel löst man nach s_1 auf:

$$s_1 = \frac{25}{500x + 25} \cdot \frac{1-x}{2} = \frac{25 - 25x}{1000x + 50} = \frac{1-x}{40x + 2}$$

Um auf die Höhe des Schwerpunkts zu kommen, muss man zu dem Stückchen s_1 noch die Höhe des Bierschwerpunkts addieren, also $\frac{x}{2}$:

$$s(x) = \frac{x}{2} + \frac{1-x}{40x+2} = \frac{x(20x+1)+1-x}{40x+2} = \frac{20x^2+1}{40x+2}$$

Dort steht jetzt $s(x)$, um deutlich zu machen: Die Lage des Schwerpunkts ist eine Funktion der Füllhöhe x. Man kann diese Funktion zeichnen, das sieht dann so aus:

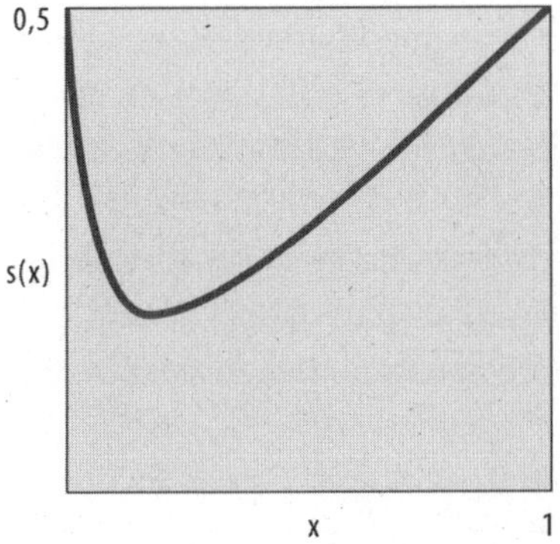

Deutlich ist zu sehen, dass es ein Minimum der Kurve gibt, das näher an der leeren als an der vollen Dose liegt.
Wo aber liegt der Punkt exakt? Dazu muss man die Steigung der Funktion s berechnen. Das Bild legt nahe, dass die zuerst negativ ist – die Kurve geht bergab – und später positiv – es geht bergauf. Der niedrigste Wert liegt genau da, wo die Steigung Null ist. Die genaue Rechnung steht im Kleingedruckten dieses Kapitels, und sie ergibt: Der Schwerpunkt der Bierdose liegt am niedrigsten, wenn die Füllhöhe etwas weniger als ein Fünftel beträgt. Kolja muss also mehr als 80 Prozent des Inhalts trinken, bevor er die Dose absetzen kann. Übrigens kann man sich leicht überlegen, dass dieser optimale Schwerpunkt genau auf der Oberfläche des Biers liegt!

SCHÖNHEIT FÜR UNERSCHROCKENE So, das Bierproblem hätten wir gelöst. Kommen wir nun zu den schönen Beinen. Um den besten Blickwinkel zu errechnen, ist aber noch etwas mehr Anstrengung gefordert als beim Bier. Aber das sollten die Beine wert sein.
Auch hier wird ein Extremwert gesucht, in diesem Fall der größte Winkel, unter dem sich die Beine der Dame betrachten lassen. Es beginnt wieder mit einer Zeichnung: Ein Mann, dessen Augen sich in einer Höhe m über dem Boden befinden, schaut einer Frau hinterher, die f Meter Bein zeigt. Der Abstand der beiden beträgt x Meter – auch hier ist das x wieder mit Bedacht gewählt, denn das ist die Variable, die es zu betrachten gilt.
Gesucht wird der Winkel α. Allerdings weiß man zunächst einmal wenig über ihn: Er gehört zu einem Dreieck, von dem nur eine Seite bekannt ist, und außerdem sieht dieses Dreieck recht unregelmäßig aus.
Bei geometrischen Problemen kommt man oft weiter, indem man nach rechtwinkligen Dreiecken sucht – auch hier ist

das der Fall: Zwei andere Winkel lassen sich leichter ermitteln, nämlich β und γ. Die liegen in Dreiecken, von denen zwei Seiten bekannt sind und die außerdem rechtwinklig sind. α erhält man dann, wenn man von 90 Grad β und γ abzieht.

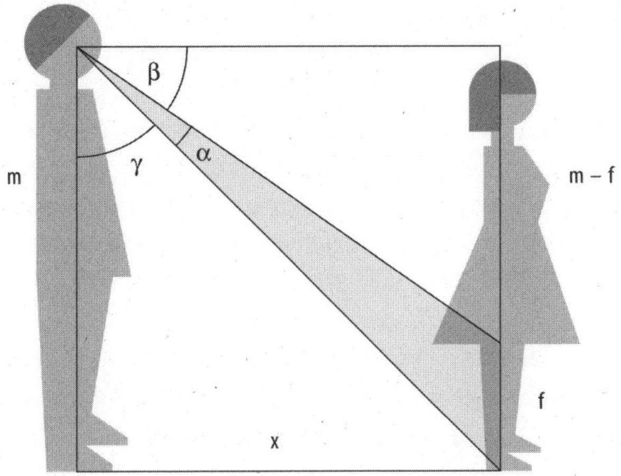

Um aus den Seiten eines Dreiecks die Winkel zu berechnen, braucht man die gefürchteten Winkelfunktionen wie Sinus, Cosinus und Tangens sowie ihre Umkehrfunktionen, die davor das Wörtchen «Arkus» tragen. Aber keine Angst – hier werden nur die grundlegenden Definitionen dieser Funktionen benutzt, den Rest schaut man nach oder überlässt die Berechnung dem Taschenrechner.

Der Winkel γ liegt in einem rechtwinkligen Dreieck, von dem die Seiten *x* und *m* bekannt sind – die beiden Katheten des Dreiecks. Der Quotient x/m wird auch der Tangens von γ genannt, tan(γ). Der Tangens ist die Funktion, die einem Winkel diesen Quotienten zuweist. Will man umgekehrt aus dem Quotienten den Winkel bestimmen, so muss man die Umkehrfunktion des Tangens benutzen, den Arkustangens. So entsteht die Gleichung

$$\gamma = \arctan\left(\frac{x}{m}\right)$$

… und die bedeutet nichts anderes als: Berechne den Bruch in der Klammer und schaue nach, welcher Winkel diesen Wert als Tangens hat. Also halb so wild. Ebenso enthält man für β den Wert

$$\beta = \arctan\left(\frac{m - f}{x}\right)$$

Der gesuchte Winkel α ist nun einfach die Differenz von β und γ:

$$\alpha(x) = 90 - \arctan\left(\frac{m-f}{x}\right) - \arctan\left(\frac{x}{m}\right)$$

Das x in Klammern soll wieder verdeutlichen, dass es sich um eine Funktion handelt, die von x abhängig ist! Für die Werte $m = 1{,}7$ und $f = 0{,}7$ lautet die Gleichung:

$$\alpha(x) = 90 - \arctan\left(\frac{1}{x}\right) - \arctan\left(\frac{x}{1{,}7}\right)$$

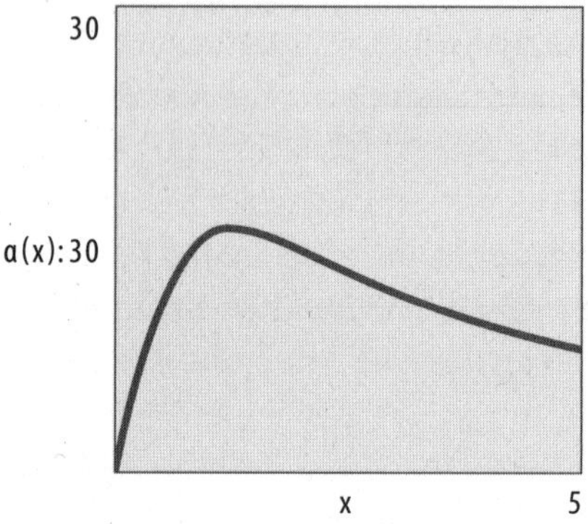

Die Kurve hat ein hübsches Maximum, und man sieht schon, dass der Mann der Frau ganz schön auf den Pelz rücken muss. Um das Maximum genau zu bestimmen, muss man wieder die Funktion ableiten und schauen, wann diese Ableitung (also die Steigung) Null ist. Rechnung im Kleingedruckten! Die Lösung lautet also:
Um den optimalen Betrachtungswinkel zu haben, muss der Herr der Dame in einer Entfernung folgen, die der Wurzel aus dem Produkt aus seiner Augenhöhe und der Höhe der Augen über ihrem Rocksaum entspricht. Für die Beispielwerte $m = 1{,}7$ und $f = 0{,}7$ beträgt dieser Wert gerade mal 1,30 Meter. Da würde das «Opfer» sich gewiss schon bedrängt fühlen. Und die Ausrede «Ich wollte nur Ihre Beine unter einem optimalen Winkel betrachten» dürfte dieses Gefühl wohl eher zur Gewissheit machen.

DAS KLEINGEDRUCKTE Die Bier-Funktion, deren Minimum wir suchen, ist

$$s(x) = \frac{20x^2 + 1}{40x + 2}$$

Wie berechnet man die Steigung der doch recht komplizierten Funktion $s(x)$? s ist aus mehreren Funktionen zusammengesetzt. Für Summen ist die Ableitung (also die Steigung) leicht zu berechnen, man bildet sie einfach für jeden Summanden. s ist aber ein Bruch, und dafür gilt ein komplizierteres Gesetz, das man wieder unter den Ableitungsregeln findet. Wenn eine Funktion ein Bruch aus zwei anderen Funktionen f und g ist, dann berechnet sich die Ableitung so:

$$s'(x) = \left(\frac{f(x)}{g(x)}\right)' = \frac{f'(x)g(x) - g'(x)f(x)}{g(x)^2}$$

Der Strich an einer Funktion (sprich: «f-Strich») ist das Zeichen für die Ableitung.
In diesem Fall ist $f(x) = 20 \cdot x^2 + 1$ und $g(x) = 40x + 2$. Jetzt muss man nur noch wissen, dass die quadratische Funktion x^2 die Ableitung $2x$ hat. Es ist also

$$f'(x) = 40x$$
$$g'(x) = 40$$

Wenn man nun alles einsetzt, ergibt sich folgender Bruch:

$$s'(x) = \frac{40x(40x+2) - 40(20x^2+1)}{(40x+2)^2} = \frac{1600x^2 + 80x - 800x^2 - 40}{1600x^2 + 160x + 4}$$

Alles sortieren und durch 4 kürzen, dann steht da:

$$s'(x) = \frac{200x^2 + 20x - 10}{400x^2 + 40x + 1}$$

Von dieser Funktion interessiert uns nur, wann sie Null wird. Das ist genau dann der Fall, wenn der Zähler über dem Bruckstrich Null ist (und der Nenner nicht). Also:

$$200x^2 + 20x - 10 = 0$$

… oder auch, nach Division durch 200:

$$x^2 + \frac{1}{10}x - \frac{1}{20} = 0$$

Das ist eine quadratische Gleichung. Die löst man mit der Formel auf S. 221:

$$x_{1,2} = -\frac{1}{20} \pm \sqrt{\frac{1}{400} + \frac{1}{20}} = -\frac{1}{20} \pm \sqrt{\frac{21}{400}} = \frac{-1 \pm \sqrt{21}}{20}$$

Es gibt zwei Lösungen für die quadratische Gleichung – aber eine davon ist eine negative Zahl, und die interessiert uns nicht, weil der Füllstand nicht negativ sein kann, deshalb gibt es eine eindeutige Lösung unseres Problems:

$$x_{\min} = \frac{\sqrt{21}-1}{20} \approx \frac{3{,}58}{20} = 0{,}179$$

Zur Lösung des «Bein-Problems»:
Gesucht ist das Maximum der Funktion

$$\alpha(x) = 90 - \arctan\left(\frac{1}{x}\right)\arctan\left(\frac{x}{1{,}7}\right)$$

Die Ableitung des Arkustangens schaut man in einer Tabelle nach, sie ist

$$\frac{1}{1+x^2}$$

Aber wie leitet man

$$\arctan\left(\frac{x}{1{,}7}\right)$$

ab? Das ist eine «verschachtelte» Funktion, und dafür gibt es eine spezielle Ableitungsregel: Wenn $g(x)$ und $h(x)$ irgendwelche Funktionen sind, dann ist die Ableitung der verschachtelten Funktion

$$g(h(x))' = h'(x) \cdot g'(h(x))$$

Sprich: Man leitet die «innere» Funktion ab und multipliziert sie mit der «äußeren» Ableitung.
Jetzt haben wir alles zusammen, um die Lösung zu berechnen – man darf nur keine Fehler machen …

$$\alpha'(x) = \frac{1}{x^2} \cdot \frac{1}{1+\left(\frac{1}{x}\right)^2} - \frac{1}{1{,}7} \cdot \frac{1}{1+\left(\frac{x}{1{,}7}\right)^2}$$

Das sieht nun erst einmal recht garstig aus – aber wenn man sich geduldet und alle Brüche und Klammern sauber ausmultipliziert, dann steht da:

$$\alpha'(x) = \frac{1}{x^2+1} - \frac{1{,}7}{x^2+1{,}7^2} = \frac{(x^2+1{,}7^2)-1{,}7(x^2+1)}{(x^2+1)(x^2+1{,}7^2)}$$

Die Sache scheint immer komplizierter zu werden, aber es ist Land in Sicht: Es ist nur interessant, wann der Ausdruck über dem Bruchstrich Null wird. Also:

$$(x^2 + 1{,}7^2) - 1{,}7(x^2 + 1) = 0$$

$$x^2(1 - 1{,}7) - 1{,}7(1 - 1{,}7) = 0$$

Man dividiert auf beiden Seiten durch (1 – 1,7) und sortiert um:

$$x^2 = 1{,}7$$

$$x = \sqrt{1{,}7} \approx 1{,}3$$

«AUSGERECHNET» David Hasselhoff liegt am Strand von Malibu und sieht, wie im Meer Pamela Anderson um Hilfe ruft. Es geht um Sekunden. Er ist 20 Meter vom Wasser entfernt, sie ist 20 Meter vom Ufer entfernt. Allerdings liegen entlang der Küstenlinie noch einmal 50 Meter zwischen ihnen. Der sportliche Retter läuft im Sand 5 Meter pro Sekunde, im Wasser schwimmt er 2 Meter pro Sekunde. Er könnte nun

in möglichst gerader Linie zu ihr laufen und schwimmen (1) oder zunächst zu dem Punkt am Ufer laufen, von dem aus der kürzeste Weg im Wasser zu ihr führt (2) – oder irgendetwas dazwischen. Was ist die beste Strategie, um Pamela zu retten?
Auflösung unter *www.rowohlt.de/mathematikverfuehrer*

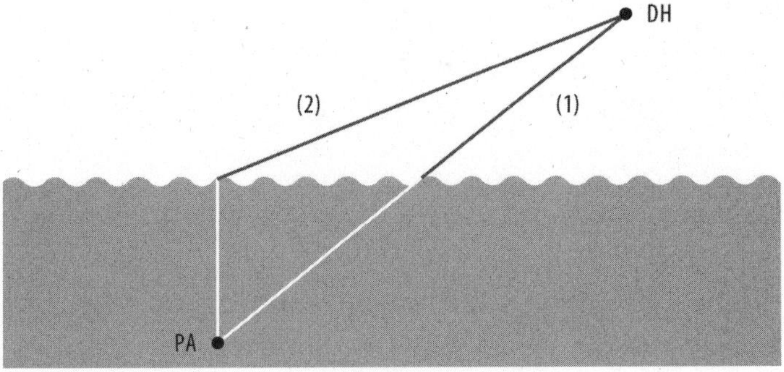

ZEIT IST GELD

ODER EIN VERLOCKENDES ANGEBOT

«Guten Tag, Frau Weniger. Guten Tag, Herr Weniger.» Breit lächelnd kommt die schmale blonde Frau im dunkelblauen Business-Kostüm auf ihre Besucher zu und stellt sich vor: Saskia Weichmann, Kundenberaterin.

Während die junge Bankangestellte auf Pfennigabsätzen zu ihrem Schreibtisch hinter den Grünpflanzen stöckelt, registriert Georg Weniger ihre Rückansicht und, wohl bemerkt von der Gattin, auch das sanft schwingende Becken von Frau Weichmann. Aber Weniger denkt dabei gar nicht an 90–60–90, sondern an 3500 – so viel dürfte die Frau, die seine Tochter sein könnte, wohl verdienen. Das ist mehr, als er nach Hause bringt. Und sie wird das wissen, über seine wirtschaftlichen Verhältnisse sollte sie bestens informiert sein, solche Informationen sind für die Banker bares Geld wert. Der Gedanke, ein gläserner Kunde zu sein, behagt Weniger nicht.

Angefangen hat es mit dem Anruf in der letzten Woche. «Weichmann von der Sparbank in Wilmersdorf. Herr Weniger, ich sehe gerade, dass sich auf Ihrem Sparkonto im Lauf der Zeit ein hübsches Sümmchen angesammelt hat. Wir sollten einmal bei einer Tasse Kaffee darüber reden, wie Sie mehr daraus machen können. Die zweieinhalb Prozent Sparzinsen können ja nicht das letzte Wort sein.»

Auch in der Vergangenheit hat Weniger Anrufe von seiner Bank erhalten, nur klangen die ganz anders. Jedes Mal war ein anderer Sachbearbeiter an der Strippe, dessen Namen er nicht kannte, jedes Mal dieser bemüht sachliche, unterschwellige, aber leicht respektlose Ton, in dem ihm mitgeteilt wurde, dass er seinen Dispo wieder einmal überzogen habe. Banken verstehen es, ihre Kunden rechtzeitig wissen zu lassen, dass sie ein Risikofaktor werden. Und nun ist plötzlich alles anders: der Ton und der Inhalt. Bei dem «hübschen Sümmchen» handelt es sich um 60 000 Euro – Ergebnis von 30 Jahren rigoroser Spardisziplin. Wenn am Monatsende etwas übrig war, hat der Betriebsschlosser Weniger es zurückgelegt, mal 30 Euro, mal 100. Schon häufiger hat er daran gedacht, das Geld nicht auf dem Sparkonto verkümmern zu lassen. Aber seine Scheu vor der komplizierten Welt der Geldanlage hat ihn paralysiert. Die Wenigers sind sich einig, dass sie sich keine Aktien oder Fonds aufschwatzen lassen wollen. Das ist nicht ihre Welt, sie wollen kein Risiko eingehen. Lieber eine kleine, aber sichere Rendite. Die beiden Kinder stecken noch in der Ausbildung.

«Kann ich Ihnen einen Cappuccino anbieten oder einen Latte?», möchte die Kundenberaterin wissen.

«Haben Sie auch einen normalen Kaffee?», fragt Weniger. Seine Frau nickt zustimmend. Die Sachbearbeiterin zieht los, um den Kaffee zu holen. «Das muss sie also noch selber machen», murmelt Weniger.

Als alle versorgt sind, schlägt die Angestellte ihre Mappe auf. «60 000 Euro», wiederholt sie zufrieden, «es wird wirklich höchste Zeit, dass wir uns zusammen etwas überlegen.»

«Mit Aktien will ich nichts zu tun haben», stellt Weniger gleich klar. «Mein Kollege hat damit einen fünfstelligen Betrag verloren, in wenigen Wochen. Ich kenne auch einige, die damals auf die Telekom reingefallen sind. Das muss ich nicht haben.»

«Sie sagten ja schon am Telefon, dass sie Wert auf eine sichere Geldanlage legen.»

«Ich sagte, dass ich ein konservativer Typ bin.»

«Das ist ja nichts, wofür man sich schämen muss», stimmt die Angestellte etwas eisig zu und bemüht sich, nicht an das Ende ihrer letzten Beziehung zu denken. Er war eindeutig zu konservativ gewesen, auf allen Gebieten. «Sie sagten mir ja schon am Telefon, dass Sie auf eine langfristige und sichere Geldanlage Wert legen», beschwichtigt die Kundenberaterin. «Und ich kann Ihnen sagen: Wenn Sie Ihr Geld eine Weile festlegen wollen, dann kann ich Ihnen ganz außergewöhnliche Konditionen anbieten!»

Weniger denkt: Wie würdest du mit mir reden, wenn mein Konto eine Null weniger hätte?

«Seit neuestem haben wir drei neue Anlageprodukte in unserem Portfolio», tönt Saskia Weichmann. «Keine Aktien, keine Fonds, keine Heuschrecken – und doch Anlageformen weit oberhalb der gewöhnlichen Verzinsung.»

«Und wie sicher sind die?», mischt sich Andrea Weniger ein.

«Die sicherste Variante ist die Verzinsung, wie Sie sie von Ihrem Sparkonto kennen. Wir nennen das die ‹klassische› Anlage.»

«Das ist doch nur was für Langweiler.»

Verdutzt schauen alle auf Frau Weniger. Leicht irritiert fährt die Expertin fort: «Aber wir haben noch erheblich mehr zu bieten. Einzige Voraussetzung: Sie müssten Ihr Geld für mindestens drei Jahre festlegen. Dafür bieten wir acht Prozent, langfristig garantiert. Derzeit erhalten Sie 2,5 Prozent.» Sie genießt die Wirkung, die ihre Zahlen hervorrufen.

«Klingt gut», gibt Weniger zu. «Drei Jahre sind in Ordnung. Wir sehen das Geld als Reserve für die fernere Zukunft.»

«Dann sind unsere anderen Angebote für Sie geradezu maßgeschneidert», behauptet die Weichmann eifrig. «In der ersten Variante – wir nennen sie die ‹geradlinige Anlage› – zahlen wir Ihnen auf jeden ursprünglich angelegten Euro jährlich 50 Cent obendrauf. Aus 100 Euro sind dann nach einem Jahr

150 geworden. Nach dem zweiten Jahr sind es 200, nach dem dritten 250 und immer so weiter. Und Sie wissen ja, die Zeit vergeht schnell.»

«Das ist ein Zinssatz von 50 Prozent», sagt Weniger beeindruckt.

«So ungefähr», stimmt die Weichmann flott zu. «Allerdings gibt es in diesem Fall keine Zinseszinsen. Dafür wächst Ihr Kapital sensationell schnell an.»

«Garantiert?»

«Garantiert», sagt die Weichmann und hebt den Arm zur Schwurhand, aber nur kurz.

«Klingt gut», gibt Weniger zu. Vielleicht war es doch richtig, den Termin nicht in letzter Minute abzusagen, was er am liebsten getan hätte, aber Andrea drängte, endlich zur Bank zu gehen.

«Die dritte Variante ist noch unglaublicher», fährt die Beraterin fort, die allmählich auf Touren kommt. «Wir nennen sie die ‹dynamische Anlage›. Bei der bekommen Sie auf 100 Euro Ihres angelegten Geldes im ersten Jahr 5 Euro Rendite, also weniger als bei den anderen Modellen. Aber dann kommt der Clou: Im zweiten Jahr zahlen wir Ihnen 10 Euro, danach 15, danach 20 und so weiter. Im zehnten Jahr bekommen Sie 50 Euro ausgezahlt.»

Weniger schaut ratlos seine Frau an.

Die Beraterin hält eine bunte Graphik in die Höhe. «Hier sehen Sie alle drei Varianten noch einmal im Vergleich. Sehen Sie sich in Ruhe an, wie sich eine Einlage von 100 Euro in den nächsten zehn Jahren entwickeln wird. Und denken Sie immer daran: Es geht um Ihr Geld, und das soll sich doch kräftig vermehren, oder?» Wenigers studieren die Graphik. «Die dunkelgraue Linie beschreibt die klassische Verzinsung, die hellgraue Linie zeigt die dynamische Anlage. Die schwarze Linie schließlich führt Ihnen die geradlinige Verzinsung vor Augen.»

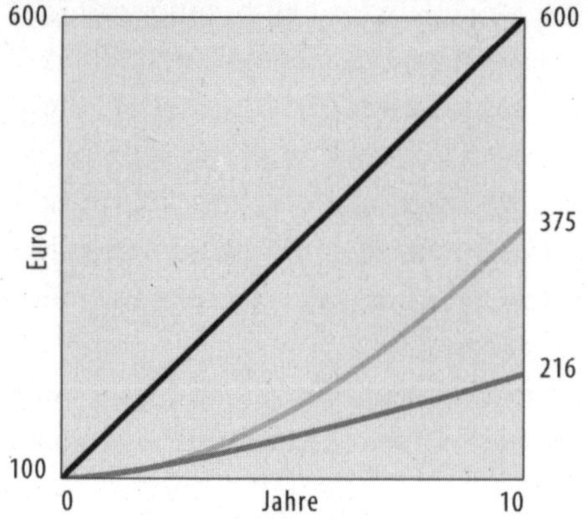

Ungläubig schaut Frau Weniger auf das Diagramm. «Aus 100 Euro werden 600? In nur zehn Jahren? Da muss man doch nicht lange überlegen. Das machen wir doch sofort, Georg, oder?»

Weniger kennt die Neigung seiner Andrea, sich schnell zu entscheiden. Er hat in der Familie die Rolle des Bedenkenträgers übernommen, die er überzeugend ausfüllt. «Wo ist der Haken?», will er wissen. «Da ist doch ein Haken, oder?»

«Es handelt sich um ein außergewöhnliches Angebot», holt die Weichmann weit aus. «Außergewöhnliche Angebote können wir nur unter außergewöhnlichen Bedingungen machen, die Sie aber nicht schrecken müssen. Sie sagten ja schon, dass Sie Ihr Engagement langfristig sehen. Sehr langfristig.»

«Wie langfristig?»

«40 Jahre bei der geradlinigen Variante, 60 bei der dynamischen.»

Am Tisch wird es ganz still.

«40 Jahre?», wiederholt Frau Weniger ungläubig. «60 Jahre? Da leben wir doch gar nicht mehr.»

«Wir sparen ja nicht für uns, sondern für unsere Kinder», geht es Frau Weichmann, die keine Kinder hat, besonders leicht von den Lippen.

«Aber doch nicht für unsere Enkelkinder!» Andrea Weniger ist jetzt doch empört.

«Ich gebe Ihnen die Unterlagen mit nach Hause», flötet Saskia Weichmann dazwischen. «Überschlafen Sie die reizvollen Angebote. Wäre Ihnen 16 Uhr 30 recht? Nächsten Donnerstag, nicht in 40 Jahren.»

Die Weichmann verabschiedet die Wenigers und sagt: «Für Fragen stehe ich Ihnen jederzeit telefonisch zur Verfügung. Denken Sie daran: 2,5 Prozent ist heute. Was morgen sein wird, liegt allein in Ihren Händen.»

Vor der Bankfiliale atmen die Wenigers tief durch. «Wo steht der Taschenrechner?», fragt Herr Weniger energisch. «Das rechnen wir in aller Ruhe mit den Kindern durch.»

WACHSTUM IST NICHT GLEICH WACHSTUM Es ist zu hoffen, dass zumindest einer der Sprösslinge der Wenigers ein bisschen von Mathematik versteht – denn dann wird sich schnell zeigen, dass das Angebot der Sparbank ziemlich windig ist.

Zunächst einmal: Natürlich machen die Banken keine solchen Angebote, das Beispiel ist völlig fiktiv und soll nur zeigen, dass unser gesunder Menschenverstand nicht sehr gut darin ist, verschiedene Arten von Wachstum miteinander zu vergleichen. Ansonsten: Wer von seiner Bank 8 Prozent für Spareinlagen mit dreijähriger Laufzeit angeboten bekommt, der sollte unbedingt zuschlagen.

Aber auch bei dem fiktiven Angebot der Sparbank ist die zunächst unterlegen aussehende «klassische» Anlage zu 8 Prozent Zinsen die beste. Um die drei Anlageformen zu vergleichen, reicht es nicht aus, 10 Jahre in die Zukunft zu blicken. Unter den «kreativen» neuen Verzinsungsmodellen wird das Geld ja frühestens nach 40 Jahren frei. Werfen wir also einen Blick darauf, wie die drei Modelle sich in 40 Jahren entwickeln:

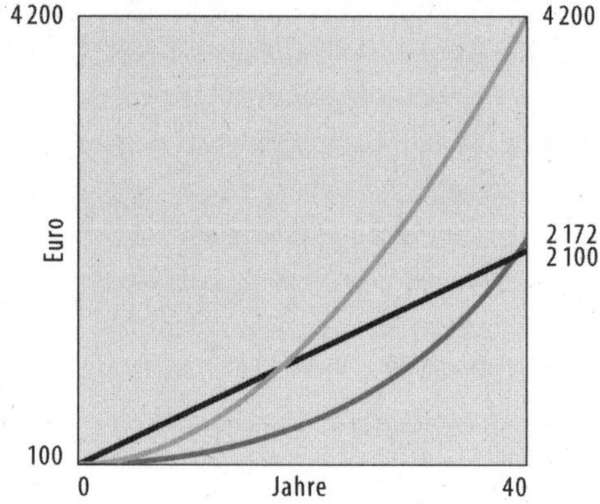

Eine Anmerkung zu den Kurven: In der Realität wie in der Geschichte werden die Zinsen ja einmal pro Jahr ausbezahlt. Deshalb ergibt sich eigentlich keine glatte Kurve, sondern eine «Treppe» mit einer Stufe pro Jahr. Hier in der Zeichnung sind diese Treppen durch «glatte» Kurven ersetzt worden, und zwar folgendermaßen:

«Geradliniges Modell»

$$y = 100 + 50x$$

«Dynamisches Modell»

$$y = 100 + (1 + 2 + \ldots + x) \cdot 5 = 100 + \frac{x(x+1)}{2} \cdot 5$$
$$= \frac{5}{2}\left(x^2 + x + 40\right)$$

«Klassisches Modell» (8 % Zinsen)

$$y = 100 \cdot 1{,}08^x$$

Wie man auf das Ergebnis in der dritten Gleichung kommt, dazu mehr im Anhang auf S. 217!

Mathematisch gesagt, ist das geradlinige Modell ein Fall von linearem Wachstum (wie man schon an der geraden schwarzen Linie sieht), das dynamische Modell wächst quadratisch (in der Gleichung kommt x in der zweiten Potenz vor), und das klassische Modell ist ein Beispiel für exponentielles Wachstum (x steht in der Gleichung im Exponenten).

Nach 40 Jahren ist das so eindrucksvolle lineare Wachstum, bei dem es jährlich 50 Euro auf die Hand gibt, von beiden anderen Modellen überholt worden. Zum Zeitpunkt seiner frühesten Auszahlung stellt es also die schlechteste der drei Anlagen dar, und der Abstand vergrößert sich von Jahr zu Jahr. Also: Finger weg!

Die hellgraue Linie dagegen scheint ihren Vorsprung immer weiter auszubauen. Der «dynamische» Sparplan hat nach 40 Jahren das Vermögen auf mehr als das 40-Fache anwachsen lassen – doppelt so viel wie bei den beiden anderen Methoden. Sollten die Wenigers da zuschlagen?

Vorsicht, an dieses Geld kommen ja frühestens die Kinder und Enkel nach 60 Jahren heran. Deshalb muss man die Kurven noch etwas länger betrachten:

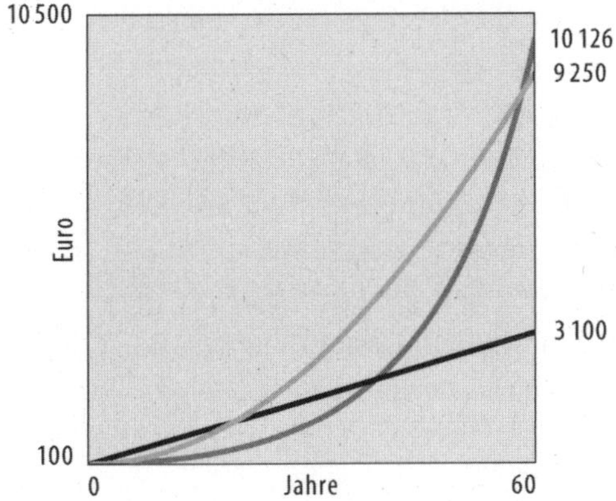

Und nach 60 Jahren hat der anfangs so langsam wachsende «klassische» Sparplan nicht nur den «geradlinigen», sondern auch den «dynamischen» überholt. Das bedeutet: Die gewöhnliche Anlage mit Zins und Zinseszins ist immer noch am besten und schlägt die «kreativen» Modelle der Marketingabteilung der Bank. Die Wenigers sollten zum klassischen Sparmodell greifen und einen möglichst hohen Zinssatz aushandeln.

Dass das quadratische Wachstum das lineare schlägt und das exponentielle wiederum das quadratische, liegt nicht nur an der Wahl der spezifischen Zahlenwerte. Es gilt immer. Genauer gesagt: Jede Kurve einer positiv wachsenden quadratischen Funktion wird jede beliebige Gerade irgendwann «überholen» – selbst wenn die sehr steil ist. Und genauso wird jede exponentielle Funktion, auch wenn der «Zinssatz» nur ein hundertstel Prozent beträgt, jede quadratische Funktion (und jede Funktion, bei der x in der 3., 4. oder auch 1000. Potenz vorkommt) irgendwann schlagen.

Banken zahlen Zinsen gewöhnlich jährlich oder halbjährlich aus, es ergibt sich also keine «glatte» Kurve des Kontostands. Man kann aber, zumindest theoretisch, die Verzinsungsintervalle immer kürzer machen, sodass sich irgendwann eine sogenannte «stetige Verzinsung» ergibt. Und dabei stößt man auf eine Zahl, die weniger populär ist als das berühmte π (siehe S. 205), aber für die Mathematik mindestens genauso wichtig: die Eulersche Zahl e (siehe auch S. 56).

Weil es nun um Mathematik geht und nicht um echtes Geld, gehen wir von einem Anfangswert von 1 aus und einem Jahreszinssatz von 100 Prozent. Nach einem Jahr wächst das «Kapital» auf 2, nach zwei Jahren auf 4, nach n Jahren auf 2^n an.

Wie sieht die Entwicklung aus, wenn man nicht jedes Jahr 100 Prozent Zinsen bekommt, sondern jedes halbe Jahr 50 Prozent? Dann wächst das Kapital in einem halben Jahr auf 1,5, in einem Jahr auf 1,5 · 1,5 = 2,25 an. Der «effektive Jahreszins» beträgt also nicht nur 100 Prozent, sondern 125 Prozent! Wenn man nun jedes Dritteljahr (also alle 4 Monate) mit 33,3 Prozent verzinst, dann kommt nach einem Jahr noch ein höherer Wert heraus:

$$\left(1+\frac{1}{3}\right)^3 \approx 2,37$$

also eine Verzinsung von 137 Prozent. Wächst dieser Wert nun immer weiter, wenn man die Verzinsungsperioden immer kleiner macht? Nein:

n	$\left(1+\frac{1}{n}\right)^n$
10	2,5937...
100	2,7048...
1 000	2,7169...
1 000 000	2,7182...

Ziemlich langsam, aber stetig strebt diese Folge auf einen Grenzwert zu: eben die Zahl $e = 2{,}718\,281\,828\,45\ldots$ Wie π ist auch e eine irrationale, transzendente Zahl (siehe S. 221).
Bei der stetigen Verzinsung wächst das Kapital mit der Funktion $y = e^x$. Diese e-Funktion hat eine einzigartige Eigenschaft: An jeder Stelle x ist nicht nur der Wert der Funktion e^x, sondern auch die Steigung. Man kann auch sagen: Die momentane Zunahme der Funktion ist gleich dem Funktionswert.
Diese Eigenschaft, dass das momentane Wachstum direkt vom momentanen Wert einer Größe abhängt, haben viele Prozesse in der Natur. Zum Beispiel Bakterienkolonien: Um wie viel sie zunehmen, hat damit zu tun, wie viele Bakterien schon da sind, weil jede einzelne Bazille sich in einem bestimmten

Zeitrhythmus teilt. Solche Prozesse lassen sich mit der *e*-Funktion (oder allgemein mit Exponentialfunktionen) gut beschreiben. Gleichzeitig widerstreben sie unserer Intuition. Die ist doch eher auf lineares Wachstum geeicht: Wir gehen davon aus, dass es irgendwie so weiter geht wie bisher. Wir neigen dazu, exponentielle Wachstumsprozesse am Anfang zu unterschätzen oder gar nicht wahrzunehmen – bis wir plötzlich merken, dass da etwas wild wuchert. Dann ist es meistens zu spät.

WAS SO HARMLOS BEGINNT … kann einem schnell über den Kopf wachsen. Das musste zum Beispiel der indische Herrscher erfahren, der vom damals neuen Schachspiel so begeistert war, dass er dem Erfinder anbot, ihm einen Wunsch zu erfüllen. Der wünschte sich Reis – ein Korn fürs erste Feld des Schachbretts, zwei für das zweite, vier für das dritte … mit jedem Feld wurde die Zahl der Körner verdoppelt. Der Herrscher war erstaunt über so viel Bescheidenheit, er dachte, das wird wohl ein Säckchen mit Reis sein. Tatsächlich hätte er für das 64. Schachfeld 9 223 372 036 854 775 808 Körner hinlegen müssen. Überschlägt man die gesamte Reismenge, dann kommt man auf etwa 500 Milliarden Tonnen – das ist ungefähr das 1 000-Fache der jährlichen Welt-Reisproduktion.

Wir verschätzen uns nicht nur bei solchen Verdoppelungs-Szenarien, sondern auch bei der ganz gewöhnlichen Verzinsung von Geld. Als schlechtester Immobiliendeal aller Zeiten gilt der Verkauf von Manhattan an die Holländer für 24 Dollar durch die Indianer im Jahr 1624. Wenn die Ureinwohner dieses Geld mit einem Zinssatz von 5 Prozent angelegt hätten, dann wäre es bis heute auf einen Betrag von über 3 Milliarden angewachsen. Das ist zwar weniger als der Immobilienwert von Manhattan, aber eine hübsche Stange Geld. Und bei einem Zinssatz von 8 Prozent (der über 383 Jahre

sicherlich schwer zu realisieren ist) wäre das Vermögen auf einen Betrag von über 150 Billionen Dollar angewachsen!
Ein anderes Beispiel für exponentielles Wachstum findet sich in der folgenden, etwas hinterhältigen Rechenaufgabe: Die von Seerosen bedeckte Fläche eines Teichs verdoppelt sich jeden Tag. Nach einem Monat ist der Teich zugewachsen – wann war er halb mit Seerosen bedeckt? Die korrekte Antwort ist natürlich: einen Tag vorher.

ALARM AM VIKTORIASEE Das Seerosen-Beispiel ist gar nicht so aus der Luft gegriffen. Die Anwohner des Viktoriasees beispielsweise haben seit etwa 20 Jahren mit der Ausbreitung der Wasserhyazinthe zu kämpfen. Diese Pflanze, die ursprünglich aus Brasilien stammt, wurde 1988 erstmals in dem afrikanischen See gesichtet. Weil sie dort keine natürlichen Feinde hat, konnte sie sich ungehindert ausbreiten und alle 14 Tage die von ihr bedeckte Fläche verdoppeln. 1998 schließlich war der Schaden durch die Pflanze nicht mehr zu übersehen: Dichte Teppiche säumten die Uferregionen, Schiffe blieben stecken. Schließlich bedeckten die Pflanzen eine Fläche von 180 km^2. Das war zwar nur ein viertel Prozent der Seeoberfläche, aber zumindest theoretisch wäre der Viktoriasee nach weiteren 9 Verdoppelungen, also 18 Wochen, vollständig überwuchert gewesen!
Nachdem man lange Zeit vor allem mit mechanischen Mitteln die wuchernden Hyazinthen bekämpfte, also das Zeug abmähte, zerhäckselte und sogar zu Möbeln verarbeitete, kam man schließlich auf die Idee der biologischen Schädlingsbekämpfung: Man importierte einen Feind der Wasserhyazinthe, den Rüsselkäfer. Der zerfrisst die Blätter, nistet sich im Stiel ein und legt dort seine Eier ab. Die Larven zerstören die Pflanze von innen, sie sinkt auf den Boden des Sees und verfault dort.

Der Vorteil der biologischen Bekämpfung liegt auf der Hand: Während man nur eine begrenzte Zahl von Mäh- und Häckselmaschinen kaufen kann, die dem exponentiellen Wachstum der Wasserpflanzen niemals gewachsen sein können, passt sich die Zahl der Käfer an die Zahl der Wasserhyazinthen an – mehr Pflanzen bedeuten mehr Nahrungsangebot und damit mehr Käfer. Und so ging die Zahl der wuchernden Pflanzen in den folgenden Jahren radikal zurück.

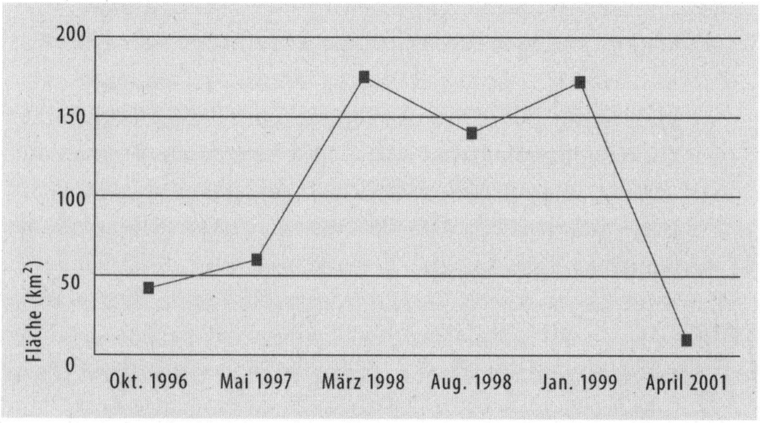

So weit sieht die Geschichte nach einem Happy End aus – aber dann stieg die Zahl der Wasserhyazinthen wieder an. Das ist ein typisches Verhalten eines Räuber-Beute-Systems (in diesem Fall sind die «Räuber» die Rüsselkäfer und die «Beute» die Wasserhyazinthen). Zunächst einmal bremsen die Räuber das exponentielle Wachstum der Beutewesen, deren Zahl geht sogar stark zurück. Das bedeutet aber auch, dass die kräftig gewachsene Räuberpopulation weniger zu fressen hat – aus Nahrungsmangel sterben viele Räuber, und das gibt der Beute die Chance, sich wieder zu vermehren.

Hier ein typisches Beispiel, wie sich die Räuber- und Beutepopulationen entwickeln:

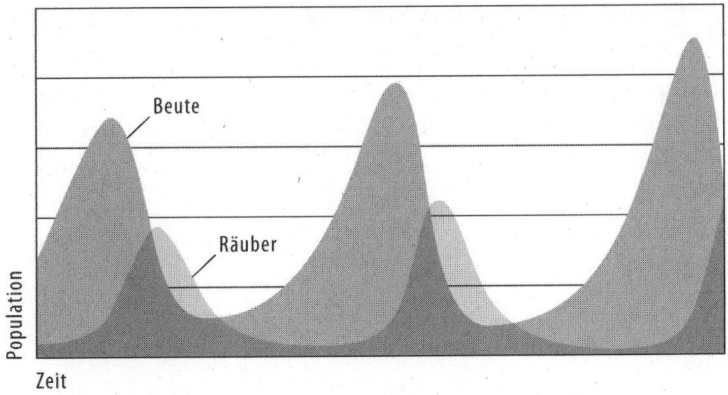

Man sieht: Die Räuberpopulation hinkt immer etwas hinter der Beutepopulation her. Und auch für den Viktoriasee muss man annehmen: Mit dem ersten Erfolg durch die Rüsselkäfer ist der Kampf gegen die Öko-Pest der Wasserhyazinthen noch lange nicht gewonnen.

«AUSGERECHNET» Man legt einen Dominostein dicht an den Rand einer Tischplatte. Nun baut man Stein für Stein eine Treppe aus Dominosteinen, die sich über die Tischplatte «hinauslehnt». Wie weit kann diese Treppe maximal «überstehen», ohne herunterzufallen?
Auflösung unter *www.rowohlt.de/mathematikverfuehrer*

ROUTENPLANUNG

ODER MINISTER AUF REISEN

Bonn, 1. Dezember 1966. Willy Brandt, Außenminister der Großen Koalition, übernimmt seine neue Aufgabe. Bis gestern war er Regierender Bürgermeister der Metropole West-Berlin, jetzt musste er in die biedere Bundeshauptstadt übersiedeln, um sein Amt als Vizekanzler und Außenminister unter Kurt-Georg Kiesinger anzutreten, dem Verlegenheitskandidaten der CDU mit Nazi-Vergangenheit. Eine Zweckehe.
9 Uhr morgens. Auf dem voluminösen Nussbaumschreibtisch im Auswärtigen Amt steht eine Vase mit Nelken, daneben ein Adventskranz mit brennender Kerze. Brandt sitzt im Ledersessel und blickt leer vor sich hin – die Nachwehen seiner jährlichen Novemberdepression.
Es klopft, ein junger Mann federt herein, Kurzhaarschnitt, grauer Trevira-Anzug. Er strahlt den unbedingten Willen aus, gute Arbeit zu leisten. Herbert Freiling von der Protokollabteilung heißt den neuen Minister willkommen. Er schont den bekennenden Morgenmuffel Brandt nicht und kommt gleich zum Thema. «Entschuldigen Sie, dass ich Sie schon am ersten Tag mit Dienstgeschäften behellige», sagt der Protokollbeamte, «es geht um Ihre Antrittsbesuche in den fünf anderen EWG-Ländern. Wir sollten sie schnell planen und auf die Empfindlichkeiten unserer Verbündeten Rücksicht nehmen.»
«Was?», brummt Brandt. «Da soll ich überall hin? Auch nach Luxemburg?» Sofort denkt er darüber nach, ob er soeben

ausreichend Rücksicht auf die Empfindlichkeit des kleinen Verbündeten genommen hat.

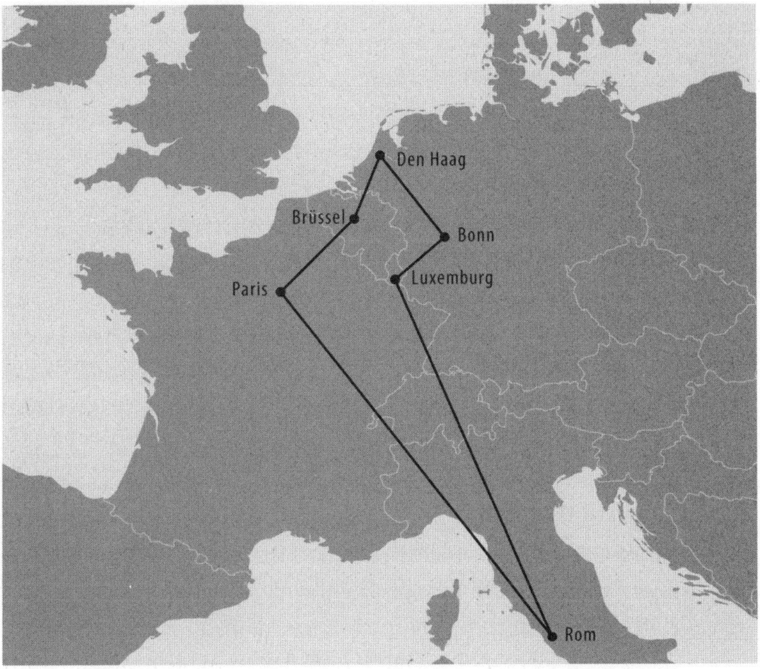

«Auch nach Luxemburg», bestätigt der Youngster vor dem Schreibtisch. «Ich schlage vor, dass wir eine Rundreise machen, dann können wir alles in einem Aufwasch erledigen.»
Freiling erlaubt sich ein schelmisches Augenzwinkern. Brandt denkt: Das kann ja lustig werden.
«Na gut», sagt der Minister, «dann planen Sie mal. Und nehmen Sie vor allem den kürzesten Weg. Ich habe Wichtigeres zu tun, als Höflichkeitsbesuche bei den Kollegen zu absolvieren. Das ging eben nicht gegen die Luxemburger.»
Freiling lacht mit seinem Minister, dafür lebt ein Beamter.
«Auf dem kürzesten Weg, sehr wohl», erwidert er hochmotiviert. «Ich habe zufällig eine Europakarte mit den sechs

Hauptstädten bei mir – wollen wir die Reiseroute gleich auf der Karte festlegen?»

«Bevor ich mich schlagen lasse», knurrt Brandt wenig begeistert. «Ist ja hoffentlich schnell gemacht.» Der Außenminister beugt sich über die Landkarte – und zögert. «Hm. Vielleicht doch nicht so einfach. Ich schlage vor, wir fangen bei den Holländern an, dann fahren wir nach Brüssel, danach Paris. Und dann erhebt sich die Frage: erst Rom und dann Luxemburg oder erst Luxemburg und zum Abschluss Rom?»

Freiling schnappt sich ein Lineal vom Schreibtisch und misst die Strecken aus. «Erst nach Rom, das ist ein bisschen kürzer. Ich zeichne die Route auf der Karte für Sie ein.»

«Dann machen Sie mal», sagt Brandt knapp. «Und nun muss ich den Pressespiegel lesen. Der Außenminister muss schließlich wissen, was in der Welt los ist!»

ERSTE OPTIMIERUNG Bonn, 17. Mai 1974. Hans-Dietrich Genscher tritt sein neues Amt als Außenminister an. Durch den Rücktritt von Bundeskanzler Willy Brandt wurde eine Kabinettsumbildung erforderlich – Walter Scheel, der bisherige Außenminister, hat die Wahl zum Bundespräsidenten gewonnen, und Genscher konnte vom Innen- auf das Außenministerressort überwechseln. Sein Traumjob!

Endlich Außenminister! Genscher tigert in seinem neuen Büro auf und ab, bleibt vor der großen Weltkarte stehen. Er ist bereit. Im Geiste jettet er schon mal über den Planeten. So viele Länder! Von einigen allerdings, das muss er zugeben, hat er noch nie gehört.

Es klopft, ein junger Mann, Anfang dreißig vielleicht, Kurzhaarschnitt, schwarzer Anzug, tritt ein. Er strahlt den Willen aus, gute Arbeit zu leisten. Herbert Freiling von der Protokollabteilung heißt den neuen Minister willkommen. Als erfahrener Vertreter des Protokolls erkennt er sofort: Dieser neue

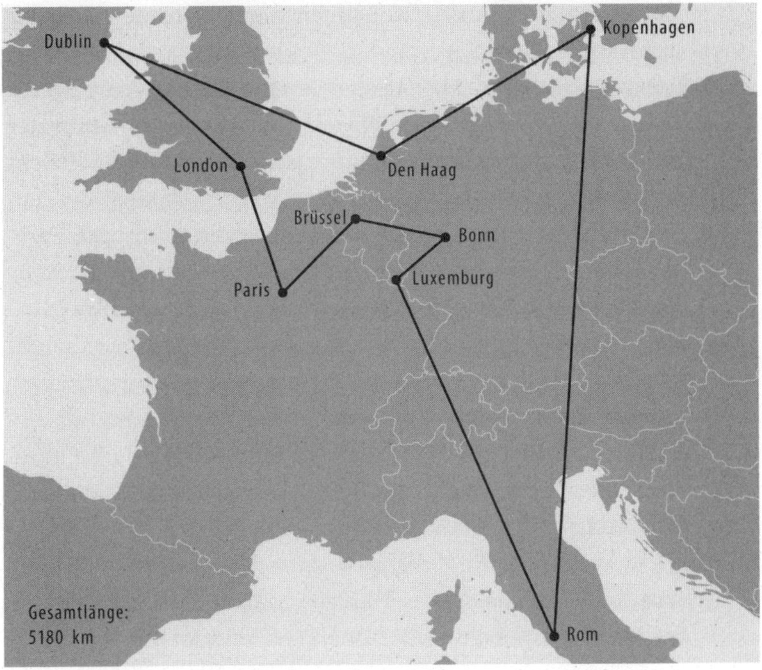

Minister kann es kaum erwarten loszulegen. Genscher freut sich sichtlich auf sein neues Amt – nur die Fußballweltmeisterschaft im eigenen Land, die in vier Wochen beginnt, die hätte er doch gern noch als dafür zuständiger Innenminister erlebt, lässt er Freiling wissen.

Da kann Freiling ihn beruhigen. In weiser Voraussicht hat er dem Minister eine Karte für das Spiel Deutschland gegen Chile reserviert. «Sollte unsere Elf die Vorrunde überstehen, wird doch ohnehin das halbe Kabinett auf der Tribüne sitzen», prophezeit Freiling.

Dann kommt er zum Thema. «Es ist üblich, dass der Außenminister möglichst bald nach der Amtsübernahme einen Antrittsbesuch bei seinen europäischen Kollegen macht. Seit dem letzten Jahr hat die EG ja nun neun Mitglieder, das könnte strapaziös werden.» Freiling wackelt bedenklich mit dem Kopf. Er fühlt mit.

«Ach was, strapaziös», wehrt Genscher ab. «Haben Sie die Reise schon durchgeplant? Wo muss ich zuerst hin? Am besten nehmen wir die kürzeste Route, wir wollen ja bis zur WM wieder zu Hause sein.»

«Ich habe eine Europakarte bei mir. Wenn wir mal gemeinsam einen Blick darauf werfen könnten?» Und schon breitet Freiling die knisternde Karte auf dem Ministerschreibtisch aus.

«Halma ist einfacher», brummelt Genscher, der sich nicht gern mit komplizierten Details aufhält. «Vielleicht fahre ich erst mal nach Kopenhagen, dann nach Den Haag …»

«Ich würde erst Brüssel nehmen, dann Paris und London …»

«Meinen Sie, das ist kürzer? Ach, machen Sie mal und geben Sie mir morgen Bescheid. Ich muss jetzt mit dem Bundeskanzler telefonieren. Dieser Kohl von der CDU stänkert schon gegen die neue Regierung. Da muss Schmidt was tun!»

Am nächsten Morgen steht Freiling Punkt neun im Büro des Außenministers mit einem Endlosstreifen von Computerausdrucken unter dem Arm, den er vor den Augen des verdutzten Ministers auf dem Boden ausbreitet. «Das Problem war doch schwieriger als gedacht», seufzt er. «Es gibt nämlich 20160 verschiedene Möglichkeiten einer Rundtour durch die neun EG-Hauptstädte, und davon wollten wir ja die kürzeste finden. Zum Glück haben wir einen dieser modernen Computer im Haus. In der letzten Nacht hat der Computer fünf Stunden gerechnet. Ich habe Ihnen die kürzeste Route gleich in die Karte eingezeichnet.» Freiling breitet die Karte aus.

«Sieht doch ganz plausibel aus», murmelt Genscher. «Und dafür braucht ein Computer fünf Stunden? Dann bin ich gespannt, was in den nächsten Jahren schneller gehen wird – die Erweiterung Europas oder die Entwicklung der Computer.»

Freiling schüttelt sich. «Können Sie sich wirklich eine Union mit 15 oder 20 Staaten vorstellen? Dann würden die Verhandlungen in Brüssel ja noch langwei… äh, langwieriger.»
«Warten Sie's ab, Freiling», sagt der Minister lächelnd, «die Geschichte macht zuweilen Sprünge! So, und nun planen Sie mir mal all die schönen Reisen …»

KAPITULATION VOR DER GROSSEN ZAHL Berlin, 22. November 2005. Der neue Außenminister der Großen Koalition tritt sein Amt an. Frank-Walter Steinmeier kennt sich in dem Glaspalast aus, als Kanzleramtsminister unter Gerhard Schröder war er oft mit auswärtigen Angelegenheiten befasst, besonders wenn sein Chef dem Alpha-Konkurrenten Joschka Fischer von den Grünen mal wieder zeigen wollte, wer die Richtlinienkompetenz vorgibt.
Es klopft, ein Mann tritt ein, graue Haare, grauer Anzug. Herbert Freiling von der Protokollabteilung heißt den neuen Minister willkommen.
Sieh an, denkt Steinmeier, einer der letzten Dinos. Er bedankt sich, man plaudert. «Ist ja eigentlich nur ein Bürowechsel», sagt der Minister. «Meine Arbeit wird nicht viel anders sein als bisher. Reisen, Reisen, Reisen …»
«Genau darum geht es. Unter Ihren Vorgängern war es üblich, dass der neue Minister baldmöglichst einen Antrittsbesuch in den Hauptstädten der EU macht.»
«Das ist doch nicht Ihr Ernst!», braust der sonst eher bedächtige Steinmeier auf. «Die EU hat 25 Mitgliedsstaaten, bald werden es 27 sein. Sie glauben doch nicht wirklich, dass ich die alle abklappern will? Außerdem kenne ich die Kollegen doch alle schon. Machen Sie mir Termine in Paris, London, Warschau und meinetwegen Rom – die Kollegen der anderen Länder sehe ich noch früh genug. Und jetzt entschuldigen Sie mich bitte, ich muss die Kabinettssitzung vorbereiten.»

DER ÜBERFORDERTE ROUTENPLANER Um gleich die erfundene Frage des Außenministers Genscher zu beantworten: Die Computer von heute sind etwa 30 000-mal so schnell wie die Maschinen, mit denen bei seinem Amtsantritt gerechnet wurde. Gegen die gestiegene Komplexität des Reiseproblems hingegen hätten sie heute dennoch keine Chance: Bei 27 EU-Staaten sind etwa 10^{22}-mal so viele Rechnungen erforderlich wie bei 9! Den optimalen Weg durch die 27 Hauptstädte könnten selbst die modernsten Supercomputer nur in jahrhundertelanger Arbeit errechnen – bis dahin gibt es wahrscheinlich längst die Weltregierung.

Das Problem der kürzesten Rundreise wird in der Mathematik auch als das «Problem des Handlungsreisenden» bezeichnet. Es findet zum Beispiel dann Anwendung, wenn ein Roboter-Bohrer auf einer Leiterplatte Hunderte von Löchern bohren muss – da ist es wichtig, einen Weg zu finden, wie der Bohrer die Aufgabe möglichst schnell erledigen kann.

In der Schule hört man von diesem Optimierungsproblem wenig – es steckt recht wenig «reine» Mathematik darin. Denn prinzipiell ist die Sache einfach: Man schaut sich alle möglichen Wege an, ermittelt die Länge und wählt den kürzesten aus.

Wie viele mögliche Wege aber gibt es? Wenn die Rundreise durch n Städte führt, dann hat man am Start $n-1$ Möglichkeiten für die erste Stadt, die man besucht. Für die nächste Station bleiben noch $n-2$ Städte zur Auswahl, und so weiter. Man muss also das Produkt aller Zahlen von 1 bis $n-1$ bilden – aber Vorsicht: Dabei kommt jeder Rundkurs zweimal vor, da man ihn ja auch in der umgekehrten Richtung durchlaufen kann. Die Zahl aller möglichen Wege ist also

$$\frac{1 \cdot 2 \cdot 3 \cdot \ldots \cdot (n-1)}{2}$$

Dafür schreibt man auch kürzer:

$$\frac{(n-1)!}{2}$$

Das spricht sich «*n* minus 1 Fakultät halbe». Diese «Fakultät» kommt in vielen kombinatorischen Berechnungen vor, und das Ausrufezeichen ist die Kurzschreibweise dafür. Die Zahl der möglichen Wege wächst rasant, wie eine kleine Tabelle zeigt:

n	$\frac{(n-1)!}{2}$
3	1
5	12
10	181 440
20	$6 \cdot 10^{16}$
50	$3 \cdot 10^{62}$
100	$5 \cdot 10^{155}$

Für große Werte von *n* ist die praktische Berechnung unmöglich – nicht weil man nicht wüsste, wie das geht, sondern weil es bislang keinen Computer gibt, der das könnte. Und auch wenn die Computer schneller werden – das Problem mit 101 Städten braucht schon wieder 101-mal so viele Rechnungen wie das mit 100 Städten. Jeder technische Fortschritt wird sofort von dem Problem aufgefressen.

Wenn es jedoch auch hoffnungslos sein mag, die beste Lösung zu finden – findet man denn wenigstens eine gute? Also eine, die vielleicht maximal 10 Prozent länger ist als die beste? Dafür gibt es tatsächlich Methoden, und zwei einfache davon sollen hier vorgestellt werden. Demonstriert wird die Sache am Beispiel der 9 Städte, die Genscher zu bereisen hatte – denn da kennen wir die optimale Lösung

und können berechnen, wie weit unsere gefundenen Strecken vom Optimum abweichen.
Hier ist zunächst einmal eine Entfernungstabelle der 9 Städte:

	Bn	DH	Br	Lux	Pa	Ro	Lo	Du	Ko
Bn	0	240	190	140	400	1040	520	980	660
DH	240	0	240	280	380	1210	290	690	590
Br	190	240	0	190	260	1100	310	790	760
Lux	140	280	190	0	280	970	490	960	800
Pa	400	380	260	280	0	1080	350	790	1020
Ro	1040	1210	1100	970	1080	0	1420	1870	1510
Lo	520	290	310	490	350	1420	0	480	950
Du	980	690	790	960	790	1870	480	0	1250
Ko	660	590	760	800	1020	1510	950	1250	0

Der optimale Rundkurs (Bonn – Brüssel – Paris – London – Dublin – Den Haag – Kopenhagen – Rom – Luxemburg – Bonn) hat eine Länge von 5180 Kilometern. Das ist die Latte, an der sich die Näherungslösungen messen lassen müssen!
Die erste Strategie: Sie geht davon aus, dass es keinen Sinn hat, kreuz und quer durch Europa zu reisen. «Global denken – lokal handeln» ist die Devise: Man geht von jeder Stadt aus zu der, die am nächsten liegt und noch nicht besucht wurde. Das macht sich auch zunächst ganz gut: Von Bonn fährt man nach Luxemburg, dann nach Brüssel, Den Haag und London. Dann aber wird es schwieriger: Der nächstliegende noch nicht besuchte Ort ist Paris, und als Nächstes muss man in einem hässlichen Zickzack nach Dublin reisen. Von da geht es über Kopenhagen und Rom zurück nach Bonn.
Die Gesamtlänge dieses Rundkurses beträgt 5800 Kilometer – knapp 12 Prozent mehr als die optimale Strecke! Der Grund dafür: Diese Methode ist «kurzsichtig» – sie berücksichtigt

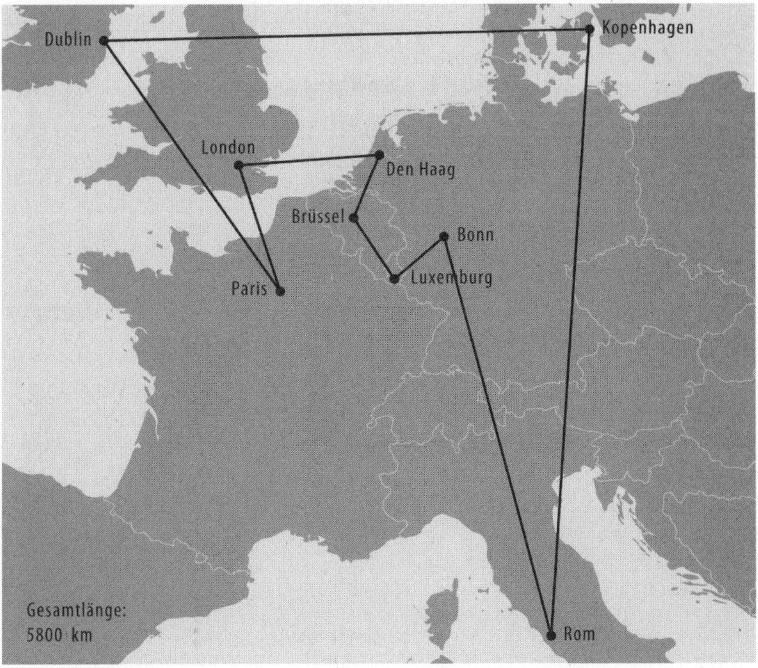

immer nur die Städte in der näheren Umgebung, und am Schluss bleiben nur die am weitesten entfernten Orte übrig. Und um die dann einzubeziehen, muss man einige große Umwege in Kauf nehmen.

Es gibt ein anderes Verfahren, das den umgekehrten Weg geht und als Erstes die weit entfernten Orte abklappert. Diese «Global»-Methode funktioniert so:

1. Suche den am weitesten vom Startpunkt entfernten Ort (in diesem Fall: Rom) und verbinde die beiden Orte.

2. Suche den Ort, der von *beiden* bisher abgehakten Städten am weitesten entfernt ist. Genauer gesagt: Bestimme den Ort so, dass das Minimum der Entfernungen zu Bonn und Rom möglichst groß ist. In diesem Fall ist das Dublin. Zeichne den Rundkurs durch die drei bisherigen Städte.

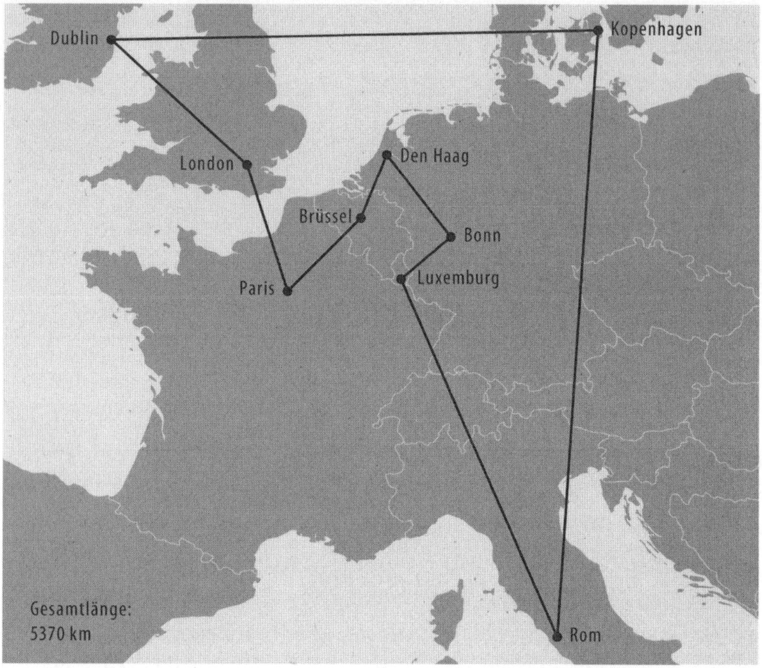

3. Suche wieder den Ort, dessen minimale Entfernung zu den drei Städten die größte ist (Kopenhagen). Füge ihn so in den Rundkurs ein, dass die Gesamtlänge am wenigsten zunimmt (es ergibt sich der Kurs Bonn – Dublin – Kopenhagen – Rom).
4. Verfahre entsprechend Schritt 3, bis alle Städte in die Rundreise eingefügt sind.

Auf diese Weise erhält man einen Rundkurs von 5370 Kilometern, also nur 3,7 Prozent mehr als das Optimum! Das wäre sicherlich ein erträglicher Mehraufwand. Beide Näherungsverfahren für den Rundkurs erfordern einen vertretbaren Rechenaufwand. Beim «Lokal»-Verfahren müssen, grob geschätzt, etwa n^2 Rechnungen durchgeführt werden, beim «Global»-Verfahren etwa n^3. Und diese Zahlen wachsen viel langsamer als die «Fakultät» für die exakte Lösung:

n	$\frac{(n-1)!}{2}$	n^2	n^3
3	1	9	81
5	12	25	125
10	181 440	100	1 000
20	$6 \cdot 10^{16}$	400	8 000
50	$3 \cdot 10^{62}$	2 500	125 000
100	$5 \cdot 10^{155}$	10 000	1 000 000

Probleme wie das des Handlungsreisenden, die prinzipiell einfach zu lösen, aber aufgrund der explodierenden Rechenzeit nur schwer zu berechnen sind, gibt es viele in der Mathematik. Ein anderes ist die Zerlegung von großen Zahlen in ihre Primfaktoren – auf ihrer praktischen Unberechenbarkeit beruhen die Verschlüsselungssysteme, die uns den sicheren Internetverkehr garantieren. Die einzige Hoffnung zur Lösung dieser Probleme ruht auf den sogenannten Quantencomputern. Die sollen eines Tages solche Optimierungsprobleme dadurch lösen, dass sie etwa für den Handlungsreisenden alle möglichen Wege gleichzeitig berechnen und den kürzesten herauspicken. Aber das ist Zukunftsmusik – bis dahin müssen wir uns mit guten, aber eben nicht optimalen Näherungslösungen zufrieden geben. Und unser Internet-Bankverkehr ist vorerst sicher.

«AUSGERECHNET» Die folgende Aufgabe wurde von Leonhard Euler (siehe S. 214) erstmals allgemein gelöst: In der Stadt Königsberg fließen zwei Arme des Flusses Pregel zusammen, außerdem gibt es in der Flussmitte eine Insel. Insgesamt 7 Brücken verbinden die unterschiedlichen Ufer A, B, C und D.

Kann man einen Sonntagsspaziergang machen, bei dem man jede Brücke genau einmal überquert?
Auflösung unter *www.rowohlt.de/mathematikverfuehrer*

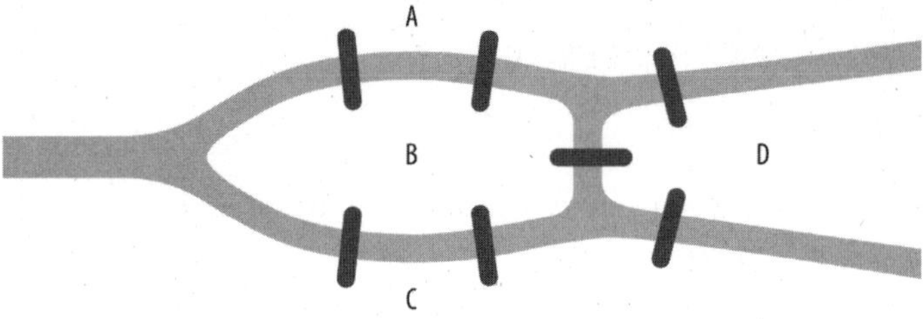

IN DEN STRASSEN VON MANHATTAN

ODER
PYTHAGORAS VOR GERICHT

Ort der Handlung: Appellationsgericht des Staates New York.
Datum: 20. Oktober 2005
Handelnde Personen:
Richterin
Angeklagter
Verteidigerin
Staatsanwältin

Richterin: Angeklagter, Ihnen wird vorgeworfen, dass Sie im März 2002 an der Kreuzung 40th Street und 8th Avenue einem in Zivil gekleideten Polizeibeamten Rauschgift zum Kauf angeboten haben, genauer gesagt: Crack.
Angeklagter: Das habe ich ja längst zugegeben.
Richterin: Aber heute geht es um die Frage, ob es sich hier um einen besonders schweren Fall handelt. Und da gibt es den Paragraphen 220 des Strafgesetzbuchs, der besagt, dass ein besonders schwerer Fall vorliegt, wenn die Tat auf einem Schulgelände begangen wird beziehungsweise im Umkreis von 1000 Fuß von einer Schule.
Hier habe ich einen Stadtplan, da ist der Ort Ihrer Verhaftung eingezeichnet, und die nächste Schule, die Holy-Cross-Grundschule, liegt gut drei Blocks entfernt. Wie weit ist es denn nun zu der Schule?
Verteidigerin: Aus den Ermittlungsakten geht hervor, dass die Polizei einen Beamten losgeschickt hat, der zu Fuß den

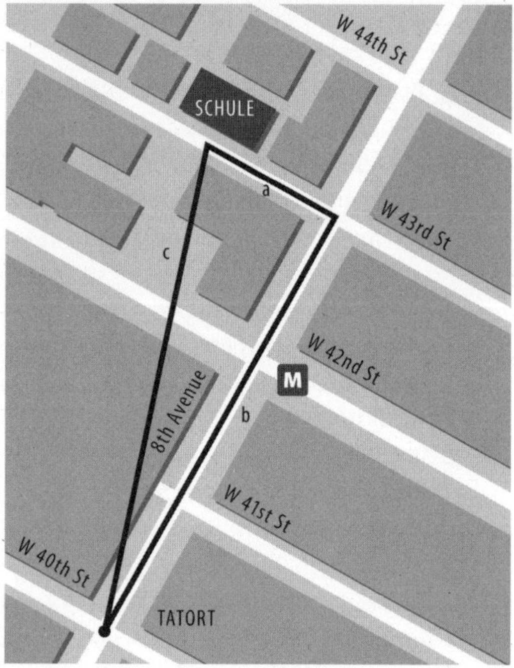

Weg ausgemessen hat. Einmal ist er entlang der 43rd Street und der 8th Avenue gegangen, dabei kamen 1294 Fuß heraus. Dann ist er noch einmal die Abkürzung über den Parkplatz zwischen den Gebäuden gegangen, und die Distanz betrug 1091 Fuß. Das war der kürzest mögliche Weg – und er war länger als 1000 Fuß, deshalb liegen die Voraussetzungen für einen besonders schweren Fall nicht vor.

Staatsanwältin: Einspruch, Euer Ehren! Es geht um den Abstand zwischen Tatort und Schule, und den misst man nicht, indem man einen Polizeibeamten losschickt. Sondern man bestimmt die Luftlinie. Sie erinnern sich vielleicht an den Satz des Pythagoras? Der beschreibt, welche Länge die Hypotenuse in einem rechtwinkligen Dreieck hat, wenn man die beiden kürzeren Seiten kennt, die sogenannten Katheten.

Angeklagter: Soll das jetzt ’ne Mathestunde werden, oder was?

Staatsanwältin: Glücklicherweise sind die Straßen in New York ja meistens rechtwinklig angelegt, sodass wir hier einen sehr einfachen Fall vorliegen haben, den man sogar ohne Stadtplan lösen kann.

(Sie deutet auf die Karte, die auf einem Ständer im Gerichtssaal steht.)

Die Strecke auf der 43rd Street von der Schule bis zur 8th Avenue, auf der Karte mit a bezeichnet, beträgt 490 Fuß. Die drei Blocks auf der 8th Avenue zwischen 43. und 40. Straße, mit b bezeichnet, haben eine Länge von 764 Fuß. Um die Strecke c zu berechnen, die Luftlinie zwischen Schule und Tatort, müssen wir die Wurzel aus der Summe der Kathetenquadrate ziehen …

(Sie schreibt auf ein Flipchart, das neben der Karte steht, eine Formel.)

Für c gilt

$$c = \sqrt{a^2 + b^2} = \sqrt{490^2 + 764^2} = \sqrt{240\,100 + 583\,696}$$
$$= \sqrt{823\,796} \approx 908$$

908 Fuß – das sind deutlich weniger als 1000. Also ist der besonders schwere Fall nach Paragraph 220 gegeben!

Angeklagter: Luftlinie – dass ich nicht lache! Dann kommen also die Grundschüler wie die Vögelchen geflogen, um sich bei mir mit Drogen zu versorgen?

(Seine Verteidigerin versetzt ihm unter dem Tisch einen leichten Tritt mit dem Fuß.)

Verteidigerin: Euer Ehren, der Sinn dieses Paragraphen ist es, die Kinder räumlich vor den Aktivitäten der Drogenhändler zu schützen. Der praktische Versuch des Polizeibeamten hat eindeutig bewiesen, dass der Fußweg, egal in welche Richtung, länger ist als 1 000 Fuß, und damit ist der entsprechende Schutz gegeben!

Richterin: Sie wollen also die Entfernung davon abhängig machen, ob ein Gebäude im Weg steht oder nicht? Müssen wir dann vielleicht jedes Mal überprüfen, ob und zu welchen Zeiten das Gebäude öffentlich zugänglich ist und ob man vielleicht da durchgehen kann, um den Weg abzukürzen?

Staatsanwältin: Es gibt im Übrigen jede Menge Präzedenzfälle, in denen immer nach dem Satz des Pythagoras entschieden, also die Luftlinie als Kriterium festgelegt wurde. Etwa im Staat Indiana, wo Alkoholläden einen gewissen Mindestabstand zur nächsten Kirche einhalten müssen.

Angeklagter: Genau, das sind doch die viel schlimmeren Dealer!

Richterin (schlägt mit ihrem Hammer auf den Tisch): Ruhe! Mein Urteil steht fest: Die Beschwerde des Angeklagten wird abgelehnt, das Urteil der Vorinstanz wird bestätigt. Begründung: Der Sinn des Gesetzes ist es, einen Radius um die Schulen zu legen, innerhalb dessen die Schüler sicher sind vor Gefährdungen durch den Drogenhandel. Es kann nicht angehen, dass man dabei den Bebauungszustand des jeweiligen Stadtviertels berücksichtigen muss. Der 1 000-Fuß-Abstand ist daher ganz im Sinne von Herrn Pythagoras als per Luftlinie gemessener Abstand zu verstehen. Die Sitzung ist geschlossen.

DER BEKANNTESTE SATZ DER MATHEMATIK Auch wenn es in diesem (authentischen) Fall wahrscheinlich einfacher gewesen wäre, den Abstand zwischen Schule und Tatort einfach auf dem Stadtplan abzumessen – der Satz des Pythagoras ist so bekannt und elementar, dass er sogar in der Rechtsprechung benutzt wird. In einem anderen Fall wurde er herangezogen, als ein Gefängnisinsasse dagegen klagte, mit einem anderen

Gefangenen zusammen in einer Zelle untergebracht zu sein – der Gestank der Zellentoilette würde ihn belästigen. Mit Hilfe von Pythagoras wurde die Luftlinie zwischen der oberen Liege des Doppelstockbetts und der Toilette berechnet.

Auf die Frage «Wie viel ist a^2 plus b^2?» wird man von fast allen Menschen die spontane Antwort «c^2!» bekommen. Der Prozentsatz derer, die diese Gleichungen dann auch noch erklären können, ist wohl erheblich kleiner.

Die Ursprünge des Satzes liegen im Dunkeln – sicher ist nur, dass er nicht von Pythagoras stammt. Schon die alten Ägypter benutzten ihn, dort gab es die Zunft der «Harpedonapten». Die maßen mit sogenannten Zwölfknotenschnüren rechte Winkel ab. In Indien benutzte man ähnliche Seile, und auch in China und Babylon waren sogenannte «pythagoreische Tripel» bekannt, also Dreiergruppen von ganzen Zahlen, die dem Pythagoras-Gesetz gehorchen.

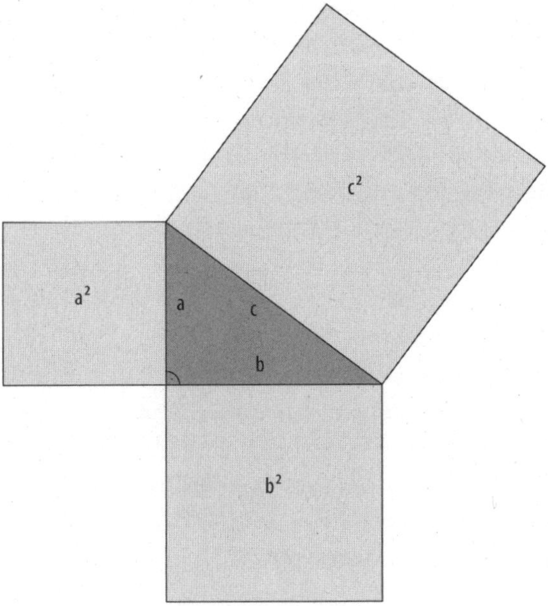

Das berühmte Gesetz stammt aber, wie erwähnt, gar nicht von Pythagoras, dem Begründer des nach ihm benannten Ordens (siehe S. 96). Euklid war es, der den Satz in seinem Buch *Elemente,* einer Sammlung der geometrischen Sätze seiner Zeit, nach dem alten Mathematiker und Philosophen benannte.

Der Satz des Pythagoras macht eine Aussage über die drei Seiten eines rechtwinkligen Dreiecks. «Das Quadrat der Hypotenuse ist gleich der Summe der Kathetenquadrate.» Wieder so ein Horrorsatz aus der Schulzeit, und man muss sich nicht unbedingt merken, welche der Seiten nun die Hypotenuse ist (und wie man sie schreibt). «$a^2 + b^2 = c^2$» ist griffiger, wobei mit c die längste Seite des Dreiecks bezeichnet wird.

Die Gleichung lässt sich nach a, b oder c auflösen, und man kann also, wenn man zwei Seiten kennt (und natürlich einen Winkel, eben den rechten) die dritte Seite berechnen. Das ist eine Besonderheit – für allgemeine Dreiecke geht das nur, indem man die Winkelfunktionen Sinus und Cosinus heranzieht, und das ist schon erheblich höhere Mathematik. Aber der Satz findet auch auf viele andere geometrische Figuren Anwendung. Ein Beispiel findet sich in diesem Buch auf S. 210. Ein Tipp, der fast immer hilft: Wenn Sie etwas über eine geometrische Figur beweisen wollen, zerlegen Sie sie irgendwie in rechtwinklige Dreiecke und wenden Sie den Satz des Pythagoras an.

Für den Satz selbst gibt es Hunderte von Beweisen, in einem einzigen Buch werden alleine 370 von ihnen aufgeführt. Mir gefällt am besten ein Beweis, der eine Mischung aus Geometrie und Algebra darstellt. Man fertigt dazu (in Wirklichkeit oder im Geiste) vier Kopien des rechtwinkligen Dreiecks an und legt sie zu folgender Figur:

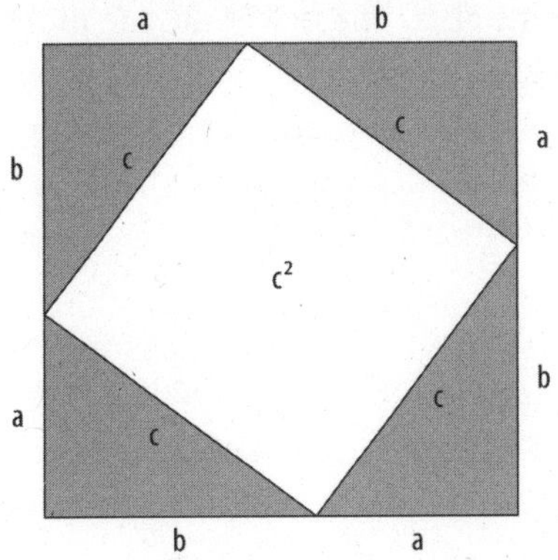

Dabei entsteht ein Quadrat der Kantenlänge $a + b$, in dessen Inneren sich ein (leeres) Quadrat der Kantenlänge c befindet. Wenn man dann noch einsieht, dass jeweils zwei der Dreiecke zusammen ein Rechteck der Fläche $a \cdot b$ ergeben, dann gilt: Das große Quadrat ist die Summe aus dem kleineren Quadrat und den vier Dreiecken, also

$$(a+b)^2 = c^2 + 2ab$$

Den Ausdruck links vom Gleichheitszeichen rechnet man schnell mit der bekannten binomischen Formel aus (siehe Anhang S. 217).

$$a^2 + 2ab + b^2 = c^2 + 2ab$$

Jetzt muss man nur noch auf beiden Seiten $2ab$ abziehen, und der Satz des Pythagoras steht da!

EIN BLICK ZUM HORIZONT Zum Abschluss noch eine Anwendung dieses Satzes. Man kann mit seiner Hilfe nämlich berechnen, wie weit der Horizont entfernt ist, wenn man zum Beispiel auf einem Berg von 1000 Metern Höhe aufs Meer hinausblickt.

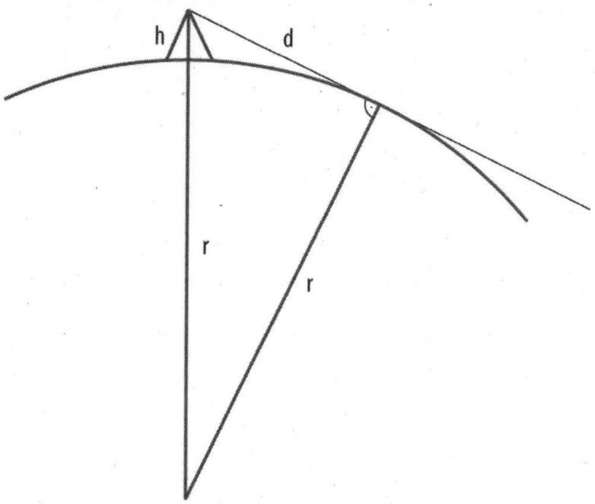

Auf einer ebenen Erde könnten wir im Prinzip unendlich weit blicken, auf einer Kugel dagegen ist der Weitblick durch die Krümmung der Erdoberfläche beschränkt. Unser Blick «streift» am weitest entfernten Punkt die Erde – die Gerade zwischen Auge und Horizont ist eine Tangente an den Erdkreis und bildet deshalb einen rechten Winkel mit dem Erdradius an dieser Stelle. Und schon haben wir ein rechtwinkliges Dreieck, in dem der Erdradius *r*, die Blickhöhe *h* und die Blickweite *d* vorkommen. Und man kann den Satz des Pythagoras anwenden, gleich aufgelöst nach der Unbekannten d^2:

$$d^2 = (r+h)^2 - r^2$$
$$d^2 = r^2 + 2rh + h^2 - r^2$$
$$d^2 = 2rh + h^2$$

Der Erdradius *r* beträgt etwa 6 400 km, die Blickhöhe *h* in unserem Beispiel 1 km. In der Gleichung ist also h^2 gegenüber $2rh$ verschwindend klein, und man kann es für kleine Höhen einfach weglassen (wieder so eine typische, aber erstaunlich häufige «Schlamperei» in der ansonsten so exakten Mathematik):

$$d^2 = 2rh$$

$$d = \sqrt{2r} \cdot \sqrt{h} \approx 113 \cdot \sqrt{h}$$

Wenn man von dem 1000 Meter hohen Berg herunterschaut, dann ist der Horizont also etwa 113 Kilometer entfernt. In Hawaii gibt es einen 4000 Meter hohen Berg in unmittelbarer Meeresnähe, den Mauna Kea, und nach der Gleichung kann man dort doppelt so weit sehen, also 226 Kilometer.
Man kann in die Gleichung aber auch kleinere Werte einsetzen – etwa die Augenhöhe eines Menschen, der am Strand steht. Setzt man dafür 1,60 Meter an, also 0,0016 Kilometer, so ergibt sich: Der Horizont ist nur 4,5 Kilometer entfernt.

«AUSGERECHNET» Ein Beweis dafür, dass 90 Grad gleich 89 Grad sind:

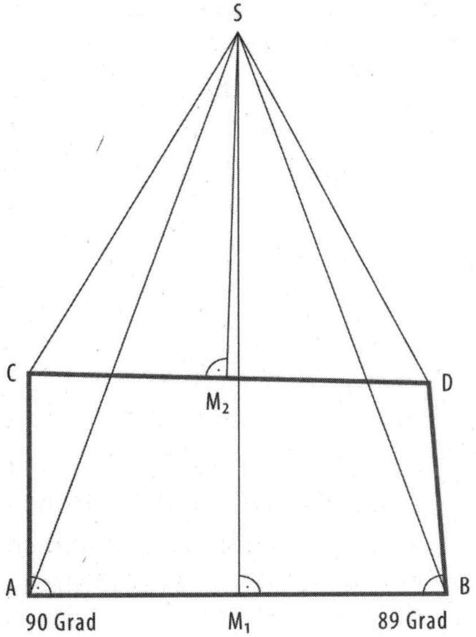

Auf einer Strecke AB wird links eine Strecke AC im rechten Winkel errichtet, rechts eine gleich lange Strecke BD im Winkel von 89 Grad. Es entsteht das etwas schiefe Viereck ABCD.

Nun werden auf AB und CD jeweils die Mittelsenkrechten errichtet – also Strecken im rechten Winkel, die jeweils durch den Mittelpunkt gehen. Weil AB und CD nicht parallel sind, sind auch diese Mittelsenkrechten nicht parallel, sie schneiden sich irgendwo in einem Punkt S.

Der Punkt S wird mit A, B, C und D verbunden, wie in der (nicht maßstabsgerechten) Zeichnung zu sehen ist.

Nun wird mit Kongruenzen argumentiert:

1. AS = BS, weil S auf der Mittelsenkrechten von AB liegt.
2. CS = DS, weil S auf der Mittelsenkrechten von CD liegt.
3. Also ist das Dreieck ASC kongruent zu BSD, weil die beiden in allen drei Seiten übereinstimmen (AC war nach Konstruktion gleich BD).
4. Also ist der Winkel CAS gleich dem Winkel DBS. Außerdem ist der Winkel SAM_1 gleich dem Winkel SBM_1, weil S auf der Mittelsenkrechten von AB liegt. Zusammengenommen gilt:

$$90^\circ = CAS + SAM_1 = DBS + SBM_1 = 89^\circ$$

Wo liegt der Fehler?

Auflösung unter *www.rowohlt.de/mathematikverfuehrer*

KLINGENDE MATHEMATIK

ODER DER JOHANN-SEBASTIAN-CODE

«Das Wohltemperirte Clavier. oder Præludia, und Fugen durch alle Tone und Semitonia, So wohl tertiam majorem oder Ut Re Mi anlangend, als auch tertiam minorem oder Re Mi Fa betreffend. Zum Nutzen und Gebrauch der Lehr-begierigen Musicalischen Jugend, als auch derer in diesem studio schon habil seyenden besonderem ZeitVertreib auffgesetzet und verfertiget von Johann Sebastian Bach» – so steht es auf dem handgeschriebenen Deckblatt des «Wohltemperierten Klaviers» des großen Barockkomponisten.

Man hat vor 300 Jahren nicht nur anders geredet und geschrieben, sondern auch anders musiziert. Eine neue Stimmung für Tasteninstrumente, eben jene «wohltemperierte», machte es möglich, in allen 24 Tonarten (12-mal Dur, 12-mal Moll) auf dem Cembalo oder der Orgel zu spielen, ohne dass es grausam für die Ohren klang. Bach war so begeistert, dass er sogleich das bekannte Klavierwerk aus 24 Präludien und 24 Fugen schrieb, durch alle Tonarten hindurch (am bekanntesten ist das C-Dur-Präludium, als «Ave Maria» auf fast allen Classic-Hits-CDs enthalten).

Aber was war diese «wohltemperierte Stimmung», die Bach so begeisterte? So ganz genau wussten es die Musikhistoriker bisher nicht, es gibt ja leider aus der Barockzeit keine Schallplattenaufnahmen. – Aber jetzt kommt ein Amerikaner namens Bradley Lehman und behauptet, der Komponist habe auf dem Titelblatt des Klavierwerks einen Code versteckt, den

Schlüssel für die Beantwortung dieser Frage. Eine geheime Botschaft des Barock-Genies?

Dass die Frage, wie man ein Klavier stimmen soll, überhaupt ein Problem ist, dürfte viele überraschen. Schließlich kann man in jedem Kaufhaus ein Keyboard kaufen, das perfekt gestimmt ist und auch mit jedem anderen harmoniert. Mit dem kann man sich ohne weiteres durch die 24 Tonarten des «Wohltemperierten Klaviers» arbeiten, gehindert allenfalls durch die Schwierigkeit der Stücke. Wo ist das Problem?

Die 12 Töne, mit denen wir heute musizieren, sind keinesfalls vom Himmel gefallen, sie sind keine «natürlichen» Harmonien. Andere Völker haben andere Tonleitern, die für uns sehr exotisch klingen. Und ein Zeitgenosse Bachs mit gutem Gehör hätte den Klang eines modernen Keyboards eher schief gefunden.

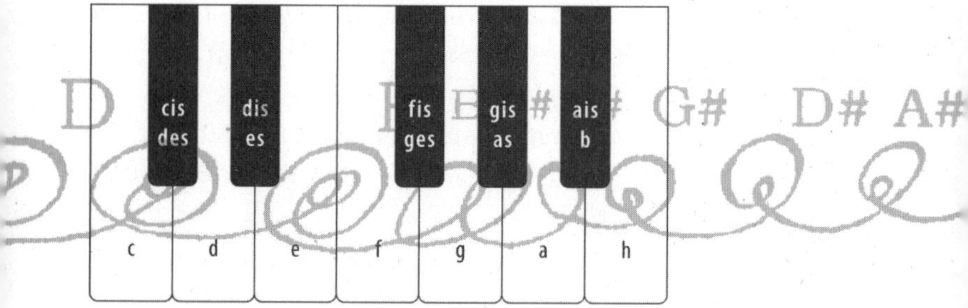

Die ganze Pracht der westlichen Musik beruht nämlich auf Kompromissen – zwischen einem möglichst «reinen» Klang und der Möglichkeit, beliebig die Tonart zu wechseln. Denn eine widerspruchsfreie Festlegung der einzelnen Tonhöhen gibt es nicht.

Die einzigen wirklich natürlichen Harmonien, die es gibt, sind die sogenannten Obertöne. Wenn zum Beispiel eine Gitarrenseite schwingt, dann hören wir nicht nur die Grundfrequenz, sondern auch die doppelte, dreifache, vierfache Frequenz. Der Anteil dieser Obertöne macht den Klangcharakter eines Instruments aus. Je mehr Obertöne, desto komplexer der Klang. Den klarsten, der reinen Grundschwingung am nächsten kommenden Klang hat vielleicht die Querflöte. Reine Schwingungen ohne Obertöne dagegen klingen klinisch und farblos – wie die ersten Synthesizer aus den 1960er Jahren.

Die ersten Obertöne haben Frequenzen, die wiederum Tönen aus unserer Tonleiter entsprechen. Der erste Oberton, der mit der doppelten Frequenz, ist die Oktave. Wenn der Grundton ein C ist, dann ist die Oktave wieder ein C – wir finden, dass es irgendwie «der gleiche Ton ist», nur höher. So singen zum Beispiel Frauen und Kinder eine Melodie meist eine Oktave höher als ein Mann, und es ist trotzdem dieselbe Melodie.

Der nächste Oberton, der mit der dreifachen Frequenz, ist die Quinte, beim Grundton C das G. Im Bezug auf das direkt darunterliegende C hat es die $3/2$-fache Frequenz. Dann folgt die vierfache Grundfrequenz, die doppelte Oktave. Von dieser Oktave zur Quint (C – G) beträgt das Verhältnis 4 : 3 – eine Quart. Die fünffache Frequenz hat die große Terz, E, zum darunterliegenden C ist ihr Verhältnis 5 : 4, darüber liegt wieder die Quint G, weil 6 das Doppelte von 3 ist. Das Verhältnis zum vorhergehenden E ist 6 : 5, eine kleine Terz.

Aber dann kommt ein seltsamer Oberton: Der Ton mit der siebenfachen Grundfrequenz entspricht keinem Ton unserer Tonleiter! Er liegt knapp unter dem B, ist also etwas niedriger als unsere kleine Septime. Das erste Zeichen dafür, dass wir nicht für alle natürlichen Schwingungsverhältnisse einen Ton haben! Es folgen wieder eine Oktave C sowie der 9. Oberton D, der zu dem C im Verhältnis $9/8$ steht – eine große Sekunde.

Jetzt sind schon fast alle Töne unserer bekannten Tonleiter vorgekommen, auch die kleine Sekunde (Cis/Des) lässt sich auf diese Weise festlegen, und andere Intervalle wie die kleine Sexte legt man so fest, dass sie sich mit ihrem Gegenstück (in diesem Fall der großen Terz) zu 2, also zu einer Oktave, multiplizieren. Denn wenn man Intervalle aufeinanderstapelt, muss man die Frequenzen malnehmen, nicht addieren!

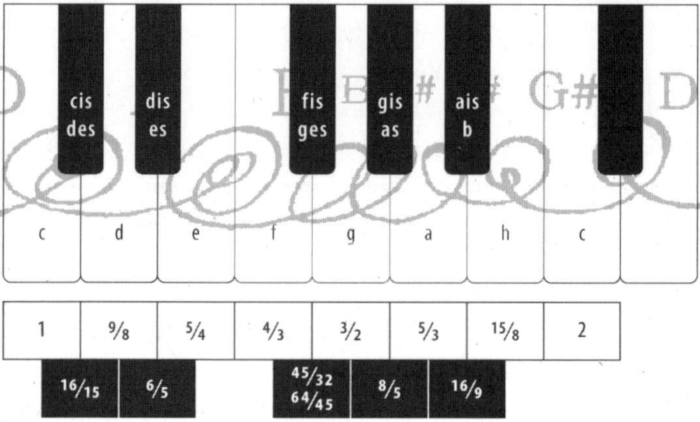

Alle Töne als Verhältnisse ganzer Zahlen – das war der Traum der Pythagoreer im alten Griechenland (siehe S. 96). Sie glaubten, dass sich alle Zahlen als solche Brüche ausdrücken lassen. Und sie mussten irgendwann einsehen, dass das nicht immer geht, das prominenteste Gegenbeispiel ist die Wurzel aus 2, eine irrationale Zahl, die man zwar beliebig durch Brüche annähern, aber nie genau treffen kann.

Nun gibt es in der Mitte der Tastatur einen Ton, das Fis/Ges, bei dem zwei Zahlen notiert sind. Das Fis ist eine übermäßige Quarte, die müsste dem Abstand von F zu H entsprechen, und der ist $15/8$ zu $4/3$, also $45/32$, das ist etwa 1,406. Ges ist eine verminderte Quinte, entsprechend dem Abstand vom H zum F der nächsten Oktave. Das Verhältnis: $8/3 : 15/8$, also $64/45$ (etwa 1,422). Die Klaviertastatur suggeriert aber, dass es sich um denselben Ton handelt! Welcher Wert könnte da als «Mittelwert» stehen? Vom C bis zum Fis/Ges sind es 6 Halbtonschritte, von dort zum C wieder sechs Schritte, also dasselbe Intervall.

Es soll, wenn man das Intervall zweimal aufeinandertürmt, als Ergebnis 2 herauskommen. Es gilt also

$$x^2 = 2$$

Also ist x die von den Pythagoreern so gefürchtete Wurzel aus 2, ein irrationaler Wert!

Irrationale Verhältnisse sind auch musikalischen Ohren ein Graus. Nicht aus prinzipiellen mathematischen Überlegungen, sondern aus physikalischen: Musikalische Töne sind regelmäßige Schwingungen. Wenn zwei Töne ein rationales Verhältnis haben, dann fallen die Berge und Täler dieser Schwingungen nach einigen Zyklen wieder zusammen – zwei Zyklen der Quint entsprechen zum Beispiel drei Zyklen des Grundtons. Bei einem irrationalen Schwingungsverhältnis dagegen kommen zwei Wellen, die am selben Punkt starten, nie wieder zusammen. Sie sind immer ein bisschen verschoben zueinander, und das hört sich für das geübte Ohr unrein an.

Der erste Widerspruch unseres angeblich so vernünftigen tonalen Systems tut sich auf: Beim Fis/Ges muss der Klavierstimmer Kompromisse machen. Das ist aber nicht die einzige Stelle, an der es im System knirscht. Schaut man sich die Verhältnisse aufeinanderfolgender Halbtöne an, so schwankt dieser Wert ganz gewaltig: Cis und C verhalten sich zueinander wie $^{16}/_{15}$, das ist ein Faktor von 1,067. E verhält sich zu Es wie $^{5}/_{4}$: $^{6}/_{5}$, dieser Faktor ist $^{25}/_{24}$ oder 1,042. Ein Unterschied – aber ist der hörbar? Macht das etwas aus?

Diese Angaben von Tonverhältnissen sind nicht sehr intuitiv. Um sie auf einer Frequenzskala anschaulich darzustellen, muss man von der linearen Darstellung zu der sogenannten logarithmischen übergehen. Das Ziel dabei ist, dass eine Oktave von C bis C immer einen gleich großen Abschnitt darstellt, obwohl der Frequenzbereich in absoluten Werten immer breiter wird. Die Zahlen 1 – 2 – 4 – 8 – 16 sollen also im jeweils gleichen Abstand voneinander stehen. Das erreicht man, indem man den «Logarithmus der Frequenz zur Basis 2» betrachtet. Logarithmen sind wieder so ein Horrorwort aus der Schulzeit, deshalb ein kleiner Exkurs.

MISSTÖNE UND QUINTENZIRKEL Der «Logarithmus zur Basis 2» einer Zahl x, kurz ld(x) geschrieben, ist die Hochzahl, mit der man 2 potenzieren muss, um x zu bekommen. Es ist

$$2^{\mathrm{ld}(x)} = x$$

(Man kann den Logarithmus auf jeder Basis berechnen, zum Beispiel ist der 10er-Logarithmus sehr gebräuchlich, aber in diesem Kapitel gehen wir immer von der 2 als Basis aus.)
Der Logarithmus von 2 ist 1, der von 4 ist 2, und ld(8) ist 3. Wie sieht es mit den Zahlen dazwischen aus? Was ist zum Beispiel ld(5)? Es gibt zwar keine natürliche Zahl, die sagt, wie oft man 2 mit sich malnehmen muss, um 5 zu erhalten, aber man kann den Exponenten auch für andere als ganze Zahlen definieren (siehe Anhang auf S. 223). So ergibt sich etwa für Wurzel aus 2 der Logarithmus ½.
Trägt man nun die Halbtöne einer kompletten Oktave auf einer Skala auf, bei der der Logarithmus der Frequenz, bezogen auf die Frequenz des Grundtons, die Einheit ist, dann ergibt sich das folgende Bild:

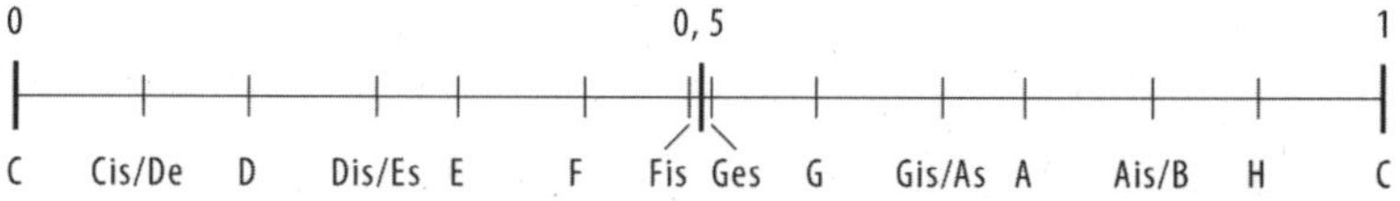

Die Abstände der Töne, die doch eigentlich gleich sein sollten, variieren ganz erheblich. Aber es kommt noch schlimmer: Schon die beiden «reinsten» Intervalle, die Quint und die Oktave, sind nicht miteinander kompatibel. Die Quint hat die

1,5-fache Schwingung des Grundtons, die Oktave die doppelte. Wenn man 12 Quinten aufeinandersetzt, dann trifft man jeden Ton der Tonleiter einmal und landet wieder beim C: C – G – D – A – E – H – Fis/Ges – Des – As – Es – B – F – C. Also müsste das Produkt von 12 Quinten wieder ein entsprechendes Vielfaches des Ausgangstons sein. Ist es aber nicht:

$$\left(\frac{3}{2}\right)^{12} = \frac{3^{12}}{2^{12}} = \frac{531\,441}{4\,096} \approx 129{,}746$$

Wäre der Wert 128 (oder $^{524\,288}/_{4\,096}$), dann wären es genau sieben Oktaven. So aber ist der Ton ein bisschen höher. Der Unterschied beträgt $^{531\,441}/_{524\,288}$, das ist etwa 1,014 und entspricht dem Viertel eines Halbtons.

Dass dieser «Quintenzirkel» sich nicht richtig schließt, ist schon seit Jahrhunderten bekannt. Die Differenz der beiden Enden wird das «pythagoreische Komma» genannt – vielleicht weil es dem Traum des Pythagoras von der perfekten Harmonie in Musik und Mathematik den Todesstoß verpasst hat.

Wie finden die Musiker aus diesem Dilemma wieder heraus? Die radikalste Lösung ist die, die man heute in jedem Keyboard findet: Man teilt die Oktave auf der logarithmischen Skala in 12 wirklich gleiche Stücke auf. Jeder Halbtonschritt ist dann auf dieser Skala $^1/_{12}$ groß, und um auf das Verhältnis der Frequenzen zu kommen, muss man «entlogarithmieren»:

$$ld(x) = \frac{1}{12}$$

$$x = 2^{\frac{1}{12}} = \sqrt[12]{2} \approx 1{,}059$$

Diese Art, Tasteninstrumente zu stimmen, nennt man die «gleichstufige Stimmung», aus offensichtlichen Gründen. Ihr Vorteil: Sie behandelt alle Töne gleich, man kann in allen Tonarten musizieren. Der Nachteil: Es gibt überhaupt kein «richtig» gestimmtes Intervall mehr, bei dem wirklich das ganzzahlige Verhältnis der Schwingungen seine volle Schönheit entfaltet. Das merkt das geschulte Ohr vor allem bei den Quinten und großen Terzen. Der Laie hat sich längst daran gewöhnt, er kennt kaum noch den Klang einer reinen Quinte, jedenfalls dann, wenn er hauptsächlich elektronisch produzierte Popmusik hört.

DAS «WOHLTEMPERIERTE» KLAVIER Die Klavierstimmer früherer Jahrhunderte wollten so weit nicht gehen. Vor dem Barock war das auch nicht nötig: Die meisten Stücke und Lieder bewegten sich innerhalb einer Tonart, und die Tonarten rund um C-Dur waren die gebräuchlichsten. Deshalb versuchte man mit der «mitteltönigen Stimmung», diese gebräuchlichen Tonarten möglichst sauber klingen zu lassen. Praktisch ging man so vor, dass man elf der zwölf Quinten ein bisschen niedriger stimmte, aber nicht einen Achtelton wie bei der gleichstufigen Stimmung, sondern nur etwa einen Zehntelton. Das führt dazu, dass der Ton, den man aus vier dieser Quinten enthält, eine ziemlich saubere große Terz ist. Dafür war die verbleibende zwölfte Quinte (zwischen den Tönen Gis und Dis) erheblich zu groß – sie klang scheußlich und wurde die «Wolfsquinte» genannt. Praktisch war sie nicht verwendbar, und Tonarten, in denen die beiden Töne vorkommen, musste der Komponist meiden.

Das war für die frühen Komponisten keine wirklich tragische Einschränkung – sie wählten eben die «schön» klingenden Tonarten. Die Musik Johann Sebastian Bachs aber war komplexer als alles, was es vorher gegeben hatte. Insbesondere liebte Bach es, in seinen Fugen ständig die Tonart zu wechseln. Und da geriet er auch bei einer harmlosen Anfangstonart schnell auf gefährliches Terrain.

Deshalb kann man die Begeisterung Bachs verstehen, als der

Musiktheoretiker Andreas Werckmeister eine neue Stimmung entwickelte, die versprach, dass alle Tonarten auf dem Klavier benutzbar sein sollten. So begeistert war der Meister, dass er ein Klavierwerk für die «wohltemperierte» Stimmung schrieb.

Aber um welche Stimmung handelte es sich? Nicht um die heute übliche gleichstufige Stimmung, da sind sich die Musikhistoriker einig. Aber es gibt einige Varianten der wohltemperierten Stimmung, und eigentlich dachte man, dass wir wohl nie genau wissen werden, wie das wohltemperierte Klavier von Johann Sebastian Bach im Original geklungen hat.

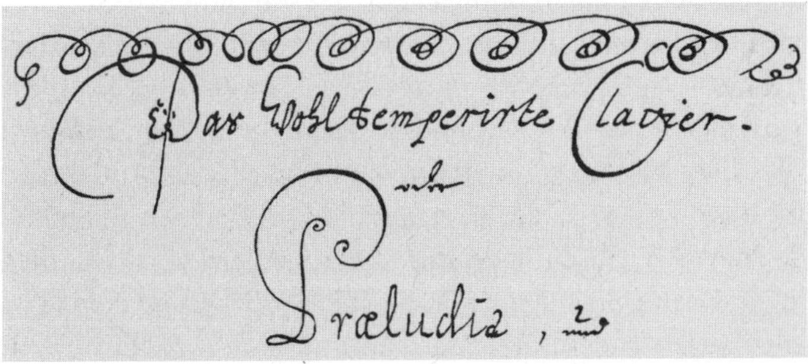

Da trat im Jahr 2005 der amerikanische Pianist Bradley Lehman auf den Plan. Der hatte sich die Titelseite von Bachs «Wohltemperiertem Klavier» sehr genau angesehen. Allerdings hatte er weniger auf den Text geachtet, sondern auf das scheinbar nachlässig gekritzelte Ornament über dem Titel.

Dieses Ornament besteht aus elf Kringeln. Elf Quinten muss man angeben, um die Stimmung eines Tasteninstruments genau festzulegen – Anlass für Lehman, genauer hinzusehen. Er erkannte zuerst drei Kringel mit einer einfachen Schleife im Inneren, dann drei simple Schleifen, und schließlich noch einmal fünf Kringel mit einer doppelten Schleife im Inneren.

Damals wurden Stimmungen festgelegt, indem man angab, um was für einen Bruchteil des pythagoreischen Kommas man die jeweiligen Quinten verkleinert. Bei der gleichstufigen Stimmung verliert jede Quinte ein zwölftel Komma.

Um aus Bachs Gekrakel ein Rezept zu destillieren, drehte Lehman das Bild zunächst einmal um. Die Kringel interpretierte er so: Eine einfache Schleife ist eine reine Quinte, ein Kringel mit Schleife entspricht einem sechstel Komma, und der Kringel mit Doppelschleife ist ein zwölftel Komma. Es folgen also zunächst fünf um ein sechstel Komma verkürzte Quinten aufeinander, dann drei reine, und dann drei um ein zwölftel Komma verringerte. Wenn man das durchrechnet, hat man ein Zwölftel zu viel – die letzte Quinte, die sich automatisch ergibt, muss folglich ein bisschen zu groß sein.

Aber mit welchem Ton fängt das Diagramm an? Auch da hat uns Bach einen Hinweis gegeben, sagt Lehman: Das «C» des Worts «Clavier» stößt doch auf dem kopfstehenden Bild direkt an den ersten Kringel an und wird sogar noch einmal wiederholt – ein eindeutiger Hinweis, meint der Entdecker, und ordnet die Töne des Quintenzirkels entsprechend den Kringeln im Diagramm zu.

Lehman hat es nicht dabei belassen, seine Analyse schriftlich auszuformulieren – er hat auch Aufnahmen von Bach-Werken mit dieser Stimmung gemacht. Und die Kritiker sind sich einig, dass die Aufnahmen gut klingen und seine Stimmung eine durchaus plausible ist – so wie andere wohltemperierte Stimmungen auch. Ansonsten habe er in seiner Interpretation doch einige Annahmen gemacht, denen man nicht unbedingt folgen müsse. Aber es ist doch ein schöner Gedanke, dass

Bach, einer der mathematischsten unter den Komponisten, uns vielleicht in einem mathematischen Code eine Anweisung zur Stimmung des Klaviers hinterlassen hat.

«AUSGERECHNET» Carsten hat einige Metallrohre mit identischem Durchmesser und will sich daraus ein Windspiel basteln. Dabei sollen die Rohre möglichst harmonische Töne von sich geben. Im Internet hat er gelesen: «Die Frequenz der Rohre ist umgekehrt proportional zum Quadrat ihrer Länge.» Um wie viel muss er ein Rohr kürzen, damit es eine Oktave höher klingt? (Eine Oktave höher bedeutet: doppelte Frequenz.)
Auflösung unter *www.rowohlt.de/mathematikverfuehrer*

ALLES FLIESST?

ODER
BANKRÄUBER IM STAU

«Manni, mach langsam, du hast wertvolle Fracht an Bord!» Nervös rutscht Harry auf dem Beifahrersitz herum, und das liegt nicht nur am Fahrstil seines Kumpels. Auf dem Rücksitz liegen zwei Aldi-Tüten. Inhalt: zirka 55 000 Euro in kleinen Scheinen. Der Überfall auf die Sparkassenfiliale in den Harburger Bergen hat wie am Schnürchen geklappt. Rein, unmissverständliches Auftreten, kooperationswillige Angestellte, ein kollabierender Kunde, raus und Vollgas. In drei Minuten war alles vorbei, die George-W.-Bush-Masken neben den Tüten auf dem Rücksitz haben ausgedient.

Jetzt braust Manni Richtung Landkreis Lüchow-Dannenberg. Im abseits gelegenen ehemaligen Zonenrandgebiet wartet auf die Freunde ein Wochenendhaus, dort wollen sie Gras über die Sache wachsen lassen und ein bisschen von der liquiden Zukunft träumen.

Die Tachonadel ist auf 180 eingefroren, der BMW-Kombi besitzt ein gutes «Überhol-Prestige», von dem Manni als eingefleischter BMW-Fan so oft schwärmt. Wenn sich der Fünfer in den Rückspiegel schiebt und ihn rasch ausfüllt, rutschen kleinere Wagen respektvoll nach rechts hinüber.

«Krieg dich ein», murmelt Manfred Engel. «Ich hole nur die Zeit auf, die wir verloren haben, bis wir auf der Autobahn waren.»

«Wenn du jetzt einen Auffahrunfall baust, brauchen uns die Bullen nur noch umzuladen.»

«Mit einem BMW musst du schnell fahren, Harry, sonst fällst du auf. Hey, mach mal lauter, ich glaube, wir sind im Radio.»
Harry dreht das Radio auf. «… bittet die Polizei um Ihre Mithilfe. Die Täter flüchten in einem anthrazitfarbenen BMW 5er-Kombi mit Bad Segeberger Kennzeichen. Sachdienliche Hinweise nimmt jede Polizeidienststelle …»
Manni dreht wieder leiser. «Das Kennzeichen haben sie also erkannt. Damit mussten wir rechnen. Abdecken wäre noch auffälliger gewesen.»
«Weil der Herr es originell liebt und unbedingt den Wagen mit der Nummer SE-X 333 knacken musste», mault Harry.
Eine Autobahnbaustelle in 1000 Metern. Widerwillig geht Manni vom Gas, 100, 80, schließlich lumpige 60.
Die Wagen auf der rechten Spur fangen an, sich nach links einzuordnen. Einen halben Kilometer vor der Verengung auf eine Spur baut sich links eine Schlange auf, die rechte Spur ist frei.
«Reißverschlussprinzip, ihr Ärsche!», brüllt Manni und zieht rechts an der Kolonne vorbei, bis er das Ende der Spur erreicht. Er blinkt kurz und schert ansatzlos nach links ein. Der Fahrer hinter ihnen zeigt ihm den Stinkefinger.
«Das war nicht gut, Manni», jammert Harry, «das war gar nicht gut.»
«Das war Straßenverkehrsordnung und gesunder Menschenverstand dazu», antwortet Manni. «Ist doch logisch, dass man die Straße so lange nutzt, wie es geht. Steht sogar im Gesetz, auch wenn die meisten das nicht wissen.»
«Du bist doch sonst nicht so gesetzestreu», stichelt Harry. Sie passieren die Baustelle: acht Baufahrzeuge und zwei Arbeiter, die von je einer Schaufel am Umfallen gehindert werden. Hinter der Baustelle beginnt der Verkehr wieder zu fließen, aber die Tachonadel kommt nicht über 100 hinaus. Manni fährt immer wieder dicht auf den Vordermann auf, bremst ab,

lässt sich zurückfallen, gibt wieder Gas und reagiert zunehmend gereizter: «Mensch, geh rüber!»
«Der kann doch auch nicht schneller», mahnt Harry.
«Dann soll er Platz machen. Mich regt das Gezuckele auf», entgegnet Manni. «Wenn jeder 20 Kilometer schneller wäre, kämen wir alle schneller ans Ziel. Wir haben zwei Spuren zur Verfügung und nutzen sie nicht aus. Nur weil alle vermeiden wollen, dass ein anderer sie überholt.»
Manni entdeckt rechts eine Lücke und zieht hinüber – ohne zu blinken. «Kannst du mir mal sagen, warum im Kolonnenverkehr die rechte Spur immer schneller ist, trotz der Lastwagen?»
«Vielleicht gerade wegen der Lastwagen. Die fahren jedenfalls nicht so hektisch wie du.»
«Beim nächsten Kassengang machst du den Fahrer», ätzt Manni, wohl wissend, dass Harry seine beschränkten Fähigkeiten realistisch einschätzt. Harry sucht in den Gesichtern links und hinten nach alarmierenden Zeichen. Aber niemand gerät angesichts des grauen BMW in Aufregung. Missmut, wohin man schaut, alle wollen schneller, als sie können.
Dann nimmt die Geschwindigkeit stark ab, es sieht nach Stau aus. Manni muss scharf bremsen, weil er seinem Vordermann zu dicht auf der Pelle sitzt. «Erklär mir, wie das sein kann. Seit fünf Kilometern war keine Auffahrt, es sind also immer noch genauso viele Autos auf der Straße. Trotzdem stehen wir gleich.»
«Das nennt sich ‹Stau aus dem Nichts›», gibt Harry zum Besten. «Sowas entsteht, wenn die Leute im Kolonnenverkehr wie die Henker fahren, ständig beschleunigen, bremsen, die Spur wechseln.»
Am Dreieck Walsrode mündet zusätzlicher Verkehr aus Richtung Bremen in den zähflüssigen Strom ein. Das verkraftet die A 7 nicht. Stau.

«… die Täter sind mit einem anthrazitfarbenen BMW 5er-Kombi mit Bad Segeberger Kennzeichen unterwegs. Die Polizei hat Kontrollstationen an allen Hamburger Ausfallstraßen eingerichtet …»

Harry wirft einen melancholischen Blick auf den Rücksitz und murmelt: «Ich hatte mich schon so an euch gewöhnt. Aber gleich werden sie kommen und uns hopsnehmen.»

«Quatsch keinen Blödsinn», knurrt Manni, «die Polizei steht genauso im Stau wie wir.»

Im nächsten Moment rauscht auf dem Standstreifen ein Streifenwagen mit Blaulicht und Martinshorn vorbei. Über ihnen ertönt tieffrequentes Brummen.

«Hubschrauber!», stöhnt Harry. «Die lassen aber auch gar nichts aus.»

«Keep cool, Kumpel. Das ist ein Rettungshubschrauber, da vorne hat's gekracht. Außerdem kannst du aus dem Hubschrauber keine Autokennzeichen erkennen. Und guck dich doch mal um: Jeder zweite Wagen ist dunkelgrau. Onkel Manni weiß schon, warum er nur Modefarben klaut.»

Im nervtötenden Wechsel zwischen Stop und Go kriecht der Lindwurm bis zur nächsten Ausfahrt, Manni schert aus und verlässt die Autobahn. Über Celle soll es Richtung Osten gehen. Außer der berüchtigten B 4 erwartet er keine bösen Überraschungen mehr.

Aber kaum ist Manni abgebogen, staut sich der Verkehr vor einer engen Brücke, wegen Bauarbeiten ist sie nur einspurig befahrbar. Einen Kilometer vor sich sehen die Bankräuber die Brücke. Kein Gedanke an Stop und Go. Nichts geht mehr. Bis auf das Blaulicht des Polizeiwagens an der Brücke, das bewegt sich munter und weithin sichtbar. Offensichtlich regeln Polizisten den Verkehr an der Engstelle. Dass sie vom Bankraub gehört haben und die Beschreibung des Täterwagens kennen, ist klar.

«Dreh um», keucht Harry. «Dreh sofort um.»
«Du machst wohl Witze! Wie soll ich denn hier wenden?» Gegenüber bewegt sich auch nichts. «Wenn ich wende, gibt es das Hupkonzert des Jahres.»
«Dann gehe ich jetzt pinkeln.»
«Spinnst du? Lass uns lieber überlegen, wie wir …»
«Die Lösung heißt Pinkeln.»
Manni sieht aus, als würde er Harry gleich umbringen. Harry kommt ihm zuvor: «Wir müssen die Kohle loswerden. Und die Masken. Und die Knarren auch.»
Manni schwitzt und schweigt.
«Dann können sie uns höchstens wegen des Wagens hochnehmen», fährt Harry fort. «Vielleicht haben wir Glück, und er ist noch nicht als gestohlen gemeldet, dann kontrollieren sie uns nicht. Und wenn doch, dann zeigst du einfach deinen Führerschein vor. Und guck nicht so blockiert! Stau im Kopf ist gefährlicher als auf der Straße.»
«Was? Du willst die Kohle rauswerfen? Soll denn alles umsonst gewesen sein?», stößt Manni fassungslos hervor.
Harry greift nach hinten und drückt seinem Freund einen Stapel Scheine in die Hand. «Das passt in deine Brieftasche. Ich nehme auch eine Handvoll.»
Wenige hundert Meter vor dem Brücken-Engpass schlägt sich Harry mit zwei Aldi-Tüten in die Büsche. Zwei Minuten später kehrt er zurück, erleichtert und ohne Tüten.
Noch 26 Autos bis zu den Polizisten.
«Verstehe», sagt Manni, der nun viel entspannter wirkt. «In einigen Tagen machen wir eine Spritztour in die schöne Südheide. Ich hätte nie gedacht, dass ich mich eines Tages darauf freuen würde, gemeinsam mit dir pinkeln zu gehen.»

WANN DER VERKEHR AM BESTEN FLIESST Der Bankräuber Manni gibt in dieser Geschichte so ziemlich alle Argumente

zum Besten, mit denen Raser ihr teilweise rücksichtsloses Verhalten rechtfertigen. (In einem Punkt hat er allerdings recht: dass man an Engpässen alle Spuren ausnutzen und sich erst ganz am Ende einfädeln soll, ist nicht nur gut für den Verkehrsfluss, sondern steht tatsächlich auch in der Straßenverkehrsordnung.)
Besonders um zwei Gemeinplätze soll es hier gehen. Erstens: Je schneller die Autos fahren, umso höher ist die Kapazität einer Straße. Und zweitens: Neue Straßen sorgen dafür, dass die Menschen weniger im Stau stehen und schneller ihr Ziel erreichen. Beides stimmt nicht – jedenfalls nicht in dieser Allgemeinheit!
Es gibt inzwischen einige Mathematiker, die sich auf «Stau-Mathematik» spezialisiert haben. Die betreibt man gewöhnlich per Simulation – das heißt, man lässt im Computer sozusagen Tausende von simulierten Autos nach gewissen Regeln fahren und schaut, was dabei herauskommt. Auf diese Weise ist es zum Beispiel gelungen, den in der Geschichte erwähnten «Stau aus dem Nichts» zu erklären. Der entsteht bei dichtem Kolonnenverkehr, wenn sich Fahrer wie Manni verhalten. Anstatt zu akzeptieren, dass man etwas langsamer vorwärtskommt, als man möchte, versuchen diese Fahrer, irgendwie doch noch einen Vorteil für sich zu erhaschen: Sie wechseln die Spur, fahren dicht auf, müssen dann aber auch manchmal abrupt abbremsen (oder bringen andere zum Bremsen). So ein Bremsmanöver pflanzt sich in der Kolonne nach hinten fort, weil ja der Hintermann immer mindestens so scharf bremsen muss wie der Vordermann. So verstärkt sich der Effekt – und irgendwann kommt der erste Wagen zum Stehen. Der Stau ist da, und der auslösende Fahrer merkt nicht einmal, was er angestellt hat.
Neben solchen Computersimulationen gibt es aber auch ein paar einfache Grundformeln für den Verkehrsfluss. Mit denen

kann man recht einfach zeigen, dass die Straße eben nicht mehr Autos fasst, wenn alle schneller fahren.

Zunächst ein paar einfache Begriffe: Unter Verkehrsfluss versteht man die Zahl der Autos, die pro Zeiteinheit und Spur eine Messstelle an der Autobahn passieren. Bei Stau ist der Verkehrsfluss 0. Wie groß kann er maximal werden? Gibt es überhaupt eine obere Grenze?

Wenn die Autobahn schon so voll ist, dass die Wagen alle mit derselben Geschwindigkeit v in Kolonne fahren, dann lässt sich der Verkehrsfluss berechnen, wenn man zusätzlich noch weiß, wie groß der mittlere Abstand d zwischen den Autos ist und wie die durchschnittliche Länge l der Wagen ist. Dann vergeht nämlich zwischen den Vorbeifahrten von zwei Autos an derselben Stelle die Zeit

$$t = \frac{d+l}{v}$$

(Dabei werden d und l in Metern gemessen und t in Sekunden.) Den Verkehrsfluss F misst man in Autos pro Stunde, deshalb muss man eine Stunde (3 600 Sekunden) durch den zeitlichen Abstand zwischen zwei Autos teilen:

$$F = \frac{3600}{t} = 3600 \cdot \frac{v}{d+l}$$

Das Argument der Raser: An der Länge der Autos kann man ja nichts ändern. Damit der Bruch einen möglichst großen Wert annimmt, muss v möglichst groß sein und d möglichst klein. Also: rasen und drängeln!

Die Vorstellung dabei ist, dass die Autos auf der Straße so etwas sind wie ein langer Güterzug. Da gilt ja auch: Je schneller er fährt, umso mehr Waggons pro Stunde passieren die Strecke. Aber das funktioniert nicht auf der Autobahn, jedenfalls nicht mit menschlichen Fahrern. Der Haken: d ist nicht konstant.

Selbst der skrupelloseste Raser kann bei Tempo 180 dem Vordermann nicht ständig an der Stoßstange kleben. Er wird ganz von selbst den Abstand vergrößern. Und diese Tatsache, dass d variabel ist, verändert die Sachlage ganz gewaltig.

Aber fangen wir mit ganz vorsichtigen Annahmen an. Der Abstand zum Vordermann soll so gewählt werden, dass er dem sogenannten Anhalteweg entspricht. Das heißt: Jeder Fahrer könnte sein Fahrzeug noch zum Stehen bringen, wenn statt des Vordermanns plötzlich eine Mauer die Fahrbahn blockieren würde.

Der Anhalteweg, das lernt man in der Fahrschule, besteht aus zwei Teilen: dem Reaktionsweg – das ist der Weg, den das Auto noch ungebremst zurücklegt, während der Fahrer überhaupt erst einmal die Gefahr registriert. Für die Reaktionszeit setzt man meistens eine Sekunde an; in dieser Zeit legt das Fahrzeug noch *v* Meter zurück (die Geschwindigkeit messen wir in Metern pro Sekunde!).

Der zweite Teil des Anhalteweges ist der Bremsweg. Dieser hängt natürlich von vielen Umständen ab: Wie gut sind die Bremsen des Autos, wie stark tritt der Fahrer aufs Pedal. Aber die Unterschiede sollen uns hier egal sein. Wir rechnen der Einfachheit halber damit, dass ein Fahrer die kräftige Bremsverzögerung von 10 m/s^2 zur Verfügung hat.

Kleine Erläuterung am Rande: Beschleunigungen und Verzögerungen werden in «Meter pro Sekunde zum Quadrat» gemessen. Das ist wieder so ein Punkt, wo viele in der Schule aussteigen – was soll man sich unter einer Quadratsekunde vorstellen? Einfacher wird es, wenn man das Ganze als «Meter pro Sekunde pro Sekunde» liest. Dann bedeutet eine Verzögerung von 10 m/s^2: Pro Sekunde nimmt die Geschwindigkeit um 10 m/s ab. Ein Auto, das mit 30 m/s fährt, kommt also nach genau 3 Sekunden zum Stillstand.

Die Formel für den Bremsweg lautet:

$$s = \frac{v^2}{2 \cdot a}$$

Dabei ist v die Ausgangsgeschwindigkeit und a die Bremsverzögerung. Mit $a = 10$ ergibt sich also

$$s = \frac{v^2}{20}$$

Wenn der Sicherheitsabstand gleich der Summe aus Reaktionsweg und Bremsweg sein soll, dann sieht der Abstand d so aus:

$$d = v + \frac{v^2}{20}$$

Und der Verkehrsfluss F schließlich bekommt den Wert

$$F = 3600 \cdot \frac{v}{d+l} = 3600 \cdot \frac{v}{v + \frac{v^2}{20} + l} = 3600 \cdot \frac{20 \cdot v}{20 \cdot v + v^2 + 20 \cdot l}$$

Die Kurve dieser Funktion sieht so aus, wenn man für die durchschnittliche Fahrzeuglänge 5 Meter ansetzt:

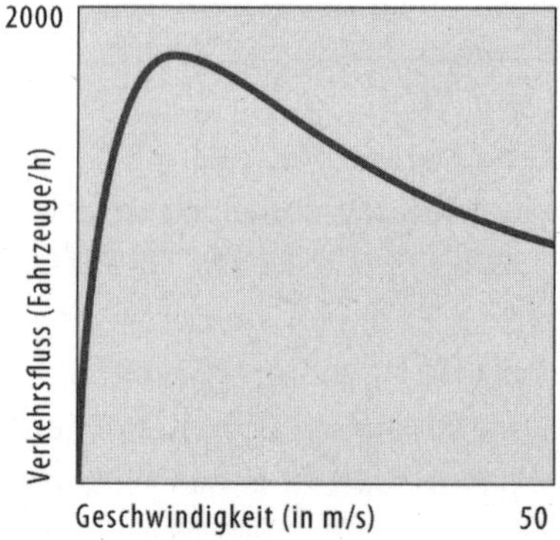

(Wohlgemerkt, die Geschwindigkeit ist in Meter pro Sekunde gemessen – 100 km/h entsprechen etwa 28 m/s.)
An der Form der Kurve sieht man: Der Verkehrsfluss steigt

nicht stetig an, sondern er erreicht ein Maximum. Dieses Maximum auszurechnen ist eine Extremwertaufgabe, auf deren Lösung wir hier verzichten, weil wir uns Ähnliches schon im Kapitel «Männerphantasien» (S. 122) zugemutet haben. Im Ergebnis kommt jedenfalls heraus, dass das Maximum exakt bei einer Geschwindigkeit von 10 m/s liegt, das entspricht 36 km/h!

Auf der rechten Autobahnspur drängeln sich aber oft Laster, und die sind länger als 5 Meter. Setzt man für die Durchschnittslänge der Fahrzeuge einen Wert von 15 Meter ein, dann sieht die Kurve anders aus:

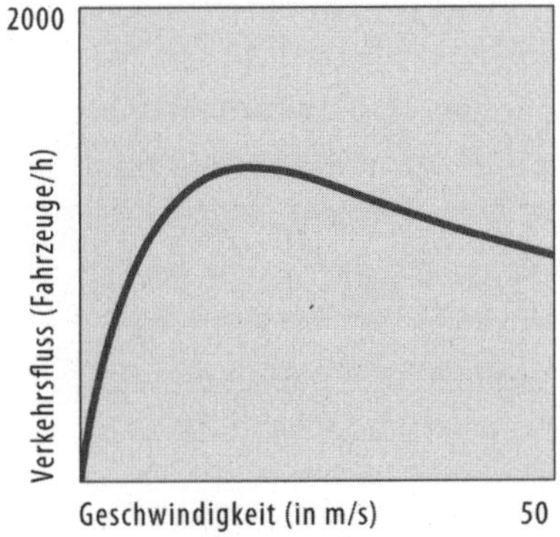

Das Maximum liegt bei einem höheren Wert, nämlich etwa 17 m/s, das entspricht 62 km/h. Auf der rechten Spur ist die optimale Geschwindigkeit also höher! Vielleicht ist das der Grund für Mannis Beobachtung, dass im Kolonnenverkehr rechts schneller gefahren wird.

Aber so ganz realistisch sind unsere Annahmen nicht. Setzt man in die Formel für den Abstand einen Wert von 100 km/h, also 28 m/s, ein, dann ergibt sich:

$$d = 28 + \frac{28^2}{20} = 28 + \frac{784}{20} = 67{,}2$$

67 Meter Abstand bei Tempo 100 – die hält auch der besonnenste Autofahrer nicht ein. Und wenn er es tut, dann schert sofort jemand ein und füllt die Lücke.

Das hat damit zu tun, dass sich unser Vordermann nicht plötzlich in ein stehendes Hindernis verwandelt. Wenn er eine Notbremsung macht, dann hat er auch noch seinen Bremsweg zurückzulegen. Wenn man davon ausgeht, dass alle Autos gleich gut bremsen, dann muss der Abstand nur noch aus dem Weg bestehen, den der hintere Fahrer in der «Schrecksekunde» zurücklegt. Zur Sicherheit geht man von zwei Sekunden aus. Diese «Zwei-Sekunden-Regel» ist auch praktisch leicht zu überprüfen – wenn der Vordermann einen markanten Punkt, etwa eine Brücke, passiert, dann zählt man «einundzwanzig, zweiundzwanzig». Erst dann darf man selbst an derselben Stelle sein. Mathematisch ausgedrückt, beträgt dieser Sicherheitsabstand $2v$, und für den Verkehrsfluss ergibt sich:

$$F = 3600 \cdot \frac{v}{d+l} = 3600 \cdot \frac{v}{2 \cdot v + l}$$

Die Formel ist einfacher! Ihr Graph sieht für $l = 5$ so aus:

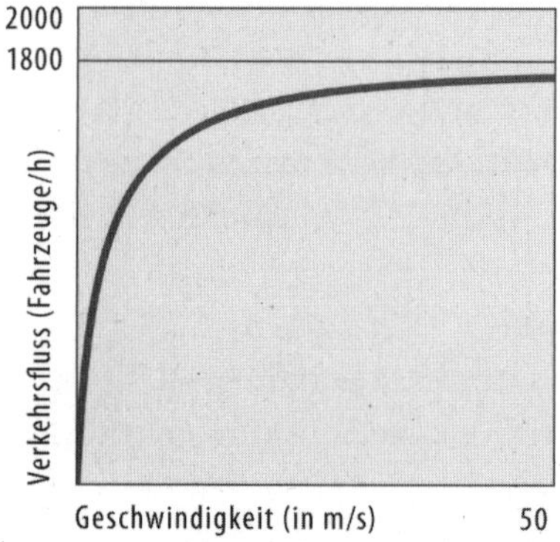

Diese Kurve hat kein Maximum, sie wächst beständig, aber sie flacht immer mehr ab, je höher die Geschwindigkeit wird.

Das kann man sich auch so klarmachen: l ist ein konstanter Wert, in diesem Fall 5. Je größer die Geschwindigkeit wird, desto weniger fällt l gegenüber v ins Gewicht. Für große Werte von v kann man l praktisch vernachlässigen, und es ergibt sich

$$F = 3600 \cdot \frac{v}{2 \cdot v} = 1800$$

Das heißt: Selbst wenn die Autos sich mit Lichtgeschwindigkeit bewegen würden, würde der Verkehrsfluss bei Einhaltung der Zwei-Sekunden-Regel nicht mehr als 1800 Fahrzeuge pro Stunde betragen!
(Das l in der Gleichung einfach wegzulassen ist übrigens eine typische Schlampigkeit, die sich Mathematiker oft leisten. Würde man exakt vorgehen, müsste man den Grenzwert des Ausdrucks betrachten für den Fall, dass v gegen unendlich strebt. Es käme aber dasselbe heraus.)
In der Praxis aber fließt der Verkehr bei hohen Geschwindigkeiten nicht mehr gleichmäßig. Die Menschen fahren nervöser, und es muss ja nur mal einer kräftig bremsen, und der gleichmäßige Strom bricht zusammen, der theoretisch mögliche Fluss wird nicht erreicht. Messungen haben gezeigt, dass die Kapazität von Autobahnen bei 80 bis 90 km/h am größten ist. Dann können sogar Spitzenwerte von 2600 Autos pro Stunde erreicht werden. Die Wagen fahren dann nach den gängigen Abstandsregeln zu dicht hintereinander, trotzdem kommt es nicht zu gefährlichen Situationen. In den USA funktioniert das übrigens viel besser als bei uns – die Amerikaner sind seit Jahrzehnten an strikte Tempolimits gewöhnt, und sie haben allgemein eine gelassenere Einstellung zum Autofahren. Da außerdem kein striktes Rechtsfahrgebot besteht und die rechte Spur auch bei höheren Geschwindigkeiten schneller fahren darf als die linke, kommt es auch zu weniger Spurwechseln, die Gift für den Verkehrsfluss sind.

(K)EINE ENTLASTUNG? Dass auch der Bau neuer Straßen nicht unbedingt zu einer Entlastung des Verkehrs führt und die Fahrzeiten für alle kürzer macht, hat 1968 der deutsche Mathematiker Dietrich Braess gezeigt. Dabei geht es nicht darum, dass neue Straßen auch dazu führen, dass die Leute mehr Autos kaufen. Nein, auch bei gleichbleibendem Verkehrsaufkommen kann eine «Entlastungsstraße» dazu führen, dass die Menschen noch mehr im Stau stecken.

Wie kann das angehen? Wir begeben uns hier auf das Gebiet der Spieltheorie – Menschen müssen Entscheidungen treffen und dabei ihre eigenen Interessen gegen die der anderen abwägen. Hier geht es darum, zwischen mehreren Fahrtrouten auszuwählen, die von einem Ort zum anderen führen.

Zwischen den beiden Kleinstädten Hummelsheim und Bienstadt, an gegenüberliegenden Ufern eines Flusses gelegen, herrscht reger Verkehr. Am Morgen pendeln viele Menschen von Hummelsheim nach Bienstadt, am Abend ist es umgekehrt. Morgens sind es 1000 Autos pro Stunde.

Dabei haben die Fahrer zwei Möglichkeiten: Entweder sie überqueren die Brücke a und nehmen dann die Schnellstraße b, oder sie bleiben zunächst auf der Schnellstraße c und überqueren den Fluss bei d.

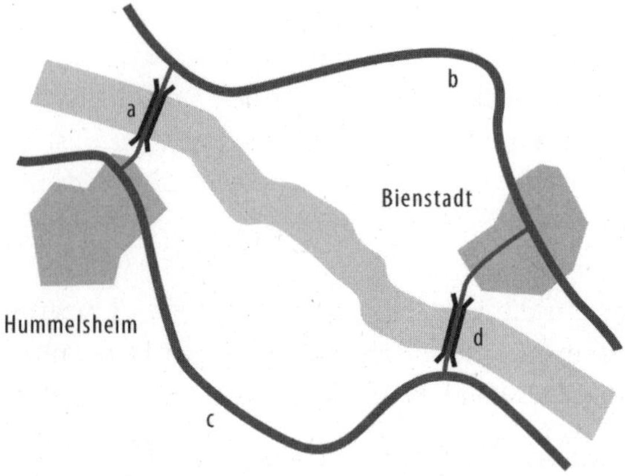

Dabei kommt es immer wieder zu Stauungen an den beiden schon etwas betagten Brücken: Während die Schnellstraßen den Verkehr gut aufnehmen können und die Fahrt jeweils 15 Minuten dauert, bricht der Verkehr an den Brücken regelmäßig zusammen. Aus der Erfahrung weiß man: Wenn x Autos pro Stunde die Brücke passieren wollen, dann braucht jeder für die Strecke eine Zeit von $x/100$ Minuten (das gilt für einen Verkehrsfluss von mehr als 100 Autos pro Stunde, darunter beträgt die Fahrzeit stets eine Minute).

Wenn also alle 1000 Fahrer den Weg über a und b wählen würden, dann bräuchten sie 10 Minuten für Abschnitt a und 15 Minuten für b, macht zusammen 25 Minuten.

Die Fahrer sind aber erstens ortskundig (sie können die Fahrzeit einschätzen, weil sie die Strecke oft fahren) und zweitens eigennützig – sie wollen so schnell wie möglich ans Ziel. Sobald abzusehen ist, dass die Alternativroute schneller ist, wird ein Fahrer also die andere Verbindung wählen.

Gibt es einen Gleichgewichtszustand, bei dem alle Fahrer eine möglichst kurze Zeit für ihre Fahrt zur Arbeit brauchen? Man kann das Problem mit zwei Gleichungen beschreiben:

Die Zahl der Autos pro Stunde beträgt 1000. Wenn x Fahrer über a und b fahren und y Fahrer über c und d, dann gilt:

$$x + y = 1000 \quad (1)$$

Die Fahrtdauer über beide Strecken ist gleich – sonst würden ja sofort einige Fahrer die andere Route nehmen. Also ist

$$\frac{x}{100} + 15 = \frac{y}{100} + 15 \quad (2)$$

Zusammen stellen die Gleichungen 1 und 2 ein «Lineares Gleichungssystem mit zwei Unbekannten» dar. Dem muss man aber in diesem Fall nicht mit komplizierten Methoden zu Leibe rücken – aus Gleichung 2 folgt sofort, dass x gleich

y ist, und deshalb müssen wegen Gleichung 1 beide den Wert 500 haben. Nicht sehr überraschend: Jeweils die Hälfte der Autofahrer nimmt eine der beiden Routen. Und die Fahrzeit berechnet sich so:

$$\frac{500}{100} + 15 = 20$$

Das bleibt über viele Jahre so, es gibt die gewohnheitsmäßigen a-b-Fahrer und die c-d-Fahrer, aber auch einige Wechsler, sodass sich das Gleichgewicht immer wieder einpendelt.
Nun kommt der Fortschritt ins Tal: Die beiden Städtchen werden ans nationale Autobahnnetz angeschlossen. Um Geld zu sparen, gibt es aber keine zwei Auf- und Ausfahrten, sondern nur die gemeinsame Anschlussstelle Hummelsheim-Bienstadt. Auf der Nordseite des Flusses kann man nur auf die Autobahn auffahren, auf der Südseite nur abfahren.

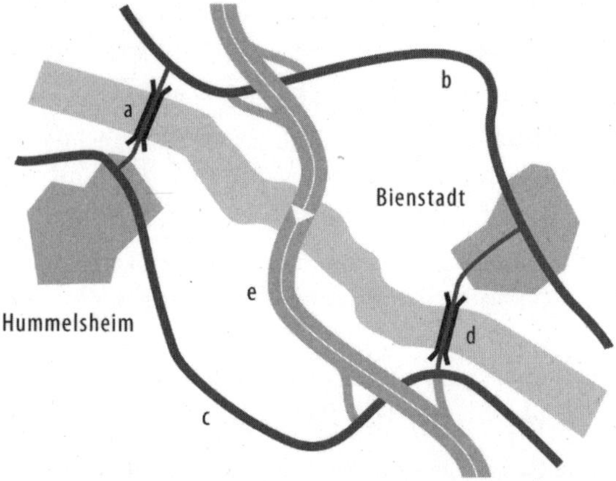

Natürlich überlegen einige Hummelsheimer Autofahrer sofort, ob sie ihren täglichen Weg zur Arbeit nicht verkürzen können, indem sie die Autobahn nutzen. Das geht nur mit drei Flussquerungen: zunächst über die Brücke bei a, dann auf die Autobahn e, und schließlich über die Brücke d nach Bienstadt. Trotzdem ist die Strecke verlockend: Denn für das kurze Stück Autobahn braucht man nur 7,5 Minuten. Wenn man dann noch wie bisher in 5 Minuten über jede der beiden Brücken käme, könnte man glatt schneller sein als bisher: Gesamtfahrzeit 17,5 Minuten.

Für die ersten Wechsler geht die Rechnung auch auf. Immer mehr Fahrer nehmen die neue Route, und bald gibt es drei Gruppen von Pendlern, die jeweils eine der Strecken fahren. Bei Gesprächen im Wirtshaus stellt sich nun aber heraus: Es hat sich zwar ein Gleichgewicht eingestellt, wieder brauchen alle Fahrer gleich lang – aber alle brauchen länger als vorher! Um dieses paradoxe Ergebnis zu berechnen, braucht man drei Unbekannte – neben den Zahlen x und y von oben noch die Zahl z der Fahrer, die die Route a–e–d nehmen.

Die Gleichungen sehen auch etwas komplizierter aus. Die Summe aus allen Unbekannten ist wieder 1000:

$$x + y + z = 1000 \quad (1)$$

Die Fahrzeiten berechnen sich nun aber etwas anders: Über die Brücke a fahren ja nicht nur die x Fahrer, die die Traditionsstrecke gewählt haben, sondern auch die z Fahrer auf der neuen Strecke. Dasselbe gilt für die Brücke d, dort wollen $y + z$ Fahrer rüber. Außerdem soll für alle Fahrer die Fahrzeit gleich sein:

$$\frac{x+z}{100} + 15 = \frac{y+z}{100} + 15 = \frac{x+z}{100} + \frac{y+z}{100} + 7{,}5$$

Der letzte Ausdruck ist die Fahrzeit für die neue Strecke, bei der ja zwei Brücken überquert werden.

Drei Unbekannte – um die eindeutig zu bestimmen, braucht man eigentlich drei Gleichungen. Aber in der Gleichung 2 verstecken sich auch eigentlich zwei, nämlich

$$\frac{x+z}{100}+15=\frac{y+z}{100}+15 \quad (2)$$

$$\frac{x+z}{100}+15=\frac{x+z}{100}+\frac{y+z}{100}+7{,}5 \quad (3)$$

Lineare Gleichungssysteme – dafür lernt man in der Schule so einige Lösungsmethoden. Hier verwenden wir eine, die immer funktioniert: Die Gleichungen werden jeweils nach einer Unbekannten aufgelöst, diese wird dann in die anderen Gleichungen eingesetzt, sodass man nach und nach die Unbekannten eliminiert, bis nur noch eine Gleichung mit einer Unbekannten übrig ist.
Um die Komplexität ein bisschen zu reduzieren, werden die Gleichungen 2 und 3 aber erst einmal radikal vereinfacht. Die Quintessenz von Gleichung 2 ist: Die Bedingungen für die beiden alten Fahrtrouten sind gleich, es werden also gleich viele Fahrer diese beiden Routen wählen.

$$x=y \quad (2)$$

Gleichung 3 lässt sich ein bisschen einfacher schreiben, die beiden Ausdrücke, in denen x vorkommt, heben sich auf:

$$15=\frac{y+z}{100}+7{,}5 \quad (3)$$

oder auch, ein bisschen umsortiert:

$$y+z=750 \quad (3)$$

Noch einmal das ganze System aus drei Gleichungen:

$$x+y+z=1000 \quad (1)$$

$$x=y \quad (2)$$

$y + z = 750$ (3)

Das geht nun schon fast im Kopf. In Gleichung 3 kommt schon gar kein x mehr vor, deshalb eliminieren wir es aus den ersten beiden Gleichungen: Weil nach (2) x und y identisch sind, kann man in (1) x durch y ersetzen, und es bleibt

$2y + z = 1000$ (1) (2)

Jetzt gibt es nur noch zwei Gleichungen mit den zwei Unbekannten y und z. Beide werden nach z aufgelöst:

$z = 1000 - 2y$ (1) (2)

$z = 750 - y$ (3)

Nun kann man auch noch z loswerden, und es bleibt nur noch eine Gleichung mit der Unbekannten y, in der Informationen aus allen 3 ursprünglichen Gleichungen stecken:

$1000 - 2y = 750 - y$ (1) (2) (3)

Auf beiden Seiten $2y$ addieren und 750 abziehen, voilà:

$y = 250$

Und relativ schnell sieht man, dass dann auch x den Wert 250 hat und z den Wert 500.

Der Autobahnneubau führt also dazu, dass die Hälfte der Fahrer sich für die neue, vermeintlich schnellere Route entscheidet. Der Verkehr verteilt sich nun auf drei Strecken, und man kann davon ausgehen, dass alle schneller ans Ziel kommen, oder? Die Fahrzeit ist auf allen drei Strecken gleich lang, sie wird in der ursprünglichen Gleichung (3) beschrieben. Man kann irgendeinen der drei Ausdrücke berechnen, zum Beispiel

$$\frac{x+z}{100}+15=\frac{750}{100}+15=7{,}5+15=22{,}5$$

Große Überraschung: Auf allen drei Strecken brauchen die Autos nun 22,5 Minuten, 2,5 Minuten mehr als vor dem Bau der «Entlastungsstrecke»!

Was tun? Das Vernünftigste wäre, wenn die 500 Fahrer, die auf die Autobahn ausgewichen sind, ihre Entscheidung rückgängig machen und wieder die alte Strecke nehmen würden. Denn dann betrüge die Fahrzeit für alle wieder 20 Minuten. Aber es gibt hier keine kollektiven Entscheidungen, sondern nur einzelne. Und wenn ein einzelner Fahrer sich entscheidet, wieder auf die alte Route zu wechseln, dann wird die Fahrzeit für ihn nicht kürzer. Es gibt also keine «egoistischen» Motive für einen Wechsel, das System ist stabil.

Dieses Braess-Paradox ist durchaus nicht nur die spitzfindige Konstruktion eines Mathematikers. Es tritt dann auf, wenn es zwar eine tolle Entlastungsstrecke gibt, aber der Zugang zu ihr durch Engpässe führt. So mussten die Stuttgarter Stadtväter 1969 erleben, dass der aufwändige Umbau des Straßennetzes rund um den Schlossplatz zu mehr Staus führte. Den umgekehrten Effekt konnten die New Yorker erleben: Dort wurde 1990 die 42. Straße zeitweise gesperrt – und die Staus in der Umgebung gingen zurück. Heute ist das Phänomen den Straßenbauern gut bekannt, und sie simulieren die Verkehrsströme mit mathematischen Methoden, bevor der erste Spatenstich für die Entlastungsstraße getan wird.

«AUSGERECHNET» Ein Kind ist 21 Jahre jünger als seine Mutter. In 6 Jahren wird die Mutter fünfmal so alt wie das Kind sein. Wo ist der Vater?

Auflösung unter *www.rowohlt.de/mathematikverfuehrer*

KREISQUADRIERER

ODER
WAHRHEIT PER GESETZ

Ein langer Tag geht für Professor Clarence Abiathar Waldo zu Ende. Seit dem frühen Morgen hat der Mathematiker, mit Mitte 30 noch jung für einen Universitätsprofessor, in Indianapolis mit Regierungsbeamten des US-Bundesstaats Indiana Gespräche geführt. Es ging um das jährliche Budget seiner Hochschule, der renommierten Purdue University in Lafayette.

Wir schreiben den 5. Februar 1897. Waldo ist auf dem Weg nach Hause und will das Statehouse gerade verlassen, als er durch die geschlossenen Türen des Sitzungssaals hört, dass im Abgeordnetenhaus noch heftig debattiert wird. Schlüsselwörter dringen an Waldos Ohr: «Quadratur des Kreises», «mathematisches Rätsel», «Zirkel und Lineal». Waldo vergisst seine Müdigkeit, betritt den Sitzungssaal und nimmt auf dem Zuschauerrang Platz.

«Der Fall ist einfach», sagt der Abgeordnete am Rednerpult. «Wenn wir dieses Gesetz verabschieden, das einen neuen korrekten Wert von π festschreibt, dann bietet uns der Autor an, seine Entdeckung kostenlos zu nutzen und in unseren Schulbüchern zu veröffentlichen, während alle anderen Nutzer ihm Tantiemen für die Nutzungsrechte bezahlen müssen.»

Ein neuer Wert für π? Der Mathematiker Waldo ist verdutzt. Die Kreiszahl, die das Verhältnis zwischen Umfang und Durchmesser eines Kreises angibt, ist eigentlich bekannt, und das schon seit dem Altertum. Inzwischen kennt man sogar weit über 30 Stellen hinter dem Komma: 3,14159... Hat jemand neue Stellen berechnet? Aber die schreibt man doch nicht in ein Gesetz. Und Lizenzgebühren für mathematische Erkenntnisse? Davon hat Waldo nie gehört.

Noch ehe er sich informieren kann, worum es geht, lässt der Speaker schon abstimmen. Das neue Gesetz wird mit 67 zu 0 Stimmen angenommen. In der nachfolgenden Pause strömen die Volksvertreter in die Lobby. Waldo nutzt die Gelegenheit, um sich kundig zu machen. Taylor Record, ein Farmer und Holzfäller, ist der Abgeordnete, der das Gesetz eingebracht hat. Er gibt freimütig zu, von der Sache nichts zu verstehen. Doch der Arzt Edwin J. Goodwin aus dem Städtchen Solitude in seinem Wahlbezirk, der habe ihm versichert, dass seine Entdeckung bahnbrechend sei und er dem Bundesstaat Indiana die einmalige Chance biete, kostenlos davon Gebrauch zu machen, sofern «die Wahrheit ein für alle Mal im Gesetz festgeschrieben würde».

Waldo lässt sich den Gesetzestext zeigen. Er wimmelt von Fachausdrücken, doch der Mathematiker bleibt davon unbeeindruckt. Von der Quadratur des Kreises ist die Rede, von der Dreiteilung des Winkels und der Verdoppelung des Würfels – klassische, unlösbare Probleme der Mathematik.

Für die Quadratur des Kreises – also die Konstruktion eines Quadrats, das den gleichen Flächeninhalt besitzt wie ein Kreis – hat der deutsche Mathematiker Carl Louis Ferdinand von Lindemann bereits vor 15 Jahren bewiesen, dass sie mit Zirkel und Lineal nicht möglich ist. Ein Grund: Die Kreiszahl π ist nicht nur irrational, sondern sogar transzendent (siehe Anhang S. 221). In Waldos Büro liegen einige Briefe von kauzigen Kreisquadrierern wie Goodwin, die glauben, das Unmögliche möglich machen zu können. Auf die dreiste Idee, seine Entdeckung per Gesetz festzuschreiben, ist allerdings noch niemand gekommen.

Die Paragraphen des Gesetzentwurfs weisen Lücken auf, widersprechen sich auch. Und dann der Schlüsselsatz: «Das Verhältnis von Durchmesser und Umfang (des Kreises) beträgt fünf Viertel zu vier.» Das würde bedeuten, dass π, also das umgekehrte Verhältnis, 4 zu $5/4$ betrüge, also $16/5$ oder 3,2!

Offenbar hat dieser Unsinn mehrere Ausschüsse des Parlaments unbeanstandet passiert, ohne dass eine kritische Stimme laut wurde. «Das seltsamste Gesetz, dass je in Indiana verabschiedet wurde», schrieb der «Indianapolis Sentinel».

Bauern, alles Bauern, denkt Waldo, als der Abgeordnete Record auf ihn zustürmt.

«Ein Genie, dieser Goodwin!», ruft der Abgeordnete euphorisch, «und so großzügig. Ich kann Sie mit ihm bekannt machen, wenn Sie wollen. Er wird Ihnen sicherlich seine Erkenntnisse erläutern.»

«Danke», antwortet Waldo trocken, «ich kenne schon genug Verrückte.»

Waldos Worte haben mehrere der Umstehenden gehört, und sie wollen wissen, was der Professor damit meint. «Sie sind gerade dabei, sich für die nächsten hundert Jahre zum Gespött der wissenschaftlichen Welt zu machen», sagt Waldo. «Zum Glück muss ja der Senat noch zustimmen. Ich kann Ihnen heute Abend gern in einem kleinen Geometrie-Privatissimum demonstrieren, was für ein Nonsens ein solches Gesetz ist.»

Die Volksvertreter schweigen betreten. Ein Grüppchen findet sich später tatsächlich in einem Abgeordnetenbüro ein und lässt sich von Waldo über die Unmöglichkeit der Quadratur des Kreises und die Irrationalität von π belehren.

Einige Tage danach liegt der später als «Pi-Gesetz» bekannt gewordene Entwurf (in dem das Wort «Pi» kein einziges Mal vorkommt) der zweiten Kammer zur Entscheidung vor.

Innerhalb einer Woche ist die Stimmung umgeschlagen. Die «Indianapolis News» berichten tags darauf: «Die Senatoren scherzten über das Gesetz und machten sich darüber lustig. Der Spaß dauerte eine halbe Stunde. Senator Hubbell rügte, dass der Senat, der den Staat 250 Dollar pro Tag koste, seine Zeit mit solchem Unsinn verschwende.» Und das «Indianapolis Journal» höhnt: «Der Senat könne genauso gut per Gesetz dem Wasser befehlen, bergauf zu fließen.»
Immer noch setzt sich niemand inhaltlich mit Goodwins Kauderwelsch auseinander – man ist sich einig, dass solche Fragen nicht per Gesetz zu beantworten sind. Senator Hubbell beantragt, die Beschlussfassung über das Gesetz auf unbestimmte Zeit zu vertagen. Das «Pi-Gesetz» von Indiana verschwindet in der Schublade. Dort ruht es bis heute.

DIE BERÜHMTESTE IRRATIONALE ZAHL Die Goodwins dieser Welt sind immer noch nicht ausgestorben. Auch heute gibt es noch Menschen, die auf Hunderten mit Zeichnungen bekritzelten Seiten versuchen, den Kreis zu quadrieren, obwohl doch der theoretische Beweis für die Unmöglichkeit dieses Unterfangens lange erbracht ist.
«Konstruktion mit Zirkel und Lineal» – diese klassische Aufgabe bedeutet, dass man nur gerade Linien ziehen und Kreise schlagen kann (das Lineal hat keine Messskala!) und mit dem Zirkel Größen abgreifen kann. In der Sprache der Algebra ausgedrückt, lassen sich damit Zahlen addieren und multiplizieren, man kann den Kehrwert einer Zahl bilden und ihre Wurzel ziehen. Das Verhältnis von Umfang und Durchmesser eines Kreises, also die Zahl π, ist aber nicht nur eine irrationale Zahl, sondern auch eine sogenannte transzendente Zahl – sie lässt sich nicht als Lösung einer «algebraischen Gleichung» darstellen, in der nur natürliche Zahlen, ihre Potenzen und Wurzeln vorkommen. Anders

also als etwa die Wurzel aus 2, die auch hinter dem Komma unendlich viele, sich nicht wiederholende Ziffern hat, die sich aber als Lösung der Gleichung $x^2 = 2$ darstellen lässt.

Wie aber kann man π berechnen, wenn es keine entsprechende Gleichung dafür gibt? In der Frühzeit hat man einfach möglichst saubere Kreise gezeichnet und sie vermessen. Schon bei den Ägyptern und Babyloniern gab es rationale Näherungswerte für π: etwa $^{25}/_{8}$ oder $^{256}/_{81}$.

Die ersten systematischen Berechnungen für π stammen von Archimedes. Der bemerkte Folgendes: Wenn man zwei regelmäßige Vielecke, etwa zwei Quadrate, so zeichnet, dass das kleinere mit seinen Ecken genau auf dem Kreis liegt und das größere mit seinen Seiten den Kreis von außen berührt, dann quetscht man den Kreis immer weiter ein – der Unterschied zwischen Außen- und Innenfigur wird immer kleiner, und wenn man den Mittelwert der beiden Umfänge berechnet, nähert man sich π zwangsläufig immer mehr. Im Bild sieht man: Der graue «Fehlerbereich» wird mit wachsender Eckenzahl immer kleiner.

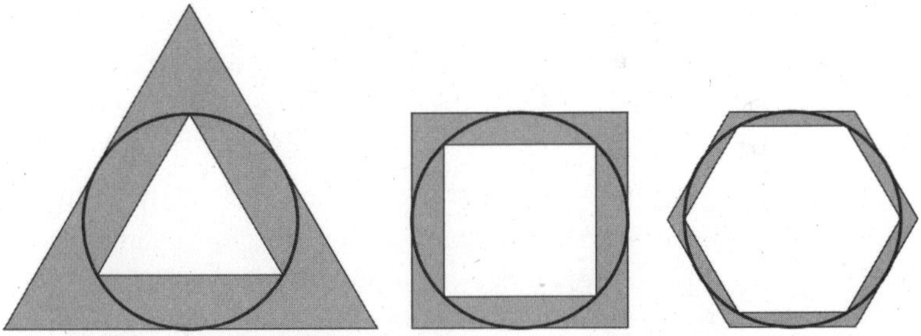

Die einfachste Art, π zu berechnen, wäre es also, den Umfang von einem n-Eck mit möglichst großem n zu berechnen. Leider ist das nicht so einfach – für die meisten dieser sogenannten Polygone gibt es keine einfache algebraische Formel, man kommt nicht ohne Sinus und Cosinus aus.

Allerdings wusste schon Archimedes, dass man, wenn man den Umfang eines n-Ecks kennt, ziemlich leicht den Umfang eines 2n-Ecks berechnen kann. Dazu muss man nur ein bisschen mit dem Satz des Pythagoras herumrechnen.

Man betrachtet einen Kreis mit dem Radius 1, der Umfang ist dann 2π. Die Seitenlänge und damit der Umfang eines n-Ecks sei bereits bekannt, nun wird jeder der n Innenwinkel noch einmal halbiert, sodass man ein $2n$-Eck erhält.

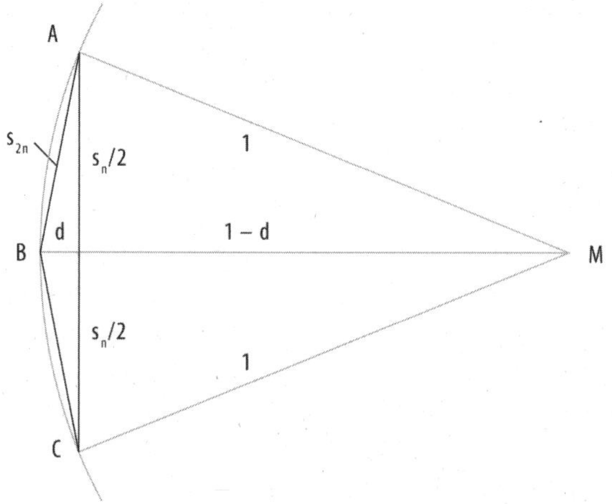

Die Figur erinnert an einen Drachen, und in dessen Mitte kreuzen sich der Radius MB und die Strecke AC in einem rechten Winkel.

Die unbekannte Größe, die wir suchen, ist s_{2n}. Diese Strecke ist die lange Seite in einem kleinen rechtwinkligen Dreieck, und deshalb gilt nach dem Satz des Pythagoras:

$$s_{2n}{}^2 = \left(\frac{s_n}{2}\right)^2 + d^2$$

s_n soll bekannt sein, aber wie groß ist das kleine Stückchen d? Es kommt in der Form $1 - d$ auch in dem großen Dreieck vor, das ansonsten nur bekannte Größen enthält:

$$1 = (1 - d)^2 + \left(\frac{s_n}{2}\right)^2$$

Wenn man alles ausmultipliziert und ein bisschen sortiert, erhält man:

$$d^2 - 2d + \frac{s_n^{\ 2}}{4} = 0$$

Das lässt sich nun mit der Lösungsgleichung von S. 221 nach *d* auflösen:

$$d_{1,2} = 1 \pm \sqrt{1 - \frac{s_n^{\ 2}}{4}}$$

Die Gleichung hat zwei Lösungen, aber uns interessiert nur die mit dem Minuszeichen, weil *d* ja offensichtlich kleiner als 1 ist. Die Formel wird komplizierter, aber jetzt heißt es durchhalten. In der Gleichung für s_{2n} kommt d^2 vor, und das ist

$$d^2 = \left(1 - \sqrt{1 - \frac{s_n^{\ 2}}{4}}\right)^2 = 1 - 2 \cdot \sqrt{1 - \frac{s_n^{\ 2}}{4}} + 1 - \frac{s_n^{\ 2}}{4}$$
$$= 2 - 2 \cdot \sqrt{1 - \frac{s_n^{\ 2}}{4}} - \frac{s_n^{\ 2}}{4}$$

Zum Glück vereinfacht sich alles, wenn man es in die Formel für s_{2n} einsetzt:

$$s_{2n}^{\ 2} = \frac{s_n^{\ 2}}{4} + d^2 = \frac{s_n^{\ 2}}{4} + 2 - 2 \cdot \sqrt{1 - \frac{s_n^{\ 2}}{4}} - \frac{s_n^{\ 2}}{4}$$
$$= 2 - 2 \cdot \sqrt{1 - \frac{s_n^{\ 2}}{4}} = 2 - \sqrt{4 - s_n^{\ 2}}$$

Oder auch:

$$s_{2n} = \sqrt{2 - \sqrt{4 - s_n^{\;2}}}$$

Die ganze Zeit war die Rede davon, dass s_n als bekannt vorausgesetzt wird. Man beginnt also mit einem einfach zu berechnenden n-Eck, zum Beispiel mit $n = 4$.

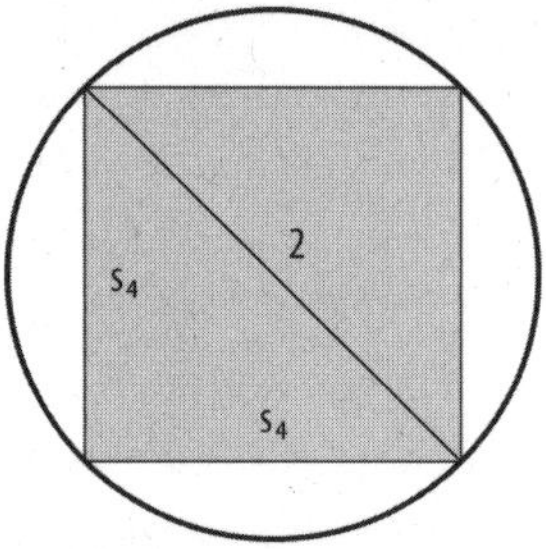

Hier gilt nämlich nach Pythagoras:

$$s_4^{\;2} + s_4^{\;2} = 2^2$$

Und das heißt:

$$s_4^{\;2} = 2$$
$$s_4 = \sqrt{2}$$

Der halbe Umfang dieses Vierecks ist die erste Annäherung an π – und den erhält man, indem man die Seite mit 2 malnimmt:

$$U_4 = 2 \cdot \sqrt{2} = 2{,}828\ldots$$

Zugegeben, nicht sehr genau. Aber jetzt kann man nacheinander die Größen s_8, s_{16} und so weiter bestimmen und einsetzen:

$$U_8 = 4 \cdot \sqrt{2-\sqrt{2}} = 3{,}061\ldots$$

$$U_{16} = 8 \cdot \sqrt{2-\sqrt{2+\sqrt{2}}} = 3{,}121\ldots$$

$$U_{32} = 16 \cdot \sqrt{2-\sqrt{2+\sqrt{2+\sqrt{2}}}} = 3{,}136\ldots$$

Ein deutliches Muster! Es stehen immer mehr Zweien unter dieser «Kettenwurzel», und die Werte werden immer größer, aber sie bleiben stets kleiner als π (weil sich das Vieleck innerhalb des Kreises befindet), gleichzeitig kommen sie dem Wert von π beliebig nahe. In diesem Fall sagt man: π ist der Grenzwert dieser Folge. Man muss theoretisch nur immer weiter rechnen und erhält so beliebig viele Nachkommastellen von π. Leider nur theoretisch. Wenn man die Formel einmal probehalber in eine Excel-Tabelle eingibt, dann sieht man: Zunächst bekommt man immer mehr korrekte Nachkommastellen, irgendwann sind es acht Stellen hinter dem Komma. Dann aber wird das numerische Ergebnis größer als das «echte» π, was ja eigentlich nicht sein kann, einmal ergibt sich der Wert 4, und irgendwann kommt plötzlich nur noch 0 heraus.

Was ist da passiert? Die Seiten der n-Ecke werden immer kürzer. In dem Ausdruck

$$s_{2n} = \sqrt{2-\sqrt{4-s_n^{\,2}}}$$

steht unter der hinteren Wurzel eine Zahl, die nur ein winziges bisschen kleiner ist als 4. Also ist der gesamte Ausdruck immer näher an Null. Das soll ja auch so sein, weil die Seiten immer kürzer werden – sie werden ja auch mit einer immer größeren Zahl multipliziert. Irgendwann aber rundet der Computer, weil er nur mit einer begrenzten Zahl von Stellen rechnet, den Wert zu Null ab. Und dann kann man ihn mit noch so viel malnehmen, er bleibt Null.

Es gibt Folgen, die gegen π konvergieren und nicht so anfällig für Rundungsfehler sind wie diese hier. Aber immerhin – wir haben mit sehr einfachen mathematischen Mitteln π auf 8 Stellen hinter dem Komma bestimmt!

π lässt sich auch als unendliche Reihe darstellen, also als eine Summe von unendlich vielen Summanden. Gottfried Wilhelm Leibniz (1646–1716) fand die folgende Reihe:

$$\frac{\pi}{4} = 1 - \frac{1}{3} + \frac{1}{5} - \frac{1}{7} + \frac{1}{9} - \frac{1}{11} + \frac{1}{13} - \frac{1}{15} + \ldots$$

Also die Kehrwerte aller ungeraden Zahlen, abwechselnd mit einem Plus- und einem Minuszeichen versehen. (Das ist wichtig – stünden da nur Pluszeichen, so würde die Summe ins Unendliche wachsen!)

Wer sich über diese Darstellung von π wundert, der staunt wahrscheinlich noch viel mehr, wenn er sieht, was Leonhard Euler (1707–1783) daraus gemacht hat – und dadurch einen seltsamen Zusammenhang zwischen π und den Primzahlen aufgezeigt hat.

Euler bezeichnet die obige Reihe für π mit *A*. Dann teilt er die ganze Sache durch 3:

$$\frac{1}{3}A = \frac{1}{3} - \frac{1}{9} + \frac{1}{15} - \frac{1}{21} + \frac{1}{27} - \frac{1}{33} + \frac{1}{39} - \frac{1}{45} + \ldots$$

Jetzt werden die beiden Folgen addiert – es fällt auf, dass die Glieder in der unteren Folge alle mit umgekehrten Vorzeichen in der oberen vorkommen. Es fallen also alle Glieder weg, deren Nenner durch 3 teilbar ist.

$$\left(1 + \frac{1}{3}\right) \cdot A = 1 + \frac{1}{5} - \frac{1}{7} - \frac{1}{11} + \frac{1}{13} + \frac{1}{17} - \frac{1}{19} - \frac{1}{23} \ldots$$

Diese Folge nennt Euler *B*, und dieses *B* teilt er nun durch 5:

$$\frac{1}{5}B = \frac{1}{5} + \frac{1}{25} - \frac{1}{35} - \frac{1}{55} + \frac{1}{65} + \frac{1}{85} - \frac{1}{95} - \frac{1}{115} \dots$$

Diese neue Folge wird von *B* subtrahiert, um die Glieder mit 5 loszuwerden:

$$C = \left(1 - \frac{1}{5}\right) \cdot B = 1 - \frac{1}{7} - \frac{1}{11} + \frac{1}{13} + \frac{1}{17} - \frac{1}{19} - \frac{1}{23} \dots$$

Das geht nun so weiter, Primzahl für Primzahl:

$$D = \left(1 + \frac{1}{7}\right) \cdot C$$

$$E = \left(1 + \frac{1}{11}\right) \cdot D$$

$$F = \left(1 - \frac{1}{13}\right) \cdot E$$

$$\dots$$

Die Vorzeichen folgen dabei der Regel: Wenn die Primzahl p ein Vielfaches von 4 minus 1 ist, dann heißt der Faktor

$$\left(1 + \frac{1}{p}\right)$$

sonst

$$\left(1 - \frac{1}{p}\right)$$

«Schafft man in derselben Weise auch alle übrigen durch die verschiedenen Primzahlen teilbaren Zahlen weg, so ergibt sich schließlich 1», schreibt Euler. Denn jede ungerade Zahl ist ja entweder das Vielfache einer Primzahl oder selber eine Primzahl.

Die Buchstaben *B, C, D* … waren ja nur Hilfsvariablen, wenn man alles wieder einsetzt, steht da schließlich:

$$A \cdot \left(1+\frac{1}{3}\right) \cdot \left(1-\frac{1}{5}\right) \cdot \left(1+\frac{1}{7}\right) \cdot \left(1+\frac{1}{11}\right) \cdot \left(1-\frac{1}{13}\right) \ldots = 1$$

Die Brüche in den Klammern kann man umformen, und *A* war ja $\pi/4$:

$$\frac{\pi}{4} \cdot \left(\frac{3+1}{3}\right) \cdot \left(\frac{5-1}{5}\right) \cdot \left(\frac{7+1}{7}\right) \cdot \left(\frac{11+1}{11}\right) \cdot \left(\frac{13-1}{13}\right) \cdot \ldots = 1$$

Jetzt muss man nur noch alle Brüche auf die andere Seite bringen, indem man mit ihrem Kehrwert multipliziert, und mit 4 malnehmen – schon hat man eine Gleichung für π:

$$\pi = 4 \cdot \left(\frac{3}{3+1}\right) \cdot \left(\frac{5}{5-1}\right) \cdot \left(\frac{7}{7+1}\right) \cdot \left(\frac{11}{11+1}\right) \cdot \left(\frac{13}{13-1}\right) \cdot \ldots$$

Ist das nicht seltsam? Da steht auf der einen Seite π, die Kreiszahl, also ein Objekt aus der Geometrie, das seit Jahrtausenden für die praktische Vermessung von Kreisen verwendet wird – und auf der anderen Seite stehen die Primzahlen, jene nicht minder faszinierenden Grundelemente der Zahlentheorie. Und die beiden haben miteinander zu tun! Seit Euler sind viele dieser Zusammenhänge gefunden worden, in denen zwischen zwei scheinbar unverwandten Gebieten der Mathematik plötzlich ein Zusammenhang hergestellt wird.

«AUSGERECHNET» Ein ca. 40 000 Kilometer langes Band wird eng anliegend um den Äquator geschlungen. Wenn man es um einen Meter verlängert – sitzt es dann locker genug, dass eine Maus drunter durchkriechen kann?
Auflösung unter *www.rowohlt.de/mathematikverfuehrer*

ANHANG

MERKSACHEN

Die Mathematik ist ein weitläufiges Gebiet mit vielen Unterdisziplinen, und jede von denen hat Hunderte von Sätzen und Formeln. Trotzdem gibt es ein paar zentrale Formeln, Begriffe und Regeln, die einem immer wieder begegnen. Zum Beispiel der Satz des Pythagoras: In fast allen grundlegenden Sätzen der elementaren Geometrie und in fast allen praktischen geometrischen Aufgaben versteckt er sich irgendwo.
Wenn man diese wenigen Dinge verstanden hat und sie sich merkt, ist man für den größten Teil der Mathematik gewappnet. Vollständig ist die Liste nicht – es fehlen zum Beispiel die Integralrechnung und die Trigonometrie, die ein wenig über den Horizont dieses Buches hinausgehen.

BINOMISCHE FORMELN Wenn man das Quadrat einer Summe bildet, also $(a + b)^2$, dann schreiben viele dafür $a^2 + b^2$ – ein verbreiteter Schülerfehler. In Wirklichkeit ist das Quadrat einer Summe größer als die Summe der Quadrate! Um wie viel, sagt die erste binomische Formel.
Man kann diese Formel (und ihre beiden Geschwister) algebraisch herleiten, indem man die Klammern $(a + b) \cdot (a + b)$ ausmultipliziert, nach dem Distributivgesetz. Man kann sich die Sache aber auch geometrisch vorstellen, dann versteht man es vielleicht besser.

1. Binomische Formel:

$$\left(a+b\right)^2 = a^2 + 2ab + b^2$$

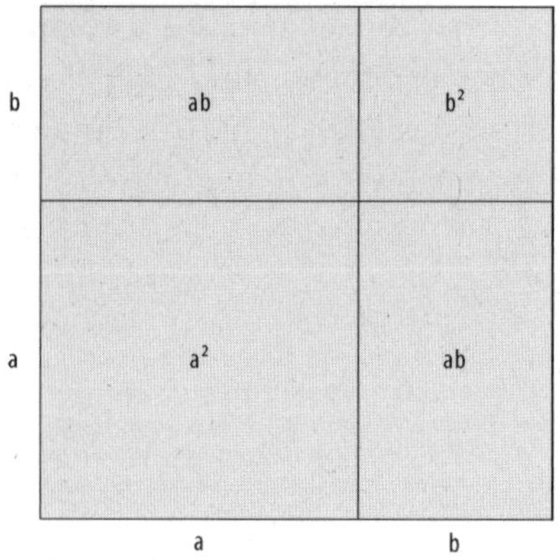

Gesucht ist die graue Fläche, und sie setzt sich zusammen aus den beiden Quadraten von *a* und *b* sowie zweimal dem Rechteck *ab* – eigentlich ganz einfach, oder?

2. Binomische Formel:

$$\left(a-b\right)^2 = a^2 - 2ab + b^2$$

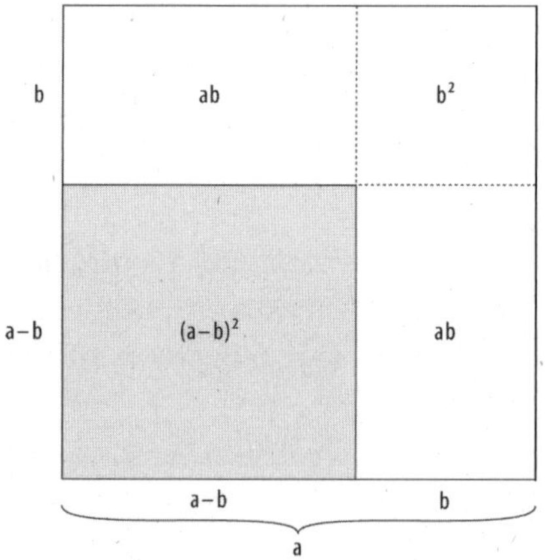

Die Zeichnung sieht ähnlich aus, aber jetzt sind die Seiten anders beschriftet – *a* ist nun die Seitenlänge des gesamten Quadrats ($a \cdot a = a^2$). Gesucht ist wieder die graue Fläche. Sie erhält man, indem man von dem großen Quadrat (a^2) zweimal den Streifen *ab* abzieht. Diese beiden Streifen überlappen sich aber in der oberen rechten Ecke, deshalb hat man die einmal zu viel subtrahiert – und muss noch einmal b^2 addieren.

3. Binomische Formel:

$$(a+b) \cdot (a-b) = a^2 - b^2$$

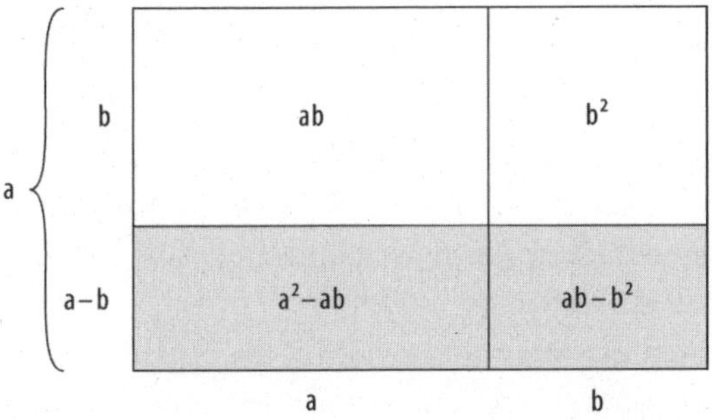

b wird einmal von *a* abgezogen und einmal zu *a* addiert. Gesucht ist also der längliche graue Streifen. Den erhält man, indem man vom Gesamtquadrat (a^2) das Rechteck *ab* abzieht und von *ab* das Quadrat b^2. Die beiden Rechtecke *ab* heben sich auf, es bleibt $a^2 - b^2$ übrig.

QUADRATISCHE GLEICHUNGEN Gleichungen, in denen eine Unbekannte *x* in quadratischer Form vorkommt, sind nicht so einfach zu lösen wie lineare Gleichungen, in denen *x* ohne Exponent steht.
In der Praxis kommen quadratische Gleichungen so oft vor, dass es sich lohnt, die Formel für die beiden Lösungen auswendig zu lernen.

Um eine quadratische Gleichung zu lösen, bringt man sie zunächst einmal in die sogenannte Normalform. Das heißt, man schaufelt alle Terme auf eine Seite und sortiert sie nach x^2, x und Gliedern ohne Variable.

Beispiel: Aus der Gleichung

$$3x^2 + 12 - 6x = 10 + x^2 + 16x$$

wird dann zunächst

$$2x^2 - 22x + 2 = 0$$

und nach Division durch 2

$$x^2 - 11x + 1 = 0$$

Allgemein lautet die Normalform:

$$x^2 + px + q = 0$$

Graphisch dargestellt, ist die Kurve der Gleichung $y = x^2 + px + q$ eine Parabel, und gesucht sind die Stellen, wo sie die x-Achse schneidet, die sogenannten Nullstellen. Je nachdem, wo sie liegt, kann so eine Parabel eine, zwei oder auch gar keine Nullstellen haben – das hängt von den Werten von p und q ab.

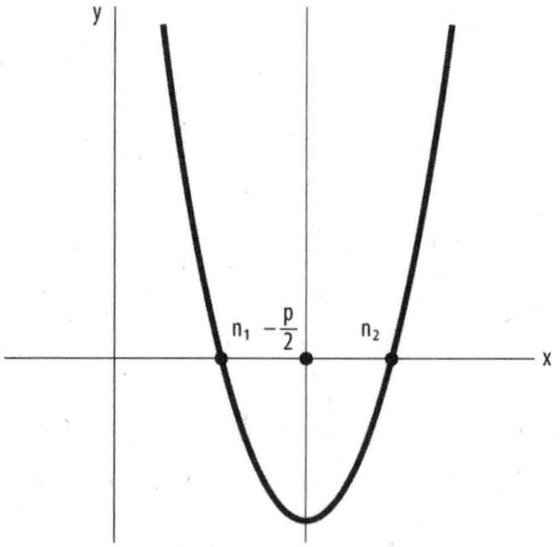

Die allgemeine Lösung für zwei Nullstellen ist:

$$n_{1,2} = -\frac{p}{2} \pm \sqrt{\left(\frac{p}{2}\right)^2 - q}$$

(Das bedeutet: Für n_1 setzt man in der Formel das Minuszeichen ein, für n_2 das Pluszeichen.)
Wenn der Ausdruck unter der Wurzel negativ ist, dann gibt es keine Lösung der Gleichung, wenn er positiv ist, gibt es zwei Lösungen, und wenn er Null ist, dann berührt die Parabel gerade die x-Achse, und es gibt genau eine Lösung. Für das Zahlenbeispiel weiter oben ergibt sich also die Lösung

$$n_{1,2} = \frac{11}{2} \pm \sqrt{\left(\frac{11}{2}\right)^2 - 1} = \frac{11}{2} \pm \sqrt{\frac{121 - 4}{4}} = \frac{11 \pm \sqrt{117}}{2}$$

Die Gleichung für die Parabel lässt sich dann auch in folgender Form schreiben:

$$x^2 + px + q = (x - n_1) \cdot (x - n_2)$$

Und wenn man die rechten beiden Klammern ausmultipliziert und die Terme sortiert, dann sieht man, dass für p und q gilt:

$$p = -(n_1 + n_2)$$
$$q = n_1 \cdot n_2$$

Diese beiden Gleichungen kann man gut als Probe benutzen, ob man sich bei den Lösungen nicht verrechnet hat!

DIE HIERARCHIE DER ZAHLEN Rationale Zahlen, reelle Zahlen, transzendente Zahlen – was war noch mit diesen unterschiedlichen Zahlenräumen gemeint? Es gibt eine Hierarchie in der Welt der Zahlen, und einer dieser Räume baut auf dem anderen auf. Meistens wurden sie geschaffen, weil die Mathematiker einen Raum als zu begrenzt empfanden.

Eins, zwei, drei, vier, fünf, sechs, sieben – die Grundlage allen Rechnens sind die natürlichen Zahlen. Die hat sozusagen der liebe Gott geschaffen, wie der Mathematiker Leopold Kronecker einmal sagte, alles andere ist Menschenwerk. Zu ihnen wird auch manchmal die Null gezählt. Man kann sie addieren und miteinander malnehmen, es kommt immer wieder eine natürliche Zahl heraus. Nur subtrahieren kann man nicht beliebig; 5 minus 8 ergibt keine natürliche Zahl.

Um dem abzuhelfen, wurden die ganzen Zahlen erfunden. Sie umfassen neben den natürlichen die negativen ganzen Zahlen. In der Menge der ganzen Zahlen kann man beliebig addieren, subtrahieren und multiplizieren, aber nicht dividieren. 1 : 2 ergibt keine ganze Zahl. Deshalb erweitert man die ganzen Zahlen zu den rationalen Zahlen, die alle Brüche ganzer Zahlen umfassen. Einzige Ausnahme: Durch 0 darf man nicht teilen! (Die rationalen Zahlen lassen sich nicht in einer Weise erweitern, dass die Division durch 0 möglich ist.) Alle vier Grundrechenarten sind also fast unbeschränkt ausführbar. Wenn man rationale Zahlen als Dezimalbruch darstellt (also als «Kommazahl»), dann steht hinter dem Komma entweder eine endliche Zahl von Ziffern, oder eine Zahlengruppe wiederholt sich periodisch, wie bei $\frac{1}{3} = 0{,}3333\ldots$

Sobald man aber Wurzeln ziehen will, stößt man bei den rationalen Zahlen an seine Grenzen. Die Wurzel aus 2 ist keine rationale Zahl, wie schon die Pythagoreer schmerzhaft erfahren mussten (siehe S. 96).

Die nächste Erweiterungsstufe sind die algebraischen Zahlen. Sie kann man sich vorstellen als die rationalen Zahlen, erweitert um Wurzeln aller Art und um alle Kombinationen davon. (Allerdings kann man aus negativen Zahlen keine Quadratwurzeln ziehen!). Aber damit ist die Geschichte noch nicht zu Ende. Es gibt Folgen von algebraischen Zahlen, die auf einen Grenzwert zulaufen – aber dieser Wert ist selbst keine algebraische Zahl. Beispiele sind π (siehe S. 205) und *e* (siehe S. 146). Die Dezimaldarstellung dieser transzendenten Zahlen unterscheidet sich auf den ersten Blick nicht von den irrationalen Wurzeln: Auch hier steht eine unendliche, scheinbar regellose Reihe von Zahlen hinter dem Komma.

Wenn man die algebraischen Zahlen um die transzendenten erweitert, erhält man schließlich die reellen Zahlen. Sie umfassen praktisch alle Punkte, die auf der Zahlengeraden liegen, und man kann mit ihnen fast unbeschränkt rechnen – verboten sind weiterhin die Division durch 0 und das Ziehen von Wurzeln aus negativen Zahlen.

Wenn man Letzteres erlaubt und eine Zahl *i* definiert als die Wurzel aus –1 (damit kann man aus jeder beliebigen negativen Zahl die Wurzel ziehen), dann erhält man die sogenannten komplexen Zahlen. Die werden aber meist erst im Mathematikstudium behandelt.

POTENZEN UND LOGARITHMEN Eine Zahl mit einer ganzen Zahl n potenzieren heißt ganz einfach: sie n-mal mit sich selbst malnehmen. Also

$$x^n = \underbrace{x \cdot x \cdot \ldots \cdot x}_{n\text{-mal}}$$

Man kann Potenzen aber auch für Exponenten definieren, die keine natürlichen Zahlen sind. Dazu sagt man erst einmal, was aus x wird, wenn der Exponent negativ ist:

$$x^{-n} = \frac{1}{x^n}$$

Auch für Brüche sind Potenzen definiert:

$$x^{1/n} = \sqrt[n]{x}$$

Diese Definitionen sind so gewählt, dass die Rechengesetze für Potenzen erhalten bleiben, nämlich

$$x^n \cdot x^m = x^{m+n}$$
$$\left(x^n\right)^m = x^{m \cdot n}$$

Potenzen sind damit für alle rationalen Exponenten definiert, denn es ist

$$x^{\frac{p}{q}} = x^{p \cdot \frac{1}{q}} = \left(x^p\right)^{\frac{1}{q}} = \sqrt[q]{x^p}$$

Potenzen haben den Vorteil, dass man leichter mit ihnen rechnen kann (das Multiplizieren wird aufs Addieren reduziert). Das haben sich die Menschen in früheren Jahrhunderten zunutze gemacht, wenn sie mit Logarithmen gerechnet haben. «Logarithmieren» ist die Umkehrung des Potenzierens. Der «Logarithmus einer Zahl x zur Basis 10», geschrieben $\log(x)$, ist die Zahl, mit der man 10 potenzieren muss, um x zu erhalten. Diese Logarithmen hat man früher in großen Tabellenwerken nachgeschaut. Beispiel: Man will die Zahlen $x = 8\,564$ und $y = 7\,237$ multiplizieren. Dann rechnet man

$$\begin{aligned} 8564 \cdot 7237 &= 10^{\log(8564)} \cdot 10^{\log(7237)} = 10^{\log(8564) + \log(7237)} \\ &= 10^{3{,}932 + 3{,}860} = + \, 10^{7{,}792} = 61\,944\,108 \end{aligned}$$

↑ Logarithmieren

↑ Ent-Logarithmieren

Dieses Ergebnis ist nicht korrekt – richtig wäre 61 977 668. Das liegt daran, dass die Logarithmen immer nur Näherungswerte sind. Aber es liegt für die meisten praktischen Zwecke nahe genug am tatsächlichen Ergebnis (das Resultat wird natürlich genauer, wenn man mit mehr Stellen im Logarithmus rechnet). Ein Rechner früherer Jahrhunderte, der stets eine menschliche Person war, konnte bei komplizierten Berechnungen mit dieser Methode eine Menge Zeit sparen und trotzdem ein brauchbares Ergebnis bekommen.

Heute brauchen wir keine Logarithmentafeln mehr, weil jedes Handy über einen Taschenrechner verfügt. Trotzdem sind Logarithmen für uns immer noch sinnvoll, wenn wir mit großen Zahlen hantieren. Die bekommt man nämlich mit Logarithmen leichter in den Griff. Dazu ändern wir die Rechenmethode ein wenig ab und können Riesenzahlen sogar fast im Kopf malnehmen. Wenn es zum Beispiel um das Produkt 567 836 120 mal 6 732 987 geht, dann rechnet man

$$567\,836\,120 \cdot 6\,732\,987 \approx 5{,}7 \cdot 10^8 \cdot 6{,}7 \cdot 10^6$$
$$= 38{,}19 \cdot 10^{14} \approx 3{,}82 \cdot 10^{15} = 3\,820\,000\,000\,000\,000$$

Die Konvention: Vorn steht ein Faktor zwischen 1 und 10 und dahinter die entsprechende 10er-Potenz. Überall, wo das Zeichen «≈» steht, ist die Rechnung nicht exakt. Aber das ist hier auch gar nicht wichtig, man will ja nur die Größenordnung des Produkts wissen (siehe Kapitel 1).

RICHTIG ZÄHLEN Bei der Berechnung von Wahrscheinlichkeiten geht es darum, die Zahl der «günstigen» Ereignisse mit der Zahl der möglichen Ereignisse zu vergleichen. Man muss also zählen – und obwohl Zählen ja eigentlich ein simpler Vorgang ist, passieren dabei die meisten Fehler.

Fast alle diese Berechnungen kann man zurückführen auf vier einfache Fälle, die als das sogenannte «Urnenmodell» zusammengefasst werden. Es geht um nummerierte Kugeln, die man, ohne in das Gefäß hineinzuschauen, aus einer Urne zieht (fragen Sie mich nicht, warum das Ding «Urne» genannt wird – in Wahl- oder Bestattungsurnen greift man ja eigentlich selten hinein). In dieser Urne befinden sich n Kugeln, und man zieht k davon heraus (k ist natürlich höchstens so groß wie n). Dabei gibt es zwei Ziehungsmethoden:

1. Nach jeder Ziehung wird die Kugel zurückgelegt.
2. Die gezogenen Kugeln bleiben draußen.

Das Ergebnis kann man auf unterschiedliche Weise interpretieren:

a. Die Reihenfolge der Ziehung ist wichtig.
b. Die Reihenfolge der Ziehung ist unwichtig.

Es gibt also vier Fälle, die gesondert zu untersuchen sind!

1a. Beispiel: Wie viele fünfstellige Zahlen gibt es, die nur aus den Ziffern 1 bis 4 bestehen?

Das kann man sich vorstellen als eine Urne mit 4 Kugeln (1 bis 4), aus der man fünfmal hintereinander eine Kugel zieht und sie wieder zurücklegt, die Reihenfolge ist natürlich wichtig. Für die erste Ziffer gibt es 4 Möglichkeiten, für die zweite, dritte, vierte und fünfte ebenfalls. Insgesamt sind das $4 \cdot 4 \cdot 4 \cdot 4 \cdot 4 = 1024$ Kombinationen (allgemein: n^k).

2a. Beispiel: 12 Läufer starten zu einem Rennen, die ersten drei bekommen eine Medaille (Gold, Silber, Bronze). Wie viele mögliche Medaillenverteilungen gibt es? In diesem Fall zieht man dreimal aus einer Urne mit 12 Kugeln, diesmal ohne Zurücklegen, und die Reihenfolge ist selbstverständlich wieder wichtig. Wenn man zuerst den Goldmedaillengewinner zieht, gibt es 12 Möglichkeiten, für Silber noch 11, und für Bronze 10. Macht $12 \cdot 11 \cdot 10 = 1320$ Kombinationen. Allgemein lautet die Lösung $n \cdot (n-1) \cdot \ldots \cdot (n-k+1)$. Dafür kann man auch schreiben

$$\frac{1 \cdot 2 \cdot \ldots \cdot n}{1 \cdot 2 \cdot \ldots \cdot (n-k)} = \frac{n!}{(n-k)!}$$

Das spricht sich «n-Fakultät durch $(n-k)$-Fakultät».

2b. Beispiel: Wie groß ist die Wahrscheinlichkeit für 6 Richtige im Lotto? In dem Fall ist klar, wie die Ziehung verläuft – nämlich genau wie im Fernsehen. In der Urne liegen 49 Kugeln, es wird 6-mal gezogen, und natürlich wird keine Kugel wieder zurückgelegt. Zunächst einmal berechnet man die Zahl der möglichen Ziehungen laut Abschnitt 2a: Bei der ersten Kugel gibt es 49 Möglichkeiten, dann 48 und so weiter. Macht, nach der Formel im letzten Abschnitt $^{49!}/_{43!}$ Möglichkeiten, etwa 10 Milliarden Fälle.

Aber nach der Ziehung sortiert die Lottofee die Kugeln um, der Einfachheit halber nach der Größe der Zahlen. Es kommt nämlich nicht auf die Reihenfolge an, in der die Kugeln gezogen wurden! Nehmen wir an, die gezogenen Zahlen sind 1, 3, 15, 16, 21, 47, 48 – auf wie viele Arten konnte dieses Ergebnis zustande kommen? Das bestimmt man wieder mit Formel 2a, nur dass diesmal *n* und *k* beide 6 sind – dann erhält man die Zahl aller «Permutationen» von 6 Zahlen: nämlich 6!. Durch diese Zahl muss man die 10 Milliarden teilen und heraus kommt

$$\frac{49!}{43! \cdot 6!} = 13\,983\,816$$

Das ist die Zahl der möglichen Ziehungen bei 6 aus 49 – und die Wahrscheinlichkeit, dass gerade meine Zahlenreihe gezogen wird, demzufolge etwa 1 zu 14 Millionen.

Weil eine solche Ziehung in vielen statistischen Problemen auftaucht, hat man dafür eine Schreibweise eingeführt, die man «*n* über *k*» ausspricht:

$$\binom{n}{k} = \frac{n!}{k! \cdot (n-k)!}$$

1b. Diesen Fall habe ich bis zuletzt aufgespart – man braucht ihn eigentlich nicht, bzw. er ist eine Quelle für Fehler. Ein mögliches Beispiel: Man würfelt mit zwei Würfeln auf einmal – wie viele verschiedene Ergebnisse gibt es? Das kann man auch so interpretieren, dass man 6 Kugeln in der Urne hat und zweimal eine herauszieht und zurücklegt, wobei die Reihenfolge keine Rolle spielt. Die allgemeine Formel dafür lautet (und ich begründe sie jetzt nicht):

$$\binom{n+k-1}{k} = \frac{(n+k-1)!}{k! \cdot (n-1)!}$$

Für $n = 6$ und $k = 2$ ergibt sich der Wert 21. Stimmt tatsächlich, wenn man sich die Kombinationen alle hinschreibt – 15 Paare verschiedener Zahlen und 6-mal ein «Pasch» mit gleichen Zahlen.

Die Fehlerquelle dabei ist: Die Wahrscheinlichkeit eines dieser Ergebnisse ist nicht $1/21$! Denn sie sind nicht gleich wahrscheinlich. Die Kombination (1,2) tritt doppelt so häufig auf wie der Pasch (1,1). Um die Wahrscheinlichkeit zu berechnen, muss man nämlich die beiden Würfel doch wieder unterscheiden und hat damit letztlich den Fall 1a: Es gibt 36 gleich wahrscheinliche Fälle. Und in zweien davon ist die Augenzahl 1 und 2, nur in einem der Pasch mit Einsen. Alles klar?

Zum Abschluss noch einmal die vier Formeln im Überblick:

	1. Mit Zurücklegen	2. Ohne Zurücklegen
a. Reihenfolge wichtig	n^k	$\frac{n!}{(n-k)!}$
b. Reihenfolge unwichtig	$\binom{n+k-1}{k}$	$\binom{n}{k}$

AUSGERECHNET: LÖSUNGEN

Hier folgen die reinen Auflösungen der über das Buch verteilten Aufgaben. Erläuterungen hierzu und die Lösungswege finden sich unter *www.rowohlt.de/mathematikverfuehrer*.

Seite 17 Wenn vier Menschen auf einem Quadratmeter stehen, dann hat jeder eine Fläche von 50 mal 50 Zentimeter für sich. Rechnet man das auf die Fläche des Bodensees um, dann passen 2,1 Milliarden Menschen darauf.

Seite 26 Ab 23 Personen ist die Wahrscheinlichkeit, dass mindestens zwei Geburtstage zusammenfallen, größer als 50 Prozent.

Seite 34 Winterdienst: Die 10 Schneepflüge schaffen die Arbeit in 9 Minuten. Whisky und Wasser: Es ist genauso viel Wasser im Whisky wie Whisky im Wasser!

Seite 46 Die Durchschnittsgeschwindigkeit ist nicht das arithmetische Mittel der beiden Geschwindigkeiten (10 km/h), sondern es ist

$$v = \frac{2 \cdot v_1 \cdot v_2}{v_1 + v_2} = 9{,}6$$

Seite 58 Es wird 420-mal geküsst, und 315-mal werden Hände geschüttelt. (Tipp: Wir gehen davon aus, dass Ehemann und Ehefrau zusammen nach Hause gehen und sich daher nicht voneinander verabschieden!)

Seite 69 Keiner hat recht. Alle drei Argumente haben etwas für sich – es gibt keine eindeutige «gerechte» Methode, den Sieger einer solchen Wahl zu bestimmen.

Seite 81 Wenn in 55 Prozent der Haushalte nur eine Person

lebt, dann leben in 45 Prozent der Haushalte mindestens zwei Personen. Damit ist der Anteil der allein Lebenden höchstens 55/145, etwa 38 Prozent.

Seite 95 Die Wahrscheinlichkeit ist 63,3 Prozent, dass mindestens einer seinen eigenen Mantel bekommt!

Seite 110

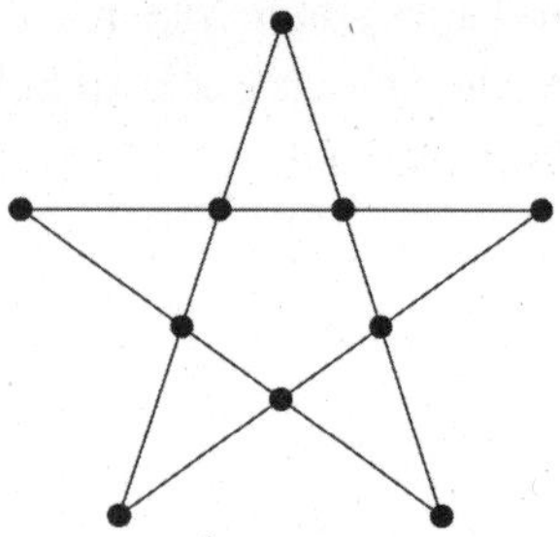

Seite 120 Weil Raucher früher sterben, erreichen von ihnen weniger überhaupt das 65. Lebensjahr. Deshalb ist die Gruppe der Nichtraucher «überaltert» und ihr Todesrisiko insgesamt höher.

Seite 136 Wenn die von Hasselhoff im Sand zurückgelegte Strecke s_1 ist und die im Wasser s_2, dann braucht der Retter insgesamt die Zeit

$$t = \frac{s_1}{5} + \frac{s_2}{2}$$

Ergebnis: Am besten läuft er fast bis zu dem Punkt, an dem die Wasserstrecke am kürzesten ist (genau gesagt: er sollte 7,80 Meter vorher ins Wasser gehen).

Seite 151 Man kann mit den Steinen eine beliebig große Entfernung überbrücken!

Seite 163 Dieser Sonntagsspaziergang ist unmöglich.

Seite 173 Der Fehler liegt in der Zeichnung. Der Punkt S liegt nämlich viel weiter oben – er würde gar nicht auf die Seite passen.

Seite 185 Wenn die Frequenz doppelt so hoch sein soll, dann muss das Rohr die ursprüngliche Länge geteilt durch Wurzel 2 haben.

Seite 204 Die Angaben führen zu einem Gleichungssystem mit zwei Unbekannten, und als Lösung für das Kindesalter kommt eine negative Zahl heraus – minus 9 Monate.

Seite 216 Verlängert man das Band um einen Meter, so wächst der Radius um $½ \cdot \pi = 0{,}16$ Meter. Das Band steht also rund um den Globus um 16 Zentimeter ab!

TANKSTELLENMÖRDER Die Beispiele mit dem Aids-Test und dem Taxi entstammen dem Buch «Der Schein der Weisen» von Hans-Peter Beck-Bornholdt und Hans-Hermann Dubben.

DURCHSCHNITTSVERDIENER Die Zahlen zur Einkommenssituation in Deutschland entstammen der Analyse «Entwicklung der personellen Einkommensverteilung in Deutschland», einem Auszug aus dem Jahresgutachten 2006/2007 des Sachverständigenrats zur Begutachtung der gesamtwirtschaftlichen Entwicklung.

HEIRATSPROBLEM Eine ausführliche Darstellung des «Sekretärinnenproblems»: «Strategien der besten Wahl» von F. Thomas Bruss (Spektrum der Wissenschaft, Mai 2004, S. 102–104).

DER ERRECHNETE WAHLSIEG Auf www.wahlrecht.de findet man viele Artikel zu Paradoxien unseres Wahlsystems. Dieser Website habe ich auch die Daten zur Bundestagswahl im Dresdner Wahlkreis entnommen.

DIE GEFÄLSCHTE SEMINARARBEIT Die echten gefälschten Werte der Regressionsanalyse entstammen der Arbeit «Not the First Digit! Using Benford's Law to Detect Fraudulent Scientific Data» von Andreas Diekmann von der ETH Zürich.

FAIRPLAY Die Roulettekugel fiel tatsächlich so, wie im Text beschrieben – und zwar an Tisch 10 im Spielcasino Hohensyburg am 10. 3. 2007. Das Casino archiviert sämtliche Permanenzen unter www.westspiel-casinos.info.

FRAUENFRAGEN Der Artikel über die scheinbare Frauendiskriminierung in Berkeley: «Sex Bias in Graduate Admissions: Data from Berkeley» (Science, Bd. 187, Nr. 4175 [1975], S. 398–404). Das Beispiel der amerikanischen Airlines entstammt dem Artikel «How Numbers Are Tricking You» von Arnold Barnett (Technology Review, Okt. 1994, S. 39–45).

MÄNNERPHANTASIEN Das Bierdosen- und das Beinproblem habe ich dem Buch «Mathematik ist überall» von Norbert Herrmann entnommen (Oldenbourg Verlag 2005).

ZEIT IST GELD Die Zahlen zur Katastrophe am Viktoriasee habe ich dem Artikel «Wasserhyazinthe – Fluch oder Chance» von Heide von Seggern von der Uni Bremen entnommen. Das diskrete Räuber-Beute-Modell, das ich erwähne, stammt von Franz Schoberleitner von der Pädagogischen Akademie des Bundes in Oberösterreich in Linz.

ROUTENPLANUNG Anregungen für dieses Kapitel, insbesondere die Näherungsmethoden, habe ich dem Artikel «Das Problem des Handlungsreisenden» von Joachim Jäger und Hans Schupp entnommen (mathematik lehren, Heft 81, S. 21–51).

IN DEN STRASSEN VON MANHATTAN Bei der Gerichtsverhandlung, die ich hier dargestellt habe, ging es um den Prozess «People v. James Robbins», der im Oktober/November 2005 vor dem Appellationsgericht des Staates New York stattfand.

KLINGENDE MATHEMATIK Bradley Lehman veröffentlichte seine Theorie des «Bach-Codes» in dem Artikel «Bach's extraordinary temperament: our Rosetta Stone» (Early Music, Bd. 23, Nr. 1 [2005]).

ALLES FLIESST? Grundlegende Überlegungen zur Mathematik des Staus fand ich in dem Artikel «Mathematik des Autoverkehrs» von Matthias Risch (Mathematisch-naturwissenschaftlicher Unterricht, Bd. 59, Nr. 7 [2006], S. 405–406).

KREISQUADRIERER Eine ausführliche Schilderung der Ereignisse um das Indiana-Pi-Gesetz habe ich auf der Website des Department for Agricultural Economics der Purdue University in Indiana gefunden. Die Darstellung von Pi als

Kettenwurzel fand ich in dem Artikel «Pi, e und Kettenwurzeln» von Clemens Hauser (Mathematisch-naturwissenschaftlicher Unterricht Bd. 56, Nr. 4 [2003], S. 201–203). Die seltsame Formel von Euler wird dargestellt in «Was hat die Kreiszahl π mit Primzahlen zu tun?» von Hermann Hammer (Mathematisch-naturwissenschaftlicher Unterricht Bd. 57, Nr. 4 [2004], S. 211–214).

INDEX

BAND 2

DER LOGIK-VERFÜHRER

SCHLUSSFOLGERUNGEN FÜR ALLE LEBENSLAGEN

Inhalt

Vorwort

Unlogik lässt sich eben durch Logik in keiner Weise erschüttern.
Hoimar von Ditfurth, «Das Erbe des Neandertalers»

Die Logik hat ein schlechtes Image. Sie gilt als kalt und berechnend, und in der Populärkultur gibt es viele Figuren, die sich lächerlich machen, weil sie versuchen, den unlogischen Seiten des Lebens mit dem schwarz-weißen Formalismus logischer Gesetze zu begegnen – man denke nur an den Vulkanier Spock aus *Raumschiff Enterprise.*

Ein Grund dafür ist, dass die Logik selbst ja keine inhaltlichen Aussagen macht. Sie zieht nur Schlüsse aus Voraussetzungen, fügt diesen eigentlich nichts hinzu. Ist das alles leeres Wortgeklingel? Auch in diesem Buch werden Sie einige formale Ableitungen von Sätzen finden, von denen Sie sagen: Ist doch logisch – warum muss man das so kompliziert beweisen?

So denken auch viele Mathematiker und Philosophen. Die Logik als die Disziplin, welche diese beiden Fächer verbindet, führt an beiden Fakultäten eher ein Schattendasein. Die Philosophiestudenten ärgern sich über Pflichtklausuren, bei denen sie skurrile Wortungetüme umformen müssen, die Mathematiker empfinden die Logik oft als überspitzfindigen Formalismus, der sie daran hindert, ihre Einsichten kurz, knapp und «elegant» aufzuschreiben.

Aber gerade die Mathematiker haben vor etwa hundert Jahren erfahren, dass ein zu salopper Umgang mit der Logik ihnen regelrecht den Boden unter den Füßen wegzuziehen drohte. Gleich mehrmals wurde die Mathematik durch logische Widersprüche erschüttert, und es dauerte lange, bis sie wieder auf einem einigermaßen sicheren Fundament stand.

Auch wenn die Logik den Sätzen, auf die man sie anwendet, nichts eigentlich Neues hinzufügt, so heißt das doch nicht, dass man durch sie keine neuen Erkenntnisse gewinnen kann. Wieder ist die Mathematik das beste Beispiel: In ihrer modernen Form leitet sie alle ihre Sätze aus einfachen Axiomen her. Das heißt, sie fügt diesen simplen Prämissen nichts hinzu, alles steckt von vornherein in den harmlos erscheinenden Annahmen drin. Fermats letzter Satz, die Poincaré'sche Vermutung – all die spektakulären mathematischen Erkenntnisse der letzten Jahre, an denen geniale Geister jahrelang herumgeknobelt haben, sind letztlich «nur» angewandte Logik.

Aber auch Nichtmathematiker tun gut daran, sich zumindest in Grundzügen mit den Gesetzen der Logik zu beschäftigen. Sie halten uns zu einer Art «mentaler Hygiene an», sie zwingen uns, Gedanken sauber zu formulieren. In Kapitel 3 liste ich fünfundzwanzig unsaubere Argumentationsweisen auf, logische und andere Fehlschlüsse, die uns täglich in den Fernseh-Talkshows begegnen.

Und natürlich ist Logik auch eine Quelle für Rätselspaß. Drei Typen solcher Rätsel habe ich für Sie herausgesucht: Logicals, Lügner-Rätsel und Hut-Rätsel. Sie zeichnen sich dadurch aus, dass man sie ohne jegliches Wissen allein mit der Kraft der Logik lösen kann. Beispielhafte Lösungswege zeige ich Ihnen auf, und dann können Sie sich an einigen Aufgaben selbst versuchen.

Danken möchte ich Andreas Loos und Bernd Schuh für die Durchsicht meines Manuskripts und einige wichtige inhaltliche Hinweise sowie meiner Agentin Heike Wilhelmi und meinem Lektor Frank Strickstrock bei Rowohlt. Für Hinweise auf eventuelle Unlogik und Anregungen besuchen Sie meine Homepage www.droesser.net!

Christoph Drösser, Hamburg, im September 2012

1 Wenn der Mond aus grünem Käse ist …

oder

Von Logik und Wirklichkeit

Drei Logiker kommen in eine Bar. «Wollt ihr alle ein Bier?», fragt die Kellnerin.

«Weiß ich nicht», sagt der erste Logiker.

«Weiß ich nicht», sagt der zweite Logiker.

«Ja!», sagt der dritte Logiker.

Menschen, die sich viel mit Logik beschäftigen, finden das zum Brüllen komisch. Die anderen denken: Mit solchen Menschen will ich nicht in die Kneipe gehen!

Die logische Erklärung des Witzes: Logiker 1 will ein Bier, aber er weiß nicht, was seine Begleiter wollen, deshalb kann er die Frage weder mit «ja» noch mit «nein» beantworten.

Logiker 2 kann aus der Antwort von Logiker 1 schließen, dass der Durst auf ein Bier hat. Denn wäre das nicht der Fall, dann könnte er die Frage mit «nein» beantworten – ein Satz, der mit «Alle ...» beginnt, wird schon durch eine einzige Ausnahme falsch. Logiker 2 möchte auch gern ein Bier, aber weil er nichts über den Durst von Logiker 3 weiß, muss er auch mit «Weiß ich nicht» antworten.

Erst Logiker 3 kann eine definitive Antwort geben: Er weiß, dass seine beiden Begleiter ein Bier trinken möchten, er selber möchte auch eins – also antwortet er mit «Ja!».

Willkommen im Land der Spitzfindigkeiten! Wenn Ihnen die

Gedankengänge in diesem Witz Spaß gemacht haben, dann können Sie auch gleich einen Blick in Kapitel 11 werfen und eine Reihe von Rätseln lösen, in denen man ähnlich um die Ecke denken muss. Im richtigen Leben kommen solche Situationen glücklicherweise selten vor – wenn eine Kellnerin eine Gruppe von Gästen fragt, ob alle ein Bier wollen, dann wird die Antwort kein Schulterzucken sein, sondern ein vielstimmiges «Ja», «Klar!», «Aber hallo!». Und dann wird durchgezählt, um die Zahl der gewünschten Biere zu ermitteln.

Es geht im Leben eben nicht immer logisch zu, und das ist auch gut so. Sonst könnte Hamlet nicht sagen: «Sein oder Nichtsein, das ist hier die Frage» – denn ein Satz der Form «A oder nicht-A» ist immer wahr und daher überhaupt keine Frage. Und als der Sänger und Dichter Wolf Biermann, damals noch in der DDR, seiner inneren Zerrissenheit mit den Worten Ausdruck verlieh: «Ich möchte am liebsten weg sein und bleibe am liebsten hier», da hätte er sich bestimmt den Einwurf verbeten, dass der Satz von der Form «A und nicht-A» sei und deshalb ein Widerspruch. Das Leben ist eben voller Widersprüche, und manchmal muss man sie, anders als in der Logik, aushalten.[1]

Als ich vor einigen Jahrzehnten an der Universität Mathematik und Philosophie studierte, gehörte für die Philosophen Logik zum Pflichtprogramm, und die Vorlesung war eine Angstveranstaltung für die meisten von ihnen. Der Höhepunkt des Nichtverstehens kam, als der Professor, ohne die Miene zu verziehen, den Satz deklamierte: «Wenn der Mond aus grünem Käse ist, ist die Zahl fünf betrunken.» Und dann auch noch behauptete, der Satz sei wahr –

1 Biermann sagte in seinem berühmten Konzert in der Kölner Sporthalle, das der Anlass für seine Ausbürgerung war, über diese Zeilen: «Sie drücken sehr genau den politischen Gemütszustand vieler junger Menschen in der DDR aus.»

weil man nämlich aus etwas Falschem etwas Falsches folgern kann, und die Gesamtaussage stimmt trotzdem.

Vielleicht hat der *FAZ*-Herausgeber Frank Schirrmacher, der neben Germanistik und Anglistik auch Philosophie studiert hat, diese Vorlesung im Studium geschwänzt, jedenfalls schrieb er auf dem Höhepunkt der Affäre um den Ex-Bundespräsidenten Christian Wulff Anfang 2012 einen empörten Kommentar in seiner Zeitung. Wulff hatte in seinem berüchtigten Fernsehinterview versucht, die Vorwürfe der Vorteilsannahme gegen ihn zu entkräften und plausible Erklärungen für sein Verhalten zu liefern. Schirrmacher glaubte kein Wort von diesen Ausflüchten und schrieb: «Weil eine falsche Prämisse alles falsch macht, war das Interview des Präsidenten so fatal.» Fatal war das Interview in der Tat, aber in der Logik machen falsche Prämissen eben nicht alles falsch, sondern alles wahr. «Wenn das Wörtchen ‹wenn› nicht wär', wär' mein Vater Millionär» – der Satz stimmt, und trotzdem hat man keinen Cent mehr.

Die logische Implikation macht dem gesunden Menschenverstand aber nicht nur Probleme, wenn die Prämisse falsch ist – auch wenn sie stimmt, kommen seltsame wahre Sätze zustande: «Wenn Berlin die Hauptstadt von Deutschland ist, dann ist Angela Merkel Bundeskanzlerin.» Sicherlich, beide Teile der Aussage stimmen, aber was haben sie miteinander zu tun? Nichts, lautet die Antwort. In der Logik geht es nicht um den inhaltlichen Zusammenhang zwischen Aussagen. «Wenn ... dann», das suggeriert in der Umgangssprache immer eine kausale Beziehung zwischen den Sätzen, aber davon weiß die Logik nichts (mehr dazu in Kapitel 9).

Aber auch meine mathematischen Kommilitonen haben sich nicht intensiv für die Logik interessiert. In Bonn, wo ich studiert habe, gab es im mathematischen Institut auch eine Abteilung für «Logik und Grundlagenforschung», untergebracht in einem kleinen, vom Institut angemieteten Haus in einer Nebenstraße. Die meisten Studenten haben das Haus nie betreten. Auch wenn die mathematische Logik die Grundfeste der Mathematik im 20. Jahrhundert gehörig erschüttert hat und letztlich gezeigt hat, dass sich nicht alle wahren Sätze dieser doch so logischen Wissenschaft logisch beweisen lassen (siehe die Kapitel 8 und 10), gehen die Mathematiker in ihrer täglichen Arbeit doch erstaunlich naiv mit der Logik um. Sie haben ein paar Beweistechniken gelernt und wenden ansonsten ihren gesunden Menschenverstand an, und damit kommen sie ziemlich weit.

Logik ist blind gegenüber der Wirklichkeit. Sie interessiert sich nur für den formalen Zusammenhang zwischen Aussagen. Für die Schlüsse, die sich aus einer Zahl von Prämissen ziehen lassen, wenn diese denn stimmen. Ihre Domäne ist nicht die Induktion, also das Herleiten von Gesetzmäßigkeiten durch Beobachtung der Wirklichkeit, sondern die Deduktion. Logik an sich verschafft einem keine Argumente in einer Diskussion, aber sie kann die Stichhaltigkeit von Argumenten überprüfen.

Oft wird der Logik deshalb eine gewisse Kälte vorgeworfen. Lieutenant Commander Spock, der Vulkanier auf der «Enterprise», war zwar ein scharfer Analytiker, aber in Gefühlsdingen eher unbeholfen. Aber gerade diese Eigenschaft der Logik haben große Denker in der Vergangenheit für einen Vorteil gehalten und davon geträumt, mit kühler Logik die heißen Dispute der Menschheit entscheiden zu können. Gottfried Wilhelm Leibniz gehörte dazu, der zwei Jahre vor dem Ende des Dreißigjährigen Krieges geboren wurde, eines Konflikts, bei dem fast die Hälfte der Bevölkerung den Streit über Glaubensfragen mit dem Leben bezahlte. Leibniz träumte davon, dass die Logik an die Stelle heißblütiger und gewaltträchtiger verbaler Gefechte treten könnte. «Es wird dann beim Auftreten von Streitfragen für zwei Philosophen nicht mehr Aufwand an wissenschaftlichem Gespräch erforderlich sein als für zwei Rechnerfachleute», schrieb Leibniz. «Es wird genügen, Schreibzeug zur Hand zu nehmen, sich vor das Rechengerät zu setzen und zueinander (wenn es gefällt, in freundschaftlichem Ton) zu sagen: Lasst uns rechnen.»

Mit den Mitteln der Logik wollten die Gelehrten seit dem Mittelalter sogar die letzten Fragen beantworten – mehr als einmal wurde versucht, die Existenz Gottes durch reines Nachdenken aus logischen Prinzipien zu folgern. Der Erste, der sich dazu anschickte, war im 11. Jahrhundert Anselm von Canterbury. Seine Argumentation ging etwa folgendermaßen:

- Gott ist das, worüber hinaus nichts Größeres gedacht werden kann.
- Nehmen wir an, Gott existiere nur in unserem Verstand. Dann kann etwas gedacht werden, das größer ist als das, worüber hinaus nichts Größeres gedacht werden kann.
- Wenn etwas gedacht werden kann, das größer ist als das, worüber hinaus nichts Größeres gedacht werden kann, dann ist das, worüber hinaus nichts Größeres gedacht werden kann, etwas, worüber hinaus Größeres gedacht werden kann.
- Also ist das, worüber hinaus nichts Größeres gedacht werden kann, etwas, worüber hinaus Größeres gedacht werden kann.
- Das ist ein Widerspruch. Also muss die Annahme, dass Gott nicht real existiert, falsch sein, und Gott existiert.

Diese Argumentation erscheint uns heute verquast, mittelalterlich und scholastisch, und niemand wird sich von ihr zur Religion bekehren lassen. Aus einem sprachlichen Konstrukt («das, worüber hinaus nichts Größeres gedacht werden kann») wird auf die Existenz eines Wesens geschlossen, das die entsprechenden Eigenschaften aufweist. Aber etwas ganz Ähnliches passierte der Mathematik

Anfang des 20. Jahrhunderts: Die nach Cantors naiver Mengenlehre erlaubte «Menge aller Mengen», die nichts Größeres über sich zuließ, war ein vergleichbares Konstrukt, das die Mathematik in Widersprüche stürzte, wie Bertrand Russell 1903 zeigte. Das führte direkt zu einer sehr ernsten Grundlagenkrise dieser doch auf reiner Logik aufbauenden Wissenschaft. Mehr dazu in Kapitel 8!

Leibniz träumte davon, eine universelle Beschreibung der Welt zu entwickeln, eine «Characteristica universalis», bestehend aus einer Enzyklopädie der gesicherten Wahrheiten, einer formalen Sprache zu ihrer Beschreibung und einem Satz an Schlussregeln, mit denen man daraus neue Wahrheiten ableiten und alle Dispute entscheiden konnte. Er war überzeugt, ein solches Projekt mit einer Gruppe von Wissenschaftlern innerhalb von fünf Jahren auf die Beine stellen zu können. Aber er starb, bevor er die Sache angehen konnte.[2]

Leibniz' Idee musste nicht nur deshalb scheitern, weil der Aufwand zu groß war. Es gibt noch einen tieferen Grund: Allein mit Logik kann man nicht alle Wahrheiten beweisen. Das gilt insbesondere für die Mathematik: 1931 zeigte Kurt Gödel, dass jedes hinreichend komplexe formale System (was das heißt, davon handelt Kapitel 10) wahre Sätze enthält, die sich aber mit den Mitteln der Logik nicht beweisen lassen. Das war dann schon der zweite Tiefschlag für die Mathematik innerhalb von 30 Jahren.

2 Wenn wir heute über Leibniz' Traum lächeln, dann machen wir es uns vielleicht zu einfach. Auch in jüngster Zeit hat es ähnlich vermessene Versuche gegeben: etwa das Projekt «Cyc» des amerikanischen Informatikers Doug Lenat, das Computer mit einem kompletten menschlichen Alltagswissen ausstatten sollte. Auch hier waren die Elemente ein Satz von Wahrheiten des gesunden Menschenverstands, eine formale Sprache zu ihrer Beschreibung und die Schlussregeln der Prädikatenlogik. 1984 startete das Projekt, und Lenat schätzte den Aufwand für seine Vollendung auf 350 Mannjahre. Bis heute aber ist das Projekt nicht abgeschlossen, es gibt lediglich ein paar Wissensmodule für spezielle Anwendungsgebiete.

Logik ist «inhaltsneutral», sie fügt den Sätzen, auf die sie angewandt wird, nichts hinzu. Sie holt nur die Wahrheiten aus ihnen heraus, die immer schon ihn ihnen stecken. Letztlich produziert sie nur Tautologien – Sätze, die unabhängig von ihrem Inhalt wahr sind. Wie viel das aber sein kann, zeigt die Mathematik: Alle ihre Erkenntnisse sind letztlich Tautologien, also Schlüsse aus den als wahr angenommenen Axiomen. Das zeigt, was für ein starkes Werkzeug die Logik sein kann.

Ich lade Sie ein auf eine Reise durch die Welt der Logik – eine Reise, auf der uns Rätsel und Knobeleien begegnen, gute und schlechte Argumente, Antinomien und Paradoxa, und die uns schließlich Grenzen des menschlichen Denkens aufzeigt.

Es gibt zu dem Witz mit den Logikern, den ich am Anfang zitiert habe, noch eine Variante: Vier Logiker kommen in eine Bar. «Wollt ihr alle ein Bier?», fragt die Kellnerin.

«Weiß ich nicht», sagt der erste Logiker.

«Weiß ich nicht», sagt der zweite Logiker.

«Weiß ich nicht», sagt der dritte Logiker.

«Nein», sagt der vierte Logiker.

«Ach, ihr seid wohl Logiker?», lacht die Bedienung. «Dann bringe ich euch mal eure drei Bier!»

«Ja», sagt der vierte Logiker, «und für mich bitte ein Glas Rotwein!»

2 Lüge und Wahrheit

oder

Wenn Ganoven über die Logik stolpern

Der Tag fängt ja gut an, denkt Kommissar Detlef Behnke. Durch seine offen stehende Bürotür kann er einen Blick in den Flur werfen, dort sitzen seine drei Verdächtigen: Arnold Sägemeister (genannt Arnie), Bodo Kümmerling (in der Szene bekannt als Bomben-Bodo) und Christian Würger (alias Geldschrank-Chris). Die drei haben gerade ihre Einzel-Verhöre hinter sich, und offenbar sind sie mit dem Resultat zufrieden: Jedenfalls scheinen sie bester Laune zu sein, tuscheln miteinander, Arnie klopft sich gar auf die Schenkel. Die gute Laune ist berechtigt, denn wenn ihm nicht bald eine gute Idee kommt, wird Behnke die drei freilassen müssen.

Dabei ist er sicher, dass mindestens einer der drei für den Bankraub verantwortlich ist, der gestern die Gespräche in der Kleinstadt beherrscht hat. In der Nacht von Montag auf Dienstag war die Tür der örtlichen Sparkassenfiliale fachmännisch aufgebrochen worden. Die Täter hatten die Alarmanlage außer Gefecht gesetzt und dann mit einer sogenannten Sauerstofflanze den Tresor aufgeschweißt und 20 000 Euro Bargeld mitgenommen. Sie wussten genau, wo sie ihr Werkzeug ansetzen mussten – hier waren Profis am Werk, so viel ist sicher. Oder war es ein einzelner Täter? Keine Fingerabdrücke, keine Zeugen, es sah zunächst nach einer langen Fahndung mit ungewissem Erfolg aus. Es ist Behnkes erster Fall im Raubdezernat, er hat sich vor ein paar Wochen nach 20 Jahren

Mordkommission[3] hierher versetzen lassen. «Ich habe genug Leichen gesehen», hatte er seinem Chef zur Begründung erklärt. Eine schnelle Aufklärung des spektakulären Raubs wäre wirklich ein guter Einstand.

Und gestern sah es noch danach aus: Da kam diese ältere Dame ins Kommissariat, Frau Meister, um die 75, ein bisschen wacklig auf den Beinen, aber offenbar geistig voll dabei. Sie erzählte von einer Beobachtung, die sie in der letzten Woche gemacht hatte: An «Wolfgangs Wurstwagen» hatte sie eine Brühwurst verzehrt, und am Stehtisch neben ihr standen drei Männer, die ihr ein bisschen Furcht eingeflößt hatten. Sie hatte sich ans äußerste Ende ihres Tischs zurückgezogen, konnte aber immer noch einige Fetzen des Gesprächs aufschnappen: «Sparkasse», «Montag Nacht», «Sauerstofflanze». Vor allem an das letzte Wort konnte sie sich gut erinnern, weil sie es vorher noch nie gehört hatte. Als dann die Nachricht über den Einbruch die Runde machte, fiel ihr das Erlebnis gleich wieder ein, und sie ging schnurstracks zur Polizei.

Behnke war begeistert von dieser Zeugenaussage. Es war eine Sache von Minuten, die einschlägigen Verdächtigen aus der Polizei-Datenbank herauszusuchen und Frau Meister ihre Fotos vorzulegen. Und die war sich sehr sicher, dass Arnie, Bodo und Chris die drei Männer waren, welche sie an der Wurstbude belauscht hatte. Die Gegenüberstellung, da ist sich Behnke sicher, würde jeden Richter überzeugen.

Auch die heutige Festnahme der drei einschlägig vorbestraften Ganoven ist kein filmreifes Drama gewesen – alle traf die Polizei zu Hause an, bereitwillig ließen sie sich zur Wache eskortieren.

Dort achtete Behnkes Assistent Oliver Hufnagel darauf, dass die

3 Siehe «Der Tankstellenmörder» im «Mathematikverführer» und «Der Quanten-Kult» im «Physikverführer»

drei Verdächtigen keinen Kontakt miteinander hatten. Sie sollten keine Gelegenheit haben, ihre Aussagen abzusprechen. Einzeln wurden sie ins Verhörzimmer geführt. Und nachdem ihnen die Aussage von Frau Meister vorgehalten worden war, entschieden sich erstaunlicherweise alle drei, zur Sache auszusagen, anstatt die Aussage zu verweigern, was ja ihr gutes Recht gewesen wäre.

Arnold Sägemeister wurde als Erster vernommen. «Wir haben uns eigentlich mehr zufällig an der Wurstbude getroffen», erklärte er. Man kenne sich noch vom letzten Aufenthalt in der nahe gelegenen Strafvollzugsanstalt und sei dann ein bisschen ins Plaudern gekommen. Fachsimpelei übers Geschäft sozusagen – ein Geschäft allerdings, das für ihn, Arnie, längst Vergangenheit sei. «Aber offenbar sahen Bodo und Chris noch eine Zukunft für sich in dem Gewerbe», sagte Arnie. «Jedenfalls erzählten sie, wie leicht die Alarmanlage in der Sparkasse zu umgehen sei und dass die Panzerung des Geldschranks auch kein großes Hindernis darstellen würde.» Man sei dann wieder von dem Thema abgekommen – aber Bodo und Christian hätten keinen Zweifel daran gelassen, dass sie die Sparkassenfiliale im Visier hatten.

Als Nächster wurde Bodo vernommen. Auch er erzählte, dass das Treffen am Imbiss nicht geplant gewesen sei, er habe sich gefreut, die Kumpel von früher wiederzusehen. Er selbst führe ja jetzt ein ganz sauberes, ehrliches und bescheidenes Leben, aber insbesondere Arnie habe deutlich gemacht, dass er das schnelle Geld aus einem Bankraub einem mühselig erarbeiteten Hilfsarbeiter-Lohn vorziehen würde. Und dann habe Arnie den beiden anderen von seinen Plänen mit der Sparkassenfiliale erzählt. «Er hat uns sogar angeboten, dass wir mitmachen und jeder ein Drittel der Beute kassieren sollte – aber Chris und mir war die Sache zu windig, wir hatten beide keine Lust, wieder für ein paar Jahre hinter Gitter zu wandern.»

Die Aussage von Chris wiederum ähnelte sehr der von Arnie,

fast wörtlich sogar – nur dass die Namen vertauscht waren. Arnie und Bodo hätten offenbar schon vor ihrem Treffen detaillierte Pläne für den Raub gehabt, sie hätten ihn nicht einmal gefragt, ob er mitmachen wollte – offenbar hätten sie das Geld nicht mit ihm teilen wollen. Außerdem hätte er so ein Ansinnen auch bestimmt abgelehnt, dazu sei ihm sein bescheidenes Leben in Freiheit zu wichtig.

Drei Aussagen, drei unterschiedliche Versionen der Geschichte. Jeder beschuldigt einen anderen oder beide Freunde. Ganovenehre zählt wohl heute nicht mehr viel, denkt Behnke. Oder ist die Sache abgekartet? Haben die drei schon vorher vereinbart, drei widersprüchliche Aussagen zu machen – und dann grinsend zuzusehen, wie die Polizei versucht, ihnen etwas nachzuweisen?

«Hufnagel, kommen Sie doch mal rüber!», brummt Behnke in Richtung Nachbarzimmer. Der Assistent hat alle Aussagen protokolliert, und nun will er von ihm eine Meinung haben, wie es weitergehen könnte. In den letzten Jahren hat sich der junge Beamte von einem Heißsporn, der zu viele Law-and-Order-Krimis im Fernsehen gesehen hat, zu einem Polizisten entwickelt, der erst nachdenkt, bevor er voreilige Schlüsse zieht. Vielleicht fällt ihm ja auch hier etwas ein.

Hufnagel hat einen karierten Notizblock unterm Arm, als er in Behnkes Zimmer kommt. Seine Augen leuchten – haben ihn die Vernehmungen doch auf eine heiße Spur geführt?

«Chef, ich hab's!», platzt Hufnagel heraus, noch bevor er Platz genommen hat. «Sie haben mir doch beigebracht, dass man immer erst einmal das Hirn einschalten soll, bevor man einen Fall aufgibt!»

«Ja, das hab ich. Und hat's in diesem Fall was genützt?»

«Ja, hat es! Schauen Sie, ich habe die Aussagen der drei in ein Schema eingetragen.»

Behnke schaut verständnislos auf das Papier, das eher an ein Kreuzworträtsel erinnert als an ein Vernehmungsprotokoll.

«Wenn wir mal davon ausgehen», fährt Hufnagel fort, «dass ein Schuldiger lügt und ein Unschuldiger uns die Wahrheit sagt, dann können wir den Bodo schon mal gleich hierbehalten.»

«Tatsächlich? Das müssen Sie mir erklären ...», antwortet Behnke verblüfft. Aber nach ein paar erläuternden Sätzen von Hufnagel lässt er sich überzeugen. «Und – war er's nun alleine oder hatte er einen Komplizen?»

«Auf keinen Fall war er's alleine», sagt der Assistent. «Aber wir können noch nicht mit Sicherheit sagen, mit wem er die Tat ausgeführt hat. Ich schlage vor, wir befragen ihn noch mal, konfrontieren ihn mit unserem Ergebnis – vielleicht bricht er dann zusammen und erzählt uns alles!»

Also wird Bodo Kümmerling noch einmal ins Vernehmungszimmer gebeten. Behnke verhält sich ganz still, Hufnagel leitet die Vernehmung. Er legt dem Beschuldigten seine Aufzeichnungen vor und erklärt ihm, dass es für ihn keinen Ausweg mehr gibt. Behnke muss lächeln, als er sieht, dass Bodo, der von Sprengstoff mehr versteht als von Logik, ganz schön grübeln muss, um dem jungen Kommissar zu folgen. Aber schließlich sieht er ein, dass die beiden anderen ihn ganz schön in die Bredouille gebracht haben, und gibt seinen Widerstand auf. «Aber allein hab ich's nicht gemacht!», sagt Bodo mit weinerlichem Ton.

«Das wissen wir schon», antwortet Hufnagel. «Also raus mit der Sprache, wer war Ihr Komplize? Hat Arnie die Wahrheit gesagt oder Chris?»

Da erscheint ein Grinsen auf Bodos Gesicht. «Die Wahrheit? Die hat keiner von den beiden gesagt.»

Jetzt ist es an Oliver Hufnagel, ein verblüfftes Gesicht zu machen. Aber diesmal hat Detlef Behnke mitgedacht. «Ist doch klar – Sie haben einen möglichen Fall übersehen.» Er ruft den Beamten zu sich, der auf dem Flur Wache steht. «Wachtmeister, schicken Sie keinen von den beiden anderen nach Hause – wir behalten vorerst alle drei hier. Wenn mich nicht alle Logik verlassen hat, haben sie den Raub zusammen begangen!»

Die Wahrheit und nichts als die Wahrheit

Was hat der Assistent Hufnagel da auf seinen Notizblock geschrieben? Er hat die Aussagen der drei Beschuldigten auf ihren logischen Kern reduziert und sie dann anhand einer Tabelle ausgewertet. Bevor wir das nachvollziehen, müssen wir allerdings einen kleinen Umweg machen und uns mit den Grundlagen der Aussagenlogik beschäftigen.

Die Aussagenlogik ist das einfachste logische System, auch wenn man damit schon recht komplexe Aussagen codieren kann. Sie beschäftigt sich, wie der Name sagt, mit Aussagen: Das sind normalerweise vollständige deutsche Sätze, die entweder wahr oder falsch sind. «Berlin ist die Hauptstadt von Deutschland», «Nächsten Montag wird es regnen», «Es gibt Elfen und Trolle». Es gehören also durchaus Sätze dazu, deren Wahrheitswert ich nicht bestimmen kann (etwa weil eine Aussage über ein Ereignis in der Zukunft getroffen wird, wie im zweiten Beispiel, oder weil ich die Behauptung nicht vollständig nachprüfen kann, wie im dritten Beispiel). Nicht zu den Aussagen gehören etwa Befehle («Iss dein Abendessen auf!») oder Fragen («Wirst du mich immer lieben?»). Eine gute Faustregel: Wenn man vor den Satz die Worte «Der folgende Satz ist richtig:» stellen kann und das Ganze zusammen Sinn ergibt, dann handelt es sich um eine Aussage.

Die Beschränkung auf zwei Wahrheitswerte ist ein wichtiges

Merkmal der Aussagenlogik – dadurch wird sie sehr überschaubar. Im täglichen Leben zögern wir manchmal, die Welt so schwarzweiß zu sehen. «Der HSV ist ein erstklassiger Fußballclub» lässt sich sehr gut in die Wahr/falsch-Logik einordnen, wenn man «erstklassig» definiert als «spielt in der ersten Bundesliga». Wenn es dagegen um die Bewertung der Spielweise der Mannschaft geht, dann wird man manchmal zögern, ihr das Attribut «erstklassig» zu geben, und vielleicht nach einem besonders mäßigen Spiel sagen, dass dieser Satz nur halb wahr ist. Um solche «mehrwertigen» Logiken geht es in Kapitel 13.

In der Aussagenlogik werden die Aussagen nicht weiter zerlegt, man bezeichnet sie meist mit großen Buchstaben (*A*, *B*, *C*, ...). Neue Aussagen erhält man, wenn man Aussagen durch logische Operatoren miteinander verknüpft.

Ein wichtiger Operator ist der «Nicht»-Operator – er verkehrt jede Aussage in ihr Gegenteil. So wird aus «Morgen wird es regnen» der Satz «Morgen wird es nicht regnen». Wenn *A* eine Aussage ist, dann schreibt man statt nicht-*A* auch $\neg A$, und man kann eine sogenannte Wahrheitstafel aufstellen, die den Wahrheitswert von $\neg A$ beschreibt:

A	$\neg A$
w	f
f	w

Die Werte «w» und «f» stehen für «wahr» und «falsch», und die Tabelle sagt: $\neg A$ ist falsch, wenn *A* wahr ist, und wahr, wenn *A* falsch ist.

Interessant wird es aber erst, wenn man zwei Aussagen miteinander verknüpft. Dazu gibt es (unter anderem) die Operatoren «und», «oder», «wenn ... dann» sowie «genau dann, wenn ...». Diese Operatoren werden vollständig durch ihre Wahrheitstafeln definiert. Da es für zwei Aussagen vier Kombinationen von wahr und falsch gibt, reichen vier Zeilen aus, um den jeweiligen Operator zu beschreiben, etwa den Operator «und», der auch durch ein Dach-Symbol repräsentiert wird:

A	B	$A \wedge B$
w	w	w
w	f	f
f	w	f
f	f	f

Der Operator macht genau das, was wir von ihm erwarten: Die Aussage «*A* und *B*» ist nur dann wahr, wenn *A* und *B* beide wahr sind – in allen anderen drei Fällen ist sie falsch.

Der Oder-Operator, der an den Buchstaben v erinnert, hat die folgende Wahrheitstafel:

A	B	$A \vee B$
w	w	w
w	f	w
f	w	w
f	f	f

In der Umgangssprache verwenden wir zwei Sorten von «oder». Da ist einmal das sogenannte ausschließende Oder: «Zum Mittagessen gibt es Reis oder Nudeln» – den Satz werden die meisten so interpretieren, dass es *entweder* Reis gibt *oder* Nudeln, aber keine zwei Sättigungsbeilagen auf einmal. Der Satz «Morgen kann es regnen oder schneien» dagegen schließt nicht aus, dass beides passiert, also zum Beispiel ein Regenschauer am Morgen, der später in Schnee übergeht. In der Logik wird fast immer das einschließende Oder verwendet, das auch dann wahr ist, wenn beide Aussagen wahr sind.

Wie schon in Kapitel 1 erwähnt, macht vielen Studentinnen und Studenten die Implikation, die «wenn ... dann»-Verknüpfung, am meisten Probleme. «Wenn ... dann», das suggeriert immer einen inhaltlichen Zusammenhang zwischen den beiden Aussagen, im strengsten Fall sogar eine Kausalität: «Wenn es regnet, wird die Straße nass». Aber auch hier geht es nur um eine rein formale Verknüpfung, die vom Inhalt der beiden Aussagen völlig absieht. Folgendermaßen ist die Implikation definiert:

A	B	$A \to B$
w	w	w
w	f	f
f	w	w
f	f	w

Sie lässt sich am besten beschreiben mit zwei Bedingungen: Aus etwas Wahrem darf man nichts Falsches folgern – und aus etwas Falschem darf man alles folgern.

Gleich ein verwirrendes Beispiel: Wie sieht es aus mit dem Satz «Aus nicht-*A* folgt *A*»? Dafür kann man schnell eine Tabelle aufstellen, die nur zwei Zeilen hat:

A	$\neg A$	$\neg A \to A$
w	f	w
f	w	f

Und das heißt: Der Satz «Wenn Christian Wulff nicht Bundespräsident ist, dann ist Christian Wulff Bundespräsident» war während Wulffs Amtszeit ein wahrer Satz, heute ist er falsch! Verrückt, oder?

Der Operator «*A* genau dann, wenn *B*» wiederum ist einer, der ziemlich exakt dem Gebrauch in der Umgangssprache entspricht. Man darf sich nur wieder nicht zu viele Gedanken über den Zusammenhang zwischen *A* und *B* machen – die Logik schert sich nicht darum, sie ist nur an den Wahrheitswerten interessiert. Die Aussage ist wahr, wenn *A* und *B* denselben Wahrheitswert haben, und falsch in den anderen beiden Fällen.

A	B	$A \leftrightarrow B$
w	w	w
w	f	f
f	w	f
f	f	w

Gibt es noch mehr logische Operatoren? Man sieht leicht, dass man für einen Operator, der zwei Aussagen miteinander verknüpft, genau 16 verschiedene Wahrheitstafeln aufstellen und entsprechend 16 Operatoren definieren kann. Aber so viele braucht man nicht, denn alle lassen sich durch Kombinationen der bisher definierten Operatoren darstellen. Und nicht einmal die bräuchte man alle – zum Beispiel lässt sich der Operator «wenn *A*, dann *B*» auch darstellen als «*B* oder nicht-*A*». Das soll der erste logische «Satz» sein, den wir beweisen. Dazu stellen wir die Wahrheitstafel für «*B* oder nicht-*A*» auf:

A	B	$\neg A$	$B \vee \neg A$
w	w	f	w
w	f	f	f
f	w	w	w
f	f	w	w

Das ist genau dieselbe Wahrheitstafel wie in der Definition der Implikation. Die lässt sich also auch beschreiben als «*B* ist wahr oder *A* falsch oder beides».

Man kann leicht zeigen, dass sich alle logischen Operatoren als Kombination von «nicht» und «oder» darstellen lassen. Und man kann die Reduzierung noch weiter treiben. Dazu braucht man allerdings einen neuen Operator, den «NAND-Operator», auch als «Sheffer-Strich» bezeichnet. Mit ihm lassen sich sämtliche anderen Operatoren einschließlich des «Nicht» konstruieren! «NAND» kommt vom englischen *not-and*, und das ist genau das, was der Operator darstellt: Die Aussage «*A* NAND *B*» ist das exakte Gegenteil der Und-Verknüpfung – sie ist nur dann falsch, wenn *A* und *B* beide wahr sind. Als Wahrheitstafel:

A	B	$A \mid B$
w	w	f
w	f	w
f	w	w
f	f	w

Hier sind die Umschreibungen der anderen Operatoren mit dem Sheffer-Strich:

$\neg A$ entspricht $A|A$
$A \wedge B$ entspricht $(A|B)|(A|B)$
$A \vee B$ entspricht $(A|A)|(B|B)$
$A \rightarrow B$ entspricht $A|(A|B)$
$A \leftrightarrow B$ entspricht $(A|B)|((A|A)|(B|B))$

Probieren Sie es ruhig einmal und stellen Sie ein paar der entsprechenden Wahrheitstafeln auf!

So wichtig diese Kenntnis theoretisch ist, so wenig nützt sie in der Praxis – die entsprechenden NAND-Ausdrücke werden einfach zu lang. Nehmen wir zum Beispiel die Aussage:

«Wenn es regnet, dann verlasse ich das Haus nur mit Regenschirm.»

Setzen wir *R* für «Es regnet», *H* für «Ich verlasse das Haus» und *S* für «Ich habe einen Regenschirm dabei», dann kann man die Aussage schreiben als

$$R \rightarrow (H \rightarrow S)$$

Das ist eine recht übersichtliche logische Formel. Mit dem Sheffer-Strich würde sie so aussehen:

$$R|(R|(H|(H|S)))$$

Da muss man schon zählen, ob es genauso viele rechte wie linke Klammern gibt! Und einen intuitiven Sinn ergibt der Ausdruck nicht.

Aber zurück zum Bankraub: Was hat Hufnagel auf seinen Zettel geschrieben? Er hat eine vollständige Wahrheitstafel aufgestellt für die drei Aussagen «Arnie war am Raub beteiligt», «Bodo war am Raub beteiligt» und «Chris war am Raub beteiligt», kurz A, B und C. Es gibt insgesamt acht mögliche Kombinationen von Wahrheitswerten (siehe Tabelle).

Wie lassen sich die drei Aussagen der vorbestraften Mitbürger darstellen? Jeder von ihnen behauptete, dass er selber unschuldig sei, und beschuldigte dann einen oder zwei seiner Kumpel.

Arnies Aussage: $\neg A \wedge B \wedge C$ [4]

Bodos Aussage: $\neg B \wedge A \wedge \neg C$

Chris' Aussage: $\neg C \wedge A \wedge B$

A	B	C	Arnie: $\neg A \wedge B \wedge C$	Bodo: $\neg B \wedge A \wedge \neg C$	Chris: $\neg C \wedge A \wedge B$	kongruent?
w	w	w	f	f	f	ja
w	w	f	f	f	w	ja
w	f	w	f	f	f	nein
f	w	w	w	f	f	ja
w	f	f	f	w	f	nein
f	w	f	f	f	f	nein
f	f	w	f	f	f	nein
f	f	f	f	f	f	nein

4 Eigentlich müsste man hier Klammern setzen: $\neg A \wedge (B \wedge C)$, weil die Operatoren ja streng genommen nur für zwei Aussagen definiert sind. Aber bei dreigliedrigen Aussagen mit dem Operator «und» oder «oder» kann man die Klammern setzen, wie man will, und sie deshalb auch weglassen.

Was bedeutet die letzte Spalte, die Hufnagel mit «kongruent?» überschrieben hat? In dieser Spalte wird die Annahme codiert, die der Assistent am Anfang seiner Überlegungen gemacht hat, nämlich dass jeder Schuldige lügt und jeder Unschuldige die Wahrheit sagt. Das heißt: Der Wahrheitswert der Aussage von Arnie muss genau der umgekehrte der Aussage *A* sein, Entsprechendes gilt für die Aussagen von Bodo und Chris. Und wenn man dies für jede Zeile der Tabelle untersucht, dann bleiben nur drei Zeilen übrig, in denen das für alle drei Beschuldigten der Fall ist. Die drei Zeilen sind grau unterlegt, und in jeder von ihnen hat die Aussage *B* den Wahrheitswert w – also schließt Hufnagel messerscharf, dass Bodo auf jeden Fall an dem Bankraub beteiligt war.

Die zweite und dritte graue Zeile entsprechen den Aussagen von Arnie und Chris, nämlich dass jeweils die beiden anderen den Raub begangen haben. Dann aber wird Bodo erneut vernommen und sagt (diesmal wahrheitsgemäß, denn er hat keinen Grund mehr zu lügen), dass nicht nur seine ursprüngliche Aussage eine Lüge war, sondern auch die von Arnie und Chris. Und dazu passt nun nur noch die erste graue Zeile: Alle drei Ganoven haben den Raub gemeinschaftlich ausgeführt, und ihre drei Einlassungen waren falsch.

Wenn Sie selber solche Fälle lösen wollen, in denen man herausfinden muss, ob man belogen wird oder nicht, dann kommen Sie in Kapitel 7 mit nach Mendacino, auf die Insel der Lügner!

3 Schlechte Karten für Superman

oder

Von guten und nicht so guten Argumenten

Ausnahmezustand im Hause Wortmann: Frau Wortmann hat einen wichtigen Termin der Müttergruppe wahrzunehmen, die jeden Tag ehrenamtlich in der Schul-Cafeteria für die Fütterung der Kinder sorgt, und nun hat Matthias Wortmann Kinderdienst.[5]

Sein Sohn Leon ist inzwischen 10 Jahre alt und geht aufs Gymnasium, und die Rollen in der Familie sind eigentlich klar verteilt: Der freiberufliche Investmentberater hat sein Büro in der großzügigen Eigentumswohnung, und dort möchte er acht Stunden pro Tag nicht gestört werden – schließlich sorgt er für den durchaus hohen Lebensstandard der Familie. Seine Frau kümmert sich um den Haushalt, das gemeinsame Kind und sonstiges «Gedöns», wie Wortmann die Aktivitäten seiner Frau außerhalb der Familie manchmal abfällig bezeichnet. Heute ist einer der «Gedöns»-Tage, und widerwillig hat Matthias Wortmann es auf sich genommen, nachmittags auf Leon aufzupassen.

Viel wird dabei nicht von ihm verlangt: Früher musste er noch im Kinderzimmer auf unbequemen Plastikstühlen oder auf dem Boden sitzen und mit Leon spielen, was ihn meistens tödlich lang-

5 Manche Leser kennen die Familie Wortmann bereits aus der Geschichte «Im Kinderzimmer» aus dem «Physikverführer».

weilte. Inzwischen ist der Sohn selbständig genug, sich alleine zu beschäftigen. Er macht seine Hausaufgaben, liest oder sitzt am Computer (was er da genau tut, kann Wortmann auch nicht sagen).

Und so sitzt der Vater in seinem Büro vor seinem Computer und berechnet einige komplexe Excel-Tabellen, während der Sohn in seinem Zimmer auf dem Boden liegt und in einem Comic blättert. Die Türen zum Flur sind geöffnet, sodass Vater und Sohn einander hören können.

«Papa?», tönt es aus dem Kinderzimmer.

«Hm», antwortet Wortmann. «Klackklackklack», machen seine Finger auf der Computertastatur.

«Darf ich dich was fragen?»

Warum fragt das Kind eigentlich immer, ob es ihn etwas fragen darf? «Natürlich, mein Sohn!» Klackklackklack.

«Gibt es Superman?», will Leon wissen.

Wortmann zögert mit der Antwort. Was soll man darauf erwidern? Glaubt Leon eigentlich noch an den Weihnachtsmann? Bereitet es ihm eine Riesenenttäuschung, wenn er «nein» sagt?

«Klar gibt es Superman», antwortet Wortmann schließlich.

Eine Weile herrscht Stille, nur das «Klackklackklack» ist zu hören und ab und zu das Geräusch, wenn Leon eine Seite umblättert.

«Wenn Superman in der Lage ist, etwas Böses zu verhindern», fragt Leon nun, «und er es auch will, dann verhindert er doch das Böse, oder?»

«Klar», sagt der Vater. «Du liest doch immer die Geschichten, wo Superman die Welt rettet.»

«Und wenn er nicht in der Lage wäre, etwas Böses zu verhindern, dann wäre er doch unfähig, oder?», insistiert Leon.

«Stimmt», antwortet Wortmann. War da nicht etwas mit diesem Kryptonit, das den Superhelden schwächen kann? Aber offenbar schafft der es immer wieder, aus der Schwächesituation herauszukommen.

«Und wenn Superman das Böse nicht verhindern wollte, dann wäre er doch selber bösartig, oder?»

Auf was will der Kleine denn nun hinaus? Wortmann wird langsam ein bisschen ungeduldig. «Natürlich, Superman ist doch ein guter Held, also will er auch das Böse verhindern.»

Klackklackklack. Blättern. Ein paar Minuten vergehen.

«Aber Superman verhindert nicht das Böse. Es gibt doch diesen Lex Luthor, der immer wieder die schlimmsten Verbrechen begeht», kommt es schließlich aus dem Kinderzimmer.

«Ja, klar», grummelt der Vater, «wenn es das nicht gäbe, wären die Geschichten langweilig. Es muss immer diesen bösen Gegenspieler geben, das macht die Sache ja erst spannend.» So, das müsste doch jetzt reichen.

«Aber wenn es Superman wirklich gibt, dann ist er doch bestimmt nicht bösartig, und er ist ganz bestimmt nicht unfähig», sagt Leon.

«Da hast du recht, Superman ist doch ein Guter, und er hat ja auch diese Superkräfte.»

Jetzt ist eine Weile Ruhe. Wortmann kann ungestört sein Klackklackklack machen und die Tabelle auf dem Bildschirm mit Zahlen und Zinssätzen füllen. Aber dann steht plötzlich Leon in der Tür zu seinem Büro – fast schon ein Affront, denn das Büro ist das Allerheiligste, das eigentlich nur Wortmann persönlich betreten darf.

«Papa, jetzt hast du dir aber widersprochen», sagt der Sohn, und ein triumphierendes Lächeln umspielt sein Gesicht.

«Ich, mir widersprochen? Wieso? Ich habe doch nur das bestätigt, was man über Superman weiß.»

«Mag sein», sagt Leon, «aber aus all dem, was du gesagt hast, folgt logisch, dass Superman nicht existieren kann.»

«Logisch?»

«Logisch.»

«Das musst du mir erklären.»

Der Sohn zeigt dem Vater eine Aufstellung, die ganz ähnlich aussieht wie eine seiner Excel-Tabellen. Und nach einer Weile sieht Wortmann ein, dass die Logik seines Sohnes fehlerfrei und zwingend ist. Superman kann unter diesen Prämissen tatsächlich nicht existieren.

«Bravo!», sagt Wortmann – und hofft nur inständig, dass sein logisch denkender Spross nicht nächste Woche mit ähnlichen Argumenten die Geschichte vom lieben Gott auseinandernimmt.

Ein guter Schluss

Die Befürchtung von Vater Wortmann ist natürlich berechtigt – was Leon da vorträgt, ist nichts anderes als eine logische Behandlung der Frage, warum es Gott nicht geben kann, wenn er das Böse in der Welt zulässt, nur dass bei ihm Gott durch Superman ersetzt ist. Unter dem Begriff «Theodizee» fassen die Philosophen und Religionsgelehrten seit Jahrhunderten diese Versuche zusammen, die Schlechtigkeit der Welt mit der Idee eines gütigen Gottes zu vereinbaren.

Mit einer logischen Argumentation versucht man schlüssig zu zeigen, dass aus einer gewissen Menge von Prämissen eine bestimmte Aussage folgt. Die klassische Logik verfügt über eine ganze Anzahl dieser Schlussregeln, und ein Beweis entsteht, indem man die Prämissen so lange nach elementaren Regeln umformt, bis schließlich die behauptete Folgerung dasteht.

Die beiden ältesten dieser Regeln sind der «Modus ponens» und der «Modus tollens», mit denen schon die alten Griechen operiert haben. Der Modus ponens sagt: Wenn aus der Aussage *A* die Aussage *B* folgt und außerdem *A* gilt, dann gilt auch *B*. Ein Beispiel:

> Wenn es regnet, ist die Straße nass.
> Es regnet.
> Also ist die Straße nass.

Man kann den Modus ponens so aufschreiben:

$A \rightarrow B, A : B$

Man separiert also die Prämissen durch Kommas, und hinter dem Doppelpunkt steht dann die Folgerung.

Der Modus tollens ist eng damit verwandt. Formal wird er so geschrieben:

$A \rightarrow B, \neg B : \neg A$

Ein Beispiel dafür:

> Wenn es regnet, ist die Straße nass.
> Die Straße ist nicht nass.
> Also regnet es nicht.

Beide Regeln sind nicht nur für jeden denkenden Menschen ziemlich einsichtig, man kann sie auch durch eine Wahrheitstafel schnell überprüfen. Dann sieht man ganz schnell, dass immer dann, wenn die beiden Prämissen wahr sind, auch die Folgerung wahr ist – für alle beliebigen Kombinationen der Wahrheitswerte von *A* und *B*.

Warum braucht man dann logische Schlussregeln? Darauf gibt es eine praktische Antwort und eine grundsätzliche. Praktisch ist es so, dass die Überprüfung von Argumenten mittels Wahrheitstafeln umso aufwendiger wird, je mehr Aussagen in einem Ausdruck vorkommen. Bei Leons Superman-Argumentation sind es, wie wir gleich sehen werden, sechs Aussagen, und die Zahl der möglichen Belegungen dieser Aussagen mit den Wahrheitswerten w und f ist 2^6, also 64.

Es gibt aber noch einen sehr grundsätzlichen Unterschied: Die Auswertung von Wahrheitstafeln ist ein *semantischer* Beweis für die Richtigkeit einer Behauptung. Semantisch deshalb, weil man den konkreten Inhalt berücksichtigt, also die tatsächliche Wahrheit oder Falschheit der Aussagen. Ein Beweis mittels Schlussregeln dagegen ist ein *syntaktischer* – syntaktisch deshalb, weil er nur Aussagen umformt, ohne auf ihren Wahrheitswert zu schauen. Er beruht ausschließlich auf einer Manipulation der logischen Symbole und kümmert sich nicht um Wahrheit oder Falschheit.

Das klingt an dieser Stelle vielleicht spitzfindig. Die Aussagenlogik ist ein simples System, in dem sich alle semantisch wahren Sätze auch syntaktisch beweisen lassen. Man sagt auch, dass das System *vollständig* ist.

Trotzdem ist es schon an dieser Stelle wichtig, den Unterschied zwischen *Wahrheit* und *Beweisbarkeit* zu machen: Ein formales System besteht aus einem Kalkül, also der inhaltsblinden Manipulation von Symbolen, und einer Interpretation dieser Symbole, also einer inhaltlichen Ausdeutung, in diesem Fall der Belegung mit wahren und falschen Aussagen. Ein und dasselbe System kann mehrere Interpretationen haben. *Wahr* ist ein Satz, der in der jeweiligen Interpretation des Systems gilt. *Beweisbar* ist er, wenn er sich aus genau definierten Axiomen und Schlussregeln syntaktisch Schritt für Schritt herleiten lässt. Wie gesagt, in der Aussagenlogik fallen Wahrheit und Beweisbarkeit zusammen, und bis vor einigen Jahrzehnten meinten die Mathematiker auch, dass in ihrer Wissenschaft alle wahren Sätze beweisbar seien. In Kapitel 10 werden wir sehen, dass Kurt Gödel ihnen diese Illusion ein für allemal genommen hat.

Ein formal korrekter logischer Beweis benutzt wirklich in jedem Schritt nur Sätze aus dem Vorrat der Prämissen oder Aussagen, die aus diesen hergeleitet wurden, unter Anwendung weniger Umformungs- und Schlussregeln. In jeder Zeile ist anzugeben, wie sie aus den vorherigen folgt – Floskeln der Art «wie man leicht sieht ...», wie sie die Mathematiker gern benutzen, sind nicht erlaubt!

Bevor wir uns an die Superman-Geschichte wagen, erst einmal ein einfacheres Beispiel. Das folgende Argument soll bewiesen werden:

$A \rightarrow B, \neg A \rightarrow C, \neg \mathrm{B}: C$

Ein Beispiel für dieses Schluss-Schema:

«Wenn ich meinen Teller leer esse, gibt es schönes Wetter. Wenn ich meinen Teller nicht leer esse, schimpft meine Mutter. Es gibt kein schönes Wetter. Also schimpft meine Mutter.» Klingt logisch, oder?

Um das formal zu beweisen, schreibt man zunächst mal alle Prämissen hin und nummeriert sie:

1. $A \rightarrow B$
2. $\neg A \rightarrow C$
3. $\neg B$

Nun erzeugt man durch Anwendung von Umformungs- und Schlussregeln neue Sätze – mit dem Ziel, dass sich irgendwann die Konklusion ergibt, also C.

4. $\neg A$ (1, 3 MT)

In Klammern ist immer angegeben, aus welchen bisherigen Sätzen und mit welcher Regel der neue Satz kreiert wurde. In diesem Fall wurde auf die Sätze 1 und 3, also die Prämissen $A \rightarrow B$ und $\neg B$, der Modus tollens angewendet, und so schließt man auf nicht-*A*. Und das stimmt ja auch: «Wenn ich meinen Teller leer esse, gibt es schönes Wetter. Es gibt kein schönes Wetter. Also habe ich meinen Teller nicht leer gegessen.»

Der nächste Schritt ist schon der letzte:

5. C (2, 4 MP)

Ein klarer Modus ponens: «Wenn ich meinen Teller nicht leer esse, schimpft meine Mutter. Ich habe meinen Teller nicht leer gegessen. Also schimpft meine Mutter.» Fertig ist der Beweis!

Kommt Ihnen das alles jetzt ein bisschen übergenau und spitzfindig vor? Mag sein, aber das ist auch die Stärke dieses Beweisverfahrens: Es ist wirklich bombensicher, weil in jeder Zeile nur sehr elementare Umformungen bereits geltender Sätze gemacht werden. Das heißt nun aber nicht im Umkehrschluss, dass das Finden eines solchen Beweises ein Kinderspiel wäre – bei komplizierteren Sätzen muss man manchmal ganz schön grübeln, um den richtigen Lösungsweg zu finden. Trotzdem haben die Mathematiker vor 100 Jahren davon geträumt, so die gesamte Mathematik zu beweisen: Man zieht alle möglichen formalen Schlüsse aus allen möglichen Axiomen und kommt dann nach endlich vielen Schritten zu jedem wahren Satz!

Wir sind jetzt gewappnet, um Leons Superman-Geschichte zu formalisieren. Lässt sich der Satz «Superman existiert nicht» wirklich syntaktisch aus den Prämissen herleiten? Weil das Ganze etwas technisch ist, sind die entsprechenden Abschnitte grau hinterlegt, Formel-Allergiker können sie überspringen.

Zunächst einmal ersetzen wir die Sätze durch prägnante Buchstaben:
L steht für «Superman ist in der Lage, Böses zu verhindern».
W steht für «Superman ist willig, Böses zu verhindern».
U steht für «Superman ist unfähig».
B steht für «Superman ist bösartig».
V steht für «Superman verhindert Böses».
E steht für «Superman existiert».

Die Prämissen lassen sich dann folgendermaßen codieren:

«Wenn Superman in der Lage und willig ist, etwas Böses zu verhindern, dann verhindert er es.»

1. $(L \wedge W) \rightarrow V$

«Wenn Superman nicht in der Lage ist, etwas Böses zu verhindern, dann ist er unfähig.»

2. $\neg L \rightarrow U$

«Wenn Superman das Böse nicht verhindern will, dann ist er bösartig.»

3. $\neg W \rightarrow B$

«Superman verhindert nicht das Böse.»

4. $\neg V$

«Wenn Superman existiert, dann ist er weder bösartig noch unfähig.»

5. $E \rightarrow (\neg B \wedge \neg U)$

Die Behauptung ist nun, dass aus diesen fünf Prämissen die Nichtexistenz Supermans folgt:

$$(L \wedge W) \rightarrow V, \neg L \rightarrow U, \neg W \rightarrow B, \neg V, E \rightarrow (\neg B \wedge \neg U) : \neg E$$

Um das zu beweisen, erzeugen wir nach und nach neue Aussagen aus den bereits bekannten, wobei wir bei jedem Schritt angeben, welche Regel wir dazu benutzt haben. Für diesen Beweis brauchen wir insbesondere die folgenden Regeln:

$A \rightarrow B :: B \vee \neg A$ (Implikation, kurz Impl)

Diese Regel kennen wir schon aus Kapitel 2. Der Doppelpunkt bedeutet, dass der Schluss in beide Richtungen funktioniert, die Ausdrücke sind also äquivalent.

$A \rightarrow B :: \neg B \rightarrow \neg A$ (Kontraposition, kurz Kontra)

Dass diese Regel stimmt, sieht man schnell, wenn man ein Beispiel einsetzt: «Wer viel Alkohol trinkt, wird betrunken» ist äquivalent zu «Wer nicht betrunken ist, hat nicht viel Alkohol getrunken».

$\neg(A \wedge B) :: \neg A \vee \neg B$

$\neg(A \vee B) :: \neg A \wedge \neg B$ (De Morgan'sche Gesetze, DM)

Die De Morgan'schen Gesetze erklären, wie man Und- und Oder-Verknüpfungen verneint. Auch diese Regeln sieht man sofort ein, wenn man konkrete Aussagen einsetzt: «Ich bin nicht reich und berühmt» ist dasselbe wie «Ich bin nicht reich oder ich bin nicht berühmt (oder beides)».

$A \rightarrow B, B \rightarrow C: A \rightarrow C$ (Hypothetischer Syllogismus, HS)

Diese Regel erlaubt es, eine Kette von Implikationen aufzustellen: «Wenn es regnet, wird die Straße nass. Wenn die Straße nass ist, geraten Autos leichter ins Schleudern. Also geraten Autos bei Regen leichter ins Schleudern.»

Jetzt kann der Beweis losgehen. Wir beginnen, indem wir den Modus tollens auf die Aussagen 1 und 4 anwenden, und erhalten:

6. $\neg(L \wedge W)$ (1, 4 MT)

In Klammern steht hinter jeder neuen Aussage, wie wir sie erhalten haben. Wir formen den Ausdruck mit der De Morgan'schen Regel um:

7. $\neg L \vee \neg W$ (6 DM)

Superman ist also entweder nicht in der Lage oder nicht willig, Böses zu verhindern. Wenn er nicht in der Lage ist, dann ist er laut

Aussage 2 unfähig, wenn er nicht willens ist, dann ist er gemäß Aussage 3 bösartig. Dürfen wir nun folgern, dass er entweder unfähig oder bösartig ist? Nicht einfach so, es sind ein paar Schritte dazu nötig:

8. $\neg U \rightarrow L$ (2 Kontra)
9. $L \rightarrow \neg W$ (7 Impl)
10. $\neg U \rightarrow \neg W$ (8,9 HS)
11. $\neg U \rightarrow B$ (10,3 HS)
12. $U \vee B$ (11 Impl)

Jetzt sind wir kurz vor dem Ziel:

13. $\neg(\neg B \wedge \neg U)$ (12 DM)

Das heißt: Die rechte Seite der Implikation in Aussage 5 ist falsch, also muss per Modus tollens auch die linke Seite falsch sein.

14. $\neg E$ (5,13 MT)

Das ist das Ende des Beweises – wir haben die Behauptung («Superman existiert nicht») aus den Prämissen hergeleitet.

In der Aussagenlogik lassen sich alle wahren Aussagen auf ähnliche Art beweisen. Hier sind es recht viele Schritte für eine Folgerung, die man irgendwie ja schon in den Prämissen aufscheinen sah. Das ist der Preis der logischen Exaktheit. Wenn man mehr logische Schlussregeln hinzufügt, die man aus den grundlegenden ableitet, dann werden die Beweise kürzer. Umgekehrt werden sie länger und undurchsichtiger, wenn man weniger Regeln erlaubt.[6] Wie viele braucht man mindestens? Es lässt sich zeigen, dass tatsächlich eine Regel genügt, etwa der Modus ponens. Alle anderen sind dann beweisbar. Da außerdem der NAND-Operator genügt, um alle logischen Verknüpfungen auszudrücken, heißt das: Mit einem einzigen Operator und einer einzigen Schlussregel kann man alle wahren Sätze der Aussagenlogik herleiten. Lesen kann die entsprechenden Beweise allerdings kaum jemand.

Was Leon seinem Vater hier präsentiert hat, ist ein Beispiel für ein logisches Argument. Aus fünf Prämissen folgt ein korrekter Schluss. Das ist natürlich ein extremer Fall, in der Praxis sind es meist zwei oder drei Prämissen, wie etwa im Modus ponens. Ein Argument, bei dem die logischen Regeln richtig angewandt werden, nennt man auch ein *gültiges* oder *valides* Argument. Trotzdem muss die Konklusion nicht stimmen – sie ist nur wahr unter der Voraussetzung, dass alle Prämissen wahr sind. Ist eine von ihnen falsch, dann kann auch ein gültiges Argument zu einer falschen Aussage führen – wie wir schon in Kapitel 1 gesehen haben, kann man aus falschen Prämissen alles folgern.

Wenn das Argument gültig ist und außerdem alle Prämissen wahr, dann nennt man es auch *schlüssig*. Ein schlüssiges Argument führt tatsächlich zu einer wahren Aussage.

Ein Argument, das seine Konklusion nicht schlüssig beweist, nennt man auch einen *Fehlschluss*. In politischen und weltanschaulichen Auseinandersetzungen wird viel mit solchen Fehlschlüssen argumentiert. Darunter sind rein logische Fehlschlüsse, die tatsächlich ein nicht gültiges Argument darstellen, aber auch viele Wendungen, die versuchen, das Gegenüber von der eigenen Ansicht zu

6 Eine Liste der gebräuchlichsten logischen Axiome und Schlussregeln finden Sie im Anhang.

überzeugen, obwohl man nicht viele stichhaltige Fakten zu bieten hat. Sie zeugen von Denkfaulheit und Blenderei, und sie gehören eher ins Gebiet der Rhetorik als in das der Logik. Trotzdem will ich auch sie in meine kleine und unvollständige Liste der wichtigsten Fehlschlüsse einbeziehen. Wer sich diese Muster einmal eingeprägt hat, der wird in jeder Talkshow-Runde im Fernsehen Beispiele für sie finden!

Falscher Modus ponens / Modus tollens: Die rein logischen Fehlschlüsse verletzen tatsächlich grundlegende logische Schlussregeln. Beispiel: «Wer zu viel Schokolade isst, wird dick. Ich esse keine Schokolade – also muss ich nicht befürchten, dick zu werden.» Formal gesehen wird hier aus der Gültigkeit von $A \rightarrow B$ und nicht-A auf nicht-B geschlossen – unzulässigerweise.

Die falsche Prämisse: Hier wird klar, dass ein gültiges Argument nicht schlüssig sein muss: «Säugetiere legen keine Eier. Das Schnabeltier legt Eier. Also ist das Schnabeltier kein Säugetier.» Die Logik ist makellos, aber die erste Prämisse stimmt nicht: Es gibt eben doch eierlegende Säugetiere.

Der Zirkelschluss: Man schließt von A auf B und dann (eventuell noch mit weiteren Zwischenstationen) wieder auf A zurück. Beispiel: «Die Gentechnik ist zu wenig erforscht. Deshalb wird sie von einer Mehrheit in der Bevölkerung abgelehnt. Deshalb sollten Versuche mit gentechnisch veränderten Organismen stark eingeschränkt werden.»

Eine weitere Klasse von Fehlschlüssen stellt unzulässige Zusammenhänge zwischen Aussagen her.

Post hoc, ergo propter hoc: Das ist Lateinisch und bedeutet, dass man aus der Tatsache, dass A nach B auftritt, darauf schließt, dass B die Ursache für A ist: «Ich habe Milch getrunken und zwei Stunden später Bauchschmerzen bekommen. Also bin ich allergisch gegen Milch.» Jeder induktive Schluss in der Naturwissenschaft läuft Gefahr, diesen Fehler zu machen, und streng genommen können auch noch so viele Beobachtungen einen kausalen Zusammenhang nicht beweisen.

Das Dammbruchargument: Aus einer Aussage *A* wird eine Kette von Folgerungen abgeleitet, die letzte stellt etwas ganz Schlimmes dar, also muss *A* von Übel sein. Beispiel: «Wenn man die Abtreibung behinderter Föten erlaubt, wird es immer weniger Behinderte in der Gesellschaft geben. Wenn es weniger Behinderte gibt, wächst die Stigmatisierung der Behinderten. Und dann werden Behinderte noch mehr diskriminiert als heute.» Die Argumentationskette enthält immer ein schwaches Glied oder auch mehrere – in diesem Fall gibt es wirklich keine Anzeichen dafür, dass die Diskriminierung steigt, wenn es weniger Behinderte gibt.

Das falsche Dilemma: Man verkürzt die Zahl der Alternativen und zieht dann einen falschen Schluss: «Entweder fahren wir im Urlaub nach Holland oder nirgendwohin. Du willst nicht nach Holland – gut, dann bleiben wir eben hier!» Auch ein Detektiv läuft ständig Gefahr, einen solchen Fehlschluss zu begehen, wenn er unter der Prämisse «Entweder war es der Gärtner oder der Butler oder das Zimmermädchen» die ersten beiden Möglichkeiten ausschließt und so das Zimmermädchen zu überführen glaubt. Es könnte eben immer noch ein Fremder gewesen sein!

Falsche Analogie: *A* ist so ähnlich wie *B*. Wenn *C* aus *B* folgt, dann folgt aus *A* etwas Ähnliches wie *C*. Ein Beispiel ist das Argument von Evolutionszweiflern: «Dass sich aus einer Mischung von organischen Substanzen ein komplexer Organismus entwickelt ist so unwahrscheinlich wie die Annahme, dass ein Tornado über einen Schrottplatz fegt und dabei ein funktionierender Mercedes entsteht.» Merke: Jeder Vergleich hinkt, und manche besonders stark.

Der Pappkamerad: Man ersetzt die Meinung des Gegners durch eine verzerrte oder simplifizierte Fassung, gegen die man dann anargumentiert. Beispiel: Abgeordneter A fordert, im Verteidigungshaushalt die Ausgaben für Büroklammern um 20 Prozent zu verkürzen. Abgeordneter B darauf: «Wollen Sie unser Land schutzlos dem Feind überlassen?»

Die falsche Äquivalenz: Man setzt zwei Dinge gleich, die aber nicht das Gleiche sind. Beispiel: «Die Umweltschützer sagen, das Klima erwärme sich. Wir hatten aber einen sehr kalten Sommer. Also haben sie unrecht.» In dieser Argumentation wird das Klima (also die allgemeine Wetterlage, gemittelt über einen langen Zeitraum) mit dem Wetter gleichgesetzt.

Besonders schwach sind Argumente, die offensichtlich ihre Aussagen und Definitionen angesichts einer starken Gegenposition abwandeln, um die eigene Position halten zu können.

Ad-hoc-Hypothesen: Man behauptet, dass man übersinnliche Phänomene wie das Gedankenlesen durch wissenschaftliche Experimente beweisen könne, und legt auch ein paar Versuchsreihen vor. Ein Skeptiker versucht das Experiment zu verifizieren und scheitert. Anstatt das als einen schwerwiegenden Einwand gegen die Theorie zu interpretieren, beharrt man auf ihr und ergänzt sie durch den Zusatz, dass Gedankenlesen in Gegenwart von Ungläubigen nicht funktioniert.

Verschieben des Torpfostens: Hier verschiebt man die Kriterien für die eigenen Argumente. «Die Evolutionstheorie kann nicht stimmen, weil es keine Zwischenform zwischen Fischen und Amphibien gibt.» Wenn dann ein Biologe den Tiktaalik präsentiert, der genau so eine Zwischenform darstellt, lautet das neue Argument: «Aber es gibt keine Zwischenform zwischen dem Tiktaalik und den Amphibien.»

«Kein echter Schotte»: Hier werden die Begriffe selbst manipuliert. «Alle Schotten sind mutige Männer.» – «Aber schau mal, MacDonald ist ein regelrechter Feigling.» – «MacDonald? Der ist kein richtiger Schotte.» Wenn ein konservativer Christ sagt: «Kein Christ kann für die Abtreibung sein!», dann sind die Christen, die eine Liberalisierung des Abtreibungsrechts befürworten, für ihn eben keine richtigen Christen.

Viele Fehlschlüsse erkennt man daran, dass sie versuchen, ihre schwache Argumentation durch eine fremde Autorität zu stützen – oder umgekehrt zeigen, dass der Gegner in einem Boot mit zwielichtigen Gestalten sitzt oder selbst nicht vertrauenswürdig ist.

Popularitätsargument: «20 Millionen Volksmusikfans können sich nicht irren!» – «Millionen Menschen wenden die Bachblütentherapie an und sind damit zufrieden!»

Autoritätsargument: «Hohe Dosen von Vitamin C schützen vor Erkältungen. Das sagte Linus Pauling, und der war zweifacher Nobelpreisträger.» Pauling hat aber einen Chemie- und einen Friedensnobelpreis bekommen und sich erst im Alter für abseitige medizinische Therapien engagiert. Auch jeder Prominente, der in Werbespots für Bockwürste wirbt, wirft seine Autorität (etwa auf dem Gebiet der Quizshowmoderation) für eine «fachfremde» Behauptung in die Waagschale. Umgekehrt wird mit der gleichen Haltung versucht, gute Gegenargumente zu entkräften, indem man dem anderen die Expertise abspricht: «Du hast ja gar keine Ausbildung in transpersonaler Auratherapie gemacht, deshalb kannst du dazu auch nichts sagen.»

Die Galileo-Karte: «Auch Galileo wurde zu seinen Lebzeiten für seine Ansichten verlacht – heute gilt er als einer der größten Gelehrten.» Vielleicht wurden ja tatsächlich alle großen Neuerer einmal belächelt, aber umgekehrt wird nicht jeder abstruse Gedanke, über den man heute den Kopf schüttelt, später einmal zur Lehrmeinung.

Die Hitler-Karte: Besonders im deutschen Sprachraum glaubt man jede Meinung diskreditieren zu können, indem man zeigt, dass Hitler eine ähnliche Ansicht hatte. Vegetarier sind verkappte Nazis, und die Autobahnen sind des Teufels, weil ihr Bau von Hitler vorangetrieben wurde. Ein klassisches Beispiel dafür sind auch die Sätze, die Helmut Kohl 1986 in einem Interview mit *Newsweek* über Michail Gorbatschow sagte: «Das ist ein moderner kommunistischer Führer, ... der versteht etwas von PR. Der Goebbels verstand auch etwas von PR. Man muss doch die Dinge auf den Punkt bringen!»

Ad-hominem-Argument: Ein Detail aus der Vorgeschichte des Gegners oder ein Persönlichkeitsmerkmal, das nichts mit der Streitfrage zu tun hat, wird zur Diskreditierung seiner Position herangezogen: «Herr X hat einmal ein Strafmandat wegen zu schnellen Fahrens bekommen, deshalb ist seine Position zum Umweltschutz von vornherein unglaubwürdig.» In den USA werden die Präsidentschaftskandidaten vor allem anhand ihres Geschlechtslebens vorsortiert – wer da eine bewegte oder ungewöhnliche Vergangenheit hat, der braucht für ein politisches Amt gar nicht erst anzutreten.

Tu quoque: Lateinisch für «du auch». A argumentiert für besseren Tierschutz und vegetarische Lebensweise, und B hält ihm entgegen: «Du trägst doch selber eine Lederjacke, und gestern habe ich dich mit einer Currywurst in der Hand gesehen!» Das Verhalten von A mag seinen Ansichten widersprechen, vielleicht hat er sogar noch vor kurzer Zeit eine gegenteilige Position vertreten – aber das macht sein Argument nicht schlechter.

Zu den schwächsten Argumenten gehören solche, die nur von ideologischen Annahmen gestützt und nicht weiter begründet werden.

Traditionsargument: Vor ein paar Jahrzehnten mag man Neues automatisch für besser gehalten haben (das nennt man den «ad novitatem»-Fehlschluss), heute wird oft damit argumentiert, dass Altes automatisch gut ist, etwa die «Traditionelle chinesische Medizin». Die Werbewelt schafft es, beide Fehlschlüsse miteinander zu kombinieren, etwa einer Marmelade «nach guter, alter Hausfrauenart» einen «Neu!»-Aufkleber zu verpassen.

Naturalistischer Fehlschluss: Alles, was «natürlich» ist, ist auch richtig. Männer sind im Allgemeinen stärker als Frauen, deshalb steht ihnen mehr Einfluss zu. In der Natur gibt es keine Homosexualität (was übrigens nicht stimmt), deshalb ist sie verwerflich. «Natürliche» Lebensmittelzusätze sind besser als «künstliche».

Ein paar schlechte Argumentationsweisen sind rein rhetorischer Natur – die Schwäche der eigenen Position soll mit Worten überspielt werden. Der Vollständigkeit halber seien ein paar von ihnen erwähnt:

Äquivokation: Hier wird mit gleichlautenden Begriffen argumentiert, obwohl damit unterschiedliche Dinge gemeint werden. Beispiel: «Es ist unmoralisch, ein unschuldiges menschliches Wesen zu töten. Föten sind unschuldige menschliche Wesen. Deshalb ist die Abtreibung unmoralisch.» Auch wenn man so argumentieren *kann* – die meisten Zuhörer stellen sich doch unter einem «menschlichen Wesen» etwas anderes vor, wenn sie den ersten Satz hören, als wenn sie den zweiten Satz hören.

Die Frage ignorieren: Das ist die rhetorische Talkshow-Sünde Nummer eins: auf die Frage, die einem unangenehm ist, gar nicht eingehen und hoffen, dass der eigene Wortschwall die Frage in Vergessenheit geraten lässt.

Ad nauseam: Man vertraut darauf, dass eine falsche Behauptung als wahr empfunden wird, wenn man sie nur oft genug wiederholt. «Die Menschen glaubten im Mittelalter, die Welt sei eine Scheibe», «Hummeln können nach den Gesetzen der Aerodynamik eigentlich gar nicht fliegen» – wer das Internet mit dem Stichwort «Nutzloses Wissen» durchsucht, wird Hunderte dieser unbewiesenen und meist falschen Behauptungen finden.

Die Unterstellung: «Haben Sie endlich damit aufgehört, Ihre Frau zu schlagen?» Wer seinem Gegenüber schon in der Frage etwas unterstellt, der zwingt ihn, zunächst einmal umständlich diese Unterstellung herauszuarbeiten. Man kann die Frage weder mit «Ja» noch mit «Nein» beantworten, ohne sich zu der unterstellten Gewalttätigkeit zu bekennen.

Und schließlich gibt es noch einen ganz vertrackten Fehlschluss:

Der Fehlschluss-Fehlschluss: Wenn der Gegner einem Fehlschluss unterliegt, dann sollte man das immer bloßstellen. Nur: Ein Argument gegen seine Behauptung ist diese Entlarvung nicht – die kann trotzdem stimmen!

4 Denksport 1: Logicals

Als «Logicals» wird in Deutschland eine Sorte von Denkspielen bezeichnet, bei der es, abstrakt gesprochen, darum geht, Beziehungen zwischen Gruppen mit jeweils gleich vielen Elementen herzustellen. Zum Beispiel erfahren wir die Namen von fünf Freunden, jeder von ihnen hat ein anderes Lieblingsgetränk, eine andere Lieblingssportart, eine andere Freundin und ein Haustier. Es gilt, den Namen jeweils ein Getränk, eine Sportart, ein Mädchen und ein Tier zuzuordnen. Es wird eine Reihe von direkten oder indirekten Hinweisen gegeben, und zur Kontrolle endet das Rätsel dann oft mit einer Frage wie: «Wie heißt die Freundin des Biertrinkers?»

Mathematisch-logisch gesehen, stellt sich das Problem so dar: Wir haben eine Anzahl von Mengen mit jeweils n Elementen, und nun soll eine Zuordnung zwischen diesen Mengen stattfinden, die sich nach einer Reihe von Bedingungen richtet. In dem Beispiel sind die Mengen M_1 bis M_5 die Männer, die Getränke, die Frauen, die Sportarten und die Haustiere. Es sollen fünf Zuordnungen der Form (Sven, Bier, Fußball, Clara, Wellensittich) gebildet werden. Natürlich so, dass nicht etwa zwei Männer dieselbe Freundin haben.

Das Problem ist vollständig lösbar, indem man alle möglichen Kombinationen untersucht und dann für jede überprüft, ob sie alle Bedingungen erfüllt. Aber schon bei dem Beispielrätsel mit Fünfergruppen sind das sehr viele: Es gibt $5 \times 4 \times 3 \times 2 = 120$ Möglichkeiten, jedem Mann ein Getränk zuzuordnen. Für jeden dieser Fälle gibt es 120 Kombinationen mit einer Sportart, dann jeweils 120 Möglichkeiten, die Frauen und die Haustiere zuzuordnen. Macht insgesamt

$$120 \times 120 \times 120 \times 120 = 207\,360\,000$$

Ein moderner PC kann die Sache durch stures Ausprobieren in weniger als einer Stunde erledigen. Menschen dagegen lösen das Problem nicht mit brutaler Rechenkraft, sondern schränken die Zahl der Möglichkeiten immer weiter ein, bis nur noch eine übrig bleibt.

Hier ist ein Beispielrätsel der Ordnung 3: In Neustadt gibt es drei Fußballvereine – den 1. FC Neustadt, den SV Neustadt und die Kickers Neustadt. Jeder hat ein eigenes Stadion, es gibt das Zentralstadion, das Parkstadion und die Sportarena. Eine Mannschaft spielt in blauen Trikots, eine in roten und eine in weißen. Und schließlich haben die Vereine unterschiedliche Mitgliederzahlen: 300, 400 und 500.

Folgende Hinweise sind gegeben:

1. Der 1. FC Neustadt, der in blauen Trikots spielt, hat weniger Mitglieder als der Verein, der im Zentralstadion spielt.
2. Der SV Neustadt hat 400 Mitglieder.
3. Die Kickers Neustadt spielen nicht mit roten Trikots. Ihre Mitgliederzahl und die des Vereins, der im Parkstadion spielt, beträgt nicht 300.

Das wichtigste Hilfsmittel zur Lösung des Rätsels ist ein Schema, in das wir die Ergebnisse eintragen, zu denen wir gekommen sind. Meist geben die Hinweise eine Beziehung zwischen einem Element einer Menge und einem Element einer anderen Menge wieder. Hier gibt es vier Gruppen, das ließe sich am besten in einem Koordinatensystem mit vier Achsen darstellen. Wir haben aber nur zwei Dimensionen auf dem Papier zur Verfügung, deshalb ordnen wir die Mengen etwas anders an:

	Zentral	Park	Sport	blau	rot	weiß	300	400	500
1. FC									
SV									
Kickers									
300									
400									
500									
blau									
rot									
weiß									

Die Kästchen füllen wir nun langsam auf – und zwar mit einem Pluszeichen, wenn eine bestimmte Zuordnung gilt, und mit einem Minuszeichen, wenn sie nicht gilt. In jedem der Quadrate mit 3 mal 3 Zellen muss am Schluss in jeder Zeile und jeder Spalte genau ein Plus stehen. Und das Rätsel ist gelöst, wenn die oberen drei Quadrate komplett gefüllt sind.

Die Tabelle auf Seite 58 oben zeigt, welche Informationen wir definitiv aus den drei Bedingungen entnehmen können.

Es stand dabei auch einiges sozusagen «zwischen den Zeilen»: Satz 1 sagt zum Beispiel, dass der 1. FC Neustadt nicht im Zentralstadion spielt, dass er nicht der Verein mit den 500 Mitgliedern ist und dass der Verein, der im Zentralstadion spielt, nicht der mit den 300 Mitgliedern sein kann.

	Zentral	Park	Sport	blau	rot	weiß	300	400	500
1. FC	–			+					–
SV								+	
Kickers		–			–		–		
300	–	–							
400									
500									
blau									
rot									
weiß									

Als Nächstes füllen wir in allen Dreierkästchen die Zeilen und Spalten, in denen ein Plus steht, komplett mit Minuszeichen auf. Und wenn in einer Zeile oder Spalte schon zwei Minuszeichen stehen, kann das letzte nur ein Pluszeichen sein.

	Zentral	Park	Sport	blau	rot	weiß	300	400	500
1. FC	–			+	–	–	+	–	–
SV				–	+	–	–	+	–
Kickers		–		–	–	+	–	–	+
300	–	–	+						
400									
500									
blau									
rot									
weiß									

Damit sind schon alle Zuordnungen der Vereine zu den Trikotfarben klar sowie die Mitgliederzahlen. Fehlen nur noch die Stadien.

Die Information darüber holen wir uns aus den unteren Kästchen. Die dürfen wir nämlich auf folgende Weise in die obere Zeile «spiegeln»: Wir wissen, dass der 1. FC 300 Mitglieder hat, deshalb gelten für ihn alle Informationen, die weiter unten in der Zeile «300» stehen – also insbesondere das Plus bei der Sportarena. Und damit füllt sich das ganze Diagramm.

	Zentral	Park	Sport	blau	rot	weiß	300	400	500
1. FC	–	–	+	+	–	–	+	–	–
SV	–	+	–	–	+	–	–	+	–
Kickers	+	–	–	–	–	+	–	–	+
300	–	–	+						
400									
500									
blau									
rot									
weiß									

Man könnte auch noch die unteren Felder alle ausfüllen, aber das wäre nur noch Fleißarbeit – indem wir oben alle Stadien, Farben und Mitgliederzahlen den drei Vereinen zugeordnet haben, ist der Job erledigt und das Rätsel gelöst.

Eine etwas schwierigere Aufgabe? Bitte schön:[7] Es geht um die bekannte Fernsehserie *Dr. House*. Der Titelheld rettet mit seinem Team von Montag bis Freitag jeden Tag einen Menschen vor einer schweren Krankheit. Es gibt dazu aber auch an jedem Tag eine Nebenhandlung. Folgende Informationen liegen vor:

7 Das Rätsel stammt von Frank Westenfelder, www.daf-raetsel.de

1. Am Dienstag hatte es House mit einem komplizierten Fall von Pestizidvergiftung zu tun.
2. Als er die Folgen eines Zeckenstichs behandelte, bekam er auch Probleme mit Vogler, dem neuen Geldgeber der Klinik.
3. Den Gangster heilte Dr. House von einer Cadmiumvergiftung. Das war am Tag, nachdem er wieder seiner Exfreundin begegnet war.
4. An dem Tag, als Dr. House die Lehrerin behandelte, wurde Wilson von seiner Frau verlassen. Zwei Tage später war ihm Wilson eine große Hilfe bei der Operation eines Tumors.
5. Das Mädchen wurde nicht an dem Tag behandelt, an dem Cameron ein Verhältnis mit Chase begann.
6. Am Donnerstag ging Cuddy mit Wilson essen.
7. Am Mittwoch hatte Dr. House eine Nonne als Patientin.

Gefragt ist nun: Wann wurde der Student behandelt? Wer litt unter Beulenpest?

Auch hier kann man erst einmal die offensichtlichen Informationen eintragen, siehe nebenstehende Tabelle oben.

Hier sind schon die Zeilen und Spalten mit Minuszeichen aufgefüllt sowie alle Informationen aus den unteren Kästchen in die Tages-Zeilen «gespiegelt». Außerdem kann ein Ereignis, das einen Tag nach einem anderen geschieht, nicht montags passieren, und wenn zwei Tage nach einem Ereignis ein anderes folgt, muss das erste Ereignis spätestens am Mittwoch geschehen.

Und schon zeigt ein Blick aufs Diagramm: Der Gangster kann nur am Donnerstag seine Behandlung gegen die böse Vergiftung erfahren haben!

Dann aber kommt eins zum anderen. Die einzige etwas kniffligere Stelle ist die, wo man herausfinden muss, ob Dr. House die Lehrerin am Montag oder Dienstag behandelte – da hilft die Infor-

	Pestizid	Zecke	Cadmium	Tumor	Beulenpest	Gangster	Lehrerin	Mädchen	Nonne	Student	Vogler	Wilson allein	Exfreundin	Cameron & Chase	Cuddy & Wilson
Montag	–		–	–		–			–						–
Dienstag	+	–	–	–	–	–			–						–
Mittwoch	–		–			–	–	–	+	–		–			–
Donnerstag	–	–					–		–		–	–	–	–	+
Freitag	–		–			–	–		–			–	–		–
Vogler	–	+	–	–	–		–								
Wilson allein		–				–	+	–	–	–					
Exfreundin		–	–			–	–								
Cameron & Chase		–					–	–							
Cuddy & Wilson		–					–								
Gangster	–	–	+	–	–										
Lehrerin			–												
Mädchen			–												
Nonne			–												
Student			–												

mation, dass zwei Tage später der Tumor operiert wurde, und es bleibt nur noch der Montag übrig (siehe Tabelle auf Seite 62 oben).

Die Logicals leben davon, dass sie nicht nur eindeutige Informationen geben, sondern Beziehungen zwischen den Gruppen aufstellen, die man nicht immer offensichtlich ins Diagramm eintragen kann, sondern im Kopf behalten oder sich separat noch einmal ausdrücklich notieren muss.

Aber Sie haben nun das Rüstzeug, sich an ein Rätsel zu wagen, das auf manchen Internetseiten als «das schwerste der Welt»

	Pestizid	Zecke	Cadmium	Tumor	Beulenpest	Gangster	Lehrerin	Mädchen	Nonne	Student	Vogler	Wilson allein	Exfreundin	Cameron & Chase	Cuddy & Wilson
Montag	–	–	–	–	+	–	+	–	–	–	–	+	–	–	–
Dienstag	+	–	–	–	–	–	–	–	–	+	–	–	–	+	–
Mittwoch	–	–	–	+	–	–	–	–	+	–	–	–	+	–	–
Donnerstag	–	–	+	–	–	+	–	–	–	–	–	–	–	–	+
Freitag	–	+	–	–	–	–	–	+	–	–	+	–	–	–	–
Vogler	–	+	–	–	–		–								
Wilson allein		–				–	+	–	–	–					
Exfreundin		–					–								
Cameron & Chase		–					–	–							
Cuddy & Wilson		–					–								
Gangster	–	–	+	–	–										
Lehrerin			–												
Mädchen			–												
Nonne			–												
Student			–												

bezeichnet wird. Das ist natürlich genauso Unsinn wie die Behauptung, es stamme von Einstein, und der habe gesagt, nur zwei Prozent aller Menschen könnten es lösen. Das Rätsel ist auch unter dem Namen «Zebrarätsel» bekannt, seine ursprüngliche Version erschien am 17. Dezember 1962 im *Life International Magazine*. Das Logical enthält sechs Gruppen mit je fünf Elementen, es geht um Männer verschiedener Nationen, die unterschiedliche Getränke trinken, Zigaretten rauchen und ungewöhnliche Tiere halten. Sie wohnen nebeneinander in fünf verschiedenfarbigen Häusern. Das hier sind die Lösungsbedingungen:

1. Es gibt fünf Häuser.
2. Der Engländer wohnt im roten Haus.
3. Der Spanier hat einen Hund.
4. Kaffee wird im grünen Haus getrunken.
5. Der Ukrainer trinkt Tee.
6. Das grüne Haus ist direkt rechts vom weißen Haus.
7. Der Raucher von Old-Gold-Zigaretten hält Schnecken als Haustiere.
8. Die Zigaretten der Marke Kools werden im gelben Haus geraucht.
9. Milch wird im mittleren Haus getrunken.
10. Der Norweger wohnt im ersten Haus.
11. Der Mann, der Chesterfields raucht, wohnt neben dem Mann mit dem Fuchs.
12. Die Marke Kools wird geraucht im Haus neben dem Haus mit dem Pferd.
13. Der Lucky-Strike-Raucher trinkt am liebsten Orangensaft.
14. Der Japaner raucht Zigaretten der Marke Parliaments.
15. Der Norweger wohnt neben dem blauen Haus.

Und jetzt sind Sie dran: Wer trinkt Wasser? Wem gehört das Zebra?

5 Die Höllenmaschine

oder

Rechnen Sie mit der Wahrheit!

Das Erste, was James Blond bemerkt, als sich der Schleier vor seinen Augen langsam verzieht, ist durchaus angenehm: Die dunkelhaarige Schönheit, die er heute morgen kennengelernt hat, liegt noch immer neben ihm, und sie trägt auch jetzt nicht mehr als einen knappen roten Bikini. Wie hieß sie noch? Ach ja, Tonya.

Das Zweite, was James Blond bemerkt, ist ein stechender Schmerz im Hinterkopf.

Das Dritte bemerkt er, als er reflexhaft seine Hand in Tonyas Richtung ausstrecken will: Er kann seine Hände nicht bewegen, weil sie mit einem Kabelbinder auf seinem Rücken zusammengebunden sind. Auch seine Beine gehorchen ihm nicht, seine und Tonyas Fußgelenke sind fest aneinander gefesselt. Blond hatte noch nie etwas für allzu enge Bindungen übrig.

Der Agent schaut sich um: Tonya und er liegen auf einem Bettgestell ohne Matratze in einem Kellerraum, der auch sonst sehr spartanisch eingerichtet ist: ein Tisch und ein Stuhl, mehr nicht. Ein Oberlicht aus Milchglas lässt gerade genug diffuses Licht hinein, um das Interieur zu erkennen. Auf dem Tisch steht ein Apparat, der elektronisch aussieht, er hat ein Display aus roten LEDs, das offenbar die Zeit rückwärts zählt: 7 : 34, 7 : 33, 7 : 32 ... Blond schwant nichts Gutes.

Mit dem Ellenbogen stupst er die schlafende Tonya an, bis sie einen stöhnenden Laut von sich gibt. Sie öffnet müde die

Augen, orientiert sich aber blitzschnell. «Mist», entfährt es der Frau.

Ihre Stimme klingt nun gar nicht mehr so sanft und verführerisch wie am Morgen in der Strandbar, als sie sich an ihn herangemacht hat.

«James, wir müssen Klartext reden», fährt sie fort. «Ich habe keine Zeit für lange Erklärungen, aber ich bin nicht das Barmädchen, für das Sie mich gehalten haben. Tonya Turner, CIA.»

«Äh – tatsächlich?» Etwas Originelleres fällt Blond nicht ein. Zum Glück gehört die Dame einer befreundeten Organisation an, denkt er nur, sonst hätte mich der Testosteronnebel im Hirn das Leben kosten können.

«Wir sind auch hinter McMesser und seinem Drogenring her», fährt Tonya fort. «Ich hätte es Ihnen früher oder später gesagt, aber ich wollte Ihren naiven Charme noch eine Weile genießen.»

«Naiv» möchte Blond nun gar nicht genannt werden, obwohl er gegen das Genießen auch nichts einzuwenden gehabt hätte.

«Okay, erst mal müssen wir uns von diesen Fesseln befreien!», sagt er mit fester Stimme. Er ist der Mann, er muss Herr der Situation sein. Aber wie? Blond ist nämlich auch nur mit Boxershorts bekleidet, er erinnert sich noch, wie die Schurken ihm alles abgenommen haben, sogar die Armbanduhr.

«Können Sie sich so drehen, dass sie an den Bund meines Bikinihöschens kommen?», sagt Tonya. «Da habe ich für alle Fälle ein winziges, flaches Schweizer Messer eingenäht. Ich glaube nicht, dass McMessers Leute das gefunden haben, die haben offenbar doch noch etwas Respekt vor meiner weiblichen Intimzone gehabt.»

Die beiden versuchen, so gut es geht, sich so zu drehen, dass Blond mit seinen Fingern den Saum des Bikinihöschens abtasten kann. Unter anderen Umständen hätte er dieses Manöver sehr genossen, aber nun ist sogar ihm klar, dass hier nicht seine erotischen Qualitäten gefragt sind. Tatsächlich, er erfühlt das kleine Messer, das vielleicht vier Zentimeter lang ist – die Ganoven hätten Tonya wirklich sehr intensiv abtasten müssen, um es zu finden.

Das Messer lässt sich leicht aus dem Stoff befreien, Blond klappt es auf. Als Erstes schneidet er Tonyas Handfesseln durch, und nach einer halben Minute sind die beiden frei – wenn man davon absieht, dass die Tür des Kellerraums natürlich verschlossen ist. Und dass die LED-Anzeige der Maschine auf dem Tisch gnadenlos weiterläuft: 5:19, 5:18, 5:17 ...

Die beiden nehmen das Gerät näher in Augenschein: Es ist eine schwarze Box, von außen sind nur die Digitalanzeige des Timers zu sehen sowie drei Kabel, ein rotes, ein grünes und ein blaues, die aus dem Kasten herauskommen und wieder in ihn hineinführen.

«Dieses Ding soll uns wohl in fünf Minuten um die Ohren fliegen», sagt Blond mit trockener Stimme. «Geben Sie mal das Messer her ...»

Er nimmt Tonya das Schweizer Messer ab, klappt es auf und will sich an der Maschine zu schaffen machen.

Tonya fällt ihm in den Arm. «Hey, was haben Sie vor? Wollen Sie vielleicht die Wartezeit verkürzen?»

«Ich will das rote Kabel durchschneiden», antwortet Blond.

«Das rote Kabel? Wieso das?», fragt Tonya verdattert.

«Ich schneide immer das rote Kabel durch», sagt Blond achselzuckend. «Bis jetzt ist es immer gutgegangen.»

«Mein Gott! Vielleicht gehen wir die Sache doch ein bisschen analytischer an.» Tonya schüttelt den Kopf über seinen Plan. Und wundert sich, wie der angeblich so coole britische Starspion mit einem so gefühlsgesteuerten Verhalten bis heute überleben konnte. «Schauen wir uns das Ding doch mal genauer an.»

Tonya betrachtet die Box von allen Seiten. Dann greift sie sich kurzerhand das ganze Gerät und kippt es auf die Seite. Instinktiv kneift Blond die Augen zusammen und steckt die Finger in die Ohren – was ihm einen vernichtenden Blick von Tonya einträgt.

«Ach, da haben wir's ja!», triumphiert die CIA-Agentin. Auf der Unterseite klebt ein Zettel, der mit Symbolen übersät ist. Man hätte Blond auch einen altägyptischen Papyrus zeigen können, er hätte genauso viel verstanden.

Tonya dagegen mustert den Zettel intensiv, offenbar sagen ihr die Hieroglyphen etwas.

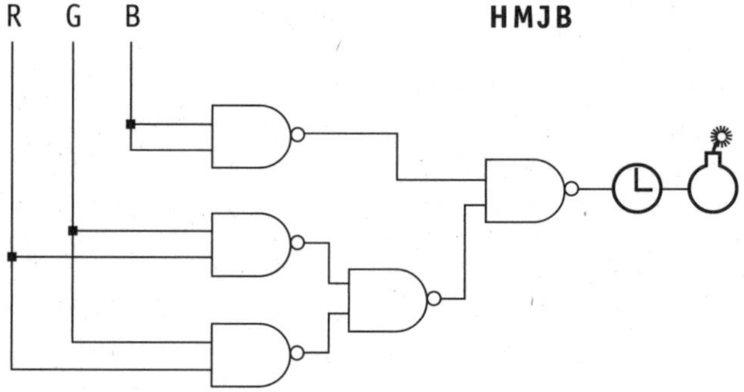

«Blond, was glotzen Sie? Kriegt man beim MI6 etwa keinen Grundkurs in Elektronik?»

«Dafür haben wir die Abteilung, die von Q geleitet wird», antwortet Blond gekränkt, «wir lernen eher so Sachen wie Schießen und Karate.»

«Aber Papa Q ist jetzt nicht da, um dem kleinen James aus der Patsche zu helfen», stichelt Tonya. «Also: Hier handelt es sich um einen elektronischen Schaltplan, offenbar den der Maschine. Warum man den da dran gelassen hat – keine Ahnung. Entweder haben McMessers Leute das einfach übersehen, oder sie haben damit genauso wenig anfangen können wie Sie. Aber das kann uns jetzt egal sein. Wir müssen schnell kombinieren.»

3:28, 3:25, 3:26 ...

«Die Buchstaben *R*, *G* und *B* bezeichnen offenbar das rote, grüne und blaue Kabel. Dann kommen ein paar elektronische Gatter, zu denen sage ich gleich was. Das Symbol mit der Uhr ist auch klar, das ist der Zeitzünder.»

«Und was bedeutet das Zeichen ganz rechts?», fragt Blond.

«Das», sagt Tonya mit einem kalten Lächeln, «ist kein standardisiertes Schaltzeichen. Das ist die Bombe.»

«Dafür habe ich eine Erklärung für die Buchstaben HMBJ», sagt Blond eilfertig.

«Nämlich?» – «Höllenmaschine James Blond», sagt Blond und scheint gleich doppelt stolz zu sein, auf seine Kombinationsgabe und darauf, dass die Bombe seinen Namen trägt.

«Kann gut sein», sagt Tonya, «ist aber uninteressant. Jetzt zu der Schaltung: Die Symbole sind alle gleich. Dieses Zeichen, das wie ein großes D aussieht, ist ein Und-Gatter, aber zusammen mit dem kleinen Kreis dahinter wird es ein sogenanntes NAND-Gatter.»

Blonds Blick könnte nicht blöder sein.

«Ein solches Gatter hat zwei Eingänge und einen Ausgang. Die Eingänge können zwei Zustände haben: Strom führend oder nicht Strom führend, oder auch 1 oder 0. Die drei ursprünglichen Eingänge *R*, *G* und *B* sind im Moment alle an die Stromquelle angeschlossen, das heißt, sie haben den Zustand 1. Wenn wir eines oder mehrere durchschneiden, dann ist deren Zustand 0. Jetzt müssen wir nur noch die Kombination oder die Kombinationen finden, die dafür sorgen, dass am Ende, bei der Uhr, eine 0 ankommt.»

«Und was genau machen diese Gatter?», fragt Blond.

«Ein NAND-Gatter entspricht dem logischen Operator ‹Nicht-und›», sagt Tonya.[8] «Eine Und-Verknüpfung von zwei Aussagen ist genau dann wahr, wenn beide Aussagen wahr sind. NAND ist genau dann *falsch*, wenn beide Aussagen wahr sind, und sonst ist NAND wahr. Oder schalttechnisch gesprochen: Ein NAND-Gatter produziert eine 0, wenn die beiden Eingänge 1 sind, und sonst eine 1.»

«Hm», knurrt Blond, «und jetzt sollen wir rückwärts rechnen, wie wir das System dazu kriegen, eine 0 zu erzeugen?»

«Logisch», antwortet Tonya, die schon im Kopf zu kombinieren begonnen hat.

«Wir können die Schaltung auch mit logischen Symbolen ausdrücken. Das logische Zeichen für NAND ist der senkrechte Strich. So sieht die Sache dann aus.»

In Ermangelung von Schreibutensilien malt Tonya mit dem Finger Symbole in die dicke Staubschicht, die auf dem Tisch liegt.

«Schauen Sie sich mal die drei linken Symbole an. Was wird da miteinander verknüpft? Wenn sich die Drähte kreuzen, besteht da übrigens keine Verbindung, nur wenn der Knoten durch einen schwarzen Knödel markiert ist.»

«Also da wird *B* mit *B* verknüpft und zweimal *R* mit *G*», stammelt Blond.

«Richtig!», sagt Tonya, und der Agent Ihrer Majestät ist stolz wie ein Drittklässler, der einen Fleißpunkt bekommen hat.

Tonya schreibt die drei Verknüpfungen in den Staub:

$B|B \quad R|G \quad R|G$

8 siehe S. 31

«Die Ergebnisse der beiden *R-G*-Verknüpfungen werden noch mal mit NAND verknüpft, und dieses Ergebnis dann mit der *B-B*-Verknüpfung ...

Sie fügt noch ein paar Striche dazu. «Fertig!»

Im Staub steht nun:

$$(B|B)|((R|G)|(R|G))$$

«Ganz schön kompliziert», grummelt Blond. «Kann man nicht die Klammern weglassen? Das würde die Sache doch ganz schön vereinfachen. Kann man beim Addieren doch auch.»

«Aber hier nicht. Wären das alles Und-Zeichen, dann könnten wir auf die Klammern verzichten – aber die NAND-Verknüpfung ist nicht assoziativ.»

Tonya ignoriert Blonds sehr blonden Blick. Für Nachhilfestunden ist jetzt keine Zeit.

«Um in diesem NAND-Wald die Bäume zu sehen, sind die Klammern sogar sehr wichtig. Schauen Sie mal auf die beiden Ausdrücke, die auf der obersten Ebene von einem Strich getrennt werden. Links steht $B|B$, das ist aber dasselbe wie nicht-*B*. Rechts steht ein ähnlicher Ausdruck, mit $R|G$ statt *B*. Man kann also den Ausdruck auch so schreiben ...»

Tonya schreibt die nächste Zeile:

$$\neg B|\neg(R|G)$$

$$\neg(\neg B \wedge (R \wedge G))$$

«Das doppelte ‹nicht› gefällt mir nicht», fährt Tonya fort, «also forme ich es mit De Morgan um.» Und schon steht die nächste Formel im Staub:

$B \vee \neg(R \wedge G)$

Tonya sieht, dass er damit immer noch nicht viel anfangen kann. Sie legt ihm fast mütterlich die Hand um die Schultern. Die Rollenverteilung zwischen den beiden hat sich seit dem Flirt am Morgen und dem Schäferstündchen im Hotel doch sehr verändert. Blond lässt das geschehen, ihn durchströmt ein warmes Gefühl von Geborgenheit, das ihn an seine Kindheit erinnert.

«Ich darf mal übersetzen: Dieser Ausdruck liest sich ‹*B* oder nicht (*R* und *G*)›, sagt sie, dabei immer die Digitalanzeige im Auge, die jetzt auf 0:59 steht. «Damit die Bombe nicht hochgeht, muss der Ausdruck den Wert 0 oder falsch liefern. Wann ist eine Oder-Aussage falsch? Wenn beide Seiten falsch sind. Es muss also *B* den Wert 0 haben und ‹nicht (*R* und *G*)› auch. Also muss ‹*R* und *G*› den Wert 1 liefern, und das heißt, sowohl *R* als auch *G* haben den Wert 1. Das hätten wir jetzt auch mit einer Wahrheitstafel rauskriegen können, die alle acht Möglichkeiten untersucht, aber dafür fehlt uns die Zeit. Ergebnis also: Es gibt nur eine Kombination, bei der die Bombe *nicht* hochgeht – nämlich dann, wenn *B* den Wert 0 hat und *R* und *G* den Wert 1.»

Die Digitalanzeige zeigt 0:17.

Über Blonds Gesicht huscht ein verstehendes Lächeln. «Darf ich?», fragt er, greift nach dem Taschenmesser und setzt es an dem blauen Kabel an. Mit einem Blick versichert er sich noch bei Tonya, die aufmunternd nickt, dann schneidet er das Kabel durch.

Die Uhr springt auf 0.00. Nichts passiert.

Logisch vergattert

In den vorangegangenen Kapiteln wurden logische Verknüpfungen immer zwischen Aussagen hergestellt, aus denen wir auf diese Weise mehr oder weniger interessante Schlüsse ziehen konnten. Der logische Kalkül, der dabei benutzt wurde, interessiert sich aber nicht die Bohne für den Inhalt der Sätze. Für den formalen Apparat ist letztlich nur interessant, ob ein Satz wahr oder falsch ist – alle wahren Sätze sind vor der Logik gleich.

Von dieser Überlegung ist es nicht weit zu der Interpretation, dass wir eigentlich nur mit zwei Objekten operieren und dass diese Operation eine Art Rechnen ist. Es war der englische Logiker George Boole (1815–1864), der das als Erster klar erkannte und die später nach ihm benannte Boole'sche Algebra entwickelte. Sie ist völlig äquivalent zur Aussagenlogik, aber sie sieht die Operationen aus einem anderen, mathematischeren Blickwinkel.

In der Boole'schen Algebra operieren wir nur mit zwei «Zahlen», 1 und 0, die den Wahrheitswerten der Aussagenlogik entsprechen. Auf diesen Zahlen sind zunächst drei Operationen definiert, man nennt sie auch Konjunktion, Disjunktion und Negation, und um die Sache nicht zu verkomplizieren, benutzen wir hier die bekannten Zeichen $\wedge$, $\vee$ und $\neg$. Oft findet man auch die bekannten Zeichen für Addition und Multiplikation. Denn mit dem Addieren und Multiplizieren ist die Boole'sche Algebra sehr verwandt.

Hier sind die Tabellen für die Operationen – nichts Neues, wir ersetzen in den bekannten Tabellen aus Kapitel 2 nur die Wahrheitswerte w und f durch 0 und 1, außerdem benutzen wir nun kleine Buchstaben als Variable.

x	$\neg x$
0	1
1	0

x	y	$x \wedge y$
0	0	0
0	1	0
1	0	0
1	1	1

x	y	$x \vee y$
0	0	0
0	1	1
1	0	1
1	1	1

Wie unterscheiden sich die Boole'schen Operationen von den Rechenoperationen «plus» und «mal»? Die «Und»-Verknüpfung entspricht vollständig der bekannten Multiplikation – das ist vielleicht etwas verwirrend, weil wir ja umgangssprachlich sagen «drei *und* zwei ist fünf». In der «Oder»-Tabelle stimmen drei Zeilen mit der gewöhnlichen Addition überein, nur in einer gibt es ein Problem: 1 plus 1 ist ja bekanntlich 2, aber die Zahl gibt es in der Boole'schen Algebra nicht, hier ist 1 oder 1 gleich 1.

Die beiden Operationen sind völlig symmetrisch zueinander – wenn man in einer Gleichung 1 durch 0 ersetzt und $\wedge$ durch $\vee$ und umgekehrt, bleibt sie richtig:

$$(0 \wedge 0) \vee 0 = 0$$
$$(1 \vee 1) \wedge 1 = 1$$

Diese Eigenschaft haben die Addition und die Multiplikation nicht:

$$(0+0) \times 0 = 0$$
$$(1 \times 1) + 1 = 2$$

Deshalb gelten in der Boole'schen Algebra auch andere Rechenregeln. Zum Beispiel kann man Klammern auf zwei Arten «ausmultiplizieren»:

$$x \wedge (y \vee z) = (x \wedge y) \vee (x \wedge z)$$
$$x \vee (y \wedge z) = (x \vee y) \wedge (x \vee z)$$

Das sind die in Kapitel 3 schon erwähnten De Morgan'schen Regeln. Beim Rechnen mit gewöhnlichen Zahlen heißt die Regel das Distributivgesetz und gilt nur in einer Fassung:

$$x \times (y+z) = (x \times y) + (x \times z)$$

George Boole hatte noch keine Vorstellung davon, dass seine Rechenregeln einmal die Grundlage für die Entwicklung des Computers sein würden. Aber weil sie logische Zusammenhänge auf Beziehungen zwischen Ziffern reduzieren, also *digital* codieren, lassen sie sich leicht in elektronische Schaltkreise umsetzen, von denen wir einen in der James-Blond-Geschichte kennengelernt haben.

Die wichtigen Elemente in Schaltkreisen sind sogenannte «Gatter», die den logischen Operatoren entsprechen. In der Geschichte kamen nur NAND-Gatter vor. Die sind zwar nicht sehr leicht zu lesen (vor allem, wenn man unter Zeitdruck steht), dafür haben sie aber den Vorteil, dass man jede Schaltung allein mit NAND-Gattern realisieren kann. Das liegt natürlich daran, dass man mit der NAND-Verknüpfung $x|y$ alle anderen logischen Operatoren darstellen kann (siehe Seite 32).

Wie ein Gatter physikalisch aus dem Input den Output erzeugt, soll uns in diesem Buch nicht interessieren. In der Frühzeit der Computerei bestanden die Gatter aus elektromechanischen Relais, sie enthielten kleine Schalter, die durch das Anlegen von Strom ausgelöst wurden. Die Maschinen ratterten, waren ziemlich schwerfällig, und die Relais gingen oft kaputt. Heute werden die Gatter durch Halbleiter dargestellt, von denen Milliarden auf einen winzigen Chip passen, aber das Prinzip ist dasselbe.

Hier sind die Symbole für die wichtigsten Gatter:

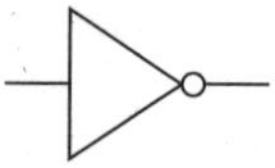

Das NICHT-Gatter

Das UND-Gatter

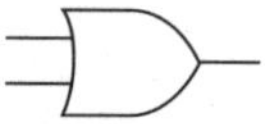

Das ODER-Gatter

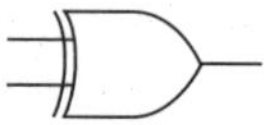

Das XOR-Gatter (ausschließendes Oder)

Man bemerke, dass sich das UND-Gatter und das NAND-Gatter nur durch einen «Kringel» unterscheiden – das ist ein kleines «Nicht»-Zeichen, das jeden Operator, an den es angehängt wird, in sein Gegenteil verwandelt.

Oft wird die Boole'sche Algebra mit dem Rechnen mit Binärzahlen verwechselt. Aber die logischen Operatoren gehorchen ja anderen Gesetzen. Trotzdem wollen wir mit Computern unter anderem rechnen. Wie kann man also zum Beispiel die einfache Addition durch logische Gatter abbilden?

Dazu zunächst eine kleine Gedächtnisauffrischung zum Thema Binärzahlen: Dass wir die natürlichen Zahlen zur Basis 10 schreiben, also jeweils bei 10, 100, 1000 und so weiter eine Stelle hinzufügen, ist eine völlig willkürliche Angelegenheit, die wahrscheinlich darauf zurückgeht, dass wir zehn Finger haben. Man kann jede beliebige Zahl als Basis des Stellensystems nehmen – mindestens zwei Ziffern braucht man aber. Dieses minimale System ist das binäre System, und man zählt in ihm 1, 10, 11, 100, 101, ...

Eine Aufstellung der Zahlen im Dezimal- und im Binär-System:

dezimal	binär
1	1
2	10
3	11
4	100
5	101
6	110
7	111
8	1000
9	1001
10	1010
16	10000
32	100000
64	1000000
100	1100100

Gerechnet aber wird im Binärsystem genauso wie im Dezimalsystem – man muss nur früher eine Stelle dazu nehmen, weil man weniger Zeichen zur Verfügung hat. Die Zahlen werden dadurch erheblich länger, aber das Rechnen einfacher. Das kleine Einmaleins im Binärsystem besteht nur aus einer Regel: 1 mal 1 ist 1!

Beginnen wir den Bau unseres Additionscomputers, indem wir eine Schaltung entwerfen, die zwei einstellige Zahlen addiert. Die Additionstabelle sieht so aus:

x	y	$x+y$
0	0	0
0	1	1
1	0	1
1	1	10

Die einzige Zeile, die Probleme macht, ist die letzte: Eine logische Funktion kann nicht 10 als Ergebnis haben, sondern nur 0 oder 1. Auch beim schriftlichen Addieren schreiben wir als Ergebnis unter eine Spalte nicht 17, sondern 7 und merken uns die 1 als Übertrag. Genau das Gleiche machen wir hier: Wir schreiben als Ergebnis 0 und merken uns eine 1 als Übertrag. In allen anderen drei Fällen ist der Übertrag 0.

Anders gesagt: Unser Output muss aus zwei Ziffern bestehen, einem einstelligen Ergebnis s und einem einstelligen Übertrag $ü$. Das einstellige Ergebnis, bei dem für 1+1 eine 0 eingetragen wird, entspricht genau dem XOR-Operator, dem ausschließenden Oder: Das Ergebnis ist 1, wenn x und y verschieden sind, und 0, wenn sie gleich sind.

Der Übertrag ist 1, wenn x und y beide 1 sind, und 0 sonst. Das ist der UND-Operator! Also können wir folgenden Schaltkreis zeichnen:

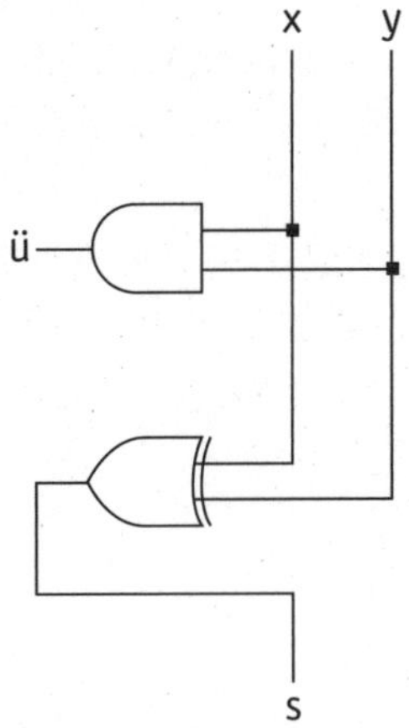

Dieser «Computer» kann Zahlen von null bis eins addieren – das maximale Ergebnis ist zwei. Um das wenigstens ein wenig zu erweitern, wollen wir als Nächstes eine Schaltung bauen, die mehrstellige Zahlen addieren kann. Dazu bauen wir zunächst einen «Komplett-Addierer», der an irgendeiner der Stellen stehen kann. Er bekommt als Input nicht nur die beiden entsprechenden Ziffern *x* und *y* der zu addierenden Zahlen, sondern auch noch einen Übertrag *üe* von der nächstkleineren Stelle, der entweder 1 oder 0 sein kann. Sein Output ist die Summenziffer *s* und ein Übertrag *üa* für die nächste Stelle. So sieht seine Additionstafel aus:

x	*y*	*üe*	*s*	*üa*
0	0	0	0	0
0	1	0	1	0
1	0	0	1	0

x	y	*üe*	s	*üa*
1	1	0	0	1
0	0	1	1	0
0	1	1	0	1
1	0	1	0	1
1	1	1	1	1

Welche logischen Verknüpfungen von x, y und *üe* liefern genau diese beiden Outputs für s und *üa*? Es gibt viele verschiedene Möglichkeiten, hier kommt eine, die vielleicht am leichtesten zu verstehen ist. Und die nächsten Abschnitte sind wieder grau hinterlegt – für diejenigen Leser, die auf die Rechnung verzichten wollen!

Wir schauen uns die obere und die untere Hälfte der Verknüpfungstafel an. Ist *üe* gleich null, dann kommt für s dasselbe heraus wie beim einstelligen Addierer, also die XOR-Verknüpfung von x und y. Dieses ausschließende Oder schreibt man als Plus-Zeichen mit einem Kreis drum:

$$s = x \oplus y$$

Ist *üe* gleich 1, dann kommt für s genau das umgekehrte Ergebnis heraus, der sogenannte XNOR-Operator, der aber nichts anderes ist als die logische Äquivalenz: Der Ausdruck ist 1, wenn x und y gleich sind, und er ist 0, wenn sie ungleich sind:

$$s = x \leftrightarrow y$$

Um die Größe *üe* in die Formel zu bekommen, werden die beiden Ausdrücke nun auf eine pfiffige Weise zusammengefasst. Dazu nutzen wir vier einfache Boole'sche Regeln, von denen man sich leicht überzeugt, wenn man für x die Zahlen 0 und 1 einsetzt:

$$x \wedge 1 = x$$
$$x \wedge 0 = 0$$
$$x \vee 1 = 1$$
$$x \vee 0 = x$$

Der zusammengefasste Ausdruck sieht nur auf den ersten Blick kompliziert aus:

$$s = \left(\left(x \oplus y\right) \wedge \neg \ddot{u}e\right) \vee \left(\left(x \leftrightarrow y\right) \wedge \ddot{u}e\right)$$

Wenn *üe* gleich 0 ist, dann wird die rechte Hälfte des Ausdrucks 0, und links wird die Summe von x und y gebildet wie im einstelligen Addierer. Ist *üe* gleich 1, dann wird die linke Hälfte des Ausdrucks 0, und rechts stehen die unteren vier Zeilen unserer Tafel. Die Oder-Verknüpfung sorgt nur noch dafür, dass der Null-Ausdruck wegfällt.

Eine ähnliche Konstruktion wenden wir an, um den Ausgangs-Übertrag *üa* zu berechnen: In der oberen Hälfte entspricht er dem UND-Operator von x und y, in der unteren dem ODER-Operator. Die beiden werden auf genau dieselbe Weise miteinander verbandelt, um den Einfluss von *üe* auszudrücken:

$$\ddot{u}a = \left(\left(x \wedge y\right) \wedge \neg \ddot{u}e\right) \vee \left(\left(x \vee y\right) \wedge \ddot{u}e\right)$$

Jetzt müssen die insgesamt zwölf logischen Gatter nur noch einigermaßen übersichtlich angeordnet werden, und fertig ist der Addierer.

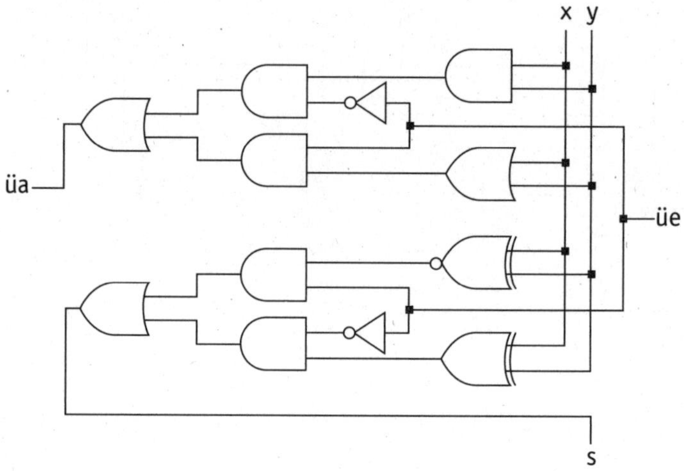

All diese Schaltelemente fassen wir zusammen in ein Kästchen, das mehrere Ein- und Ausgänge hat und das wir mit A (für «Addierer») bezeichnen:

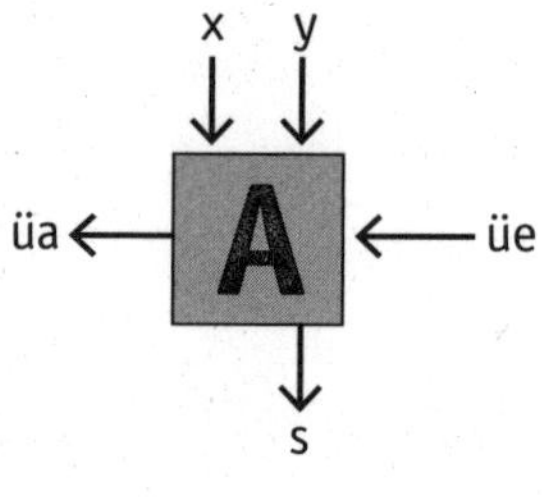

Wenn wir nun etwa zwei vierstellige Zahlen miteinander addieren wollen, müssen wir nur vier dieser Addierer hintereinander schalten, und fertig ist die komplette Additionsmaschine, hier am Beispiel 13 plus 5, binär: 1101 plus 101:

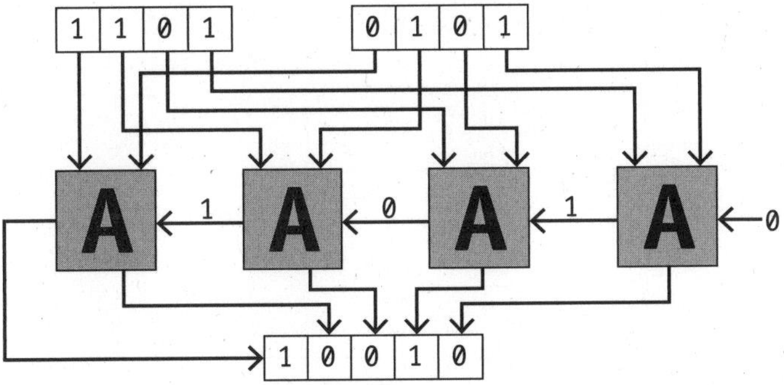

Das war jetzt vielleicht ein länglicher Prozess – aber wir haben tatsächlich eine Rechenmaschine konstruiert, die Zahlen von 0 bis 15 miteinander addieren kann!

Damit haben wir schon eine wichtige Fähigkeit von Computern mit einfachen logischen Gattern dargestellt, nämlich das Rechnen. Man möchte aber zum Beispiel auch ein Ergebnis, das man gerade ermittelt hat, irgendwo abspeichern, um es später wieder abrufen zu können. Auch Speicher können wir mit Hilfe der Logik darstellen. Genauer gesagt wollen wir uns sogenannte Flip-Flops anschauen, die einen bestimmten Zustand, 1 oder 0, so lange halten, bis an einem Eingang ein Schaltimpuls ankommt.

Der Trick, mit dem ein Flip-Flop arbeitet, ist die sogenannte Rückkopplung, auf Englisch *feedback*. Das bedeutet, dass der Ausgang eines Schaltelements wieder in den Eingang zurückgeleitet wird. So etwas ist immer ein gefährlicher Prozess – er kann zu Kurzschlüssen führen oder zu «widersprüchlichem» Verhalten, wie wir gleich sehen werden.

Der «Zustand» dieses Speicherelements ist der Ausgang *q* auf der rechten Seite. Der Ausgang *q'* ist jeweils das logische Gegenteil von *q*. Die beiden Schaltelemente sind NOR-Gatter, also die Nega-

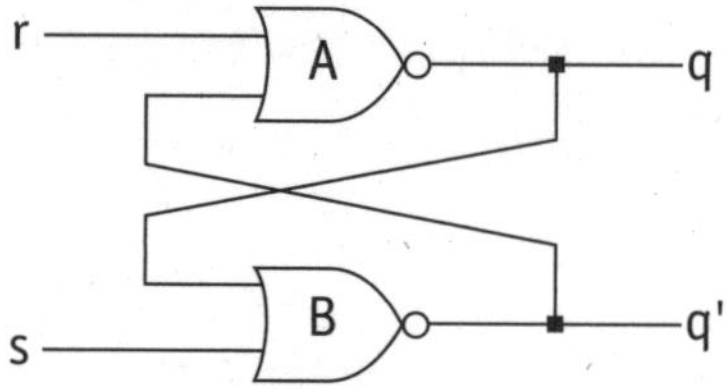

tion der Oder-Verknüpfung – sie geben nur dann eine 1 aus, wenn beide Eingänge 0 sind, und sonst immer eine 0.

Nehmen wir an, *q* habe den Zustand 0, bei *q* liegt also eine 0 an und bei *q*' eine 1. Beide Eingänge, *r* und *s*, seien auf 0 gestellt. Dann liegen am oberen Gatter *A* die Eingänge 0 und 1 vor, die Ausgabe an *q* ist 0. Das untere Gatter *B* hat als Inputs die 0 (von *r*) und die 0 (von *q*), es gibt eine 1 an *q*' aus. Insgesamt bleiben also beide Zustände erhalten, auch wenn am Eingang kein Signal ankommt.

Nun möge bei *s* (für «set») ein Schaltimpuls ankommen, also ein kurzes Signal der Stärke 1. Das führt zu folgenden Effekten:

Bei B: 1 von *s*, 0 von $q \Rightarrow q' = 0$
Bei A: 0 von *r*, 0 von $q' \Rightarrow q = 1$

Dieser Zustand bleibt erhalten, auch wenn das Signal nicht mehr vorhanden ist: Dann ist nämlich

Bei A: 0 von *r*, 0 von $q' \Rightarrow q = 1$
Bei B: 0 von *s*, 1 von $q \Rightarrow q' = 0$

Der kurze Impuls hat also den Output von *q* und *q'* dauerhaft umgeschaltet! Daran ändert sich auch nichts, wenn ein erneuter Impuls bei s ankommt – die 1, die von *q* kommt, verhindert, dass das untere Gatter umspringt.

Um den «Speicher» wieder auf 0 zu setzen, muss bei *r* (für «reset») ein 1-Impuls ankommen. Dann passiert nämlich folgendes:

Bei A: 1 von *r*, 0 von *q'* ➡ *q* = 0
Bei B: 0 von *s*, 0 von *q* ➡ *q'* = 1

Das System ist jetzt im Zustand *q* gleich 0 und verharrt darin so lange, bis ein neuer Set-Impuls bei *s* wieder für *q* gleich 1 sorgt.

Wer genau mitgelesen hat, fragt sich jetzt vielleicht, was passiert, wenn bei *r* und *s* *gleichzeitig* ein 1-Impuls ankommt. Dies würde bedeuten, dass bei *q* und *q'* eine 0 entsteht – das aber ist ein «nicht definierter» Zustand, weil *q'* ja immer das Gegenteil von *q* sein soll. Wir geraten also in die logische Situation, dass eine Aussage wahr ist und gleichzeitig ihr Gegenteil. Das kann und darf nicht sein! In der Elektrotechnik werden solche Flip-Flop-Speicher immer mit einer Schaltung ergänzt, die verhindert, dass ein Set- und ein Reset-Befehl gleichzeitig an ihnen eintreffen. In der Logik aber haben solche Zustände, in denen eine Aussage und ihr Gegenteil gleichzeitig wahr sind, verheerendere Folgen. Solche Paradoxien weisen unter Umständen darauf hin, dass das ganze Gebäude widersprüchlich konstruiert ist. In Kapitel 8 werden wir uns näher mit solch gefährlichen Paradoxien beschäftigen.

Jetzt sind Sie dran: Ein Rätsel, das ein wenig dem von James Blond ähnelt, aber weniger gefährlich ist und auch keine Schaltpläne beinhaltet: Im Keller befindet sich eine Glühbirne, die mit einem von drei Schaltern im Erdgeschoss betätigt wird. Sie wissen, dass die Glühbirne im Moment ausgeschaltet ist, und Sie dürfen genau einmal zur Kontrolle hinunter in den Keller gehen. Jetzt dürfen Sie beliebig mit den Schaltern spielen – wie finden Sie heraus, welcher der drei für die Glühbirne zuständig ist?

6 Blütenzauber

oder

Ein doppeldeutiges Gesetz

«Angeklagter, bitte treten Sie vor!»

Richter Heribert Beckmann hat gerade den letzten Fall des heutigen Tages aufgerufen. Es ist Freitagnachmittag 15 Uhr, Beckmann freut sich schon aufs Wochenende, und an den Mienen der Beisitzer, des Verteidigers und der Staatsanwältin sieht er, dass es denen ähnlich geht.

Der Fall, der jetzt verhandelt wird, scheint aber auch sonnenklar: Fiete Schneider, ein 50-jähriger gerichtsbekannter Kleinganove, ist vor einigen Monaten von der Polizei auf frischer Tat dabei ertappt worden, wie er auf einem Farbkopierer im Keller seiner Wohnung seitenweise falsche Fünfziger produzierte. Tausend Scheine hatte er bereits säuberlich gebündelt, grottenschlechte Kopien des 50-Euro-Scheins, die keine Supermarktkassiererin zwischen Flensburg und Garmisch-Partenkirchen akzeptiert hätte.

Bei seiner Verhaftung war Fiete äußerst redselig gewesen – er habe mit den Scheinen gar nichts vorgehabt, ein alter Bekannter habe sie am nächsten Tag abholen wollen, zwecks Export nach Osteuropa, wo man offenbar hoffte, Abnehmer für Blüten zu finden, die keines der vielen Sicherheitsmerkmale der Europäischen Zentralbank aufwiesen. Aber ob gute Blüten oder schlechte – Falschgeld ist Falschgeld, und auf schlechte Kopien steht nicht weniger Gefängnis als auf gute.

Den Namen des «Bekannten» hatte Fiete Schneider den Beamten allerdings verschwiegen, auch in den späteren Verhören auf dem Polizeipräsidium. Und obwohl seine Wohnung in den Tagen danach rund um die Uhr observiert wurde, tauchte niemand an seiner Wohnungstür auf, den die Polizei hätte verhaften können.

Statt einer ganzen Geldfälscherbande steht heute also nur Fiete vor Gericht, und es sieht angesichts der Beweislage nach einem schnellen Urteil aus – das Wochenende kann kommen.

«Herr Schneider, Sie sind der Geldfälschung angeklagt, ein Vergehen gemäß Paragraph 146 des Strafgesetzbuchs», beginnt Richter Beckmann die Verhandlung. «Dafür kommt man ins Gefängnis – jedenfalls kann ich angesichts ihres Vorstrafenregisters keine strafmildernden Gründe sehen.»

Schneider schaut zu Boden, als der Richter die Anklage verliest, und sagt kein Wort.

«Herr Schneider, schauen Sie mich bitte an: Trifft die Schilderung der Anklage zu, nach der man Sie in Ihrem Büro, wenn ich das mal so nennen darf, angetroffen hat, vor einem laufenden Kopierer, der munter falsche 50-Euro-Noten ausspuckte?»

Fiete zuckt mit den Schultern.

«Schulterzucken ist keine Antwort, Herr Schneider!» Beckmann wird ein wenig ungehalten. «Den Mund müssen Sie schon aufmachen, wenn wir hier weiterkommen wollen.»

«So weit ja», brummt Fiete.

«Was heißt hier ‹so weit ja›? Ja oder nein?»

«Ja», sagt Fiete, «aber ich habe nichts Verbotenes gemacht.»

«Nichts Verbotenes?», fragt Beckmann erstaunt. «Wollen Sie mir etwa sagen, dass Sie da Spielgeld für die abendliche Monopoly-Runde produziert haben?»

«Nein», sagt Fiete, «es waren schon richtige Fünfziger.» Bei dem Wort «richtige» müssen Staatsanwalt und Richter ein wenig grinsen. Fiete entgeht das, er ist jetzt regelrecht empört: «Aber das ist doch nicht verboten!»

Jetzt ist der Richter perplex. Nicht verboten? «Hören Sie mal, Sie sind doch alt genug, dass Sie aus Ihrer Jugend noch die D-Mark-Scheine kennen, auf denen stand die Rechtslage ja wörtlich drauf: Wer Banknoten nachmacht oder verfälscht oder nachgemachte oder verfälschte sich verschafft ...»

«... und in Verkehr bringt», ergänzt Fiete mit leiernde Stimme, «wird mit Freiheitsstrafe nicht unter zwei Jahren bestraft. Ich weiß, das kenne ich noch. Manche meiner Kumpel haben früher gemeint, wenn sie auf den Blüten den Satz weglassen, gilt er nicht für sie.»

Das sorgt nun für einige Lacher im Publikum.

«Aber ich habe die Fünfziger nicht in Verkehr gebracht», fährt Fiete fort, «und deshalb trifft der Satz für mich nicht zu. Es heißt ja ‹Wer Banknoten nachmacht blablabla *und* in Verkehr bringt ...›. Also wer *X* macht und *Y* macht, kommt ins Gefängnis. Ich habe *X* gemacht, aber nicht *Y*, also trifft das auf mich nicht zu.»

Der Richter ist erst einmal verdattert. Eine solche intellektuelle Spitzfindigkeit hätte er Fiete gar nicht zugetraut. Es dauert einige Momente, bis er sich gefasst hat. «Nein, nein, nein», sagt Beckmann dann, «so dürfen Sie den Satz nicht interpretieren. Es heißt ‹Wer Banknoten nachmacht oder verfälscht›», er macht eine kleine rhetorische Pause, «*‹oder›*, das müssen Sie jetzt zusammen sehen, ‹nachgemachte oder verfälschte sich verschafft und in Verkehr bringt ...›. Also wer *X* macht oder *Y* macht, der kommt hinter Gitter. Sie haben *X* gemacht, und das reicht dann zur Verurteilung aus.»

Ein Raunen geht durch den Saal. Sollte dieser Satz, den bei einer Umfrage wahrscheinlich achtzig Prozent der Deutschen auswendig hersagen könnten, zumal Mike Krüger einen Schlager daraus gemacht hat – sollte dieser Satz etwa doppeldeutig sein? Könnte man ihn so verstehen, dass der Geldfälscher straffrei bleibt, wenn er seine Blüten nicht selbst weiter vertreibt?

Beckmann schaut hilfesuchend zur jungen Staatsanwältin Ulrike Eckert hinüber, die während des Wortwechsels schweigend auf ihrem Platz gesessen hat. Umspielt da etwa ein spöttisches Grinsen ihren Mund? Schaut sie zu, wie er sich hier blamiert? «Frau Staatsanwältin», sagt Beckmann, «Sie haben sich die Sache doch sicherlich gründlich überlegt, bevor Sie den Fall zur Anklage gebracht haben?»

«Habe ich tatsächlich», antwortet Eckert mit einem, wie Beckmann scheint, übertrieben freundlichen Lächeln. «Und natürlich kann man nicht einfach auf seinem Kopierer falsche Banknoten für den Export produzieren und glauben, dass man dabei straffrei ausgeht, nur weil man sich die Arbeit mit einem Komplizen teilt.»

«Aber Gesetzestext ist Gesetzestext!», protestiert Fiete Schneider.

«Eben», sagt die Staatsanwältin, «und der Satz, den Sie beide da eben so ausführlich zitiert haben, der steht im Gesetz gar nicht drin.»

Der Blick, den sie jetzt dem Richter zuwirft, zeigt nun eindeutig etwas Spott.

«Und was noch schöner ist», fährt Ulrike Eckert fort, «er hat auch nie dringestanden. Auch nicht in den 60er Jahren, als Sie beide ihn offenbar auswendig gelernt haben.»

Jetzt macht sie sich auch noch über unser Alter lustig, denkt Beckmann.

«Ich bin zurückgegangen bis zur Urfassung des Paragraphen 146 im Strafgesetzbuch von 1872», sagt die Staatsanwältin. «Nirgendwo taucht dieser Satz auf. Als Gesetzestext wäre er auch wegen der Doppeldeutigkeit, die Sie so schön herausgearbeitet haben, ungeeignet. Jetzt sage ich Ihnen mal, was tatsächlich im StGB steht.» Eckert greift zu dem dicken Wälzer mit dem Gesetzestext, der vor ihr auf dem Tisch liegt, und wirft einen weiteren Blick zum Richter. Hätten Sie da mal vorher reingeschaut, scheint dieser Blick zu sagen.

«Ich zitiere: ‹Mit Freiheitsstrafe nicht unter einem Jahr wird bestraft, wer erstens Geld in der Absicht nachmacht, dass es als echt in Verkehr gebracht oder dass ein solches Inverkehrbringen ermöglicht werde›, und so weiter, ‹zweitens falsches Geld in dieser Absicht sich verschafft oder feilhält *oder drittens* falsches Geld, das er unter den Voraussetzungen der Nummern 1 oder 2 nachgemacht, verfälscht oder sich verschafft hat, als echt in Verkehr bringt.› Erstens, zweitens *oder* drittens. Ein logisches Missverständnis ist da ausgeschlossen.»

Richter Beckmann atmet einmal kräftig durch – ist das Erleichterung, die er da zeigt? «Danke, Frau Staatsanwältin, für die ausführliche Belehrung. Also, Angeklagter, auf Sie trifft ja wohl der Satz 1 zu: Geld nachgemacht in der Absicht, dass es als echt in Verkehr gebracht werde. Oder wollen Sie das noch abstreiten?»

Fiete Schneider ist nun äußerst zerknirscht. «Das heißt, wenn ich gesagt hätte, ich produziere die Blüten nur für den privaten Gebrauch, um mir das Wohnzimmer damit zu tapezieren, dann wäre das okay gewesen?»

Der Richter grinst. «Wir hätten es Ihnen natürlich nicht geglaubt, aber zumindest hätten Sie uns damit das Leben schwerer gemacht: Der Paragraph sagt ja tatsächlich, dass man Ihnen die Absicht nachweisen muss, Ihre schlechten Kopien tatsächlich in Verkehr zu bringen. Aber diese Arbeit haben Sie uns mit Ihrer Aussage dankenswerterweise ja abgenommen.»

Richter Beckmann klappt erleichtert und deutlich hörbar seinen Aktenordner zu. «Ich denke, wir kommen heute alle noch rechtzeitig ins verdiente Wochenende – das Sie, Herr Schneider, aber wohl hinter Gittern verbringen werden.»

Wenn wir überhaupt irgendwo im Alltag erwarten, dass Texte eine gute und eindeutige logische Struktur haben, dann bei Gesetzestexten. Missverständliche oder widersprüchliche Formulierungen können da ja schwerwiegende Folgen haben. Es gibt sogar Bestrebungen, eine Art «logisches Gesetzesdeutsch» zu entwickeln, doch dazu später. Vorher müssen wir unseren logischen Werkzeugkasten noch ein wenig erweitern.

Wie lässt sich die Struktur des vermeintlichen Fälschungsparagraphen in logischen Symbolen erfassen? Also des Satzes «Wer Banknoten nachmacht oder verfälscht oder nachgemachte oder verfälschte sich verschafft und in Verkehr bringt, wird mit Freiheitsstrafe nicht unter zwei Jahren bestraft»? Bis jetzt haben wir nur Symbole für komplette Aussagen kennengelernt sowie Verknüpfungen zwischen ihnen. Sätze wie «wer Banknoten nachmacht» können wir damit überhaupt nicht formulieren. Aber hilfsweise können wir den «Paragraphen» ja einmal so fassen:

«Wenn man Banknoten nachmacht oder verfälscht oder sich nachgemachte oder verfälschte verschafft und in Verkehr bringt, wird man mit Freiheitsstrafe nicht unter zwei Jahren bestraft.»

Setzen wir dafür folgende Symbole ein:

A: «Jemand macht Banknoten nach oder verfälscht sie.»
B: «Jemand verschafft sich nachgemachte oder verfälschte Banknoten.»
C: «Jemand bringt nachgemachte oder verfälschte Banknoten in Verkehr.»

D: «Jemand wird mit Freiheitsstrafe nicht unter zwei Jahren bestraft.»

Dann lässt sich der Satz nun so schreiben:

$$(A \vee B \wedge C) \rightarrow D$$

Ist das ein regulärer logischer Ausdruck? Nein, ist es nicht. Man kann zwar beliebig viele Und-Zeichen hintereinander setzen, ohne Klammern zu verwenden, oder auch beliebig viele Oder-Zeichen, aber man darf sie nicht mischen. Denn je nachdem, wie man die Klammern setzt, kommt etwas anderes heraus, wie die Wahrheitstafel beweist:

A	B	C	$(A \vee B) \wedge C$	$A \vee (B \wedge C)$
w	w	w	w	w
w	w	f	f	w
w	f	w	w	w
f	w	w	w	w
w	f	f	f	w
f	w	f	f	f
f	f	w	f	f
f	f	f	f	f

Durchaus unterschiedliche Sätze also! Fietes Fall ist der grau hinterlegte – seine Interpretation ist die erste, demnach müsste er nicht ins Gefängnis, die Auffassung des Richters ist die zweite, und Fiete müsste in den Knast.

Entscheiden wir uns vorerst für der Version des Richters, nach der schon die reine Fälschung strafbar ist. Unser «Gesetz» lautet also:

$$(A \vee (B \wedge C)) \rightarrow D$$

Gibt das in etwa die Struktur des Satzes wieder? Das kann man nicht gerade sagen, insbesondere fehlt die Differenzierung zwischen nachmachen und verfälschen (damit ist übrigens gemeint, dass man den Wert einer Banknote verändert und zum Beispiel aus einem 10-Euro- einen 100-Euro-Schein macht – nicht gerade eine subtile Fälschung). Das könnte man auf die folgende Weise verbessern:

A_1: «Jemand macht Banknoten nach.»
A_2: «Jemand verfälscht Banknoten.»
B_1: «Jemand verschafft sich nachgemachte Banknoten.»
B_2: «Jemand verschafft sich verfälschte Banknoten.»
C_1: «Jemand bringt nachgemachte Banknoten in Verkehr.»
C_2: «Jemand bringt verfälschte Banknoten in Verkehr.»

Dann lautet das Gesetz:

$$((A_1 \vee A_2) \vee ((B_1 \vee B_2) \wedge (C_1 \vee C_2))) \rightarrow D$$

Viel von dem Inhalt des Satzes steckt da aber immer noch nicht drin. Abgesehen davon, dass das Wort «jemand» irgendwie seltsam klingt, wie eine unausgefüllte Leerstelle, liegt das vor allem daran, dass für die Aussagenlogik eine «Elementaraussage», also ein Hauptsatz ohne logische Verknüpfungen, eine Art Black Box ist. Dem Buchstaben *A* sieht man nicht an, was da passiert, insbesondere wer welche Eigenschaft hat oder welche Handlung ausführt. Mehrere Sätze in unserem Beispiel haben zum Beispiel dasselbe

Subjekt oder dasselbe Prädikat – aber das bleibt unsichtbar, wenn man nur «*A*» schreibt.

Deshalb gibt es eine ganz natürliche Erweiterung der Aussagenlogik, die sogenannte Prädikatenlogik. Sie blickt in die Black Box der Elementaraussage hinein, unterscheidet zwischen dem Subjekt eines Satzes und dem Prädikat.

Nehmen wir zum Beispiel den bekannten Ausspruch «Gute Mädchen kommen in den Himmel, böse überall hin» (ein Buchtitel von Ute Ehrhardt). In der Aussagenlogik können wir das nur formulieren als «*A* und *B*», *A* steht dabei für «Gute Mädchen kommen in den Himmel», *B* für «Böse Mädchen kommen überallhin».

Die Prädikatenlogik kann den Satz viel differenzierter formulieren, indem zunächst einige Prädikate definiert werden:

Mx: «*x* ist ein Mädchen»
Gx: «*x* ist gut.»
$\neg$*Gx:* «*x* ist böse.»

(Man kann sich natürlich darüber streiten, ob «böse» das Gegenteil von «gut» ist, aber nehmen wir es einmal an.)

Hx: «*x* kommt in den Himmel.»
Üx: «*x* kommt überallhin.»

Dann lautet der Satz:

$$\big((Mx \wedge Gx) \rightarrow Hx\big) \wedge \big((Mx \wedge \neg Gx) \rightarrow \ddot{U}x\big)$$

Eine Sache stimmt noch nicht: Da *x* nicht für eine bestimmte Person steht, sondern nur eine Variable ist, ist zum Beispiel der Ausdruck *Mx* eigentlich keine Aussage, sondern nur eine Aussage*form*. Zur Aussage wird der Satz erst, wenn man für *x* eine konkrete Person einsetzt. Wenn zum Beispiel *m* für Maria steht, dann bedeutet *Mm* «Maria ist ein Mädchen».

In diesem Fall wollen wir aber keine Aussage über Maria, Andrea oder sonst einen konkreten Menschen machen, sondern über *alle* Mädchen. Dazu gibt es in der Prädikatenlogik den sogenannten «All-Quantor». Er wird wie ein umgekehrtes großes A geschrieben, man liest ihn «Für alle». Ein Beispiel:

$$\forall x(Mx \rightarrow Gx)$$

Das liest sich: «Für alle *x* gilt: Wenn *x* ein Mädchen ist, dann ist *x* gut» – oder auch, übersetzt in die Umgangssprache: «Alle Mädchen sind gut.»

Den Quantor setzen wir vor den langen Ausdruck, den wir eben erzeugt haben:

$$\forall x\big(((Mx \wedge Gx) \rightarrow Hx) \wedge ((Mx \wedge \neg Gx) \rightarrow Üx)\big)$$

Aber auch in dem Wörtchen «überallhin» steckt ja eine All-Aussage drin – kann man die vielleicht auch noch formalisieren? Ja, kann man. Ein Prädikat kann sich nämlich auf mehr als eine Variable beziehen, wir können zum Beispiel definieren:

Kxy: «*x* kommt zu *y*.»

Wenn wir für *x* wieder Maria einsetzen, abgekürzt *m*, und für *y* den Himmel, abgekürzt *h*, dann bedeutet der Satz *Kmh*: «Maria kommt in den Himmel.» Wenn wir dagegen ausdrücken wollen, dass Maria überallhin kommt (was immer das heißt), dann können wir schreiben:

$$\forall y(Kmy)$$

Der Ausdruck in den Klammern ist immer der, auf den der All-Quantor sich bezieht, er «bindet» sozusagen die Variable *y*, während *m* eine Konstante (Maria) ist.

Der Satz über die Mädchen lässt sich jetzt so schreiben:

$$\forall x\Big(\big((Mx \wedge Gx) \rightarrow Kxh\big) \wedge \big((Mx \wedge \neg Gx) \rightarrow \forall y(Kxy)\big)\Big)$$

Das ist schon ein ganz schön verschachtelter prädikatenlogischer Ausdruck! Und man kann aus ihm sogar herleiten, dass böse Mädchen in den Himmel kommen: Da der letzte Ausdruck für alle *y* gilt, kann man auch *y=h* setzen und erhält *Kxh* für alle Mädchen, die böse sind.

Zum All-Quantor gibt es noch ein Pendant, den Existenz-Quantor, geschrieben als umgekehrtes E. Während der All-Quantor sagt, dass *alle* x eine bestimmte Formel erfüllen, sagt der Existenz-Quantor: Es gibt (mindestens) *ein* x, für das die Aussage stimmt. Also zum Beispiel:

$$\exists x(Mx \wedge Gx)$$

Das liest sich: «Es gibt mindestens ein *x*, sodass *x* ein Mädchen ist und *x* gut ist.» Oder auch: «Es gibt gute Mädchen.»

All-Quantor und Existenz-Quantor stehen in einem interessanten Verhältnis zueinander: Für ein beliebiges Prädikat *Px* gelten immer die vier Äquivalenzen

$$\forall x(Px) :: \neg\exists x(\neg Px)$$

(«Alle Mädchen sind gut» ist dasselbe wie «Es gibt kein Mädchen, das böse ist».)

$\neg\forall x(Px) :: \exists x(\neg Px)$

(«Nicht alle Mädchen sind gut» ist dasselbe wie «Es gibt ein Mädchen, das böse ist».)

$\exists x(Px) :: \neg\forall x(\neg Px)$

(«Es gibt gute Mädchen» ist dasselbe wie «Nicht alle Mädchen sind böse».)

$\neg\exists x(Px) :: \forall x(\neg Px)$

(«Es gibt keine guten Mädchen» ist dasselbe wie «Alle Mädchen sind böse».)

Diese vier Regeln nennen sich auch die «Quantoren-Negation» (QN).

Jetzt können wir ein letztes Mal zu dem Satz über das Geldfälschen zurückkommen und ihn mit Quantoren und Prädikaten versehen. Dazu definieren wir folgende Prädikate:

Mx: «*x* ist ein Mensch.»
Ny: «*y* ist eine nachgemachte Banknote.»
Vy: «*y* ist eine verfälschte Banknote.»
Pxy: «*x* produziert *y*.»
Bxy: «*x* verschafft sich *y*.»
Uxy: «*x* bringt *y* in Verkehr.»
Gx: «*x* kommt mindestens zwei Jahre ins Gefängnis.»

Einmal tief Luft holen, hier kommt der Satz:

$$\forall x \forall y\Big(\big(\big(Mx \wedge (Ny \vee Vy)\big) \wedge \big(Pxy \vee (Bxy \wedge Uxy)\big)\big) \rightarrow Gx\Big)$$

Wörtlich: «Für alle x und y gilt: Wenn x ein Mensch ist und y eine nachgemachte oder verfälschte Banknote, dann kommt x mindestens zwei Jahre ins Gefängnis, wenn x y produziert oder aber sich y verschafft und in Verkehr bringt.»

Die Einschränkung «x ist ein Mensch» sieht vielleicht auf den ersten Blick ein bisschen seltsam aus («Was denn sonst?»), aber es ist wichtig, dass man immer genau sagt, aus was für einem Bereich die Variablen x und y kommen, denn «Für alle x» bezieht sich ansonsten wirklich auf alle Dinge.

Muss man Gesetze tatsächlich so penibel formulieren? Natürlich wird unser Strafgesetzbuch niemals eine Formelsammlung sein, die Bandwürmer wie unseren jetzt endlich ausformulierten Ausdruck enthält. Das kann kein Mensch lesen, insbesondere kein Jurist. Aber Gesetzestexte sollten logisch so konsistent sein, dass man sie zumindest in eine formale Sprache übersetzen kann, ohne dass es zu Unklarheiten oder Widersprüchen kommt. Längst werden Gesetzestexte auch von Computersystemen erfasst, die dann in beschränktem Rahmen Folgerungen ziehen und juristische Argumente überprüfen können. Deshalb haben zwei Schweizer Forscher, Stefan Höfler und Alexandra Bünzli von der Universität Zürich, eine Kunstsprache namens «Controlled Legal German (CLG)» erfunden, die einerseits für Laien inklusive der Juristen verständlich und lesbar ist und andererseits die Doppeldeutigkeiten unserer natürlichen Sprache vermeiden soll. Es handelt sich sozusagen um eine Teilmenge der deutschen Sprache – der Satzbau ist vereinfacht und standardisiert, es gibt weniger Wörter, und jeder Begriff ist schärfer definiert als in der Umgangssprache. Sobald ein Gesetzestext in dieser Sprache formuliert ist, kann er eindeutig auf die Prädikatenlogik abgebildet werden, die dafür noch um Formulierungen wie «es ist erlaubt», «es ist geboten», «es ist verboten» erweitert wird.

Doppeldeutige Formulierungen bemerken wir gar nicht immer. Ein Beispiel für einen Satz aus dem Schweizerischen Bundesgerichtsgesetz: «Die Veröffentlichung der Entscheide hat *grundsätzlich* in anonymisierter Form zu erfolgen.» Das Wort «grundsätzlich» kann in diesem Satz tatsächlich zwei entgegengesetzte Bedeutungen haben – einmal im Sinne von «strikt, kategorisch, immer», oder aber im Sinne von «üblicherweise, aber Ausnahmen sind möglich». Sind Sie beim ersten Lesen darüber gestolpert? Wahrscheinlich nicht. Für die Kunstsprache CLG gilt die strikte Regel: Das Wort *grundsätzlich* markiert, dass Ausnahmen möglich sind.

Ein anderes Beispiel sind Personalpronomen: «Die Kantone können Fachhochschulen einrichten. Sie werden selbständig geleitet.» Jedem Menschen ist klar, dass das Wort «sie» sich auf die Fachhochschulen bezieht und nicht auf die Kantone. In einer formal eindeutigen Sprache darf es aber keinen Interpretationsspielraum geben – deshalb gilt in CLG: Personalpronomen können sich nur auf das Subjekt des vorherigen Satzes beziehen, in diesem Fall wären das die Kantone. Meint man etwas anderes, muss man den Begriff wiederholen und in diesem Fall schreiben: «Die Fachhochschulen werden selbständig geleitet.»

Die Prädikatenlogik umfasst auf ganz natürliche Weise die gesamte Aussagenlogik. Man kann auch alle Schlussregeln aus der Aussagenlogik übernehmen, allerdings erfordern die beiden Quantoren noch ein paar neue Regeln.

Schauen wir uns zum Beispiel den bekanntesten der logischen «Syllogismen», also gültigen Schlüsse an, der schon seit der Antike tradiert wird:

Alle Menschen sind sterblich.
Sokrates ist ein Mensch.
Also ist Sokrates sterblich.

In der prädikatenlogischen Darstellung:

$$\forall x(Mx \to Sx), Ms : Ss$$

Dabei steht natürlich *Mx* für «*x* ist ein Mensch», *Sx* für «*x* ist sterblich» und *s* für Sokrates. Wie lässt sich das beweisen?

Dafür brauchen wir eine neue Schlussregel, die sogenannte «Universelle Ersetzung» (UE). Sie besagt einfach, dass ein Satz, der für alle *x* gilt, auch für jede konkrete Ersetzung von *x* gilt. Eigentlich ganz trivial aus dem Sinn des Quantors, aber hier geht es ja um die formale Umformung von Zeichenketten. Dann sieht der Sokrates-Schluss so aus:

1. $\forall x(Mx \to Sx)$
2. Ms
3. $Ms \to Ss$ (1 UE)
4. Ss (2,3 MP)

Nach der Ersetzung der Variablen *x* ist aus der Sache also ein Fall geworden, der sich mit dem altbekannten Modus ponens (MP) erledigen lässt.

Rechnen wir noch ein etwas komplizierteres Beispiel:

Säuglinge sind unlogisch.
Wir verachten niemanden, der mit einem Krokodil fertigwerden kann.
Wir verachten die, die unlogisch sind.
Also können Säuglinge nicht mit einem Krokodil fertigwerden.

Zuerst definieren wir die Prädikate *Sx* («*x* ist ein Säugling»), *Ux* («*x* ist unlogisch»), *Kx* («*x* wird mit einem Krokodil fertig»), *Vx* («Wir verachten *x*»). Dann sieht die Behauptung so aus:

$$\forall x(Sx \rightarrow Ux), \neg\exists x(Kx \wedge Vx), \forall x(Ux \rightarrow Vx): \forall x(Sx \rightarrow \neg Kx)$$

Der Beweis, wieder in Grau für die Formelverächter:

1. $\forall x(Sx \rightarrow Ux)$
2. $\neg\exists x(Kx \wedge Vx)$
3. $\forall x(Ux \rightarrow Vx)$

Als Erstes werden wir den verneinten Existenz-Quantor in Zeile 2 los – mit einer Quantoren-Negation. «Es gibt niemanden, den wir verachten und der mit einem Krokodil fertigwerden kann» ist dasselbe wie «Für alle Menschen gilt, dass sie nicht sowohl mit Krokodilen umgehen können als auch von uns verachtet werden».

4. $\forall x\neg(Kx \wedge Vx)$ (2 QN)

Jetzt haben wir alle Aussagen als All-Aussagen formuliert und können auf die Aussagen in den Klammern die Regeln der Aussagenlogik anwenden, als Erstes die De Morgan'sche Regel (siehe Seite 45):

5. $\forall x(\neg Kx \vee \neg Vx)$ (4 DM)

Das ist wieder ein Fall für die Implikationsregel (Seite 44):

6. $\forall x(Vx \rightarrow \neg Kx)$ (5 Impl)

Jetzt haben wir eine Kette von Implikationen, die wir alle mit Hilfe des Hypothetischen Syllogismus (Seite 45) aneinanderhängen können:

7. $\forall x(Sx \rightarrow Vx)$ (1,3 HS)
8. $\forall x(Sx \rightarrow \neg Kx)$ (7,6 HS)

Und schon steht der behauptete Satz da! Wobei man bemerken muss: Satz 7 besagt, dass wir alle Säuglinge verachten – wovon ich mich als Vater heftig distanziere.

Beweise in der Prädikatenlogik sind ein wenig schwieriger als in der Aussagenlogik – mit den Quantoren kann man sich ganz schön vertun und kommt dann schnell zu «Beweisen» der Form

Alle Menschen sind sterblich.
Sokrates ist sterblich.
Also ist Sokrates ein Mensch.

Die Aussage stimmt zwar für Sokrates, aber der Schluss ist falsch – was man schnell einsieht, wenn man «Sokrates» durch «Mein Hund Fifi» ersetzt.

In der Prädikatenlogik kann man sich auch nicht mehr um syntaktische Beweise drücken, indem man eine vollständige Wahrheitstafel aufstellt und das Problem dadurch semantisch löst. Für Aussagen mit Quantoren funktioniert das nicht, weil man ja mit dem All-Quantor unter Umständen unendlich viele Aussagen auf einmal macht. Deshalb ist die Frage, ob die Prädikatenlogik vollständig ist, das heißt, ob sich jeder wahre Satz in ihr auch formal beweisen lässt, nicht trivial. Sie ist es tatsächlich, aber der Beweis wurde erst 1929 von Kurt Gödel erbracht. Die Mathematiker schöpften daraufhin die Hoffnung, dass das auch für ihre gesamte Wissenschaft gelte. Aber mit der Prädikatenlogik alleine kann man noch keine Mathematik treiben. Man muss ein paar mathematische Grundbegriffe wie Mengen und Zahlen und Operationen wie das Addieren und Multiplizieren dazu nehmen. Und sobald man das tut, wird das System erheblich komplexer. Schon zwei Jahre nachdem er die Vollständigkeit der Prädikatenlogik bewiesen hatte, zerschmetterte derselbe Kurt Gödel jegliche Hoffnung, dass die Mathematik jemals vollständig sein würde – es wird in ihr immer wahre Sätze geben, die sich nicht beweisen lassen. Wie er das anstellte, davon handelt Kapitel 10.

Jetzt sind Sie dran: Folgende Aussagen sollen gelten:

1. Kein Haifisch zweifelt daran, dass er gut bewaffnet ist.
2. Ein Fisch, der nicht Walzer tanzen kann, verdient Mitleid.
3. Kein einziger Fisch fühlt sich sicher bewaffnet, wenn er nicht mindestens drei Reihen von Zähnen hat.
4. Alle Fische mit Ausnahme der Haifische sind freundlich zu Kindern.
5. Schwere Fische können nicht Walzer tanzen.
6. Fische mit mindestens drei Reihen von Zähnen verdienen kein Mitleid.

Beweisen Sie, dass unter diesen Annahmen der Satz richtig ist: «Alle schweren Fische sind freundlich zu Kindern»!

7 Denksport 2: Die Insel der Lügner

Willkommen auf der exotischen Insel Mendacino! Die Besonderheit dieser Insel ist, dass auf ihr zwei Sorten Menschen leben: Die eine Sorte sagt stets die Wahrheit, die andere lügt ständig. Nennen wir sie die «Wahrsager» und die «Lügner». Äußerlich sind die beiden Gruppen nicht voneinander zu unterscheiden. Sie treffen auf einen oder mehrere Inselbewohner und müssen nun entweder herausfinden, zu welchem Stamm Ihre Gesprächspartner gehören, oder aber Sie müssen ihnen eine bestimmte Information entlocken, ohne dass Sie wissen, ob Sie mit Wahrsagern oder mit Lügnern sprechen.

Wir wollen uns jetzt nicht überlegen, ob es im richtigen Leben wirklich praktikabel ist, ständig zu lügen. Oder, noch schlimmer, ständig die Wahrheit zu sagen! Denn letztlich macht das seltsame Verhalten der Insulaner ja alle zu Wahrsagern: Man muss nur am Anfang einer Konversation sein Gegenüber fragen, ob ein Dreieck drei Ecken hat, und von da an weiß man, mit was für einer Sorte Mensch man es zu tun hat, und kann alle Antworten korrekt einschätzen. Niemand könnte mehr ein Geheimnis für sich behalten – das soziale Gefüge der Gesellschaft würde wahrscheinlich binnen kürzester Zeit auseinanderbrechen.

Nein, in den Rätseln geht es darum, logische Schlüsse aus scheinbar unvollständigen Angaben zu ziehen. Ich will Ihnen in diesem Kapitel eine Methode zeigen, wie Sie zumindest die meisten dieser Aufgaben fast automatisch lösen können. Die Methode funktioniert nicht, wenn zu viele Inselbewohner involviert sind (siehe die Aufgaben 7 und 8) oder wenn die Aufgabe offen formuliert ist, das heißt, wenn Sie selbst eine Frage finden müssen, die Sie auf die richtige Fährte bringt.

Eine solche offene Aufgabe ist das bekannteste von allen Lügnerrätseln:

1. Sie kommen auf Mendacino an und wollen das Hauptdorf besuchen. Die Straße gabelt sich, und es gibt keine Wegweiser. An der Kreuzung döst ein Einheimischer in der Sonne, und natürlich wissen Sie nicht, zu welchem Stamm er gehört. Sie dürfen ihm nur eine Frage stellen, und aus der Antwort sollen Sie auf den richtigen Weg in die Hauptstadt schließen können.

Falls Sie noch keine Lösung zu dieser Frage kennen, dann können Sie jetzt knobeln – die Auflösungen zu allen Fragen stehen am Ende des Buchs!

Aber nun zu der Sorte Fragen, die sich schematisch lösen lassen. Nehmen wir an, Sie treffen auf zwei Bewohner, Arnie und Bella. «Wer von euch gehört zu den Wahrsagern und wer zu den Lügnern?», fragen Sie. Arnie antwortet: «Entweder bin ich ein Lügner, oder Bella ist eine Wahrsagerin.» Was sind Arnie und Bella?

Um das Rätsel zu lösen, formalisieren wir erst mal ein bisschen: Wir schreiben das Prädikat Wx für den Satz «x ist ein Wahrsager». Für die Lügner müssen wir kein eigenes Prädikat einführen – ein Lügner ist ein Nicht-Wahrsager, für ihn gilt $\neg Wx$. Wenn ein Bewohner a sagt: «b ist ein Lügner», dann schreiben wir: a:«$\neg Wb$».

Wenn ich auf zwei Bewohner treffe, dann gibt es genau vier Kombinationen der Stammeszugehörigkeit – genau wie bei einer Wahrheitstafel mit zwei Aussagen. Allgemein gibt es für n Mendaciner 2^n mögliche Kombinationen.

Als Erstes überlegen wir, in welchen der vier Fälle die Aussage von Arnie wahr ist. Das «Oder» interpretieren wir als das logische, nicht-ausschließende Oder.

Wa	Wb	$\neg Wa \vee Wb$
w	w	w
w	f	f
f	w	w
f	f	w

So weit ist das eine ganz normale Wahrheitstafel. Aber nun müssen wir noch einen Schritt weiter denken. Schauen wir uns zum Beispiel die zweite Zeile der Tafel an: Dort macht Arnie eine falsche Aussage, er lügt also – aber in der Zeile steht, dass Arnie ein Wahrsager und Bella eine Lügnerin ist. Weil aber ein Wahrsager nicht lügen kann, kann dieser Fall nicht vorkommen, wir nennen ihn «nicht konsistent». Nun kann man alle vier Fälle auf Konsistenz untersuchen und kommt zu dem Ergebnis, dass von vier möglichen Fällen drei nicht konsistent sind.

Wa	Wb	$\neg Wa \vee Wb$	konsistent?
w	w	w	+
w	f	f	–
f	w	w	–
f	f	w	–

Und das heißt: Diese drei Fälle können nicht auftreten, es gibt nur eine mögliche Kombination. Arnie und Bella sind beide Wahrsager.

Jetzt dürfen Sie knobeln: Es folgen ein paar Rätsel, die Sie mit dieser Methode der vollständigen Wahrheitstafel lösen können. Am Ende des Buchs stehen die Lösungen!

2. Sie treffen auf einen Insulaner, nennen wir ihn Charlie. «Was für einer bist du?» – «Wenn ich ein Wahrsager bin, dann fresse ich einen Besen!», antwortet Charlie. Muss er den Besen fressen?

3. Sie treffen die beiden Mendaciner Dennis und Ellen, die turtelnd und flirtend auf einer Bank sitzen (zwischen den beiden Stämmen gibt es keinen Zwist, sondern sogar romantische Beziehungen – nach einer Testfrage weiß ja jeder, von welcher Sorte der andere ist). «Hey, zu welchem Stamm gehört ihr denn?», fragen Sie die beiden. Dennis antwortet: «Wenn Ellen eine Wahrsagerin ist, dann bin ich ein Lügner!» Was sind Dennis und Ellen?

4. Diesmal treffen Sie auf ein Insulaner-Trio: Fritz, Gina und Heike. Auf die Frage, was sie denn nun sind, antwortet Fritz lachend: «Wir sind alle Lügner!» Die anderen fallen in sein Gelächter ein, und als Gina Ihr verständnisloses Gesicht sieht, sagt Sie: «Nein, im Ernst, genau eine oder einer von uns ist ein Wahrsager.» Worauf sich alle drei wieder lachend auf die Schenkel klopfen.

5. Sie treffen ein weiteres Trio, Ingo, Jenny und Kurt. Sie sprechen die drei einzeln an und beginnen mit Ingo: «Bist du ein Wahrsager oder ein Lügner?» Aber Ingo hat einen Sprachfehler, seine genuschelte Antwort ist unverständlich. «Was hat Ingo gesagt?», fragen Sie Jenny. «Ingo sagt, er ist ein Lügner», antwortet die. «Glaub Jenny kein Wort», giftet Kurt, «sie lügt!» – «Und was ist mit Ingo?» – «Der sagt die Wahrheit!», antwortet Kurt.

6. Sie treffen in einer Bar das Damentrio Lola, Mimi und Nina, die Ihnen freundlich zunicken. «Na, was für eine Sorte Damen seid ihr denn?», fragen Sie. Die mögliche Schlüpfrigkeit der Frage fällt glücklicherweise keiner der drei auf. «Also Mimi und Nina sind

von derselben Sorte», sagt Lola. Sie grübeln einen Moment und fragen dann Nina: «Sind denn Lola und Mimi von derselben Sorte?» Was antwortet Nina?

Nun noch zwei Aufgaben, die man nicht mit einer vollständigen Wahrheitstafel lösen kann – die hätte nämlich 2^{100} Zeilen, das ist eine 31-stellige Zahl!

7. Mendacino hat genau 100 Bewohner. Man fragt den ersten, den man trifft, wie viele davon Lügner seien. «Einer», sagt der. Sie gehen weiter, treffen auf den nächsten Mendaciner. Der antwortet auf dieselbe Frage: «Zwei.» Und so geht es weiter, bis Sie auch den letzten Bewohner aufgetrieben haben, und der antwortet: «Hundert!» Wie viele Lügner gibt es tatsächlich?

8. Dieselbe Situation, aber der erste antwortet: «Mindestens einer.» Der zweite: «Mindestens zwei.» Und so weiter, der letzte sagt: «Mindestens hundert.» Wie viele Lügner gibt es in diesem Fall?

8 Der Katalogkatalog

oder

Wieso man die Ordnung auch übertreiben kann

Literatur! Kafka! Hemingway! Den ganzen Tag von Büchern umgeben! Das waren Lena Horns Motive, als sie ihre Ausbildung als Bibliotheksassistentin anfing, beziehungsweise als «Fachangestellte für Medien und Informationsdienste», wie es neudeutsch heißt. Tatsächlich ist sie nun auf ihrer ersten festen Stelle in der Stadtbibliothek den ganzen Tag von Büchern umgeben. Allerdings kommt sie kaum dazu, einen Blick hineinzuwerfen. Die gedruckten Werke, die auf ihrem Schreibtisch liegen, sehen zwar aus wie Bücher, sind aber Kataloge. Natürlich nicht die Kataloge von Otto oder Neckermann, sondern Bibliothekskataloge – Verzeichnisse von Büchern.

Selbstverständlich gibt es das alles längst elektronisch, die Verzeichnisse sind im Internet aufrufbar, man kann den Bestand der New York Public Library nach Stichwörtern durchsuchen. Wie diese Vernetzung die Inhalte vieler Archive erschließen und damit vor dem Verstauben bewahren kann, war schließlich ein Schwerpunkt ihrer Ausbildung. Aber Lena Horns Chef, Fred Kollmann, ist ein Bibliothekar der alten Schule. Er liebt Kataloge: Bandkataloge, Zettelkataloge, Schlagwortkataloge, Mikrofiche-Kataloge. Auf Lenas Vorhaltung, die seien doch unpraktisch und längst überholt, pflegt er mit einem Blick über seine Lesebrille zu antworten: «Ja, aber wenn es das Internet mal nicht mehr gibt, dann haben wir immer noch unsere guten alten Kataloge!»

In den vergangenen Wochen hat Kollmann seine Katalog-Manie noch weiter gesteigert. Er möchte nämlich etwas erstellen, was die Mitarbeiter unter der Hand den «Katalogkatalog» nennen, offiziell: «Verzeichnis der Kataloge und Bestandslisten der Stadtbibliothek Neuenburg». In der Zentrale hat Lena Horn diese verantwortungsvolle Aufgabe murrend übernommen, aber auch in jeder der 13 Stadtteil- und Schulbibliotheken ist ein Mitarbeiter abgestellt worden, um den Bestand nach Katalogen zu durchforsten.

Vergangene Woche ist Kollmanns Frist abgelaufen, zu der alle Stadtteilbibliotheken ihren Katalog der Kataloge abliefern sollten. Nun, fünf Tage später, sind auch die letzten Nachzügler eingetroffen. Auf Lenas Schreibtisch stapeln sich die 13 Leitz-Ordner. Jede Zweigstelle hat die bei ihr vorhandenen Karteien und Verzeichnisse erfasst, auch die Zugänge zu elektronischen Archiven, es sind ansehnliche Listen entstanden. Lena hat sie in den letzten Tagen durchforstet, Doubletten gestrichen, und soll nun alle Katalogkataloge zu einem Super-Katalogkatalog zusammenfassen. Dazu gehören dann alle Einträge in den Stadtteil-Katalogen, aber auch diese Kataloge selbst – denn Kollmann wäre nicht Kollmann, wenn er nicht darauf bestehen würde, dass die Verzeichnisse nachher in den Bibliotheken aufbewahrt werden, für Interessenten, die sich über die örtlichen Kataloge informieren wollen.

Eine Ungereimtheit ist ihr allerdings aufgefallen: Die meisten Unterbibliotheken haben sich darauf beschränkt, die bereits vorhandenen Kataloge in die Liste aufzunehmen und an die Zentrale zu schicken. Drei Büchereien allerdings – Lena nennt sie insgeheim die «Streber» – haben ihre Listen noch um einen Eintrag ergänzt, nämlich ihren Stadtteil-Katalogkatalog. Wie soll sie damit verfahren? Bevor sie etwas falsch macht, entschließt sich Lena, den Chef persönlich darauf anzusprechen.

Der empfängt sie mit einem erwartungsvollen Lächeln im Gesicht. «Frau Horn, wie geht's? Was macht Ihre Arbeit mit den Katalogen? Haben Sie alle Listen fristgerecht bekommen?»

«Ja, so weit ist alles gut», sagt Lena. «Aber bei einer Sache weiß ich nicht, wie ich damit verfahren soll.» Sie erläutert ihm das Problem mit der Frage, ob die Stadtteilkataloge sich selbst aufführen sollten.

«Also für mich als Bibliothekar und Experten für Kataloge», sagt Kollmann mit dem Lena wohlbekannten Blick über die Lesebrille, der wohl seine Kompetenz unterstreichen soll, «ist die Sache klar: Die Ordner werden ja später in der jeweiligen Bibliothek stehen, also gehören sie zum Bestand und müssen aufgeführt werden.»

«Ja, aber ...», setzt Lena an.

«Kein Aber! Das gebietet doch die reine Logik», erstickt Kollmann ihren Protest im Keim. «Ein unvollständiger Katalog ist kein Katalog! Ich schaue mir das gern mal im Detail an. Dazu bräuchte ich aber erst einmal einen Überblick, wie die einzelnen Stadtteilbibliotheken damit verfahren sind.»

Aha, denkt sich Lena, er möchte also wissen, welche seiner Bibliothekare zu den Strebern gehören und welche nicht.

«Eine Liste?», fragt sie zögernd.

«Ja, eine Liste. Ein Verzeichnis. Einen Katalog, wenn Sie so wollen.» Beim letzten Satz geht ein breites Lächeln über Kollmanns Gesicht, und Lena weiß nicht, ob er das jetzt als Witz gemeint hat oder ob der Gedanke an einen weiteren Katalog ihn in Verzückung versetzt hat.

«Also einen Katalog aller Kataloge von Katalogen in Neuenburg, die sich selbst als Eintrag enthalten?», fragt sie unsicher.

«Ja, genau», antwortet Kollmann. «Und natürlich auch den Katalog aller Kataloge von Katalogen, die sich selbst nicht als Eintrag enthalten.» Der Bibliothekar hat keine Probleme, diesen Satz fehlerfrei auszusprechen. «Und machen Sie das bitte bis heute Nachmittag, ich möchte die Sache bald zum Abschluss bringen.»

Drei Stunden später schon steht Lena wieder in seinem Büro. Sie trägt zwei dünne Schnellhefter unterm Arm.

«Dafür hätten Sie aber nicht wieder in mein Büro kommen müssen», sagt Kollmann, der über einem Berg von wichtigen Akten zu brüten scheint. Auf seinem Computerbildschirm sieht Lena die Solitär-Spielkarten – dafür also benutzt der Chef den teuren Rechner, den er sich kürzlich genehmigt hat. Und so tief in Arbeit scheint er auch nicht zu stecken ...

«Das dachte ich auch, aber in einer Frage komme ich einfach nicht weiter», sagt Lena. Auf seinen fragenden Blick hin fährt sie fort: «Das eine Verzeichnis habe ich relativ schnell fertig gehabt: Den Katalog aller Kataloge von Katalogen, die sich selbst als Verzeichnis enthalten – das waren genau drei Stück.»

«Ah, die weitsichtigen Kollegen, die gleich den neuen Katalog mit aufgeführt haben?»

«Genau die», antwortet Lena. «Schwieriger war's mit der zweiten Liste. Zunächst mal: Gut, dass wir die Sache ‹Katalog aller Kataloge *von Katalogen*, die sich selbst nicht als Eintrag enthalten› genannt haben – sonst wäre es ja praktisch unser ganzer Katalogkatalog gewesen, abzüglich der drei genannten.»

«Ich wollte Ihnen nicht unnötig viel Arbeit machen», lächelt Kollmann. Hat er das Problem wirklich gesehen? Lena ist sich nicht sicher.

«Also habe ich einfach die zehn Stadtteil-Katalogkataloge aufgeführt, die sich selbst nicht aufgelistet haben.»

«Gut, gut.» Kollmann wird ein bisschen ungeduldig, offenbar möchte er noch vor Dienstschluss sein Solitärspiel beenden. «Und wo ist jetzt das Problem?»

«Ich habe mich gefragt, ob ich den Katalog selbst auf die Liste setzen sollte.»

«Welchen Katalog?»

«Na, den Katalog aller Kataloge von Katalogen, die sich selbst nicht als Eintrag enthalten» stammelt Lena. Fast hätte sie einmal zu viel «Katalog» gesagt.

«Hm.» Jetzt muss auch Kollmann eine Weile grübeln. «Es handelt sich zwar nicht um einen dauerhaften Katalog – wir wollen ja eine einheitliche Regelung durchführen, sodass es nachher nur noch Stadtteil-Kataloge gibt, die sich selber aufführen. Dann ist die Liste ja leer. Aber so lange, wie das nicht der Fall ist, ist das Ding ein Katalog, und deshalb muss es katalogisiert werden. Also schreiben Sie ihn auf die Liste!»

«Aber auf welche?», fragt Lena hilflos. «Ich hab's ja probiert – weil er sich nicht selbst aufgelistet hat, habe ich ihn in sich selbst eingetragen, wenn ich das mal so ausdrücken darf. Also in den Katalog aller Kataloge von Katalogen, die sich selbst nicht als Eintrag enthalten. Ab diesem Moment aber enthielt er sich selbst als Eintrag – und deshalb gehört er in die Liste der Kataloge von Katalogen, die sich selbst als Eintrag enthalten.»

«Die Dreierliste?»

«Genau die. Da habe ich ihn dann eingetragen – und folglich musste ich ihn aus sich selbst herausstreichen, denn er erfüllte ja nicht mehr das Kriterium, sich nicht selbst zu verzeichnen.»

Jetzt zeigt sich eine Grübelfurche auf Kollmanns Stirn, die langsam immer tiefer wird. Er hat endlich das Problem begriffen.

«Jetzt enthielt sich der Katalog nicht mehr selber – also durfte er auch nicht mehr auf der kurzen Liste stehen, stimmt's?»

«Stimmt.»

«Und er musste folglich wieder auf die andere Liste, oder?»

«Richtig.»

«Also enthielt er sich doch wieder selbst als Eintrag ... und an der Stelle waren wir schon mal.»

Kollmann ist von seinem Schreibtischsessel aufgestanden und geht unruhig auf und ab. Der Katalog-Experte ist auf ein Katalog-Problem gestoßen, das er offenbar nicht lösen kann.

«Wissen Sie was», sagt er schließlich, «geben Sie mir die beiden Hefter, wir werden sie nicht mehr als ‹Katalog› bezeichnen, sondern einfach nur als ... ‹Aufstellung›. Damit gehören sie auch in keine der beiden Gruppen rein, und das Problem ist gelöst.»

Mit dieser Lösung kann sich auch Lena anfreunden, die sich auch schon auf den Feierabend freut.

«Eine Frage noch, Herr Kollmann ...»

«Was denn noch?»

«Sollen wir uns wirklich der Meinung der Streber ... äh, der drei Büchereien anschließen, dass der jeweilige Katalogkatalog sich selbst enthalten soll? Könnte es nicht sein, dass wir bald wieder so ein Problem bekommen?»

«Wieso? Was für ein Problem?», fragt Kollmann. «In einen Katalog aller Kataloge gehört auch der Katalog selbst. Und überhaupt – Kataloge kann man nie genug haben.» Noch während er das sagt, schaltet der Oberbibliothekar seinen Computer aus, klemmt seine Aktentasche unter den Arm und wirft seinen Mantel über.

«Danke, Frau Horn», sagt er zu der verdutzten Bibliotheksassistentin, während er sie aus seinem Büro schiebt, «nach so viel Grübelei haben wir uns aber den Feierabend verdient.»

Eine Hiobsbotschaft für Frege

Die beiden Bibliothekare konnten ihr Problem relativ elegant lösen (auch wenn die Frage, ob ein Katalog sich selbst enthalten darf, damit noch nicht ganz vom Tisch ist – wir kommen später darauf zurück!). In Logik und Mathematik dagegen hat eine ähnliche Frage zu großen Verwerfungen geführt.

Unser Beispiel lehnt sich an das «Barbier-Paradox» an, das der Mathematiker Bertrand Russell (1872–1970) als Illlustration der 1901 von ihm entdeckten Antinomie benutzte (auch wenn er das Beispiel nicht selbst erfunden hat): In einer Kleinstadt gibt es genau einen (männlichen) Barbier. Alle Männer der Stadt legen Wert auf eine glatte Rasur, und dazu rasieren sie sich entweder selbst, oder sie gehen zum Barbier. Das heißt: Der Barbier rasiert genau die Männer, die sich nicht selbst rasieren. Die Frage lautet: Wer rasiert den Barbier?

Analog zu unserer Geschichte können wir hier einen Widerspruch erzeugen: Angenommen, der Barbier rasiert sich nicht selbst. Daraus folgt aber, dass er vom Barbier rasiert wird. Das wiederum heißt aber, er rasiert sich selbst. Also darf er nicht vom Barbier rasiert werden, also rasiert er sich nicht selbst ... und so weiter, ein ewiges Hin und Her ohne Ende und eindeutigen Schluss.

Die richtige Antinomie Russells bezog sich natürlich weder auf Barbiere noch auf Kataloge, sondern auf die mathematische Mengenlehre, die der deutsche Mathematiker Georg Cantor in den Jahrzehnten davor entwickelt hatte. Die Mengenlehre war um die Jahrhundertwende vom 19. zum 20. Jahrhundert einer der wichtigsten Trends in der Mathematik, man sah in ihr eine neue Grundlage, aus der sich alle mathematischen Disziplinen entwickeln ließen. Und weil praktisch alle mathematischen Disziplinen auf Zahlen aufbauen, besteht der erste Schritt darin, aus der Mengenlehre das Rechnen mit ganzen Zahlen, die Arithmetik, zu entwickeln. Der deutsche Logiker und Arithmetiker Gottlob Frege (1848–1925) war gerade dabei, den zweiten Band seiner *Grundlagen der Arithmetik* zu vollenden, als ihn ein Brief Russells erreichte, in dem dieser ihm seine Antinomie ausbreitete.

Für Frege muss diese Nachricht niederschmetternd gewesen sein – sein Lebenswerk lag in Scherben. Er konnte an dem Buch nichts mehr ändern, sondern ihm nur noch ein knappes Nachwort anhängen: «Einem wissenschaftlichen Schriftsteller kann kaum etwas Unerwünschteres begegnen, als dass ihm nach Vollendung einer Arbeit eine der Grundlagen seines Baues erschüttert wird. In diese Lage wurde ich durch einen Brief des Herrn Bertrand Russell versetzt, als der Druck dieses Bandes sich seinem Ende näherte ...»

Vielleicht fragen Sie sich jetzt, wieso ich Ihnen das alles erzähle. Schließlich geht es hier um ein Problem der Mathematik, aber dieses Buch handelt von Logik. Was haben die Logik und die Mengenlehre miteinander zu tun?

Sehr viel. Man kann nämlich jede Aussage aus der Prädikatenlogik als eine Aussage über Mengen interpretieren. Nehmen Sie den Syllogismus «Alle Menschen sind sterblich. Sokrates ist ein Mensch. Also ist Sokrates sterblich». In der Mengenlehre würde der Schluss so lauten: «Die Menge der Menschen ist eine Teilmenge der Menge der sterblichen Wesen. Sokrates ist ein Element der Menge der Menschen. Also ist Sokrates ein Element der Menge der sterblichen Wesen.»

Wenn Sie zu den Menschen gehören, die in den 60er und 70er Jahren in der Grundschule die Mengenlehre kennengelernt haben und nur noch wissen, dass Sie damals mit bunten Stiften Kringel um Mengen von Äpfeln und Birnen gemalt haben, ohne den Sinn davon zu verstehen, dann seien Sie versichert: Genau darum geht es in der Mengenlehre. Kringel um Objekte malen, das heißt, einzelne Objekte zu Gruppen, eben den Mengen, zusammenzufassen. Das ist tatsächlich die grundlegendste mathematische Operation, und es ist erstaunlich, wie viel Interessantes sich daraus erzeugen lässt.

Statt Kringel zu malen, benutzt man in der Mathematik auch geschweifte Klammern, um Objekte zu einer Menge zusammenzufassen. Wir können zum Beispiel aus drei Elementen eine Menge M bilden:

$$M = \{\text{Lady Gaga, Italien, Wurzel aus 2}\}$$

Dass ein Objekt ein Element der Menge ist, schreibt man so:

$$\text{Lady Gaga} \in M$$

Als Elemente kommen alle Objekte der realen oder geistigen Welt in Frage, solange klar ist, wovon man redet. Insbesondere können auch Mengen wieder Elemente anderer Mengen sein.

Solange die Zahl der Elemente einer Menge endlich ist, kann man sie komplett aufzählen, danach muss man sich etwas anderes überlegen. Mengen können auch unendlich viele Elemente haben, das kann man manchmal mit Pünktchen andeuten:

$$N = \{1, 2, 3, 4, \ldots\}$$

Die Pünktchen bedeuten dann: und so weiter, bis zur Unendlichkeit.

Man kann aber auch, und da nähern wir uns der Logik, eine Eigenschaft definieren und dann die Menge aller Objekte bilden, die diese Eigenschaft haben:

$B = \{x \mid x \text{ ist oder war Präsident der Bundesrepublik Deutschland}\}$

Das liest sich: «*B* ist die Menge aller *x*, für die gilt: *x* ist oder war Präsident der Bundesrepublik Deutschland». Die Menge hat 11 Elemente (zur Zeit der Drucklegung dieses Buches, neuerdings verliert man da leicht den Überblick), von Theodor Heuss bis Joachim Gauck.

Auf diese Weise definierte Mengen können natürlich auch unendlich viele Elemente enthalten, aber unter Umständen auch keines, etwa die folgende Menge:

$$F = \{x \mid x \text{ ist oder war Präsident der Bundesrepublik Deutschland und } x \text{ ist eine Frau}\}$$

In diesem Fall ist *F* die leere Menge, die gar nichts enthält und auch mit dem Symbol Ø bezeichnet wird.

Dass man auf diese Weise Mengen bilden kann, also eine beliebige Eigenschaft definieren und dann die Menge aller Objekte mit dieser Eigenschaft konstruieren, war ein zentrales Axiom (also ein nicht weiter hinterfragter Grundsatz) in der Mengenlehre, die Frege in seinem Buch entwickelt hatte, er nannte es das «allgemeine Komprehensionsaxiom» – just das Axiom, das Russell später benutzte, um die gesamte Mengenlehre auszuhebeln.

Die Eigenschaft, die eine Menge definiert, kann man auch als ein logisches Prädikat sehen. Wenn *Mx* für das Prädikat «*x* ist ein Mensch» steht, dann kann man daraus direkt die Menge aller Menschen ableiten:

$$M = \{x \mid Mx\}$$

Die logische Aussage *Ms* («Sokrates ist ein Mensch») übersetzt sich dann in der Mengenlehre zu $s \in M$.

Wenn man zwei Mengen betrachtet, dann ist es im Allgemeinen so, dass es Elemente gibt, die in beiden Mengen enthalten sind, in nur einer von beiden Mengen oder in keiner. Allgemein lässt sich das so als Bild darstellen, wobei jedes der vier abgeschlossenen Gebiete Elemente enthalten kann oder auch nicht. Nehmen wir als Beispiele die Menge *M* aller Möbel und die Menge *V* aller Vierbeiner:

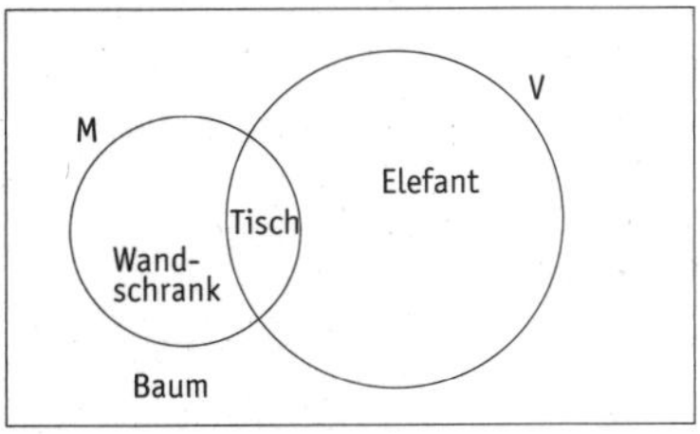

In jede der vier Regionen habe ich ein beispielhaftes Element eingezeichnet. Wenn die Menge *M* durch das Prädikat *Mx* («*x* ist ein Möbelstück») und die Menge *V* durch das Prädikat *Vx* («*x* hat vier Beine») definiert ist, dann kann man leicht das «Komplement» von *M* bilden, nämlich die Menge aller Elemente, die nicht in *M* liegen beziehungsweise nicht die Eigenschaft *Mx* haben. Also alle Nicht-Möbel:

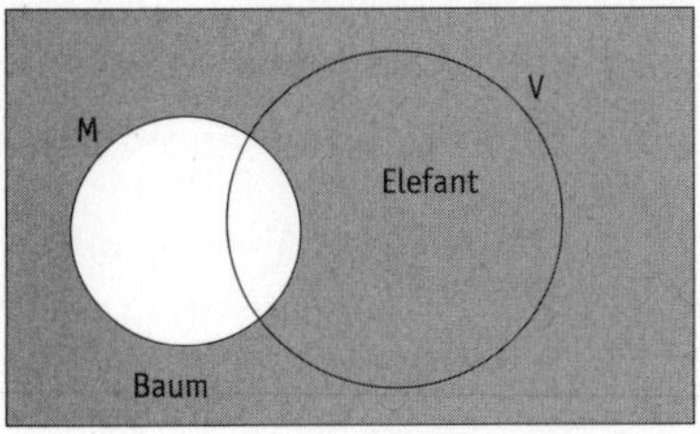

$M' = \{x \mid x \notin M\}$
oder auch
$M' = \{x \mid \neg Mx\}$

Die vier abgegrenzten Gebiete, in welche die Welt aller Objekte zerfällt, kann man auf 16 verschiedene Weisen zu Untergruppen zusammenfassen – und das entspricht genau den 16 möglichen logischen Operatoren zwischen zwei Aussagen (siehe Seite 30). Betrachten wir zum Beispiel die folgenden drei Mengen:

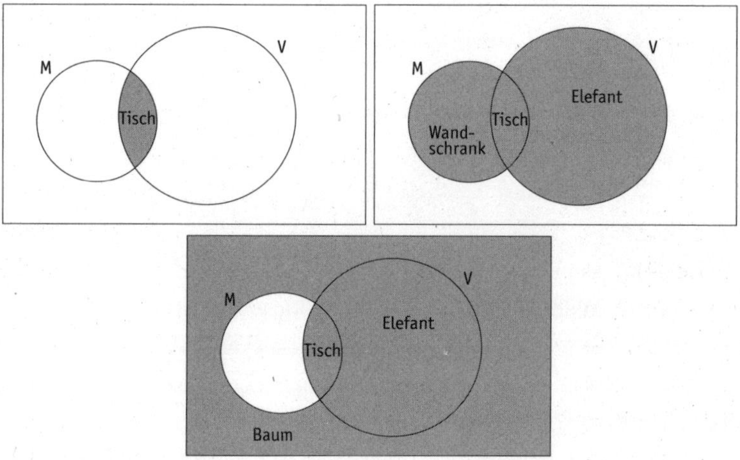

Im ersten Fall geht es um alle Elemente, die sowohl in M als auch in V enthalten sind, also die vierbeinigen Möbelstücke. In der Mengenlehre nennt man das den Durchschnitt – er entspricht der Und-Verknüpfung in der Logik:

$M \cap V = \{x \mid Mx \wedge Vx\}$

Nicht umsonst ähneln sich die Zeichen für «Durchschnitt» und «und»! Die zweite Menge ist die Vereinigung der Elemente von M und V zu einer neuen Menge – alles, was vier Beine hat oder ein Möbelstück ist. Das entspricht der Oder-Verknüpfung in der Logik – wohlgemerkt das nicht-ausschließende Oder:

$$M \cup V = \{x \mid Mx \vee Vx\}$$

Wie lässt sich die dritte Menge beschreiben? Hervorgehoben ist der Bereich aller Elemente, die nicht nur zu M gehören. Die also keine nicht-vierbeinigen Möbelstücke sind. Oder auch: die zu nicht-M oder zu V gehören. Nennen wir die Menge C:

$$\begin{aligned} C &= \{x \mid \neg Mx \vee Vx\} \\ &= \{x \mid Mx \rightarrow Vx\} \end{aligned}$$

Die letzte Umformung folgt aus der Implikationsregel (siehe Seite 44). Das hervorgehobene Gebiet sind also genau die x, für die gilt: Wenn sie Möbelstücke sind, dann haben sie vier Beine.

Hier stoßen wir wieder auf die der Intuition ein wenig widersprechende Definition der logischen Folgerung. Vielleicht umschreibt man die Menge besser so: Es sind «die Elemente, die entweder keine Möbelstücke sind – oder wenn doch, dann haben sie auf jeden Fall auch vier Beine».

Auch die Quantoren der Prädikatenlogik lassen sich problemlos in die Mengenlehre übersetzen. Zum Beispiel der Existenzquantor:

$$\exists x(Mx \wedge Vx)$$

Das ist die Aussage: «Es gibt Möbelstücke mit vier Beinen.» Mengentheoretisch gesprochen heißt das: Die Schnittmenge von *M* und *V* ist nicht die leere Menge.

Auch der klassische Syllogismus mit dem sterblichen Sokrates lässt sich in ein Mengendiagramm übersetzen:

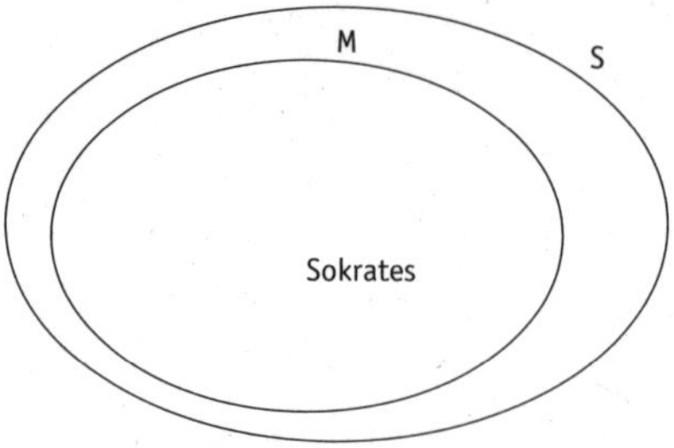

«Alle Menschen sind sterblich» heißt nämlich nichts anderes, als dass jedes Element der Menge *M* auch in der Menge *S* liegt. Dafür sagt man in der Mengenlehre auch: *M* ist eine Teilmenge von *S*, geschrieben wird das «$M \subset S$». Und aus der Tatsache, dass Sokrates ein Element von *M* ist, folgt dann, dass er auch ein Element von *S* ist.

Die Ursprünge der Mengenlehre werden als «naiv» bezeichnet, weil man tatsächlich zunächst die Begriffe «Menge» und «Element» benutzte, ohne sie groß zu definieren – ähnlich wie der alte Grieche Euklid in seiner Geometrie von «Punkten» und «Geraden» sprach und dabei an die Anschauung appellierte. Ende des 19. und Anfang des 20. Jahrhunderts aber ging es den Mathematikern darum, ihre Wissenschaft auf eine völlig formale, axiomatische Grundlage zu stellen. Anstatt Begriffe aus der Anschauung zu benutzen, definierte man einen «Kalkül». Das bedeutet: Man bestimmt einen Grundvorrat von Zeichen, die man benutzt, und stellt dann ein paar Regeln auf, welche Zeichenkombinationen wohlgeformte Formeln darstellen, wie man also eine Zeichenkombination in eine andere umformen darf. Außerdem formuliert man sogenannte Axiome – Zeichenkombinationen, deren Wahrheit angenommen wird. Dies geschieht in der Hoffnung, dass so ein Kalkül widerspruchsfrei ist, dass man also nicht einen Satz und gleichzeitig sein Gegenteil damit herleiten kann. Denn in einem widersprüchlichen System lässt sich *jeder* Unsinn beweisen.

Eine solche axiomatische Begründung der Mengenlehre und der auf ihr aufbauenden Arithmetik war es, an der Gottlob Frege arbeitete, als ihn Russells Brief erreichte. Eins von seinen Axiomen war das schon erwähnte «allgemeine Komprehensionsaxiom». Es besagt: Für ein beliebiges Prädikat *Px* kann man die Menge aller Objekte bilden, die diese Eigenschaft besitzen. Freges Schreibweise für logische Operatoren und Mengen war äußerst eigenwillig, in moderner Notation schreibt sich das Axiom so:

$$\exists y \forall x \big((x \in y) \leftrightarrow Px \big)$$

«Es gibt eine Menge *y*, sodass für alle *x* gilt: *x* ist genau dann ein Element von *y*, wenn *x* die Eigenschaft *P* hat.»[9]

Wohlgemerkt: Es geht nicht darum, ob diese Menge tatsächlich irgendwelche Elemente enthält. Man kann zum Beispiel für *P* die Eigenschaft «*x* ist ein außerirdisches Wesen» setzen. Dann besagt das Axiom, dass ich daraus die Menge aller Außerirdischen bilden kann – möglicherweise ist es die leere Menge.

Auf den ersten Blick sieht das Axiom sehr harmlos aus. Doch Frege hatte schon vor Russells Entdeckung seine Bauchschmerzen

9 Lassen Sie sich nicht dadurch verwirren, dass Mengen hier plötzlich mit kleinen Buchstaben geschrieben werden. Im formalen Mengenkalkül gibt es keinen prinzipiellen Unterschied zwischen «Mengen» und «Elementen» – jede Menge kann auch ein Element in einer anderen Menge sein.

mit ihm. Er schrieb in dem bereits zitierten Nachwort: «Ich habe mir nie verhehlt, dass es nicht so einleuchtend ist, wie die andern, und wie es eigentlich von einem logischen Gesetze verlangt werden muss. Ich hätte gerne auf diese Grundlage verzichtet, wenn ich irgendeinen Ersatz dafür gekannt hätte.» Mit anderen Worten: Ihm war mulmig dabei, aber er brauchte die Regel, um seine formale Arithmetik zu entwickeln.

Um seine Antinomie zu konstruieren, wählte Russell eine ganz besondere Eigenschaft aus, auf die er dann Freges Axiom anwendete – nämlich die Eigenschaft «x enthält sich selbst nicht als Element». Auch das klingt zunächst einmal harmlos, schließlich gilt das für die meisten Mengen. Die Menge aller Stühle ist kein Stuhl, die Menge aller Menschen ist kein Mensch. Aber aus all diesen Mengen, die sich nicht selbst enthalten, wieder eine Menge y zu machen, wie es Frege erlaubt, führt zu einem seltsamen Ausdruck. Es gilt dann nämlich:

$$\forall x\big((x \in y) \leftrightarrow (x \notin x)\big)$$

Dieser Satz gilt für *alle* Objekte x im Universum, ob sie nun zu der Menge y gehören oder nicht. Deshalb darf man (nach der Regel der «Universellen Ersetzung», siehe Seite 101) für x auch die Menge y selbst einsetzen, und dann steht da:

$$(y \in y) \leftrightarrow (y \notin y)$$

Die Menge y ist also ein Element von y genau dann, wenn sie kein Element von y ist. Der Katalog aller Kataloge, die sich selbst nicht als Eintrag enthalten, verzeichnet sich selbst genau dann, wenn er sich selbst nicht verzeichnet. Der Barbier rasiert sich genau dann, wenn er sich nicht rasiert. Eine Aussage ist logisch äquivalent zu ihrem Gegenteil – ein Kalkül, der zu diesem Ergebnis kommt, kann einpacken. Denn man kann sich leicht überzeugen, dass in diesem Kalkül *alle* Aussagen gleichzeitig wahr und falsch sind.

Wie ist es denn mit den anderen Katalogen, die Herr Kollmann immer noch für legitim hielt – also die Kataloge, die sich selbst verzeichnen?

Die Annahme, dass diese Mengen existieren, führt nicht so direkt zu einem Widerspruch. Aber darf eine Menge sich tatsächlich selbst als Element enthalten? Darf man zum Beispiel die «Menge aller mathematischen Objekte» bilden, die ja durchaus selbst ein mathematisches Objekt ist und sich daher selbst enthält? Und wie sieht es aus mit der «Menge aller Mengen»?

Dass es die nicht geben kann, hatte schon Georg Cantor 1899 gezeigt. Sein Beweis benutzte die Tatsache, dass die Menge aller Teilmengen einer Menge stets «echt größer» ist als die Menge selbst (was das bedeutet, wollen wir an dieser Stelle offenlassen) – das heißt, es kann keine Menge geben, die alle Mengen enthält. Aber auch schon elementare Überlegungen zeigen, dass Mengen, die sich selbst enthalten, problematisch sind.

Nehmen wir an, M sei so eine Menge, die sich selbst enthält. Dann kann man M so schreiben:

$$M = \{M, a, b, c, \ldots\}$$

Dabei sind *a, b, c* ... die weiteren, nicht näher bestimmten Elemente von M, endlich oder unendlich viele. Man kann auf der rechten Seite das M ersetzen:

$$\begin{aligned} M &= \{\{M, a, b, c, \ldots\}, a, b, c, \ldots\} \\ &= \{\{\{M, a, b, c, \ldots\}, a, b, c, \ldots\}, a, b, c, \ldots\} \\ &= \{\{\{\{M, a, b, c, \ldots\}, a, b, c, \ldots\}, a, b, c, \ldots\}, a, b, c, \ldots\} \end{aligned}$$

Und so weiter – es entsteht eine unendliche Folge von ineinander geschachtelten Klammern. Das ist zwar nicht per se verboten, Unendliches kommt ja in der Mathematik des Öfteren vor – aber es erzeugt doch schon ein ungutes Gefühl.

Wie kamen Mathematik und Logik aus dieser Sackgasse wieder heraus? Es musste eine Fundierung her, die solche Antinomien vermied, aber trotzdem noch in der Lage war, die komplexe und reichhaltige Struktur der modernen Mathematik hervorzubringen.

Russell selbst schlug die sogenannte «Typentheorie» vor: Dabei werden die mathematischen Objekte in eine strenge Hierarchie eingeteilt, und jedes Objekt kann als Elemente nur Objekte niederer Typen enthalten. Damit kann keine Menge sich selbst als Element haben, und die Bildung dieser widersprüchlichen Super-Mengen ist per Definition verboten.

Allerdings empfanden die meisten Mathematiker diese Typentheorie erstens als willkürlich und zweitens als sehr starr. Es setzte sich eine andere Fundierung der Mengenlehre durch, die Zermelo-Fraenkel-Mengenlehre, benannt nach Ernst Zermelo (1871–1953) und Abraham Adolf Fraenkel (1891–1965).[10] In dieser Variante der Mengenlehre ist nicht starr vorgeschrieben, wer Element von wem sein darf. Es gibt auch ein Axiom, das Freges allgemeinem Komprehensionsaxiom entspricht. Man kann also zu einer Eigenschaft immer die Menge aller Dinge bilden, die diese Eigenschaft haben, aber stets nur innerhalb einer festen Obermenge. Und es gibt ein Axiom, das der rekursiven Verschachtelung von Mengen Schranken setzt und insbesondere verbietet, dass Mengen sich selbst als Element enthalten.

10 Die Axiome und Regeln dieser Mengenlehre finden Sie im Anhang!

Dieses Axiom ist das «Axiom der Fundierung». Es besagt, dass jede nicht leere Menge ein Element enthält, das mit der Menge selbst eine leere Schnittmenge hat:

$$\forall x\left(x \neq \varnothing \rightarrow \exists y\left((y \in x) \wedge (x \cap y = \varnothing)\right)\right)$$

Die weiter oben angeführte Menge, die sich selbst enthält, verletzt dieses Axiom: Man kann nämlich die Menge $M_1 = \{M\}$ bilden, die nur ein Element enthält. Und die Schnittmenge von M_1 und M enthält dann M, da M sich selbst enthält.

Die Überlegungen, die zum Zusammenbruch der naiven Mengenlehre und zu ihrer axiomatischen Neufundierung führten, waren um die Wende vom 19. zum 20. Jahrhundert neu und revolutionär – aber die Paradoxien, auf denen sie beruhten, waren zum Teil altbekannt. Cantors Argument, dass es die Menge aller Mengen nicht geben kann, war eine präzisierte Form des Gottesbeweis-Arguments von Anselm von Canterbury aus dem 11. Jahrhundert (siehe Seite 17). Dieser argumentierte ja: Wenn etwas gedacht werden kann, das größer ist als das, worüber hinaus nichts Größeres gedacht werden kann, dann ist das, worüber hinaus nichts Größeres gedacht werden kann, etwas, worüber hinaus Größeres gedacht werden kann. In Cantors Nomenklatur: Wenn eine größere Menge existiert als die Menge aller Mengen (zum Beispiel die Menge ihrer Teilmengen), dann kann sie nicht die Menge aller Mengen sein. Nur auf die Idee, daraus auf die Existenz Gottes zu schließen, wäre Cantor sicher nicht gekommen, auch wenn er ein sehr gläubiger Mensch war.

Im nächsten Kapitel habe ich Ihnen ein kleines Kompendium von Paradoxa zusammengestellt, die teilweise schon seit Jahrtausenden bekannt sind.

9 Wenn die Logik verrücktspielt

oder

Berühmte Paradoxa – und wie man sie auflöst

An Paradoxa erfreuen sich große und kleine Geister seit der Antike. Schon der Philosoph Zenon von Elea soll 40 von ihnen gekannt haben, zehn seiner Paradoxa sind überliefert, zu zweien davon können Sie weiter unten etwas lesen.

Ein Paradoxon ist eine Geschichte, die unser Denken aufs Glatteis führt. Sie beginnt harmlos und kommt dann zu einem Ergebnis, das sich mit unserem gesunden Menschenverstand nicht in Einklang bringen lässt, oder sie kommt sogar zu zwei Ergebnissen, die einander diametral widersprechen – sie können nicht beide wahr sein.

Nicht alles, was unter der Überschrift Paradoxon gehandelt wird, ist tatsächlich ein Fall für den Logikverführer. Es gibt zum Beispiel das sogenannte «Geburtstagsparadoxon»: Wie viele Menschen müssen auf einer Party sein, damit die Wahrscheinlichkeit, dass zwei von ihnen am selben Tag Geburtstag haben, größer als 50 Prozent ist? Die Zahl ist erstaunlich klein: Schon bei 23 Gästen ist das der Fall, die meisten Menschen schätzen die Zahl erheblich höher. Vielleicht deshalb, weil sie die Frage mit der nach der Wahrscheinlichkeit verwechseln, dass zwei Menschen an einem *bestimmten* Tag Geburtstag haben – es geht aber um einen beliebigen Tag. Paradox ist an der Sache aber nichts, sie zeigt nur, dass unsere Intuition für Wahrscheinlichkeiten nicht sehr entwickelt ist.

Auch die «Greatest Hits» der Paradoxa, die ich Ihnen hier in alphabetischer Reihenfolge präsentiere, sind nicht allesamt streng logische Verwicklungen. Weil sie aber trotzdem unser Denken aufs falsche Gleis führen, habe ich sie in die Liste aufgenommen.

Das Achilles-Paradoxon

Das wahrscheinlich berühmteste ist das Paradoxon des Zenon von Elea, und es ist auch auf dem Cover dieses Buches zu finden. Die Geschichte handelt vom großen Achilles und einer unscheinbaren Schildkröte. Der Held von Troja und das Reptil liefern sich ein Wettrennen. Weil Achilles aber viel schneller ist, räumt er der Schildkröte einen gewissen Vorsprung ein. Zenon argumentiert nun, dass Achilles die Schildkröte niemals einholen kann: Sobald er den Vorsprung aufgeholt hat, ist sie schon wieder ein Stück weiter gelaufen. Holt er dieses Stück auf, ist sie schon wieder eine gewisse Strecke enteilt. Und so weiter – der Abstand wird zwar kleiner, aber der Held ist immer auf dem Weg zum letzten Aufenthaltsort der Schildkröte, an dem die sich schon längst nicht mehr befindet.

Heute kann dieses Paradoxon nicht mehr viele Menschen verwirren. Berechnen wir es anhand eines Beispiels: Achilles lege pro Sekunde zehn Meter zurück, das entspricht einem guten 100-Meter-Läufer. Die Schildkröte dagegen schaffe nur zehn Zentimeter pro Sekunde. Dafür erhält sie einen Vorsprung von 100 Metern.

Das Rennen beginnt, nach zehn Sekunden ist Achilles am Startpunkt der Schildkröte, die aber ist schon einen Meter weiter, also bei 101 Metern. Für diesen Meter braucht Achilles eine Zehntelsekunde, die Schildkröte legt in dieser Zeit einen Zentimeter zurück. Den schafft Achilles in der nächsten Tausendstelsekunde ... und so weiter. Summiert man all diese Zeiten auf, dann erhält man folgende Rechnung:

10 + 0,1 + 0,001 + 0,00001 + ... = 10,101010101 ... Sekunden

Und der Punkt, an dem Achilles die Schildkröte einholt, liegt schon kurz hinter der 100-Meter-Marke, nämlich bei

100 + 1 + 0,01 + 0,0001 + ... = 101,01010 ... Meter

Wir haben heute kein Problem, mit solchen Pünktchen zu rechnen. Dahinter steckt ein mathematischer Kalkül, die Infinitesimalrechnung, die es erlaubt, *unendlich* viele Zahlen zu addieren und dabei eine *endliche* Summe zu erhalten. Dabei handelt es sich um eine Errungenschaft des 17. Jahrhunderts – für die alten Griechen dagegen war die Vorstellung, dass unendlich viele Zahlen sich zu einem endlichen Wert addieren, zumindest ungewöhnlich.

Achilles tut allerdings gut daran, sich mit diesen Gedanken nicht lange aufzuhalten: Wenn er jedes Mal, wenn er an der vorherigen Marke der Schildkröte ankommt, auch nur eine Millionstelsekunde innehält – dann wird er seinen Gegner tatsächlich niemals erreichen.

Das Allmachts-Paradoxon

Dieses Paradoxon ist ein weiterer Versuch, in religiösen Debatten mit Logik zu punkten – erfahrungsgemäß kommt man in Glaubensfragen aber mit der Logik nicht weit. Diesmal ist es kein Gottesbeweis, sondern der Versuch, die Nichtexistenz Gottes zu beweisen, genauer gesagt: die Nichtexistenz eines allmächtigen Gottes. Wenn Gott allmächtig ist, so das Argument, kann er dann einen Stein erschaffen, der so schwer ist, dass er selbst ihn nicht heben kann?

Das Paradoxon erinnert in seiner Struktur stark an die «Menge aller Mengen, die sich selbst nicht als Element enthalten» (siehe Seite 126). Logisch kann man es so formulieren (und ich spare mir an dieser Stelle eine komplette Formeldarstellung):

Sei a das allmächtige Wesen. Dann gelten folgende zwei Sätze

1. Für alle Steine x gilt: a kann x hochheben.

2. Für alle Wesen y gilt: a kann einen Stein x erschaffen, den y nicht hochheben kann.

(Satz 2 beweist übrigens sonnenklar, dass es nur ein einziges allmächtiges Wesen geben kann – allmächtige Götter gibt es nur in monotheistischen Religionen, in den anderen sind die Götter unvollkommen und bekriegen einander sogar!)

Nun verfährt man genau so wie Bertrand Russell und setzt in Satz 2 für y das Wesen a ein. Für den entsprechenden Stein x gilt:

Nach Satz 1: a kann x hochheben.

Nach Satz 2: a kann x nicht hochheben.

Aus den Prämissen folgt also ein Satz und sein genaues Gegenteil. Vom rein logischen Standpunkt kann man also schnell zu dem

Urteil kommen: Aus widersprüchlichen Prämissen kann man alles folgern, deshalb sind die Voraussetzungen unzulässig. Heißt das, dass die Theologie dadurch ähnlich erschüttert wird wie die Mengenlehre durch Russells Antinomie?

Wohl kaum. Die Theologen und Philosophen haben jahrhundertelang über das Problem diskutiert und verschiedene Möglichkeiten zu seiner Lösung vorgeschlagen. Letztlich geht es ja darum, ob ein allmächtiges Wesen *logisch Unmögliches* leisten kann. Statt des Steines könnte man ihm auch die Aufgabe geben, ein viereckiges Dreieck zu konstruieren oder eine durch 4 teilbare Primzahl. Und da gefällt mir die Antwort der scholastischen Hardliner am besten: Ein Wesen, dass die Gesetze der Logik überhaupt erst geschaffen hat, kann sich selbstverständlich über sie hinwegsetzen – und auch einen Stein schaffen, den es selbst nicht heben kann.

Das Berry-Paradoxon

Dieses Paradoxon wurde zum ersten Mal 1908 von Bertrand Russell erwähnt, der es auf einen Oxford-Bibliothekar namens G. G. Berry zurückführte. Es hat eine geheimnisvolle Zahl zum Gegenstand, nämlich:

die kleinste natürliche Zahl, die sich nicht mit weniger als vierzehn Wörtern beschreiben lässt.

Der Gedankengang dahinter: Die englische oder auch deutsche Sprache verfügt über endlich viele Wörter. Man kann deshalb auch nur endlich viele Kombinationen von weniger als vierzehn Wörtern bilden. Die wenigsten davon bezeichnen eine Zahl, aber manche tun es: «die Zahl der Ecken eines Würfels» (8), «die kleinste zweistellige Primzahl» (11), «ein Googol» (10^{100}). Es können durchaus mehrere Wortketten dieselbe Zahl bezeichnen. Auf jeden Fall sind es endlich viele Zahlen, die sich mit höchstens 14 Wörtern beschreiben lassen. Für die restlichen Zahlen gilt (nach dem sogenannten Wohlordnungssatz): Es muss eine kleinste von ihnen geben – also *die kleinste natürliche Zahl, die sich nicht mit weniger als vierzehn Wörtern beschreiben lässt.* Dieser Ausdruck besteht aber aus genau 14 Wörtern, also ist die Zahl nicht das, was sie sagt. Also lassen sich alle Zahlen mit 14 oder weniger Wörtern beschreiben.

Zu diesem Paradoxon muss man zunächst einmal sagen, dass es im Deutschen nicht ganz so leicht funktioniert wie im Englischen. Wir schreiben nämlich zumindest bis zu einer Million Zahlen in einem Wort: zum Beispiel *dreihundertvierundsechzigtausendsiebenhunderteinundzwanzig.* Bis dahin lässt sich also jede Zahl ganz trivial mit einem Wort beschreiben. Darüber heißt es dann *eine Million dreihundertvierundsechzigtausend* ... Selbst im Deutschen, das durch die Aneinanderreihung von Wörtern fast beliebig viele neue bilden kann, ist die Zahl der Wörter endlich – das habe ich mir jedenfalls von einer Linguistin bestätigen lassen.

Nehmen wir an, der Wortschatz betrüge eine Million Wörter, dann gäbe es $1\,000\,000^{14}$ Kombinationen davon mit höchstens dreizehn Wörtern, das sind 10^{84} Stück – eine unvorstellbar hohe Zahl (sie ist fast so groß wie die Zahl der Atome im Universum). Der weitaus größte Teil davon ist nur Unsinn, der weitaus größte Teil vom Rest bezeichnet keine Zahl, aber auf jeden Fall sind damit alle Zahlen ausgeschöpft, die man mit weniger als fünfzehn Wörtern beschreiben kann.

Wenn wir so systematisch vorgegangen sind, dann haben wir bei der Untersuchung der 10^{84} Ausdrücke auch schon den Ausdruck *die kleinste natürliche Zahl, die sich nicht mit weniger als fünfzehn Wörtern beschreiben lässt* unter die Lupe genommen. Welche Zahl haben wir ihm zugeordnet? Die Überlegung zeigt, dass die Vorstellung irrig ist, es gebe eine eindeutige Beziehung zwischen sprachlichen Ausdrücken und Zahlen. Die «Funktion» aus dem Raum der deutschen Sprache in die natürlichen Zahlen ist nicht definiert, und sie lässt sich auch nicht definieren. Trotzdem ist das Paradoxon sehr schön – und man kann mit seiner Hilfe sogar, wenn man es auf einen formalen mathematischen Kalkül überträgt, den berühmten Unvollständigkeitssatz von Gödel beweisen – mehr dazu im nächsten Kapitel!

Ein hübsches verwandtes Paradoxon ist das **Interessante-Zahlen-Paradoxon**: Viele Zahlen, auch viele sehr große Zahlen, sind interessant. Manchen sieht man es nicht auf den ersten Blick an: 33 550 336 zum Beispiel ist die fünfte vollkommene Zahl, also eine Zahl, die gleich der Summe ihrer Teiler ist.[11] Aber auch der größte Zahlenfan wird zugeben müssen, dass er nicht alle Zahlen wirklich interessant findet. Und dann muss es, wieder nach dem Wohlordnungssatz, unter den uninteressanten Zahlen eine kleinste geben. *Die kleinste uninteressante Zahl?* Wenn das mal nicht interessant ist!

Das Grue-Paradoxon

In diesem Buch geht es fast ausschließlich um deduktive Schlüsse und nicht um induktive. Die Logik ist deduktiv, weil sie ihre Schlüsse stets aus gegebenen Prämissen zieht, denen sie keine neuen Tatsachen hinzufügt. Induktion dagegen ist die Methode der

11 Die ersten vier vollkommenen Zahlen sind 6, 28, 496 und 8128.

Erfahrungswissenschaften – sie sammelt Daten in der wirklichen Welt und stellt Hypothesen auf, die dann durch weitere Erfahrungen untermauert oder widerlegt, aber niemals endgültig bewiesen werden.

Es gibt aber ein paar Paradoxa, die mit der Induktion zu tun haben und unser logisches Denken auf den Prüfstand stellen (siehe auch das «Rabenparadoxon»). Eines davon ist «Goodmans neues Rätsel der Induktion», das von dem amerikanischen Philosophen Nelson Goodman (1906–1998) aufgestellt wurde. Es stellt die Möglichkeit in Frage, aus Beobachtungen in der Vergangenheit Schlüsse auf die Zukunft zu ziehen – zugegeben: nicht gerade ein Paradoxon für den Smalltalk bei der Cocktailparty, sondern eher für die wissenschaftstheoretische Debatte.

Smaragde sind grün, oder? Nein, Smaragde sind *grue*. Wir definieren nämlich eine neue Eigenschaft, eben *grue*: Ein Gegenstand, der vor dem 1. Januar 2020 gefunden wurde, heißt *grue*, wenn er grün ist. Wird dagegen ein Gegenstand nach dem 1. Januar 2020 zum ersten Mal entdeckt, heißt er *grue*, wenn er blau ist. Analog ist das Adjektiv *bleen* definiert.

Wohlgemerkt – ein Gegenstand, der *grue* ist, wechselt nicht zum Stichtag die Farbe. Es handelt sich nur um eine – ziemlich absurde – sprachliche Konvention wie zum Beispiel «Raider heißt jetzt Twix».

Schauen Sie sich nun die beiden Sätze an:

1. Alle Smaragde sind grün.
2. Alle Smaragde sind grue.

Die beiden Sätze sagen Unterschiedliches aus: Der erste Satz besagt, dass Smaragde grün sind, egal zu welchem Zeitpunkt sie aus der Erde gebuddelt werden. Der zweite Satz behauptet: Smaragde, die vor dem 1. Januar 2020 gefördert werden, sind grün, die danach geförderten sind blau.

Das Paradoxon ist nun: Alle Smaragde, die bis heute gefunden wurden, waren grün. Jeder weitere Fund stützt also die Hypothese Nummer eins. Aber es sind auch alle bisher bekannten Smaragde *grue*. Und vorerst ist auch jeder weitere grüne Smaragd *grue*. Das heißt: Jeder Fund eines grünen Smaragds stützt auch die Hypothese Nummer 2! Und er stützt jede beliebige Phantasiebehauptung über Smaragde, solange sie sich auf zukünftige Funde bezieht und wir uns einen entsprechenden Begriff zusammenkonstruieren.

Das wichtigste Argument gegen derart konstruierte Argumente ist «Ockhams Rasiermesser», ein Prinzip, das seit dem 17. Jahrhundert in der Wissenschaft benutzt wird: Gibt es mehrere Erklärungen für einen empirisch gefundenen Sachverhalt, dann sollte man die einfachste von ihnen bevorzugen, jene also, die am wenigsten zusätzliche Annahmen macht. Und da kann man im Fall der Smaragde sagen: Die Annahme, dass nach einem willkürlich gewählten Zeitpunkt plötzlich nur noch Smaragde anderer Farbe gefunden werden, ist an den Haaren herbeigezogen, es gibt keinerlei Anhaltspunkte dafür – und deshalb ist die Hypothese 1 ganz klar der Hypothese 2 vorzuziehen.

Das Prinzip kann man auch am Beispiel der Zahlenfolgen erläutern, die oft in Intelligenztests oder Knobelaufgaben erscheinen. Da soll man zum Beispiel diese Folge fortsetzen: 2, 4, 6, ... Suggeriert wird, es gebe *eine* richtige Lösung (in diesem Falle 8). Mathematisch lautet die Antwort aber: Man kann die Folge beliebig fortsetzen – es gibt immer eine Formel, die zu dieser Fortsetzung führt. Zum Beispiel könnte jemand sagen, die nächste Zahl lautet 9, denn dann gehorcht jedes Folgenglied der Formel

$$n^3/6 - n^2 + 23n/6 - 1$$

Setzen Sie nacheinander die Zahlen 1, 2, 3 und 4 ein, und Sie werden sehen, dass es stimmt! Aber natürlich ist die Formel $2n$ einfacher und eleganter – und gemäß Ockhams Rasiermesser ist es die bessere Antwort. «Richtig» ist die zweite Formel aber ebenfalls, und deshalb ist 9 auch eine zulässige Fortsetzung der Folge. Sollten Sie einen solchen Test bei Ihrer nächsten Job-Bewerbung ausfüllen müssen, schreiben Sie aber doch besser die erwartete Antwort 8 hin – sonst schätzt man Sie entweder als Idiot ein oder (wenn Sie Ihre Lösung erklären) als weltfernen Korinthenkacker.

Das Haufen-Paradoxon

Dieses auch Sorites-Paradoxon genannte Problem (von griech. *soros* = Haufen) ist schon seit dem Altertum bekannt, eventuell geht es ebenfalls auf Zenon zurück. Es lautet folgendermaßen: Wohl jeder wird zustimmen, dass zehn Millionen Sandkörner einen Sandhaufen bilden (übrigens einen gar nicht so großen – es ist etwa ein halber Liter Sand). Außerdem wird kaum jemand bezweifeln, dass ein Sandhaufen ein Sandhaufen bleibt, auch wenn man ein Korn wegnimmt. Nun nimmt man Körnchen für Körnchen von dem Haufen weg, er bleibt ein Haufen – bis schließlich nur noch ein Korn übrig bleibt. Aber ist ein Sandkorn wirklich ein Haufen?

Der logische Schluss, dass ein einzelnes Sandkorn ein Haufen ist, ist unter den beiden Voraussetzungen völlig korrekt. Man kann eine Eigenschaft für alle Zahlen kleiner als n mathematisch beweisen, indem man sie für n beweist und dann zeigt, dass sie für $x–1$ gilt, falls sie für x gilt.

Der «Fehler» liegt in diesem Fall in der Annahme, dass ein Sandhaufen ein Sandhaufen bleibt, wenn man ein Körnchen wegnimmt. Das mag für zehn Millionen Körner richtig sein, aber je kleiner die Menge wird, desto fragwürdiger wird die Annahme. Falls zehn Sandkörner noch ein Haufen sind, sind es dann auch neun?

Wenn man davon ausgeht, dass sprachliche Begriffe klassische Mengen sind, dass also jede Sandmenge entweder ein Haufen ist oder nicht, dann muss es tatsächlich eine Mindestanzahl von Sandkörnern geben. Nimmt man einem Haufen mit dieser Zahl von Körnern eines weg, dann ist es kein Haufen mehr. Punkt.

Aber natürlich funktioniert unsere Sprache nicht so. Viele sprachliche Begriffe sind unscharf in dem Sinne, dass manche Haufen ganz eindeutig Haufen sind, während wir diese Eigenschaft einem kleineren Häufchen nur noch eingeschränkt zugestehen und ab einer gewissen Größe auf keinen Fall mehr von einem Haufen reden wollen. Die Welt wird also nicht eingeteilt in Haufen und Nicht-Haufen, in Schwarz und Weiß, sondern es gibt einen graduellen Übergang. Und der Haufen ist mit jedem Korn, das man wegnimmt, immer weniger ein Haufen, und schon lange bevor man bei einem Korn angekommen ist, wird man dem Gebilde diese Eigenschaft absprechen.

Es gibt eine Logik, die dieser Unschärfe unserer Sprache Rechnung zu tragen versucht – die sogenannte Fuzzy-Logik. Mehr dazu in Kapitel 13!

Das Hinrichtungs-Paradoxon

Ein Mörder wird schuldiggesprochen in einem Land, das noch die Todesstrafe kennt. Der Richter sagt: «Sie werden an einem der Tage zwischen Montag und Samstag am Mittag hingerichtet. Aber Sie werden den genauen Tag nicht kennen bis zu dem Morgen der Hinrichtung, wenn Ihnen der Henker überraschend die Ankündigung macht.» Der Verurteilte grübelt: «Was ist, wenn ich Montag bis Freitag bang auf den Henker warte, und nichts passiert? Dann muss er ja am Samstag kommen, und es wird keine Überraschung für mich sein. Der Samstag fällt als Hinrichtungstag also aus, der Freitag ist folglich der letzte mögliche Tag. Dann aber wäre es auch am Freitagmorgen keine Überraschung mehr, wenn der Henker käme. Bleibt der Donnerstag als letzter Tag ...» So geht das weiter bis zum Montag – also wäre das Auftauchen des Henkers auch da keine Überraschung mehr. «Also kann ich nicht hingerichtet werden!», folgert der Gefangene, macht es sich in seiner Zelle gemütlich – und fällt aus allen Wolken, als am Mittwochmorgen der Henker kommt und ihm seine Hinrichtung am selben Tag ankündigt.

So weit die paradoxe Geschichte – offenbar hat der Verurteilte einen Denkfehler begangen, aber welchen? Der Spruch des Richters bestand aus zwei Aussagen:

1. Sie werden an einem der sechs Tage hingerichtet.
2. Die Ankündigung am selben Morgen wird für Sie überraschend sein.

Die zunächst einmal korrekte logische Überlegung führt zu dem Schluss, dass nicht beide Aussagen wahr sein können – offenbar kann am Samstag keine überraschende Hinrichtung erfolgen.

Die Prämisse, bestehend aus 1. *und* 2., ist also falsch. Aus einer falschen Prämisse kann man aber, wie schon mehrfach in diesem Buch beschrieben, *jeden* Schluss ziehen. Der Verurteilte aber schließt daraus, dass Satz 1 falsch ist und er nicht hingerichtet werden kann. Das aber macht sogar im Nachhinein den Richterspruch zumindest subjektiv korrekt – in seiner Verblendung wäre er auch noch am Samstag überrascht, wenn der Henker auftaucht.

Das Lügner-Paradoxon

Dieses bekannte Paradoxon gibt es in vielen Varianten – und manche von ihnen sind gar nicht paradox!

1. Bertrand Russell führt das Paradoxon auf Epimenides zurück, der im 6. Jahrhundert v. Chr. lebte: «Epimenides der Kreter sagte, dass alle Kreter Lügner wären und dass alle anderen Behauptungen von Kretern sicher Lügen wären.»

2. Darauf bezieht sich auch der Apostel Paulus in Titus 1,12 f: «Einer von ihnen hat gesagt, ihr eigener Prophet: Kreter sind immer Lügner, böse Tiere und faule Bäuche. Dieses Zeugnis ist wahr.»

3. Eubulides brachte im 4. Jahrhundert v. Chr. folgendes Problem auf: «Wenn ich lügend sage, dass ich lüge, lüge ich oder sage ich Wahres?»

4. Wieder Russell brachte das Paradoxon auf seine kürzeste und prägnanteste Form: «Ein Mann sagt: Ich lüge gerade.» (Im Englischen heißt es *I am lying* – die Verlaufsform, die wir im Deutschen nicht haben, drückt die Sache eleganter aus.)

Um zu klären, was hier paradox ist, muss man zunächst einmal klären, was man unter einem Lügner versteht. In der Umgangssprache ist damit jemand gemeint, der gewohnheitsmäßig die Unwahrheit sagt – aber nicht unbedingt mit jeder seiner Aussagen. Interpretiert man das Wort «Lügner» so, dann bieten die Aussagen über die Kreter (Nummer 1 und 2) überhaupt kein Problem – wir wissen nicht, ob Epimenides die Wahrheit sagt, aber es ist gut möglich.

Da wir es hier mit Logik zu tun haben, können wir aber auch gerne annehmen, dass mit Lügner jemand gemeint ist, der stets die Unwahrheit sagt. Wie sieht es dann mit der Aussage des Epimenides (Nr. 1) oder des Propheten (Nr. 2) aus?

Die logische Form der Aussage ist (mit dem Prädikat *Lx* für «*x* ist ein Lügner» und *Kx* für «*x* ist ein Kreter»):

$$\forall x(Kx \to Lx)$$

Ist die Aussage wahr, dann ist insbesondere Epimenides selbst ein Lügner. Das heißt aber, dass die Aussage falsch ist. Es gilt also

$\neg\forall x(Kx \to Lx)$, das ist gleichbedeutend mit
$\exists \mathrm{x}(Kx \wedge \neg Lx)$

Es gibt also mindestens einen Kreter, der kein Lügner ist. Ist das ein Widerspruch? Nein – Epimenides sagt halt die Unwahrheit. Er muss nicht einmal ein notorischer Lügner sein, eine einzige Lüge reicht.

Paradox wird die Sache tatsächlich erst in den Fällen 3 und 4. Dort wird keine Aussage über die Kreter oder andere Menschen gemacht, sondern der Satz macht nur eine Aussage über seine eigene Wahrheit. Wenn man den Satz mit *A* bezeichnet, dann ist seine Aussage nicht-*A*. Wir können das kurz zusammenfassen:

$$A \leftrightarrow \neg A$$

Und das widerspricht dem «Satz vom Widerspruch», der sich leicht aus den logischen Axiomen herleiten lässt: Eine Aussage und ihr Gegenteil können nicht gleichzeitig wahr sein.

Nun gibt es eine Menge anderer Aussagen, die man formulieren kann, die aber den Satz vom Widerspruch verletzen, zum Beispiel «Es schneit und es schneit nicht». Dieser Satz ist einfach falsch. Der Lügnersatz wird zum Paradoxon, weil er zwei Aussagen verknüpft: Eine Aussage über die Welt (ein Mensch sagt die Unwahrheit) und eine Meta-Aussage über sich selbst (nämlich dass die Aussage falsch ist). Meta-Aussagen müssen nicht unbedingt zu Widersprüchen führen – ich kann jeder Aussage das Anhängsel geben «... und das stimmt», ohne ihren Wahrheitsgehalt zu verändern. Verneint sich die Aussage aber selbst, gibt's Probleme. Mehr über solche Selbstbezüglichkeiten finden Sie im nächsten Kapitel!

Das Pfeil-Paradoxon

Ein weiteres berühmtes Paradoxon des Griechen Zenon. Ging es beim Achilles-Paradoxon darum, den Raum in unendlich keine Teile zu teilen, macht Zenon etwas Ähnliches nun mit der Zeit: Wir betrachten einen Pfeil, der durch die Luft fliegt. Zu jedem Zeitpunkt befindet sich der Pfeil an einer bestimmten Position. Er bewegt sich während dieses Zeitpunktes nicht, also befindet er sich in Ruhe. Wenn sich der Pfeil aber ständig in Ruhe befindet – wie kann er sich dann insgesamt bewegen? Bewegung, so Zenon, ist eine Illusion. Hätte es damals schon Filme gegeben, dann wäre das vielleicht eine gute Analogie gewesen: Wenn wir den Pfeil im Flug filmen, dann erzeugen wir eine gewisse Menge von Standbildern,

25 oder 30 pro Sekunde. Auf jedem einzelnen Bild ist ein ruhender Pfeil zu sehen, es bewegt sich tatsächlich nichts, die Bewegung entsteht nur bei uns im Kopf. Laut dem Paradoxon ist auch die Wirklichkeit eine Art «Film» aus Standbildern – nur dass, wie wir es heute ausdrücken würden, nichts über die Bildfrequenz gesagt wird.

Während beim Achilles-Paradoxon die Laufstrecke in unendlich viele Teile geteilt wurde, die aber alle eine gewisse, wenn auch immer kleinere Länge hatten, teilt Zenon die Flugzeit des Pfeils in *Momente* auf – und aus seiner Argumentation wird klar, dass für ihn ein Moment keine Länge hat. Aber wie können sich diese Null-Momente zu einer Dauer addieren, deren Länge nicht null ist?

Wieder gibt die Infinitesimalrechnung von Leibniz und Newton eine Antwort auf dieses Paradoxon: Man kann demnach nämlich die Geschwindigkeit nicht nur für ein Zeitintervall definieren (indem man die Position des Pfeils am Anfang und am Ende des Intervalls misst und die Differenz durch die Länge des Zeitintervalls teilt). Indem man immer kleinere Zeitintervalle und die Folge der Geschwindigkeiten betrachtet, kann man einen Grenzwert berechnen, und das ist die Geschwindigkeit des Pfeils zu einem bestimmten Zeitpunkt.

Die klassische Physik löste das Paradoxon also auf – aber dann kam die Quantenphysik, und die muss Zenon in gewisser Weise wieder recht geben. Denn nach der Heisenberg'schen Unschärferelation gilt tatsächlich: Je genauer ich den Ort eines physikalischen Teilchens (oder auch eines ganzen Gegenstands) bestimme, umso unbestimmter wird seine Geschwindigkeit. Durch die Beobachtung beeinflusse ich das Objekt. Und so reden die Physiker heute sogar von einem «Quanten-Zeno-Effekt» bei instabilen Teilchen: Die zerfallen normalerweise mit einer gewissen Wahrscheinlichkeit innerhalb eines bestimmten Zeitraums. Wenn ich das Teilchen aber ständig beobachte, dann findet dieser Zerfall nicht statt – wie in Zenons Pfeil-Paradox wird die Wirklichkeit «eingefroren», wenn man zu viel drauf schaut.

Das Raben-Paradoxon

In diesem von dem deutschen Logiker Carl Gustav Hempel (1905–1997) in den 40er Jahren des letzten Jahrhunderts erstmals formulierten Paradoxon geht es wieder um den Erkenntnisgewinn durch induktives Schließen. Bei der Induktion sammle ich Erfahrungen, die eine Hypothese stützen oder widerlegen. So kann ich zum Beispiel die Hypothese aufstellen, dass alle Raben schwarz sind. Jedes Mal, wenn ich auf einen neuen schwarzen Raben treffe, ist das wieder ein Beleg für die Theorie – einen vollständigen Beweis aber kann es in der realen Welt niemals geben.

Nun behauptet das Paradoxon: Nicht nur ein schwarzer Rabe stützt die Hypothese, sondern auch ein weißer Schuh, auf den ich stoße. Wieso das?

Die Hypothese lautet: «Alle Raben sind schwarz» oder auch: «Für alle x gilt: Wenn x ein Rabe ist, dann ist x schwarz.» Als Formel:

$$\forall x(Rx \to Sx)$$

Wir stoßen hier wieder auf den seltsamen Charakter der logischen Implikation, die manchmal unserer Intuition widerspricht. Nach dem Gesetz der Kontraposition (siehe Seite 44) gilt ja, dass ich den Pfeil umkehren kann, wenn ich beide Seiten verneine – «Wenn ich den Finger in die Flamme halte, verbrennt er» ist logisch äquivalent zu «Wenn der Finger nicht verbrennt, halte ich ihn nicht in die Flamme». Also kann man die Hypothese auch so formulieren:

$$\forall x(\neg Sx \rightarrow \neg Rx)$$

Das liest sich «Alle nichtschwarzen Dinge sind keine Raben». Sobald ich also ein nichtschwarzes Ding finde, das kein Rabe ist, etwa einen weißen Schuh, wird die Hypothese gestützt.

Wie lässt sich dieses Paradoxon auflösen? Es gibt zwei grundsätzliche Versuche dazu: Der erste akzeptiert diese logische Folgerung, der zweite nicht.

Illustrieren wir den ersten Fall mit einem Beispiel: Ein Sack enthält 20 kleine Plastik-Tierfiguren in verschiedenen Farben. Aus irgendeinem Grund vermute ich, dass alle Entenfiguren gelb sind. Ich weiß nicht, wie viele von den Figuren Enten sind oder wie die Farben verteilt sind. Ich ziehe eine Figur nach der anderen heraus. Ich habe schon 18 Figuren herausgezogen, es waren drei gelbe Enten dabei und keine andersfarbige, es sieht also gut aus für meine Hypothese. Im nächsten Zug würde eine gelbe Ente sie weiter untermauern. Aber auch eine blaue Kuh (oder auch eine gelbe) fügen ein Steinchen zu meiner Hypothese hinzu – einfach weil die Chance geringer wird, dass die allerletzte Figur doch noch eine nichtgelbe Ente ist. Je mehr ich die Objekte der (in diesem Falle überschaubaren) Welt klassifiziere, ohne auf einen Widerspruch zur Hypothese zu stoßen, umso stärker stütze ich sie.

Hempel selbst hat das ähnlich gesehen. Er hat als Beispiel die Hypothese genommen: «Alle Natriumsalze verbrennen mit gelber Flamme.» Oder, logisch äquivalent: «Was nicht mit gelber Flamme verbrennt, ist kein Natriumsalz.» Erweitert es meine Erkenntnis, wenn ich einen Eiszapfen in die Flamme halte und feststelle, dass er nicht mit gelber Flamme brennt – ja dass er sogar überhaupt nicht brennt? Nein, sagt Hempel, aber was ist mit folgender Situation: Ich halte eine mir zunächst unbekannte Substanz in die Flamme des Bunsenbrenners, die Flamme färbt sich blau, und die chemische Analyse ergibt, dass die Probe tatsächlich kein Natriumsalz enthält – das stütze sehr wohl die Hypothese.

Im Beispiel mit dem Raben und dem Schuh ist es nur so, dass ein weißer Schuh die Hypothese in viel geringerem Maße stützt als ein schwarzer Rabe. Das kann man – unter bestimmten Annahmen über die Wahrscheinlichkeit – sogar berechnen, mehrere Logiker haben dafür Formeln aufgestellt.

Die zweite Gruppe von Lösungsversuchen geht davon aus, dass die logische Implikation unser Verständnis vom Inhalt der Hypothese nicht richtig wiedergibt. Streng logisch ist der Satz «Alle Raben sind schwarz» auch dann richtig, wenn es keine Raben gibt. Dann wäre die Aussage äquivalent mit «Alle Einhörner sind weiß» – ein wahrer Satz, solange wir keines dieser Fabelwesen gefunden haben. Das aber meint die Hypothese nicht, sie stellt eine Behauptung über wirklich existierende Vögel auf. Und das kann die klassische Logik, die von allen Inhalten absieht, nicht richtig beschreiben.

Das Schiffs-Paradoxon

Ein weiteres Paradoxon, das seit der Antike bekannt ist, Plutarch formulierte es so: «Das Schiff, auf dem Theseus mit den Jünglingen losgesegelt und auch sicher zurückgekehrt ist, eine Galeere mit 30 Rudern, wurde von den Athenern bis zur Zeit des Demetrios Phaleros aufbewahrt. Von Zeit zu Zeit entfernten sie daraus alte

Planken und ersetzten sie durch neue, intakte. Das Schiff wurde daher für die Philosophen zu einer ständigen Veranschaulichung zur Streitfrage der Weiterentwicklung; denn die einen behaupteten, das Boot sei nach wie vor dasselbe geblieben, die anderen hingegen, es sei nicht mehr dasselbe.»

Dinge verändern sich im Lauf der Zeit, wir verändern sie. Bis zu welchem Grad der Veränderung betrachten wir sie als dasselbe (und nicht nur als das gleiche) Ding? Der Philosoph Thomas Hobbes (1588–1679) verschärfte die Frage noch, indem er eine Variante einführte: Was wäre, wenn die ausgetauschten alten Planken nicht weggeworfen, sondern an anderer Stelle gesammelt würden – und dann setzte sie jemand exakt wie vorher zu einem Schiff zusammen? Welches der beiden Schiffe ist dann das Schiff des Theseus?

Genau vor diesem Problem stehen die drei Originalmitglieder der britischen Girlsband Sugababes – sie waren nach und nach durch andere Sängerinnen ersetzt worden, und als sie nun wieder zusammen Platten aufnehmen wollten, untersagte ihnen ein Gericht, den Namen «Sugababes» zu führen. Der sei durch den sukzessiven Austausch auf das neue Trio übergegangen.

Beispiele für das Paradoxon gibt es im täglichen Leben viele: Ein Fluss ist immer derselbe Fluss, obwohl das Wasser, das in ihm fließt, nicht einmal für einen kleinen Zeitraum dasselbe ist (weshalb auch der Philosoph Heraklit sagte, man könne nicht zweimal in denselben Fluss steigen). Der menschliche Körper tauscht ständig nicht nur Moleküle, sondern auch einzelne Zellen aus. Selbst das Gehirn, das wir heute haben, ist materiell ein völlig anderes als vor zehn Jahren – trotzdem sagen wir nicht nur aus praktischen Erwägungen, dass es sich um denselben Menschen handelt. In Bezug auf uns selbst sind wir subjektiv sehr davon überzeugt, dass unsere Identität in der runderneuerten Hülle steckt und nicht in den vielen Teilen, die wir abgestoßen haben. Die Frage wird sich übrigens in Zukunft noch verschärfen, wenn wir immer mehr Körperteile durch Prothesen ersetzen, irgendwann auch Teile des Gehirns, in dem ja unser Selbstbewusstsein irgendwo verankert ist. Und zum Glück ist es bislang eine theoretische Frage, was passieren würde, wenn man eine strukturell perfekte Kopie unseres Gehirns mit künstlichen Schaltkreisen bauen würde und den Ein-Schalter betätigte: Erwacht darin derselbe Geist wie in unserem Kopf? Und lebt er dort weiter, wenn das erste Ich stirbt?

Letztlich ist das Schiffs-Paradoxon nicht aufzulösen, es hat mit der individuellen Vorstellung von Identität zu tun. Ein recht pfiffiger Lösungsvorschlag stammt von dem amerikanischen Philosophen Theodore Sider: Er betrachtet die Welt in vier Dimensionen, drei davon im Raum und eine in der Zeit. Ein Objekt, das einen gewissen Raum über eine gewisse Zeit einnimmt, zieht eine kontinuierliche Spur durch dieses vierdimensionale Koordinatensystem (die nicht identisch ist mit der physikalischen Raumzeit von Einstein). Und solange diese Spur nicht unterbrochen wird, bleibt das Objekt dasselbe, auch wenn Teile ausgetauscht werden. In diesem Sinne wäre das neue Schiff dasjenige, das den Namen «Schiff des Theseus» beanspruchen darf, und nicht der Nachbau aus den Originalplanken.

Das Umschlag-Paradoxon

Das letzte Beispiel ist wieder eigentlich mathematischer und nicht logischer Natur. Wer den Begriff des «Erwartungswerts» nicht kennt, findet die Sache vielleicht sogar gar nicht paradox.

Es geht um eine Spielshow im Fernsehen, bei der der siegreiche Kandidat einen Geldpreis bekommt. Der Moderator zeigt ihm zwei Briefumschläge und sagt, dass ein Umschlag doppelt so viel Geld wie der andere enthalte. Der Kandidat öffnet einen Umschlag und findet 100 Euro. Daraufhin fragt der Moderator: «Sie dürfen noch einmal wählen – möchten Sie nicht lieber den anderen Umschlag nehmen?»

Der Kandidat überlegt folgendermaßen: Wenn ich bei dem gewählten Umschlag bleibe, gewinne ich 100 Euro. Wähle ich den anderen, dann gewinne ich jeweils mit einer Wahrscheinlichkeit von 50 Prozent 200 Euro oder 50 Euro. Im Durchschnitt sind das 125 Euro, also mehr als die 100 Euro, die ich jetzt habe – ich tausche!

Wenn aber das Tauschen immer sinnvoll ist – warum hat er dann nicht gleich vor dem Öffnen den anderen Umschlag gewählt? Und gälte die gleiche Überlegung dann nicht auch andersherum?

Hier liegt ein echter mathematischer Denkfehler vor. Denn die Annahme, dass der geschlossene zweite Umschlag mit derselben Wahrscheinlichkeit 50 oder 200 Euro enthält, ist so nicht verallgemeinerbar. Es können nicht alle Beträge zwischen null und unendlich gleich wahrscheinlich sein, ich muss eine gewisse Wahrscheinlichkeitsverteilung annehmen. Die Show hat ein Budget, das sie einhalten muss (auch wenn es in modernen Fernsehshows gewiss mehr als 200 Euro beträgt), und je näher man dem oberen Ende des Budgets kommt, umso unwahrscheinlicher wird es, dass der entsprechende Betrag im Umschlag ist. Und umgekehrt wird niemand einen Gewinner mit 2,50 Euro abspeisen wollen, deshalb sind auch sehr niedrige Beträge unwahrscheinlich. Erst wenn man eine solche Verteilung angenommen hat, kann man seine Chancen berechnen und eine Wechselstrategie für die verschiedenen Beträge entwickeln. Die Rechnung dafür aber übersteigt den Rahmen dieses Buchs – hier soll es ab jetzt wieder um rein logische Probleme gehen.

10 Diese Überschrift ist selbstreferenziell

oder

Ziegenprobleme auf der Lügnerinsel

Auf der Lügnerinsel Mendacino (siehe Kapitel 7) gibt es auch einen Fernsehsender. Wir erinnern uns: Auf der Insel leben zwei Sorten Menschen, äußerlich nicht zu unterscheiden. Die eine Sorte sagt stets die Wahrheit, die andere lügt ständig. Wir nennen sie die «Wahrsager» und die «Lügner».

Mendacino TV, kurz MTV, ist ein Sender mit Vollprogramm – Nachrichten, Serien, Shows und Sport. Einen kleinen Aufstand hatte es gegeben, als man sich entschied, nur Wahrsager als Moderatoren einzusetzen. Die Lügner protestierten zunächst gegen die offensichtliche Diskriminierung, aber dann sahen auch sie ein, dass es anstrengend ist, jeden Satz aus dem Fernsehen erst einmal im Kopf zu verneinen, um ihn zu verstehen. Dafür wurden dann entsprechend viele Jobs für Lügner hinter den Kulissen des Senders geschaffen.

Vielleicht noch ein paar Worte zum Zusammenleben der Menschen in Mendacino: Es weiß ja praktisch jeder von jedem, ob der ein Lügner oder ein Wahrsager ist. Und wenn nicht, bekommt er es mit einer Testfrage à la «Ist 2 plus 2 gleich 4?» schnell heraus. Außerdem ist natürlich nicht jede Aussage der Lügner ein unwahrer Satz. Sie dürfen beim Metzger sagen: «Bitte ein Pfund Gehacktes!», sie sagen auch auf der Straße «Hallo!» und fragen im Restaurant «Kann ich mal bitte den Zucker haben?». Nur bei Aussagen, die tatsächlich entweder wahr oder falsch sind, müssen sie lügen.

Eine der beliebtesten Sendungen auf MTV ist die Spielshow «Der heiße Preis». Sie kulminiert immer darin, dass ein Kandidat vor zwei oder drei Türen gestellt wird, von denen er eine auswählen soll. Allerdings befindet sich nur hinter einer der Hauptgewinn, ansonsten meckert ihm fröhlich eine Ziege entgegen. Ziel der Show ist es natürlich, den Kandidaten aufs Glatteis zu führen und ihn, wenn er die falsche Tür auswählt, dem Gelächter des Publikums preiszugeben.

Mancher Leser vermutet jetzt vielleicht, dass ihm hier eine neue Variante des bekannten Ziegenproblems präsentiert wird.[12] Aber während das Ziegenproblem ein Problem der Wahrscheinlichkeitsrechnung ist, also ein mathematisches, geht es in der MTV-Show um rein logische Entscheidungen, bei denen natürlich die besondere Demographie von Mendacino eine wichtige Rolle spielt.

Die Moderatorin von «Der heiße Preis» ist die bei allen Mendacinern sehr beliebte Babsi Schönwald, wie alle Moderatoren eine Wahrsagerin. Kultstatus haben aber auch ihre beiden Assistenten Hans und Franz, der eine groß und hager, der andere klein und füllig. Hans ist ein Wahrsager, Franz ist ein Lügner. Der Clou der Sendung besteht darin, dass Hans und Franz (die wissen, hinter welcher Tür der Gewinn verborgen ist und hinter welcher eine Ziege) dem Kandidaten mehr oder weniger hilfreiche Tipps geben.

12 Bei diesem Problem muss sich der Kandidat zwischen drei Türen entscheiden. Er wählt eine, daraufhin öffnet der Moderator eine der beiden anderen Türen, hinter denen sich eine Ziege verbirgt, und bietet dem Kandidaten an, seine Wahl noch einmal zu überdenken. Soll er bei seinem ersten Tipp bleiben oder lieber die verbliebene dritte Tür wählen? Es ist tatsächlich besser, zu wechseln. Manche Leute glauben das nicht, und es sind schon ganze Bücher über das Problem geschrieben worden, zum Beispiel von Gero von Randow («Das Ziegenproblem», Rowohlt 1992).

Das tun sie, indem sie Schilder an den Türen anbringen, auf denen jeweils ein Satz steht. Natürlich handeln Hans und Franz entsprechend ihrer Natur – wenn Hans eine entscheidbare Aussage auf das Schild schreibt, dann ist sie wahr, und bei Franz handelt es sich um eine Lüge. Natürlich weiß der Kandidat nicht, welcher Assistent welches Schild angebracht hat.

Heute ist der Kandidat Bernd Weißbrot, ein biederer Wahrsager aus einem Dorf im Süden der Insel. Er hat schon eine Reihe von mehr oder weniger spaßigen Aufgaben gemeistert, und nun strebt die Show ihrem Höhepunkt zu. «Du bist ein Super-Kandidat, Bernd!», flötet die blonde Babsi Schönwald. «Nur noch zwei Aufgaben musst du bewältigen, dann winkt dir der Hauptgewinn! In der ersten Aufgabe kannst du einen 47-Zoll-LCD-Fernseher gewinnen. Internetfähig, mit Hintergrundbeleuchtung, gestiftet von der Firma MC Electronics!» Die Sponsoren werden natürlich immer besonders präsentiert. «Der Fernseher befindet sich hinter einer der beiden Türen. Und natürlich haben Hans und Franz wieder ihre Schilder auf den Türen platziert. Los geht's!»

Der Vorhang geht auf:

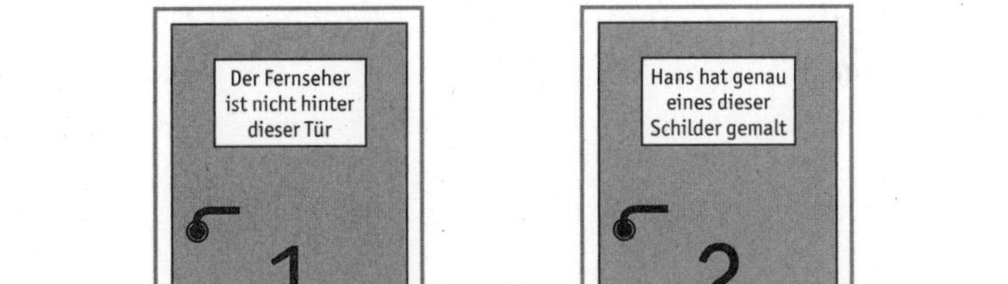

Ein Raunen geht durchs Publikum – wieder eines dieser vertrackten logischen Rätsel! Auf Weißbrots Stirn erscheinen Schweißperlen, aber der Kandidat lässt sich nicht aus der Ruhe bringen. Wie gern hätte er jetzt ein Blatt Papier und einen Bleistift, um sich ein Schema mit allen Wahrheitsbelegungen aufzeichnen zu können!

Aber egal, denkt er, es muss auch so gehen. Nehmen wir an, Hans hat das Schild auf Tür 2 gemalt. Dann stimmt die Aufschrift, also hat Hans genau ein Schild gemalt, das auf Tür 2. Also stammt das Schild auf Tür 1 von Franz. Franz lügt aber, also ist der Satz auf Tür 1 falsch, und der Fernseher verbirgt sich hinter Tür 1!

Er will gerade seine Antwort herausposaunen, da überlegt er sich, doch sicherheitshalber die Gegenprobe zu machen. Was ist, wenn Franz das Schild auf Tür 2 gemalt hat? Dann ist der Satz, der draufsteht, falsch, Hans hat also nicht genau ein Schild gemalt. Da Hans nicht beide Schilder gemalt haben kann (das auf Tür 2 ist ja von Franz), hat er gar keines gemalt – das Schild auf Tür 1 muss also von Franz stammen. Und damit kommen wir zum selben Schluss wie im ersten Fall. Es bleibt also offen, von wem das Schild auf Tür 2 stammt, aber für die Lösung ist das unerheblich!

«Ich tippe auf Tür 1», sagt Bernd Weißbrot mit fester Stimme.

Es wird ruhig im Publikum, als Babsi Schönwald auf die Türen zugeht. Sie bleibt kurz stehen, dreht sich zu Weißbrot und zwinkert ihm zu. «Na, dann schauen wir mal ...» Mit Schwung öffnet sie Tür 1 – und tatsächlich steht dahinter auf einem silbrig glitzernden Podest der Fernseher. Applaus, die Anspannung fällt von Weißbrot ab, die Moderatorin kündigt eine kurze Werbepause an, es folgt ein Spot der Firma MC Electronics.

Nach der Werbung ertönt die Erkennungsfanfare der Show, drei Scheinwerfer sind auf den Kandidaten, die Moderatorin und den Vorhang gerichtet, hinter dem sich in der Pause einiges getan hat: Ein neuer Gewinn wurde positioniert, die Ziege ebenfalls, und

Hans und Franz haben ihre Schilder angebracht. «So, nun steigt die Spannung auf den Siedepunkt!», quietscht Babsi Schönwald. «Du hast jetzt schon eine ganze Menge gewonnen, Bernd, aber jetzt kommt der absolute Super-Hauptgewinn. Du kannst ein Auto gewinnen – einen Borgmann 200 SE, mit Ledersitzen, Navi, Start-Stopp-Automatik und allen möglichen anderen Schikanen!» Es läuft ein kurzer Präsentationsspot, dann richtet sich die Aufmerksamkeit auf Bernd Weißbrot. «Bernd, jetzt bist du gefragt!»

Trommelwirbel, der Vorhang öffnet sich, und Bernd sieht wieder die beiden Türen.

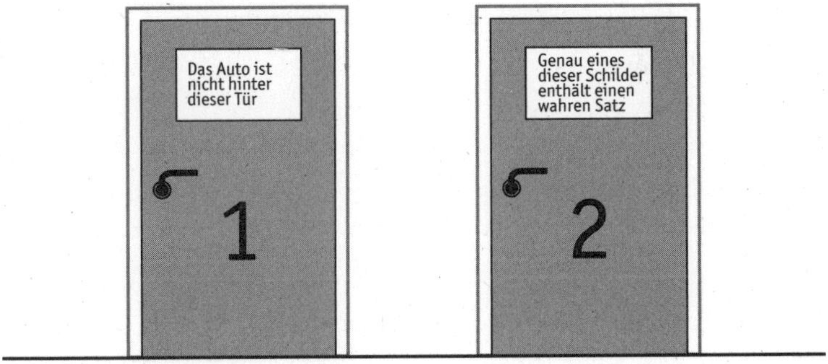

Moment mal, denkt er, ist das nicht die gleiche Situation wie vorher? Auf Tür 1 steht praktisch dasselbe wie bei der letzten Aufgabe, und was auf Tür 2 steht, klingt doch sehr ähnlich. Aber das ist bestimmt ein Trick.

Angesichts des Hauptgewinns ist seine Anspannung noch höher, aber auch diesmal gelingt es ihm, kühl zu bleiben und logisch zu denken. Nehmen wir an, überlegt er, das Schild auf Tür 2 ist von Hans, der Satz stimmt also. Dann muss der Satz auf Tür 1 gelogen sein, das Schild also von Franz, und das Auto ist sehr wohl hinter Tür 1!

Aber auch diesmal nimmt er sich die Zeit für die Gegenprobe. Was ist, wenn Franz das Schild auf Tür 2 gemalt hat? Dann ist der Satz falsch, es enthält also nicht genau ein Schild einen wahren Satz. Damit muss der Satz auf Tür 1 falsch sein, das Schild ist ebenfalls von Franz – und das Auto ist hinter Tür 1.

Ein Lächeln geht über Bernd Weißbrots Gesicht. Das Auto gehört ihm! Er wartet gar nicht erst ab, was die Moderatorin tut, springt von seinem Sitz auf, stürzt hinüber zu den beiden Türen, reißt Tür 1 auf – und eine Ziege meckert ihn an.

«Das ... das kann nicht wahr sein!», stammelt Weißbrot. «Meine Logik war doch einwandfrei! Das Auto musste hinter Tür 1 stehen! Das ist Betrug! Ihr habt mich übers Ohr gehauen!»

Aber der Regisseur hat schon den Abspann gestartet, die Musik wird lauter, die Kamera schwenkt auf die fröhlich lachende Babsi Schönwald, die sich bis zur nächsten Sendung verabschiedet. Im Hintergrund sieht man, wie Hans aus der Kulisse tritt und den immer noch wütenden Kandidaten so sanft er kann von der Bühne geleitet. Und Franz steht daneben und wirft Weißbrot einen diabolischen Blick zu.

Von Wahrheit und Beweisbarkeit

Was um alles in der Welt hat Bernd Weißbrot falsch gemacht? Wo steckt sein logischer Fehler? Die Tücke steckt in der Aussage, der auf der zweiten Tür steht: «Genau eines dieser Schilder enthält einen wahren Satz.» Dieser Satz ist selbstbezüglich oder selbstreferenziell, das heißt, er macht (unter anderem) eine Aussage über seine eigene Wahrheit. Solche Sätze sind in der Logik problematisch, und die Auseinandersetzung mit ihnen ist mehr als Wortklauberei. Selbstreferenzielle Sätze haben im vergangenen Jahrhundert mindestens zweimal die Mathematik erschüttert: Einmal im Jahr 1903 mit der Russell'schen Antinomie, die gezeigt hat, dass man Mengen nicht auf «naive» Weise bilden darf (siehe Seite 126). Und just als die Mathematiker ihre Theorie «geflickt» und von solchen Widersprüchen befreit hatten, kam im Jahr 1931 Kurt Gödel daher und zeigte ihnen wieder mit einem selbstbezüglichen Satz, dass die Hoffnung, mit dieser auf sicherem Fundament stehenden Mathematik alle Sätze entweder beweisen oder widerlegen zu können, illusorisch war.

Wie man Gödels Erkenntnis, wahrscheinlich die größte in der Mathematik des 20. Jahrhunderts, verstehen kann, will ich Ihnen in diesem Kapitel erläutern. Ich weiß, da habe ich mir viel vorgenommen – also schnallen Sie sich an, wir steigen in große logische Höhen auf!

Aber fangen wir erst einmal mit ganz einfachen sprachlichen Verwirrspielen an. Das Barbier-Paradoxon kann Sie nach der Lektüre der vergangenen Kapitel wahrscheinlich nicht mehr schockieren. Befreit man es von allen Rasier-Metaphern, dann ging es darum, dass ein Mensch behauptet, er lüge in diesem Moment. Oder, noch weiter reduziert, ein Satz behauptet seine eigene Falschheit:

Dieser Satz ist falsch.

In logischen Symbolen formuliert, sagt dieser Satz:

$A \leftrightarrow \neg A$

Wenn der Satz wahr ist, ist er falsch, und wenn er falsch ist, ist er wahr. Man kann die Paradoxie auch ein bisschen hinauszögern, indem man eine Schleife aus zwei Sätzen baut, die sich aufeinander beziehen. Etwa mit einer Visitenkarte, die auf der einen Seite den folgenden Aufdruck hat:

Der Satz auf der anderen Seite ist wahr.

Dreht man die Karte herum, dann liest man:

Der Satz auf der anderen Seite ist falsch.

Dem entsprechen zwei logische Formeln:

$A \leftrightarrow B$

$B \leftrightarrow \neg A$

Man sieht: Auch hier ist wieder *A* gleichbedeutend mit nicht-*A*, nur über den Umweg der Äquivalenz zur Aussage *B*. Beginnt man die Kette mit *B*, kommt man zu dem Schluss, dass auch dieser Satz gleichbedeutend mit seiner Negation ist.

All diese Sätze haben eines miteinander gemeinsam: Sie machen nur eine Aussage über ihren eigenen Wahrheitswert und nicht über irgendeine objektive Realität. Dieser Wahrheitswert wird aber gerade erst durch die Aussage selbst bestimmt. Und da beißt sich die Katze in den Schwanz. Der Logiker Raymund Smullyan, von dem viele der Beispiele in diesem Buch stammen, bezeichnet Sätze, die sich auf eine objektive Tatsache beziehen, als «wohlfundiert» (*well-grounded*). So ist der Satz «Hans hat genau eines dieser Schilder gemalt» wohlfundiert, denn er bezieht sich auf ein in der Vergangenheit liegendes Ereignis, und das hat entweder stattgefunden oder nicht. Der Satz «Genau eines dieser Schilder enthält einen wahren Satz» dagegen ist nicht wohlfundiert – selbst dann, wenn die Aussage auf dem *anderen* Schild es ist.

Nicht jeder nicht-wohlfundierte Satz muss in eine widersprüchliche logische Schleife führen. Bei der letzten Aufgabe der Spielshow gibt es eine widerspruchsfreie logische Interpretation der Schilder – nämlich die von Herrn Weißbrot: Das Auto steht hinter Tür 1, das Schild auf Tür 1 ist von Franz, enthält also eine falsche Aussage. Dann kann das Schild auf Tür 2 von Hans oder Franz sein, also wahr oder falsch.

Was aber ist, wenn Hans das Schild auf Tür 1 gemalt hat, also das Auto hinter Tür 2 steht? Dann ist der Satz auf Tür 2 wahr, wenn er falsch ist, und falsch, wenn er wahr ist. Die Frage ist: Wer könnte ein solches Schild gemalt haben? Beide, behaupte ich unter zugegebenermaßen großzügiger Auslegung der Bedingungen unserer Geschichte: nämlich dass Hans' Äußerungen dann wahr sind, *wenn ihre Wahrheit entscheidbar ist* – ansonsten sagt er alle möglichen Dinge wie «Guten Tag!», «Gibt es noch Kaffee?», und er darf auch paradoxe Sätze sagen. Dasselbe gilt, mit umgekehrtem Vorzeichen, für Franz. Und dann kann jeder von beiden aus Spaß das zweite Schild gemalt haben.

Selbstbezügliche Sätze kann man sogar benutzen, um jede beliebige Aussage zu beweisen, etwa dass Angela Merkel die Kaiserin von China ist:

Wenn dieser Satz wahr ist, dann ist Angela Merkel die Kaiserin von China.

Wohlgemerkt – es geht nicht um die Gesamtaussage, sondern um den zweiten Teil des Satzes!

Wir beweisen das ganz streng mit den Regeln, die wir in Kapitel 2 gelernt haben. A stehe für den gesamten Satz, B für «Angela Merkel ist die Kaiserin von China».

1. $A \leftrightarrow (A \rightarrow B)$

Das ist die selbstbezügliche Formulierung: «Dieser Satz» ist ein Teil seiner selbst.

2. $A \rightarrow A$

Das gilt für *jede beliebige* Aussage.

3. $A \rightarrow (A \rightarrow B)$

Hier haben wir in (2) die Äquivalenz aus (1) eingesetzt.

4. $A \rightarrow B$

Der Satz entsteht aus (3) durch die sogenannte Kontraktionsregel, die für beliebige Aussagen A und B gilt.

5. A

Jetzt haben wir nach Satz (1) wieder $A \rightarrow B$ durch A ersetzt. Und durch die bisherigen Taschenspielertricks haben wir gezeigt, dass der gesamte Satz wahr ist! Jetzt ist der Rest ein Kinderspiel: Wir wenden den Modus ponens (siehe S. 39) auf die Sätze 4 und 5 an und erhalten

6. *B*

Das heißt: Der Satz *B* ist wahr, und Angela Merkel ist die Kaiserin von China!

Das Beispiel zeigt: Sobald man dem Widerspruch die Tür auch nur einen Spaltbreit öffnet, ist Chaos die Folge – jede noch so absurde Aussage wird beweisbar, ihr Gegenteil natürlich auch. Man muss also einen Damm errichten. Soll man selbstbezügliche Aussagen ganz verbieten? Das wäre schade – es gibt ja welche, die durchaus einen Sinn ergeben, etwa die Überschrift dieses Kapitels. Sie ist auch wohlfundiert, weil sie sich selbst beschreibt und nicht nur über ihre Wahrheit redet.

Aber auch wohlfundierte Aussagen können uns in einen Widerspruch treiben, zumindest in der Umgangssprache. Was halten Sie von diesem Satz:

Dieser Satz besteht aus sechs Wörtern.

Er ist wohlfundiert – er beschreibt eine überprüfbare Tatsache. Und er ist wahr. Schwierig ist es, wenn wir uns seine Verneinung anschauen:

Dieser Satz besteht nicht aus sechs Wörtern.

Zählen Sie durch: Der Satz hat sieben Wörter – er ist also auch wahr. Ein Satz ist wahr und sein Gegenteil auch, das ist ein klassischer Verstoß gegen den logischen «Satz vom Widerspruch». Die Sache wird nicht besser, wenn wir mit einer falschen Zahl von Wörtern beginnen:

Dieser Satz besteht aus sieben Wörtern.
Dieser Satz besteht nicht aus sieben Wörtern.

Dieser Widerspruch lässt sich erklären mit einer Eigentümlichkeit der deutschen Sprache, nämlich dass ein Satz um ein Wort länger wird, wenn man ihn verneint (zumindest ist das eine Möglichkeit der Verneinung – man hätte ja auch sagen können «Es ist nicht wahr, dass dieser Satz aus sechs Wörtern besteht» – dann hätte die Verneinung gleich elf Wörter!). Denkbar sind ja auch Sprachen, die die Verneinung mit ins Verb hineinziehen – dann wäre die Wortzahl konstant geblieben, und es gäbe keinen Widerspruch.

Wichtig ist es festzuhalten, dass all die Widersprüche und Paradoxien, die wir behandelt haben, der Aussagen- und Prädikatenlogik nicht viel anhaben können. Jedenfalls nicht in dem Sinne, dass sie zu einem Widerspruch des Systems führen. Der wäre erst gegeben, wenn man durch Anwendung der Axiome und der Schlussregeln eine Aussage und ihr Gegenteil beweisen könnte. Das ist aber in diesen Systemen nicht der Fall – die Widersprüche entstanden erst durch zusätzliche Annahmen, im Beweis für Merkels Kaiserschaft etwa durch die Gleichsetzung von A und $A \rightarrow B$. Die Russell'sche Antinomie in der Mengenlehre dagegen ließ sich aus den Axiomen von Frege und anderen direkt herleiten. Sie betrachtete eine Menge, die nach den Regeln des Mengenkalküls gebildet worden war, und zeigte, dass diese Menge sich selbst enthielt und gleichzeitig nicht enthielt.

Im Fall der Mengenlehre (und damit der gesamten Mathematik) gelang es tatsächlich, die Liste der Axiome so zu «reparieren», dass damit die Widersprüchlichkeit vermieden wurde. Die nächste

Frage war: Ist dieses System *vollständig*, das heißt, sind alle wahren Sätze auch beweisbar?

Um uns der Frage zu nähern, zunächst noch einmal eine Auflistung der wichtigsten Begriffe, die für formale Systeme gelten:

Zunächst einmal definiert man einen *Kalkül* – das ist nichts weiter als die Manipulation von Zeichen, ohne dass man ihnen eine Bedeutung zumisst. Dazu eignen sich Computer ganz hervorragend, weil es eine stumpfsinnige Arbeit ist, bei der man sich nichts denken muss. Es gibt ein paar Zeichenketten, die man als gegeben nimmt, die Axiome, und Regeln, nach denen man aus bestehenden Ketten neue formen darf. Jede Kette, die man so erhält, ist ein allgemeingültiger *Satz*. Die Ebene der Zeichen ist die *syntaktische* Ebene.

Die Zeichenspielerei ist aber nicht vollkommen willkürlich, man hat sich etwas dabei gedacht, es gibt eine *Interpretation* der Zeichen. In der Aussagenlogik waren das wahre und falsche Aussagen, im sogenannten Peano-Kalkül, der die natürlichen Zahlen und das Rechnen mit ihnen formalisiert, sind es die Zahlen. Was eine solche Interpretation ist, das ist auch mathematisch formulierbar, muss uns aber hier nicht interessieren.

Wichtig ist, dass man zwischen *beweisbaren* und *wahren* Sätzen unterscheidet. Beweisbarkeit ist eine *syntaktische* Eigenschaft – es sind die Sätze, die sich durch Manipulation der Zeichen konstruieren lassen. Wahrheit dagegen ist eine *semantische* Eigenschaft. Es ist zum Beispiel recht einleuchtend, dass der Satz «Es gibt unendlich viele Primzahlen» entweder wahr oder falsch sein muss – ob er beweisbar ist oder nicht, steht auf einem anderen Blatt.[13]

13 Dieser Satz ist beweisbar. Aber ob es unendlich viele «Primzahlzwillinge» wie 17 und 19 gibt, ist bisher nicht bekannt – und niemand weiß, ob sich der Satz oder seine Negation beweisen lassen.

Es gibt nun ein paar Begriffe, die syntaktische und semantische Eigenschaften eines Systems bezeichnen:

- Ein System heißt *widerspruchsfrei*, wenn nicht gleichzeitig ein Satz und seine Verneinung beweisbar sind.
- Ein System heißt *korrekt*, wenn jede beweisbare Aussage auch wahr ist.
- Ein System heißt *vollständig*, wenn jede wahre Aussage beweisbar ist.

Die Widerspruchsfreiheit ist eine rein syntaktische Eigenschaft und absolut notwendig für ein sinnvolles System – sonst kann man in ihm jeden Satz beweisen. Darüber stolperte die ursprüngliche Mengenlehre.

Wenn ein System nicht korrekt ist, dann erzeugt der Kalkül falsche Sätze – es wäre nicht sehr sinnvoll, einen Kalkül für die natürlichen Zahlen zu entwickeln, bei dem 2 plus 2 gleich 5 ist.

Was ist mit der Vollständigkeit? Sollte man nicht eigentlich erwarten, dass jeder wahre Satz auch beweisbar ist? Oder kann es sein, dass unter den bekannten ungelösten Problemen der Mathematik welche sind, die sich *prinzipiell* nicht beweisen lassen?

Dass die Aussagenlogik alle drei Eigenschaften hat, ist ziemlich trivial, weil man auch die komplexeste Verkettung elementarer Aussagen mit einer Wahrheitstafel überprüfen kann. Für die Prädikatenlogik bewies Kurt Gödel die Vollständigkeit im Jahr 1928. Drei Jahre später aber zeigte er: Jedes korrekte und widerspruchsfreie System, das mindestens so komplex ist wie die Arithmetik der natürlichen Zahlen, ist nicht vollständig. Damit zerstob die Hoffnung, jede mathematische Wahrheit zweifelsfrei beweisen zu können.

Gödel führte seinen Beweis, indem er alle mathematischen

Sätze sozusagen durchnummerierte und dann einen Satz konstruierte, der seine eigene Unbeweisbarkeit behauptete. Diese Beweisführung ist sehr verwandt mit dem Lügnerparadoxon («Dieser Satz ist falsch»), aber der feine Unterschied ist wichtig, weil er das Paradoxon vermeidet: Der Satz lautet «Dieser Satz ist unbeweisbar». Wenn er falsch ist, dann ist er beweisbar, und wenn ein falscher Satz beweisbar ist, dann ist das System nicht mehr korrekt. In einem korrekten System muss der Satz also wahr sein – und damit gibt es tatsächlich einen unbeweisbaren wahren Satz.

Ich präsentiere Ihnen jetzt aber einen Beweis, der auf einem anderen Paradoxon aufbaut, dem Berry-Paradoxon (siehe Seite 135). In dem ging es um *«Die kleinste natürliche Zahl, die sich nicht mit weniger als fünfzehn Wörtern beschreiben lässt»*. In Kapitel 9 konnten wir dieses Paradoxon noch damit erklären, dass die Formulierungen der natürlichen Sprache nicht genügend formale Strenge besitzen. Im Jahr 1989 aber hat der Mathematiker George Boolos dieses Paradoxon in eine formale Sprache übertragen und auf diesem Weg Gödels ersten Unvollständigkeitssatz bewiesen – auch er konstruierte einen Satz, der wahr ist, aber unbeweisbar.

In den folgenden Absätzen werde ich den Beweis von Boolos in (fast) seiner ganzen Formalität präsentieren. Es werden keine tiefen mathematischen Kenntnisse verlangt – und wer sich durcharbeitet, der darf sich rühmen, den Beweis des wichtigsten mathematischen Satzes des 20. Jahrhunderts verstanden zu haben. Ist das nichts? Wer auf diesen Glücksmoment trotzdem verzichten will, der kann gleich zum Rätsel am Ende des Kapitels springen!

Damit man einen Satz, der wahr, aber unbeweisbar ist, überhaupt konstruieren kann, muss man ständig den feinen Unterschied zwischen der *Beweisbarkeit* in einem formalen System und der *Wahrheit* in der semantischen Interpretation beachten. In diesem Fall geht es um ein formales System, das die natürlichen Zahlen beschreibt, und diese Zahlen selbst.

Die formale Beschreibung der natürlichen Zahlen geht zurück auf den italienischen Mathematiker Giuseppe Peano (1858–1932). Seine Axiome arbeiten vor allem mit dem Begriff des *Nachfolgers*: Jede Zahl *x* hat einen Nachfolger *sx*. Die Null ist nicht Nachfolger einer anderen Zahl. Die Rechenregeln werden in den Axiomen definiert. Zur Beschreibung der gesamten Zahlentheorie braucht man nur die folgenden Symbole:

Die schon bekannten logischen Symbole: $\neg$, $\wedge$, $\vee$, $\rightarrow$, $\leftrightarrow$, $\forall$, $\exists$

Die Verknüpfungssymbole für Addition und Multiplikation: +, ×

Die Zahl Null: 0

Das Gleichheitszeichen und die Beziehung «ist kleiner als»: =, <

Zwei Symbole, aus denen man beliebig viele Variablen erzeugen kann: x, x', x'', x''', ...

Das Nachfolgersymbol *s*, das zu einer Zahl *x* ihren Nachfolger *sx* erzeugt.

Und schließlich noch zwei Klammern: (,)

Das sind insgesamt 17 Symbole, aus denen sämtliche Formeln bestehen – wichtig zu merken! Alle zusätzlichen Symbole, die ab jetzt eingeführt werden, sind nur «Kurzschrift»-Symbole – sie lassen sich auf die anderen zurückführen.[14]

14 Wir wissen ja schon aus früheren Kapiteln, dass sich auch die logischen Operatoren auf weniger Symbole reduzieren lassen. Man käme also auch mit weniger Zeichen aus, aber die Formeln wären dann noch schwerer zu lesen.

Noch eine wichtige Beobachtung: Außer der Null kommen in dieser Formelsprache keine Zahlen vor – man zählt 0, *s*0, *ss*0, *sss*0, ... Damit wir uns bei den vielen *s* nicht verzählen, schreiben wir für *ssss*0 kurz [4]. Und es besteht ein Unterschied zwischen der Zeichenkette [4] und der Zahl 4, die nur in der Interpretation des Systems existiert!

Es geht darum, formal zu definieren, was wir unter «der kleinsten Zahl, die sich mit weniger als *k* Zeichen darstellen lässt», verstehen. Dazu definieren wir, was es heißt, dass eine Formel die Zahl *n* beschreibt:

Eine Formel ist ein Ausdruck mit einer Variablen *x*. Also zum Beispiel «2 + *x* = 4», in der Formelsprache:

$$ss0 + x = ssss0$$

Eine Formel *beschreibt die natürliche Zahl n*, wenn sie beweisbar genau dann richtig ist, wenn man für *x* den Wert [*n*] einsetzt. Die obige Formel beschreibt also die Zahl 2.

Jede Formel beschreibt höchstens eine Zahl, aber natürlich kann dieselbe Zahl von mehreren Formeln beschrieben werden.

Da man aus den 17 Symbolen nur endlich viele formale Ausdrücke mit einer bestimmten Länge *i* bilden kann (genau 17^i, die meisten davon sind sinnlos), ist es klar, dass Formeln der Länge *i* nur endlich viele Zahlen beschreiben können. Es kann auch nur endlich viele Zahlen geben, die sich mit einer Formel von weniger als *i* Zeichen beschreiben lassen. Und schließlich muss es eine kleinste Zahl geben, die sich *nicht* mit einer Symbolkette mit höchstens *i* Zeichen beschreiben lässt.

Diese Tatsachen kann man auch *in* der formalen Sprache

beschreiben (über den gleichen Umweg, den auch Gödel benutzt, indem jede Formel durch eine eindeutige «Gödel-Zahl» nummeriert wird). Es gibt also zum Beispiel eine Formel *Cxz*, die sagt, dass die Zahl *x* durch eine Zeichenkette der Länge *z* beschrieben wird. Zusätzlich definieren wir noch zwei Formeln: *Bxy* sagt, dass *x* durch eine Formel von *weniger* als *y* Zeichen beschrieben werden kann, und *Axy* sagt, dass *x* die kleinste Zahl ist, für deren Beschreibung man *mindestens y* Zeichen braucht.

Jetzt geht es Schlag auf Schlag: Wir zählen die Zeichen in der Formel *Axy*, das ist eine Zahl *k*, die sicherlich größer ist als 3. Und nun formulieren wir einen neuen formalen Satz *Fx*:

$$\exists y\big((y=[10]\times[k])\wedge Axy\big)$$

Auf Deutsch: «*x* ist die kleinste Zahl, die sich nicht mit weniger als $10 \times k$ Zeichen beschreiben lässt.»

Diese natürliche Zahl existiert ganz eindeutig.

Und jetzt zählen wir die Zeichen in der Formel *Fx*. Sie enthält ja viele Platzhalter, und wir wollen auf die Ebene gelangen, auf der nur die ursprünglichen 17 Zeichen verwendet werden:

[10] ist *ssssssssss*0, enthält also 11 Zeichen.

[*k*] enthält entsprechend (*k*+1) Zeichen.

Axy enthält *k* Zeichen.

y müssen wir eigentlich als *x'* schreiben, das sind 2 mal 2 Zeichen.

Der Rest der Formel besteht aus 7 Zeichen.

Das macht zusammen $2 \times k + 23$ Zeichen. Da aber *k* größer als 3 ist, gilt

$2 \times k + 23 < 10 \times k$

Und das bedeutet: Wir haben eine Formel für «die kleinste Zahl, die sich nicht mit weniger als $10 \times k$ Zeichen beschreiben lässt», die weniger als $10 \times k$ Zeichen hat!

Aus diesem Paradoxon gibt es nur zwei Auswege: Entweder ist das System nicht widerspruchsfrei, es lassen sich also ein Satz und sein Gegenteil beweisen. Das aber wäre das Ende der Mathematik – denn sobald man in einem System *einen* Satz und sein Gegenteil beweisen kann, kann man *jeden* Satz und sein Gegenteil beweisen. Das aber glaubt kein Mathematiker – eigentlich gehen alle davon aus, das nach Russells Antinomie die Mengenlehre (auf der die ganze Mathematik aufbaut) so weit «repariert» wurde, dass in ihr keine Widersprüche existieren – auch wenn das mit den Mitteln der Theorie nicht beweisbar ist.

Bleibt der zweitschlechteste Ausweg: Die Formel Fx beschreibt x nicht entsprechend der strengen Definition, das heißt: Sie ist im formalen System nicht beweisbar. Und damit haben wir genau das gefunden, was wir gesucht haben: Eine wahre, aber nicht beweisbare Aussage.

Es ist eine bittere Erkenntnis, aber die Mathematiker haben gelernt, mit ihr zu leben. In ihrer alltäglichen Arbeit ist ihnen noch kein Satz untergekommen, der beweisbar unbeweisbar ist. Zwar gibt es einige hartnäckige Probleme, die bislang jedem Beweisversuch widerstanden haben – aber da glaubt jeder richtige Mathematiker, dass mit genügend Kreativität und theoretischem Instrumentarium irgendwann eine Lösung gefunden werden kann. So ist Gödels Unvollständigkeitssatz in der Praxis kaum relevant. Aber er hat der Mathematik ein für alle Mal ihre Grenzen aufgezeigt.

Jetzt sind Sie dran: Es ist wieder Showtime in Mendacino, und diesmal ist der Hauptgewinn ein elektrischer Grill mit allen Schikanen. Als der Vorhang aufgeht, sieht man drei Türen. Hinter welcher befindet sich der Grill?

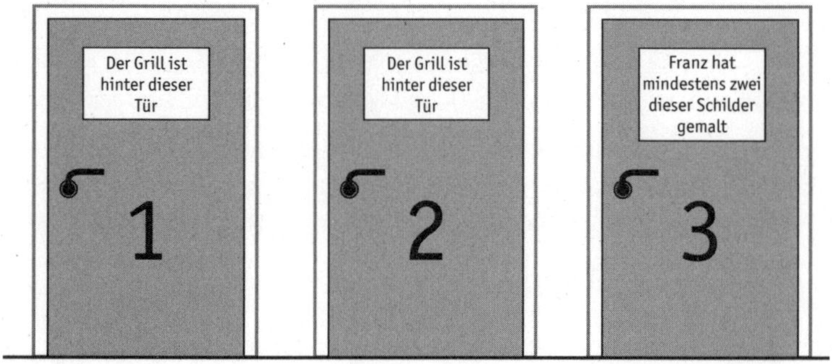

11 Denksport 3: Die Hut-Show

Diese Fernsehshow spielt nicht im Mendacino-TV, denn diesmal geht es nicht um Lüge oder Wahrheit. Trotzdem ist es eine Logik-Show, deshalb wird sie wahrscheinlich irgendwo im dritten Programm zu nächtlicher Stunde gesendet. Die «Hut-Show» ist eine Spielshow, bei der die einzelnen Spielrunden zwar sehr unterschiedliche Formate haben, aber letztlich immer dasselbe Prinzip: Die Kandidatinnen und Kandidaten, die manchmal mit- und manchmal gegeneinander spielen, haben rote oder schwarze Hüte auf dem Kopf, die sie selber nicht sehen können, und müssen raten, welche Farbe ihr Hut hat (einmal sind es sogar zwei aufeinandergestapelte Hüte).

Die Moderatorin gibt nur spärlich Tipps, die wichtigsten Hinweise entnehmen die Kandidaten dem Verhalten ihrer Mitspieler. Im Übrigen sind alle Teilnehmer der Spielrunden sehr schlau, handverlesen durch ein aufwendiges Casting. Man kann also davon ausgehen, dass zu einer logischen Überlegung, die man selbst anstellt, auch die anderen fähig sind.

Es kommt oft vor, dass eine Frage gestellt wird und erst einmal eine Weile nichts passiert. Manchmal sind es auch zwei Weilen. Das ist immer ein Zeichen dafür, dass keiner der Kandidaten im Moment eine Antwort geben kann – und gerade das ist oft der entscheidende Hinweis, der einem Kandidaten noch fehlt.

Für das erste Rätsel gebe ich die Lösung an, damit Sie einmal das typische Muster der Gedankengänge bei der «Hut-Show» kennenlernen. Am Rest können Sie selber knobeln, die Lösungen stehen im Anhang!

1. Drei Kandidatinnen stehen hintereinander und fassen sich an wie bei einer Polonaise, sodass die letzte die Hüte der beiden anderen sehen kann, die mittlere nur den Hut der vorderen und die ganz vorne gar keinen. Die Moderatorin hat ihnen vorher fünf Hüte gezeigt, zwei rote und drei schwarze, aus denen sie drei für die Kandidatinnen ausgewählt hat. Dann sagt sie unter dem Gejohle des Publikums ihren bekannten Spruch «Licht aus!» und setzt den dreien im Dunkeln ihre Hüte auf. Das Licht geht wieder an, und wer die Farbe seines Hutes kennt, soll sich melden. Nach einer Weile sagt die Kandidatin ganz vorne: «Mein Hut ist ...!» Welche Farbe hat ihr Hut, und wie ist sie darauf gekommen?

Die Lösung: Wenn die Kandidatinnen A, B und C heißen und C ganz vorne steht, dann denkt sich C: «Angenommen, mein Hut wäre rot. Dann würde meine Hinterfrau B einen roten Hut sehen und sich denken: ‹Wäre mein Hut auch rot, dann würde meine Hinterfrau, also A, zwei rote Hüte sehen und sofort sagen: Meiner ist schwarz! A hat aber nichts gesagt, also muss mein Hut schwarz sein!› Folglich würde B rufen: ‹Mein Hut ist schwarz!› Das tut sie aber nicht. Also ist mein Hut nicht rot, sondern schwarz.» Also ruft C: «Mein Hut ist schwarz!»

2. Die nächste Runde ist eine Abwandlung des Spiels Nummer 1. Es nehmen vier Kandidaten teil, drei davon sind so aufgereiht wie in Aufgabe 1, ein vierter steht hinter einem Vorhang, sodass keiner der drei anderen seinen Hut sehen kann und er ihre auch nicht. Die Moderatorin hat diesmal keine Auswahl, es stehen zwei rote und zwei schwarze Hüte zur Verfügung. Nachdem das Studiolicht wieder angeht, sind die Kandidaten aufgerufen, die Farbe ihres Huts

zu raten, und wieder vergeht eine Weile, bis einer sich meldet und sagt: «Ich habe einen roten Hut!» Welcher Kandidat ist das?

3. Diesmal stehen drei Kandidaten so auf der Bühne, dass jeder den anderen sehen kann. Der Hutvorrat besteht diesmal aus drei roten und drei schwarzen Hüten, es sind also alle Hutkombinationen möglich. Als es dunkel wird, setzt die Moderatorin jedem der drei Kandidaten einen roten Hut auf. Dann erklärt sie: «Gleich geht das Licht an, und wer von euch mindestens einen roten Hut sieht, der hebt bitte die Hand. Und wer dann als Erstes seine Hutfarbe errät, hat gewonnen.» Als das Licht angeht, heben natürlich alle die Hand – und sagen nach einer Weile wie aus einem Mund: «Ich habe einen roten Hut auf!» Wie sind sie darauf gekommen?

4. Da bei Spiel Nummer 3 kein eindeutiger Sieger herausgekommen ist, gibt es eine neue Runde. Wieder sitzen die Kandidaten zunächst im Dunkeln. Während der Dunkelheit erklärt die Moderatorin, sie habe für diese Runde ein besonders schwieriges, aber faires Spiel ausgesucht, um den endgültigen Gewinner zu bestimmen. Die Hüte seien aus zwei roten und drei schwarzen ausgewählt worden. Sobald das Licht angehe ... weiter kommt sie nicht, da rufen die drei Kandidaten schon durcheinander: «Mein Hut ist ...!» Und tatsächlich hat jeder seine Hutfarbe richtig geraten. Wie sind die Hüte verteilt?

5. Da in Spiel Nummer 4 immer noch kein Sieger ermittelt wurde, wird die Schwierigkeit weiter gesteigert. Man kann ja nicht nur einen Hut auf den Kopf setzen, sondern auch zwei aufeinander stapeln! Die sechs Hüte werden in der Dunkelheit aus einem Vorrat von vier schwarzen und vier roten ausgewählt. Nachdem das Licht angeht, fragt die Moderatorin nacheinander und einzeln die drei

Kandidaten, ob sie wüssten, was für Hüte sie auf dem Kopf haben. Die Antworten:

A: Nein.
B: Nein.
C: Nein.
A: Nein.
B: Ja!

Und tatsächlich rät die Kandidatin B unter dem Beifall des Publikums die richtigen beiden Hutfarben. Welche sind das?

6. Bei diesem Spiel sind zehn Kandidaten auf der Bühne, sie können sich frei bewegen und die Hutfarben der neun anderen sehen. Als alle Hüte verteilt sind und das Licht angeht, erklärt die Moderatorin, dass mindestens zwei von ihnen einen schwarzen Hut aufhaben, der Rest trägt rote Hüte. Wer glaube, dass er einen schwarzen Hut trägt, solle sich melden. Aber keiner meldet sich.

«Okay», sagt die Moderatorin. «Ich fordere euch noch mal auf: Wer glaubt, dass er einen schwarzen Hut aufhat, soll sich melden!» Wieder bleibt alles ruhig.

«Gut, ich frage zum dritten Mal: Wer glaubt, dass er einen schwarzen Hut aufhat ...»

Das Publikum wird langsam ungeduldig, fragt sich, was die wiederholte Fragerei bringen soll – aber als die Moderatorin zum fünften Mal fragt, melden sich tatsächlich alle, die einen schwarzen Hut aufhaben. Wie viele sind das?

7. Wieder spielen zehn Kandidaten mit. Ihre Hüte – schwarze und rote, es ist nicht bekannt, wie viele von jeder Sorte – bekommen sie in einem dunklen Nebenraum aufgesetzt, in dem keiner den anderen sehen kann. Sie spielen nicht gegeneinander, sondern sollen eine Gemeinschaftsaufgabe lösen. Die Moderatorin sagt: «Ihr

werdet jetzt einer nach dem anderen ins Studio geführt. Dort sollt ihr euch nach Farben getrennt in einer Reihe aufstellen – die mit schwarzem Hut links, die mit rotem Hut rechts!» Die erste Kandidatin tritt unter Fanfarenklang ins gleißende Licht des Studios. Sie hat es noch leicht, sie stellt sich einfach in die Mitte. Aber wie müssen sich die anderen Kandidaten aufstellen, um die von der Moderatorin geforderte Ordnung herzustellen?

12 Der Volksrechner

oder

Tu Lings universelle Maschine

In dieser Geschichte geht es um das ferne Land Magnolien, dessen Kultur der unseren sehr fremd ist. Der Herrscher Lang Tsung regiert seine Untertanen mit absoluter Macht und harter Hand. Er selbst lebt in Saus und Braus, sein Volk verhungert nicht gerade, fristet sein Leben aber in sehr bescheidenen Verhältnissen. Zwar haben manche Bewohner Magnoliens schon einmal davon gehört, dass in anderen Teilen der Welt die Menschen in selbstfahrenden Kutschen durchs Land sausen und sogar durch die Luft fliegen, einige haben schon einmal so ein fliegendes Objekt am Himmel gesehen, aber in Magnolien selbst gibt es keine Elektrizität, keine modernen Medien und keine motorisierten Fahrzeuge.

Eine kleine Kaste von Vertrauten des Herrschers genießt das Privileg, die Grenzen des Landes überschreiten und Kontakt mit der Welt draußen aufnehmen zu dürfen. Einige sind nie wieder zurückgekehrt, andere haben Lang Tsung von dem Leben der Menschen in anderen Ländern erzählt und sehr vorsichtig – eine allzu direkte Sprache kann einen in Magnolien leicht ins Gefängnis bringen –, also wirklich sehr vorsichtig angefragt, ob man das Land nicht ein klitzekleines bisschen öffnen sollte, etwa für die neuen Unterhaltungstechniken. So gebe es dort draußen sogenannte «Fernseher», die bunte, bewegte Bilder zeigten – mit denen könnte man doch zum Beispiel die tägliche Ansprache des Herrschers in jede Wohnstube des Landes übertragen. Außerdem ließen sich damit Schauspiele und musikalische Darbietungen zeigen, und solche Vergnügungen könnten doch dem hart arbeitenden Volk ein wenig das Leben versüßen. Doch Lang Tsung hat sich bisher standhaft geweigert, solche Dinge ins Land zu lassen. «Ich möchte nicht als Puppenfigur in einer Kiste stecken», pflegt er darauf zu antworten. «Und zur Unterhaltung der Massen haben wir doch die öffentlichen Singspiele und die Massenkundgebungen in der Großen Arena!»

Auf diese Kundgebungen ist er stolz, besonders auf die faszinierenden Bilder-Shows. Bei denen sitzen teilweise 10000 und mehr Schulkinder auf der Haupttribüne und halten bunte Pappkartons hoch, aus denen sich für die Zuschauer ein riesiges Bild formt, das sich – durch Austausch der Pappen – ständig verändert. Manche der Bilder-Brigaden sind so gut, dass sie auf diese Weise bewegte Szenen darstellen können – so etwas erfordert einen monatelangen Drill, weil jedes Kind genau seine Farbfolge kennen muss und beim Wechsel der Pappen nie aus dem Takt kommen darf.

General Tsei Tung gehört zu den Vertrauten des Herrschers, die durchaus vorsichtige Reformen befürworten, aber er weiß, dass er mit vielen Ideen bei Lang Tsung auf Granit beißen würde. Insbesondere der Vorschlag, das Land zu elektrifizieren und damit viele neue Techniken zu ermöglichen, die das Leben für das Volk ein bisschen weniger mühsam machen könnten, ist vom Herrscher stets brüsk abgelehnt worden. Die unsichtbare Energie, die durch metallene Drähte fließen kann, ist Lang Tsung nicht geheuer.

Deshalb ist Tsei Tung auf die Idee verfallen, seinem Chef eine neue Technik vorzuführen, die ohne Elektrizität oder Motoren auskommt, wenn auch die entsprechenden Geräte in anderen Ländern, die mit Strom funktionieren, erheblich leistungsfähiger sind. Hat der Herrscher einmal Gefallen daran gefunden, so Tsei Tungs Idee, so ist er vielleicht auch offener für weiter gehende technische Neuerungen.

Heute hat Tsei Tung seinen wöchentlichen Termin beim Herrscher, bei dem es gewöhnlich seine Aufgabe ist, ihm die aktuellen Sorgen der Bevölkerung nahezubringen – in schönfärberischem Ton, aber doch so deutlich, dass die Nachrichten über Missstände oben ankommen. An diesem Tag jedoch ist er nicht allein gekommen: Vor der Tür warten ein wohl knapp 30-jähriger Mann mit strengem Seitenscheitel und eine Schar von acht Kindern, alle um die zehn Jahre alt.

«Großer Lang Tsung», beginnt Tsei Tung seinen Vortrag, nachdem die Höflichkeitsfloskeln ausgetauscht worden sind, «heute möchte ich Euch nicht über Probleme des Landes berichten, sondern von einer neuen Erfindung, die einer der klügsten Söhne unseres Landes gemacht hat.»

«Geht es wieder um diesen Elektrokram?», fragt Lang Tsung mürrisch. «Du weißt doch, dass ich davon nichts halte.»

«Nein, nein», beteuert Tsei Tung, «es geht um eine Erfindung ganz im Sinne Eurer Ideologie vom Wohlstand aus eigener Kraft. Sie baut auf einer Kulturtechnik auf, die unser aller großer Stolz ist: den bewegten Bildern in der Großen Arena.»

Der Herrscher ist überrascht und versucht, ein gütiges Lächeln hinzubekommen.

«Der Erfinder heißt Tu Ling», fährt Tsei Tung fort, «er steht draußen vor der Tür zusammen mit einer kleinen Brigade seiner jugendlichen Helfer und möchte euch gern seine Volks-Rechenmaschine vorführen.»

«Eine Rechenmaschine? Brauchen wir so etwas?», fragt der Herrscher misstrauisch.

«Lasst es Euch demonstrieren und urteilt dann», schlägt Tsei Tung vor.

«Na gut», brummt Lang Tsung, «eine halbe Stunde hat der Mann – dann habe ich etwas Wichtiges vor.» Er weiß zwar nicht, was in seinem Terminkalender steht, aber irgendjemand wird es ihm sagen, und es ist garantiert wichtig für das Schicksal des Landes.

Tsei Tung hastet zur Tür hinaus und kommt kurz darauf mit dem Mann und den Kindern zurück, die draußen gewartet haben. Die Kinder tragen bunte Pappen unter dem Arm, jeweils etwa 40 mal 40 Zentimeter groß, wie sie bei den Bilderschauen in der Arena verwendet werden. Ein Junge trägt außerdem einen Hut mit drei Spitzen auf dem Kopf und eine Trillerpfeife um den Hals.

Tu Ling macht eine tiefe Verbeugung vor dem Herrscher. Seine Nervosität ist ihm anzusehen. Er hat noch nie einen Palast von innen gesehen, und die höfischen Umgangsformen sind ihm fremd.

«Herr Tu Ling ist Mathematiklehrer an einer der Schulen der Hauptstadt», erklärt Tsei Tung, «und er wird Euch nun mit seinen Schülern seine Erfindung demonstrieren. Die Kinder haben vier Wochen lang für diese Vorführung geübt!»

Lang Tsung lächelt wohlwollend. «Nur zu, nur zu!»

Auf ein Zeichen von Tu Ling stellen sich alle acht Kinder in einer Reihe auf, mit dem Gesicht zum Herrscher. Man sieht jetzt, dass jedes von ihnen drei Pappen hat, eine weiße, eine graue und eine schwarze. Der Junge mit dem Dreispitz und der Trillerpfeife steht ganz rechts. Zu Anfang halten alle Kinder die weiße Pappe vor ihren Bauch. Auf ein leichtes Nicken von Herrn Tu Ling hin pfeift das Kind ganz rechts auf der Trillerpfeife, und dann spielt sich ein auf den ersten Blick sehr verwirrendes Schauspiel ab: Der Dreispitz wird auf eine nicht zu durchschauende Weise von Kind zu Kind weitergegeben und dabei auch gedreht – manchmal zeigt die Spitze nach vorn und manchmal die Breitseite. Wenn ein Kind den Hut weitergegeben hat, wechselt es manchmal die Pappe, die nach vorn zeigt, manchmal aber auch nicht. Jedes Mal, wenn der Hut wieder bei dem Jungen ganz rechts ankommt, stößt der zusätzlich einmal in die Trillerpfeife. Das Ganze geht mit unglaublicher Schnelligkeit vor sich, ständig wechseln die Farben von Weiß nach Grau nach Schwarz und wieder zurück. Schließlich kommen die Kinder zur Ruhe – alle halten nun ein schwarzes Schild vor ihre Brust, außer dem Jungen ganz rechts, der sein weißes Schild während der ganzen Prozedur nicht gewechselt hat.

Die Kinder lächeln stolz und erwartungsvoll ihren Herrscher an. Der allerdings gibt nur eine Art Grunzlaut von sich.

«Was war das denn?», fragt er mürrisch. «Eine sehr eindimensionale Schau, wenn ich das mal so sagen darf. Und ich habe nicht erkennen können, was für Bilder ihr darstellen wolltet!»

«Verzeiht, großer Lang Tsung», meldet sich Tu Ling zu Wort, «aber wir wollten auch gar keine Bilder darstellen. Die Kinder sind eine Rechenmaschine – und was sie getan haben war, von 1 bis 255 zu zählen.»

«Wie bitte?» Der Herrscher macht nur ein verständnisloses Gesicht.

«Weil es alles so schnell ging», sagt Tu Ling, «Habe ich Euch auf einem Papier die Abfolge der ‹Bilder› aufgezeichnet, zumindest die ersten 50 Stationen.» Er zeigt Lang Tsung einen Papierstreifen mit weißen, grauen und schwarzen Kästchen.

«Na und, was soll ich darauf erkennen?», fragt der Herrscher.

«Erst einmal gar nichts», gibt Tu Ling zu. «Aber jetzt zeige ich Euch einen zweiten Streifen, da ist nur der jeweilige Zustand zu sehen, wenn der Junge ganz rechts den Hut aufhatte und in seine Trillerpfeife geblasen hat.»

Er zeigt dem Herrscher einen zweiten Papierstreifen, der dem ersten nicht unähnlich sieht. Lang Tsung schaut verständnislos auf das Papier, dann auf den Mathematiklehrer, dann wieder aufs Papier. «Willst du mich veräppeln? Oder bin ich der Einzige, der

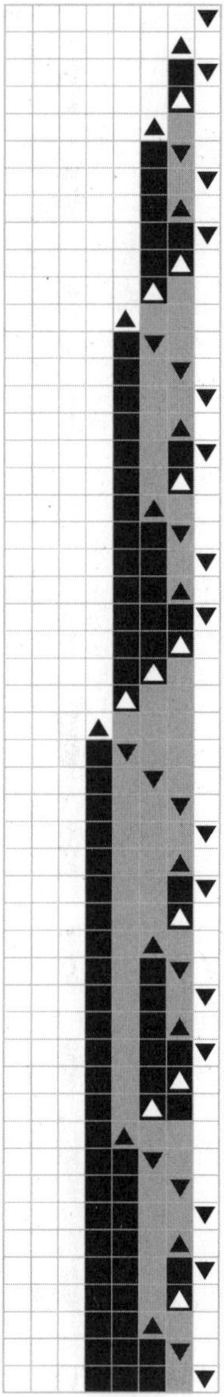

hier nur Bahnhof versteht? Ich mag es überhaupt nicht, wenn man sich auf meine Kosten amüsiert!»

Dem Lehrer bricht der Angstschweiß aus, er malt sich schon aus, dass er aufgrund der schlechten Laune des Herrschers in einem Straflager landet – aber Tsei-Tung springt zu seiner Rettung in die Bresche. «Hat der große Lang Tsung schon einmal etwas vom Binärsystem gehört?»

«Bi... was?»

«Das Binärsystem ist eine andere Art, die Zahlen zu schreiben, als wir es von unseren Vorfahren gelernt haben. Statt zehn Ziffern braucht man nur zwei, null und eins, dafür werden die Zahlen ein bisschen länger.[15] Wenn ein graues Kästchen für eine 0 steht und ein schwarzes für eine 1, dann sind auf dem zweiten Papierstreifen, den Euch Tu Ling gezeigt hat, genau die Zahlen von 1 bis 50 zu sehen. Insgesamt haben die Kinder von 1 bis 255 gezählt – im Binärsystem ist das die Zahl 11111111.»

«Danke für die Belehrung, aber natürlich kannte ich das», sagt der Herrscher, es klingt nicht sehr glaubwürdig. «Aber warum führt ihr mir das vor? Eigentlich dachte ich, dass jedes zehnjährige Kind bei uns so weit zählen kann, ganz ohne Hilfsmittel und ohne sieben Helfer.»

«Selbstverständlich, großer Lang Tsung», antwortet ihm Tu Ling, der sich wieder gefangen hat. «Aber das Besondere an unserer Vorführung ist, dass keines der Kinder wirklich zählen oder rech-

15 Siehe Seite 77!

nen muss. Sie manipulieren nur ihre Schilder nach sechs einfachen Regeln, sobald der Hut bei ihnen ankommt.»

Tu Ling zieht einen weiteren Zettel hervor und will ihn dem Herrscher zeigen, aber der macht eine wegwerfende Handbewegung – offenbar interessieren ihn Details nicht.

«Das alles geht ganz mechanisch», fährt Tu Ling fort, «rechnen tut dabei die ‹Maschine›, also die ganze Gruppe von Kindern. Und das Zählen ist nur das einfachste Programm, das wir haben.»

«Programm?», fragt der Herrscher ein bisschen spöttisch. «Sehr abwechslungsreich ist euer Unterhaltungsprogramm aber nicht!»

«‹Programm› nennt man das wohl in Tu Lings Fachsprache», wirft der General ein.

«Wir können zum Beispiel Zahlen addieren», fährt Tu Ling fort, den jetzt die Begeisterung für seine Erfindung gepackt hat. «Oder multiplizieren und dividieren. Oder die Steuereinnahmen des ganzen Landes berechnen.»

Beim Wort «Steuer» hellt sich das mürrische Gesicht des Herrschers ein wenig auf.

«Ja, in gewisser Weise ist diese Maschine universell», sagt Tu Ling. «Sie kann alles berechnen, was man überhaupt berechnen kann, solange man genügend Kinder hat – und genügend Zeit. Es hängt nur von den Regeln ab und vom Anfangszustand der Maschine, also vom Farbmuster in der Grundaufstellung.»

Der Herrscher sieht gar nicht mehr so unwillig

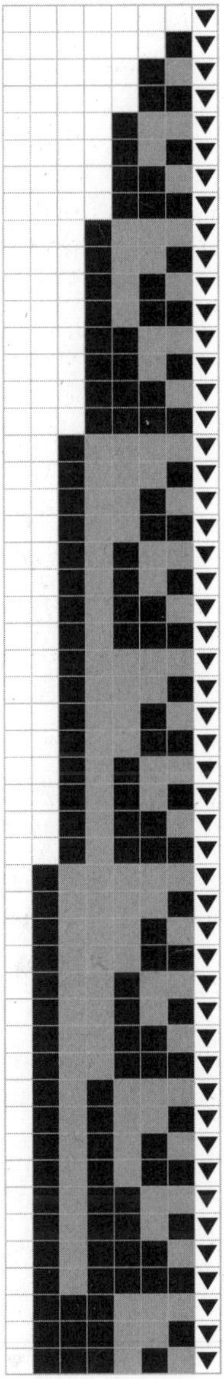

aus, er denkt wohl über die Vereinfachung seines Steuereintreibungssystems nach.

«Ich habe mit Tu Ling über die möglichen Anwendungen gesprochen», sagt General Tsei Tung, «und die sind wirklich grenzenlos: Man kann zum Beispiel, wenn man genügend Rechner hat, das Wetter der nächsten Woche vorausberechnen. Aber auch im Unterhaltungsbereich gibt es Anwendungen. Zum Beispiel könnte man die bewegten Bilder in der Arena mit einem solchen Volksrechner steuern. Die Kinder, die die ‹Leinwand› bilden, müssten dann gar nicht mehr ihr Programm auswendig lernen – sie würden von einer Rechnergruppe im Hintergrund angesteuert und bekämen immer genau zur rechten Zeit ein Signal, welche Farbtafel sie hochhalten müssen.»

«Dann könnten wir endlich meinen Traum verwirklichen und die fünfstündige Saga über die Geschichte unseres Herrscherhauses mit bewegten Bildern in der Arena aufführen?», fragt Lang Tsung, der nun Geschmack an der Sache gefunden zu haben scheint.

«Äh ... ja, zum Beispiel», sagt Tsei Tung diplomatisch. «Auf meinen Reisen in andere Länder habe ich gesehen, dass man solche Maschinen mit elektrischen Bauteilen konstruiert hat – die brauchen überhaupt keine Menschen mehr, passen in eine kleine Kiste, sodass jeder Bürger einen persönlichen Rechner zu Hause haben kann.»

«Einen persönlichen Rechner?», lacht der Herrscher, «wer braucht denn so was? Ich schätze, dass wir mit fünf dieser Volksrechner im ganzen Land auskommen werden.[16] Und wenn Sie, lieber Tsei Tung, das wieder als Anlass benutzen wollen, mir diese

16 Mit dieser Fehleinschätzung ist Lang Tsung nicht allein. Der Chef der Computerfirma IBM, Thomas J. Watson, soll 1943 gesagt haben: «Ich denke, dass es einen Weltmarkt für vielleicht fünf Computer gibt.» Allerdings gibt es keinen Beleg für das Zitat.

Elektrizität unterzujubeln – dann vergessen Sie das mal ganz schnell. Ich finde, der Volksrechner ist eine großartige Aufgabe für die Jugend unseres Landes.»

Und ehe noch jemand einen Kommentar dazu abgeben kann, hat sich Lang Tsung abgewandt – das untrügliche Zeichen dafür, dass die Audienz beendet ist. Tsei Tung, Tu Ling und die Kinder verlassen den Besprechungsraum. Der Lehrer mit sichtbarem Stolz, dass seine Erfindung so gut angekommen ist, und der General mit einem zufriedenen Lächeln. «Steter Tropfen höhlt den Stein», denkt er sich, und wieder ist ein Stück Fortschritt in Magnolien angekommen.

The Entscheidungsproblem

Der eine oder andere Leser wird es schon vermutet haben – Tu Ling steht natürlich für Alan Turing (1912–1954), den genialen britischen Mathematiker, der im Jahr 2012 hundert Jahre alt geworden wäre. Mit seinem Namen sind drei Dinge verknüpft: die Entschlüsselung der Enigma-Maschine, mit der die Deutschen im Zweiten Weltkrieg ihre geheimen Funksprüche codierten, der «Turing-Test», mit dem Computer menschengleiche Intelligenz beweisen sollen (und den noch kein Computer bestanden hat), und die Turingmaschine – ein idealisierter Computer, den Turing erfand, bevor es tatsächlich programmierbare Computer gab.[17]

17 Turings entscheidende Arbeit erschien im Jahr 1936 – da hatte in Berlin gerade Konrad Zuse angefangen, sein «mechanisches Gehirn» Z1 zu bauen. Davon erfuhr Turing allerdings erst Jahre später.

Die «Maschine», die Tu Ling in unserer Geschichte vorstellt, ist die vereinfachte Version einer Turingmaschine, das Modell geht zurück auf den amerikanischen Informatiker und Unternehmer Stephen Wolfram. Sie ist aber trotzdem eine universelle Maschine in dem Sinne, dass man auf ihr alles rechnen kann, was man auf einer allgemeinen Turingmaschine auch rechnen kann.

Auch wenn sich der Herrscher Lang Tsung nicht dafür interessiert hat – wir schauen uns doch einmal genauer an, wie die Maschine funktioniert. Ein wichtiges Element ist der Hut, den die Kinder weitergeben. Er bezeichnet den Ort, wo gerade gerechnet wird, und er kennt zwei Zustände: Spitze nach vorn ist Zustand A, flache Seite nach vorn ist Zustand B.

Sobald der Hut bei einem Kind ankommt, muss es eine Handlung ausführen. Welche, das hängt ab von dem Zustand des Huts und von der Farbtafel, die es im Moment vor der Brust hat – weiß, grau oder schwarz. Es gibt also sechs verschiedene Handlungsmöglichkeiten, diese sechs Regeln haben sich die Kinder vorher eingeprägt.

Die Handlung besteht dann daraus, dass das Kind die Farbtafel austauscht oder beibehält, den Zustand des Huts wechselt oder beibehält und ihn dann nach rechts oder links weitergibt. Hier sind alle Regeln in einer Tabelle zusammengefasst:

	Zustand A(▼)			Zustand B(▲)		
weiß	weiß	L	▲	schwarz	R	▼
grau	grau	R	▼	schwarz	R	▼
schwarz	schwarz	R	▼	grau	L	▲

Wenn zum Beispiel ein Kind gerade eine graue Pappe vor sich hat und bekommt den Hut im Zustand B, also mit der Spitze nach hinten, gereicht, dann sagt die Tabelle: «Wechsle zur schwarzen Pappe, gib den Hut nach rechts weiter (vom Zuschauer aus gesehen), und zwar im Zustand A.»

Die schwarzen Felder bedeuten ja später die Einsen, die grauen Felder die Nullen, und die Weißen sind «unbeschriebenes Papier». Sie können ja gern einmal ein paar Schritte des «Zählprogramms» nachrechnen, es ist gar nicht schwer. Bald wird ihnen auffallen, dass der Zustand A eine Art «Durchreich-Programm» beschreibt: Ist auf einem Feld schon eine 1 oder 0, und es kommt ein Hut im Zustand A an, dann wird die Farbe nicht verändert und auch der Hut unverändert weiter nach rechts gereicht. Das geht so lange, bis der Hut beim äußersten rechten Jungen ankommt, der tatsächlich nie seine Farbe ändert. Der gibt den Hut nach links zurück, und zwar im Zustand B, und der nächste Rechenschritt wird ausgeführt.

Zustand B ist das «Rechenprogramm»: Er macht aus einer 0 eine 1. Aus einer 1 macht er eine 0 und geht dann einen Schritt nach links – das ist der «Übertrag» beim Rechnen. Stößt er dort nämlich auf ein unbeschriebenes Feld, dann färbt er es schwarz, trägt also eine 1 ein. Die meisten Bewegungen ergeben auf den ersten Blick nicht viel Sinn, aber wenn man, wie in der Geschichte, immer nur auf die Zeilen schaut, in denen der Hut wieder ganz rechts angekommen ist, erscheint tatsächlich das Muster der Binärzahlen.

Selbst so ein einfaches Programm wie das Zählen verlangt eine Menge logischer Schritte, das haben wir in diesem Buch ja schon mehrmals gesehen. Und natürlich ist die Vorstellung, dass man mit einem solchen «Volksrechner» tatsächlich Rechnungen ausführen könnte, wie sie ein moderner Computer leistet, völlig illusionär. Es geht ja auch nur ums Prinzip!

Alan Turing hatte auch nicht im Hinterkopf, dass seine «automatische Maschine», wie er sie nannte, jemals gebaut werden sollte.[18] Die bestand nicht aus menschlichen Rechenzellen, sondern aus einem endlosen Papierstreifen, auf dem sich – analog zu dem Hut in unserer Geschichte – ein Lese- und Schreibkopf hin und her bewegte. Statt der zwei Zustände in unserem Beispiel konnte es beliebig viele geben, und auch der Vorrat der Zeichen, die der Schreibkopf aufs Band schreiben konnte, war beliebig groß und bestand nicht nur aus unseren Symbolen Weiß, Grau und Schwarz. Und es gab einen entsprechenden Satz von Regeln, der für jeden Zustand und für jedes gelesene Symbol dem Schreibkopf sagte, was für ein neues Symbol er schreiben und wohin er sich als Nächstes bewegen sollte. Ein wichtiger Unterschied zu unserem Zählprogramm: Die Turingmaschine kennt auch den Zustand «stop» – sie hält an, wenn ihr Programm abgearbeitet ist. Aber tatsächlich war es in seiner ursprünglichen Arbeit von 1936 ein Mensch, der sogenannte *computer*, der die Regeln in sklavischer Manier ausführte.

Diese Arbeit hieß *On Computable Numbers, with an Application to the Entscheidungsproblem*, und es ging in ihr überhaupt nicht um irgendwelche konkreten Rechnungen mit Zahlen. Das Entscheidungsproblem stand als Nummer 10 auf der Liste der ungelösten mathematischen Probleme, die der deutsche Mathematiker David Hilbert im Jahr 1900 seiner Zunft präsentiert hatte. Im Lauf der Zeit hatten die Mathematiker es erweitert, und letztlich ging es um Folgendes: Seit Gödels Unvollständigkeitssatz war ja bekannt, dass nicht alle wahren mathematischen Sätze beweisbar sind – aber kann man wenigstens *entscheiden*, ob ein Satz beweisbar ist?

Bis dahin gehörten Phantasie und ein Stück Genialität dazu, einen schwierigen mathematischen Satz zu beweisen – könnte

18 Vor ein paar Jahren hat der amerikanische Tüftler Mike Davey tatsächlich eine solche Maschine gebaut – ein wunderschönes Stück Technik, zu bestaunen unter aturingmachine.com.

man ein Verfahren angeben, das auf «mechanische» Art die Frage nach der Beweisbarkeit entscheidet und bei positiver Antwort den Beweis gleich mitliefert? Das erinnert wieder sehr stark an Leibniz' Vorstellung, man könne jedes Problem, jede Meinungsverschiedenheit zwischen Menschen «ausrechnen» (siehe Seite 16).

Turing nahm die Vorstellung, dass so ein mechanisches Entscheidungsverfahren existiere, sehr wörtlich und sagte sich: Dann konstruiere ich eine Maschine, die das tut! Denn letztlich geht es ja um die Manipulation von Symbolen nach bestimmten Regeln. Das Entscheidungsproblem wird dann zu der Frage: Kommt die von ihm definierte Maschine zu einem Ergebnis, wenn man sie mit einer mathematischen Formel füttert? Hält das Programm der Turingmaschine irgendwann an und sagt «ja» oder «nein»?

Turing fand und bewies die Lösung, und sie passt wieder sehr gut in das Schema der paradoxen und selbstbezüglichen Sätze, mit denen wir uns in den vergangenen Kapiteln das Hirn zermartert haben: Die Frage nach der Entscheidbarkeit selbst ist unentscheidbar. Oder, auf seine Maschine bezogen: Es gibt kein allgemeines Programm, das eine Antwort auf die Frage liefert: «Wird diese Maschine jemals eine 0 drucken?»

Turings Motivation war also ein sehr abstraktes mathematisches Problem. Aber gleichsam nebenbei entwickelte er eine damals nur in der Theorie existierende Maschine, die sozusagen der ideelle Übercomputer ist – jeder digitale Rechner kann mit Turings Maschine simuliert werden, wenn auch nur seeeehr langsam. Und umgekehrt: Fast jeder von uns trägt heute mit seinem Handy oder Laptop eine (unvollkommene, weil nur mit begrenztem Speicher ausgestattete) Turingmaschine mit sich herum. Und damit gehört Alan Turing zu den Urvätern der digitalen Revolution.

13 Der optimale Gebrauchtwagen

oder

Scharf denken mit unscharfen Begriffen

«An was für einen Wagen hatten Sie denn gedacht?», fragt der Gebrauchtwagenhändler, als Günter und Ingrid Schell im Büro von Schraufs Autopark Platz genommen haben.

Günter Schell wirft einen Blick zu seiner Frau hinüber, die sofort das Wort ergreift. «Also, mein Mann ist da sehr einfach gestrickt», sagt die Ehefrau. «Für ihn muss ein Wagen schnell sein und cool, was immer das heißt. Ich darf noch hinzufügen, dass er nicht zu alt sein sollte und nicht zu teuer.»

«Ja, das wollen alle!», lacht Peter Schrauf, der Chef des Autohauses. «Die Angaben sind mir doch noch ein bisschen zu vage. Sie sehen ja, dass ich ungefähr 80 Fahrzeuge draußen auf dem Hof stehen habe. Können Sie das vielleicht ein bisschen genauer sagen? Was meinen Sie mit ‹schnell› und was mit ‹cool›, ‹alt› und ‹teuer›?»

«Wir haben uns da zu Hause schon ein paar Gedanken gemacht», antwortet Frau Schell, «und wir haben da ziemlich exakte Vorstellungen!»

«Dann erzählen sie mal!»

Herr Schell kramt einen Zettel aus seiner Hosentasche heraus, den er sich offenbar als Gedächtnisstütze mitgebracht hat.

«Also, fangen wir an mit dem Preis: Wir wollen auf keinen Fall mehr als 11 000 Euro ausgeben. Und der Wagen soll nicht älter sein als fünf Jahre. Auf der Autobahn soll es schon für die linke Spur reichen – weniger als 185 Stundenkilometer Spitze sollten es nicht sein.»

«Das verstehe ich ja noch. Aber was meinen Sie mit ‹cool›?»

«Hm. Ist nicht so leicht zu sagen. Audi, BMW, Mercedes, denke ich mal ...», sagt Herr Schell.

«... wobei der Smart ja auch von Mercedes ist!», fällt ihm seine Frau ins Wort.

«Das ist ja ein weites Feld», sagt der Händler, «wobei ich nicht weiß, ob ich tatsächlich etwas habe, was Ihren Vorstellungen exakt entspricht. Lassen Sie mich mal in meinen Computer schauen!»

Er tippt eine Weile auf seiner Tastatur, schaut zwischendurch auf den Bildschirm, und seine Miene wird immer ernster. «Hm, das ist ja wirklich nicht so einfach!»

Die Eheleute werfen einander einen Blick zu. «Das heißt, Sie haben kein passendes Auto für uns?», fragt Frau Schell.

«Ich habe noch für jeden Kunden den richtigen Wagen gefunden», antwortet Schrauf jovial, «auch wenn's zuerst ganz schwierig aussah. Schauen Sie mal, hier habe ich mal sechs Exemplare ausgesucht, ich drucke Ihnen gleich die Steckbriefe aus. Wir können uns die Autos auch auf dem Hof ansehen!»

«Ach, wir schauen uns erst mal die Papierform an!», antwortet Herr Schell.

Schrauf geht zum Drucker und kommt eine Minute später mit sechs DIN-A4-Blättern zurück, die er dem Ehepaar überreicht.

Herr und Frau Schell schauen sich die Datenblätter samt Fotos an. Das sind die sechs Wagen:

- Ein Opel, zwei Jahre alt, 165 km/h Spitze, für 12 000 Euro.
- Ein Ford, acht Jahre alt, 190 km/h Spitze, für 8000 Euro.
- Ein Lada, drei Jahre alt, 160 km/h Spitze, für 13 000 Euro.

- Ein Volvo, sechs Jahre alt, 205 km/h Spitze, für 10 000 Euro.
- Ein Mercedes, sieben Jahre alt, 210 km/h Spitze, für 9000 Euro.
- Ein Smart, noch kein Jahr alt, 160 km/h Spitze, für 12 000 Euro.

Die Gesichter der beiden werden immer länger, schließlich sagt Herr Schell: «Aber wir haben Ihnen doch gesagt, was wir wollen. Und keines der sechs Autos genügt allen unseren Kriterien: Drei sind zu alt, drei sind zu langsam, drei sind zu teuer. Und was an einem Lada cool sein soll, das müssen sie mir noch erklären! Komm, Ingrid ...» Herr Schell greift nach seinem Mantel und will gehen.

«Moment mal!», sagt Schrauf und greift Schell am Ärmel. «Es stimmt, keines meiner Autos entspricht hundertprozentig Ihren Kriterien. Sie werden aber auch bei der Konkurrenz Probleme haben, einen Wagen zu finden, der alle Ihre Wünsche erfüllt und dann auch noch erschwinglich ist. Ich mache Ihnen einen Vorschlag: Schauen Sie sich mal ‹Fuzzy Car› an, ein Programm, das mein Sohn geschrieben hat!»

«Wie heißt das?», will Frau Schell wissen.

«Fuzzy Car. Das basiert auf sogenannter Fuzzy-Logik. So etwas Technisches aus Amerika. Aber seit wir das Programm verwenden, haben wir viele Autos damit verkauft – und noch kein Kunde hat sich beschwert!»

«Na gut», sagt Herr Schell zähneknirschend, «ich weiß zwar nicht, wie ein Computerprogramm Ihr Angebot verbessern soll, aber legen Sie mal los.»

«Ich rufe mal meinen Sohn Sören, der kann Ihnen das besser erklären!», sagt Schrauf, drückt einen Knopf auf seiner Telefonanlage, und kurz darauf kommt ein bebrillter junger Mann in den Verkaufsraum. Frau Schell schätzt sein Alter auf 21.

«Darf ich mich vorstellen», sagt der junge Mann, «Sören

Schrauf, Student der Elektrotechnik an der TH Aachen. Mit Autos habe ich wenig zu tun, aber dieses kleine Programm hier habe ich mal im vierten Semester in einem Fuzzy-Projektseminar entwickelt.»

«Was ist das denn nun dieses ‹fuzzy›?», fragt Herr Schell ungeduldig.

«Fuzzy-Logik ist eine Logik, bei der es nicht nur wahr und falsch, schwarz und weiß gibt», antwortet Sören Schrauf. «Das fängt schon mit den Begriffen an. Sie wollen ein preiswertes Auto, und Sie haben gesagt, dass ‹preiswert› bei Ihnen bei 11 000 Euro aufhört, danach ist das Auto zu teuer. Aber finden Sie wirklich 10 999 Euro akzeptabel und 11 001 nicht mehr? Solche scharfen Grenzen zieht man doch im richtigen Leben nicht!»

«Ich weiß, dass Gebrauchtwagenhändler einem immer mehr Geld aus der Tasche ziehen wollen, als man eigentlich ausgeben wollte», sagt Ingrid Schell zweifelnd.

Aber der junge Schrauf lässt sich nicht aus der Ruhe bringen. «Ähnlich ist es auch bei Ihren anderen Kriterien: Warum ziehen Sie die Grenze bei exakt fünf Jahren? Es gibt ja auch sehr gut gepflegte sechsjährige Autos, die durchaus noch in Frage kämen. Die Fuzzy-Logik lehnt solche scharfen Grenzen ab, stattdessen hat ein Auto jede der von Ihnen gewünschten Eigenschaften zu einem gewissen Grad, der zwischen 0 und 1 variieren kann.»

Als er einen verständnislosen Blick des Ehepaars erntet, greift er sich ein Blatt Papier und einen Filzstift.

«Nehmen wir das Prädikat ‹schnell›. Sie wollen ein schnelles Auto, und Sie sagen, das fängt bei Spitze 185 an», sagt er dann. «Man kann das auch so illustrieren: Bis Spitzentempo 185 hat ein Auto die Eigenschaft ‹schnell› zum Grad 0, darüber zum Grad 1.»

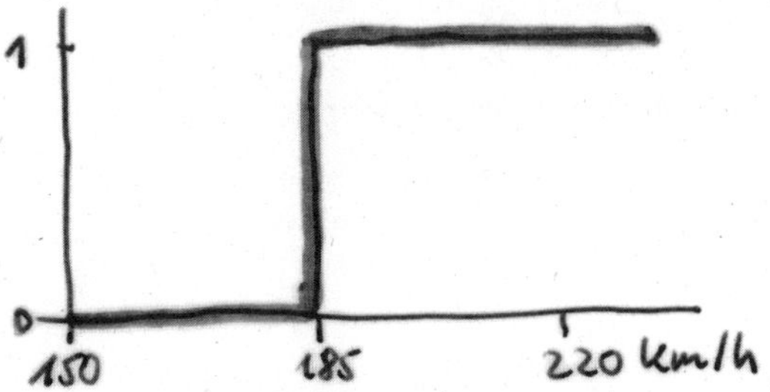

«In der Fuzzy-Logik dagegen sind die Übergänge fließend. Sicherlich werden Sie ein Auto, das langsamer als 160 fährt, nicht als schnell bezeichnen. Alles mit mehr als 210 Spitze dagegen ist auf jeden Fall schnell. Dazwischen nimmt der Wert für ‹schnell› von 0 bis 1 zu, etwa so», fährt Schrauf junior fort und malt eine zweite Skizze.

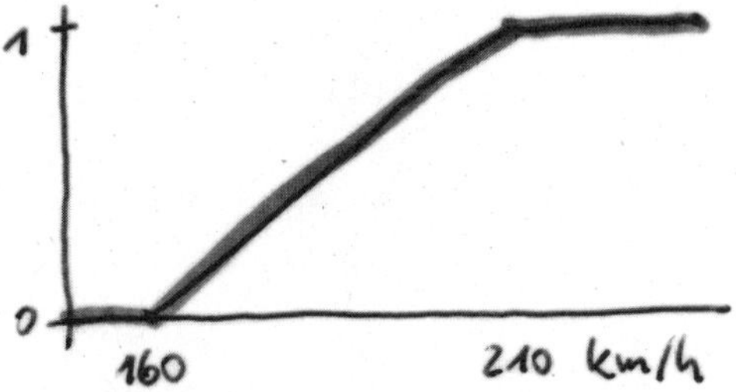

«Haben Sie das verstanden? Dann wollen wir das jetzt mit den anderen Kriterien auch so machen – Sie malen eine ähnliche Kurve für den Preis und für das Alter. Für die ‹Coolness› können wir keine Kurve zeichnen, da geben Sie mir einfach für jede Automarke einen subjektiven Wert zwischen 0 und 1.»

Er legt dem Ehepaar ein paar Blätter Papier auf den Tisch, die beiden beginnen zu tuscheln und zeichnen dann mit dem Bleistift die entsprechenden Linien aufs Papier. Am meisten Diskussionen gibt es offenbar bei der Frage, welche der Autos als «cool» zu bezeichnen sind, aber schließlich hat man sich auch da geeinigt.

«Vielen Dank», sagt Schrauf, als er die Zettel eingesammelt hat, «ich trage das jetzt in mein Computerprogramm ein, trinken Sie doch einfach in der Zwischenzeit einen Kaffee, und dann präsentiere ich Ihnen das Ergebnis!»

Herr und Frau Schell gehen zum Espresso-Automaten, während der Student ein paar Zahlenkolonnen in den Computer tippt. Unterdessen diskutiert das Ehepaar weiter seine Angaben: «Ist der Smart mit 0,8 nicht ein bisschen überbewertet?», zweifelt Herr Schell an ihrer Wahl. «Ach was», entgegnet seine Frau, «alle meine Freundinnen finden ihn so schnuckelig – dafür hätte ich gern bei dem Ford noch ein Zehntel abgezogen!»

Während sie noch in ihre Diskussion vertieft sind, tritt der junge Schrauf an ihren Kaffeetisch, in der Hand wedelt er mit einem Computerausdruck.

«Hier, schauen Sie mal – der Computer hat ein eindeutiges Ergebnis, und ich glaube, es wird Ihnen gefallen!»

Die beiden beugen sich über das Blatt Papier, auf dem eine Tabelle zu sehen ist.

	«schnell»	«jung»	«preiswert»	«cool»	Auto-Fuzzy
Opel	0,1	0,8	0,4	0,3	**0,4**
Ford	0,6	0,2	0,8	0,4	**0,5**
Lada	0	0,9	0,3	0	**0,3**
Volvo	0,9	0,4	0,6	0,7	**0,65**
Mercedes	1	0,3	0,7	0,8	**0,7**
Smart	0	1	0,4	0,8	**0,55**

«Vielleicht muss ich das ein bisschen erklären», sagt Schrauf. «Das Programm hat den Autos die Werte für die einzelnen Kategorien so zugeteilt, wie Sie es vorher definiert haben. Und dann hat mein Fuzzy-Algorithmus daraus den Auto-Fuzzy-Wert für jeden einzelnen Wagen berechnet.»

Herr Schell kneift die Augen zusammen und schaut auf die einzelnen Zahlenkolonnen. «Wenn ich das richtig sehe, dann haben Sie einfach in jeder Zeile den Durchschnittswert genommen?»

«Ja, genau, so funktioniert der Fuzzy-Algorithmus.»

«Hm. Das Programm empfiehlt uns also den Mercedes?», fragt Frau Schell, die sich über eine Empfehlung für den Smart mehr gefreut hätte.

«Ganz knapp vor dem Volvo», sagt Schrauf. «Und daran sehen Sie, dass die Sache wirklich keine Geldschneiderei ist – an dem Volvo würden wir mehr verdienen! Beide Autos genügen drei von Ihren vier ursprünglichen Kriterien und sind nur ein kleines bisschen zu alt. Aber bei dem Topzustand sehe ich da kein Problem.»

Herr und Frau Schell schauen sich an. Sie können sich noch nicht so richtig mit dem Gedanken anfreunden, dass ein Computerprogramm für sie den angeblich am besten passenden Wagen ausgesucht hat.

«Schön und gut», sagt Günter Schell. «Ihr Fuzzy-System in allen Ehren – aber vielleicht könnten wir uns jetzt die Autos auch mal in echt ansehen?»

«Kein Problem», lächelt Sören Schrauf, «aber dafür übergebe ich Sie wieder an meinen Vater – der kann doch besser Autos verkaufen als ich!»

Ein Blick seines Vaters sagt ihm, dass der sich da gar nicht mehr so sicher ist.

Die Logik, mit der wir uns in den vergangenen Kapiteln beschäftigt haben, war streng «zweiwertig» – das heißt: Ein Satz ist entweder komplett wahr oder komplett falsch. Für viele Bereiche des täglichen Lebens ist das auch vollkommen angemessen. Nehmen wir zum Beispiel den klassischen Syllogismus: «Alle Menschen sind sterblich. Sokrates ist ein Mensch. Also ist Sokrates sterblich.» Ein Wesen ist sterblich oder nicht. Sokrates ist ein Mensch oder nicht. Wahr oder falsch, schwarz oder weiß – da gibt es keine Grauwerte.

Aber in anderen Fällen zieht unsere Sprache keine solchen scharfen Grenzen. Was halten Sie zum Beispiel von der folgenden Schlussweise:

> Rote Tomaten sind reif.
> Diese Tomate ist ziemlich rot.
> Also ist sie ziemlich reif.

So schließen wir jeden Tag, wenn wir im Supermarkt an der Obsttheke stehen. Wie sieht es mit diesem Schluss aus:

> Die meisten Italiener sind dunkelhaarig.
> Die meisten dunkelhaarigen Menschen haben braune Augen.
> Also haben die meisten Italiener braune Augen.

Da kann man schon eher ins Grübeln geraten angesichts vieler blonder Italiener oder schwarzhaariger Menschen mit blauen

Augen. Kann man solche intuitiven Schlussweisen irgendwie formal fassen? Oder andersherum: Wie viel ist eine Logik wert, der solche vagen Urteile nicht zugänglich sind?

Schon der amerikanische Logiker Charles Sanders Pierce (1839–1914) verglich die klassische Logik mit der klassischen Physik, in deren simpelster Form sich Körper reibungsfrei für immer bewegen, wenn sie einmal angestoßen worden sind. Damit kann man die Bahnen der Gestirne berechnen, aber nicht den Lauf eines Wagens, der ständig von Reibungskräften gebremst wird. «Wir können in der Welt der Logik ebenso wenig die Vagheit vernachlässigen, wie wir in der Mechanik die Reibung vernachlässigen können», schrieb Pierce.

In den letzten hundert Jahren gab es dann mehrere Versuche, die Logik weg vom Schwarz-Weiß-Denken hin zu einem Denken in Grauwerten zu führen. Der polnische Mathematiker Jan Łukasiewicz (1878–1956) entwickelte in den 20er Jahren des letzten Jahrhunderts eine mehrwertige Logik. Der Wahrheitsgrad eines Satzes konnte darin Werte zwischen 0 und 1 annehmen. In den 60er Jahren war es dann der kalifornische Mathematiker Lotfi Zadeh (geboren 1921), der den Ausdruck *fuzzy logic* prägte. Seine unscharfe Logik hatte die Besonderheit, dass sie auf einer unscharfen Mengenlehre aufbaute.

Der Zusammenhang zwischen Mengenlehre und Logik hat uns ja schon durch die vergangenen Kapitel begleitet. Jede Menge definiert ein logisches Prädikat, nämlich die Eigenschaft, zu dieser Menge zu gehören. Und umgekehrt führt – zumindest in den meisten Fällen, fatale Ausnahmen ausgenommen! – ein logisches Prädikat zur Menge aller Dinge, die dieses Prädikat besitzen.

Zadeh ging nun von der Beobachtung aus, dass die meisten Begriffe, die wir in der Alltagssprache benutzen, unscharf sind. Wir haben eine Vorstellung davon, wann wir einen Menschen als «groß» bezeichnen, aber können keine präzise Grenze dafür angeben. Würden wir die etwa bei 1,80 ziehen, dann müssten wir absurderweise einen Mann, der 179,9 Zentimeter misst, als «nicht groß» bezeichnen und einen, der zwei Millimeter mehr hat, als «groß». Zumindest morgens – denn zum Abend hin schrumpft jeder Mensch ein wenig. Nein, so denken wir nicht. Es gibt Menschen, die sind zweifellos groß, und andere sind es zweifelsfrei nicht, aber in einem gewissen Bereich, sagen wir mal zwischen 1,75 Meter und 1,85, vermeiden wir das Wort entweder ganz, oder wir sagen, dass jemand «ganz schön groß» ist oder «einigermaßen groß».

Zadeh definierte die Zugehörigkeit zu einer Menge nicht absolut, sondern erlaubte ein Kontinuum zwischen 0 (ein Ding gehört ganz bestimmt nicht zu einer Menge) und 1 (ein Ding gehört ganz sicher dazu). Aus den bekannten Kringeln, die eine Menge beschreiben, werden unscharfe Grauverläufe. Mathematisch wird die Mengenzugehörigkeit durch eine Funktion definiert, wie sie der junge Herr Schrauf in unserer Geschichte für den Begriff «schnell» gezeichnet hat.

Kann man mit solchen Fuzzy-Mengen ähnlich «rechnen» wie mit gewöhnlichen? Kann man das Komplement bilden beziehungsweise das logische «Nicht»? Kann man Fuzzy-Mengen vereinigen (Oder-Verknüpfung) und die Schnittmenge bilden (Und-Verknüpfung)? Das ist nicht ganz so leicht wie bei klassischen Mengen und klassischer Logik.

Am leichtesten ist noch die Verneinung. Wenn zum Beispiel das Attribut «groß» durch eine bestimmte Funktion gegeben ist, dann definiert man «nicht-groß», indem man den Groß-Wert von 1 subtrahiert:

$$\text{nicht-groß}(x) = 1 - \text{groß}(x)$$

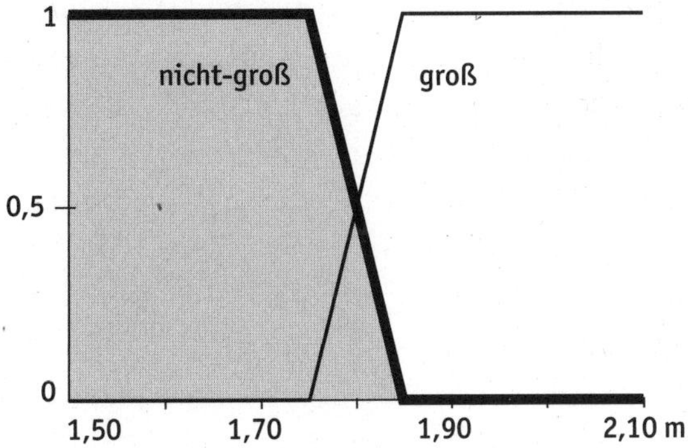

Einige «Wahrheiten» der klassischen Logik bleiben dabei erhalten, etwa dass «nicht-nicht-groß» dasselbe ist wie «groß». Der Satz vom Widerspruch aber, nach dem ein Ding entweder groß ist oder nicht, geht in der unscharfen Logik verloren: Ein 1,80 großer Mann ist nach der obigen Kurve im gleichen Maße groß wie nicht-groß, nämlich jeweils zum Grad 0,5.

Wie drückt man ein Fuzzy-logisches «Und» aus? Dazu ein Beispiel: Was heißt es, «in der Nähe von Hamburg» zu wohnen? Ein typischer Kandidat für einen Fuzzy-Begriff. Wir wollen ihn so definieren, dass jeder im Umkreis von 20 Kilometern sicherlich hundertprozentig in der Nähe von Hamburg wohnt und jemand, der mehr als 80 Kilometer entfernt ist, auf keinen Fall. Zwischen 20 und 80 Kilometern soll der Wert linear von 1 auf 0 sinken. Statt mit einer Kurve kann man das auch mit einer Zeichnung veranschaulichen, auf der der «Hamburg-Nähe» ein Grauwert zugeordnet wird.

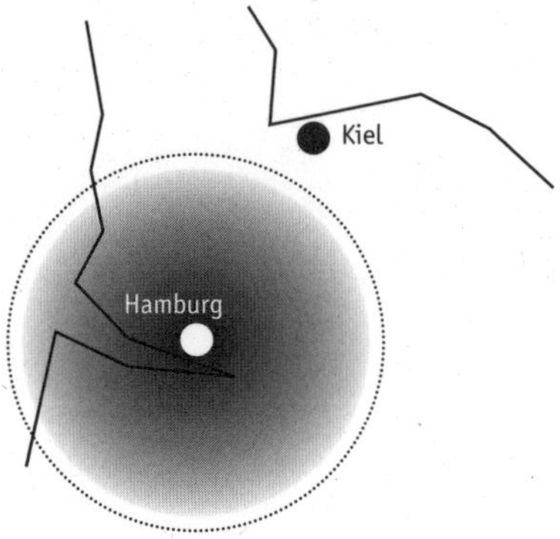

Wir können die Einzugsbereiche von Hamburg und Kiel miteinander vereinigen und die Menge aller Orte bilden, die in der Nähe von Hamburg *oder* in der Nähe von Kiel liegen:

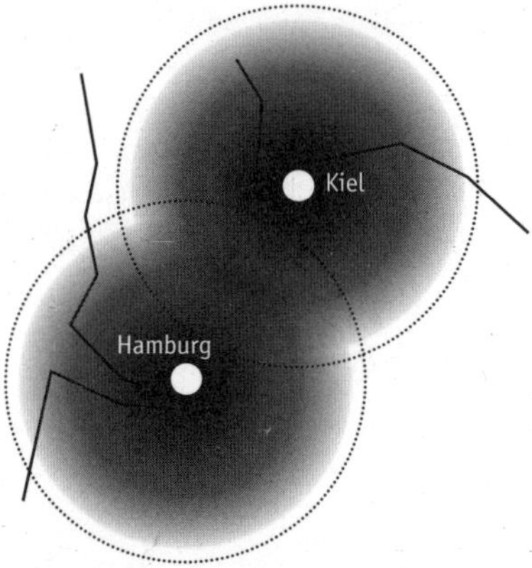

Und wir können den Durchschnitt bilden und alle Orte suchen, die sowohl in der Nähe von Hamburg als auch in der Nähe von Kiel liegen:

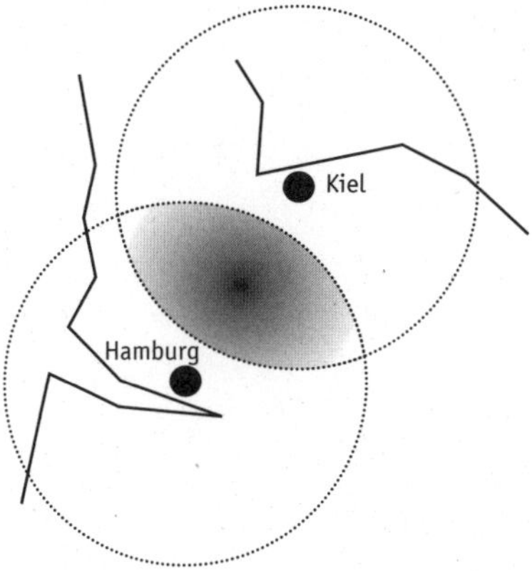

In diesem kleinen Schnitzchen zwischen Hamburg und Kiel ist kein Punkt wirklich schwarz – weil keiner der Orte wirklich nahe an einer der beiden Städte liegt.

Wie lässt sich das streng mathematisch ausdrücken? Dafür gibt es mehrere Konzepte. In der oben stehenden Geschichte hat der Sohn des Autohändlers zum Beispiel den Durchschnittswert gebildet, um ein Auto zu finden, das schnell *und* preiswert *und* jung *und* cool ist. In praktischen Anwendungen nimmt man für die Und-Verknüpfung eher den kleineren der beiden Werte. Wenn $N_H(x)$ den Grad bezeichnet, zu dem ein Ort «in der Nähe von Hamburg liegt», und $N_K(x)$ den entsprechenden Wert für Kiel, dann definiert man

$$N_{\text{H und K}}(x) = \min\left(N_{\text{H}}(x), N_{\text{K}}(x)\right)$$

Schauen Sie sich das anhand der Werte auf einer Linie zwischen Hamburg und Kiel an (idealisierter Abstand: 100 Kilometer, angegeben ist die Entfernung von Hamburg):

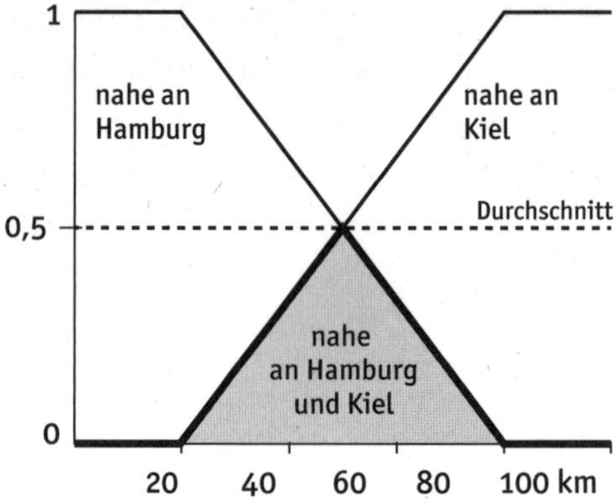

Sicherlich können doch diejenigen, die etwa in der Mitte dieser Strecke wohnen, am ehesten behaupten, ihre dörfliche Wohnsituation habe den Vorteil, dass sie *sowohl* in der Nähe von Hamburg *als auch* in der Nähe von Kiel wohnten. Der Durchschnitt der Werte ist dagegen über die ganze Strecke konstant.

Hätte andersrum der Sohn des Autoverkäufers das Minimum-Prinzip angewandt, dann wäre die Wahl auf den Volvo gefallen. Seine schlechteste Note ist die 0,4 beim Alter, der Mercedes kommt da nur auf 0,3. Aber in diesem Fall fänden wir es eher unangemessen, die drei anderen Eigenschaften dabei völlig unter den Tisch fallen zu lassen.

Die Beispiele zeigen: In der Fuzzy-Logik gibt es keine eindeutige Definition für die logischen Operatoren «und» und «oder», die unsere Alltagsintuition am besten wiedergäbe. Von der Implikation (aus *A* folgt *B*), die schon in der klassischen Logik so viele Schwierigkeiten bereitet, ganz zu schweigen.

Und es gibt noch ein paar andere Faktoren, warum die Fuzzy-Theorie bei den theoretischen Logikern nie wirklich viele Freunde gefunden hat: Man kann bei ihr nicht mit Wahrheitstafeln arbeiten, vor allem aber kann man keine allgemeinen logischen Schlussregeln aufstellen. Es ist ja gerade die Stärke der klassischen Logik, dass ihre Schlüsse blitzsauber sind, unabhängig von der Bedeutung der Sätze. Damit kann die Fuzzy-Logik nicht dienen – es kommt immer auf den Kontext an. Schauen Sie noch einmal auf das Beispiel der Italiener und der braunen Augen:

> Die meisten Italiener sind dunkelhaarig.
> Die meisten dunkelhaarigen Menschen haben braune Augen.
> Also haben die meisten Italiener braune Augen.

Das mag noch ganz plausibel klingen – mit anderen Beispielsätzen wird diese Schlussweise absurd:

> Die meisten Berliner sind Deutsche.
> Die meisten Deutschen wohnen westlich der Elbe.
> Also wohnen die meisten Berliner westlich der Elbe.

Leider können also unscharfe Begriffe zu unscharfen Urteilen führen – und manchmal zu falschen. Statt Urteilen erhält man oft nur Vorurteile, die sich bei näherer Betrachtung als falsch erweisen.

Die Fuzzy-Logik wäre vielleicht völlig unbekannt geblieben, hätte sie nicht handfeste Anwendungen in der Steuerung maschineller Prozesse gefunden. Dort kann man mit ihr die «heuristische» Weise nachahmen, mit der Menschen bestimmte Prozesse ausführen. Nehmen Sie einen Kranführer, der eine am Kran hängende Last von einem Schiff auf einen Lkw bugsieren soll. Dabei geht es darum, die Schwingung der Last möglichst gering zu halten und sie trotzdem zügig zu transportieren. Dafür gibt es selbstverständlich physikalische Gleichungen, aber die kennt der Kranführer nicht.

Außerdem hat er gar keine exakten Messwerte über die Geschwindigkeit seines Krans und den Winkel der Auslenkung seiner Last. Trotzdem hat er, wenn er den Job schon ein paar Jahre macht, Erfahrungsregeln, die ihm nicht einmal bewusst sind, sondern die er quasi automatisch umsetzt. «Wenn die Ladung ein wenig nach rechts ausschwingt, bewege den Kran leicht in die gleiche Richtung» – ein Satz solcher unscharfer Regeln beschreibt die Art und Weise, wie er den Kran steuert.

Klassische Maschinensteuerungen, die eine ähnlich präzise Leistung vollbringen sollen, benötigten immer eine exakte physikalische Beschreibung der Situation. Eine Fuzzy-Steuerung dagegen überträgt unscharfe menschliche Faustregeln in präzise Anweisungen, auch wenn man gar nicht in der Lage ist, das technische System komplett mathematisch zu beschreiben. Dabei geht sie in drei Schritten vor:[19]

1. Die exakten Eingabewerte, die etwa von Sensoren der Maschine geliefert werden, werden «fuzzifiziert», das heißt: Sie werden in unscharfe Fuzzy-Begriffe übersetzt – ein exakter Wert für die Geschwindigkeit etwa in die Fuzzy-Werte «langsam», «mittelschnell» und «sehr schnell».

2. Ein ganzer Satz von Fuzzy-Regeln wie die eben erwähnte wird auf diese Werte angewandt, jede von ihnen liefert einen Fuzzy-Output, zum Beispiel: «Gib vorsichtig Gas!»

3. Aus diesen unscharfen, einander vielleicht sogar widersprechenden Fuzzy-Ergebnissen muss wieder ein exakter Ausgabewert (oder mehrere) berechnet werden, mit dem die Maschine etwas anfangen kann – den Prozess nennt man «De-Fuzzifizierung».

19 Ich habe solche Steuerungen und andere interessante Dinge über die Fuzzy-Logik vor vielen Jahren in einem Buch beschrieben: *Fuzzy Logic – Methodische Einführung in krauses Denken*, erschienen bei rororo, es ist leider nur noch antiquarisch erhältlich.

Das Faszinierende an dieser Technik ist, dass man mit ihr relativ schnell Steuerungen für Prozesse bauen kann, die man nicht in all ihren Details versteht – eben genauso, wie ein Mensch in einer Umwelt handelt, deren physikalische Gesetze er nicht kennt.

Die Fuzzy-Euphorie, die es bei manchen Technikern in den 90er Jahren gab, ist ein wenig abgeflaut, heute ist Fuzzy-Logik eines von vielen Werkzeugen, die in der Regeltechnik eingesetzt werden. Der wortreiche philosophische Überbau, der von manchen Fuzzy-Theoretikern darüber errichtet wurde, ist dagegen eine Randnotiz geblieben und hat wenige Auswirkungen auf den Mainstream der Informatiker und Mathematiker gehabt.

Die Verfechter der Fuzzy-Logik haben den klassischen Logikern immer wieder vorgehalten, dass ihr Schwarz-Weiß-Denken die Wirklichkeit nur unvollständig wiedergibt. Im ersten Kapitel habe ich von Leibniz' Idee erzählt, dass Menschen irgendwann keine Argumente mehr austauschen müssen, sondern ihre Dispute nur noch ausrechnen. Das scheitert aber schon an der Unschärfe der menschlichen Sprache. «Die erhobene Forderung nach präziser Sprache im Gespräch würde dieses auf den bloßen Austausch von Information reduzieren», schrieb der Fuzzy-Theoretiker Bernd Demant 1993, «und zu unendlichem Streit über verwendete Begriffe führen, wenn es nicht vorher an seiner Öde schon erstickt wäre.»

Damit hat er sicherlich recht. Allerdings hat es auch die Fuzzy-Logik nicht geschafft, eine allgemeine Theorie dieser Unschärfe zu entwickeln. Letztlich ist es vielleicht ein Segen, dass wir mit der Logik über ein messerscharfes Werkzeug verfügen, mit dem sich Gedankengänge analysieren, beweisen und widerlegen lassen – und dass es in unserem Leben immer noch genügend Dinge gibt, die dieser Logik niemals zugänglich sein werden.

Anhang

Lösungen

Kapitel 4:

Der Norweger trinkt Wasser, und der Japaner hat ein Zebra.
Die Eigenschaften sind dabei wie folgt verteilt:

Haus	1	2	3	4	5
Farbe	gelb	blau	rot	weiß	grün
Nationalität	Norweger	Ukrainer	Engländer	Spanier	Japaner
Getränk	Wasser	Tee	Milch	O-Saft	Kaffee
Zigaretten	Kools	Chester-field	Old Gold	Lucky Strike	Parlia-ment
Haustier	Fuchs	Pferd	Schne-cken	Hund	Zebra

Kapitel 5:

Vielleicht werden unsere Enkel diese Lösung nicht mehr verstehen – sie beruht auf der Tatsache, dass Glühbirnen (auch Energiesparlampen) nicht nur Licht produzieren, sondern auch Wärme.

Sie betätigen als Erstes Schalter 1. Nach ein paar Minuten schalten Sie Schalter 1 zurück, betätigen Schalter 2 und gehen in den Keller. Brennt die Lampe, ist Schalter 2 der richtige. Ist sie aus, aber warm, ist Schalter 1 für sie zuständig. Ist sie kalt, dann ist es Schalter 3.

Kapitel 6:

Hier sind noch einmal die Bedingungen:

1. Kein Haifisch zweifelt daran, dass er gut bewaffnet ist.
2. Ein Fisch, der nicht Walzer tanzen kann, verdient Mitleid.
3. Kein einziger Fisch fühlt sich sicher bewaffnet, wenn er nicht mindestens drei Reihen von Zähnen hat.
4. Alle Fische mit Ausnahme der Haifische sind freundlich zu Kindern.
5. Schwere Fische können nicht Walzer tanzen.
6. Fische mit mindestens drei Reihen von Zähnen verdienen kein Mitleid.

Beweisen Sie, dass unter diesen Annahmen der Satz richtig ist:
«Alle schweren Fische sind freundlich zu Kindern»!

Eigentlich müssten wir als Erstes ein Prädikat dafür einführen, dass ein Ding x ein Fisch ist. Da aber sämtliche Aussagen in dieser Aufgabe über Fische gemacht werden, können wir uns das sparen, indem wir von vornherein die Domäne aller Objekte auf die Menge aller Fische einschränken. Das spart eine Menge formaler Verrenkungen!

Nun können wir die folgenden Prädikate definieren:

Hx: «*x* ist ein Haifisch.»
Wx: «*x* kann Walzer tanzen.»
Mx: «*x* verdient Mitleid.»
Kx: «*x* ist freundlich zu Kindern.»
Bx: «*x* fühlt sich sicher bewaffnet.»
Zx: «*x* hat mindestens drei Reihen von Zähnen.»
Sx: «*x* ist schwer.»

Die folgenden Prämissen sind gegeben:

1. $\neg\exists x(Hx \wedge \neg Bx)$
2. $\forall x(\neg Wx \rightarrow Mx)$
3. $\neg\exists x(Bx \wedge \neg Zx)$
4. $\forall x(\neg Hx \rightarrow Kx)$
5. $\forall x(Sx \rightarrow \neg Wx)$
6. $\forall x(Zx \rightarrow \neg Mx)$

Die Frage ist, ob aus diesen sechs Prämissen die Konklusion folgt:

$\forall x(Sx \rightarrow Kx)$

Bevor wir mit dem Beweis beginnen, entfernen wir erst einmal die hässlichen verneinten Existenz-Quantoren aus den Formeln 1 und 3 mit den Regeln zur Quantoren-Negation (alle Umformungsregeln finden Sie auch noch einmal im Anhang):

1'. $\forall x(\neg Hx \vee Bx)$ (1 QN)
3'. $\forall x(\neg Bx \vee Zx)$ (2 QN)

Man sieht den Formeln auch gleich an, dass man sie mit der Regel «Impl» in eine Wenn-dann-Operation umwandeln kann:

1''. $\forall x(Hx \to Bx)$ (1' Impl)
3''. $\forall x(Bx \to Zx)$ (3' Impl)

Nun haben wir sechs Wenn-dann-Regeln, mit denen wir gleich eine schöne Modus-ponens-Kette knüpfen werden.

Als Beweisform wählen wir diesmal den indirekten Beweis. Bei dieser Methode leitet man nicht die Behauptung aus den Prämissen her, sondern nimmt an, dass sie falsch ist, und leitet daraus einen Widerspruch her. Diese Verneinung unserer Behauptung fügen wir den Prämissen hinzu und formen sie gleich ein bisschen um:

7. $\neg\forall x(Sx \to Kx)$
7'. $\exists x(\neg(Sx \to Kx))$ (7 QN)
7''. $\exists x(\neg(Kx \vee \neg Sx))$ (7' Impl)
7'''. $\exists x(\neg Kx \wedge Sx)$ (7'' DM)

Diese Aussage bedeutet: Es gibt einen schweren Fisch, der nicht freundlich zu Kindern ist. Diesen Fisch nennen wir *f*. Es gilt nun:

8. $\neg Kf$
9. Sf

Weil wir alle unsere Prämissen zu All-Aussagen umgeformt haben, gelten sie insbesondere für *f*. Wir können also den Quantor weglassen, und die entsprechenden Aussagen in den Klammern gelten für *f*. Dann können wir den Modus ponens zum Einsatz kommen lassen:

10. $\neg Wf$ (5, 9 MP)
11. Mf (2, 10 MP)

Das war die Kette der Folgerungen aus *Sf*. Was können wir aus $\neg Kf$ folgern? Zunächst einmal nichts, aber man kann Aussage 4 entsprechend umformen:

4'. $\forall x(\neg Kx \rightarrow Hx)$ (4 Kontra)

Jetzt können wir schließen:

12. Hf (4', 8 MP)
13. Bf (1'', 12 MP)
14. Zf (3'', 13 MP)
15. $\neg Mf$ (6, 14 MP)

In Zeile 11 steht, dass *f* Mitleid verdient, in Zeile 15 aber, dass *f* kein Mitleid verdient. Wir haben also aus den Prämissen plus der Annahme 7 eine Aussage und ihr Gegenteil gefolgert – also muss (da die Prämissen als wahr angenommen werden) die Aussage 7 falsch sein. Und damit ist die Behauptung richtig – tatsächlich sind alle schweren Fische freundlich zu Kindern!

Kapitel 7:

1. Dürfte man dem Insulaner zwei Fragen stellen, wäre die Sache natürlich einfach – man kriegt mit einer Faktenfrage heraus, ob er ein Lügner ist, und fragt ihn dann nach dem Weg. Der Trick besteht

darin, eine einzige Frage zu konstruieren, die den Lügner zu einer «doppelten Lüge» zwingt. Dazu gibt es mehrere Lösungen. Zum Beispiel:

«Würde ein Angehöriger des anderen Stammes sagen, dass dieser Weg ins Hauptdorf führt?» Dabei zeigen Sie auf einen der beiden Wege. Ein Wahrsager antwortet Ihnen mit «nein», wenn es der richtige Weg ist, und mit «ja», wenn es der falsche ist. Was sagt der Lügner? Dasselbe! Der richtige Weg ist also der, auf den der Befragte mit «nein» antwortet.

«Hättest du vor einer halben Stunde gesagt, dass dieser Weg ins Hauptdorf führt?» Hier antwortet der Wahrsager wahrheitsgemäß, aber auch der Lügner wird gezwungen, eine letztlich korrekte Antwort zu geben! Sie dürfen die Antwort also glauben.

2. Hier treffen wir zwar nur auf einen Inselbewohner, aber wir müssen in unsere Überlegungen auch einbeziehen, ob die Aussage «Ich fresse einen Besen» wahr oder falsch ist. Schreiben wir für «x frisst einen Besen» das Prädikat Bx, dann sieht die Wahrheitstafel so aus:

Wc	*Bc*	*c*: «*Wc* → *Bc*»	konsistent?
w	w	w	+
w	f	f	–
f	w	w	–
f	f	w	–

Es stellt sich also heraus, dass ein Lügner diesen Satz gar nicht äußern kann. Das liegt an der Definition der logischen Implikation, die schon in früheren Kapiteln für Verwirrung gesorgt hat: Aus einem falschen Satz kann man alles folgern, die Gesamtaussage ist immer wahr. Also muss Charlie ein Wahrsager sein – und deshalb konsequenterweise den Besen fressen.

3. Auch die Lösung dieser Aufgabe beruht wieder auf der nicht unbedingt intuitiven Definition der logischen Implikation.

Wd	*We*	*d*: «*We*→¬*Wd*»	konsistent?
w	w	f	–
w	f	w	+
f	w	w	–
f	f	w	–

Man kann sich auch schnell überlegen, dass der Satz «Wenn ..., dann bin ich ein Lügner» nicht von einem Lügner geäußert werden kann: Denn dann ist die Konsequenz wahr, und das allein macht schon die Gesamtaussage wahr. Also ist Dennis ein Wahrsager, und folglich muss Ellen eine Lügnerin sein, um die Aussage wahr zu machen.

4. Diesmal müssen wir eine Wahrheitstafel für drei Inselbewohner aufstellen, also acht Zeilen untersuchen. Außerdem gilt es zwei Aussagen auszuwerten, die von Fritz und die von Gina. Allerdings können wir uns Arbeit sparen, indem wir für die Fälle, in denen Fritz' Aussage inkonsistent ist, Ginas Satz gar nicht mehr auswerten. Ginas Antwort habe ich nicht mit logischen Operatoren aufgeschrieben, weil der Ausdruck «genau eine von drei Aussagen ist wahr» ziemlich kompliziert ist; stattdessen habe ich «genau ein Wx» geschrieben.

Wf	*Wg*	*Wh*	*f*: «¬Wf ∧¬Wg ∧¬Wh»	*f* konsistent?	*g*: «genau ein *Wx*»	*g* konsistent?
w	w	w	f	–		
w	w	f	f	–		
w	f	w	f	–		
f	w	w	f	+	f	–
w	f	f	f	–		
f	w	f	f	+	w	+
f	f	w	f	+	w	–
f	f	f	w	–		

Kürzer gedacht: Fritz' Satz kann ja nicht wahr sein, deshalb ist er auf jeden Fall ein Lügner. Dann bleiben nur noch drei Fälle zu untersuchen.

5. Hier muss man einige Dinge erläutern. Erstens: Jennys Aussage muss auf jeden Fall gelogen sein – kein Bewohner würde sich selbst als Lügner bezeichnen. Deshalb enthält Spalte 4 nur den Buchstaben *f*, und man muss nur noch die Fälle untersuchen, in denen Jenny eine Lügnerin ist. Zweitens: Es ist wichtig, dass man für Kurts Aussagen «Jenny lügt» und «Ingo sagt die Wahrheit» zwei getrennte Spalten anlegt und nicht nur die Gesamtaussage «Jenny lügt und Ingo sagt die Wahrheit» untersucht – in diesem Fall wäre auch die letzte Zeile konsistent! So aber wissen wir, dass der nuschelnde Ingo die Wahrheit gesagt hat und Jennys offensichtliche Lüge die einzige war.

Wi	*Wj*	*Wk*	*j*: «*i*: «¬ *Wi*»»	*j* konsistent?	*k*: «¬ *Wj*»	*k*: «*Wi*»	*k* konsistent?
w	w	w	f	–			
w	w	f	f	–			
w	f	w	f	+	w	w	+
f	w	w	f	–			
w	f	f	f	+	w	w	–
f	w	f	f	–			
f	f	w	f	+	w	f	–
f	f	f	f	+	w	f	–

6. Dass *x* und *y* vom selben Stamm sind, kann man logisch ausdrücken durch «*Wx*↔*Wy*». Wir schauen nur auf die Fälle, in denen Lolas Antwort konsistent ist, und überlegen dann: Sind Lola und Mimi vom selben Stamm? Und wie müsste eine konsistente Antwort von Nina aussehen?

Wl	*Wm*	*Wn*	*l*: «*Wm*↔*Wn*»	*l* konsistent?	*Wl*↔*Wm*	konsistente Antwort *n*
w	w	w	w	+	w	«ja»
w	w	f	f	–		
w	f	w	f	–		
f	w	w	w	–		
w	f	f	w	+	f	«ja»
f	w	f	f	+	f	«ja»
f	f	w	f	+	w	«ja»
f	f	f	w	–		

Das Schöne an diesem Rätsel: Wir wissen, was Nina uns antworten wird, aber wir können mit dieser Antwort nichts anfangen – weder wissen wir, zu welchem Stamm die drei gehören, noch ob eine der Anworten korrekt war.

7. Die Zahl der Lügner ist eine Zahl zwischen 1 und 100 – und nur der Mendaciner, der diese Zahl gesagt hat, ist ein Wahrsager. Also gibt es 99 Lügner, und der vorletzte Bewohner hat korrekt geantwortet.

8. Wenn x die Zahl der Lügner ist, dann sagen Insulaner Nummer 1 bis x die Wahrheit, Insulaner Nummer $(x+1)$ bis 100 lügen. Das sind aber $(100-x)$ Bewohner. Also gilt:

$$x = 100-x$$

Und das bedeutet: Genau 50 Mendaciner sind Lügner und 50 sind Wahrsager!

Kapitel 10:

Von wem stammt das Schild auf Tür 3? Angenommen, es ist von Franz. Dann ist die Aufschrift falsch, also stammt höchstens ein Schild von ihm – eben Schild 3. Die beiden anderen Schilder sind dann von Hans, aber das kann nicht sein, da der Gewinn sich nur hinter einer Tür verbergen kann. Also ist Schild 3 von Hans, die Aufschrift stimmt. Dann müssen beide anderen Schilder von Franz sein, also ist der Grill weder hinter Tür 1 noch hinter Tür 2 – er muss sich hinter Tür 3 verbergen.

Kapitel 11:

2. Die Kandidaten A, B und C sind hintereinander aufgereiht wie in Rätsel Nr. 1, D steht hinter dem Vorhang. Hätten B und C dieselbe Hutfarbe, dann wüsste A seine Farbe sofort, da es nur zwei Hüte von jeder Farbe gibt. Da aber «eine Weile» vergeht, müssen die Hüte von B und C verschiedene Farben haben. B kann also nach der angemessenen Wartezeit sagen, dass er einen roten Hut hat, wenn C einen schwarzen trägt, und umgekehrt.

(Der hinter dem Vorhang stehende D hat mit dem Ausgang dieses Spiels überhaupt nichts zu tun – man hätte das Spiel auch wie Spiel 1 formulieren können mit der Maßgabe, dass die drei Hüte für A, B und C aus zwei roten und zwei schwarzen ausgewählt werden.)

3. Jeder der drei Kandidaten denkt: «Ich sehe zwei rote Hüte, meiner ist rot oder schwarz. Wäre er schwarz, dann würde jeder der beiden anderen denken: ‹Ich sehe einen roten und einen schwarzen Hut. Wäre mein Hut schwarz, dann würde der Kollege mit dem roten Hut zwei schwarze Hüte sehen. Er hat aber die Hand gehoben, also muss mein Hut rot sein.› Dann würde er rufen: ‹Mein Hut ist rot!› Das tut er aber nicht – also ist mein Hut *nicht* schwarz, sondern rot.» Und er ruft aus: «Mein Hut ist rot!» Da alle Kandidaten gleich schlau sind und alle exakt zweimal eine Weile abwarten, kommen sie gleichzeitig zu ihrer Lösung.

4. Der Clou der Lösung liegt in der Bemerkung, dass das Spiel fair sein soll – alle drei sollen also die gleiche Chance haben, ihren Hut zu erraten. Welche Hutverteilung ist dann überhaupt möglich? Sicher-

lich nicht zwei rote und ein schwarzer – da es nur zwei rote Hüte gibt, wüsste der Kandidat mit dem schwarzen Hut sofort seine Farbe.

Können es zwei schwarze und ein roter Hut sein? Dann wären die beiden Schwarzhüte im Vorteil: Sie sehen jeweils einen roten und einen schwarzen Hut. Wäre ihr eigener Hut rot, so wäre die ungerechte Verteilung rot-rot-schwarz gegeben. Also könnten sie ihre Hutfarbe sofort bestimmen und wären deshalb dem dritten gegenüber – dem mit dem roten Hut – im Vorteil.

Daraus folgt, dass nur die Verteilung mit den drei schwarzen Hüten gerecht ist. Und um diesen Gedankengang anzustellen, muss man nicht warten, bis das Licht angeht – alle drei kommen sofort auf die richtige Lösung.

5. Wir verfolgen den Gedankengang von B, als sie zum zweiten Mal gefragt wird: «Nehmen wir mal an, ich hätte zwei rote Hüte auf dem Kopf. Dann hätte sich A beim zweiten Mal gedacht: ‹B hat zwei rote Hüte auf. Hätte ich auch zwei rote Hüte auf, dann hätte C vier rote Hüte gesehen und gewusst, dass er zwei schwarze Hüte aufhat. Das hat C aber nicht gemacht, also habe ich keine zwei roten Hüte auf. Habe ich zwei schwarze Hüte auf? Dann hätte C die Überlegung machen können, dass er weder zwei rote noch zwei schwarze Hüte aufhat, weil sonst schon vor ihm B oder ich gewusst hätten, was wir für Hüte aufhaben. Also habe ich keine zwei roten und keine zwei schwarzen Hüte auf, sondern einen roten und einen schwarzen.› Das hat B aber nicht gesagt, also habe ich keine zwei roten Hüte auf. Nach demselben Schema habe ich auch keine zwei schwarzen Hüte auf. Also ist einer meiner Hüte rot und einer schwarz!»

Was die anderen für Hüte haben, können wir nicht mit Sicherheit sagen!

Mit einem Meta-Argument kann man das Rätsel noch schneller lösen: Alle Bedingungen sind symmetrisch in rot und schwarz – das heißt, unsere Lösung muss auch stimmen, wenn man rote durch schwarze Hüte ersetzt und umgekehrt. Und das geht nur, wenn B zwei verschiedenfarbige Hüte auf dem Kopf hat.

6. Hier hat die Moderatorin geschickt die Denkpausen vorgegeben – denn die Schwarzhüte müssen tatsächlich mehrmals «eine Weile» warten, bevor sie sich ihrer Hutfarbe sicher sein können.

Nehmen wir an, es gäbe nur die Mindestzahl von Schwarzhüten, also zwei. Dann sähe jeder der beiden einen schwarzen und acht weiße Hüte und wüsste sofort: Ich habe einen schwarzen Hut auf! Aber es meldet sich niemand, als die Moderatorin fragt.

Also gibt es mindestens drei schwarze Hüte. Diesen Gedankengang hat auch jeder der zehn Kandidaten nachvollzogen. Sollte einer von ihnen nun zwei schwarze Hüte sehen, dann würde er bei der zweiten Frage der Moderatorin sofort die Hand heben. Aber auch da passiert nichts, die Zahl der Schwarzhüte ist also mindestens vier. Die müssten sich bei der dritten Frage der Moderatorin melden. Und so weiter ... als die Moderatorin zum fünften Mal fragt, melden sich alle Logiker, die fünf schwarze Hüte sehen – und das sind sechs Stück.

7. Der zweite Kandidat, der hereingeführt wird, schaut auf den Hut der ersten Kandidatin. Wenn der schwarz ist, stellt er sich *rechts* daneben, ist der Hut rot, stellt er sich *links* daneben. Alle folgenden Kandidaten verfahren genauso, solange nur Hüte einer Farbe auf der Bühne zu sehen sind. Sobald es zwei Hutfarben gibt, stellt sich jeder Neuankömmling «in die Mitte», das heißt zwischen den roten und schwarzen Hutträger, die nebeneinander stehen. Auf diese Weise bilden rote und schwarze Hüte immer jeweils eine zusammenhängende Kette, und die schwarzen stehen links, die roten rechts!

Die wichtigsten logischen Formeln

Aussagenlogik

Auf Seite 31 habe ich erwähnt, dass man den gesamten aussagenlogischen Kalkül mit einem *einzigen* Operator (dem Sheffer-Strich) und einer *einzigen* Schlussregel (dem Modus ponens) herleiten kann. Aber in der Praxis führt das nicht weit. Für echte logische Beweise bedient man sich daher einer Reihe von Äquivalenzen und Schlussregeln.

Noch einmal zur Erinnerung: Die logischen Operatoren $\neg$, $\wedge$, $\vee$, $\rightarrow$ und $\leftrightarrow$ sind in Kapitel 2 über Wahrheitstafeln erklärt. Was ein logischer Schluss ist, erklärt Kapitel 3: Aus den Prämissen links vom Doppelpunkt kann man durch die Anwendung weniger Regeln die Aussage hinter dem Doppelpunkt herleiten. Funktioniert die Herleitung in beiden Richtungen, dann sind die beiden Seiten äquivalent, und wir schreiben zwei Doppelpunkte (::).

Hier also ein Satz von nützlichen Regeln, die man in einem logischen Beweis verwenden darf.

Äquivalenzen

Doppelte Negation: $A :: \neg(\neg A)$

Kommutation: $A \wedge B :: B \wedge A$

$A \vee B :: B \vee A$

Assoziation: $A \wedge (B \wedge C) :: (A \wedge B) \wedge C$

$A \vee (B \vee C) :: (A \vee B) \vee C$

Distribution: $A \wedge (B \vee C) :: (A \wedge B) \vee (A \wedge C)$

$A \vee (B \wedge C) :: (A \vee B) \wedge (A \vee C)$

Anders als beim Rechnen mit + und × gelten in der Logik beide möglichen Formen der Regel!

Kontraposition: $A \rightarrow B :: \neg B \rightarrow \neg A$

Implikation: $A \rightarrow B :: \neg A \vee B$

Exportation: $A \rightarrow (B \rightarrow C) :: (A \wedge B) \rightarrow C$

De-Morgan-Regeln: $\neg(A \wedge B) :: \neg A \vee \neg B$

$\neg(A \vee B) :: \neg A \wedge \neg B$

Tautologie: $A \wedge A :: A$

$A \vee A :: A$

Äquivalenz: $A \leftrightarrow B :: (A \rightarrow B) \wedge (B \rightarrow A)$

$A \leftrightarrow B :: (A \wedge B) \vee (\neg A \wedge \neg B)$

Schlussregeln:

Modus ponens:	$A \to B, A : B$
Modus tollens:	$A \to B, \neg B : \neg A$
Konjunktion:	$A, B : A \wedge B$
Simplifikation:	$A \wedge B : A$
	$A \wedge B : B$
Addition:	$A : A \vee B$
Disjunktiver Syllogismus:	$A \vee B, \neg A : B$
	$A \vee B, \neg B : A$
Hypothetischer Syllogismus:	$A \to B, B \to C : A \to C$
Konstruktives Dilemma:	$A \vee B, \mathrm{A} \to C, B \to D : C \vee D$

Prädikatenlogik

In der Prädikatenlogik benutzt man die gleichen Schlussregeln und Äquivalenzen wie in der Aussagenlogik – auch ein Prädikat *Px* ist ja eine Aussage. Neue Regeln gibt es für den Umgang mit Quantoren:

Quantoren-Negation:	$\forall x(Px) :: \neg \exists x(\neg Px)$
	$\neg \forall x(Px) :: \exists x(\neg Px)$
	$\exists x(Px) :: \neg \forall x(\neg Px)$
	$\neg \exists x(Px) :: \forall x(\neg Px)$

Quantoren-Distribution: $\forall x(Px \wedge Qx) :: \forall x(Px) \wedge \forall x(Qx)$

$\exists x(Px \vee Qx) :: \exists x(Px) \vee \exists x(Qx)$

Vorsicht: Hier gelten nur die Kombinationen All-Quantor / und sowie Existenz-Quantor / oder. Die beiden umgekehrten Varianten sind nicht allgemeingültig – zum Beispiel darf man aus «Alle Menschen sind ein Mann oder eine Frau» nicht folgern «Alle Menschen sind Männer, oder alle Menschen sind Frauen»!

Quantoren-Vertauschung: $\forall x(\forall y(Pxy)) :: \forall y(\forall x(Pxy))$

$\exists x(\exists y(Pxy)) :: \exists y(\exists x(Pxy))$

Vorsicht: Man darf ohne weiteres nur Quantoren gleicher Sorte vertauschen – sonst erzeugt man logischen Unsinn!

Schließlich gibt es noch vier Regeln, wie man Quantoren erzeugen beziehungsweise entfernen darf:

Universelle Instantiierung: $\forall x(Px) : Pa$
Wenn eine Aussage für alle x gilt, dann auch für jedes konkrete *a*.
Existenzielle Generalisierung: $Pa : \exists x(Px)$
Wenn eine Aussage für ein konkretes *a* gilt, dann gilt auch die entsprechende Existenzaussage «Es gibt ein *x*».
Existenzielle Instantiierung: $\exists x(Px) : Px$
Wenn die Existenzaussage gilt, dann kann man die entsprechende Aussage mit der Variable *x* benutzen. Allerdings muss man höllisch aufpassen, dass man diese Variable nicht mit anderen durcheinanderwirft.
Universelle Generalisierung: $Px : \forall x(Px)$
Diese Verallgemeinerung ist im allgemeinen falsch, es funktioniert nur unter sehr strikten Anforderungen an die Variable *x*.

Die Axiome der Zermelo-Fraenkel-Mengenlehre

Mit der Antinomie von Bertrand Russell (siehe Seite 126) wurde klar, dass man in der Mathematik Mengen nicht einfach «naiv» bilden kann, sondern dass man sich dabei durch bestimmte Regeln einschränken muss. Daraufhin wurden verschiedene Axiomensysteme entwickelt, die solche Antinomien zu vermeiden versuchten. Die Zermelo-Fraenkel-Mengenlehre, benannt nach Ernst Zermelo (1871–1953) und Abraham Adolf Fraenkel (1891–1965), ist heute die gebräuchlichste. Man hat in ihr noch keine Antinomien gefunden – andererseits ist aber auch klar, dass man ihre Widerspruchsfreiheit nie beweisen können wird.

Die Axiome mögen manchem sehr abstrakt oder aber auch sonnenklar erscheinen – aber weil sie einerseits die Fundierung der modernen Mathematik darstellen, sie aber andererseits kaum ein Mathematiker wirklich kennt, will ich sie hier einmal vollständig auflisten.

Das Axiom der Bestimmtheit

$$\forall x \forall y \big(x = y \leftrightarrow \forall z (z \in x \leftrightarrow z \in y)\big)$$

Dieses Axiom besagt, dass Mengen durch ihre Elemente bestimmt sind – ist jedes Element einer Menge x auch in y und umgekehrt, dann ist x gleich y.

Das Axiom der leeren Menge

$\exists x \forall y (y \notin x)$

Es gibt eine Menge *x*, die kein Element enthält.

Das Axiom der Paarung

$\forall x \forall y \exists z \forall u (u \in z \leftrightarrow u = x \vee u = y)$

Man kann aus zwei Objekten *x* und *y* immer die Menge {*x*,*y*} bilden, die genau diese beiden Objekte enthält.

Das Axiom der Vereinigung

$\forall x \exists y \forall z (z \in y \leftrightarrow \exists w (w \in x \wedge z \in w))$

Was hier relativ kompliziert ausgedrückt wird: Man kann zu einer Menge *x* eine Menge *y* konstruieren, die aus den Elementen der Elemente von *x* besteht. Wenn also *x* Mengen als Elemente hat, dann wirft man die Elemente all dieser Mengen zu einer neuen Menge *y* zusammen.

Das Axiom der Aussonderung

$$\forall x \exists y \forall z (z \in y \leftrightarrow z \in x \wedge Fz)$$

Wenn F ein logisches Prädikat ist, dann kann man zu jeder Menge x die Teilmenge y der Elemente von x bilden, die die Eigenschaft F haben.

Das Axiom des Unendlichen

$$\exists x (\varnothing \in x \wedge \forall y (y \in x \rightarrow \{y\} \in x))$$

Dieses Axiom garantiert, dass man eine Menge der folgenden Form bilden kann:

$$\{\varnothing, \{\varnothing\}, \{\{\varnothing\}\}, \{\{\{\varnothing\}\}\} \ldots\}$$

Insbesondere heißt das, dass es Mengen mit unendlich vielen Elementen gibt.

Das Axiom der Potenzmenge

$$\forall x \exists y \forall z (z \in y \leftrightarrow z \subseteq x)$$

Man kann die Menge *y* aller Teilmengen einer Menge *x* bilden. Diese Menge ist übrigens immer «echt größer» als die Menge selbst, das heißt, man kann keine Eins-zu-eins-Zuordnung zwischen den Elementen von *x* und *y* aufstellen.

Das Axiom der Ersetzung

$$\left(\forall a (a \in x \rightarrow \exists_1 b (Fab))\right) \rightarrow \left(\exists y \forall b (b \in y \leftrightarrow Fab)\right)$$

Ein sehr komplizierter Ausdruck, der eine an sich einfache Forderung beschreibt: Wenn es ein zweistelliges logisches Prädikat gibt, sodass es zu jedem *a* aus der Menge *x* genau ein *b* mit *Fab* gibt (mit anderen Worten: eine Funktion, die jedem *a* ein *b* zuordnet), dann bilden all diese Elemente *b* wieder eine Menge *y*. Anders gesagt: Das Bild einer Menge *x* unter einer Funktion ist wieder eine Menge.

Axiom der Fundierung

$$\forall x\big(x \neq \varnothing \rightarrow \exists y\big((y \in x) \wedge (x \cap y = \varnothing)\big)\big)$$

Dieses Axiom wurde schon auf Seite 129 erwähnt – es ersetzt Freges widerspruchsträchtiges «Komprehensationsaxiom» und besagt, dass jede nichtleere Menge *x* ein Element *y* enthält, das mit *x* kein Element gemeinsam hat. Es führt dazu, dass Mengen sich nicht selbst als Element enthalten dürfen, und es verbietet auch unendlich absteigende Ketten von Mengen, bei denen die nächste Menge stets ein Element der vorigen ist. Unendlich aufsteigende Ketten dagegen sind erlaubt.

Das Auswahlaxiom

$$\big(\forall u \forall v\big((u \in x \wedge v \in x) \rightarrow (u \neq v \rightarrow u \cap v = \varnothing) \wedge u \neq \varnothing\big)\big) \\ \rightarrow \exists y \forall z\big(z \in x \rightarrow \exists_1 w(w \in z \wedge w \in y)\big)$$

Die Aussage: Der linke Teil besagt zunächst einmal, wie die Menge *x* aussehen muss, über die hier eine Aussage gemacht wird. Sie enthält nicht die leere Menge als Element, und alle ihre Elemente sind Mengen, die einander nicht überschneiden. Dann kann man eine Menge *y* bilden, die aus jeder Menge *z*, die zu *x* gehört, genau ein Element *w* enthält. Das Axiom sagt nur, dass es eine solche Menge *y* gibt – es sagt nicht, wie man sie konstruieren kann.

Mit diesem Axiom haben viele Mathematiker Bauchschmerzen – es fühlt sich nicht wie ein Axiom an, weil es doch eine sehr spezielle Aussage macht, und doch kann man zeigen, dass es sich aus den anderen Zermelo-Fraenkel-Axiomen nicht herleiten lässt. Deshalb benutzen manche nur die Zermelo-Fraenkel-Mengenlehre ohne Auswahlaxiom (ZF) und manche die Version mit Auswahlaxiom (ZFC), die viele Beweise erleichtert.

Literatur und Quellen

Grundlegende Einführungen, sortiert nach Schwierigkeitsgrad:

Eine Einführung in die Logik, in Comicform erzählt entlang der Biographie von Bertrand Russell:
Apostolos Doxiadis, Christos H. Papdimitriou: *Logicomix – Eine epische Suche nach Wahrheit*; Atrium-Verlag, 2010
Die Grundlagen des logischen Schließens, mit vielen Beweis-Beispielen:
Mark Zegarelli: *Logik für Dummies*; Wiley VCH, 2008
Eine sehr fundierte Einführung in die mathematische Logik, mit einem leichter verständlichen historischen Teil:
Dirk W. Hoffmann: *Grenzen der Mathematik – Eine Reise durch die*

Kerngebiete der mathematischen Logik; Spektrum Akademischer Verlag, 2011

Rätsel und Knobeleien:

Die Anregungen für die meisten Rätsel (die ich dann teilweise noch stark umformuliert habe) stammen aus dem Internet und lassen sich nicht auf einen Verfasser zurückführen. Das Logical um Dr. House stammt von Frank Westenfelder (www.daf-raetsel.de). Die Aufgaben in Kapitel 6, die sich um Krokodile, Säuglinge und Haifische drehen, habe ich einem vergriffenen DDR-Bändchen entnommen:

Otakar Zich, Arnošt Kolman: Unterhaltsame Logik; BSG B. G. Teubner Verlagsgesellschaft Leipzig, 1965

Die Geschichten, die auf der (von mir so genannten) Lügeninsel Mendacino spielen, gehen auf ein Buch zurück, das nicht nur eine Unzahl solcher Rätsel enthält, sondern auch tiefe Gedanken zur Selbstreferenzialität und sogar eine unterhaltsame Einkleidung von Gödels Unvollständigkeitssatz:

Raymond M. Smullyan: What Is The Name Of This Book?, erschienen 1978, wiederaufgelegt 2011 von Dover Publications; auf Deutsch 1993 erschienen unter dem Titel «Wie heißt dieses Buch?».

Index

BAND 3

DER PHYSIK-VERFÜHRER

VERSUCHSANORDNUNGEN FÜR ALLE LEBENSLAGEN

For Andrea, my strange attractor

Inhalt

Vorwort

Physik ist wie Sex. Manchmal kommt etwas Nützliches dabei heraus. Aber deshalb betreiben wir sie nicht.
Richard Feynman

Als ich nach dem Erfolg des *Mathematikverführers* gefragt wurde, welcher Disziplin ich mich denn als Nächstes widmen würde, musste ich nicht lange nachdenken – es war klar, dass es um Physik gehen würde. Mathematik habe ich studiert, und sie ist für mich immer noch die Königin der Wissenschaften (und ich würde auf sie das Eingangszitat von Feynman anwenden), aber die Physik fasziniert mich nicht weniger. Schafft die Mathematik aus quasi nichts als einem durch die Evolution geformten Säugetierhirn die komplexesten Gedankenwelten, so gehen die Physiker noch einen Schritt weiter und sagen: Wir können mit mathematischen Gleichungen und Modellen die Welt beschreiben, vielleicht sogar komplett. Denn die anderen Naturwissenschaften sind ja nichts als Fortschreibungen der Physik: Die Chemie beschäftigt sich mit den Reaktionen zwischen Molekülen, die von der Physik beschrieben werden, die Biologie ist die Wissenschaft vom Leben, das sich durch chemische Reaktionen beschreiben lässt, die wiederum auf die Physik zurückgehen. Damit will ich keinesfalls einem totalen Reduktionismus das Wort reden – ab einer gewissen Stufe der Komplexität hilft die Physik nicht mehr weiter, der Laplace'sche Dämon ist ja ein Fabelwesen (siehe Seite 191). Aber die Physik liegt eben tatsächlich jedem Phänomen in dieser Welt zugrunde, selbst der Entstehung des gesamten Universums.

Aber keine Sorge, um die physikalischen Modelle, mit denen

die Urknall- oder Stringtheoretiker rechnen, geht es in diesem Buch nicht. Wie schon der *Mathematikverführer*, so befasst sich auch der *Physikverführer* vorwiegend mit jenen Grundlagen der Wissenschaft, die für Laien nachvollziehbar sind. Von den Kapiteln 8 und 14 abgesehen, in denen es um Relativitäts- und Quantentheorie geht, heißt das: Wir beschäftigen uns mit einer Welt, in der praktisch alle Phänomene auf die Kollision kleiner oder großer Massen zurückzuführen sind. Größen wie Kraft, Beschleunigung und Energie reichen aus, um diese Welt zu beschreiben, sei es im Makroskopischen – etwa wenn Autos zusammenstoßen – oder im Mikroskopischen: Temperatur ist die mittlere Bewegungsenergie von Teilchen, die wir uns wie kleine Gummibälle vorstellen, und Druck ist, wenn diese Gummibälle gegen die Wand eines Behälters knallen. Das Buch zeigt, wie weit ein solch naives physikalisches Modell reicht: Immerhin erklärt es, warum Flugzeuge fliegen und warum es unmöglich ist, ein Perpetuum mobile zu bauen. Das ließe sich noch ausdehnen auf elektrische und magnetische Phänomene, die ich in diesem Buch nur am Rande streife.

Aber Moleküle sind keine Gummibälle, sie bestehen aus Atomen, diese wiederum setzen sich aus kleineren Elementarteilchen zusammen. Und wenn Sie immer noch glauben, dass ein Atomkern ein brombeerartiger kleiner Knubbel aus Neutronen und Protonen ist, um den in einiger Entfernung Elektronen kreisen wie Mücken um eine Glühbirne – dann lassen Sie es sich gesagt sein: Auch das sind nur Hilfsvorstellungen, die unsere Phantasie anregen sollen. In der «wirklichen» Physik zerrinnen all diese Kügelchen irgendwann zu Wellenfunktionen, die durch den leeren Raum wabern und nur noch Wahrscheinlichkeiten beschreiben. Konkret vorstellen können sich das auch Physiker nicht mehr, und es gibt einen fast religiösen Streit darüber, wie man die – experimentell gut bestätigten – Resultate der Theorie interpretieren soll (siehe Kapitel 14).

Wie schon der mathematische Vorgänger, so enthält auch der *Physikverführer* Formeln. Ich glaube immer noch, dass eine gute mathematische und physikalische Formel einen Zusammenhang besser auf den Punkt bringt als ein blumiger Satz. Andererseits weiß ich, dass man Formeln nicht lesen kann wie einen unterhaltsamen Text, dass man Muße dazu braucht und manchmal sogar Papier und Bleistift zum Nachrechnen. Deshalb habe ich die Abschnitte, in denen gerechnet wird, noch deutlicher kenntlich gemacht. Sie können Sie überschlagen oder für später aufheben und trotzdem den Gedankengang des Kapitels verstehen. Absolut verzichtbar sind sie nicht – sonst hätte ich ja drauf verzichtet!

Der *Physikverführer* ist kein Lehrbuch und erhebt keinen Anspruch auf Vollständigkeit. Er soll dem Leser einige physikalische Begriffe anhand von amüsanten Geschichten vermitteln oder wieder ins Gedächtnis zurückrufen, und wenn Sie einen Bereich vermissen, dann liegt es wahrscheinlich daran, dass mir dazu keine amüsante Geschichte eingefallen ist oder das Buch schon voll war. Ich muss ja kein Curriculum abarbeiten, sondern freue mich, wenn ich bei dem einen oder anderen genug Spaß und Neugier auslöse, dass er die Lücken auf eigene Faust stopfen kann.

Danken möchte ich an dieser Stelle meiner Agentin Heike Wilhelmi und meinem Lektor Frank Strickstrock bei Rowohlt; Bernd Schuh und Max Rauner für das Gegenlesen des Manuskripts und einige wichtige physikalische Hinweise; Rüdiger Dammann von Booklett, der die Idee zum *Mathematikverführer* hatte, ohne den es keinen *Physikverführer* gäbe. Und meinem Sohn Lukas Engelhardt für die Überarbeitung der Grafiken in diesem Buch.

Hamburg, im Oktober 2010
Christoph Drösser

1 Zu früh gefreut

oder

Von wegen «heureka!»

Archimedes geht unruhig auf und ab. Eigentlich wollte er sich an diesem Nachmittag bei einem warmen Bad ausruhen, ist daher schon früher als sonst ins Badehaus eingekehrt. Die anderen Männer, die ebenfalls hergekommen sind, um der Hektik der Straßen von Syrakus und vielleicht auch dem häuslichen Regiment ihrer Ehefrauen zu entkommen, werfen ihm schon verstohlene Blicke zu. Wie soll man entspannen, wenn dieser Mann dort offenbar den Rat Homers missachtet, das Bad als «Mittel gegen geistesentkräftende Arbeit» zu nutzen? Mit einer Hand hält er das Tuch fest, das seine Blöße bedeckt, und geht schwitzend und schnaufend hin und her. Kein sehr schöner Anblick. Aber niemand wagt es, das laut zu sagen – schließlich ist dieser Archimedes nicht nur ein von allen bewunderter Denker, sondern auch ein guter Freund von König Hieron II.

Und der Gedanke an diesen König ist es, der Archimedes nicht zur Ruhe kommen lässt. Nein, es geht nicht um die phantastischen Kriegsmaschinen, die der Erfinder für Hieron bauen soll, zur Abwehr von Römern und Karthagern – die Konstruktionszeichnungen für die Katapulte und Spiegel sind weitgehend fertig. Sie müssen nur noch von Handwerkern in die Wirklichkeit umgesetzt werden, und Archimedes hat keinen Zweifel, dass seine revolutionären Erfindungen funktionieren werden. Nein, es geht um ein scheinbar simples Problem, vor das ihn der König am Morgen gestellt hat.

Hieron II., auch «der Jüngere» genannt, ist ein hochdekorierter Krieger und wittert hinter jedem Strauch einen Feind. Archimedes ist einer der wenigen, denen der König über den Weg traut – der Goldschmied Philippos, der seinen kleinen Laden in einer schäbigen Gasse der Altstadt hat, gehört gewiss nicht zu diesem Kreis. Diesem Philippos hatte Hieron zwei Minen (nach heutigen Einheiten etwa ein Kilogramm) reines Gold überlassen, mit dem Auftrag, daraus einen Kranz zu fertigen. Den will Hieron am berühmten Heiligtum des Apollon niederlegen, natürlich mit großem Brimborium, schließlich soll jeder Bürger von Syrakus sehen, was für ein gottesfürchtiger Mann der König ist.

Philippos hat einen wunderschönen Kranz gefertigt, einen recht bescheidenen Lohn für seine Arbeit kassiert, und der Kranz wiegt auch genau zwei Minen. So weit, so gut, alle könnten zufrieden sein – aber Hieron ist immer noch misstrauisch. Was, so hat der König heute Morgen zu Archimedes gesagt, wenn der Goldschmied heimlich einen Teil des Goldes abgezweigt und den Rest mit Silber gestreckt hätte? Schon eine zehntel Mine, also zehn Drachmen, würde den armen Schlucker zu einem reichen Mann machen. Und äußerlich könnte man dem Gold eine solche Beimischung nicht ansehen. «Ich traue diesem Philippos nicht», hat Hieron zu Archimedes gesagt. «Hier, nimm den Kranz mit in deine Werkstatt, untersuche ihn, so viel du willst – aber bitte lass ihn ganz, er ist wirklich prächtig geworden! Und sag mir morgen, ob er echt ist oder ob Philippos geschummelt hat!» Und als Beweis seines Vertrauens zu dem Gelehrten hat er ihm noch einen Goldbarren mitgegeben, der genauso viel wiegt wie der Kranz.

Dürfte Archimedes den Goldschmuck einschmelzen, dann wäre die Sache natürlich kein Problem. Jeder weiß, dass Gold schwerer ist als Silber, dass also ein Barren Silber bei gleichem Gewicht größer ist als ein Goldbarren beziehungsweise bei gleicher Größe leichter. Der Unterschied ist beträchtlich: Gold wiegt bei gleichem Volumen fast doppelt so viel wie Silber. Also müsste Archimedes nur den Kranz einschmelzen, zu einem Barren formen und das Volumen mit dem des Barrens vergleichen, den Hieron ihm mitgegeben hat. Archimedes hat schon schwierigere mathematische Probleme gelöst.

Aber er darf ja den schönen Kranz nicht zerstören, und dessen feinziselierte Form mit den angedeuteten Lorbeerblättern ist viel zu kompliziert, um dafür eine mathematische Formel zu entwickeln. Wie also kann man das Volumen des Kranzes mit dem des Goldbarrens vergleichen?

Ein Schmerzensschrei unterbricht Archimedes' Gedankengang. «Beim Zeus, Archimedes, nun pass doch mal auf!» Der greise Dichter Theokrit hält sich den Fuß – offenbar ist ihm der grübelnde Gelehrte auf den kleinen Zeh getreten. «Seit zehn Minuten läufst du hier hektisch auf und ab», sagt Theokrit vorwurfsvoll, «du störst unsere Ruhe, und jetzt hast du mir auch noch auf den Fuß getreten. Wer ins Bad geht, der sollte seine Sorgen und Probleme draußen lassen! Deshalb sind wir hier nur unter Männern, und deshalb folgen wir den alten Regeln, die wir seit Hippokrates' Zeiten beherzigen. Und dazu gehört: Im Bad herrscht Ruhe!»

Archimedes senkt schuldbewusst den Blick. Vor dem alten Dichter hat auch er Respekt. Und außerdem hat der durchaus recht mit seinem Verweis auf die alten Bräuche. Obwohl – die Sache mit der Geschlechtertrennung könnte man ja nochmal überdenken ...

«Und wie siehst du überhaupt aus!», zetert der Alte weiter, der jetzt richtig in Rage zu kommen scheint. «Total verschwitzt, das Tuch klebt dir am Leib! Vielleicht solltest du mal das tun, wofür du hergekommen bist! Dort drüben hat ein Sklave gerade ein heißes Bad eingelassen – keiner hier wird es dir streitig machen!»

«Du hast recht, Theokritos», sagt Archimedes kleinlaut. «Und sicher wird das Bad nicht nur meinen Körper, sondern auch meine Gedanken reinigen.»

«Wollen wir hoffen», knurrt Theokrit, für den das Gespräch damit beendet ist.

Das Wasser dampft heiß in dem Marmorbecken, das bis eine Handbreit unter dem Rand gefüllt ist. Archimedes drückt einem Sklaven sein Tuch in die Hand und schwingt sich ins Becken, tunlichst darauf bedacht, dabei möglichst wenig Lärm zu machen. Dann lehnt er sich mit einem wohligen Seufzer zurück, schließt die Augen und taucht den ganzen Körper unter die Wasseroberfläche.

Platsch! Alle Köpfe drehen sich um, als das Wasser über den Rand des Zubers und auf den Boden schwappt. Offenbar hat sich Archimedes verschätzt, und die Handbreit Luft über der Wasseroberfläche hat nicht gereicht, um die Körperfülle des Gelehrten aufzunehmen. Während er noch darüber nachsinnt, ob er in den letzten Monaten vielleicht ein paar Pfunde zugelegt hat, kommt Archimedes ein anderer Gedanke: Offenbar verdrängt sein Körper Wasser! So viel Wasser, wie sein eigenes Volumen beträgt. Wäre das Becken bis zum Rand gefüllt gewesen, dann wäre genau so viel Wasser über den Rand geschwappt, wie es dem Rauminhalt von Archimedes' Körper entspricht ...

«*Heureka!* Ich hab's gefunden!», ruft Archimedes aus. Er steht im Becken auf, schwingt sich tropfnass, wie er ist, über den Rand und läuft splitternackt über den gefliesten Boden. «Heureka! Dass ich da nicht schon früher draufgekommen bin!» Erst als er den strafenden Blick des Theokrit bemerkt, greift Archimedes nach seinem Tuch und windet es notdürftig um seine Hüften. Sonst wäre er vielleicht noch splitternackt auf die Straße gelaufen. «Danke, Theokrit! Durch deinen Rat habe ich die Lösung des Problems gefunden! Danke! Und euch allen noch einen geruhsamen Nachmittag!» Und schon ist Archimedes aus der Tür. Die Männer im Bad schütteln nur den Kopf, dann ist erst einmal Ruhe.

Zurück in seiner Werkstatt, macht sich Archimedes gleich an die Arbeit, um seinen Geistesblitz in die Tat umzusetzen. Man kann, das hat ihn das Erlebnis in der Badeanstalt gelehrt, das Volumen eines Körpers messen, indem man ihn in ein Gefäß eintaucht, das randvoll mit Wasser gefüllt ist, und die überlaufende Menge auffängt und abmisst. Der Kranz und der Goldbarren wiegen beide gleich viel. Wenn sie beide aus reinem Gold sind, müssten sie auch gleich viel Wasser verdrängen. Ist das Gold im Kranz verunreinigt, müsste mehr Wasser überlaufen.

Archimedes stöbert im Regal mit seinen Gerätschaften und findet einen runden Tontopf, in dem sich der Kranz ganz versenken lässt, der Barren sowieso. Den Topf stellt er in eine flache Schüssel; sie soll das überlaufende Wasser aufnehmen. Nun füllt er den Topf bis zum Rand mit Wasser.

Als Erstes lässt er vorsichtig die goldene Krone hineinsinken. Der Wasserspiegel wölbt sich dabei wie eine Haut über der Öffnung des Topfes, und schließlich läuft das Wasser in einem kleinen Rinnsal auf einer Seite über, wie bei einem Blumentopf, in den man zu viel Wasser gegossen hat. Archimedes wartet, bis das Wasser zur Ruhe gekommen ist, und schüttet dann den Inhalt der flachen Schüssel in ein Weinglas. Erstaunlich, wie wenig Wasser das ist!

Dann fischt er den goldenen Kranz aus dem großen Gefäß und füllt das Wasser wieder bis zum Rand nach. Nun lässt er den Goldbarren hinein. Er erwartet, dass sich die Oberfläche wieder wölbt, aber diesmal schwappt das Wasser gleich über – durch die Welle, die der dicke Barren erzeugt hat, und weil der Rand ja schon nass war.

Das übergelaufene Wasser schüttet Archimedes in ein zweites Weinglas. Nun kann er die beiden Gläser nebeneinanderhalten und ihren Inhalt vergleichen. Tatsächlich, das erste Glas ist ein bisschen voller. Aber sind die beiden Versuche wirklich unter identischen Bedingungen gemacht worden?

Vor allem staunt Archimedes, wie wenig von dem Wasser überhaupt übergelaufen ist – ein verschwindender Anteil gegenüber dem Gesamtvolumen. Völlig überzeugt ist er von seinem Versuch selbst nicht. Er hat einfach zu viele Fehlerquellen, als dass man mit Gewissheit ein Urteil abgeben könnte. Und von diesem Urteil könnte immerhin das Leben des Goldschmieds Philippos abhängen.

«Von wegen *heureka!*», knurrt Archimedes. «Da hab ich mich wohl etwas zu früh gefreut. Aber es muss doch einen eleganteren Weg geben, den Unterschied zwischen echtem und falschem Gold zu bestimmen ...»

Der Auftrieb bringt es an den Tag

Die oben erzählte Geschichte beruht auf dem Bericht, den uns der römische Schriftsteller Vitruv im ersten Jahrhundert hinterlassen hat. Als Architekt kannte er sich zwar mit der Wissenschaft seiner Zeit aus, aber die Beschreibung der «Heureka!»-Geschichte ist doch ein bisschen mager. Insbesondere erklärt die Handlung eben nicht die Entdeckung des sogenannten «Archimedischen Prinzips».

Was Archimedes in Vitruvs Geschichte angeblich so in Begeisterung versetzt, ist die recht simple Erkenntnis, dass Körper mit mehr Volumen mehr Wasser verdrängen, wenn man sie untertaucht. Wenn man weiß, dass Silber eine geringere Dichte als Gold hat und daher ein Körper aus Silber mehr Raum einnimmt als ein gleich schwerer Körper aus Gold, dann ist das fast schon banal. Das Archimedische Prinzip dagegen ist eine Aussage über die Auftriebskraft, die jeder Körper unter Wasser beziehungsweise in einem beliebigen Medium erfährt:

Ein Körper erfährt in einem Medium eine Auftriebskraft, die dem Gewicht des von dem Körper verdrängten Mediums entspricht.

Wie diese Auftriebskraft zustande kommt, erkläre ich ausführlicher in Kapitel 6. Aus diesem Satz folgt zum Beispiel: Ein Schiff sinkt genau so tief ins Wasser ein, bis es so viel Wasser verdrängt hat, wie es selbst wiegt. Es bedeutet aber auch, dass ein Klumpen Silber im Wasser mehr Auftrieb bekommt als ein gleich schwerer Klumpen Gold – eben weil er mehr Wasser verdrängt. Genau genommen gilt das bereits in der Luft, nur wiegt die verdrängte Luft so wenig, dass man das in allen Rechnungen und Wägungen vernachlässigen kann.

Und diese Erkenntnis ist nicht banal. Sie widersprach damals ganz gewiss der Intuition, und sie bedeutete einen wissenschaftlichen Durchbruch, ohne den viele Erfindungen, bis hin zum modernen Flugzeug, nicht denkbar gewesen wären.

Aber schauen wir erst einmal, wie weit Archimedes mit seinem ersten Lösungsansatz gekommen wäre: Die goldenen Ehrenkränze, die im antiken Griechenland für die Götter geflochten wurden, hatten maximal einen Durchmesser von 20 Zentimetern. Wir gehen jetzt zu modernen Maßeinheiten über und nehmen an, dass der von König Hieron bestellte Kranz diese Größe hatte und eine Masse von 1000 Gramm. Um das Volumen zu berechnen, brauchen wir die Dichte der beiden Materialien. Gold hat eine Dichte von 19,3 g/cm^3, die Dichte von Silber ist 10,5 g/cm^3.

Das Volumen einer reinen Goldkrone ist leicht zu berechnen: Man teilt 1000 Gramm durch die Dichte und erhält 51,8 Kubikzentimeter.

Nehmen wir an, in der gefälschten Krone hätte der betrügerische Goldschmied 100 g des Goldes durch Silber ersetzt. Diese 100 g Silber haben ein Volumen von 100/10,5 = 9,5 cm^3. Das Gold, das dadurch ersetzt wurde, hatte ein Volumen von 5,2 cm^3 – es bleibt ein Überschuss von 4,3 cm^3, das ist der zusätzliche Rauminhalt der falschen Krone!

Um den goldenen Kranz komplett ins Wasser eintauchen zu lassen, muss das runde Gefäß einen größeren Durchmesser haben, bequem passt der Kranz in einen Topf mit 25 Zentimeter Durchmesser. Der sei nun bis zum Rand mit Wasser gefüllt – um wie viel steigt der Wasserspiegel an?

Die Goldkrone hat ein Volumen *V* von 51,8 cm^3, die nun auf die Wasseroberfläche *A* verteilt werden. Zunächst berechnen wir die Oberfläche mit Hilfe der Kreisformel aus dem Radius von 12,5 cm:

$$A = \pi \cdot r^2 = 3{,}14 \cdot 156{,}25 = 490{,}8$$

(Ich werde im ganzen Buch die Zahlen, die bei Rechnungen herauskommen, kräftig auf- und abrunden und trotzdem das Gleichheitszeichen verwenden – hier geht es nicht um mathematisch exakte Werte, sondern meistens um ungefähre Angaben!)

Auf diese Fläche werden nun die 51,8 cm^3 Wasser verteilt, die die Krone verdrängt – das macht einen Anstieg von ziemlich genau einem Millimeter aus.

Es ergibt sich also ein winziger rechnerischer Anstieg der Oberfläche. Aber in der Praxis ist es noch schwieriger: Wie in der Geschichte beschrieben wurde, hat Wasser eine Oberflächenspannung, die dafür sorgt, dass sich eine «Haut» über dem Gefäß wölben kann. Unter Umständen kann es passieren, dass überhaupt kein Wasser überläuft, wenn man die Krone hineinlegt!

Aber selbst wenn – der Unterschied zwischen echter und falscher Krone ist ja noch viel geringer. Die mit Silber legierte Krone hatte ein zusätzliches Volumen von 4,3 cm^3, und wenn man die auf die Fläche verteilt, dann stellt man fest: Der Wasserspiegel ist nur 0,09 Millimeter höher als bei der echten Krone – ein zehntel Millimeter! Und kein mathematisch gebildeter Richter dürfte das angesichts der Messungenauigkeiten dieser Methode als Beweis für den Betrug akzeptieren.

Nein, um den Golddiebstahl zu beweisen, muss schon ein feineres Messverfahren her. Und Archimedes hat mit seinem Archimedischen Prinzip eines an der Hand. Er muss nämlich nur den Auftrieb ausnutzen, den die verschiedenen Materialien unter Wasser erfahren.

Dazu balanciert er zunächst einmal mit einer einfachen, damals üblichen Balkenwaage die Krone mit dem Goldbarren aus, den ihm Hieron zusätzlich mitgegeben hat. Beide haben eine Masse von 1000 g, und den Auftrieb in der Luft können wir vernachlässigen. Die Waage müsste also ausgeglichen sein.

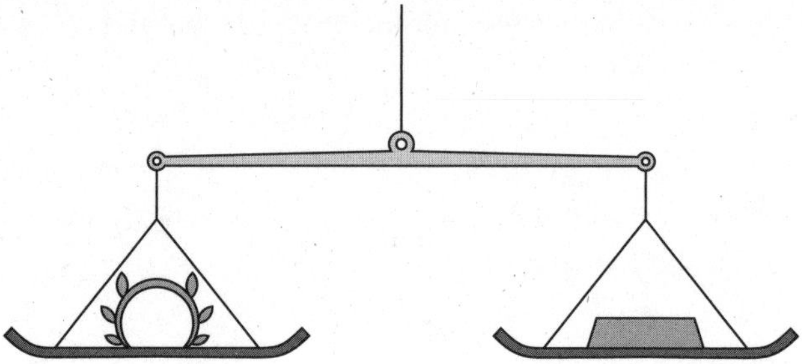

Nun wird die Waage so in ein Becken mit Wasser eingetaucht, dass Krone und Goldbarren komplett unter Wasser sind. Wenn beide Teile aus purem Gold sind, sollten sie auch dasselbe Volumen haben und deshalb denselben Auftrieb erfahren. Die Waage bleibt also im Lot.

Was aber passiert, wenn der Kranz gefälscht ist? Dann hat er ein größeres Volumen, verdrängt mehr Wasser, erfährt laut Archimedischem Prinzip mehr Auftrieb, und die Waage neigt sich zu der Seite mit dem Goldbarren.

Funktioniert das auch praktisch? Um das auszurechnen, müssen wir von der Masse der Gegenstände aufs Gewicht umsteigen. Das ist eine der ersten Sachen, die man im Physikunterricht lernt und trotzdem im täglichen Leben gern wieder vergisst. Man sagt, jemand wiegt 80 Kilogramm, aber Kilogramm ist eine Einheit für die Masse. Diese Masse behält man auch, wenn man zum Beispiel auf dem Mond ist, aber die Waage zeigt dort nur ein Sechstel an. Sie misst nämlich eigentlich nicht die Masse, sondern die Kraft, die diese Masse auf eine Waage ausübt. Und die ist von örtlichen Gegebenheiten abhängig. Stellen Sie sich mal unter Wasser auf eine Waage – die zeigt da gar nichts an, weil der Auftrieb ziemlich genau dem Körpergewicht in der Luft entspricht.

Als ich in die Schule ging, war als Gewichtseinheit noch das

Kilopond üblich – eine bequeme Sache, weil zumindest Körper mit hoher Dichte in der Luft pro Kilogramm Masse ziemlich genau ein Kilopond Gewicht auf die Waage brachten. Heute werden in der Physik alle Kräfte in Newton (N) angegeben, und vorerst reicht es hier aus, zu wissen, dass ein Kilogramm Gold, Silber oder Wasser auf der Erde etwa 9,8 Newton wiegt.

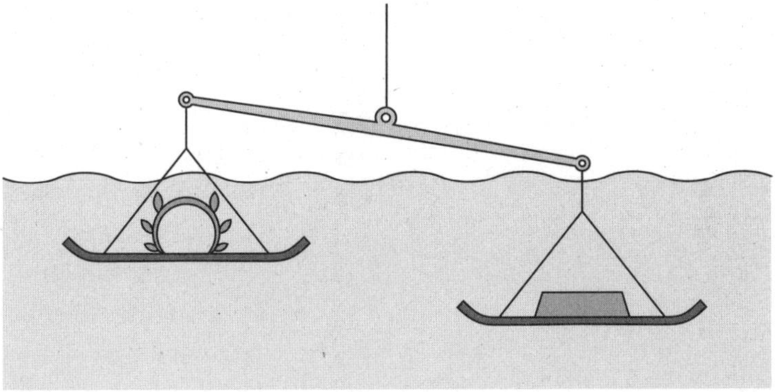

Jetzt können wir rechnen:

Der Goldbarren und die falsche Krone wiegen jeweils 9,8 Newton. Unter Wasser bekommen sie aber jeweils unterschiedliche Auftriebskräfte: Der Goldbarren verdrängt 51,8 cm^3 Wasser. Das hat eine Masse von 51,8 g (die physikalischen Einheiten orientieren sich häufig am Wasser!) und wiegt 0,5 N. Das heißt, die Gewichtskraft des untergetauchten Barrens ist nur noch 9,3 N.

Die falsche Krone nun hat ein um 4,3 cm^3 größeres Volumen, also 56,1 cm^3, das verdrängte Wasser wiegt 0,55 N. Entsprechend wiegt die eingetauchte Krone nur noch 9,25 N. Die Waage neigt sich zu der Seite mit dem Barren!

Ist dieser Unterschied nun tatsächlich messbar, insbesondere mit den Waagen aus Archimedes' Zeit? Der Unterschied beträgt 0,05 Newton, das entspricht einer Masse von etwa fünf Gramm – und einen solchen Unterschied kann eine guttarierte Balkenwaage durchaus messen!

Diesen augenscheinlichen Beweis hätte auch ein Richter im antiken Syrakus akzeptiert.

Die elegante Methode hätte sogar funktioniert, wenn König Hieron knauseriger gewesen wäre und Archimedes nur einen 100-Gramm-Goldbarren als Referenz mitgegeben hätte. Mit dem überlaufenden Topf hätte der Gelehrte dann gar nichts mehr ermitteln können. Man kann aber ungleiche Gewichte durchaus miteinander ins Gleichgewicht bringen, wenn man eine Waage benutzt, deren Angelpunkt verstellbar ist. Es gilt dann nämlich – für eine ausgeglichene Waage – das Hebelgesetz: Kraft am rechten Hebelarm mal Länge des rechten Hebelarms ist gleich der Kraft am linken Hebelarm mal der Länge des linken Hebelarms. Oder in Formeln:

$$F_1 \cdot l_1 = F_2 \cdot l_2$$

Dabei bezeichnen F_1 und F_2 die beiden Gewichtskräfte und l_1 und l_2 die Längen der beiden Arme der Waage.

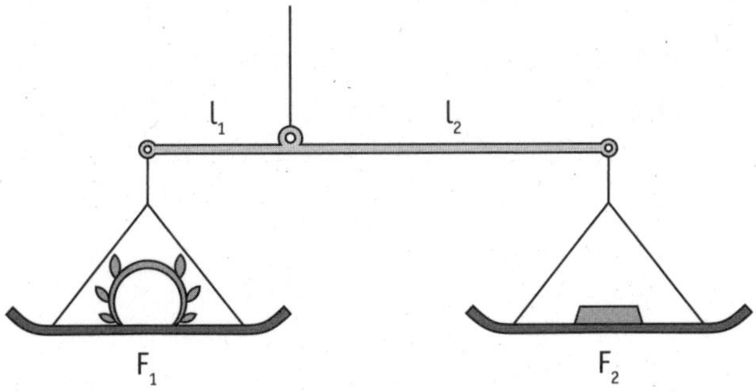

Wenn der Arm l_1 die zehnfache Länge von l_2 hat, dann bleibt die Waage im Lot – und taucht man sie ins Wasser ein, dann wird sich auch hier zeigen, ob die Krone echt ist oder nicht. *Heureka!*

Jetzt sind Sie dran: Es heißt immer, dass ein Siebtel eines Eisbergs aus dem Wasser schaut. Eis hat eine geringere Dichte als (Meer-)Wasser, deshalb schwimmt es auf dem Wasser und verdrängt genauso viel Wasser, wie seinem Gewicht entspricht. Aber ist das tatsächlich ein Siebtel, wenn man für die Dichte des Meerwassers 1,02 g/cm^3 ansetzt und für die Dichte von Eis 0,9 g/cm^3?

2 Die letzte Abfahrt

oder

Wieso Dicke schneller rutschen

Es ist ein großer Moment im Leben jedes Jungen, wenn er zum ersten Mal seinem Vater davonläuft. Endlich schneller! Ein Moment des Triumphs – nicht weil man den anderen besiegt hat, sondern weil dieser Sieg einen Übergang bedeutet, den Übergang von der Kindheit in eine Zeit, in der man jedenfalls körperlich für voll genommen wird.

Es ist ein sehr zwiespältiger Moment im Leben eines Mannes, wenn ihm zum ersten Mal der eigene Sohn davonläuft. Es ist nicht das Gefühl, ein Rennen verloren zu haben, schließlich gönnt man dem eigenen Nachwuchs alles, und das bedingungslos. Nein, aber diese Niederlage ist eine unumkehrbare – der Sohn wird auch jedes folgende Rennen gewinnen, und der Abstand wird wachsen. Auch für den Erwachsenen ist es ein Moment des Übergangs.

Diese Gedanken gehen Stefan Putzer durch den Kopf, als er am Abend zusammen mit seinem Sohn Marcel im Restaurant «Zur Sennerin» im österreichischen Skiort Sölden eine große Portion Kaiserschmarrn verspeist. Der Tag auf der Skipiste ist für beide anstrengend gewesen, beide werden von einem gehörigen Muskelkater geplagt, aber Stefan Putzer plagt zusätzlich noch die Einsicht: Sein Sohn fährt besser Ski als er, zumindest schneller.

Seit zwölf Jahren nun fahren Vater und Sohn schon gemeinsam zum Skilaufen. Einmal pro Jahr geht es für eine Woche vom Norddeutschen Tiefland in die Berge der Alpen, nach Österreich, nach Südtirol oder in die Schweiz. Putzer erinnert sich noch, wie er Marcel den ersten Schneepflug beibrachte, wie er mit dem Kind zwischen den Beinen den Hang hinunterkurvte.

Schon im dritten Skiurlaub war dem Kind das Fahren mit dem Vater zu langweilig geworden, es jagte lieber mit seinesgleichen die Pisten hinunter. Der Vater ging es zunehmend ruhig an, aber wenn man dann bei der letzten Abfahrt des Tages zusammen hinunter ins Tal fuhr, ließ er doch gern auf den steilen Stücken noch einmal sein Können aufblitzen. Schließlich musste doch klar sein, wer hier das erfahrenere Ski-Ass war.

Aber heute war es nichts gewesen mit dem Aufblitzen-Lassen. Marcel fuhr ihm auf der letzten Abfahrt einfach auf und davon. «Hey, fahr nicht so riskant!», rief ihm Stefan Putzer noch hinterher – aber er wusste, dass es gar nicht an Marcels Wagemut lag. Äußerst sicher und elegant stob der 16-Jährige die Piste hinunter, während der 45-Jährige bisweilen das Gefühl hatte, an seine Grenzen zu kommen.

«Was für eine Abfahrt!», schwärmt Marcel, noch immer berauscht von der Geschwindigkeit – und natürlich auch von der Tatsache, dass er als Erster an der Talstation angekommen ist. «Perfekter Schnee, super Wetter – so macht das Skifahren Spaß!»

«Genau», pflichtet der Vater ihm bei. Klang es auch begeistert genug? Putzer hofft es.

«Und morgen fahren wir ein kleines Rennen, abgemacht?», fordert ihn Marcel heraus. «Auf dem Slalomkurs, wo man für einen Euro die Zeit nehmen lassen kann, okay?»

«Abgemacht», sagt der Vater. «Ich zahle. Und der Verlierer gibt dem Gewinner einen Jagatee aus.»

«Den hab ich schon mal sicher», lacht Marcel. Der Vater lächelt nur.

In der Nacht schneit es, und am nächsten Tag ist das Wetter

wieder so, wie es sich ein Skifahrer wünscht: blauer Himmel, frischer Pulverschnee, gutpräparierte Pisten. Die beiden fahren den ganzen Tag zusammen, machen nur eine kurze Mittagspause, und am Nachmittag geht es dann auf den Slalomparcours, der für die Touristen abgesteckt worden ist.

Und natürlich kommt es so, wie es beide vorhergesehen hatten: Stefan Putzer hat gegen seinen Sohn keine Chance. Die zwölf Lehrjahre machen sich bezahlt, behände schwingt der Sohn um die Slalomstangen herum und ist gut zwei Sekunden schneller unten als der Vater, der noch dazu im Ziel heftig keucht. Auch eine Wiederholung ändert nichts an der Wahrheit: Marcel hat seinen Vater endgültig abgehängt.

«So, damit wäre die Frage beantwortet, wer hier der bessere Skifahrer ist», sagt Marcel mit einer Spur zu viel Überheblichkeit in der Stimme. «Lass uns schnell runter ins Tal, ich möchte meinen Gewinn kassieren!»

«Du hast ja recht», antwortet der Vater, immer noch ein bisschen außer Atem. «Aber diesen Unterton kannst du dir sparen!» In seiner Stimme liegt eine Spur zu viel Nicht-verlieren-Können. «Aber lass uns nicht die schwarze Abfahrt nehmen, ich bin nach dem Tag doch ein bisschen groggy. Ich schlage vor, wir nehmen die langgezogene Schussfahrt durch den Wald!»

«Klar, können wir machen», antwortet sein Sohn. «Und, fahren wir das wieder als Rennen?»

In diesem Moment fährt ein Gedanke durch Stefan Putzers Kopf. Ein Gedanke, der von einem spielerischen Gefühl der Revanche begleitet ist. Putzer ist Physiklehrer, und der Physiker in ihm wittert hier eine letzte Chance, seine heutige Niederlage noch in einen Sieg zu wenden.

«Einverstanden, aber wir fahren nach folgenden Regeln: Wir stellen uns oben nebeneinander hin und lassen uns einfach den

Hang runtergleiten – ohne Anschieben, ohne Hilfsschritte. Und wer zuerst unten ankommt, der hat nicht nur das Rennen gewonnen, sondern den ganzen Tag.»

«Alles oder nichts, was?», lacht der Sohn. «Und mit Können oder gar Sport hat das dann ja überhaupt nichts mehr zu tun, wir lassen uns einfach nur von der Schwerkraft ins Tal ziehen.» Dann denkt er kurz nach. «Also du verstehst mehr von Physik als ich, aber wir haben vor zwei Jahren die schiefe Ebene in der Schule durchgenommen. Und da kam heraus, dass auf der alles ähnlich passiert wie im freien Fall – alle Körper rutschen oder rollen gleich schnell ins Tal, vorausgesetzt, die Reibung ist dieselbe. Da wir die gleichen Skier haben, sollte das so sein, also müsste ein Dicker wie du genau gleichzeitig mit einem Dünnen wie mir unten ankommen!»

«Wenn du meinst», sagt der Vater und kann ein leichtes Grinsen nicht vermeiden. «Und das mit dem Dicken möchte ich überhört haben. Ich bin größer als du und ein bisschen kräftiger gebaut. Lass es uns ausprobieren!»

Die beiden stellen sich Skispitze an Skispitze am Beginn der langgezogenen Piste auf und stützen sich mit den Skistöcken ab. Auf «Los!» nehmen sie die Stöcke hoch, die Skier setzen sich fast grotesk langsam in Bewegung. Aber schon nach ein paar Metern nehmen Vater und Sohn Fahrt auf. Die Piste ist blau gekennzeichnet, sie wird nie so steil, dass ein geübter Skifahrer gezwungen wäre, Schwünge zu machen – man kann die Ski einfach «laufen lassen», ohne die Kontrolle zu verlieren.

Und schon nach wenigen hundert Metern muss Marcel einsehen, dass sein Vater zwar nicht mehr der bessere Skifahrer ist, aber immer noch der bessere Physiker: Zentimeter für Zentimeter schiebt sich der Alte an ihm vorbei, nach der Hälfte der zwei Kilometer langen Strecke hat er schon einen Vorsprung von zehn Metern. Marcel geht in die Hocke, aber das tut Stefan Putzer auch.

Was der Junge auch probiert, extreme Rückenlage oder Kanten der Skier – es nutzt nichts, der Vater ist schneller und schwingt mit 25 Meter Vorsprung an der Talstation der Gondel ein.

«Was für ein Rennen!», ruft Stefan Putzer aus, der seinen letzten Sieg offenbar genießt.

«Na ja, dick gewinnt», brummt Marcel. «Lass uns einkehren und den Jagatee trinken – und dann erklär mir, warum ein schwerer Skifahrer schneller unten ankommt als ein leichter!»

Die Zeche hat dann übrigens doch der Vater bezahlt.

Die Luft bremst

Fährt ein schwerer Skifahrer unter ansonsten gleichen Bedingungen tatsächlich schneller als ein leichter? Bevor wir uns den Skifahrern zuwenden, betrachten wir einen einfacheren Fall: den einer unendlich großen Steigung, also den freien senkrechten Fall von Objekten. Fallen schwerere Dinge langsamer als leichtere? Das war für die Menschen früher so sonnenklar, dass man gar nicht daran dachte, es einmal experimentell zu überprüfen. Der Legende nach soll Galileo Galilei die Fallgesetze bewiesen haben, indem er unterschiedlich schwere Kugeln gleicher Größe vom Schiefen Turm von Pisa warf – und beide Kugeln kamen gleichzeitig unten an.

Aber die Geschichte ist wohl tatsächlich nur eine Legende. Gleich aus mehreren Gründen: Erstens gab es damals gar nicht die Uhren, um derart schnelle Bewegungen exakt zu messen. Galilei benutzte deshalb schiefe Ebenen, auf denen er Kugeln rollen ließ.

Und zweitens war Galileo lange selbst auf dem falschen Dampfer. In seinem Frühwerk *De Motu*, das um 1590 entstand, versuchte er, die (falsche) These von Aristoteles zu widerlegen, dass die Fallgeschwindigkeit eines Körpers von seinem Gewicht abhängt. Der junge Galilei entwickelte eine komplizierte, leider ebenfalls falsche Theorie, nach der nicht das Gewicht, sondern die Dichte eines Körpers die Fallgeschwindigkeit bestimmt.

Aber Galileo war offen für Experimente und sah ein, dass die Wirklichkeit mit seiner Theorie nicht übereinstimmte: «Denn wenn man zwei unterschiedliche Körper nimmt, die solche Eigenschaften haben, dass der erste zweimal so schnell fallen sollte wie der zweite, und lässt sie von einem Turm fallen, dann erreicht der erste den Boden nicht wesentlich schneller als der zweite.» Eine schmerzliche Einsicht, die ihn nicht ruhen ließ, bis er Jahre später das tatsächliche Fallgesetz entdeckte, nach dem alle Körper gleich schnell fallen – zumindest, wenn man die Reibungskräfte vernachlässigt.

Woran liegt das? Es hat mit der Trägheit von Massen zu tun. Alle Massen sind träge, das heißt, sie wollen ihren aktuellen Zustand beibehalten und sträuben sich gegen seine Änderung. Das gilt für Massen in Ruhe, aber auch für Massen, die sich mit konstanter Geschwindigkeit bewegen. Man muss also eine Kraft aufwenden, um diese Trägheit zu überwinden, und die Kraft ist proportional zur Masse – für eine doppelte Masse ist die Kraft doppelt so groß.

Im Schwerkraftfeld der Erde wirkt ständig eine Kraft auf jeden Körper die Gewichtskraft. Da Masse und Gewicht proportional sind, werden sie oft verwechselt. Früher gab es die Einheit Kilopond fürs Gewicht, und ein Kilopond entsprach weitgehend dem Gewicht einer Masse von einem Kilogramm. Die Werte auf der Skala einer Waage zum Beispiel dürften eigentlich nicht in Kilogramm angegeben sein – man misst ja die Kraft, die der Körper auf die Waage ausübt, und nicht seine Masse.

Wenn man Kraft *(F)* und Masse *(m)* kennt, kann man die Beschleunigung *(a)* ausrechnen, die ein Körper erfährt, wenn er in einem Schwerefeld losgelassen wird. Das macht man mit der Formel

$$F = m \cdot a$$

oder, aufgelöst nach *a:*

$$a = \frac{F}{m}$$

Weil aber *F* und *m* zueinander proportional sind, hat der Bruch auf der rechten Seite für alle Massen denselben Wert – jeder Körper erfährt dieselbe Beschleunigung!

Für die im Schwerefeld der Erde konstante Beschleunigung hat sich die Bezeichnung *g* eingebürgert, die sogenannte Erdbeschleunigung. Sie hat einen Wert von ungefähr 9,8 m/s^2.

Dazu zwei Anmerkungen: Erstens ist es sehr praktisch, wenn auch vollkommen zufällig, dass dieser Wert sehr nahe bei 10 liegt, das macht viele physikalische Rechnungen erheblich einfacher. Zum Beispiel hat eine Masse von einem Kilogramm ein Gewicht von 9,8 oder rund 10 Newton.

Zweitens: Bei der Einheit m/s^2 setzt für viele das physikalische Verständnis aus – was zum Teufel soll man sich unter einer «Quadratsekunde» vorstellen? Eine Zeitfläche? Nein. Beschleunigung ist ein Maß für die *Änderung* von Geschwindigkeit. 9,8 m/s^2 bedeutet «9,8 Meter pro Sekunde pro Sekunde». Die Geschwindigkeit wächst jede Sekunde um 9,8 m/s. Lässt man eine Masse fallen, dann hat sie nach einer Sekunde die Geschwindigkeit 9,8 m/s, nach zwei Sekunden 19,6 m/s und so weiter.

Dass die Erdbeschleunigung für alle Körper dieselbe ist, finden viele Menschen nicht plausibel. Es widerspricht ja auch einer ganzen Reihe von Erfahrungen, die wir täglich machen. Zum Beispiel fällt ein mit Luft gefüllter Ballon langsamer als eine Stahlkugel, und eine Feder gleitet langsamer zu Boden als eine Münze. In beiden Fällen ist der Grund für den langsameren Fall der Widerstand, den die Luft der Masse entgegensetzt. Lässt man zum Beispiel die Luft aus dem Ballon, so erfährt er einen viel geringeren Luftwiderstand und fällt fast wie ein Stein zu Boden. Und was die Feder angeht: So gut wie jeder Schüler kennt aus dem Physikunterricht den Versuch, bei dem eine Feder und eine Münze in einem großen Glasrohr zu Boden fallen. Zunächst schwebt die Feder langsam nach unten. Pumpt man aber die Luft aus dem Rohr, fallen Feder und Münze tatsächlich gleich schnell.

Um beim Beispiel der Feder zu bleiben: Fällt eine kleine Feder genauso schnell wie eine große? Stellen Sie sich eine winzige Daunenfeder vor und dann eine große Gänsefeder, wie sie früher zum Schreiben verwendet wurde. Während die kleine Feder regelrecht in der Luft tanzt und manchmal vielleicht sogar von einer Strömung wieder höher getragen wird, fällt die große ziemlich unbeeindruckt von der Luft zu Boden. Ihr scheint der Luftwiderstand irgendwie weniger auszumachen. Und ganz ähnlich ist es bei den unterschiedlich schweren Skifahrern – dem leichteren setzt der Fahrtwind mehr zu.

Das alles kann man auch quantifizieren. Dazu begeben wir uns jetzt erst einmal von der Vertikalen auf die schiefe Ebene – auf den Hang, den unsere Skifahrer hinunterdüsen.

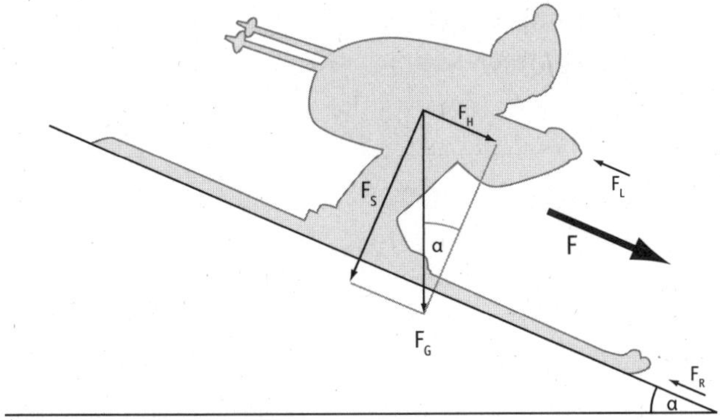

Im freien Fall wirkt die gesamte Gewichtskraft eines Körpers beschleunigend, auf der schiefen Ebene nur ein Teil – je flacher der Hang, umso kleiner ist diese sogenannte Hangabtriebskraft.

Das System Skifahrer (Mensch plus Ski) hat einen Schwerpunkt, der sogar außerhalb des Skifahrer-Körpers liegen kann, und an dem greifen alle Kräfte an, die wir nun betrachten. Da ist zunächst einmal die Gewichtskraft F_G, die direkt zum Erdmittelpunkt weist. Kräfte haben die schöne Eigenschaft, dass man sie mit einem Parallelogramm fast beliebig in Teilkräfte zerlegen kann. In diesem Fall interessiert uns die Kraft F_H, die parallel zum Hang wirkt. Deshalb zerlegen wir den Gewichtskraft-Pfeil in zwei Komponenten: die Hangabtriebskraft F_H sowie die Kraft F_S, die auf den Skiern lastet.

Was hindert die Skifahrer daran, auf ihrer Abfahrt immer schneller zu werden? Da sie sich vorschriftsmäßig wie ein Sack Kartoffeln zu Tal gleiten lassen und selbst keine Kräfte einsetzen, gibt es nur zwei Kräfte, die der Talfahrt entgegenwirken: die Reibung der Skier auf dem Schnee sowie den Luftwiderstand.

Die Reibungskraft nennen wir F_R, den Luftwiderstand F_L. Dann gilt für die Gesamtkraft F, die den Skifahrer zu Tal zieht:

$$F = F_H - F_R - F_L$$

Und die Beschleunigung a berechnet sich dann aus der schon weiter oben stehenden Gleichung

$$a = \frac{F_H - F_R - F_L}{m}$$

Um die drei Einzelkräfte zu berechnen, braucht man ein bisschen Trigonometrie, also die Rechnung mit Sinus und Cosinus. Hier reicht es aber, zu wissen, dass der Sinus eines Winkels im rechtwinkligen Dreieck der Quotient aus der gegenüberliegenden Seite und der Hypotenuse (der langen Seite) ist. Der Winkel α, der die Hangneigung beschreibt, findet sich auch in dem Kräfte-Parallelogramm, sodass gilt:

$$\sin\alpha = \frac{F_H}{F_G}$$

$$F_H = F_G \cdot \sin\alpha = m \cdot g \cdot \sin\alpha$$

Hier kommen also die Masse des Skifahrers und die Erdbeschleunigung ins Spiel!

Wie stark bremst die Reibung den Skifahrer? Das hängt von einer Menge Faktoren ab – etwa dem Zustand des Schnees und der Außentemperatur. Bei manchen Schneeverhältnissen entsteht ein Wasserfilm unter dem Ski, sodass er sehr schnell gleitet. Wird die

Sache aber zu nass, dann bremst das Wasserpolster den Skifahrer wieder.

Hängt die Reibung von der Masse ab? Das ist unter Skifahrexperten umstritten. Wir nehmen aber hier an, dass eine größere Masse auch eine entsprechend höhere Reibung erfährt, wie es bei trockener Reibung an der schiefen Ebene auch der Fall ist. Alle Umweltumstände gehen in einen Faktor μ ein, den Reibungskoeffizienten. Vom Gewicht des Skifahrers wird nur der Anteil F_S berücksichtigt, der senkrecht auf den Ski drückt.

$$F_R = F_S \cdot \mu = F_G \cdot \cos\alpha \cdot \mu = m \cdot g \cdot \cos\alpha \cdot \mu$$

Der Ski rutscht nur, wenn die Hangabtriebskraft größer ist als die Reibungskraft! Schaut man sich die beiden Kräfte an, so sieht man, dass sie (bei konstanter Neigung und gleich bleibenden Schneeverhältnissen) beide proportional zur Masse sind und sich nur um einen konstanten Faktor unterscheiden. Die resultierende Kraft ist immer noch proportional zur Masse und bleibt während der ganzen Fahrt gleich – und das heißt, beide Skifahrer erfahren dieselbe konstante Beschleunigung, und ihre Geschwindigkeit würde über alle Maßen steigen!

Vor allem diese immer währende Beschleunigung widerspricht aber der Erfahrung. Insbesondere auf flachen Hängen hört die Beschleunigung irgendwann auf – der Fahrer erreicht eine Grenzgeschwindigkeit, danach wird er nicht mehr schneller. Auf steilen Hängen mag es sein, dass er irgendwann so schnell wird, dass er sich nicht mehr auf den Brettern halten kann, aber zumindest theoretisch gibt es auch dort eine Grenzgeschwindigkeit. Und selbst im freien Fall wird ein Körper nicht immer schneller – das kann jeder Fallschirmspringer bestätigen.

Der Grund dafür ist, dass die zweite bremsende Kraft, der Luftwiderstand, mit zunehmender Geschwindigkeit stark ansteigt. Den Luftwiderstand konkret zu berechnen ist eine sehr schwierige Aufgabe, die Kräfte hängen von vielen Faktoren ab, unter anderem davon, ob der Körper eine strömungsgünstige Form hat. Diese geht in den sogenannten «Luftwiderstandsbeiwert» c_w ein, mit dem manchmal für windschnittige Autos geworben wird. Ermitteln kann man diesen Wert nur experimentell im Windkanal.

Wenn man ihn kennt, dann gilt für die Luftwiderstandskraft:

$$F_L = c_w \cdot A \cdot v^2$$

Dabei ist v die Geschwindigkeit und A die «im Wind stehende» Fläche des Skifahrers. Die darf man sich vorstellen als den Schatten, den der Skifahrer wirft, wenn er von vorn angestrahlt wird. Eine größere Fläche bedeutet: Der Fahrtwind hat mehr Angriffsfläche, er kann entsprechend mehr bremsen. Das ist das Wirkprinzip eines Fallschirms!

Der Gleichung sieht man an, dass die Luftwiderstandskraft mit der Geschwindigkeit stark wächst. Verdoppelt sich das Tempo, so wird der Luftwiderstand vervierfacht! Weil die Hangabtriebskraft (abzüglich der Gleitreibung) aber während der ganzen Fahrt konstant bleibt, gilt selbst für den windschnittigsten Fahrer, der sich ganz zusammenkauert, um seine Fläche A zu minimieren: Irgendwann wird der Luftwiderstand so groß, dass Hangabtriebskraft und Reibung genau ausgeglichen werden. Dann wirkt überhaupt keine Kraft auf den Fahrer – und seine träge Masse bewegt sich mit konstanter Geschwindigkeit zu Tal.

Mathematisch ausgedrückt, ergibt sich für die Beschleunigung:

$$a = \frac{F_H - F_R - F_L}{m} = \frac{F_H}{m} - \frac{F_R}{m} - \frac{F_L}{m} =$$

$$\frac{m \cdot g \cdot \sin\alpha}{m} - \frac{m \cdot g \cdot \cos\alpha \cdot \mu}{m} - \frac{c_w \cdot A \cdot v^2}{m} = g \cdot (\sin\alpha - \cos\alpha \cdot \mu) - \frac{c_w \cdot A \cdot v^2}{m}$$

Und was ist nun mit den beiden unterschiedlich schweren Fahrern? Menschen gibt es in allen möglichen Größen und Dicken. Wir nehmen für die Rechnung einmal an, dass der Vater 10 Prozent größer ist als der Sohn und dass er eine maßstabsgerechte Vergrößerung des Jugendlichen ist. Das ist eine ziemliche Vergröberung, schließlich sind kleine Menschen aus vielerlei Gründen nicht proportional verkleinerte große Menschen. (Insbesondere bei Babys fällt das auf: Auf alten Gemälden wird das Jesuskind oft als winziger Erwachsener dargestellt, und das finden wir heute unfreiwillig komisch.) Aber die Rechnung erleichtert es ungemein.

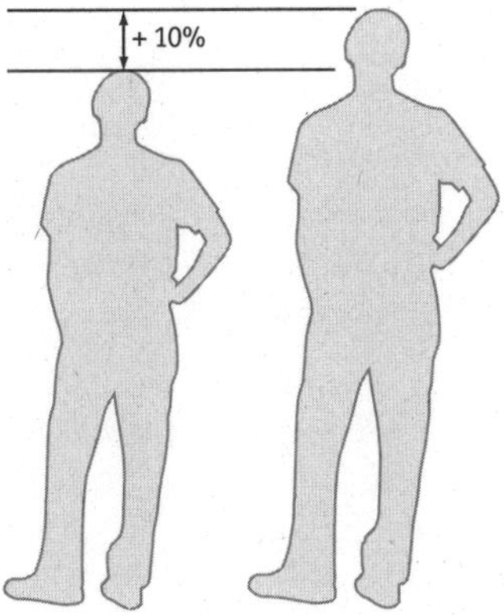

Man bemerke, dass bei einer maßstabsgerechten Vergrößerung alle Maße um 10 Prozent zunehmen – nicht nur die Höhe, sondern auch Breite und Tiefe. Das ist ja auch in der Wirklichkeit so: Erwachsene haben ein breiteres Kreuz und dickere Oberschenkel als Kinder.

Wenn der Vater in diesem Sinne 10 Prozent größer ist als der Sohn, dann wiegt er auch 10 Prozent mehr, oder? Das ist ein verbreiteter Fehlschluss. Die 10 Prozent werden ja in allen drei Raumrichtungen draufgeschlagen. Das sieht man leichter bei regelmäßigen Körpern ein, etwa einem Würfel: Ein Würfel mit einer Kantenlänge von 1 Meter hat ein Volumen von 1 Kubikmeter – ein Würfel mit einer Kantenlänge von 1,10 Metern hat ein Volumen von 1,1 × 1,1 × 1,1 = 1,33 Kubikmetern.

Bei unregelmäßigen Körpern wie unseren idealisierten Skifahrern ist es nicht anders, und das Volumen und damit die Masse des Vaters ist 1,33-mal so groß wie beim Sohn.

Wenn m die Masse des Sohnes ist und m' die Masse des Vaters, dann gilt also:

$$m' = 1{,}33 \cdot m$$

Entsprechend können wir nun auch die Beschleunigung des Vaters im Vergleich zum Sohn berechnen. Es ist

$$a' = g \cdot (\sin\alpha - \cos\alpha \cdot \mu) - \frac{c_w \cdot A' \cdot v'^2}{m'}$$

Die Größe von m' ist bekannt, wie sieht es mit A' aus? A und A' sind ja die Querschnittsflächen, die der Sohn beziehungsweise der Vater dem Fahrtwind bieten. Ein Blick auf die Strichmännchen zeigt: Um das Verhältnis der Flächen zu berechnen, müssen wir 1,1 mit 1,1 malnehmen: A' ist also das 1,21-Fache von A.

Die Formel sieht jetzt so aus:

$$a' = g \cdot (\sin\alpha - \cos\alpha \cdot \mu) - \frac{1{,}21}{1{,}33} \cdot \frac{c_w \cdot A \cdot v'^2}{m} = g \cdot (\sin\alpha - \cos\alpha \cdot \mu) - 0{,}9 \cdot v'^2 \cdot \frac{c_w \cdot A}{m}$$

In der Gleichung steckt immer noch der Faktor v'^2, und den bekommt man auch nicht so leicht da raus (für Fortgeschrittene: Dazu muss man Differentialgleichungen lösen können). Man kann sich aber überlegen, dass für jede beliebige Geschwindigkeit v gilt: Wenn der Vater mit diesem Tempo fährt, dann hat er eine größere Beschleunigung als der Sohn beim selben Tempo, weil von dem linken Ausdruck (der ungebremsten Beschleunigung durch die Schwerkraft) weniger abgezogen wird. Das ist schon am Anfang so, bei $v=0$, und gilt für jede Geschwindigkeit – der Sohn kann einfach nicht schneller werden als der Vater.

Man kann aus den Gleichungen auch die Grenzgeschwindigkeit der beiden Skifahrer berechnen – die ist nämlich dann erreicht, wenn die Beschleunigung zu null wird. Für den Sohn bedeutet das:

$$m \cdot g \cdot (\sin\alpha - \cos\alpha \cdot \mu) - c_w \cdot A \cdot v_{\text{grenz}}^2 = 0$$

Aufgelöst nach v_{grenz}:

$$v_{\text{grenz}} = \sqrt{\frac{m}{A}} \cdot \sqrt{\frac{g \cdot (\sin\alpha - \cos\alpha \cdot \mu)}{c_w}}$$

Die entsprechende Gleichung für den Vater :

$$v'_{grenz} = \sqrt{\frac{1,33 \cdot m}{1,21 \cdot A}} \cdot \sqrt{\frac{g.(\sin\alpha - \cos\alpha \cdot \mu)}{c_w}} = \sqrt{1,1} \cdot v_{grenz} = 1,05 \cdot v_{grenz}$$

Und das heißt: Tatsächlich erreicht der 10 Prozent größere Vater eine um 5 Prozent höhere Grenzgeschwindigkeit!

Um nun konkret auszurechnen, mit welchem Vorsprung der Vater im Ziel ankommt, müsste man noch ein bisschen höhere Mathematik auf diese Formeln loslassen. Der Mathematiker Norbert Herrmann aus Meißen hat es (mit etwas anderen Gleichungen) getan und für zwei Skifahrer von 80 und 110 Kilogramm Gewicht ausgerechnet, dass der dicke gegenüber dem dünnen auf einer Strecke von einem Kilometer etwa 16 Meter Vorsprung herausfährt. Ein paar Kilo mehr können also bei der Skiabfahrt durchaus von Vorteil sein!

Jetzt sind Sie dran: Sicher haben Sie das auch schon mal gemacht: Wenn man auf einem Stuhl sitzt, kann man sich ruckelnd durch den Raum bewegen, ohne sich mit den Füßen vom Boden abzustoßen. Es wird also eine Masse in Bewegung versetzt, dazu ist eine von außen wirkende Kraft nötig – aber alle Kräfte, die Sie aufwenden, sind ja innere Kräfte des Systems Mensch-Stuhl. Woher kommt die äußere Kraft, die Sie durch den Raum befördert?

3 Die Kraft der zwei Pferde

oder

Zerreißprobe für blaue Hosen

Es ist ein schöner Frühsommertag im Jahr 1886, und Levi Strauss und Jacob Davis sitzen vor Strauss' Laden in der Fremont Street in San Francisco. Sie genießen ihre Mittagspause – und die Tatsache, dass sich der Nebel verzogen hat, der den ganzen Vormittag die San Francisco Bay eingehüllt hat.

«Hast du gesehen», brummt Strauss, «in der Lombard Street verkaufen sie ‹Jeans› für 99 Cent.» Er nimmt einen Zug aus seiner Zigarre und bläst unwillig einen Rauchring in die Luft.

«Ja, habe ich», antwortet Davis. Strauss kennt ihn seit 14 Jahren, damals kam der mit einer Idee zu ihm: Nachdem die Goldsucher und Minenarbeiter sich immer wieder darüber beschwert hatten, dass die Taschen der blauen Hosen unter den harten Arbeitsbedingungen einrissen, hatte er ausgetüftelt, dass sich die Säume mit Nieten stabilisieren ließen. Davis war ein Schneider aus Reno in Nevada gewesen und so arm, dass er sich nicht einmal die Gebühr für die Einreichung einer Patentschrift leisten konnte. So kamen die beiden ins Geschäft: Strauss zahlte die 68 Dollar für das Patent, und er machte Davis zum Leiter der Hosenproduktion.

«‹Jeans›, wenn ich das schon höre!», sagt Strauss verächtlich. Das Wort ist eigentlich Hosen vorbehalten, die aus Genueser Stoff genäht sind. Die blauen Hosen dagegen, die Levi Strauss bekannt gemacht haben, sind aus französischem Denim, das Wort leitet sich ab von *Serge de Nîmes*. Und Strauss besteht darauf, seine Hosen *over-*

alls zu nennen, obwohl sie ja eigentlich nicht den ganzen Körper bedecken. Der deutsche Einwanderer ist reich geworden mit der Idee, für die rauen Bedingungen des Westens Hosen aus einem Leinenstoff zu nähen, der vorher nur für Segel benutzt wurde. Als das Leinen ausging, war er auf die Idee mit dem blaugefärbten Denim gekommen.

Die «Levi's» sind Strauss' wichtigstes Produkt, und er legt Wert auf Qualität. Er sucht die Stoffe genauso sorgfältig aus wie das orange Garn, mit dem sie zusammengenäht werden. Das hat ihn zum Marktführer gemacht – aber eine Levi's kostet 1,46 Dollar, und die Konkurrenz versucht ihm mit Dumpingpreisen Marktanteile abzujagen. Mit Hosen aus minderwertigen Stoffen, genäht in Sweatshops in Chinatown, dem von Asiaten bewohnten Viertel der Stadt. Sogar die patentierten Nieten werden immer wieder kopiert, obwohl Strauss vor 12 Jahren schon einmal sein Patent erfolgreich vor Gericht verteidigt hat.

«Du nimmst diese Billighuber nicht ernst genug», sagt Davis. «Noch bist du Marktführer, aber das kann sich schnell ändern. So viele äußerliche Unterschiede gibt's bei einfachen blauen Hosen nicht, und die Kunden haben keinen Sinn für Qualität.»

«Keine Unterschiede? Wir haben doch schon unsere Nieten und das Muster, das wir auf die hinteren Taschen nähen», protestiert Strauss. «Eine Levi's ist unverwechselbar!»

«Für dich und mich ja, aber nicht für einen einfachen Minenarbeiter oder Goldsucher», entgegnet Davis. «Das ist unsere Kundschaft – oder glaubst du, dass die Damen der höheren Gesellschaft, die sich mit der Qualität von Stoffen auskennen, bald in blauen Arbeitshosen herumlaufen werden?»

Bei der Vorstellung muss Strauss laut lachen. «Okay, du hast recht. Hast du vielleicht auch eine Idee, wie wir unser Produkt noch unverwechselbarer machen können?»

«Was ist unser wichtigstes Verkaufsargument? Der stabile Stoff und die gute Verarbeitung!», sagt Davis. «Wie kann man diese Strapazierfähigkeit verdeutlichen? Ich habe mir da mal was überlegt.»

Er zieht einen zusammengefalteten Zettel aus der Hose. «Hier, schau mal: Wir nähen auf jede Hose ein kleines Lederetikett mit einer symbolischen Zeichnung. Die Hose ist an einem Pfosten festgebunden, und selbst ein Pferd ist nicht in der Lage, sie zu zerreißen.»

Strauss schaut sich die Zeichnung an. «Gar keine schlechte Idee», sagt er. «Das erinnert mich an eine Geschichte aus meiner deutschen Heimat. Hast du mal von Otto von Guericke gehört?»

«Otto wer?»

«Otto von Guericke, ein Gelehrter aus der Stadt Magdeburg. Der hat dort vor über 200 Jahren die Kraft des Luftdrucks demonstriert, indem er zwei Halbkugeln aufeinanderpresste und die Luft dazwischen herauspumpte, und dann konnten nicht einmal 16 Pferde, acht auf jeder Seite, die beiden Halbkugeln auseinanderreißen. Und die Bilder von diesem Ereignis machten den Mann weltberühmt – jedenfalls in Europa», erzählt Strauss, der auch nach fast 40 Jahren in Amerika noch stolz auf seine bayerische Herkunft ist.

«Aber 16 Pferde wären ein bisschen viel für eine Hose, das nimmt uns niemand ab», wendet Davis ein.

«Ich meine ja auch nicht 16 Pferde, sondern zwei – eines an jeder Seite», sagt Strauss. «Zeig nochmal her dein Bild – das sähe doch viel besser aus mit zwei Pferden: symmetrischer, und vor allem auch dynamischer. Zwei Pferde, die versuchen, eine Levi's zu zerreißen, am besten noch angetrieben von zwei Cowboys mit Peitschen – und die Hose hält!»

«Stimmt, das sähe besser aus», gibt Davis zu. «Aber würde die Hose das auch aushalten? Bei *einem* Pferd bin ich mir ziemlich sicher – aber bei zweien? Wenn die doppelte Kraft an der Hose zerrt?»

«Merk dir eins: Beim Werben geht es nicht um Wahrheit, sondern um Überzeugung», antwortet Strauss. «Und ist es wirklich die doppelte Kraft? Da bin ich mir gar nicht so sicher. Auf jeden Fall finde ich meine Variante noch ein ganzes Stück überzeugender als deine.»

Während Strauss noch redet, hat Davis schon mit ein paar Strichen ein neues Logo gezeichnet. «Stimmt, sieht besser aus!», sagt er. «Stell dir das auf Leder geprägt vor, das macht die Hose gleich noch ein Stück wertvoller. Ich würde mich nicht wundern, wenn eines Tages wirklich die feinen Leute mit Denim-Hosen über die Hafenpromenade spazieren würden.»

Strauss muss wieder lachen. «Solange da unser Emblem draufgenäht ist, soll es mir recht sein!»

Zerreißproben und Frontalkollisionen

Zerreißt die Hose eher, wenn zwei Pferde an ihr ziehen? In dieser Frage kommt Newtons drittes Prinzip ins Spiel, in dem von *actio* und *reactio* die Rede ist. «Kräfte treten immer paarweise auf», schrieb Newton 1726. «Übt ein Körper A auf einen anderen Körper B eine Kraft aus (*actio*), so wirkt eine gleich große, aber entgegengerichtete Kraft von Körper B auf Körper A (*reactio*).»

Am leichtesten kann man dieses Prinzip erkennen, wenn man Situationen betrachtet, in denen wenige Kräfte eine Rolle spielen und insbesondere keine Reibung existiert. Das Paradebeispiel sind zwei Massen im Weltall, etwa die Erde und die Sonne. Zwischen denen wirkt die Schwerkraft, und tatsächlich zieht die Sonne genauso stark an der Erde wie die Erde an der Sonne. Das heißt natürlich nicht, dass die beiden, wenn sie aufeinander zufliegen würden, sich in der Mitte träfen – die gleiche Kraft löst bei der Sonne eine viel geringere Beschleunigung aus als bei der Erde, denn Beschleunigung ist Kraft geteilt durch Masse. Im Wesentlichen würde die Erde in die Sonne stürzen, aber wenn man es ganz genau nimmt, dann treffen sie sich im gemeinsamen Schwerpunkt des Erde-Sonne-Systems. Dasselbe gilt auch, wenn wir den berühmten Newton'schen Apfel auf den Boden fallen lassen: Er fällt auf die Erde zu, aber ein winziges bisschen fällt auch die Erde auf den Apfel zu!

Beim Gesetz von Aktion und Reaktion gibt es kein Verursacherprinzip: Die Schwerkraft herrscht einfach *zwischen* den beiden Körpern, der große zieht am kleinen wie der kleine am großen.

Ähnlich ist es auch, wenn das Pferd über die Seile und die dazwischengespannte Hose mit dem starren Pfosten verbunden ist. Zwar bringt das Pferd mit seinen Muskeln die Energie für die ganze Veranstaltung auf, aber der Pfosten zieht mit derselben Kraft am Pferd wie das Pferd am Pfosten. Weil der Pfosten in der Erde verankert ist und das Pferd über seine Hufe einen «Kraftschluss» mit dem Boden hat, bewegt sich in dem ganzen Versuchsaufbau nichts, solange die Hose hält. An der Hose selbst wird in beiden Richtungen gezogen, die Summe aller Kräfte ist null, aber eine Spannung (siehe Seite 74) gibt es sehr wohl, sie berechnet sich über die Zugkraft, geteilt durch die Querschnittsfläche der Hose.

Und wenn nun ein zweites Pferd in der anderen Richtung an der Hose zerrt? Dann ändert sich prinzipiell nichts – es übernimmt einfach die Rolle des Pfostens. Das mag im ersten Moment der Intuition widersprechen, schließlich «tut» der Pfosten nichts, während das Pferd sich anstrengen muss. Vielleicht wird die Sache klarer, wenn man sich einen allmählichen Übergang zwischen den beiden Situationen vorstellt: Das Pferd ist zunächst am Pfosten festgebunden und zieht, dann löst ein (starker) Mann das Seil und bindet es am Geschirr des zweiten Pferdes fest – wenn er das geschickt macht, merkt Pferd Nummer eins gar nichts davon, und die Hose auch nicht.

Ein ganz ähnliches Problem ist die Frage, ob ein Frontalzusammenstoß zwischen zwei Autos schlimmer ist als der Aufprall auf eine Wand. Das makabre, zum Glück nur theoretische Szenario: Ein Fahrer, bei dessen Auto die Bremsen versagt haben, hat die Wahl, frontal mit 50 Kilometern pro Stunde in eine stabile Wand zu rasen oder aber in ein entgegenkommendes Auto gleichen Typs, das mit derselben Geschwindigkeit auf ihn zufährt. In welchem Fall ist der Aufprall für ihn schlimmer?

Mal ganz abgesehen davon, dass in dem entgegenkommenden Auto ja auch Menschen sitzen, die bei dem Unfall zu Schaden kämen: Oft wird argumentiert, dass bei dem Crash gegen die Wand der Zusammenstoß mit 50 km/h passiert, während die beiden Autos eine relative Geschwindigkeit von 100 km/h haben, was den Aufprall «doppelt so schlimm» machen würde. Ist da etwas dran?

Schauen wir uns zunächst einmal den Aufprall auf die Wand an.

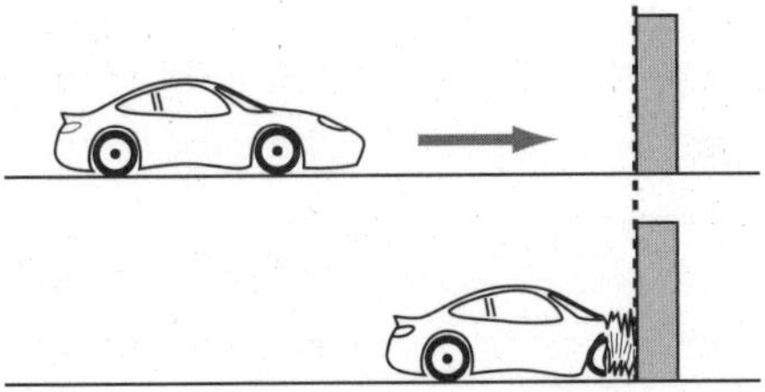

Welche Kraft wirkt auf den Wagen und damit auf den Fahrer? Das Auto hat zunächst eine Geschwindigkeit von 50 km/h, nach dem Crash ist seine Geschwindigkeit null. Es findet also eine «negative Beschleunigung» des Autos statt, und die Kraft errechnet sich nach der Formel «Masse mal Beschleunigung». Wie groß diese Beschleunigung ist, hängt stark von der Verformung des Autos ab: Ist die Karosserie sehr steif, dann kommt das Auto fast unmittelbar zum Stehen. Hat es eine große Knautschzone, dann wird es «sanfter» abgebremst. Ist der Wagen also nach dem Unfall stark verbeult, dann ist das eher ein gutes Zeichen – natürlich nur, solange die Fahrgastzelle einigermaßen intakt geblieben ist.

Das Ganze in Formeln: Kraft ist Masse mal Beschleunigung.

$$F = m \cdot a$$

Wir können annehmen, dass die Geschwindigkeit während des Zusammenstoßes linear von 14 m/s (das sind 50 km/h) auf null verringert wird, dann ist

$$F = m \cdot \frac{\Delta v}{\Delta t} = m \cdot \frac{14}{\Delta t}$$

Es kommt also darauf an, dass Δt, also die Zeit zwischen dem Erstkontakt mit der Wand und dem endgültigen Stillstand, möglichst groß wird! Und das erreicht man mit einer nachgiebigen Knautschzone, die sich möglichst komplett zusammenfaltet und die Energie des Stoßes aufnimmt. Eine steife Fahrgastzelle sorgt dann dafür, dass der Fahrer nicht gleich «mitkomprimiert» wird.

Was ist mit Aktion und Reaktion? Die gleiche Kraft, die auf das Auto wirkt, wirkt auch auf die Wand. Da die aber fest mit dem Boden verbunden ist, wirkt die Kraft praktisch auf die gesamte Erde. Also resultiert daraus wegen der großen Masse der Erde eine vernachlässigbare Bewegung – die Wand bleibt unverrückbar stehen.

Wie sieht es aus, wenn die beiden Autos zusammenknallen?

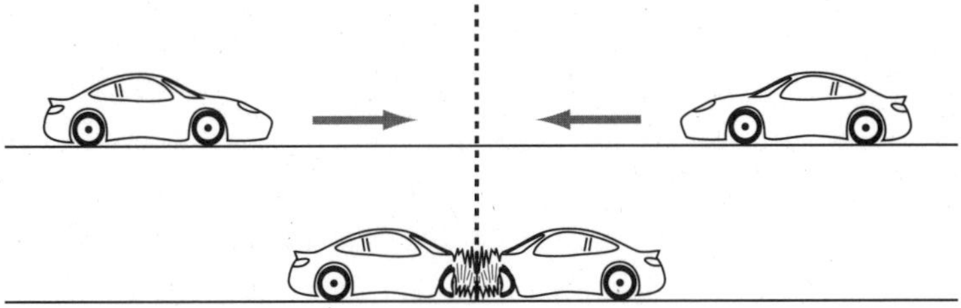

Am Anfang haben beide Wagen eine Geschwindigkeit von 50 km/h (mit unterschiedlichen Vorzeichen), nachher haben beide eine Geschwindigkeit von null. Da beide Wagen dieselbe Masse und dieselbe Geschwindigkeit haben, schiebt keiner den anderen beiseite, sie bleiben beide an der Stelle in der Mitte stehen, die ich in der Zeichnung durch eine gestrichelte Linie bezeichnet habe.

Und das heißt: Für den von links kommenden Wagen macht es keinen Unterschied, ob er auf eine Wand trifft oder auf diese gedachte Linie, an der sich gleichzeitig ein anderer Wagen auffaltet. Die Kraft, die auf ihn wirkt, berechnet sich wie vorher aus Masse mal Beschleunigung, und die (negative) Beschleunigung bleibt dieselbe. Wegen des Prinzips von Kraft und Gegenkraft wirkt dieselbe Kraft in umgekehrter Richtung auf das zweite Auto und richtet dort denselben Schaden an.

Ein anderes Ergebnis kommt heraus, wenn man sich die Energiebilanzen der beiden Unfälle anschaut: Im ersten Fall wird die kinetische Energie des einen Autos komplett in «innere Energie» umgewandelt, also die Energie, die zur Verformung der Karosserie nötig ist, und eine gewisse Menge Wärme. Im zweiten Fall ist am Anfang die doppelte kinetische Energie vorhanden, weil sich zwei Autos bewegen, und entsprechend wird die doppelte Energiemenge umgewandelt. Die ganze Sache ist lauter, und es wird doppelt so viel Masse verformt. Und auch für die Versicherungen entsteht der doppelte Schaden.

Das alles gilt unter der Voraussetzung, dass die beiden Autos die gleiche Masse, Geschwindigkeit und Bauart haben. Und das alles ändert sich, wenn man an diesen Parametern dreht – also unser erstes Auto mit einem schnelleren, schwereren oder steiferen zusammenstößt. Man überlege, was passieren würde, wenn die massive Wand mit einer Geschwindigkeit von 50 km/h auf einen zukäme! Das hätte tatsächlich erheblich schlimmere Folgen.

Um zurück zu Levi Strauss zu kommen: Zwei Pferde sehen nicht nur besser aus als eines, sie schaden der Hose auch nicht mehr. Und auch Otto von Guerickes Demonstration mit 16 Pferden mag eindrucksvoller gewesen sein, als wenn acht Pferde die an einer Wand angebundenen Halbkugeln gezogen hätten – mehr Kraft war dabei nicht im Spiel.

Jetzt sind Sie dran: Auf den Waagschalen einer Balkenwaage stehen zwei gleich große Sanduhren, die mit der gleichen Menge Sand gefüllt sind (s. Zeichnung). Nun wird eine der Uhren umgedreht, sodass der Sand zu rieseln beginnt. Neigt sich dabei die Waage zu einer Seite?

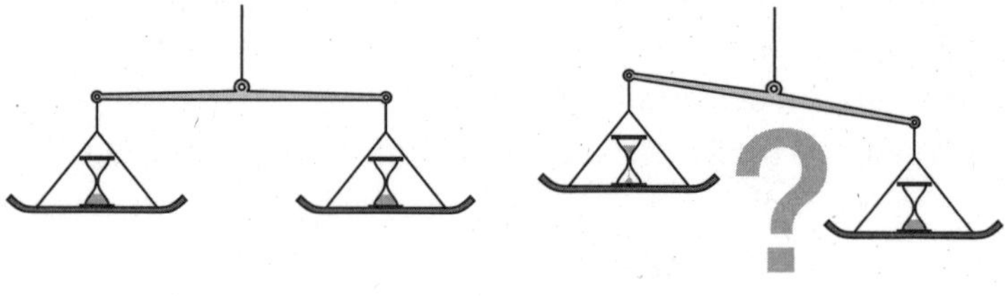

4 Die 20-Meter-Frau

oder

Size matters

Als Jürgen Pomerenke das Café Einstein Unter den Linden in Berlin betritt, winkt ihm Markus Buchstein schon von weitem zu. Buchstein, der wie immer einen schwarzen Rolli unter einem schwarzen Nadelstreifenjackett trägt, ist ein erfolgreicher Fernsehproduzent, und Pomerenke ist sein Lieblingsdrehbuchautor. Die beiden haben sich verabredet, um über Pomerenkes neues Skript zu reden. Neben Buchstein sitzt ein hagerer Mittdreißiger mit Brille, den Pomerenke noch nie gesehen hat.

«Jürgen, setz dich zu uns!», ruft Buchstein dem Neuankömmling mit seinem donnernden Bariton zu. «Ich möchte dir Stefan Hutmacher vorstellen, Dr. Stefan Hutmacher, genauer gesagt.»

«Angenehm, Pomerenke», sagt Pomerenke zu dem Fremden, mit dem er nicht gerechnet hat. Eigentlich ist er es gewohnt, seine Bücher mit Buchstein unter vier Augen zu besprechen, die beiden sind ein eingespieltes Team, und es hat noch nie ernsthafte Probleme gegeben.

«Herr Doktor Hutmacher – oder darf ich Stefan sagen? –, also, Stefan ist Physiker, und ich habe ihn engagiert, um einen Blick auf dein Skript zu werfen», sagt Buchstein.

«Hm. Okay», brummt Pomerenke.

«Weißt du – bisher hast du ja eher Krimistoffe geschrieben, aber jetzt begibst du dich aufs Gebiet der Science-Fiction, und da dachte ich, wir lassen lieber einen Fachmann mit draufschauen!»

Pomerenke bestellt einen Cappuccino. Die Sache gefällt ihm ganz und gar nicht. Wozu braucht er für die recht einfach gestrickten TV-Movies, die er für Buchstein schreibt, einen Experten? Bei den Krimis hat bisher auch keiner gefragt, ob die Ballistik der Geschosse exakt den physikalischen Gesetzen gehorcht.

«Nun guck nicht so griesgrämig», bellt Buchstein und schlägt seinem Autor jovial auf den Rücken. «Du weißt doch, wie ich Stanley Kubrick verehre!»

Ach, deshalb! Jetzt versteht Pomerenke: Buchstein ist ein Kubrick-Fan, sein Lieblingsfilm ist *2001 – Odyssee im Weltraum*, und von Kubrick weiß man ja, wie penibel er auf die wissenschaftliche Plausibilität seiner Plots geachtet hat. Da knallt es zum Beispiel nicht, wenn im All etwas explodiert – weil sich im luftleeren Raum keine Schallwellen fortpflanzen können.

«Ja, ich weiß», sagt Pomerenke, immer noch etwas pikiert, «aber du weißt auch, dass wir hier kein Kunstkino machen, sondern eine klamaukige Comedy – also eher Bully Herbig als Stanley Kubrick.»

«Ist schon klar», lenkt Buchstein ein, «aber so ein bisschen wissenschaftliche Beratung kann nicht schaden – wir können uns ja immer noch drüber hinwegsetzen!»

Der Kaffee kommt, alle Männer sind mit Getränken versorgt, und Buchstein blickt Pomerenke auffordernd an.

«Soll ich mal erzählen? Also gut», hebt Pomerenke an. «Der Film soll eine Persiflage sein auf die Monsterfilme früherer Jahrzehnte, *Godzilla* und *King Kong* und so weiter, und gleichzeitig soll das erotische Element nicht zu kurz kommen. Es gab da mal in den fünfziger Jahren einen Film, *Die 20-Meter-Frau*, im Original *The 50 ft Woman*, dessen Grundstruktur wollen wir aufgreifen.» Mit einem Seitenblick auf Buchstein fügt er hinzu: «Die Rechte sind spottbillig zu haben.»

Pomerenke holt einen Computerausdruck aus der Tasche, der

das alte Filmplakat zeigt: Eine rassige Frau in kurzem Rock steht über einer Autobahn und klaubt die Autos wie Spielzeug von der Straße.

«Es geht also um eine riesige Frau?», fragt der Produzent.

«Ja, und ich dachte dabei an Anke Engelke», sagt Pomerenke. «Die Frau ist unglücklich verheiratet, ihr Mann betrügt sie, und eines Tages landet ein Ufo auf der Erde – im Original ist es irgendwo in der Wüste von Arizona, ich dachte an Mecklenburg-Vorpommern.»

Die beiden anderen Männer werfen sich einen verstohlenen Blick zu, aber Pomerenke hat sich in Schwung geredet.

«Jedenfalls kommt die Frau dem Ufo sehr nahe, ein Alien steigt aus und fasst sie an. Zu Hause erzählt sie ihrem Mann von dem Erlebnis – ich dachte da an Mario Barth –, der hält sie für völlig übergeschnappt, was ihm aber gerade recht kommt, weil er sie loswerden will, um endlich mit seiner Geliebten zusammen sein zu können. Aber als er ihr eine Überdosis einer Beruhigungsspritze verabreichen will, stellt er fest, dass sie auf die zehnfache Größe angewachsen ist.»

«Und dann reißt sie aus und richtet eine riesige Verwüstung an», rät Buchstein, der im Geiste schon die Kosten für die digitalen Spezialeffekte aufsummiert.

«Ja genau, mitten in Berlin! Kannst du dir vorstellen, wie geil das aussieht, wenn sie die Glaskuppel des Reichstags in Scherben legt?», ereifert sich Pomerenke.

«Schön und gut, aber was ist das Besondere an deinem Remake?», will der Produzent wissen. «Wenn Sat.1 die *20-Meter-Frau* senden will, dann können sie das Original äußerst billig einkaufen, ohne dass man gleich Berlin in Trümmer legen muss.»

«Aber unser Film ist eine Persiflage, der spielt mit den Klischees des Genres!», erklärt Pomerenke. «Es wird wimmeln von Zitaten, die der Filmfan gleich erkennt. Du kennst die Szene mit Marilyn Monroes flatterndem Kleid über dem U-Bahn-Schacht – stell dir das vor mit einer 20 Meter großen Frau mitten im Hauptbahnhof von Berlin!»

«Ob die Anke das wohl mitmacht?», zweifelt Buchstein.

«Ach, sicher. Und am Schluss klettert sie wie King Kong den Fernsehturm am Alexanderplatz hoch. Die Leute werden sich nicht mehr einkriegen!»

«Und wen hat sie dann unter dem Arm?», will der Produzent wissen. «Du weißt doch, das Pendant zu der weißen Frau bei King Kong?»

«Das kann eigentlich nur Til Schweiger sein», grinst Pomerenke. «Der spielt dann einen Forscher, der das Antiserum findet, sie wird wieder normal groß, Happy End, Klappe.»

Buchstein schweigt, man sieht, dass er im Kopf die Schlussszene mit Anke Engelke und Til Schweiger durchspielt und sich noch nicht ganz sicher ist, ob das wirklich sein Traumpaar ist.

«Aber apropos Forscher», sagt er dann. «Stefan – du hast noch gar nichts gesagt. Wie findet denn der Wissenschaftler in dir die Story? Und sag jetzt nicht, dass es doch gar keine Aliens gibt. Das muss man dann schon hinnehmen.»

Der Physiker lächelt ein wenig scheu. «Also zu der Handlung generell kann ich nicht viel sagen, ich bin ja kein Experte in solchen Dingen. Und wieso die Frau über Nacht so groß wird, dazu erwarten Sie von mir sicherlich auch keine plausible Erklärung. Aber zur Physik der Geschichte habe ich ein paar Bemerkungen.»

«Nur zu, nur zu!», ermuntert ihn Buchstein.

«Die Leute sind ja heute allerlei gewohnt an Computeranimationen, Computerspielen mit Monstern und so, und deshalb sind sie auch kritischer als noch vor 50 Jahren, wenn in einer Szene die Physik nicht stimmt», fährt Hutmacher fort. «Deshalb wird jeder sofort merken, dass Frau Engelke durch eine Spielzeuglandschaft trampelt und nicht durch Berlin.»

«Wieso das, ist doch eigentlich nur eine Frage des Maßstabs», wendet Buchstein ein.

«Eben nicht», widerspricht der Physiker. «Man kann physikalische Prozesse nicht einfach so hoch- und runterskalieren. Sieht ein Elefant aus wie eine vergrößerte Maus? Nein – und das liegt daran, dass im Großen andere Bedingungen herrschen als im Kleinen.»

«Und was heißt das für unseren Film?», will Buchstein wissen.

«Das betrifft vor allem die Proportionen», sagt Hutmacher. «Wenn die Frau im Film die zehnfache Größe einer gewöhnlichen Frau hat, wie viel schwerer ist sie dann?»

«Zehnmal so schwer?», rät Pomerenke.

«Eben nicht. Sie ist ja nicht nur zehnmal so hoch, sondern auch zehnmal so breit und zehnmal so tief – und das heißt, ihr Volumen und damit auch ihr Gewicht vertausendfacht sich!»

«Hätte ich nicht gedacht», räumt Pomerenke ein. «Aber was heißt das für Anke Engelke?»

«Das tausendfache Gewicht muss ja irgendwie von den Beinen getragen werden», sagt der Physiker. «Und wodurch wird die Tragfähigkeit der Beine bestimmt? Nicht durch das Volumen oder die Länge, sondern durch die Querschnittsfläche. Die ist aber zweidimensional, vergrößert sich bei dieser Skalierung nur um den Faktor 100 – es lastet also plötzlich die zehnfache Belastung auf den Beinen, und sie würden brechen wie Zahnstocher.»

«Wirklich zehn Mal so viel?», fragt Buchstein ungläubig.

«Wir können's ja mal ausrechnen», sagt Hutmacher. Er holt einen Block aus seiner Aktentasche und wirft mit ein paar geübten Strichen ein Bild der Frauenfigur vom Filmplakat aufs Papier.

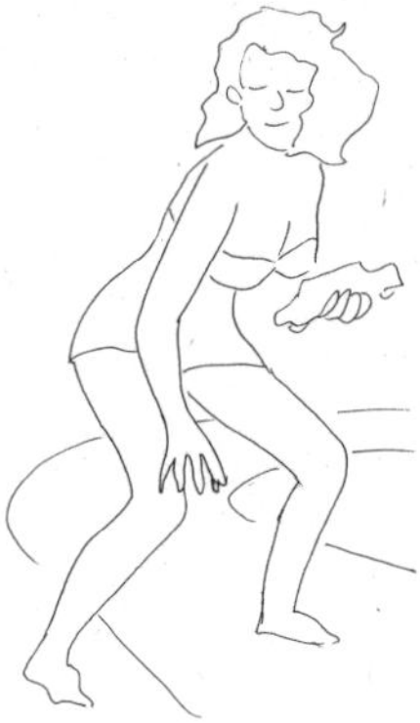

«So sieht die Figur einer normalen Frau aus», sagt er. «Fast das gesamte Körpergewicht lastet auf den beiden Beinen, genauer gesagt: auf den Oberschenkelknochen – denn die Muskeln drum herum halten ja nichts. Wie dick sind die Knochen? Sagen wir mal: vier Zentimeter Durchmesser an der dünnsten Stelle. Das ergibt ... einen Querschnitt von je 13, zusammen 26 Quadratzentimeter.»

Die beiden Fernsehleute schauen sich an – sie staunen nicht nur über die Rechenkünste des Forschers, sondern auch über die leichte Hand, mit der er kurvige Frauen zeichnen kann.

«Wenn wir nun die Figur mit dem Faktor 10 skalieren, sodass sie tausendmal so schwer wird», fährt Hutmacher fort, der jetzt ganz in seinem Element ist, «und weiterhin annehmen, dass die strukturelle Belastung der Knochen nicht größer werden soll, dann müssen die beiden Knochen jeweils einen Querschnitt von 13 000 Quadratzentimetern haben – und das entspricht einem Kreis mit einem Durchmesser von ... Moment ... 1,30 Meter! Und das ist nur der Knochen. Wenn man davon ausgeht, dass die Muskeln ja ebenso wachsen müssen, dann käme man auf einen Oberschenkeldurchmesser von etwa sechs Metern.»

Der Physiker nimmt ein neues Blatt Papier und zeichnet eine plumpe Figur mit gewaltig dicken Beinen.

«So sähe das etwa aus – das erinnert schon sehr an die Saurier in *Jurassic Park*, nur dass die Beine nochmal viel stärker sein müssen!»

Buchstein und Pomerenke schauen verdutzt auf die Zeichnung.

«Also die Anke hat ja schon ein paar dicke Frauen gespielt», sagt Buchstein dann, «aber so will sie bestimmt nicht durch die Kulissen stapfen!»

«Ja, und die Szene mit dem hochfliegenden Rock möchte ich mir bei diesem Monster auch nicht vorstellen», ergänzt Pomerenke verärgert. «Also ich kann dazu nur sagen: Physikalisch korrekt kann ich das Drehbuch nicht liefern! Das musste der Autor von *King Kong* nicht, und Jonathan Swift hat bei *Gullivers Reisen* auch kein wissenschaftlicher Berater reingeredet.»

Er sammelt seine Manuskriptblätter zusammen und zieht die Jacke an. «Also dann, Markus», sagt er mit leicht verbitterter Stimme zu Buchstein, «überleg dir einfach, ob wir hier leichte Unterhaltung machen wollen oder eine Physik-Doku! Und dann telefonieren wir nochmal.»

Und schon hat der Drehbuchautor grußlos das Café verlassen.

«Noch einen Cappuccino!», ruft Buchstein der Kellnerin zu, dann wendet er sich an seinen verbliebenen Gesprächspartner: «Sie müssen entschuldigen, der Jürgen ist manchmal ein bisschen empfindlich. Was halten Sie eigentlich von Stanley Kubrick?»

Von großen und kleinen Tieren

Stellen Sie sich vor, über Nacht würden sich alle Längenausdehnungen im Universum schlagartig verdoppeln: Sie würden doppelt so groß, aber auch alle anderen Menschen und die Erde, auf der wir leben, die Entfernung der Erde zur Sonne würde sich ebenso verdoppeln wie die Dimensionen von Sternen und Galaxien. Würde man das merken?

Natürlich muss man dabei annehmen, dass die Naturgesetze alle dieselben bleiben. Sonst würde die Frage auch eigentlich keinen Sinn ergeben – eine Welt, in der alles sich verdoppelt, aber die Gesetze sich just so anpassen, das alles so ist wie vorher, ist keine andere Welt, jedenfalls nach keinem Kriterium, das wir an sie anlegen können.

Fangen wir an mit dem Messen von Längen: Da würden Sie keinen Unterschied bemerken. Ein Objekt, das vorher 1 Meter lang war, würde immer noch 1 Meter lang erscheinen – alle Maßbänder sind ja mitgewachsen. Die Lichtgeschwindigkeit hätte sich glatt halbiert, aber die spielt in unserem normalen Leben keine sehr große Rolle.

Verändert hätten sich aber Größen, die mit der zweiten oder dritten Potenz der Längenausdehnung wachsen. Schauen wir uns dazu einen Würfel an, dessen Dimensionen wir verdoppeln beziehungsweise verdreifachen:

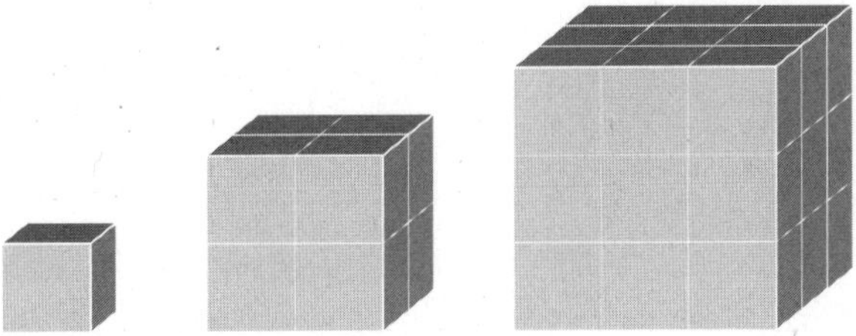

Wie haben sich die Längen, die Oberfläche und das Volumen des Würfels verändert? Dazu eine kleine Tabelle:

	Würfel 1	Würfel 2	Würfel 3
Kantenlänge	1	2	3
Oberfläche	6	24	54
Volumen	1	8	27

In unserer «verdoppelten» Welt nehmen also alle Gegenstände achtmal so viel Raum ein, nicht nur zweimal so viel! Und da die Masse vom Volumen abhängt, verachtfacht sie sich ebenfalls.

Wiegt also jeder Gegenstand auf der Erde achtmal so viel wie vorher? Es kommt noch schlimmer: Auch die Masse der Erde hat sich ja verachtfacht, sie zieht kräftiger an allen Gegenständen. Gleichzeitig sind wir zwar doppelt so weit vom Erdmittelpunkt entfernt, aber da die Erdanziehungskraft proportional zum Quadrat der Entfernung ist, bleibt immer noch eine doppelt so große Anziehung übrig. Eine achtmal so große Masse erfährt also die 16-fache Kraft!

Die Rechnung dazu: Die Kraft, die auf dieselbe Masse im Schwerefeld eines Planeten wirkt, ist proportional zur Masse des Planeten und umgekehrt proportional zum Quadrat der Entfernung. Also

$$F \sim \frac{M}{r^2}$$

Wenn nun die neue Masse $M' = 8 \cdot M$ ist und der neue Radius $r' = 2 \cdot r$, dann ist

$$F' \sim \frac{M'}{r'^2} = \frac{8 \cdot M}{(2 \cdot r)^2} = \frac{8 \cdot M}{4 \cdot r^2} = 2 \cdot \frac{M}{r^2}$$

Stellen wir uns eine Hängebrücke vor, eine elegante Konstruktion, deren Gewicht von vier Stahlseilen mit je 10 Zentimeter Durchmesser gehalten wird. Die verdoppelte Brücke hat dann die 16-fache Gewichtskraft, und die zerrt an vier Seilen mit je 20 Zentimeter Durchmesser. Die Stärke eines Seils hängt aber von dessen Querschnittsfläche ab – und die hat sich nur vervierfacht. Also ist die Belastung der Seile viermal so groß, und wenn die Brücke vom Architekten nicht mit einer großen Sicherheitmarge gebaut worden ist, wird sie umgehend zusammenfallen.

Wir wachen also in einer Welt auf, die in Schutt und Asche liegt, weil die meisten Gebäude eingestürzt sind. Auch Bäume können nicht mehr aufrecht stehen. Flugzeuge fallen vom Himmel, weil die Auftriebskraft zwar mit der Fläche der Tragflächen wächst, aber ihr Gewicht sich auch versechzehnfacht hat.

Und auch wir selbst werden uns kaum noch auf den Beinen halten können. Ein 75-Kilo-Mann wiegt jetzt 1,2 Tonnen, und dieses Gewicht können seine viel zu dünnen Beine nicht halten. Das Gleiche gilt für die Tiere – sie sind alle zu schwach gebaut und können sich nicht mehr fortbewegen. Und selbst im Liegen wären sie wohl kaum überlebensfähig, die inneren Organe wären für die neuen Dimensionen nicht geschaffen. Wir würden also nicht nur merken, dass unsere Welt sich über Nacht «verdoppelt» hat – wir würden diese Verdoppelung kaum überleben.

Geschichten von Riesen und Zwergen gibt es in fast allen Kulturen, und meistens sind diese Wesen einfach maßstabsgerechte Vergrößerungen oder Verkleinerungen von Menschen – die Physik bleibt unberücksichtigt. Jonathan Swifts Held Gulliver reist einmal ins Land Liliput, in dem alles im Maßstab 1 : 12 verkleinert ist, und später besucht er das Land Brobdingnag, wo alles zwölfmal so groß ist wie bei uns (der Maßstab kommt daher, weil jeweils ein Zoll in der kleinen Welt einem Fuß in der großen Welt entspricht). Dass solche Skalierungen nicht gutgehen können, hatte aber schon Jahrhunderte vorher Galileo Galilei erkannt. Zum Beispiel stellte er fest, dass ein kleiner Hund gut und gern zwei seiner Artgenossen auf dem Rücken tragen könnte, ein Pferd aber niemals ein anderes Pferd. Eine Ameise dagegen kann sogar das 50-Fache ihres Körpergewichts tragen, ohne davon zerquetscht zu werden!

Die Unterschiede zwischen kleinen und großen Tieren beschränken sich aber nicht nur auf die Statur. Zum Beispiel wird das Pferd einen Fall aus dem ersten Stock nicht überleben, der Hund wahrscheinlich schon. Die meisten Katzen überleben Stürze aus den oberen Etagen von Hochhäusern – und das nicht nur, weil sie sich in der Luft geschickt drehen können, sodass sie immer auf die Füße fallen. Eine Maus kann man auch aus einem Flugzeug abwerfen, ohne dass sie am Boden zerschellt. Das liegt vor allem daran, dass leichtere Körper beim freien Fall in der Atmosphäre eine geringere Grenzgeschwindigkeit erreichen, bei der der Luftwiderstand die Fallbeschleunigung ausgleicht (siehe Kapitel 2).

Die Liliputaner könnten also vom Dach ihrer Häuser auf den

Boden springen, ohne sich zu verletzen. Dafür hätten sie aber ein anderes Handicap: Wie die Tabelle mit den Würfeln zeigt, wird die Oberfläche in Relation zum Volumen immer größer, je kleiner der Würfel wird, und das gilt natürlich auch für die Körper von Tieren und Menschen. Säugetiere haben eine konstante Körpertemperatur, sie sind wärmer als ihre Umgebung, und deshalb strahlen sie über ihre Körperoberfläche ständig Wärme ab. Kleinere Wesen mit ihrer relativ größeren Oberfläche kühlen schneller aus – ein Grund dafür, dass Frauen schneller frieren als Männer. Die Liliputaner müssten einen erheblich intensiveren Stoffwechsel haben als normale Menschen, um ihre Körpertemperatur zu halten, und deshalb müssten sie ständig essen, täglich etwa eine Menge, die ihrem eigenen Körpergewicht entspricht! In kalten Gegenden der Welt gibt es keine kleinen Säugetiere, das kleinste Säugetier überhaupt ist die Spitzmaus, darunter ist die Sache einfach nicht mehr effektiv. Alle kleineren Tiere sind wechselwarm, das heißt, ihre Temperatur ist etwa dieselbe wie die ihrer Umgebung.

Ich habe eine Tabelle gefunden, in der der Stoffwechsel eines Stiers mit dem von 300 Kaninchen verglichen wird, die zusammen etwa dieselbe Masse haben. Während der Stier täglich 7,5 Kilo Nahrung zu sich nimmt, fressen die Kaninchen etwa 30 Kilo und verbrennen entsprechend viele Kalorien. Um einen derart intensiven Metabolismus in Schwung zu halten, müssen die Herzen der kleineren Tiere schneller schlagen. Ein Walherz schlägt etwa 15-mal pro Minute, ein Menschenherz 70-mal und ein Spitzmausherz fast 1000-mal. Und das spiegelt sich auch in der Lebensdauer wider: Die kleinen Tiere sterben früher. Jedes Säugetier scheint eine Lebensspanne von ein bis zwei Milliarden Herzschlägen zu haben.

Man kann sowohl die Herzschlagrate als auch die Energieerzeugung von Tieren in einen Zusammenhang mit ihrer Größe bringen und erhält einen erstaunlich gesetzmäßigen Zusammenhang:

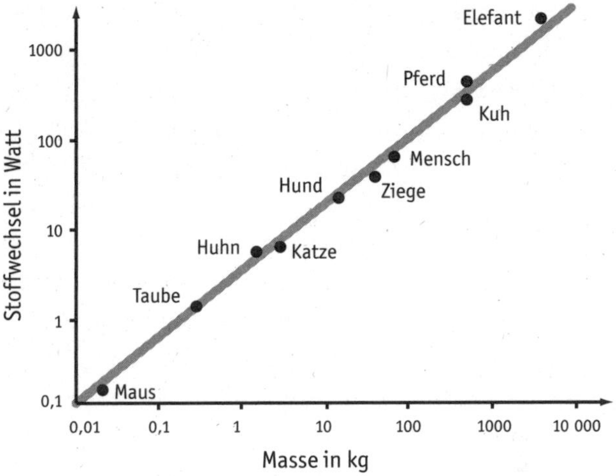

Wie lässt sich dieser Zusammenhang beschreiben, und wie lässt er sich erklären? Im 19. Jahrhundert versuchte sich der deutsche Forscher Max Rubner daran. Er konzentrierte sich auf den Wärmeverlust über die Oberfläche. Die wächst ja mit der zweiten Potenz der Länge, während die Masse mit der dritten Potenz wächst.

Wenn *L* die Länge eines Tieres ist, *m* die Masse, *O* die Oberfläche und *I* die Energie, die ein Tier produziert, dann sollte nach Rubner gelten:

$$I \sim O \sim L^2$$
$$m \sim L^3$$

Das Schlangenzeichen bedeutet «proportional», also gleich bis auf einen konstanten Faktor. Wenn man *I* nur abhängig von der Masse darstellen will, dann gilt:

$$I \sim L^2 \sim (L^3)^{\frac{2}{3}} \sim m^{\frac{2}{3}}$$

Das bedeutet: Die Energieproduktion eines Tieres wächst nicht proportional zur Masse, sondern langsamer – eben mit diesem Exponenten 2/3.

Eine schöne Erklärung – aber leider stimmt sie nicht mit den Beobachtungen überein. Der Schweizer Biologe Max Kleiber machte in den dreißiger Jahren des vergangenen Jahrhunderts ausführliche Messungen und kam zu dem Schluss, dass der entsprechende Exponent nicht 2/3 beträgt, sondern 3/4. Die Energieproduktion wächst also nicht mit der Körperoberfläche, sondern ein bisschen schneller.

Und woran liegt das? Diese Frage konnte erst 1997 beantwortet werden, und zwar durch eine Forschergruppe um den Physiker Geoffrey West vom Los Alamos National Laboratory in den USA. Die Hypothese der Wissenschaftler: Der Energiebedarf wird nicht durch den Wärmeverlust an der Körperoberfläche bestimmt, sondern durch den Aufwand, über die Gefäßsysteme den gesamten Körper mit Nährstoffen zu versorgen. Die Skalierung solch vernetzter Systeme zu berechnen ist kompliziert – sie werden nicht einfach maßstabsgerecht vergrößert, die kleinsten Gefäße sind bei einem Elefanten nicht größer als bei einer Maus. Und so kommt es zu diesem «krummen» Exponenten, der zwischen der Skalierung der Oberfläche und der der Masse liegt. Inzwischen hat sich gezeigt, dass dieses «3/4-Gesetz» nicht nur für Säugetiere gilt, sondern für alle Lebewesen. Eine wahrhaft universelle Regel!

Die schlimmsten Kino-Physik-Fehler

Knall im All

In Science-Fiction-Filmen wird viel geballert – aber im leeren Weltraum hört man keine Geräusche. Denn Schall braucht, im Gegensatz zu Licht, ein Trägermedium. Und auch die Erschütterungen, die man an Bord eines Raumschiffs spürt, wenn in der Nähe ein Kleinplanet explodiert, sind unrealistisch, denn Druckwellen brauchen ebenfalls ein solches Medium.

Das umfallende Schussopfer

Wenn Menschen angeschossen werden, dann fliegen sie im Film oft regelrecht durch die Luft – sie stürzen von Balkonen oder fallen in Schaufensterscheiben. Aber nach Newtons Prinzip von Aktion und Reaktion ist die Wucht eines Schusses nicht größer als der Rückstoß, den der Schütze empfindet. Und der fällt auch nicht rückwärts um.

Das explodierende Auto

Wenn bei der Verfolgungsjagd auf bergiger Strecke das Auto der Bösen die Leitplanke durchbricht und einen Abhang hinunterstürzt, dann geht es meist in Flammen auf und explodiert in einem Feuerball. Aber erstens wird es in den wenigsten Fällen zu einem Brand kommen, und zweitens explodieren brennende Autos nicht. Dieser Mythos hat schon viele Menschen davon abgehalten, sich einem brennenden Auto zu nähern und den eingeklemmten Insassen zu helfen.

Die Zigarette in der Benzinlache

Noch ein Mythos, der meist bei Autounfällen eingesetzt wird: Es läuft Benzin aus, und eine unachtsam weggeworfene Zigarette führt zu einer schrecklichen Explosion. Tatsächlich aber ist es sehr schwer, eine Benzinlache zum Brennen zu bringen – die Glut einer Zigarette schafft es nicht.

Schalldämpfer machen «plopp»

Schüsse sind laut, und dafür gibt es gleich drei Lärmquellen: die Entzündung der Sprengladung, die aus dem Lauf austretende komprimierte Luft und eventuell noch der Überschallknall des Projektils. Nur gegen die zweite Quelle kann der Schalldämpfer etwas ausrichten, und der Knall wird keinesfalls so leise wie im Film. Der Hauptzweck von Schalldämpfern ist auch nicht die Vertuschung von Verbrechen, sie sollen vielmehr die Ohren der Schützen schützen.

Sichtbare Laserstrahlen

Wenn futuristische Weltraumkämpfe toben oder aber auch der Tresorraum einer Bank mit High-Tech-Sicherheitssystemen geschützt ist, dann sieht man oft ein Gewirr von roten oder grünen Laserstrahlen. Aber Lichtstrahlen kann man nicht von der Seite sehen – das gilt für Laserstrahlen genauso wie für gewöhnliches Licht. Sichtbar werden sie erst dann, wenn sie an Partikeln gestreut werden, also wenn Nebel oder Rauch in ihrer Bahn liegt.

5 Wurstphysik

oder

Warum Wiener immer längs aufplatzen

Es ist ein ruhiger Freitagabend an «Wolfgangs Wurstwagen». Wie immer steht der Verkaufsstand an einer Straßenecke im Hamburger Schanzenviertel, aber jetzt, um neun Uhr abends, sind die Straßen noch leer. Das wird sich ändern, wenn es auf Mitternacht zugeht und die Szenegänger sich in die Clubs und Kneipen der Gegend aufmachen. Und zwischendurch die eine oder andere Wurst bei Wolfgang einschieben.

Dass Wolfgang ein Wurstverkäufer ist, der etwas auf seine Bildung hält, sieht man schon am Schild: kein Apostroph hinter dem Namen, so viel korrekte Rechtschreibung muss sein. Wolfgang hat tatsächlich einmal Physik studiert, dann aber in den Wirren der späten achtziger Jahre das Examen irgendwie aus den Augen verloren. Da hatte man ja auch allerlei Ablenkung, besonders durch den Kampf um die Häuser in der Hafenstraße. Der Kampf ist Geschichte, mehr oder weniger gewonnen, aber das mit dem Examen ist dann nichts mehr geworden. Und dann gab es um zwei Ecken rum plötzlich die Gelegenheit, den Wurststand zu kaufen.

Ein paar Mal hat Wolfgang versucht, seine Physikkenntnisse in seine Gastronomie einzubringen. Zum Beispiel in jedes Ende eines Würstchens einen Draht gesteckt und dann 220 Volt aus der Steckdose durchgejagt. Die wurden daraufhin innen schön heiß, gerade richtig, und waren außen gerade so warm, dass man sie noch gut mit den Fingern anfassen konnte. Aber einige Kunden fanden die

Prozedur doch befremdlich, es erinnerte sie an einen elektrischen Stuhl, und sie wollten keine Wurst in den Mund schieben, durch die gerade noch Strom geflossen war. Seitdem ist Wolfgangs Wurstbude eine wie jede andere – wenn man vom fehlenden Apostroph absieht.

Jetzt nähert sich doch schon ein Kunde dem Stand. Die Konversation der beiden Männer ist denkbar knapp: «'n Abend.» – «'n Abend!» – «Das Übliche?» – «Klar!»

Mit Jens muss Wolfgang nicht viele Worte machen. Der ist seit 15 Jahren Kunde, vor fünf Jahren ist er von Currywurst auf Wiener umgestiegen – das war die einzige wesentliche Veränderung in der Beziehung der beiden Männer. Ansonsten hat sich für Jens einiges verändert in dieser Zeit: In der Werbeagentur ist er zum Creative Director (oder so ähnlich) aufgestiegen, die Wohnung, die er mal als Student gemietet hat, gehört ihm nun. Aber seine Wurst isst er immer noch mindestens einmal pro Woche bei Wolfgang.

Auf die Sache mit den Wiener Würstchen hatte ihn Wolfgang gebracht. «Wieso musst du dir die Wurst eigentlich immer mit dieser roten Pampe zukleistern?», hat Wolfgang eines Abends gefragt. «Da schmeckt man doch nix mehr! Die Leute denken immer, Würste sind was Primitives und schmecken alle gleich – aber weit gefehlt, da gibt es riesige Unterschiede. Und die schmeckt man am besten, wenn man sie in reiner Form isst, nur mit einem Klacks Senf!»

Seitdem isst Jens also die Brühwürstchen, die überall Wiener genannt werden, außer in Wien, wo sie Frankfurter heißen.

Jens nimmt einen Schluck aus seiner Astra-Bierflasche, die Wolfgang ihm wortlos hingestellt hat, und beißt herzhaft in das knackige Würstchen. «Hmmm!» Noch bevor er den Bissen heruntergeschluckt hat, muss er den köstlichen Geschmack der Wurst kommentieren.

Eine Weile kaut und genießt Jens wortlos, während er sich umschaut – von der Straßenecke aus hat er einen guten Blick auf die Szenecafés. Allerdings gibt es dort noch nicht viel zu sehen. Als er aufgegessen hat, fragt er den Standbesitzer: «Sag mal, Wolfgang – was ist eigentlich das Geheimnis deiner leckeren Würstchen? Ich gebe ja gern zu, dass ich schon öfters versucht habe, das zu Hause nachzumachen.»

«Und, wie hast du das gemacht?», fragt Wolfgang.

«Na ja, ich habe mir bei einem Metzger, der wirklich für seine Qualität bekannt ist, ein paar Würstchen gekauft, habe zu Hause eines in einen Topf mit Wasser gelegt und dann gekocht.»

Wolfgang lacht. «Da stecken ja schon gleich ein paar Fehler drin. Also: Zunächst mal ist es gut, dass du auf Qualität achtest, denn die Würste mögen alle gleich aussehen, aber ihr Inhalt unterscheidet sich gewaltig. Eine echte Wiener Wurst zum Beispiel enthält Schweine- und Rindfleisch, und ein guter Metzger hält sich daran. Aber selbst eine gute Wurst wird wahrscheinlich fad schmecken, wenn du sie so zubereitest.»

«Wieso? Kann man beim Wurstkochen denn was falsch machen?» Jens, Junggeselle aus Passion, war eigentlich davon ausgegangen, dass die Zubereitung einer Wurst nicht schwieriger sei als das Kochen von heißem Wasser.

«Weil du sie im Wasser auslaugst. Schau dir mal mein Würstchenwasser an, was stellst du fest?», fragt Wolfgang.

«Hm, ziemlich trübe Brühe», antwortet Jens, «die solltest du vielleicht mal wieder auswechseln!»

«Ganz falsch», triumphiert Wolfgang, «denn die Brühe sorgt dafür, dass der Geschmack drinbleibt – auf die Hygiene muss man natürlich trotzdem achten. Wenn du zu Hause eine Wurst ins Wasser wirfst, dann gibt die zunächst mal eine Menge Salze, Fett und andere Geschmacksstoffe an das Wasser ab. Die Wurstpelle ist nämlich nicht komplett dicht, sondern eine Membran, die durchaus Geschmacksmoleküle durchlässt. Mal was von Osmose gehört?»

Da blitzt wieder der Naturwissenschaftler auf, der Wolfgang einmal werden wollte. Als er den etwas verständnislosen Blick seines Werber-Freundes sieht, fährt er fort: «Osmose heißt: Die Konzentration zum Beispiel von Salzen ist bestrebt, sich innerhalb und außerhalb der Membran auszugleichen. In dieser Brühe hier habe ich heute schon den ganzen Tag über Würstchen warm gemacht, die haben eine Menge dieser Stoffe an das Wasser abgegeben. Und die Folge ist: Die Brühe ist gesättigt mit den entsprechenden Stoffen, die Würstchen laugen nicht mehr aus und behalten ihren Geschmack.»

«Das heißt also, ich muss immer gleich zehn Würstchen kochen, wenn ich eines essen will?», fragt Jens.

«Nein, es gibt da einen Trick: Mein Physikerkollege ... also der Physikprofessor Werner Gruber aus Wien, der auch ein begnadeter Koch ist, nennt das die ‹Opferwurst›: Du schneidest eine Wurst in kleine Stücke und lässt sie in deinem Wurstwasser gut durchkochen, bevor du dann die Wurst dazugibst, die du essen willst. So bleibt der Geschmack drin.»

«Und die Opferwurst schmeiße ich nachher weg?», fragt Jens ungläubig.

«Allerdings», sagt Wolfgang, «Qualität hat eben ihren Preis. Du kannst die ausgelaugten Reste aber auch noch gut an den Hund oder die Katze verfüttern.»

Es hat angefangen zu nieseln, Jens drängt sich unter dem Vordach noch enger an die Theke des Wurststands. Nachdem er einen weiteren tiefen Schluck aus der handlichen Bierflasche genommen hat, stellt er eine weitere Frage: «Gut, das mit dem Geschmack hätten wir. Aber jetzt möchte ich noch etwas wissen.»

«Du willst mir wohl all meine Geheimnisse entlocken – und nachher habe ich einen Kunden weniger?», fragt Wolfgang misstrauisch.

«Quatsch – ich komme doch nicht wegen der puren Nahrungsaufnahme her», sagt Jens. Ein fast schon intimer Moment zwischen den beiden Männern, den der Werber aber sofort wieder versachlicht. «Mein Problem: Mindestens die Hälfte der Würste platzt bei mir auf.»

«Das dachte ich mir schon, als du von ‹Kochen› geredet hast. Wahrscheinlich drehst du den Herd auf, bis das Wasser sprudelt?»

«Klar», sagt Jens, «die sollen ja schön heiß sein.»

«Heiß ja – aber das Wasser darf nicht kochen», belehrt ihn Wolfgang. «Das ist recht elementare Physik: Bei 100 Grad kocht nicht nur das Wasser, das im Topf ist, sondern auch das Wasser, das in der Wurstfüllung enthalten ist. Und wenn sich Wasser in Wasserdampf verwandelt, dehnt es sich gewaltig aus, es entsteht ein Würstchen-Innendruck, dem die Pelle irgendwann nicht mehr standhält, und die Wurst platzt. Die optimale Temperatur fürs Würstchenerhitzen liegt bei 90 Grad – am besten lässt du das Wasser aufkochen, nimmst es vom Herd und gibst dann erst die Wurst hinein.»

«Hm, klingt eigentlich ganz logisch», sagt Jens. «Und um das zu verstehen, musstest du zehn Semester Physik studieren?»

«Nee, dafür nicht», lacht Wolfgang. «Das ist einfach gesunder Menschenverstand. Aber für eine andere Frage braucht man tatsächlich ein bisschen Physik. Wie platzen denn deine Würste auf?»

«Was meinst du damit – wie platzen sie auf? Mit einem Knall oder was? Nee, es gibt einfach einen Riss.» Jens ahnt offenbar nicht, worauf Wolfgang hinauswill.

«Nein, ich meine: in welcher Richtung? Längs oder quer?»

«Längs natürlich», sagt Jens. «Wie denn sonst? Also ich habe noch keine Wurst gesehen, bei der der Riss quer zur Wurstrichtung verlaufen wäre und sie sozusagen in zwei Teile zerlegt hätte. Außer man biegt sie – dann platzt sie natürlich quer.»

«Genau», bestätigt Wolfgang, «wenn die Wurst zu heiß wird, platzt sie längs, nicht quer. Eigentlich seltsam, weil doch der Druck in der Wurst überall gleich ist und keine Richtung hat. Es gibt aber den physikalischen Begriff der Spannung, und die ...»

Während der letzten Sätze hat Wolfgang gemerkt, dass Jens' Aufmerksamkeit nachgelassen hat, auch hat er mehrmals den Kopf gedreht – offenbar gab es da Interessanteres zu sehen. «Du», sagt Jens nun, «das mit der Spannung erklärst du mir das nächste Mal, okay? Ich muss jetzt wirklich mal los ...»

«Alles klar», seufzt Wolfgang. «Macht vier Euro fünfzig.»

Jens legt einen 5-Euro-Schein auf die Theke. «Stimmt so – und bis zum nächsten Mal, ich kann deine Erklärung kaum abwarten!»

Spricht's und verschwindet in der Nacht.

Eine spannende Sache

Ich hoffe, Sie sind weniger abgelenkt als Wolfgang und haben ein paar Minuten Zeit, der Frage nachzugehen, warum die Wurst der Länge nach platzt.

Zunächst einmal ist es ja tatsächlich so, dass der Druck sich gleichmäßig in der Wurst verteilt. Wird die Wurst erhitzt, steigt der Innendruck an, insbesondere wenn sich flüssige Anteile der Füllung in Gas verwandeln. Die wollen sich dann ausdehnen, und die Pelle hindert sie daran.

Aber die Pelle wird eben nicht überall gleich beansprucht. Um das zu verstehen, müssen wir uns mit dem physikalischen Begriff der Spannung beschäftigen. Diese Spannung wird in der gleichen Einheit gemessen wie der Druck, nämlich in Kraft pro Flächeneinheit, aber während der Druck auf die Fläche der Wurstpelle wirkt, wirkt die Spannung auf ihren Querschnitt. Zum Beispiel reißt ja eine dünne Pelle bei gleichem Druck schneller – eben weil ihr Querschnitt dünner ist und daher mehr Spannung auf das ansonsten gleiche Material wirkt.

Wäre die Wurst eine Kugel, dann wäre die Spannung tatsächlich überall dieselbe – eine Kugel hat keine besonders ausgezeichneten Punkte an der Oberfläche. Um die Spannung in der Wurst zu berechnen, vereinfachen wir sie zunächst einmal – wir biegen sie gerade, sodass sie zu einem Zylinder mit halbkugelförmigen Enden wird. Und die Enden vernachlässigen wir, uns interessiert nur die Spannung in dem zylinderförmigen Teil. So sieht dann unsere Wurst aus:

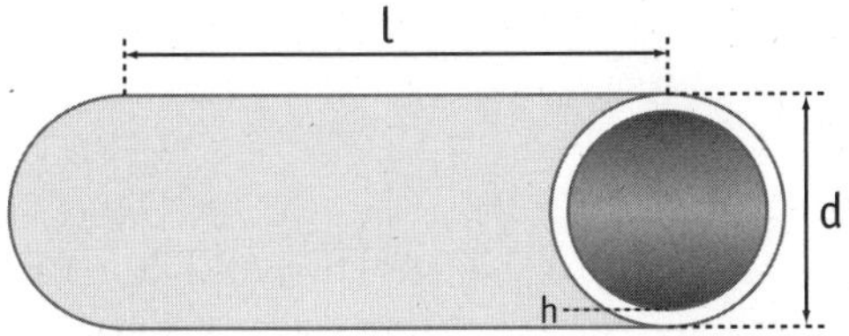

Sie hat eine Länge *l*, einen Durchmesser *d*, und die Pelle hat eine Dicke von *h*. Wundern Sie sich nicht, dass wir in die Wurst hineinsehen können – das dient nur der Verdeutlichung, in Wirklichkeit ist sie natürlich geschlossen.

Wird die Wurst nun erhitzt, steigt der Innendruck *p*. Der sorgt dafür, dass Kräfte in alle Richtungen wirken, und zwar stets dieselbe Kraft pro Flächeneinheit.

Als Erstes interessiert uns die Spannung, die in der Längsrichtung der Wurst wirkt, sie sozusagen auseinanderzieht. Dazu betrachten wir den Querschnitt der Wurst an einer beliebigen Stelle.

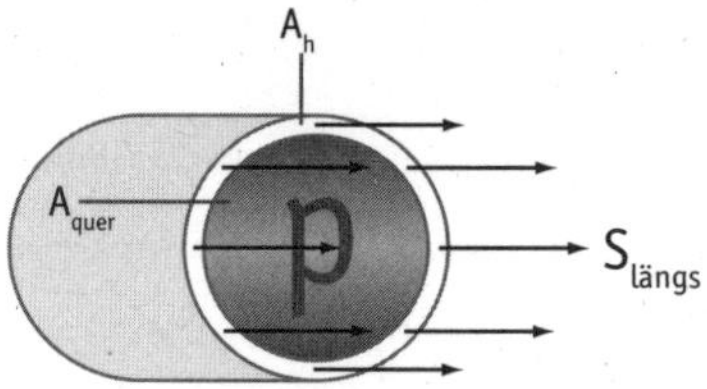

Die Kraft in der Längsrichtung ist der Druck mal der Querschnittsfläche:

$$F_{\text{längs}} = p \cdot A_{\text{quer}}$$

Die Fläche wiederum berechnet sich aus der Kreisformel:

$$A_{\text{quer}} = \pi \cdot \left(\frac{d}{2}\right)^2$$

Diese Kraft F zieht nun an der Wurstpelle, also dem dunkelgrauen Kreis in der Zeichnung. Dessen Fläche könnte man exakt berechnen, aber weil die Pelle im Vergleich zum Wurstdurchmesser ziemlich klein ist, vereinfachen wir die Formel und multiplizieren die Pellendicke mit dem Umfang der Wurstfüllung:

$$A_h \approx \pi \cdot d \cdot h$$

(Das gewellte Gleichheitszeichen bedeutet «ist ungefähr» – die Physiker verwenden es oft, wenn sie sich die Mühe des ganz exakten Rechnens sparen wollen!)

Die Spannung ist nun die Kraft geteilt durch die Pellenquerschnittsfläche:

$$S_{längs} = \frac{F_{längs}}{A_h} = \frac{p \cdot \pi \cdot \frac{d^2}{4}}{\pi \cdot d \cdot h} = \frac{p \cdot d}{4 \cdot \mathrm{h}}$$

Welche Kraft zerrt nun in Querrichtung an der Pelle? Dazu schneiden wir in Gedanken die Wurst der Länge nach auf.

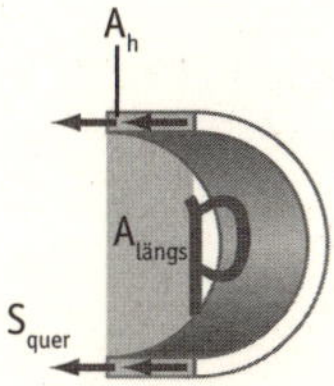

Wieder geht es darum, die Kraft zu berechnen, die auf die Querschnittsfläche wirkt:

$$F_{quer} = p \cdot A_{längs}$$

Die Flächen sind diesmal einfacher zu berechnen:

$$A_{längs} = d \cdot l$$
$$A_h = 2 \cdot h \cdot l$$

Wieder wird die gesamte Kraft auf der winzigen Querschnittsfläche der Wurstpelle abgeladen:

$$S_{quer} = \frac{F_{quer}}{A_h} = \frac{p \cdot d \cdot l}{2 \cdot h \cdot l} = \frac{p \cdot d}{2 \cdot h}$$

Was kann man aus diesen beiden Gleichungen herauslesen?

- Die Wurstlänge *l* kommt nicht vor – es ist für die Spannung also nicht wichtig, wie lang die Wurst ist!
- Je größer der Innendruck und der Wurstdurchmesser, umso höher die Spannung.
- Die Spannung in Längsrichtung hat einen doppelt so großen Nenner wie die in Querrichtung, ist also nur halb so groß; es ist also

$$S_{quer} = 2 \cdot S_{längs}$$

Und das bedeutet: Quer zur Wurstrichtung zerrt der Innendruck doppelt so stark an der Pelle, und folglich reißt die Wurst in Längsrichtung leichter auf!

Jetzt sind Sie dran: Ein kräftiger Mann hält ein 2-Kilo-Telefonbuch an zwei Seilen, die senkrecht herunterhängen (siehe Zeichnung). Mit jedem Arm muss er eine Kraft von 10 Newton halten. Nun zieht er die Arme auseinander, bis das Seil waagerecht ist. Wie viel Kraft muss er mit jedem Arm aufwenden, um das Gewicht des Telefonbuchs zu halten?

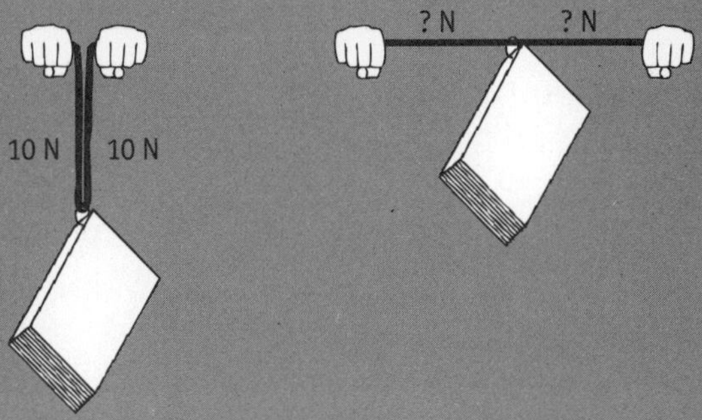

6 Auf dem Patentamt

oder

Energie aus dem Nichts

Zwei Männer sitzen im Warteraum des Deutschen Marken- und Patentamts in München. Der Raum hat so gar nicht das Ambiente, das man sich bei einem Amt vorstellt – es riecht nicht nach Akten, es ist hell, die Einrichtung ist modern, aber gemütlich, und es gibt sogar Topfpflanzen.

Die meisten der an der Wand aufgereihten Stühle sind leer – die Vorstellung, dass die Patentämter bevölkert sind mit verrückten Erfindern, die eine komplizierte Apparatur auf dem Schoß haben, ist wohl veraltet. Für gewöhnlich läuft die Kommunikation zwischen Antragsteller und Amt übers Internet.

Aber diese beiden Männer sind heute persönlich vorbeigekommen, um ihrem Antrag Nachdruck zu verleihen. Der eine ist etwa 65 Jahre alt, hat schütteres Haar und ist im Rentner-Standardlook gekleidet: khakifarbene Hose, khakifarbene Jacke, kariertes Hemd und Gesundheitsschuhe. Der andere Mann ist Mitte dreißig, trägt einen Businessanzug mit Krawatte und hat das volle Haar fesch nach hinten gegelt.

«Gestatten, mein Name ist Frerich, Firma Ultimate Energy», stellt sich der Jüngere vor.

«Angenehm, Meyerbeer», sagt der Ältere. «Eine Firma habe ich nicht, ich bin freischaffender Erfinder.»

«Und was wollen Sie patentieren lassen – oder ist die Frage zu intim?»

«Ach was, das ist für mich kein Problem. Reich werde ich damit sowieso nicht mehr», sagt Meyerbeer lächelnd. «Es ist eher so ein Hobby von mir. Ich beschäftige mich mit Magneten. Und bin zu dem Ergebnis gekommen, dass man Magnete benutzen kann, um Objekte ständig in Bewegung zu halten.»

«Oh, das kenne ich», sagt Frerich und grinst. *«Jim Knopf und Lukas der Lokomotivführer* – da gab es doch dieses Perpetumobil ...»

«Ja, da werde ich immer drauf angesprochen, sobald ich das Wort ‹Magnet› in den Mund nehme», antwortet Meyerbeer und lächelt ein wenig gequält. «Der Magnet, den man der Lokomotive Emma vor die Nase hielt und der sie dann immer weiter nach vorn zog. Aber das funktioniert nur mit Hunden, denen man einen Stock auf den Rücken bindet, sodass immer eine Wurst vor ihrer Nase baumelt. Und nur mit sehr dummen Hunden.»

Der Jüngere rückt ein bisschen näher. «Aber mit freier Energie hat es doch etwas zu tun, oder? Mit einem Perpetuum mobile?»

«Psst!» Meyerbeer schaut sich argwöhnisch um. «Das Wort sollte man hier unbedingt vermeiden! Haben Sie nicht das *Merkblatt für Patentanmelder* gelesen? Da wird unter ‹nicht patentfähige Erfindungen› ausdrücklich aufgelistet: ‹eine Maschine, die ohne Energiezufuhr Arbeit leisten soll – Perpetuum mobile›. Ich bin hier schon einmal wegen unvorsichtiger Formulierungen abgeblitzt.»

«Aber Sie glauben dran, oder?» Frerich ist jetzt sehr interessiert. «Zeigen Sie doch mal her!»

Der Ältere langt in seine Tasche und holt ein Modell aus Holz und Metall heraus. «Noch funktioniert es nicht, ich warte noch auf einen dieser Supermagnete, den ich in China bestellt habe. Aber das Prinzip ist klar.»

Meyerbeer stellt das Modell auf den Tisch und kramt aus seiner Hosentasche eine kleine Stahlkugel mit einem Durchmesser von etwa einem Zentimeter hervor.

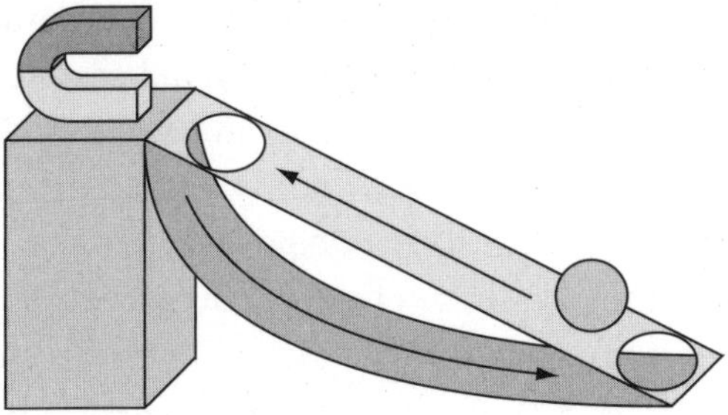

«Also, das hier ist eine schiefe Ebene. Oben auf das Podest kommt der superstarke Magnet. Er wird so stark sein, dass er die Kugel die schiefe Ebene emporziehen kann. Aber bevor sie den Magneten erreicht, fällt sie durch das Loch nach unten, rollt diese gebogene Bahn hinunter und erreicht wieder den Ausgangspunkt. Und dann geht der ganze Prozess von vorn los.»

«Ist der Magnet nicht so stark, dass er die Kugel glatt über das Loch hinwegreißt?», fragt Frerich skeptisch.

«Das glaube ich nicht – und wenn, dann mache ich das Loch eben größer!», sagt Meyerbeer selbstbewusst.

«Und wozu soll die Sache gut sein? Die Maschine leistet doch nichts.» Der junge Mann sieht offenbar in der Erfindung keine Marktidee.

«Es ist ja erst einmal eine Studie, ein *proof of concept.* Wenn das funktioniert, dann kann man das auch so modifizieren, dass viele Kugeln hintereinander die Rampe heraufrollen und dann beim Runterfallen ein Zahnrad antreiben – und schon hat man eine Maschine, die sich ständig dreht. Energie aus dem Nichts!»

«Hm, klingt gar nicht so schlecht», sagt Frerich. «Aber seien Sie vorsichtig, von wegen ‹Energie aus dem Nichts›, da sind die Patentbeamten regelrecht allergisch!»

«Danke für den Tipp, ich werd mich dran halten!», sagt der Ältere. «Und was haben Sie da in Ihrer Aktentasche?»

Aber bevor Frerich antworten kann, öffnet sich die Tür zum Büro der Sachbearbeiterin, und eine etwa 40-jährige Frau streckt den Kopf heraus. «Herr Meyerbeer, bitte!»

«Na gut, dann erzähle ich es Ihnen ein anderes Mal», sagt Frerich. «Erst einmal viel Glück!»

Eigentlich ist er froh, dass er dem kauzigen Rentner nichts von seiner Erfindung erzählen musste. Schließlich geht es um sein Geschäftsgeheimnis – die Grundlage für die Firma Ultimate Energy, mit der Frerich und seine zwei Mitgesellschafter sehr viel Geld zu verdienen gedenken. Die Welt hat ein Energieproblem – und die Maschine, deren Konstruktionspläne er in seiner Aktentasche hat, soll dieses Problem lösen helfen.

Frerich nimmt sich den Schnellhefter mit den Konstruktionszeichnungen vor und beginnt, seinen Kurzvortrag innerlich noch einmal abzuspulen. Dieser Termin hier wird alles entscheiden, da darf man nicht herumstammeln, da muss jeder Satz sitzen.

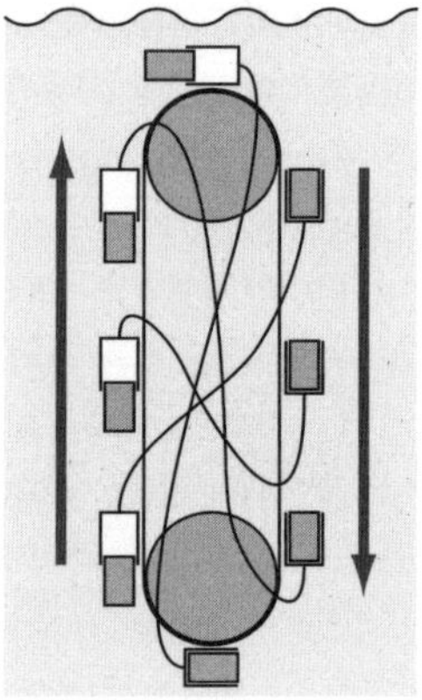

«Auf ein Transportband, das vertikal in einem Wasserbehälter läuft», murmelt Frerich vor sich hin, «ist eine gerade Anzahl von Zylindern montiert, die über einen praktisch reibungsfrei laufenden Kolben verfügen. Die Kolbenkammern der jeweils gegenüberliegenden Zylinder sind über einen Luftschlauch miteinander verbunden, und zusammen enthalten sie so viel Luft, dass einer der Kolben herausgezogen ist und der andere im Zylinder verschwindet.

In den Zylindern auf der rechten Seite drücken die Kolben nach unten und schieben die Luft in den jeweils gegenüberliegenden Zylinder links, dort zieht ja auch das Gewicht den Kolben herunter, sodass die Zylinderkammer maximal groß wird. Weil jeder Zylinder so viel Auftrieb erfährt wie das verdrängte Wasser wiegt, haben alle Zylinder auf der linken Seite der Konstruktion aufgrund des größeren Volumens mehr Auftrieb, und daher beginnt das Transportband, sich im Uhrzeigersinn zu drehen, und dreht sich ständig weiter ...»

In diesem Moment öffnet sich die Tür zum Patentbüro erneut, und Meyerbeer tritt heraus. An seiner Miene kann Frerich ablesen, dass es nicht gut gelaufen ist. «Na, kein Glück gehabt?»

«Nee, das war wieder mal nichts. Als ich auch nur die Worte ‹ohne äußere Energiezufuhr› ausgesprochen hatte, sagte die Sachbearbeiterin gleich was vom ‹zweiten Hauptsatz der Thermodynamik› und dass meine Maschine gegen die Naturgesetze verstoßen würde. Ohne sie überhaupt auszuprobieren!»

«Aber Sie haben sie auch noch nicht zum Laufen bekommen?», fragt Frerich skeptisch.

«Ich warte ja auch noch auf meine chinesischen Supermagnete», antwortet Meyerbeer. Ein bisschen beleidigt ist er schon, er fühlt sich nicht ernst genommen und als lästiger Kauz abgestempelt.

«Fürs nächste Mal gebe ich Ihnen einen Tipp», sagt der dynamische Jungunternehmer und zieht einen Zettel aus seiner Mappe.

«Preisen Sie Ihre Maschine gar nicht erst als Gerät zur Energieerzeugung an – schauen Sie mal hier!»

Interessiert liest Meyerbeer in Frerichs Patentantrag: «‹Unterhaltungsgerät, das Jung und Alt ins Staunen versetzt.› Aber mit Energie hat das doch sicherlich auch was zu tun, oder? Und wo sagen Sie was zu Ihrer Energiebilanz?»

«Die habe ich in den Fußnoten versteckt», sagt Frerich grinsend. «In der Beschreibung für diesen kleinen Schalter hier.»

Meyerbeer muss die Lesebrille aus der Tasche holen, um den kleingedruckten Text zu lesen, der die Funktion des Schalters beschreibt: «‹Mechanismus, um den Übergang der Maschine in dauernde Bewegung zu verhindern.› Also ein Schalter, der verhindert, dass das Perpetuum mobile ewig läuft?»

«Genau – also läuft die Maschine nicht ewig, widerspricht damit nicht den Bedingungen, und sie müssen mir das Patent geben!»

Und ehe der geknickte ältere Herr sich noch von ihm verabschieden kann, ist Frerich schon in der Tür des Büros verschwunden.

Der alte Traum von der ewigen Bewegung

Von einer Maschine, die ohne Energiezufuhr ständig Arbeit leistet, träumen die Menschen schon lange. Es begann mit dem indischen Autor Bhaskara, der um das Jahr 1100 die erste Maschine erfand, die angeblich ewig laufen könnte. Sie bestand aus beweglichen Hämmern, die an einem Rad aufgehängt sind und durch ihre Bewegung dafür sorgen, dass das Rad immer ein Übergewicht auf einer Seite hat und sich deshalb immer weiterdreht.

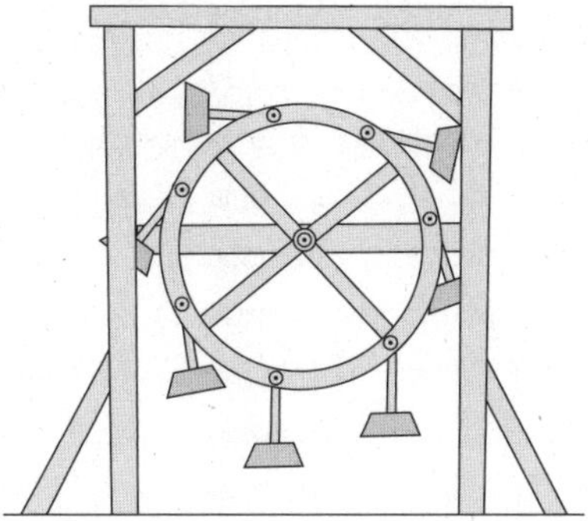

Eine Idee, die ganz verwandt ist mit dem Perpetuum mobile, das Herr Frerich in unserer Geschichte entwickelt hat. In den folgenden Jahrhunderten ergriff sie auch Europa und faszinierte selbst große Denker wie Leonardo da Vinci. Damals war die Physik noch nicht so weit, dass sie die Existenz solcher Maschinen ausschließen konnte. Aber auch nachdem im 19. Jahrhundert die Gesetze der Thermodynamik entdeckt worden waren und damit die Unmöglichkeit fast aller Konstruktionen von Perpetua mobilia (sagen wir ab jetzt kurz: PM) bewiesen worden war, riss die Flut der einschlägigen Erfindungen nicht ab. Gerade heute, wo die Menschheit händeringend nach einer sauberen Energieform sucht, die unseren Energiehunger befriedigt, ohne das Klima zu schädigen, sprießen die entsprechenden Websites ins Kraut, deren Verfasser behaupten, das Problem gelöst zu haben. Googeln Sie mal nach dem Stichwort «freie Energie»!

Die Patentämter haben tatsächlich Leitlinien, nach denen sie solche Konstruktionen gar nicht erst prüfen. Die PM-Konstrukteure fallen in dieselbe Kategorie wie die Kreisquadrierer, die ein mathematisches Problem, dessen Unlösbarkeit längst bewiesen ist, doch noch irgendwie gelöst haben wollen.

Aber bevor wir uns allgemein mit der Unmöglichkeit von PM beschäftigen, werfen wir einen näheren Blick auf die Maschinen, die von den beiden Erfindern in der Geschichte beim Patentamt vorgelegt wurden, zunächst auf den Magnetapparat von Herrn Meyerbeer. Der stammt eigentlich gar nicht von ihm, sondern ist schon viel älter: Beschrieben wurde er erstmals von dem englischen Bischof John Wilkins (1614–1672), einem Mitbegründer der Royal Society, in seinem Buch *Mathematical Magick, Or, The Wonders That May Be Performed By Mechanichal Geometry.* Wilkins schrieb, dieses PM sei 1562 von Johannes Taisnierus entwickelt worden, und er führte auch gleich eine Begründung an, warum es nicht funktionieren könne: Die Kraft des Magneten sei am oberen Ende so stark, dass die Kugel nicht durch das Loch fallen würde, sondern glatt drüber hinwegspränge und an dem Magneten haften bliebe.

So einfach lässt sich die Sache aber nicht abtun, Herr Meyerbeer ist ja schon auf das Argument eingegangen. Schauen wir auf die beteiligten Kräfte:

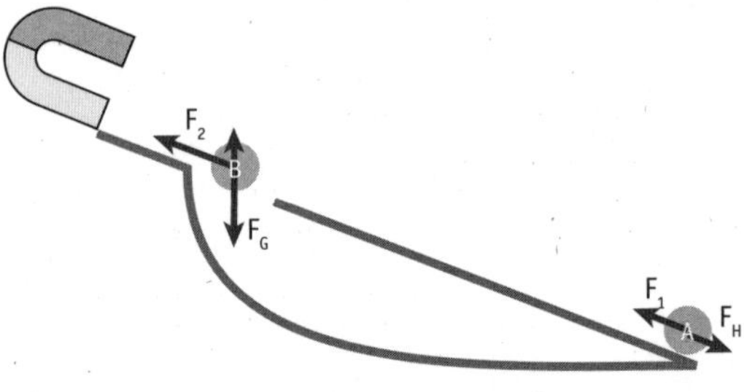

Auf der schiefen Ebene wirkt auf die Kugel eine konstante Hangabtriebskraft F_H (siehe Seite 35), die einen gewissen Bruchteil der Gewichtskraft F_G ausmacht, abhängig vom Winkel der schiefen Ebene. Am Fuß der Bahn wirkt auf die Kugel eine Magnetkraft F_1, die größer sein muss als F_H, damit die Kugel zu rollen beginnt. Die Magnetkraft wird immer stärker, je höher die Kugel kommt, sie beschleunigt also stark. Trotzdem ist es ganz gewiss möglich, einen Punkt zu finden, an dem die Gewichtskraft immer noch stärker ist als der vertikale Anteil der Magnetkraft, und die Lücke groß genug zu machen, dass die Kugel durchfällt. Sie rast dann die gebogene Rücklaufbahn hinunter und kommt auch unten an, man muss nur noch eine geeignete Konstruktion entwickeln, damit sie zurück zum Ausgangspunkt kommt – Herr Meyerbeers Lösung mit dem zweiten Loch ist da nicht ganz überzeugend. Aber das ist machbar. Und sobald die Kugel an der Ausgangsposition angekommen ist, beginnt das Spiel von vorn.

Wo liegt der Fehler? Um ihn erkennen zu können, zunächst ein paar Sätze über Energieerhaltung. Betrachten wir eine Kugel, die auf einer halbkreisförmigen Bahn hin und her rollt:

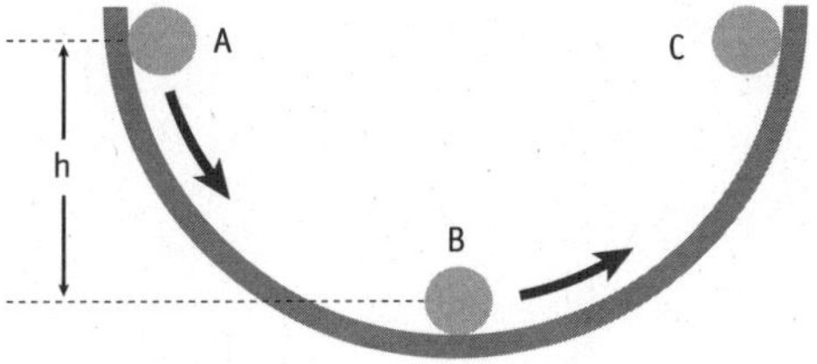

Zu Anfang wird die Kugel in der Position A gehalten, dann lässt man sie los, sie wird immer schneller, erreicht ihre maximale Geschwindigkeit im Punkt B, verlangsamt sich, bis sie am Punkt C zur Ruhe kommt, und rollt dann zurück. Das kann, je nach Größe der Reibungskraft, eine ganze Weile hin und her gehen. Würde die Reibung überhaupt nicht existieren, dann würde das Rollen nie aufhören. Ein PM ist diese Konstruktion jedoch nicht, weil die Kugel keine Arbeit leistet. Sie behält ständig ihre Energie. Würde sie dagegen auf ihrem Weg etwa ein kleines Zahnrad antreiben, mit dem man zum Beispiel Strom erzeugen könnte, dann würde sie merkbar langsamer, und sie würde auf der gegenüberliegenden Seite nicht mehr ganz so hoch steigen.

Energie ist also so etwas wie mögliche oder gespeicherte Arbeit. Schon die ruhige Kugel in Position A ist ein Energieträger – eben weil man sie herunterfallen oder zu Tal rollen lassen kann, wo sie dann Arbeit verrichten kann. Eine ruhende Kugel im Punkt B dagegen ist – bezogen auf dieses System – nicht von Nutzen.

Für die Kugel in unserem System gibt es zwei Formen von Energie, die Lageenergie oder potenzielle Energie und die Bewegungsenergie oder kinetische Energie.

Lageenergie entsteht dadurch, dass man die Kugel auf eine gewisse Höhe bringt. Welchen Nullpunkt man dabei annimmt, ist willkürlich, wir können einfach den tiefstmöglichen Punkt in dem Kessel als Nullpunkt nehmen – egal, ob der Versuch auf Meereshöhe oder im obersten Stock des Empire State Building stattfindet.

Die potenzielle Energie berechnet sich aus der Arbeit, die notwendig ist, um die Kugel auf die jeweilige Höhe zu bringen. Arbeit ist Kraft mal Weg, und die Kraft ist die Gewichtskraft der Kugel. Die kennen wir schon aus Kapitel 2: Masse mal Erdbeschleunigung.

Also ist die potenzielle Energie V der Kugel in der Position A oder C:

$$V = h \cdot m \cdot g$$

In der Position B ist die potenzielle Energie null.

Die kinetische Energie einer Masse berechnet sich nach der Formel:

$$T = \frac{1}{2} \cdot m \cdot v^2$$

An den Punkten A und C ist die Kugel in Ruhe, also ist ihre kinetische Energie gleich null. Welche kinetische Energie hat sie am Punkt B? Durch ein bisschen Herumrechnen mit den Gleichungen für den beschleunigten Fall bekommt man heraus, dass die Geschwindigkeit der Kugel beim Durchgang durch B folgenden Wert hat:

$$v = \sqrt{2 \cdot h \cdot g}$$

Und setzt man das in die Gleichung für T ein, so ergibt sich, dass die kinetische Energie am tiefsten Punkt denselben Wert hat wie die potenzielle Energie am höchsten Punkt. Es hat also lediglich eine Umwandlung dieser beiden Energieformen stattgefunden.

Egal, wo sich die Kugel auf ihrer Bahn befindet, die Summe aus potenzieller und kinetischer Energie ist stets dieselbe. Das bezeichnen die Physiker als Energieerhaltung – und diese Energieerhaltung ist es, die einen großen Teil der PM unmöglich macht.

Natürlich wird die Kugel in der Wirklichkeit nicht ständig hin und her rollen, sondern aufgrund der Reibungskräfte irgendwann zur Ruhe kommen – am Punkt B, aber mit der Geschwindigkeit null. Dann ist die Bewegungsenergie weg, und Lageenergie hat sie auch keine mehr. Was ist mit der Energie geschehen? Reibung erzeugt Wärme, und tatsächlich hat sich die Energie der Kugel in Wärmeenergie umgewandelt. Die wird in der Realität kaum spürbar sein, da die Wanne ja auch mit der Luft in Kontakt steht und die minimale Erwärmung schnell weitergibt. In einem wirklich abgeschlossenen System aber würde tatsächlich die Energie in dieser Form erhalten bleiben.

Die Erhaltung der Energie bedeutet aber auch: Kommt die Kugel wieder an einer Stelle an, an der sie schon einmal war, dann kann sie maximal dieselbe Geschwindigkeit haben wie zuvor, weil ja der potenzielle Anteil der Energie derselbe ist. Eher wird sie aufgrund von Reibungsverlusten langsamer sein.

Die Kugel in Meyerbeers magnetischen «Perpetuum mobile» ist nun zwei Arten von Kräften ausgesetzt: einmal der bekannten Kraft, die vom Schwerefeld der Erde kommt, und dann der Kraft, die der Magnet ausübt. Auch dieses Feld ist «konservativ», das heißt, in ihm gelten dieselben Erhaltungssätze wie im Schwerefeld. In der Physik überlagern sich Kräfte problemlos, sodass man die beiden Kraftfelder auch unabhängig voneinander betrachten kann. Und dann kommt man schnell zu dem Ergebnis: Wenn die Energie in beiden Feldern erhalten bleibt, dann auch im gesamten System. Die Kugel könnte theoretisch, ähnlich wie das Pendel, mehrfach das System durchlaufen (auch wenn mir kein Experiment bekannt ist, in dem es tatsächlich geklappt hätte), aber sie nimmt dabei keine zusätzliche Energie auf, sie wird beim nächsten Durchlauf nicht schneller, und vor allem kann sie keine Arbeit verrichten. War also nichts mit dem Perpetuum mobile!

Wem das jetzt zu abstrakt ist, für den habe ich noch eine zusätzliche Überlegung: An ihrem Ausgangspunkt, bevor sie die schiefe Ebene heraufrollte, hatte die Kugel die Geschwindigkeit null. Also kann sie, wenn sie den gebogenen Rückweg hinter sich hat, nicht *schneller* sein als null, sie wird also gerade so eben zum Ausgangspunkt zurückkehren – wie die Kugel im Kessel, die so gerade eben die Gegenwand hinaufkriecht. Sobald auch nur ein bisschen Reibung ins Spiel kommt, wird sie den Weg nicht ganz schaffen, sondern wieder zurückrollen! Tatsächlich gibt es einen stabilen Punkt, einen Null-Energie-Punkt sozusagen, auf der gebogenen Bahn. Das kann man sich so überlegen:

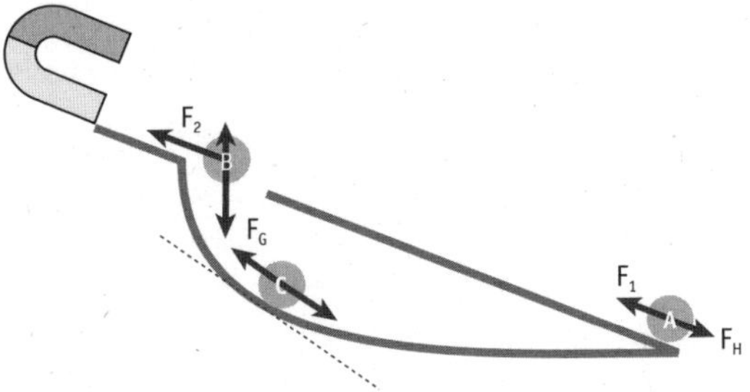

Am Anfang des Falls, im Punkt B, übersteigt die Gewichtskraft den vertikalen Anteil der Magnetkraft, die Kugel fliegt gegen die Wand und rollt nach unten. Am Ende der Bahn liegt sie wieder auf der schiefen Ebene, und die Magnetkraft ist größer als die Hangabtriebskraft (am Ende der gebogenen Bahn ist die Hangabtriebskraft sogar gleich null). Also muss es dazwischen einen Punkt geben, C, wo die Hangabtriebskraft exakt so groß ist wie die entgegengesetzte Magnetkraft, die parallel zur Bahn wirkt. Und genau das ist der Punkt, an dem die Kugel irgendwann zur Ruhe kommt!

Hat denn wenigstens Herr Frerich ein geniales PM erfunden? Auch seine Erfindung ist schon einmal gemacht worden, ein Patent dafür wurde 1830 in London erteilt. Und bis heute gelingt es immer wieder findigen Tüftlern, Patentbeamte mit einer solchen Maschine zu foppen!

Es gibt zahlreiche angebliche PM, die mit Auftrieb arbeiten. Das liegt wohl daran, dass ein Körper mit geringerer Dichte als Wasser eine Kraft nach oben erfährt, sobald er untergetaucht wird – eine Kraft, die der Schwerkraft entgegenwirkt! Sie scheint irgendwie aus dem Nichts zu kommen. Dabei hat sie überhaupt nichts Geheimnisvolles an sich.

Auftrieb entsteht, weil der Druck im Wasser mit der Tiefe zunimmt. Auf jedem Quadratzentimeter einer Fläche unter Wasser, so muss man es sich vorstellen, lastet eine «Säule» von Wasser, 100 Kubikzentimeter pro Meter Wassertiefe, und entsprechend drückt eine Kraft von etwa einem Newton nach unten.

Was man bei dieser Vorstellung leicht übersieht: Druck wirkt in alle Richtungen. Der Druck in einer bestimmten Wassertiefe wirkt auch nach oben! Deshalb wird ein untergetauchter Körper von unten mehr hochgedrückt, als das Wasser von oben herunterdrückt.

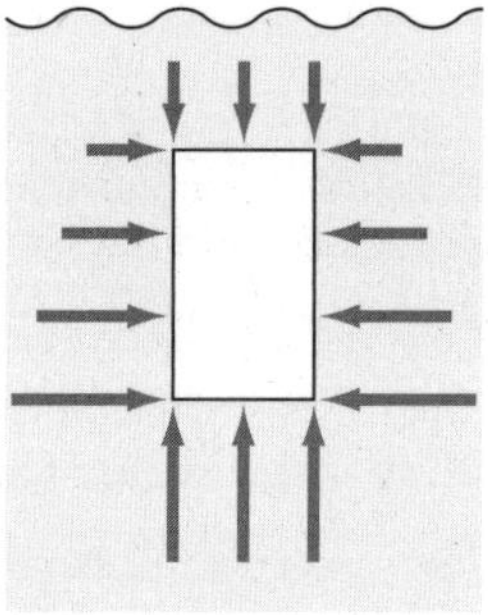

Die Differenz zwischen der von oben und der von unten wirkenden Kraft auf den Körper ist genau das Gewicht des Wassers, das sich zwischen Ober- und Unterseite befinden würde, das der Körper also verdrängt hat. Die Kräfte von der Seite sind zwar auch unterschiedlich groß, tragen aber zum Auftrieb nichts bei. Das sieht man gut bei einem regelmäßigen Körper wie in der Zeichnung, es funktioniert aber genauso für beliebige Geometrien.

Welche Auftriebskräfte erfahren die Zylinder in Herrn Frerichs Maschine? Man muss gar nicht alle Zylinder betrachten, es reicht der Blick auf ein Paar, das mit einer Luftleitung verbunden ist.

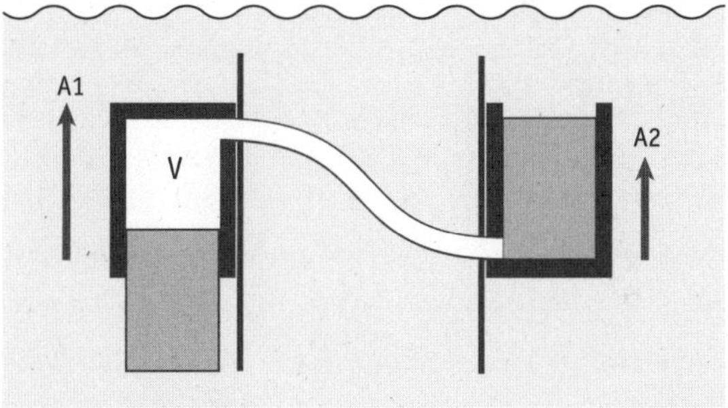

Wenn wir das Gewicht der Luft vernachlässigen, dann haben beide Zylinder samt Kolben dieselbe Masse. Ihre Gewichtskräfte halten sich also die Waage. Aber der linke Kolben erfährt eine höhere Auftriebskraft (A_1) als der rechte (A_2), weil er mehr Wasser verdrängt. Die Differenz $A_1 - A_2$ ist die Nettokraft, die tatsächlich den linken Kolben aufsteigen und den rechten absinken lässt. Diese Kraft entspricht dem Gewicht des Wassers, das durch das Luftvolumen V verdrängt wird. Also ist die nach oben wirkende Kraft

$$A = A_1 - A_2 = F_G = m \cdot g = \varrho \cdot V \cdot g$$

(Der griechische Buchstabe ϱ, sprich Rho, bezeichnet die Dichte eines Stoffes. Die Dichte von Wasser ist ziemlich genau 1.)

Es gibt also tatsächlich eine überschüssige Energie, und die ist gleich der Arbeit, die entlang des gesamten Aufstiegs geleistet wird. Arbeit ist Kraft mal Weg, die Höhe der gesamten Maschine sei *h*, dann ist diese Arbeit

$$A \cdot h = \varrho \cdot V \cdot g \cdot h$$

Die Maschine leistet also Arbeit, und das ganz ohne Antrieb! Wo ist der Pferdefuß? Oder gibt es keinen?

Das Problem liegt darin, dass oben und unten die Zylinder die Seiten wechseln und dabei der eine Kolben ein- und der andere ausfährt. Das scheint allein aufgrund der Schwerkraft zu geschehen – aber in Wirklichkeit wird dabei tatsächlich Arbeit geleistet.

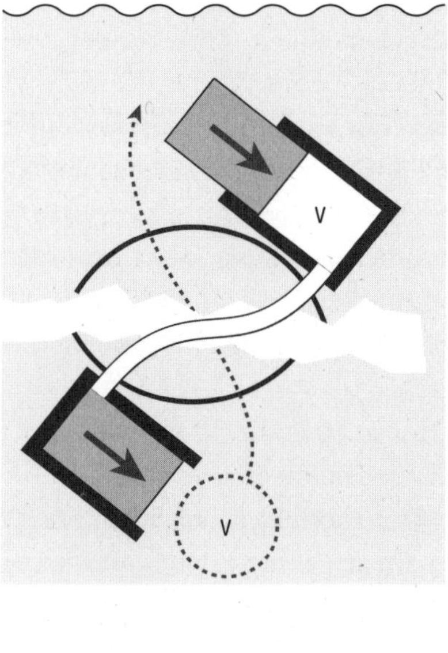

Wenn die Kolben sich bewegen, wird Luft mit dem Volumen *V* von oben nach unten transportiert. Das muss uns nicht weiter interessieren, weil die Luft praktisch nichts wiegt. Es passiert aber noch etwas anderes, und das übersehen die PM-Konstrukteure gern, weil es sich unseren Blicken entzieht: Wenn der obere Kolben einfährt und damit der Zylinder sein Volumen verringert, muss das fehlende Volumen mit Wasser gefüllt werden. Das kommt natürlich aus der unmittelbaren Umgebung. Gleichzeitig aber wird durch das Ausfahren des unteren Kolbens Wasser verdrängt. Insgesamt ergibt sich also der Transport einer Wassermenge mit dem Volumen *V* entlang der gesamten Höhe der Maschine! Dazu ist Arbeit nötig – und diese Arbeit entspricht der Gewichtskraft des Wassers mal der Höhe *h*. Es kommt just die gleiche Arbeit oder Energie heraus, die wir gerade durch die Aufwärtsbewegung gewonnen haben, und die Gesamtbilanz ist null!

Alternativ kann man die Sache auch so erklären: Der untere Kolben muss beim Rausrutschen einen höheren Wasserdruck überwinden als der, der dem oberen Kolben beim Reinrutschen hilft – weil er sich in einer größeren Wassertiefe befindet. Und auch bei dieser Betrachtung ergibt sich dieselbe Arbeit, die zu leisten ist.

Die Erklärungen sind letztlich ziemlich einfach – aber das hat Generationen von Tüftlern nicht davon abgehalten, immer neue Varianten dieses Auftriebs-PM zu entwickeln. Und immer wieder gibt es dafür Patente. Noch im Jahr 2003 hat der Erfinder Mikhail Smeretchanski damit in Frankreich Erfolg gehabt (französisches Patent Nr. 2830575).

Sowohl bei Herrn Meyerbeers als auch bei Herrn Frerichs Erfindung handelt es sich um ein sogenanntes «Perpetuum mobile erster Art» – der Name kommt daher, dass diese Maschinen gegen den ersten Hauptsatz der Thermodynamik verstoßen. Der sagt, in verständlichem Deutsch ausgedrückt, dass in einem geschlossenen physikalischen System Energie weder erzeugt noch vernichtet wird, sondern nur aus einer Form in eine andere umgewandelt wird: potenzielle Energie in kinetische Energie, kinetische Energie in Wärme und so weiter. So richtig geschlossene Systeme gibt es natürlich in unserer Lebenswirklichkeit kaum, vom gesamten Universum einmal abgesehen. Früher wurde oft argumentiert, die Natur um uns herum sei ein perfektes Perpetuum mobile: Sie ist in konstanter Bewegung, bringt ständig neues Leben hervor, kommt nie zur Ruhe. Aber natürlich ist unser Globus alles andere als abgeschlossen. Ihm wird über die Sonnenstrahlung ständig Energie zugeführt, pro Sekunde erreichen 175 Millionen Gigawattsekunden die Erde – das ist die Energie, die letztlich alle Lebensvorgänge antreibt. 175 Millionen Gigawattsekunden: Das sind rund 49 Milliarden Kilowattstunden.

Es gibt aber auch «PM zweiter Art» – das sind Geräte, deren angeblicher Wirkmechanismus gegen den zweiten Hauptsatz der Thermodynamik verstößt. Dieser Satz ist komplizierter, es gibt verschiedene Umschreibungen für ihn: Die Unordnung in der Welt nimmt zu. Wärme lässt sich nicht ohne weiteres in andere Energieformen umwandeln. Es gibt eine «Richtung» in der Entwicklung der Welt, die sich nicht umkehren lässt.

Letztlich ist dieser zweite Hauptsatz der Thermodynamik eine statistische Aussage. Wärmeenergie ist nichts anderes als Bewegungsenergie auf mikroskopischer Ebene: Atomare Teilchen bewegen sich auf ballistischen Bahnen, die mit den Gesetzen der Mechanik beschrieben werden können (dass das so nicht stimmt, wissen wir seit der Quantentheorie, siehe Kapitel 14, aber für die Thermodynamik reicht diese Vorstellung aus). Sie kollidieren miteinander (vor allem in Gasen), und weil wir meistens sehr vielen Teilchen begegnen, können wir statistische Aussagen über ihr Verhalten machen.

Man stelle sich zum Beispiel vor, in eine Ecke eines luftgefüllten Behälters würde man eine gewisse Menge eines heißen Gases geben. Heiß – das bedeutet, dass die Gasteilchen eine hohe Geschwindigkeit haben, verglichen mit den eher langsamen Luftteilchen. Diese schnellen Teilchen beginnen nun, durch den gesamten Behälter zu rasen, dabei kollidieren sie auch miteinander, vor allem aber mit den Luftteilchen. Die schnellen Teilchen geben Energie an die langsamen ab, es stellt sich eine Situation ein, in der erstens die Gase gut durchmischt sind und zweitens ihre mittlere Geschwindigkeit in allen Teilen des Raums dieselbe ist. Die Luft ist also etwas wärmer geworden, und das heiße Gas hat sich abgekühlt.

Diesen Vorgang kann man nach den Gesetzen der Wahrscheinlichkeit berechnen. Der umgekehrte Fall, dass sich aus einem gleichmäßig warmen Mischgas die einzelnen Komponenten trennen und darüber hinaus verschiedene Temperaturen annehmen – dieser Fall ist zwar theoretisch möglich, aber er ist astronomisch unwahrscheinlich. Das wäre so, als wenn ein Haufen Kleinkinder durch das Bad der bunten Bälle im Ikea-Kinderparadies krabbelt – und nachher sind die Bälle im Becken nach Farben sortiert. Das passiert einfach nicht!

Aus einem gleichmäßig lauwarmen Gas aber kann man keine Energie gewinnen. Wärmemaschinen, etwa eine Dampfmaschine oder der Ottomotor, arbeiten mit Wärme*gefällen* – also unterschiedlich heißen Komponenten. Die verschiedenen Energie-Umwandlungsprozesse sind nicht äquivalent; sobald man nur noch «Abwärme» hat, kann man mit der nicht mehr viel anfangen.

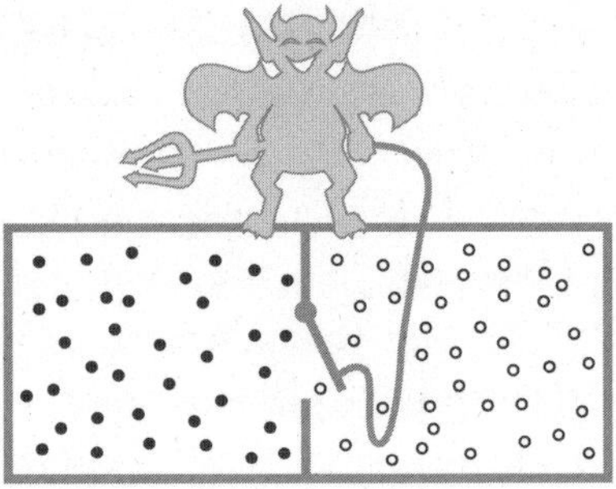

Das berühmteste Beispiel eines – theoretischen – PM, das dieses Gesetz verletzt, ist der «Maxwell'sche Dämon». Der Physiker James Clerk Maxwell formulierte das Problem 1871: Man stelle sich eine zweigeteilte Kammer vor, in der sich jeweils Gas derselben Temperatur und desselben Drucks befindet. Nun gibt es zwischen diesen Kammern eine winzige Tür, die gerade mal ein Molekül des Gases durchlässt. Die Tür wird von einem «Dämon» bewacht – einem nicht weiter definierten Mechanismus, der die folgende Fähigkeit hat: Kommt aus der linken Kammer ein schnelles Teilchen geflogen – also eines, das schneller ist als der Durchschnitt aller Teilchen –, dann lässt der Dämon es in die rechte Kammer passieren. Von rechts nach links lässt er nur unterdurchschnittlich schnelle Teilchen durch. Temperatur ist ja immer nur eine Durchschnittsgeschwindigkeit – es gibt auch in einem kalten Gas schnelle Teilchen und in einem heißen Gas langsame!

Der Sortierungsprozess führt dazu, dass in der linken Kammer die Temperatur sinkt und in der rechten die Temperatur steigt. Also hat der Dämon aus einem lauwarmen Gas ein warmes und ein kaltes gemacht, und diese Differenz kann man nun nutzen, um Arbeit zu leisten!

Maxwell hat keine Konstruktionsvorschrift für seinen Dämon angegeben, aber immer wieder haben Tüftler versucht, eine solche

Maschine zu bauen, die natürlich selbst nicht auf eine externe Energiezufuhr angewiesen sein darf. Der Letzte war ein Erfinder namens Sanjay Amin, der 1999 eine «Entropie-Maschine» erfand. Allerdings wurde auch diese Maschine von Physikern analysiert und für unmöglich befunden.

Oft wenden PM-Gläubige oder hoffnungsvolle Bastler ein, dass die Naturgesetze, die gegen die Existenz von PM ins Feld geführt werden, ja nur Menschenwerk seien und durchaus revidiert werden könnten. Das ist grundsätzlich richtig: Alle Erkenntnisse der Physik stammen letztlich aus Beobachtungen, und wenn man etwas Neues beobachtet, dann muss man auch bereit sein, die Gesetze zu korrigieren. Allerdings liegt die Latte für eine solche Revision ziemlich hoch. Oft wird ins Feld geführt, dass zum Beispiel Einstein die Gesetze Newtons widerlegt hätte – aber für die meisten praktischen Zwecke, auch in diesem Buch, liefern die Newton'schen Gesetze immer noch eine sehr exakte Beschreibung. Und der Energieerhaltungssatz, mit dem man ja die meisten PM widerlegen kann, ist keine dogmatische Setzung irgendeines Physikers, der keine «freie Energie» zulassen würde. Er lässt sich für alle gängigen Energieformen explizit ausrechnen, und 1912 hat die deutsche Mathematikerin Emmy Noether sogar mathematisch bewiesen, dass in einem physikalischen System, das ein paar sehr allgemeine Voraussetzungen erfüllt – eine gewisse Homogenität der Raumzeit und die Geltung der Naturgesetze im ganzen Universum –, immer solche Erhaltungssätze gelten müssen.

Es gibt einen Einwand gegen die Existenz eines Perpetuum mobile, den ich am überzeugendsten finde. Herr Frerich hat ja diesen Schalter in seine Maschine eingebaut, den man betätigt, damit sie nicht in ständige Bewegung übergeht – auch das übrigens ein Detail aus einem echten Patentantrag. Der Schalter wäre bei einem funktionierenden PM auch bitter notwendig. Denn eine solche

Maschine würde ständig überschüssige Energie produzieren, und wenn die nicht abgenommen würde, etwa durch elektrische Verbraucher, bliebe sie in der Maschine. Das Gerät würde immer heißer und würde irgendwann schmelzen oder gar explodieren.

Und selbst wenn die Energie aus der Maschine abgeleitet würde – im Universum würde sie bleiben und letztlich für eine ständige Aufheizung der gesamten Welt sorgen. Wenn man davon ausgeht, dass es im Weltall auch Zivilisationen gibt, die weiterentwickelt sind als wir und deshalb längst ein PM gebaut hätten, müssten wir von dieser Erhitzung im großen Maßstab etwas mitbekommen!

Nein, es bleibt auch im 21. Jahrhundert bei dem Urteil, das schon die Académie Française im Jahr 1775 fällte: «Die Konstruktion einer immer währenden Bewegung ist unmöglich.»

Jetzt sind Sie dran: Sie verlassen Ihre Wohnung und haben vergessen, die Tür des Kühlschranks zu schließen. Nach zwei Stunden kommen Sie zurück – ist es in der Küche nun kälter oder wärmer als zuvor? (Die Küche wird dabei insofern als abgeschlossenes System betrachtet, dass sie von außen weder gekühlt noch aufgeheizt wird.)

7 Die Mauer

oder

Vom Winde verweht

«In Deutschland müssen sie jetzt schon die Heizung aufdrehen», sagt Martin Spies zu seiner Frau. Monika nickt nur zustimmend – sie hat ihr Gesicht dem Licht zugewendet, die Augen geschlossen und genießt die wärmenden Strahlen der Herbstsonne.

Es ist der erste Sonntag im Oktober, und da sind die Chancen auf Mallorca immer noch gut für einen warmen, sonnigen Tag. Zufrieden schaut sich Spies um, seine neue Finca erfüllt ihn mit Stolz. Die Fassaden sind im mallorquinischen Stil gehalten, aber drinnen ist alles ultramodern – auf die Auswahl der Möbel hatte die örtliche Baubehörde glücklicherweise keinen Einfluss. Im Pool kräuselt sich leicht das Wasser, die Sonne spiegelt sich auf der Oberfläche.

Die Finca des Ehepaars liegt auf einem Hügel oberhalb des Dorfes Sant Joan, ein paar Kilometer abseits der Straße von Palma nach Manacor. Das Meer kann man von hier nicht sehen, dafür ist man weit weg vom Ballermann und anderen Touristenzentren. Ideal für Mallorca-Pendler wie das Ehepaar Spies: Zwanzig Minuten mit dem Auto zum Flughafen, und trotzdem hat man seine Ruhe vor dem gemeinen Volk. Die Deutschen, die man hier trifft, wohnen meist in einem der renovierten Bauernhäuser der Gegend – es sind Rentner, Freiberufler oder auch Leute wie Spies, der sich hier eine Existenz als Immobilienmakler aufgebaut hat. Und sich selbst natürlich das schönste Objekt gesichert hat.

Spies' Blick schweift gen Osten – dort würde er jetzt normalerweise den durchaus malerischen Ort Sant Joan sehen. Aber der Blick ist versperrt durch die Lärmschutzwand «Schwarzwald». Er hat sie nicht gewollt, aber Monika ist ja so lärmempfindlich. «Ich finde feiernde Spanier ja auch ganz anregend», hatte sie gesagt, «aber ich ziehe doch nicht nach Mallorca, um dann dieselbe Geräuschkulisse zu haben wie in der Düsseldorfer Altstadt.» Seine Frau ist elf Jahre jünger als er, aber manchmal findet er sie, ehrlich gesagt, ein bisschen ... spießig.

Martin Spies seufzt in sich hinein. Er hat lange gesucht, um wenigstens keine Betonmauer errichten zu müssen, wie sie entlang der Autobahnen aufgestellt wird. Das Modell «Schwarzwald» besteht aus unbehandeltem Lärchenholz, ist 40 Zentimeter dick und mit gepressten Strohballen gefüllt. Zum Gespött der Einheimischen hat er sich mit diesem zweieinhalb Meter hohen Monstrum dennoch gemacht. *El mur* nennen es die Mallorquiner, die Mauer. Deutschland und Mauer – schön, wenn man seine Vorurteile pflegen kann, denkt Spies ein wenig bitter.

Vor einer Woche ist das Paar eingezogen, und an diesem Wochenende soll *el mur* die Bewährungsprobe bestehen. Es findet nämlich wie jedes Jahr die *Torrada d'es Botifarro* statt, das Blutwurstfest. Am offenen Feuer werden die Würste gegrillt, dazu tanzen die Einheimischen traditionelle Tänze, und natürlich fließt der Rotwein in Strömen. Knapp 2000 Einwohner hat Sant Joan, aber heute werden bestimmt doppelt so viele Menschen den Dorfplatz bevölkern.

Eigentlich wäre auch Martin Spies heute gern ins Dorf gegangen und hätte sich unters Volk gemischt, aber Monika hatte klargestellt, dass sie «auf diese Sorte Folklore» gut verzichten könne. So sitzt das Ehepaar also beim späten Frühstück im neuen Heim und genießt die Sonne, den sanften Ostwind und die Stille.

Bumm. Bumm. Bummbummbumm.

Monika Spies schreckt in ihrem Liegestuhl hoch. Offenbar hat im Dorf die Musikkappelle zu spielen begonnen. Das «Bumm» kommt von den Schlägen der Basstrommel, aber bald sind auch Gitarren und Trompeten zu hören und die gesungenen mallorquinischen Volksweisen.

«Martin!», ruft Monika, und ihre Stimme hat einen scharfen Unterton. Einen leicht hysterischen, findet Spies. «Martin, hörst du das?»

Spies tut so, als müsste er die Ohren spitzen, aber natürlich hat er die Musik längst selbst wahrgenommen. «Jetzt, wo du's sagst. Offenbar hat die *torrada* angefangen!»

«Martin, wozu haben wir eigentlich diese Mauer gebaut? Die soll doch garantiert jeglichen Schall abhalten», mault Monika.

«Vielleicht hätten wir ja doch Beton wählen sollen und nicht diese Öko-Variante», murmelt Martin.

«Ob Öko oder Beton – wir haben eine fünfstellige Summe für diese Wand bezahlt, und dafür will ich auch meine Ruhe haben!» Monika wird jetzt lauter. «Wie kann das überhaupt angehen, dass der Schall durch die Wand durchgeht?»

«Der Schall geht nicht durch die Wand, er geht um die Wand herum», antwortet Martin Spies. Vor der Übersiedlung nach Mallorca hat er ein paar Jahre in einer Firma gearbeitet, die Musikbeschallungsanlagen verkaufte, und da musste er sich ein paar physikalische Grundkenntnisse über die Ausbreitung von Schall aneignen.

«Drum herum?», fragt seine Frau ungläubig. «Ich verstehe ja nicht viel von Physik, aber soviel ich weiß, breiten sich auch Schallwellen geradlinig aus!»

«Stimmt im Prinzip. Aber dann gibt es noch solche Phänomene wie Beugung und Streuung – deshalb ist es auch hinter einer absolut schalldichten Wand im Freien niemals total still. Insbesondere die Schallwellen mit den tiefen Frequenzen werden gebeugt, deshalb dröhnt dieses ‹Bummbumm› besonders gut durch.»

«Ich höre aber nicht nur ‹Bummbumm›», entgegnet die Gattin. «Ich höre auch ‹Tätärä›, Gitarren und johlende Menschen. Fast habe ich den Eindruck, ich könnte einzelne Gespräche da unten auf dem Dorfplatz verstehen.»

«Dazu müsstest du aber erst einmal ein paar Sätze Spanisch lernen», sagt Spies trocken. Diese Spitze kann er sich nicht verkneifen – denn während er in den letzten Monaten einen Spanisch-Feierabendkurs belegt hat, allein schon, um mit den ländlichen Grundbesitzern verhandeln zu können, meinte seine Frau darauf verzichten zu können, weil «da unten sowieso alle Deutsch sprechen».

«Aber du hast recht», fährt Spies fort, «heute hört man wirklich jedes Geräusch aus dem Dorf, trotz der Mauer. Ich könnte mir vorstellen, dass der Schall vom Wind herübergetragen wird. Der bläst ja heute recht kräftig von Osten und trägt die Geräusche vom Dorf zu uns herüber.»

«Wind trägt Geräusche?», fragt seine Frau ungläubig. «Das habe ich auch schon mal gehört, aber ich habe es bisher immer für ein Ammenmärchen gehalten. Der Schall ist doch ziemlich schnell ...»

«... 343 Meter pro Sekunde oder gut 1200 Kilometer pro Stunde ...», sekundiert der Ehemann, der noch aus seinem Akustik-Lehrgang schöpft.

«... und der Wind hat wie viel? Vielleicht maximal 50 Kilometer pro Stunde. Das macht doch keinen großen Unterschied aus. Und davon soll der Schall besser zu uns herübergetragen werden?»

«Es hat nichts mit der Geschwindigkeit zu tun», sagt Martin Spies. «Wenn ich mich recht erinnere, ist das ein Brechungsphänomen. So als wenn man einen Löffel in ein Glas Wasser steckt, und er sieht dann ganz geknickt aus.»

Das Gesicht seiner Frau zeigt ihm, dass seine Erklärung nicht besonders plausibel war.

«Egal – jedenfalls kann dieser Rückenwind dafür sorgen, dass der Schall nicht nur weit getragen wird, sondern sogar über Hindernisse hinweg», fährt er fort, «zum Beispiel über unsere Lärmschutzwand.»

«Du kannst ja gern nochmal in deinen Büchern die Erklärung nachlesen», antwortet seine Frau spitz, «jedenfalls scheint es zu stimmen. Da sitzen wir nun auf unserer schönen Finca und können uns den ganzen Tag den Lärm aus dem Dorf anhören.»

«Na und?», sagt Spies. «Es ist nun mal so, dass hier auch noch andere Menschen wohnen. Echte Einheimische. Und das berühmte Blutwurstfest gibt's nur einmal im Jahr, da pilgern die Leute aus allen Teilen der Insel her! Wenn wir den Lärm schon nicht abstellen können, dann ist die beste Strategie wahrscheinlich die, sich mittenrein zu begeben.»

«Vielleicht hast du ja recht.» Jetzt ist auch Monika Spies ein bisschen nachdenklich geworden. Vielleicht sollte sie ja doch mal einen näheren Blick auf diese Spanier werfen. «Gib mir eine Viertelstunde, ich mach mich nur schnell ausgehfertig. Aber Blutwurst essen muss ich nicht?»

«Nein», lacht ihr Mann, «da gibt's bestimmt auch noch andere Sachen.»

Eine halbe Stunde später stellt das Ehepaar seinen Porsche Cayenne auf dem großen Parkplatz am Ortseingang ab. Monika Spies soll noch bis in die frühen Morgenstunden beim Tanzen gesehen worden sein.

Brechende Wellen: wieso der Schall um die Ecke geht

Warum wird das Ehepaar Spies in seiner Ruhe gestört, obwohl es sich doch eine so teure Lärmschutzwand gebaut hat? Liegt es an der Wand, die trotz aller Werbeversprechen doch noch Schall durchlässt, oder hat es andere Gründe?

Schall ist ein Wellenphänomen, Wellen breiten sich geradlinig aus, und ganz naiv stellen wir uns das so vor wie beim sichtbaren Licht. Also eine Art «Schallstrahlen», die von der Lärmquelle ausgehen und auf Gegenstände treffen, die sie abschirmen. Wenn alles so funktionieren würde wie geplant, dann säße unser Paar in einer Art «Schallschatten» und würde vom Volksfest in Sant Joan nichts mitbekommen.

Aber so wie es im Schatten einer Lichtquelle nicht absolut dunkel ist – man kann bekanntlich im Schatten sogar braun werden –, so ist es auch im akustischen Schatten nicht absolut still. Das naive Bild von den sich geradlinig fortpflanzenden «Schallstrahlen» ist eben nicht vollständig. Schall ist tatsächlich eine Welle, und deshalb gibt es auch beim Schall Wellenphänomene wie Streuung, Brechung und Beugung, die dafür sorgen, dass Töne auch «um die Ecke herum» wahrnehmbar sind.

Wie kommen wir überhaupt dazu, uns den Schall als strahlendes Phänomen vorzustellen? Beim Licht ist das ja noch sinnvoll – bekanntlich ist Licht ja Welle *und* Partikel (siehe Kapitel 14), und die Partikel fliegen auf geradem Weg von der Sonne zu uns. Um manche Phänomene erklären zu können, muss man den Wellencharakter des Lichts aber trotzdem heranziehen: Die Lichtstrahlen sind durchaus real, indem sie die Flugbahnen der Photonen beschreiben.

Schallpartikel dagegen gibt es nicht. Es existieren keine Tonteilchen, die von einer Schallquelle zu uns geschossen werden. Schall ist die Fortpflanzung von feinen Druckunterschieden in der Luft. Die Membran eines Lautsprechers zum Beispiel flattert vor und zurück, und wenn sie sich nach außen beult, drückt sie die Luft ein bisschen zusammen, der Druck steigt an dieser Stelle. Dieser Druck pflanzt sich nun in alle Richtungen fort, weil die Luftmoleküle die Energie, die sie durch den Schubs der Membran bekommen haben, per Kollision an ihre Nachbarn weitergeben. Das einzelne Molekül fliegt nicht weit, es bekommt bald wieder einen zufälligen Schubs in die entgegengesetzte Richtung. Die Welle pflanzt sich durch den Luftozean ähnlich fort wie eine Wasserwelle im Meer, bei der ja auch das einzelne Wasserteilchen mehr oder weniger an seinem Platz bleibt. (Ich schreibe «ähnlich», weil es einen wichtigen Unterschied gibt: Wasserwellen sind sogenannte Transversalwellen, die Teilchen schwingen quer zur Ausbreitungsrichtung der Welle. Schallwellen dagegen sind Longitudinalwellen, die Luftteilchen schwingen in der Richtung der Welle vor und zurück.)

Nach dieser Vorstellung breitet sich zunächst einmal eine Schallwelle kugelförmig um die Quelle aus. Aber die Stöße zwischen den Luftteilchen geschehen nicht streng in der angenommenen Ausbreitungsrichtung, sondern zufällig in alle Richtungen. Schon der niederländische Physiker Christiaan Huygens erkannte im 17. Jahrhundert, dass man eigentlich jeden Punkt einer Wellenfront wieder als Ausgangspunkt einer neuen Welle ansehen muss. Ein Luftteilchen, das angestoßen wird, weiß nicht, ob es seinen Schubs direkt von der Schallquelle bekommen hat oder ob es bereits die soundsovielte Station in einer langen Kette von Stößen ist.

Aber kann man solche Kaskaden von aufeinandergetürmten Wellen überhaupt berechnen? Glücklicherweise ja – denn viele dieser sogenannten Elementarwellen löschen sich gegenseitig aus. Wenn ein Wellenberg auf ein gleich großes Wellental trifft, dann ist das Ergebnis null. Das führt dazu, dass sich bei freier Ausbreitung im Raum tatsächlich kugelförmige Wellenfronten ergeben, und man kann sich senkrecht dazu entsprechende «Schallstrahlen» vorstellen. Relevant wird das Huygens'sche Prinzip an Kanten, Ecken und Hindernissen. Es sorgt zum Beispiel dafür, dass wir einen Krankenwagen in der Stadt glücklicherweise auch dann hören können, wenn er aus einer Nebenstraße kommt und wir keinen direkten Sichtkontakt haben.

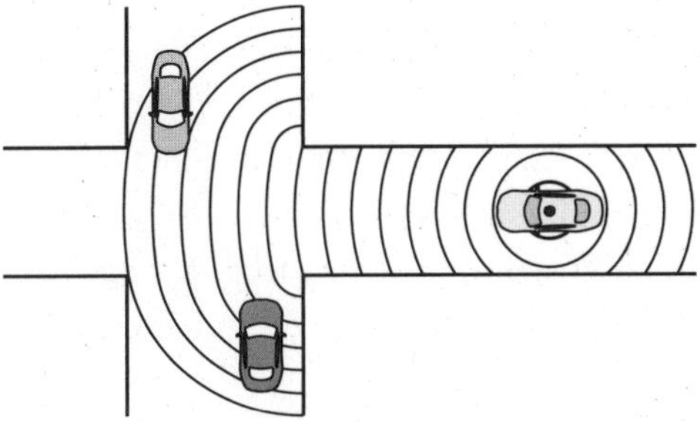

Die Schallwellen, die die Straßenecke erreichen, sind wieder die Quelle für neue Schallwellen – und deshalb hört auch ein Autofahrer das Martinshorn, der sich auf der Querstraße der Kreuzung nähert, und kann rechtzeitig abbremsen. Beugung nennt man dieses Phänomen, wenn Wellen um Hindernisse herumgelenkt werden.

Das Blaulicht des Rettungswagens sieht der Autofahrer jedoch nicht, es sei denn, es wird von Gegenständen oder Fensterscheiben reflektiert. Licht geht nicht um die Ecke – werden Lichtstrahlen nicht gebeugt? Doch, aber in ganz anderem Maßstab. Beugungsphänomene finden dann statt, wenn das Hindernis etwa so groß ist wie die Wellenlänge. Eine typische Schallwelle, etwa der Kammerton a, hat eine Wellenlänge von ungefähr 70 Zentimetern. Eine mittlere gelbe Lichtwelle dagegen hat nur eine Wellenlänge von 580 Nanometern, das ist ein halber tausendstel Millimeter. Lichtbeugung kann man vor allem dann beobachten, wenn Lichtstrahlen durch schmale Spalten gelenkt werden (siehe S. 215).

Und es werden auch nicht alle Schallwellen auf gleiche Weise gebeugt. Die höchsten Töne, die wir hören können, haben nur eine Wellenlänge von etwa zwei Zentimetern, die tiefsten dagegen von 20 Metern. Tiefe Töne werden mehr gebeugt als hohe, oder anders gesagt: Die Lärmschutzwand der Familie Spies hält die hohen Töne fast komplett ab, die tiefen dagegen kriechen regelrecht über die Mauer. Das «Bumbumbum» kommt durch, während die hohen Trompetentöne besser abgeschirmt werden. Wenn Sie zu Hause eine Dolby-Surround-Anlage mit fünf kleinen Lautsprechern und einem großen Subwoofer für die Bässe haben, dann wunderten Sie sich vielleicht darüber, dass Sie laut Betriebsanleitung die Bassbox irgendwo in den Raum stellen konnten, während die Hochtöner sehr präzise platziert werden mussten. Der Grund dafür ist, dass die Wellen der tiefen Töne praktisch von überall ihren Weg zum Ohr finden, während man bei kleinen Lautsprechern immer den direkten Schall abbekommen sollte.

Wenn Lichtbeugung nur im Mikroskopischen passiert – warum ist es dann im Schatten nicht stockdunkel? Das liegt an einem weiteren Wellenphänomen, der Streuung. Auf dem Mond zum Beispiel ist es im Schatten tatsächlich völlig finster, weil dort ein fast perfektes Vakuum herrscht und nichts die Lichtstrahlen stört. Die Atmosphäre der Erde dagegen ist nicht völlig homogen, sie besteht aus vielen kleinen Teilchen, die, wenn sie direkt vom Licht getroffen werden, auch schon einmal einen Strahl ablenken. Auch hier gilt wieder: Am besten funktioniert das, wenn die Wellenlänge etwa der Teilchengröße entspricht, und Strahlen unterschiedlicher Wellenlänge werden unterschiedlich stark gestreut. Das ist der Grund dafür, dass der Himmel blau ist und das Abendrot rot.

Schallwellen werden wegen ihrer Größe nicht an einzelnen Luftmolekülen gestreut, sondern an Turbulenzen in der Luft, kleinen Wirbeln, deren Größe im Zentimeterbereich liegt. Auch sie können dazu beitragen, dass Lärm Hindernisse überwindet.

Warum können diese Turbulenzen Tonwellen streuen? Weil in ihnen die Luft eine andere Dichte hat, und die Dichte der Luft beeinflusst die Schallgeschwindigkeit. Unterschiedliche Ausbreitungsgeschwindigkeiten führen dazu, dass Wellen gebrochen werden. Und diese Brechung ist die Ursache dafür, dass der Wind die Töne der Dorfkapelle bis ins Haus von Herrn und Frau Spies getragen hat.

Dazu erst noch ein paar Überlegungen zur Brechung von Licht: In Wasser zum Beispiel ist die Lichtgeschwindigkeit um etwa ein Viertel niedriger als in der Luft. Das hat auf schräg einfallende Lichtstrahlen den Effekt, dass sie einen Knick machen. Deshalb sehen wir zum Beispiel einen Knick in einem Löffel, der in einem Wasserglas steckt.

Wie lässt sich diese Brechung erklären? Christiaan Huygens fand nicht nur das nach ihm benannte Prinzip mit den «Elementarwellen», er schloss daraus auch: Letztlich nimmt Licht, das durch zwei verschieden dichte optische Medien geht (also Medien mit unterschiedlicher Lichtgeschwindigkeit), nicht den kürzesten Weg im Raum, sondern den schnellsten. Und so kann man den Weg der Lichtstrahlen mit einer Anekdote erklären, die ich in meinem Buch *Der Mathematikverführer* als Rechenaufgabe für den Leser gestellt habe:

David Hasselhoff liegt am Strand von Malibu und sieht, wie im Meer Pamela Anderson um Hilfe ruft. Es geht um Sekunden. Der sportliche Retter läuft im Sand natürlich schneller, als er im Wasser schwimmt. Die optimale Rettungsstrategie für ihn ist nicht die kürzeste Verbindung (1), aber auch nicht der Weg, bei dem er am wenigsten schwimmen muss (2), sondern ein Kompromiss daraus (3). Für diese Strecke, die man als mathematische Extremwertaufgabe berechnen kann, braucht er am wenigsten Zeit.

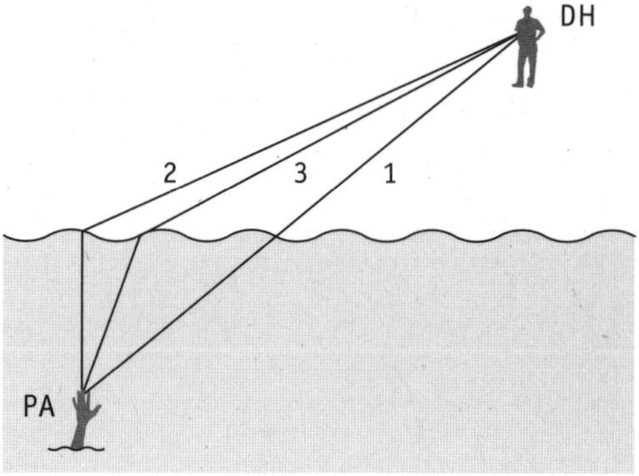

Wem diese Erklärung ein bisschen Unbehagen bereitet (woher weiß das Licht, welcher der kürzeste Weg ist?), für den habe ich noch eine andere Erklärung parat, auch mit Huygens' Elementarwellen: Eine Wellenfront, die man praktisch als parallel annehmen kann, trifft auf die Grenzfläche zwischen zwei optischen Medien, von denen das untere dichter ist als das obere. Jede Wellenfront erreicht zunächst mit der rechten Seite die Grenzfläche (1). Dort entsteht eine neue Elementarwelle, die sich mit geringerer Geschwindigkeit fortpflanzt. In der Zeit, in der der linke Rand der Wellenfront die Entfernung d_2 zur Grenzfläche zurücklegt, schafft die neue Welle nur die kürzere Distanz d_1. Währenddessen sind für jeden Wellenberg dazwischen weitere Elementarwellen entstanden, die sich alle zu einer neuen Wellenfront vereinigen, die in einem gewissen Winkel zur alten Front steht. Beim Eintritt in ein optisch dichteres Medium wird die Welle zur Senkrechten hin gebrochen; wenn das neue Medium «dünner» ist, erfolgt die Brechung weg von der Senkrechten.

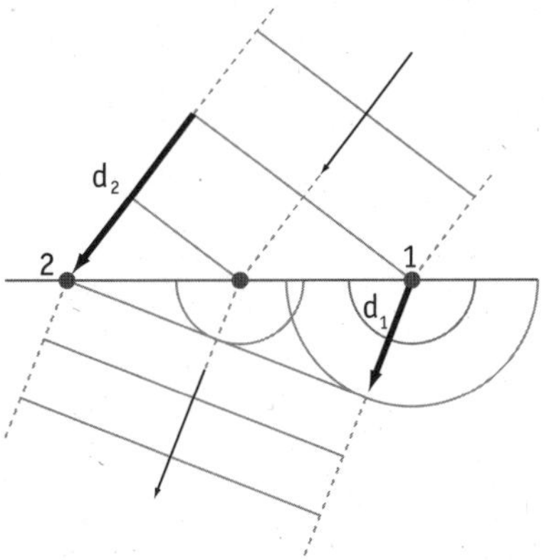

Auch Schallwellen werden an Grenzflächen zwischen Medien mit unterschiedlicher Schallgeschwindigkeit gebrochen. Allerdings gibt es draußen im Freien selten die Situation, dass zwei Luftschichten mit unterschiedlicher Schallgeschwindigkeit direkt aufeinandertreffen. Die Übergänge sind in der Luft fließend, und deshalb ergeben sich keine harten Brechungen, sondern weiche, kontinuierliche – die Schallstrahlen werden gebogen.

Wie kann es in der Luft unterschiedliche Schallgeschwindigkeiten geben? Erstens aufgrund von Temperaturunterschieden. Kalte Luft leitet den Schall schlechter als warme – man kann sich das so vorstellen, dass die Moleküle in kalter Luft «unbeweglicher» sind als in warmer. Normalerweise wird die Luft mit zunehmender Höhe kühler, deshalb werden Schallstrahlen nach oben hin gebrochen. Kommt es dagegen zu einer sogenannten Inversionswetterlage, bei der eine warme Luftschicht auf einer kalten liegt, dann gibt es eine abwärtsgerichtete Brechung – und die Schallwellen werden weiter getragen, teilweise sogar über Hindernisse hinweg.

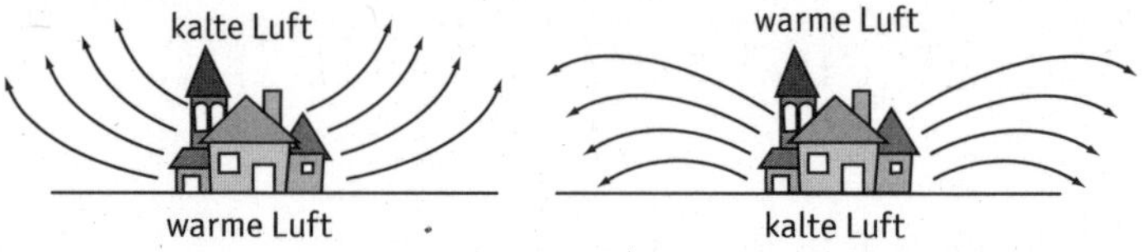

Anders ist die Situation, wenn Wind herrscht. Er verändert zwar nicht die Dichte der Luft, aber doch die effektive Schallgeschwindigkeit, wenn auch nur um ein paar Prozent. Und fast immer ist der Wind am Boden schwächer als in der Höhe, das weiß jeder, der ab und zu mal einen Drachen steigen lässt. Also ergibt sich hier ein asymmetrisches Schallprofil, alle Schallstrahlen werden in Windrichtung gebrochen.

Und das ist der Grund, warum der Wind tatsächlich Töne weiter trägt, angenehme wie unangenehme: Er macht sie nicht nur schneller, sondern biegt die Wellen regelrecht um, sodass sie sogar Hindernisse wie die Öko-Mauer von Martin und Monika Spies in Sant Joan überwinden können.

Jetzt sind Sie dran: Sicher kennen Sie den Effekt, dass man eine «Mickymausstimme» bekommt, wenn man das Gas Helium einatmet. Können Sie sich erklären, wie das funktioniert?

8 Der verjüngte Zwilling

oder

Paradoxe Reise durch die Zeit

Es ist ein heißer Tag in Baikonur, als die Botschafterin zurückkehrt, der erste Mensch, der sich aufgemacht hatte, persönlich Kontakt aufzunehmen mit einer anderen Zivilisation. Mit den Anderen. Überall auf der Welt verfolgen die Menschen das Ereignis. Allerdings mit erheblich weniger Enthusiasmus als noch beim Start des Raumschiffs.

Die Botschafterin: mit bürgerlichem Namen Alice Wilson, Amerikanerin, 38 Jahre alt, biologisch allerdings erst 34, doch dazu später. Elf Jahre lang ist sie unterwegs gewesen, auf einer Reise, die vor ihr noch kein Mensch gemacht hat. Acht Milliarden Menschen hat sie repräsentiert auf ihrer Tour ins All, alle 142 Länder der Erde (mit Ausnahme Nordkoreas). Sie war gestartet, um zum ersten Mal die Anderen von Angesicht zu Angesicht zu sehen.

Die intelligenten Signale von Alpha Centauri B waren im Jahr 2020 empfangen worden. Die SETI-Forscher in Kalifornien (SETI steht für *search for extraterrestrial intelligence*, die Suche nach außerirdischer Intelligenz) waren selbst überrascht, dass sie – nach 60 Jahren vergeblicher Suche – die erste Botschaft einer anderen Zivilisation ausgerechnet von dem Stern empfingen, der der Erde am nächsten liegt. Nur gut vier Lichtjahre ist Alpha Centauri B von unserem Sonnensystem entfernt, und das bedeutete: Es bestand zumindest die theoretische Möglichkeit, tatsächlich dorthin zu fliegen und persönlich Kontakt aufzunehmen.

Das Signal selbst war keine richtige Botschaft, sondern eher Datenmüll, wahrscheinlich der ins All entkommene Fetzen einer Fernsehsendung oder eines Funkspruchs. Eine Entschlüsselung war unmöglich, nur eines war klar: Es handelte sich eindeutig um künstliche Signale, die Informationen trugen.

Der Weltsicherheitsrat trat schon am nächsten Tag zusammen. Und binnen weniger Tage, erstaunlich schnell, einigte sich die Menschheit auf ein gemeinsames Vorgehen angesichts dieser wichtigsten Entdeckung ihrer Geschichte: Erstens, wir antworten. Und zweitens, wir fliegen hin.

Die Antwort bestand aus ähnlichen Signalen, wie sie schon früher ins All abgestrahlt worden waren: simplen mathematischen Formeln, gesendet auf derselben Frequenz wie die empfangene Botschaft, der Satz des Pythagoras, das Periodensystem der Elemente – in der Hoffnung, dass auf Alpha Centauri jemand das Signal auffangen und interpretieren würde. Kompliziertere Botschaften, insbesondere so etwas wie «Wir kommen!», waren mangels gemeinsamer Sprache nicht möglich.

Jeder Dialog wäre eine mühselige Sache gewesen: Eine Nachricht wäre nach vier Jahren bei den neuen Partnern angekommen, nach acht Jahren wäre die Antwort da gewesen. In vielen Achtjahresschritten hätte man eine gemeinsame Sprache entwickeln müssen, bevor man die erste wirkliche Information hätte schicken können. Nein, die Menschheit musste hin, fand auch die UN-Vollversammlung. UN-Generalsekretärin Aung San Suu Kyi hielt eine feurige Rede, die viele an die Ansprache erinnerte, mit der John F. Kennedy einst das amerikanische Mondprogramm angekündigt hatte. Und wie Kennedy setzte die Birmanin eine Zehnjahresfrist, diesmal für die ganze Welt.

Die Entwicklungszentrale für das Projekt Alpha stand in Genf, gleich neben dem Kernforschungszentrum CERN, denn von dort kam auch die Technologie: Um den Trip in einem menschlichen Zeitraum machen zu können, war ein gewaltiger Entwicklungssprung notwendig. Das bis dahin schnellste interstellare Raumfahrzeug war die Pioneer-I-Sonde, gestartet in den sechziger Jahren, die mit 63 000 Stundenkilometern durchs All flog, getrieben vom Schwung, den ihr die Anziehungskräfte der Planeten gegeben hatten. Mit diesem Tempo hätte eine Reise nach Alpha Centauri 70 000 Jahre gedauert. Keine Frage, ein neuer Antrieb musste her.

Und tatsächlich gelang es den CERN-Ingenieuren, innerhalb des nächsten Jahrzehnts einen Materie-Antimaterie-Antrieb einsatzbereit zu machen, mit dem sich eine Raumkapsel auf 80 Prozent der Lichtgeschwindigkeit beschleunigen ließ – folglich würde die Reise zum anderen Stern nur noch fünf Jahre dauern, ein Jahr länger als ein Licht- oder Funksignal.

Das futuristische Gefährt wurde vor allem von chinesischen Ingenieuren gebaut, aber wer sollte als Astronaut die Reise antreten? Schon früh hatte man sich geeinigt, nur eine einzelne Person auf die Reise zu schicken, wegen des großen Risikos und weil Psychologen warnten, keine Besatzung würde es fünf Jahre auf diesem kleinen Raum zusammen aushalten, ohne dass es zu Messerstechereien käme.

Nachdem die diplomatischen Verhandlungen zur Lösung der Frage, wer denn nun die Menschheit würdig vertreten solle, alle ergebnislos verlaufen waren – keine der großen Nationen wollte freiwillig zurückstecken –, wurde auf Anregung von Generalsekretärin Suu Kyi beschlossen, die Sache in einer Castingshow zu entscheiden, bei der die gesamte Menschheit per Handy und Internet abstimmen konnte. Millionen Menschen bewarben sich für die Mission, die im wahrsten Sinne des Wortes ein Himmelfahrtskommando war. Auch nach einer harten medizinischen Auslese blieben Tausende von Bewerberinnen und Bewerbern übrig, deren Zahl wie in *Deutschland sucht den Superstar* in vielen publikumsträchtigen Shows immer weiter reduziert wurde. Die Kandidaten mussten Survival-Aufgaben erledigen, aber auch mit Menschen kommunizieren, die eine ihnen völlig unbekannte Sprache sprachen. Und zur Überraschung aller Kommentatoren blieben am Ende zwei Kandidaten übrig, die nicht nur Geschwister waren, sondern sogar Zwillinge: Alice und Bob Wilson, 27, aus dem US-Bundesstaat Virginia. Dass zwei Vertreter der international nicht sonderlich beliebten USA ins Finale kämen, hätte kaum jemand geglaubt. Vielleicht war es das immer noch vorherrschende westliche Schönheitsideal, das den Ausschlag für die blonde Alice mit dem Modelkörper und den athletischen Bob mit seinem markanten Kinn gab.

Das Finale zwischen den Geschwistern war ein Tränenbad. Beide betonten, den Bruder beziehungsweise die Schwester nicht ausstechen zu wollen, aber einer von beiden musste zu Hause bleiben. Die Menschheit stimmte für Alice, und Bob bekam als Trostpflaster den Job als Leiter der Kommunikationszentrale am Boden, die per Funk Kontakt zu dem sich immer weiter entfernenden Raumschiff halten sollte. Fünf Jahre würde die Reise dauern, ein Jahr sollte Alice sich auf dem Planeten umschauen, der Alpha Centauri B etwa im gleichen Abstand umkreiste wie die Erde die Sonne, möglichst viel über die Einheimischen herausfinden und dann fünf Jahre lang zurück zur Erde fliegen.

Und natürlich wurde von Anfang an viel über das «Zwillingsparadox» gesprochen. Nach der Mission, das sagte die Einstein'sche Relativitätstheorie, würde der zurückgebliebene Bob um elf Jahre gealtert sein, aber für Alice wären nur sieben Jahre vergangen und entsprechend weniger würde sie altern. Internet-Kurse zur Relativitästheorie wurden sehr populär, und viele hätten sich ein eineiiges Zwillingspärchen gewünscht, an dem man die Theorie noch augenfälliger hätte überprüfen können.

Milliarden Menschen schauten live zu, als Alice Wilson am 20. November 2029 ihren Bruder ein letztes Mal umarmte, bevor sie in die Raumkapsel *Eagle 2* kletterte. Es war das erste Ereignis, bei dem wirklich fast jeder Erdenbewohner seinen Fernseher eingeschaltet hatte. Es zog mehr Menschen in seinen Bann als die Fußballweltmeisterschaft oder die erste Mondlandung vor 60 Jahren. Rund um den Globus, in jeder Stadt und jedem Dorf, ruhte die Arbeit, kam das öffentliche Leben zum Stillstand. An vielen Orten saßen die Menschen vor Großbildleinwänden oder hatten sich in Bars und Restaurants versammelt, um den Start der Botschafterin live zu verfolgen.

Wie ein Feuerball verschwand das Raumschiff in der dichten Wolkendecke über dem Weltraumbahnhof Baikonur. Und dann wurde es recht still um die Mission, um Alice und um die Außerirdischen.

Die Videobotschaften, die Alice wöchentlich absetzte, fanden immer weniger Zuschauer. Es gab ja auch nicht viel zu erzählen. Auf dem Raumschiff vergingen drei Jahre, auf der Erde fünf, aber weil das Schiff immer weiter von der Erde entfernt war, dehnte sich die Zeit noch weiter. Auf der Erde wandte man sich irdischeren Problemen zu, etwa der Bekämpfung der immer akuter werdenden Erwärmung des Planeten durch künstliche Wolkenbildung. Erst nach neun Jahren kam der Funkspruch: «Der Adler ist gelandet.» Und mit ihm die ersten Aufnahmen von Pandora, wie man den Planeten in Anlehnung an den alten Filmschinken *Avatar* genannt hatte.

Bob fühlte ein seltsames Kribbeln, als er die ersten Bilder sah. Die hatten eine vierjährige Reise hinter sich. Möglicherweise war seine Schwester längst tot, ermordet von aufgebrachten Außerirdischen, die keine Eindringlinge in ihrer Welt dulden wollten. Oder war sie jetzt schon wie geplant auf dem Rückweg, während er noch die Aufnahmen anschaute, die sie während ihres Aufenthalts gemacht hatte?

Alice hatte strenge Anweisungen, sich auf Pandora so friedlich wie nur irgend möglich zu verhalten. Allerlei Gastgeschenke hatte sie dabei, Tonaufnahmen der größten musikalischen Werke ihres Heimatplaneten – falls die Anderen denn überhaupt über einen akustischen Sinn verfügten. Aber die hätte sie ebenso zu Hause lassen können wie die Filme und Bücher. Weil es niemanden gab, dem sie die Zeugnisse unserer Kultur in die Hand oder eine vergleichbare Extremität hätte drücken können.

Als Landeplatz hatte sich die Botschafterin eine felsige Gegend auf der Nordhalbkugel des trockenen Planeten ausgesucht, von der besonders viele der seltsamen Funksignale ausgingen. Aber so etwas wie eine Stadt konnte sie nirgends ausmachen. Sie fand ein Netz von Wegen, die an Straßen erinnerten, und tatsächlich wurden sie befahren von Maschinen, die sich offenbar autonom bewegten, Robotern mit Rädern. Als sie aus Gründen der Vorsicht zunächst ihr eigenes autonomes Vehikel zur Erkundung losschickte, konnte es nur mit Mühe einem der Roboter ausweichen – es wurde von den «Einheimischen» komplett ignoriert. Das ging ihr auch später selbst so, als sie ihre ersten Erkundungsfahrten auf Pandora unternahm.

Die Roboter transportierten offenbar Gestein von einem Ort zum anderen. Ab und zu verschwanden sie durch große Tore, die in den Untergrund führten. Das ganze Jahr über bemühte sich Alice, einen Blick in diese unterirdische Welt zu erhaschen, aber es gelang ihr nicht. Wann immer sie sich einem der Tore näherte, wurde ihrem Fahrzeug der Weg versperrt. Und als sie sich einmal zu Fuß, in ihrem Raumanzug, einem Tor näherte, wäre sie beinahe überrollt worden.

Aber das war auch schon die einzige Aufmerksamkeit, die ihr

im Lauf des Jahres zuteilwurde. All ihre Funksprüche, die sie aussendete, blieben unbeantwortet. Die schon von der Erde bekannten Funksignale der Anderen waren offenbar Signale, die die Roboter untereinander austauschten. Ansonsten zogen sie tagaus, tagein ihre Bahnen, ohne dass Alice (und vier Jahre später die Wissenschaftler auf der Erde) darin irgendein System erkennen konnten.

In was für eine Welt hatte es sie verschlagen? Offenbar waren die Maschinen das Produkt intelligenter Wesen. Aber wo waren die Konstrukteure? Saßen sie unter der Erde des unwirtlichen Planeten? War das hier nur eine Roboterkolonie zur Förderung von Bodenschätzen? Oder hatten die Anderen diese Welt längst verlassen, und ihre Kreaturen aus Metall liefen einfach weiter, tankten Sonnenenergie und reparierten sich gegenseitig – ohne jeglichen Sinn? Je weiter ihr Forschungsjahr fortschritt, umso mehr neigte Alice zu der letzten Version.

Die letzten Wochen verbrachte sie damit, Proben zu sammeln. Viel gab es nicht, was sich mitzunehmen lohnte: ein paar Gesteinsproben des weitgehend kahlen Planeten und einige Maschinenteile aus Metall und einem ihr unbekannten Kunststoff, die offenbar von den Robotern verloren worden waren. Dann hob ihr Raumschiff planmäßig ab, um sich auf den Rückweg zur Erde zu machen.

Dieser Rückweg hat für sie wieder drei Jahre gedauert, aber zwischen dem Empfang der letzten Aufnahmen von Pandora und Alice' Landung ist auf der Erde nur ein Jahr vergangen. Zwar jubeln ihr einige zehntausend Menschen zu, und alle Welt ist froh, dass die Botschafterin heil zurückgekommen ist. Sie ist jetzt 34, ihr Zwillingsbruder 38, und die Klatschmagazine streiten darüber, ob sie aufgrund der strapaziösen Reise nicht doch elf Jahre älter aussehe als beim Start, so wie alle Erdenbürger. Aber die Stimmung ist doch eher gedrückt. Da hat die Menschheit sich aufgemacht, Kontakt mit einer fremden Zivilisation im All aufzunehmen – und am Ende gibt es mehr Fragen als Antworten, die Anderen haben sich nicht blicken lassen. Daran wird auch die Analyse der Gesteinsproben und der seltsamen Artefakte nicht viel ändern.

Bob ist einfach nur froh, seine Schwester wieder in die Arme schließen zu können. Der geschwisterliche Neid, den er nach ihrem Sieg beim Botschafter-Casting verspürt hatte, ist schon lange verflogen. Als sie zusammen die Gangway hinuntergehen, die von dem Raumschiff zum Kontrollzentrum führt und die ihnen nun vorkommt wie eine Showtreppe, flüstert er ihr ins Ohr: «Ein bisschen öfter hättest du dich schon melden können. Du wolltest mir doch jedes Jahr einen Geburtstagsgruß schicken!»

«Aber, Bob, du weißt doch, dass ich nur sieben Geburtstage erlebt habe, während es bei dir elf waren!», antwortet seine Zwillingsschwester.

«Ja, aber von diesen sieben kamen in den ersten zehn Jahren nur vier an! Dann hast du's wohl gemerkt und die anderen noch schnell hinterhergeschickt ...» Bob scheint sich tatsächlich vernachlässigt zu fühlen.

«Bob! Hast du das mit Einstein und der Relativität alles schon wieder vergessen?», sagt seine neuerdings jüngere Schwester lachend. «Das hat schon alles seine Richtigkeit – ich mal es dir nachher nochmal auf. Aber jetzt wird erst einmal gefeiert!»

Auf einem Lichtstrahl reiten

In dieser Geschichte kommen einige Angaben bezüglich Raum und Zeit vor, die mit unserer Alltagserfahrung in Widerspruch stehen. Das liegt daran, dass bei einem Tempo, das nahe an der

Lichtgeschwindigkeit liegt, recht seltsame Dinge passieren: Der Raum wird kürzer, die Zeit dehnt sich, und von gleichzeitigen Ereignissen kann man gar nicht mehr reden. Wir verdanken diese Einsichten der speziellen Relativitätstheorie, von Albert Einstein 1905 veröffentlicht, und obwohl einiges von dem, was der geniale Patentbeamte da in einer recht knappen Arbeit veröffentlicht hat, phantastisch klingt, ist es doch durch Experimente gut bestätigt und darf als gesichertes Wissen gelten.

Aber bevor wir in diese seltsame Welt eintauchen, bleiben wir zunächst einmal in der Welt, die wir kennen und die von den herkömmlichen physikalischen Gesetzen regiert wird. Also in einer Welt, in der sich die Dinge relativ langsam bewegen – wobei die 63 000 km/h der *Pioneer*-Sonde durchaus noch als langsam gelten.

Am Anfang steht die Beobachtung, dass man eine gleichförmige, unbeschleunigte Bewegung physikalisch nicht vom Stillstand unterscheiden kann. Das stellt man manchmal am Bahnhof fest, wenn man im Zug sitzt und auf dem Nachbargleis ein anderer Zug steht. Wenn sich die beiden Züge im Vergleich zueinander zu bewegen beginnen, ist man oft verwirrt und weiß nicht, ob sich nun der eigene Zug bewegt oder der andere. Ein physikalisches System, das sich in einer solchen Situation befindet, also keine Kräfte von außen und keine Beschleunigung erfährt, heißt in der Physik ein *Inertialsystem*, und die spezielle Relativitätstheorie beschreibt, wie man die Koordinaten zweier solcher Inertialsysteme ineinander umrechnet.

Alle Überlegungen spielen sich in der «Raumzeit» ab – das ist ein vierdimensionales mathematisches Gebilde, bestehend aus den drei bekannten Dimensionen des Raums und zusätzlich der Zeit. Da wir uns vier Dimensionen schlecht vorstellen können und schon drei Dimensionen auf einer flachen Buchseite schwer darzustellen sind, trennen wir uns als Erstes von zwei räumlichen Dimensionen.

Der Raum besteht jetzt nur noch aus einer Linie, auf der man sich hin und her bewegen kann. Das reicht zur Untersuchung von Alice' Raumabenteuer völlig aus – sie fliegt in Richtung des Planeten Pandora und wieder zurück. Zu dieser Raumdimension fügen wir die Zeit als zweite Dimension hinzu und können nun alles, was in dieser Welt geschieht, als ein sogenanntes Raum-Zeit-Diagramm darstellen: Waagerecht liegt unser Raum, und senkrecht tragen wir die Zeit ein. So sieht es dann aus, wenn ein Raumschiff die Erde verlässt:

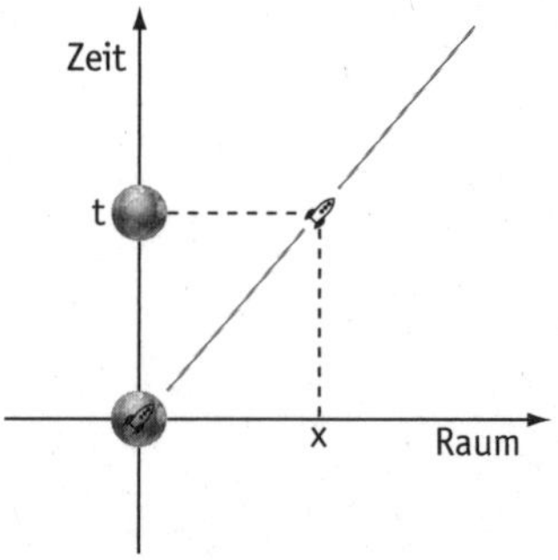

Am Anfang, es möge der Zeitpunkt 0 sein, befinden sich Erde und Raumschiff zusammen am Punkt 0, dann fliegt die Rakete mit einer konstanten Geschwindigkeit v davon. Wir vernachlässigen also die Tatsache, dass die Rakete erst einmal auf dieses Tempo beschleunigt werden muss.

Nach einer Zeit t ist die Erde immer noch da, wo sie vorher war, also am Punkt 0, das Raumschiff hat sich inzwischen fortbewegt und ist am Ort x angekommen.

Das ist das Bild, wie es sich einem Erdbewohner darstellt: Wir stehen fest, die Rakete bewegt sich. Der Pilotin an Bord des Raumschiffs bietet sich aber ein anderes Bild: Sie kann ihre Rakete als ruhend ansehen, dann fliegt die Erde von ihr weg.

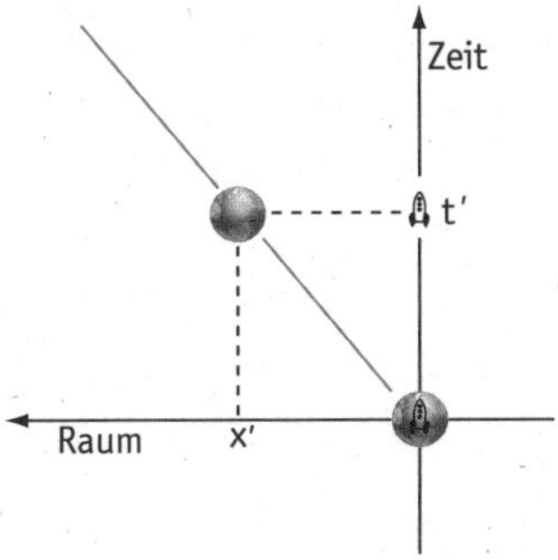

Wie rechnet man Ereignisse aus dem einen Koordinatensystem (ruhende Erde) in das andere Koordinatensystem (ruhendes Raumschiff) um? In der Betrachtung, in der unser Sonnensystem im Mittelpunkt steht, können wir mit Hilfe der bekannten Geschwindigkeit v ausrechnen, welchen Weg die Rakete zurückgelegt hat – Geschwindigkeit ist Weg durch Zeit, und deshalb ist

$$x = v \cdot t$$

Die Erde bewegt sich von dem Raumschiff mit genau der umgekehrten Geschwindigkeit fort, und folglich gilt für ihre Bewegung:

$$x' = -v \cdot t'$$

Was ist dabei t'? Die Zeit, die auf einer Uhr an Bord des Raumschiffs angezeigt wird. Und die ist in dieser «naiven», herkömmlichen Welt eine absolute Zeit, also genau die gleiche wie auf der Erde. Wir können annehmen, dass $t = t'$ ist.

Wichtig ist es festzustellen, dass auf der diagonalen Strecke nicht mehr Zeit vergeht als auf der senkrechten – in einem Raum-Zeit-Diagramm bedeutet eine längere Strecke keine längere Zeit.

Noch sieht das alles ganz vernünftig aus, man kann allenfalls bezweifeln, ob es sinnvoll ist, die Rakete sozusagen als den Mittelpunkt der Welt anzusehen und alle himmlischen Objekte darum herumtanzen zu lassen. Das erinnert an das ptolemäische Weltbild, bei dem die Erde im Mittelpunkt stand und die Planeten teilweise sehr komplexe Bahnen um sie herum beschrieben. Physikalisch gesehen ist das völlig in Ordnung – ein Weltbild, bei dem man (für alle Ereignisse in unserer kosmischen Nachbarschaft) die Sonne in die Mitte stellt, ist indessen viel einfacher zu berechnen.

Albert Einstein machte nun eines seiner berühmten Gedankenexperimente: Wie wäre es, wenn man auf einem Lichtstrahl reiten könnte? Oder anders gesagt: Nehmen wir an, ein Raumschiff fliegt mit Lichtgeschwindigkeit von der Erde weg und knipst eine Lampe an, die in alle Richtungen strahlt. Wo kommt dann dieses Licht wann an? Von einem stehenden Objekt breitet sich das Licht in alle Richtungen aus und erreicht irgendwann (wenn nichts im Weg steht) jeden Punkt der Welt. Aber «stehend» und «gleichförmig bewegend» ist ja im Prinzip dasselbe – vom Standpunkt des Raumschiffs aus würde sich das so darstellen:

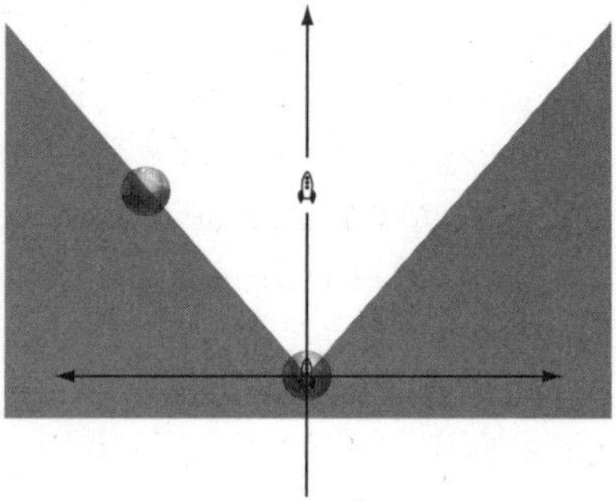

Das Licht breitet sich mit Lichtgeschwindigkeit im Raum aus (ein Jahr auf der Zeitachse entspricht in dieser Zeichnung einem Lichtjahr auf der Raumachse) und füllt so langsam den ganzen Raum aus. Aber gleichzeitig entfernt sich die Erde ja mit Lichtgeschwindigkeit von dem Raumschiff – und deshalb kann das Licht nie über die Erde hinausdringen. Es gibt eine Art «stehende Lichtwand» am Startpunkt der Rakete.

Das klingt äußerst seltsam. Und vor allem: Es lässt sich in der Natur auch bei sehr schnellen Objekten nicht beobachten. Ersatzweise könnte man sich in die Erklärung flüchten, dass es eben doch einen absoluten Ort gebe, einen «Äther», der den Raum füllt und an dem sich das Licht orientiert. Dann aber würde die Rakete sozusagen ihrem eigenen Licht entfliehen und wie ein Überschallflugzeug einen «Überlicht-Blitz» vor sich herschieben – auch keine plausible Erklärung.

Um die Jahrhundertwende vom 19. auf das 20. Jahrhundert dachten die Physiker angestrengt über dieses Problem nach – und Einstein löste es mit einem Schlag, indem er die Zeit für relativ erklärte. Wenn man die Idee einer absoluten Zeit aufgibt, die überall gleich schnell vergeht, dann lösen sich alle Widersprüche auf.

Von der Erde aus gesehen stellt sich die Reise zunächst einmal genauso dar wie im «naiven» Fall: Das Raumschiff entfernt sich mit 0,8-facher Lichtgeschwindigkeit von der Erde. Es legt eine Strecke von 4 Lichtjahren in einem Zeitraum von 5 Jahren zurück. (Das bedeutet nicht, dass man, sollte man sie mit einem Fernrohr verfolgen können, sie in fünf Jahren landen sehen würde – jegliche Nachricht von der Landung erreicht die Erde wegen der Laufzeit der Signale erst in 9 Jahren!)

Relativ wird es, sobald man die Reise aus der Sicht der Pilotin anschaut. Dazu muss man nämlich die Gleichungen der sogenannten Lorentz-Transformation benutzen. Durch diese ersetzt man die «naive» Transformation zweier Inertialsysteme, die weiter oben in Formeln ausgedrückt wurde. Die Lorentz-Transformation beschreibt die Umrechnung von Orts- und Zeitkoordinaten folgendermaßen:

$$x' = -\gamma \cdot (x - v \cdot t)$$
$$t' = \gamma \cdot (t - \frac{v}{c^2} \cdot x)$$

Der griechische Buchstabe Gamma (γ) bezeichnet den sogenannten «relativistischen Term»:

$$\gamma = \frac{1}{\sqrt{1 - v^2/c^2}}$$

Dabei ist c die (nach Einstein konstante) Lichtgeschwindigkeit. Was ist das für eine seltsame Größe? Wenn die relative Geschwindigkeit v der beiden Bezugssysteme sehr viel kleiner ist als die Lichtgeschwindigkeit, dann ist v^2/c^2 ein sehr kleiner Bruch, die Wurzel ist praktisch gleich 1, und Gamma ebenfalls. Je näher sich v an c annähert, umso mehr nähert sich v^2/c^2 der Zahl 1, die Wurzel wird immer kleiner und damit γ immer größer. In unserem Fall ist:

$$\gamma = \frac{1}{\sqrt{1 - v^2/c^2}} = \frac{1}{\sqrt{1 - (4/5)^2}} = \frac{1}{\sqrt{9/25}} = \frac{1}{3/5} = 5/3$$

Was zeigt nun Alice' Uhr an? Wie viel Zeit vergeht im Raumschiff, während sie nach Pandora fliegt? Wir vernachlässigen an dieser Stelle die Zeit, die es braucht, um das Raumschiff auf das entsprechende Tempo zu bringen, und auch die Abbremsphase, betrachten also nur die gleichförmige Bewegung zwischen den beiden Planeten. Dann befindet sich Alice in einem Inertialsystem, und wir können aus der obigen Gleichung ausrechnen, welche Zeit t' auf ihrer Uhr verstreicht.

Wir interessieren uns für den Moment der Ankunft auf Pandora und wollen wissen, an welchen Orts- und Zeitkoordinaten sich die Reisende zu diesem Zeitpunkt befindet. Im alten Koordinatensystem ist also $x = 0$ und $t = 5$. Im Erdsystem ist dann $x = 4$ Lichtjahre und $t = 5$. Im fliegenden Schiff stellt sich das dann so dar:

$$x' = \gamma \cdot (4 - 4) = 0$$

$$t' = \gamma \cdot (5 - \frac{4}{5} \cdot 4) = \frac{5}{3} \cdot \frac{9}{5} = 3$$

Der Ort ist 0 – das ist klar, weil das Raumschiff ja der Nullpunkt des Koordinatensystems ist. Aber die Zeit beträgt nur 3 Jahre und nicht 4.

Für Alice vergehen nur drei Jahre! Das ist die sogenannte Zeitdilatation aus Einsteins Theorie – die Zeit vergeht in beiden Systemen unterschiedlich schnell. Hier ist nochmal die Zeichnung, gesehen vom System Erde aus, mit den Jahresmarkierungen:

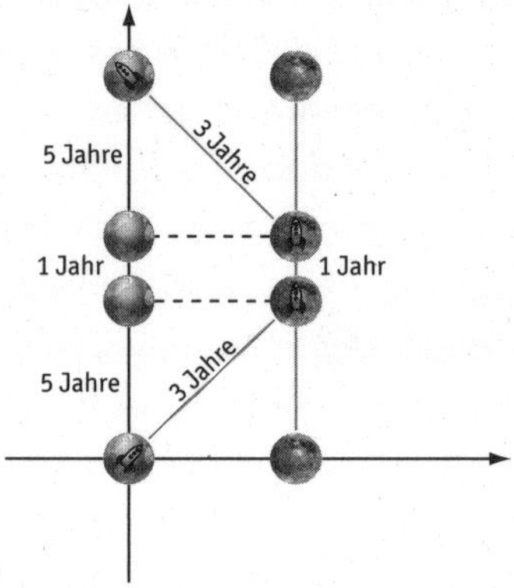

An dieser Stelle wird so manchem der Kopf rauchen, und andere werden protestieren: Moment mal, die beiden Systeme sind doch gleichberechtigt – Alice fliegt mit 80 Prozent Lichtgeschwindigkeit von der Erde weg, aber umgekehrt fliegt die Erde doch auch mit derselben Geschwindigkeit von Alice weg. Kann man nicht ebenso argumentieren, dass auf der Erde die Zeit langsamer vergeht als im Raumschiff? Dieses Argument ist auch der Grund, warum die Geschichte von Alice und Bob oft als «Zwillingsparadox» bezeichnet wird. Wenn für Alice weniger Zeit vergeht als für Bob und für Bob weniger Zeit als für Alice, wie kann das angehen? Und wer ist dann tatsächlich weniger gealtert, als die beiden sich wieder in die Arme schließen?

Der Denkfehler bei diesem scheinbaren Paradox liegt in der naiven Annahme, dass klar ist, wann wir in der Welt der Relativität zwei Ereignisse in unterschiedlichen Inertialsystemen als «gleichzeitig» bezeichnen können. Das ist aber nicht der Fall!

Aus Bobs Sicht findet Alice' Landung genau nach Ablauf von 5 Jahren statt. Die beiden Zeitpunkte sind für ihn «gleichzeitig». Aber auch Alice kann sich zu jedem Zeitpunkt fragen, was ihr Bruder Bob «jetzt gerade» macht, insbesondere als sie nach drei Jahren auf Pandora ankommt. Und sie kann ausrechnen, dass für Bob bis dahin aufgrund der gedehnten Zeit nur $3/\gamma$ Jahre vergangen sind, also 1,8 Jahre! Das ist in ihrem System der Moment, der «gleichzeitig» mit ihrer Landung liegt.

Und was heißt das nun, wenn man den *gesamten* Flug betrachtet? Wie stellt er sich für Alice dar? Alice wechselt während ihres Trips mehrmals das Inertialsystem. Zunächst bewegt sie sich von der Erde fort. In diesem System vergehen auf der Erde nur 1,8 Jahre, während sie drei Jahre lang fliegt. Dann aber wechselt sie ins «statische» System, befindet sich für das Jahr ihres Aufenthalts im selben Inertialsystem wie die Erde. Dazu muss sie scharf abbremsen, und ihre Weltkoordinaten werden kräftig durcheinandergerüttelt. Tatsächlich vergehen dabei scheinbar 3,2 Jahre auf der Erde, und man kann nun wirklich von einer Gleichzeitigkeit sprechen, während auf der Erde das sechste Jahr vergeht. Dann fliegt Alice zurück, muss gewaltig beschleunigen, um wieder auf $0{,}8c$ zu kommen – und während dieser Beschleunigung macht auch die Zeit auf der Erde einen gewaltigen Sprung. Während ihrer dreijährigen Rückreise vergehen dann – in ihrem dritten Bezugssystem – wieder nur 1,8 Jahre auf der Erde. So stellt sich das Geschehen also für Alice dar:

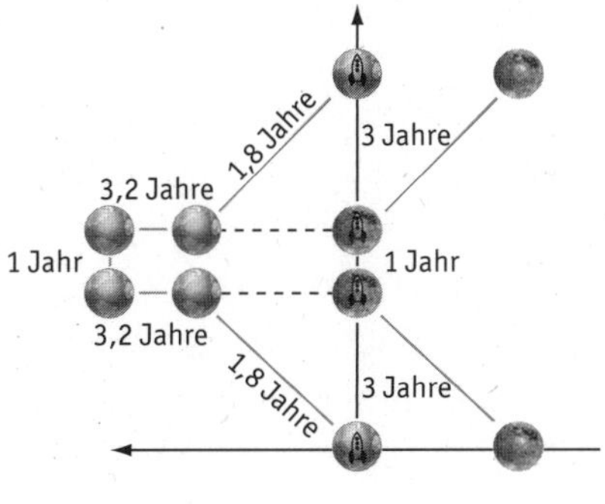

Mit dem Zeitsprung geht übrigens auch ein Entfernungssprung einher: Während der Hinreise entfernt sich die Erde von ihr nur scheinbare 2,4 Lichtjahre – eben 3 Jahre mit 0,8 *c*. Nach dem Abbremsen ist sie dann plötzlich 4 Lichtjahre entfernt. Und bei der Rückreise passiert das Umgekehrte noch einmal.

Festzuhalten ist, dass Alice sich im Gegensatz zu Bob *nicht* die ganze Zeit in einem Inertialsystem befindet – deshalb gibt es bei ihr die seltsamen Sprünge, die ja in der Wirklichkeit Bewegungen sind, bedingt durch sehr starke Abbremsung und Beschleunigung.

Selbst wenn es den phantastischen Materie-Antimaterie-Antrieb vom CERN gäbe und der das Raumschiff ungemein schnell auf seine Spitzengeschwindigkeit bringen könnte – wenn Menschen an Bord sind, muss man vorsichtig sein. Setzt man die maximale Beschleunigung, die ein Mensch einigermaßen heil überstehen würde, mit dem Zehnfachen der Erdbeschleunigung an – dann würde jedes Beschleunigungs- und Abbremsmanöver etwa einen Monat dauern.

Zum Abschluss schauen wir uns noch an, wann denn die Geburtstagsgrüße angekommen sind, die sich Alice und Bob innerhalb der gesamten Zeit geschickt haben:

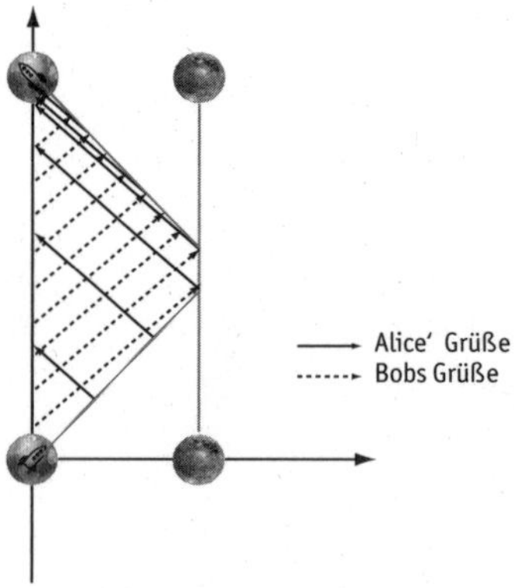

Während Alice also während der drei Jahre ihres Rückflugs in gleichmäßigem Abstand die Grüße Nummer 2 bis 10 empfängt, bekommt Bob insgesamt nur 6, und drei davon innerhalb des letzten Jahres! Er hat also keinen Grund zum Schmollen – Alice hat ihm immer treu ihre Botschaften geschickt, nur durch die Seltsamkeiten der Relativitätstheorie kamen sie in sehr ungleichmäßigen Abständen an.

Jetzt sind Sie dran: Ein Raumschiff fliegt mit hoher Geschwindigkeit vom Planeten A zum Planeten B und sendet dabei alle 6 Minuten ein kurzes Funksignal aus. Auf Planet B kommen diese Signale mit einem Abstand von 3 Minuten an. In welchem Abstand werden sie auf Planet A beobachtet?

9 Die Party

oder

Quatsch mit langen Strohhalmen

Es ist eine schöne Tradition im Winterthurweg Nr. 27 in Hamburg-Eppendorf: Einmal im Jahr feiern alle Bewohner zusammen ein Hausfest. Das Gründerzeit-Mietshaus wird vorwiegend von gut verdienenden Ärzten, Anwältinnen und Medienschaffenden bewohnt, und in dieser Gegend legt man Wert darauf, seine Nachbarn zu kennen. Statussymbole sind hier weniger die Hybrid-Autos, die am Straßenrand parken, als die Bugaboo-Kinderwagen im Treppenhaus.

Die Schindlers aus dem Erdgeschoss haben ihren Garten zur Verfügung gestellt, und den ganzen Nachmittag haben hier die Kinder des Hauses getobt, Wettspiele veranstaltet und jede Menge Kuchen in sich hineingestopft. Dann aber, vor einer halben Stunde, haben die Erwachsenen zum Zapfenstreich geblasen – es ist jetzt neun Uhr abends, die jüngeren Kinder sind in ihre Zimmer geschickt worden, was nicht ohne Gequengel abging. Bei den Kleinen ist die Mutter oder der Vater mitgegangen, um sie in den Schlaf zu singen, aber von den zehnjährigen Zwillingen Anna und Niklas erwarten die Eltern, dass sie allein ins Bett gehen können. Angst würden sie ja wohl keine haben, schließlich seien sie ja zu zweit.

Zwar haben die beiden sich brav die Zähne geputzt und die Pyjamas angezogen, aber an Schlaf ist natürlich nicht zu denken. Dazu ist die Party unten erstens viel zu laut – die Erwachsenen haben jetzt die Musik aufgedreht, ein paar fangen an zu tanzen –, und zweitens sind die Zwillinge viel zu aufgeregt.

Nachdem Anna und Niklas eine Weile im Bett gelesen haben, fragt Anna: «Wollen wir das Licht ausmachen?»

«Bist du denn müde?», fragt ihr Bruder zurück. Es ist jetzt 11 Uhr nachts.

«Nicht wirklich. Aber weißt du, was – lass uns das Licht trotzdem ausmachen, und dann können wir vom Balkon runterschauen, ohne dass uns die Großen sehen können!»

Die Kinder schlüpfen aus ihren Betten, löschen alle Lichter in der Wohnung und schleichen vorsichtig durchs Wohnzimmer auf den Balkon. Die Wohnung der Familie liegt im dritten Stock, und von oben haben die Kinder die Party gut im Blick, ohne dass sie befürchten müssen, in der Dunkelheit gesehen zu werden.

Nachdem sie das Treiben eine Weile beobachtet haben, wird es ihnen schon wieder langweilig. So aufregend ist es nun auch wieder nicht, Erwachsenen beim Trinken, Schwatzen und Tanzen zuzusehen.

«Psst, ich habe eine Idee!», flüstert Niklas seiner Schwester zu. Sein schelmisches Grinsen verrät Anna, dass er bestimmt wieder einen ziemlichen Unsinn im Kopf hat.

«Sprich's aus, Niklas», sagt Anna. «Aber wenn es zu gefährlich ist, mach ich nicht mit!»

«Nee, gefährlich ist es überhaupt nicht. Keine Kletterei auf dem Balkongeländer oder so», beruhigt Niklas sie. «Siehst du da unten auf dem Tisch, direkt unter uns, die beiden Schüsseln mit Getränken stehen? Die rote Flüssigkeit und die gelbe?»

«Was du als ‹rote Flüssigkeit› bezeichnest, ist Sangria – und enthält Alkohol», sagt Anna. «Das Gelbe ist selbstgemachte Zitronenlimonade.»

«Egal – meinst du, wir würden es schaffen, mit einem Strohhalm aus den Schüsseln zu trinken, ohne dass die Erwachsenen was merken?»

«Was soll denn das für ein Strohhalm sein?», fragt Anna entgeistert.

«Natürlich kein richtiger Strohhalm – aber Papa hat doch in seinem Büro ein paar Rollen von diesen durchsichtigen Plastikschläuchen, mit denen klappt das bestimmt!», meint Niklas.

Der Vater der Zwillinge ist selbständig und handelt mit Medizinprodukten, und manchmal lagert er auch Geräte und Zubehör in seinem Büro zu Hause. Und seit einer Woche liegen dort aufgerollt die PVC-Schläuche, von denen Niklas spricht.

«Das sind zwei 12-Meter-Rollen, hab ich gesehen», sagt Niklas, «und wenn wir sie nachher ausspülen und wieder aufrollen, merkt Papa bestimmt nichts!»

«Von der Länge her könnte das klappen», grübelt Anna. «Die Wohnungen hier sind etwa 3,50 Meter hoch, plus die zwei Decken dazwischen ... aber du meinst doch nicht wirklich, dass wir das schaffen, ohne dass jemand etwas merkt?»

«Im Dunkeln sieht man doch die Schläuche bis zur letzten Sekunde überhaupt nicht», antwortet Niklas. «Und dann müssen wir eben einen guten Moment abpassen!»

Ohne eine Antwort abzuwarten, ist der Junge schon aufgesprungen und holt die beiden Rollen mit den transparenten Schläuchen aus Vaters Büro. «Lass uns um die Wette saugen. Wer nimmt Rot, und wer nimmt Gelb?», fragt Niklas, und am Leuchten in seinen Augen kann Anna sehen, dass er nur zu gern von dem verbotenen Alkohol probieren würde.

«Lass uns losen!», schlägt Anna vor, und nach dreimal Schnick-Schnack-Schnuck steht fest, dass sie die Wahl hat. «Ich nehme Rot!», flüstert sie mit einem triumphierenden Gesichtsausdruck.

«Ich wusste gar nicht, dass du so auf Alkohol stehst», sagt ihr Bruder erstaunt – eigentlich ist seine Schwester immer strikt dagegen gewesen, auch nur einen Schluck Wein zu probieren.

«Irgendwann ist immer das erste Mal», sagt Anna mit einem Lächeln, das Niklas nicht richtig zu deuten weiß.

Eine Weile noch beobachten die Kinder das Treiben auf der Party. Offenbar haben die Erwachsenen auch schon einiges von dem roten Zeug getrunken, denn die Gespräche werden lauter, und auf der Fläche, auf der sonst die Rattanmöbel stehen, tanzen ausgelassen ein paar Nachbarn, denen sie das gar nicht zugetraut hätten.

Dann legt Herr Langer, der heute den Discjockey gibt, *I Will Survive* von Gloria Gaynor auf – und das reißt auch den Letzten vom Stuhl. Alle Erwachsenen sind jetzt auf der Tanzfläche, das Buffet und auch der Tisch mit den Getränken sind verwaist.

«Jetzt oder nie!», flüstert Niklas. Blitzschnell seilen die Kinder ihre Schläuche ab. Es ist nicht ganz leicht, von hier oben die Öffnung der Schüsseln zu treffen, aber wenig später ist auch das geschafft.

«Los!», zischt Anna. Beide Kinder nehmen das Ende ihres Schlauches in den Mund und saugen. Und saugen. Und saugen. Erstaunlich, wie viel Luft in so einem Schlauch ist, der doch nur ein paar Millimeter Durchmesser hat! Zuerst können sie überhaupt nicht feststellen, ob ihre Saugerei Erfolg hat – aber dann sehen sie, dass der Pegel bereits den zweiten Stock erreicht hat. Es funktioniert!

Mit großen Augen schaut Niklas seine Schwester an. «Noch drei Meter», soll das bedeuten. Die Köpfe der Kinder sind gerötet, die Wangen beginnen zu schmerzen. Immer langsamer kriechen die rote und die gelbe Flüssigkeitssäule höher. Zehn Zentimeter unterhalb des Balkongeländers ist für Niklas Schluss. Sosehr er sich auch anstrengt – der Pegel bleibt auf derselben Höhe stehen. Irgendwann hält der Junge es nicht mehr aus und lässt prustend und nach Luft ringend von seinem Schlauch ab.

Anna dagegen gibt nicht auf. Sie wirft einen Blick zu Niklas hinüber, in dem der Bruder eine Spur von Triumph zu erkennen glaubt. Und dann erreicht die rote Flüssigkeitssäule tatsächlich Annas Mund. Sofort spuckt das Mädchen die Sangria auf den Boden. «Iiih», sagt sie, «schmeckt ja widerlich.» Aber sie hat den Wettbewerb eindeutig gewonnen.

War das jetzt zu laut? Vorsichtig spähen die Kinder hinab – aber die Aktion hat gerade mal drei Minuten gedauert, und noch sind alle Erwachsenen auf der Tanzfläche. Vorsichtig ziehen die Kinder ihre Schläuche wieder hoch, offenbar hat niemand etwas gemerkt.

Niklas ist ganz geknickt – er war überzeugt, dass er besser sein würde als seine Schwester. Und dann das!

Die Schwester legt ihm den Arm um die Schultern. «Nun sei mal nicht so geknickt, dass du verloren hast. An dir hat es doch gar nicht gelegen.»

«Was meinst du damit?»

«Ich hätte die Limo wahrscheinlich auch nicht geschafft, deshalb habe ich ja die Sangria gewählt, obwohl ich diesen Alkohol wirklich eklig finde», erklärt Anna.

Niklas ist verblüfft. «Soll das heißen, die Sangria lässt sich leichter saugen?», fragt er ungläubig.

«Genau das soll es heißen», antwortet Anna. «Und hättest du letzte Woche im Physikunterricht besser aufgepasst, dann hättest du das auch gewusst. Aber das erklär ich dir morgen, lass uns mal aufräumen hier, Mama und Papa kommen bestimmt bald hoch.»

Und tatsächlich schaffen es die Zwillinge noch, alle Spuren ihres Experiments zu beseitigen, die Schläuche auszuspülen und zu verstauen und sich in ihre Betten zu legen, bevor ihre angeheiterten Eltern in die Wohnung kommen. «Die Sangria hatte es aber in sich», hören sie ihre Mutter noch sagen, bevor sie einschlafen.

Ziehen oder schieben?

Dass man Flüssigkeiten nicht beliebig hochsaugen kann, ist eine Tatsache, gegen die sich unser gesunder Menschenverstand heftig wehrt. Wir «ziehen» doch an der Flüssigkeit, wieso soll es da eine Grenze geben, wenn wir nur genügend Kraft aufwenden? Die Antwort lautet natürlich, dass wir nicht ziehen, sondern dass die uns umgebende Luft schiebt – und deren Schubkraft ist begrenzt.

Wir leben in einem Ozean aus Luft. Diese Luft hat Masse, und diese Masse sorgt aufgrund der Erdanziehung für Druck. Aber jahrtausendelang hatten die Menschen eine andere Vorstellung. Luft wiegt in unserer täglichen Erfahrung ja scheinbar nichts, sie fällt nicht zu Boden, und deshalb spüren wir ihre Masse nicht. Wie erklärten sich die Wissenschaftler früherer Jahrhunderte dann, dass Flüssigkeiten in einem Strohhalm aufsteigen, dass man Wasser mit einer Saugpumpe aus der Tiefe fördern kann?

Mehr als zweitausend Jahre lang berief man sich auf die Erklärung des griechischen Philosophen Aristoteles, der nicht nur in dieser Frage den wissenschaftlichen Fortschritt lähmte. Aristoteles war der Gedanke völlig fremd, dass man aus Experimenten irgendwelche Erkenntnisse ziehen könnte, er kam meist durch reines Räsonnieren zu seinen Aussagen über die Welt, und die waren oft himmelschreiend falsch (es soll ja heute noch Philosophen geben, die mit dieser Methode arbeiten). Er behauptete zum Beispiel glattweg, Männer hätten mehr Zähne als Frauen – auf die Idee, einfach mal nachzuzählen, kamen weder der große Philosoph noch seine Epigonen. Das natürliche Bestreben jedes bewegten Körpers sei die Ruhelage, behauptete Aristoteles – auch dieser Glaube überstand die Jahrtausende, bis sich die Erkenntnis durchsetzte, dass bewegte Massen eine gleichförmige Bewegung beibehalten, solange sie nicht von einer Kraft abgebremst werden.

Dass man Flüssigkeiten nach oben saugen kann, erklärte Aristoteles mit dem *horror vacui*, mit der Abscheu der Natur gegen ein Vakuum, das es nicht geben dürfe. Sobald man die Luft aus einem Rohr entfernt, droht aber ein Vakuum zu entstehen, und das verhindert die Natur, indem sie die Flüssigkeit ansteigen lässt. Nach diesem Prinzip müsste man Wasser tatsächlich beliebig hochsaugen können.

Zu Beginn der Neuzeit merkte man aber, dass dies in der Praxis nicht funktionierte. Im Kohlenbergbau zum Beispiel musste man oft eindringendes Wasser nach oben pumpen, und keine Pumpe schaffte das über eine gewisse Höhe hinaus. Man machte die Unvollkommenheit der Konstruktionen dafür verantwortlich, etwa dass eine solche Pumpe ab einem gewissen Vakuum nicht mehr richtig dicht bleibe – aber die ersten Zweifel am Vakuum-Horror kamen auf.

Zum Beispiel bei Galileo Galilei. Der stand zwar einerseits zu der Doktrin, stellte aber andererseits fest, dass eine Wassersäule höher als zehn Meter durch Saugen nicht zu erreichen war. Verabscheute die Natur das Vakuum nur bis zu einer gewissen Höhe? Diesen Widerspruch löste Galilei nicht auf – vielleicht wollte er sich einfach nicht noch mehr mit den geistlichen Autoritäten anlegen, als er es durch seine astronomischen Fernrohrbeobachtungen schon getan hatte.

Sein Schüler Evangelista Torricelli war es, der schließlich mit dem Unsinn vom *horror vacui* aufräumte und behauptete, dass eine Flüssigkeitssäule nicht durch das drohende Vakuum nach oben gezogen wird, sondern durch das Gewicht der Luft nach oben gedrückt wird. Er schlug dazu 1643 ein Experiment mit Quecksilber vor. Quecksilber ist viel schwerer als Wasser (ein Kubikzentimeter wiegt knapp 14 Gramm). Wenn man ein etwa ein Meter langes Glasrohr vollständig mit Quecksilber füllt und es dann kopfüber in eine mit Quecksilber gefüllte Schüssel taucht, dann kann der Luftdruck nur eine Quecksilbersäule von 76 Zentimetern halten. Die Folge: Die Flüssigkeit fließt aus dem Rohr, bis diese Höhe erreicht ist, und darüber entsteht tatsächlich ein Vakuum.

Torricellis revolutionäre Ansichten wurden heftig bekämpft – René Descartes soll gesagt haben: Wenn irgendwo ein Vakuum existiere, dann in Torricellis Kopf. Aber dann bekam Torricelli in Blaise Pascal einen prominenten Mitstreiter.

Das Experiment von Torricelli war inzwischen umgesetzt worden, aber viele Gelehrte bezweifelten, dass über der Quecksilbersäule tatsächlich ein Vakuum entstanden war. Viele meinten, dass irgendwelche Gasdämpfe den Raum gefüllt hätten. Pascal führte nun vor 500 Zuschauern ein Experiment mit zwei zwölf Meter hohen Glaskolben vor, einer mit Wasser gefüllt und einer mit Wein. Da Wein leichter verdampft als Wasser, erwarteten die Anhänger der Dampftheorie, dass die Weinsäule niedriger sein würde als die Wassersäule. Aber das Gegenteil war der Fall – wie auch beim Versuch der beiden Zwillinge in unserer Geschichte.

Pascals Experiment *«vide dans le vide»* («Leere in der Leere») bewies ein für alle Mal, dass es tatsächlich der Luftdruck ist, der Flüssigkeiten aufsteigen lässt. Pascal brachte dazu eines von Torricellis Manometern – also ein mit Quecksilber gefülltes Röhrchen in einer Quecksilberschüssel – in eine größere Röhre ein, die ebenfalls das Flüssigmetall enthielt und unten mit einer Membran verschlossen war. Die gesamte Konstruktion wurde wiederum in ein Quecksilberbecken getaucht (Bild 1). Heute würde man angesichts der Giftigkeit von Quecksilber wohl nicht so sorglos mit solchen Mengen umgehen.

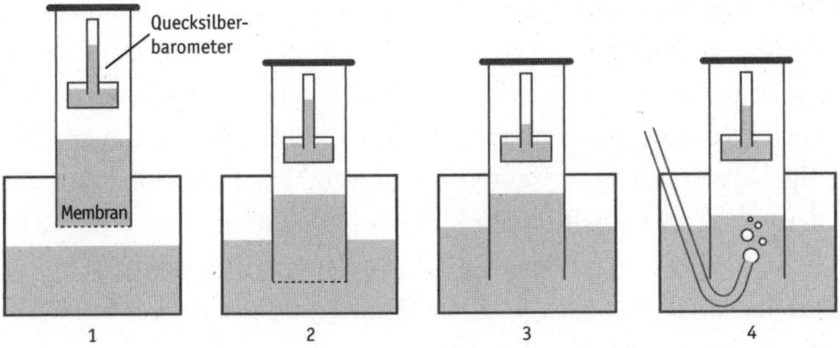

Solange die Membran intakt ist, tut sich nicht viel (Bild 2). Zerstößt oder entfernt man sie aber, dann sinkt der Flüssigkeitsspiegel in der großen Röhre ab, und es entsteht in ihr ein Unterdruck (Bild 3). Der zeigt sich auch dadurch, dass der Quecksilberspiegel im kleinen Manometer absinkt. Bläst man mit einem U-förmigen Röhrchen Luft in die große Röhre, sodass der Druckunterschied ausgeglichen wird (Bild 4), dann steigt der Pegel im Manometer wieder an. Das Experiment zeigt: Dieser Pegel hängt tatsächlich nur vom Luftdruck in der Umgebung ab, nicht von irgendwelchen Ängsten der Natur vor der Leere.

Was wiegt die Luft über uns? Unter normalen Bedingungen am Erdboden hat Luft eine Dichte von etwa 1,3 Kilogramm pro Kubikmeter. Schaut man sich eine Luftsäule von einem Meter über einer Fläche von einem Quadratzentimeter an, dann ist ihre Masse etwa ein zehntel Gramm. Das klingt nicht viel, aber die Atmosphäre reicht ja einige Kilometer in die Höhe, auch wenn sie dabei immer dünner wird. Der Luftdruck am Boden entspricht etwa 1,013 bar, und das heißt: Auf jedem Quadratzentimeter lastet eine Kraft von etwa 10 Newton, das entspricht einer Masse von einem Kilogramm. Oder anders gesagt: Auf einem Quadratmeter lasten 10 Tonnen Luft!

Dass wir davon nicht erdrückt werden, liegt nur daran, dass dieser Druck auch in unserem Körper herrscht und eine entsprechende Gegenkraft erzeugt.

Jetzt haben wir eigentlich alle Angaben, um zu berechnen, wie hoch Niklas seine Limonade saugen kann (wir nehmen an, dass Limonade dieselbe Dichte hat wie Wasser): Draußen herrscht ein Luftdruck p_l von 10,13 N/cm². Im Strohhalm herrscht ein kleinerer Druck p_s, der von oben auf die Wassersäule drückt. Da ein Kubikzentimeter Wasser ein Gramm wiegt und daher eine Gewichtskraft von 0,0098 Newton erzeugt, ist der Druck der Wassersäule $p_w = h \cdot 0{,}0098\ \mathrm{N/cm^2}$, wobei h die Höhe in Zentimetern ist.

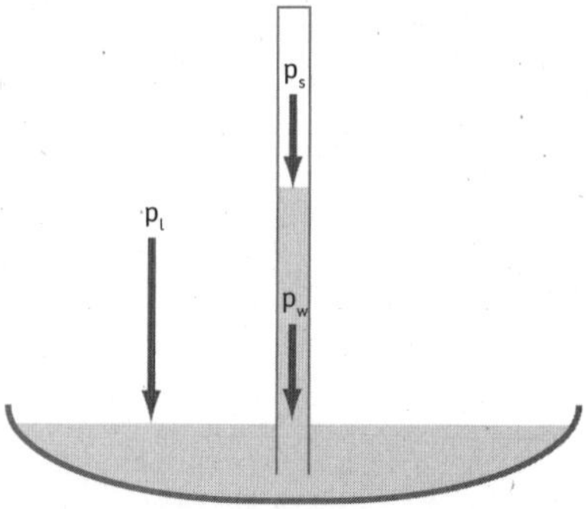

Diese Drücke gleichen sich genau aus:

$$p_w + p_s = p_l$$
$$h \cdot 0{,}0098 + p_s = 10{,}13$$
$$h = \frac{10{,}13 - p_s}{0{,}0098}$$

Man sieht an dieser Gleichung: Je kleiner der Innendruck p_s ist, den Niklas beim Saugen erzeugt, desto größer wird h – der Pegel steigt. Aber selbst wenn der Junge die letzte Luft aus dem Strohhalm saugt und ein perfektes Vakuum erzeugt, also einen Innendruck von null, kann die Säule ein gewisses Maß nicht überschreiten. Dann ist nämlich

$$h = \frac{10{,}13}{0{,}0098} = 1034$$

1034 Zentimeter sind 10,34 Meter – offenbar just unterhalb des Balkongeländers!

Wie sieht es mit der Sangria aus? Alkohol ist leichter als Wasser, hat eine Dichte von 0,79 Gramm pro Kubikzentimeter. Nehmen wir an, die kräftige Sangria hätte 10 Volumenprozent Alkohol, dann hat ein Kubikzentimeter ziemlich genau 0,98 Gramm und wiegt entsprechend auch 2 Prozent weniger als Wasser. Das heißt aber, dass die maximale Saughöhe größer wird, und zwar um ebenfalls 2 Prozent. Es ergibt sich ein Wert von 10,54 Metern – 20 Zentimeter mehr!

Man sieht also, dass ich die Bedingungen der Geschichte ziemlich künstlich konstruiert habe, um Anna den entscheidenden Vorteil zu verschaffen. Hinzu kommt, dass in der Praxis auch diese Saughöhen nicht erreicht werden. Denn ein perfektes Vakuum zu erreichen ist nicht nur für ein Kind unmöglich. Und wenn der Druck unter einen bestimmten Wert fällt (bei Wasser: etwa 0,02 bar), dann verdunstet die Flüssigkeit – die Pumpe saugt nur noch Gas an, der Pegel steigt nicht weiter.

Die Kräfte, die das Gewicht des Luftozeans auf uns ausübt, sind schon beeindruckend – umso mehr gilt das, wenn man sich unter Wasser begibt. So mancher Hobbyschnorchler hat sich schon gewünscht, dass sein Atemrohr etwas länger wäre, um tiefer unter die Oberfläche tauchen und immer noch atmen zu können. Aber es hat seinen Grund, dass die Schnorchel so kurz sind. Stellen wir uns vor, es gäbe Schnorchel von einem Meter Länge. Ein Taucher taucht einen Meter unter der Wasseroberfläche, sein Umgebungsdruck entspricht dem Luftdruck plus einer Wassersäule von einem Meter – und die entspricht dem Gewicht von 100 Gramm Wasser pro Quadratzentimeter oder einem Newton. Seine Lunge dagegen ist über den Schnorchel mit der Luft verbunden und hat deshalb nur einen gewöhnlichen Luftdruck. Dieser Unterschied mag klein aussehen, aber über die Fläche des Brustkorbs summiert er sich: Nehmen wir an, das seien 30 mal 30 Zentimeter, dann lastet darauf eine Überdruckkraft von 900 Newton – das ist so, als säße einem ein 90-Kilo-Mann auf der Brust! Dagegen anzuatmen ist fast unmöglich. In zwei Meter Tiefe könnte der Druck durchaus tödlich sein. Deshalb braucht man für größere Tauchtiefen Atemgeräte, die die Luft mit Überdruck in die Lungen pressen.

Heute haben wir keine Angst mehr vorm Vakuum, Englisch sprechende Menschen nennen ihren Staubsauger *vacuum cleaner*, wir verpacken Lebensmittel in Vakuum, und wir wundern uns auch nicht, dass wir durch eine gläserne Vakuumröhre, in der ja praktisch nichts ist, trotzdem hindurchsehen können – weil das Licht, im Gegensatz etwa zum Schall, kein Medium braucht, um sich auszubreiten. So mutet es fast wie Ironie an, dass die Physiker in den letzten hundert Jahren zu dem Schluss gekommen sind, ein perfektes Vakuum könne es nicht geben. Aus Heisenbergs Unschärferelation folgt, dass auch in einem Stück Raum, in dem es keine Teilchen und keine Strahlung gibt, immer wieder spontan Elementarteilchen entstehen und vergehen. Nullpunktenergie nennt sich dieses Grundrauschen der Materie, und es gibt sogar Tüftler, die diese Energie nutzen wollen. Das wäre ein veritables Perpetuum mobile (siehe Kapitel 6), und die Mainstream-Physik ist da doch eher skeptisch. Tatsache ist aber, dass die Natur offenbar wirklich einen Horror vor der absoluten Leere hat.

Jetzt sind Sie dran: Wenn man einen Bierdeckel mit der Hand auf ein vollständig mit Wasser gefülltes Glas drückt, das Glas umdreht und dann die Hand wegnimmt, dann bleibt der Deckel (meistens) an seiner Stelle, und kein Wasser fließt heraus. Woran liegt das? Und funktioniert die Sache auch, wenn das Glas nur halb voll ist?

10 Am Äquator

oder

Der Trick mit dem Wasserstrudel

Meine erste von mittlerweile über 650 «Stimmt's?»-Kolumnen in der *Zeit* beschäftigte sich 1997 mit der Frage: Dreht sich der Strudel in der Badewanne beim Ablassen des Wassers auf der Südhalbkugel andersherum als auf der Nordhalbkugel? Die Frage beschäftigt noch immer viele Leserinnen und Leser, und mein entschiedenes «Nein!» von damals wird immer wieder angezweifelt. Unter anderem mit dem Einwand: Wir waren im Urlaub am Äquator, und da hat ein Einheimischer uns demonstriert, dass das Wasser ein paar Meter nördlich von dieser Linie andersherum abläuft als ein paar Meter südlich. Und wenn man genau auf dem Äquator steht, dreht sich gar nichts. Und oft krönt der trickreiche Künstler seine Darbietung noch damit, dass er mitten auf dem Äquator ein Ei auf einer Nagelspitze balanciert, was angeblich sonst nirgendwo auf der Erde funktioniert.

Es geht um den geheimnisvollen Coriolis-Effekt, auch Coriolis-Kraft genannt, der für alle möglichen Phänomene verantwortlich gemacht wird. Auch der britische Komiker Michael Palin, bekannt aus der *Monty-Python*-Reihe, ging einem solchen Trickser auf den Leim. In seiner Dokumentationsreihe *Pole to Pole*, einer Reise vom Nord- zum Südpol, trifft er in dem kenianischen Dorf Nanyuki auf einen gewissen Peter McLeary. Der demonstriert in einer verlassenen Bar, durch die angeblich der Äquator verläuft, Touristen – gegen ein angemessenes Trinkgeld –, was es mit dem Coriolis-Effekt auf sich hat. Leary benutzt dazu eine Schüssel mit Wasser, auf dessen Oberfläche ein paar Streichhölzer schwimmen. Er geht ein paar Schritte Richtung Norden weg vom Äquator und sagt dann: «Wenn Sie ein Waschbecken auf der nördlichen Seite des Äquators ablaufen lassen, dann werden Sie sehen, dass sich das Wasser immer im Uhrzeigersinn dreht.» Und tatsächlich, wenn er das kleine Abflussloch seiner Schüssel öffnet, dann beginnen die Streichhölzer auf der Wasseroberfläche im Uhrzeigersinn zu rotieren. Was erstaunlich ist, denn wie wir später sehen werden, müsste die Coriolis-Kraft eigentlich für eine Drehung *gegen* den Uhrzeigersinn sorgen!

«Dieses Phänomen wird durch die Erddrehung erzeugt», erklärt McLeary. «Der Effekt wird stärker, je weiter man sich nach Norden oder Süden begibt, und wird schwächer, je näher man der Linie ist.»

Dann quert McLeary den Äquator, bleibt zehn Schritte südlich der Linie stehen und demonstriert, dass sich das Wasser jetzt gegen den Uhrzeigersinn dreht. Und schließlich zeigt er direkt auf dem Breitengrad, wie das Wasser gerade nach unten abläuft.

«Es funktioniert!», ruft Michael Palin erfreut aus – und lässt das leider so stehen.

Hier ist eine Anleitung, wie Sie sich ein bisschen Geld dazuverdienen können, wenn es Sie in die Nähe des Äquators verschlägt (ich verdanke sie der Website *Bad Coriolis* von Alistair Fraser):

Zunächst einmal brauchen Sie natürlich einen Äquator. Es muss nicht der echte sein, das Experiment funktioniert auch in Hamburg oder Sydney. Postieren Sie das Publikum so, dass auf der linken Seite Norden ist und auf der rechten Seite Süden.

Als Requisiten brauchen Sie eine möglichst quadratische Schüssel mit Wasser (damit funktioniert es besser als mit einer runden), in deren Boden Sie ein kleines Loch machen – das soll möglichst nur einen halben Zentimeter Durchmesser haben, damit das Wasser schön langsam fließt! Ein Stöpsel ist nicht nötig, halten Sie das Loch einfach mit einem Finger zu und öffnen Sie es bei Bedarf. Dann brauchen Sie noch ein paar Streichhölzer, Blumenblüten oder Pfeffer aus einem Pfefferstreuer – halt irgendetwas Schwimmendes, mit dem man die Strudelrichtung deutlich machen kann.

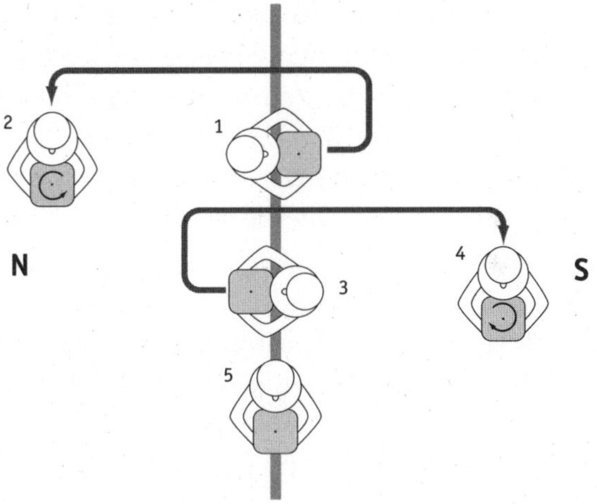

1. Stellen Sie sich so hin, dass Sie nach Süden schauen, und erklären Sie Ihrem Publikum den Versuch. Dann machen Sie eine scharfe Linksdrehung (natürlich nicht so scharf, dass es unnatürlich aussieht oder Wasser verschüttet wird), gehen ein paar Schritte Richtung Norden, drehen sich noch einmal links herum, sodass Sie wieder Ihr Publikum anschauen.
2. Die beiden scharfen Linksdrehungen sollten das Wasser nun in eine leichte Rotation gegen den Uhrzeigersinn versetzt haben. Nehmen Sie den Finger vom Abfluss, jetzt sollten sich die Schwimmkörper entsprechend drehen!

3. Gehen Sie langsam wieder zum Äquator – das Wasser muss sich ja beruhigen – und stellen Sie sich diesmal so auf, dass Sie nach Norden schauen. Alle Bewegungen sollten spontan und natürlich wirken! Jetzt läuft alles spiegelverkehrt ab: Rechtsdrehung, ein paar Schritte Richtung Süden, Rechtsdrehung, sodass Sie wieder Ihr Publikum anschauen.
4. Jetzt sollte das Wasser genügend Schwung mitbekommen haben, um sich mit dem Uhrzeigersinn zu drehen.
5. Der letzte Teil ist der schwierigste. Aber Sie können dem Publikum ja auch ruhig erklären, dass es eine Weile dauert, bis sich das Wasser beruhigt hat. Gehen Sie ohne ruckartige Bewegungen in die Mitte des Raumes, stellen Sie sich auf den Äquator und lassen das Wasser ablaufen. Wenn Ihr Loch klein genug ist, dauert es eine ganze Weile, bis sich mehr oder weniger zufällig eine Drehung herausbildet – dann haben Sie das Experiment schon längst beendet, sonnen sich im Applaus des Publikums und lassen den Hut herumgehen.

Die Coriolis-Kraft: eine Frage des Standpunkts

Um die Coriolis-Kraft ranken sich viele Geschichten und Gerüchte. Schon die Diskussion, ob es eine «richtige» Kraft ist oder nur eine «Scheinkraft», kann Physiker stundenlang beschäftigen. Diese Diskussion soll uns hier nicht weiter beschäftigen – für uns auf der Erde ist die Kraft äußerst real, da sie Massen von ihrer geraden Bahn abbringt.

Die Coriolis-Kraft taucht auf, weil die Erde ein rotierendes System ist, das wir aber in unserem Alltag als ein fest stehendes betrachten. Wir haben uns ja nach Einstein inzwischen daran gewöhnt, dass alles irgendwie relativ ist und man praktisch jeden Punkt als den Mittelpunkt der Welt ansehen kann – aber das gilt nur für sogenannte Inertialsysteme (siehe Kapitel 8). Das sind Systeme, auf die keine Kraft wirkt, sie befinden sich entweder in Ruhe (wie es ein Beobachter in dem System ausdrücken würde) oder in einer gleichförmigen, geradlinigen Bewegung (wie es vielleicht ein Beobachter in einem anderen System sieht).

Das Problem mit uns Erdenbewohnern ist: Für uns steht die Erde zwar still, und früher wurde sie ja tatsächlich als das Zentrum der Welt angesehen, und man beschrieb die Bahnen der Planeten mit komplizierten mathematischen Formeln. Aber die rotierende, sich um die Sonne bewegende Erde ist *kein* Inertialsystem. Sie wird nur auf ihrer Bahn gehalten, weil ständig die Schwerkraft der Sonne auf sie wirkt, und auch ein Körper auf der Erde dreht sich nur deshalb einmal am Tag um die Erdachse, weil Kräfte auf ihn wirken. Als Inertialsystem können wir allenfalls unser gesamtes Sonnensystem betrachten, unter Vernachlässigung der Kräfte, die wiederum innerhalb der Galaxis auf die Sonne wirken.

Während die Umrechnung von Koordinaten zwischen zwei Inertialsystemen ziemlich einfach ist, solange die relative Geschwindigkeit nicht allzu groß ist, ist es gar nicht so leicht, die Koordinaten eines rotierenden Systems wie der Erde mit denen des umliegenden Raums in Einklang zu bringen.

Fangen wir in zwei Dimensionen an und betrachten eine rotierende Scheibe. Sie zeigt das Bild der Erde, wie es sich einem Betrachter über dem Nordpol bietet, nur als Dekor – die Scheibe möge ganz flach sein. Am Rand, auf der 12-Uhr-Position (auf dem Dekor ist das ein Punkt auf dem Äquator der Erde), steht ein Mann und wirft einen Ball in Richtung Nordpol. Reibung und Luftwiderstand werden dabei vernachlässigt, und wir nehmen auch an, dass der Ball (anders als in der Realität) mit einer konstanten Geschwindigkeit fliegt. Die Scheibe dreht sich gegen den Uhrzeigersinn, und sie soll für eine Vierteldrehung genauso viel Zeit brauchen wie der Ball für die Entfernung vom Äquator zum Nordpol.

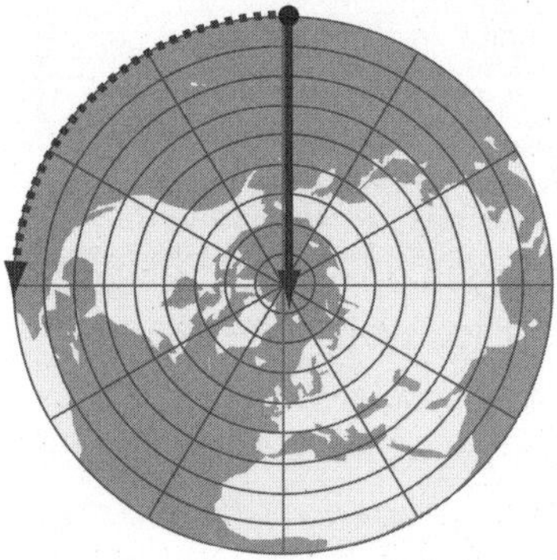

Für den im All schwebenden Beobachter stellt sich die Sache ganz einfach dar: Der Ball fliegt in einer geraden Linie vom Äquator zum Pol. Während des Fluges dreht sich unter ihm die Scheibe weiter, und wenn der Ball sein Ziel erreicht, ist der Werfer auf der 9-Uhr-Position angekommen. Keine physikalische Sensation.

Aber wie stellt sich die Situation für den Werfer auf der Scheibe dar? Auch er sieht den Ball zum Nordpol fliegen und dort ankommen. Aber der Ball fliegt für ihn nicht auf einer geraden Linie – er beschreibt eine ständige Rechtskurve. Und deshalb schließt der Beobachter messerscharf, dass dort eine Kraft am Werk sein muss, die den Ball von seiner geraden Bahn ablenkt. Der Beobachter im All dagegen würde bestreiten, dass eine Kraft die Bahn des Balls beeinflusst – daher der Ausdruck «Scheinkraft», obwohl auf der Scheibe die Wirkungen dieser Kraft sehr real sind.

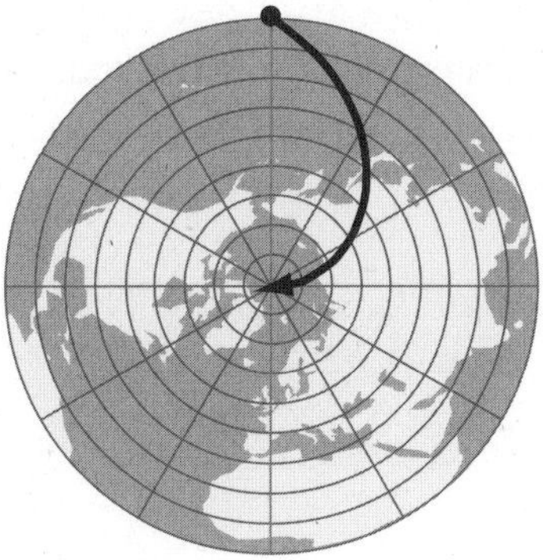

Was passiert, wenn der Werfer am Nordpol steht und den Ball in Richtung der 12-Uhr-Position auf dem Äquator wirft? Dann wird er sein Ziel verfehlen, wenn er nicht vorher scharf nachdenkt. Denn die Scheibe dreht sich unter ihm weg, und der Ball landet auf der Position, die sich vorher bei 3 Uhr befunden hat.

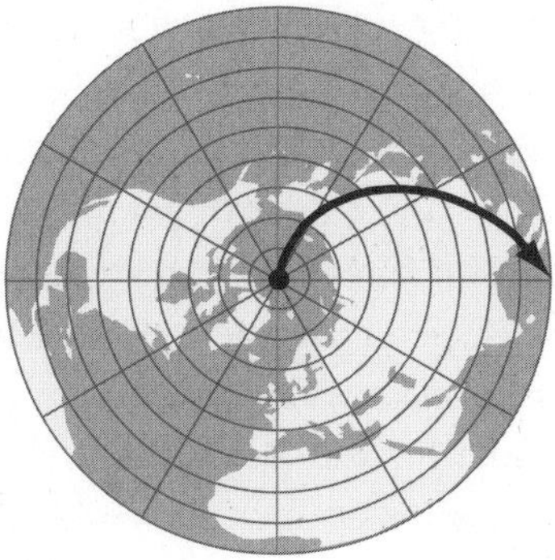

Und was passiert auf der Scheibe, wenn der Ball nicht in einer radialen Richtung geworfen wird? Stellen wir uns den Werfer auf halbem Weg zwischen Nordpol und Äquator vor, und er wirft den Ball nach rechts, auf der Landkarte also nach Osten.

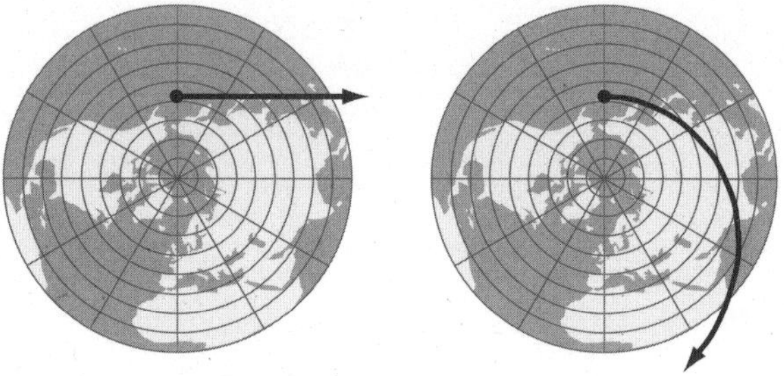

Der Ball fliegt für den außenstehenden Beobachter nach rechts über den Rand der Scheibe hinaus. Für den Werfer auf der Scheibe beschreibt er eine langgezogene Rechtskurve, bevor er die Scheibe verlässt.

Daran, dass der Ball in diesem Beispiel über die Scheibe hinausfliegt, sieht man schon, dass wir es hier mit keinem realistischen Modell der Erdkugel zu tun haben. Die Scheibe ist flach, und es herrschen keinerlei Kräfte, insbesondere keine Gravitation. Trotzdem kann man als Prinzip schon einmal festhalten: Auf einer rotierenden Scheibe, die sich gegen den Uhrzeigersinn dreht, werden alle gleichförmig bewegten Objekte nach rechts abgelenkt – egal, ob sie sich vom Zentrum der Rotation weg- oder zum Zentrum hinbewegen.

Wie sieht die Sache nun im Fall einer rotierenden Kugel wie der Erde aus? Da kommt zunächst einmal die dritte Dimension ins Spiel, und zudem die Schwerkraft. Wir können der Einfachheit halber davon ausgehen, dass Massen, die sich auf der Erdoberfläche bewegen, durch die Gravitation an die Oberfläche «gefesselt» werden – sie werden also ständig von einer geradlinigen Bahn auf eine gekrümmte Bahn gezwungen. Bewegt sich zum Beispiel eine Masse auf dem Äquator in Richtung des Äquators, dann fliegt sie nicht tangential davon – wie es im Scheibenmodell geschehen würde –, sondern folgt der Erdkrümmung auf einer gebogenen Bahn. Das war es aber auch schon – eine Coriolis-Kraft wirkt in diesem Fall nicht.

Massen, die sich vom Äquator in Richtung Pol bewegen oder umgekehrt, kann man im Prinzip genauso behandeln wie das Scheibenmodell: Wir schauen ja sozusagen von oben auf sie drauf, sehen also die Krümmung zur Erde hin nicht, und die Ablenkung ist dieselbe – immer eine Abweichung nach rechts.

Die kniffligste Situation auf dem Globus ist die einer Ost-West-Bewegung, die nicht am Äquator ihren Ausgangspunkt hat. Manche Leute meinen, dass hier keine Coriolis-Kraft zum Tragen käme, sondern die Masse sich geradeaus bewegen würde, einem Breitengrad folgend. Die Erddrehung würde ja gerade in Richtung dieser Bewegung verlaufen, sie also nicht nach rechts oder links ablenken.

Der Trugschluss in dieser Überlegung wird klar, wenn wir uns für einen Moment vorstellen, die Erdrotation würde abgestellt. Nord- und Südpol sind jetzt also keine besonderen Punkte mehr auf dem Globus. In welche Richtung würde sich eine Masse, zum Beispiel eine Wolke, bewegen, die man von Berlin in Richtung Westen anschubst? Die Wolke würde eben nicht einem Breitenkreis folgen und immer auf 52 Grad nördlicher Breite bleiben. Nein, sie würde dasselbe machen wie eine Masse, die vom Pol Richtung Äquator oder umgekehrt geschoben wird, und einem sogenannten Großkreis folgen, einem Kreis mit dem Erdmittelpunkt als Zentrum. Das heißt, ihre Richtung wäre zunächst strikt westlich, dann aber würde sie sich nach Süden wenden und irgendwann den Äquator überqueren.

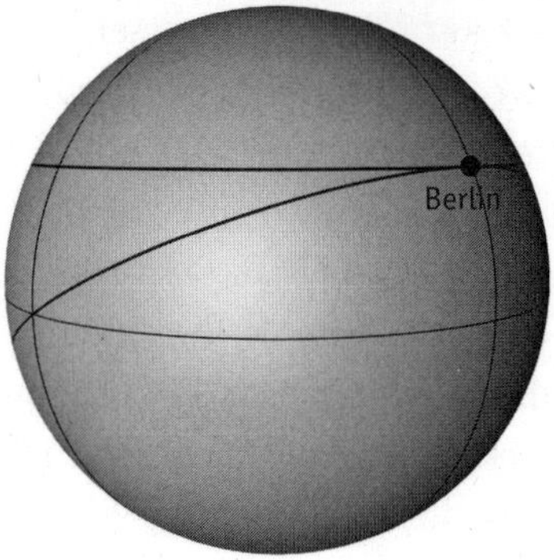

Auf einer ebenen Landkarte sähe die Bahn tatsächlich gebogen aus, aber auf der Kugel ist sie das Geradeste, was man sich vorstellen kann. Deshalb fliegen zum Beispiel Verkehrsflugzeuge von Europa nach Amerika meist eine nördliche Route, die über Island und Grönland führt. Das wäre genau die Richtung, in die man eine ballistisch fliegende Rakete abschießen würde, die Amerika erreichen soll. Und es hat nichts mit der Abflachung der Erde an den Polen zu tun – Großkreise sind die kürzesten Verbindungen zwischen zwei Punkten auf einer Kugel, und sie entsprechen den Geraden in der Ebene.

Außer am Äquator gibt es also auf der Erde keine «geradlinige» Ost-West-Bewegung! Wenn die Wolke sich aber nicht in Ost-West-Richtung bewegt, dann ist sie auch wieder vom Coriolis-Effekt betroffen, sobald man die Erdrotation wieder anwirft. Gegenüber der Bewegung auf dem Großkreis ergibt sich eine Ablenkung – und die ist auf der Nordhalbkugel stets eine Ablenkung nach rechts und auf der Südhalbkugel eine Ablenkung nach links.

Am deutlichsten kann man die Auswirkungen der Coriolis-Kraft an Wetterphänomenen studieren, vor allem an Hoch- und Tiefdruckgebieten. Man kann sogar sagen, dass es ohne die Coriolis-Kraft kein Wetter auf unserem Planeten gäbe, wie wir es kennen. Wenn irgendwo auf der Erde Druckunterschiede entstehen, etwa weil sich an einer Stelle durch die Sonneneinstrahlung die Luft stark aufgeheizt hat, dann strömt die Luft von den Gebieten mit hohem Druck zu denen mit niedrigem Druck – nichts anderes ist ja Wind. Gäbe es die Ablenkung durch die Coriolis-Kraft nicht, dann würde die Luft direkt und relativ unspektakulär vom Hochdruck- zum Tiefdruckgebiet fließen. Weil sie aber abgelenkt wird, entstehen die spektakulären Wirbel, die wir von der Wetterkarte kennen.

Der Luftstrom wird auf der Nordhalbkugel immer nach rechts abgelenkt, also dreht sich der Wirbel um ein Tiefdruckgebiet im Uhrzeigersinn – korrekt? Vorsicht, es ist genau andersherum: Die Luft verfehlt das Zentrum des Tiefs leicht auf der rechten Seite, wird dann aber vom Sog des niedrigen Drucks weiter angezogen und macht deshalb eine Kurve nach links. Auf der Südhalbkugel ist es genau andersherum.

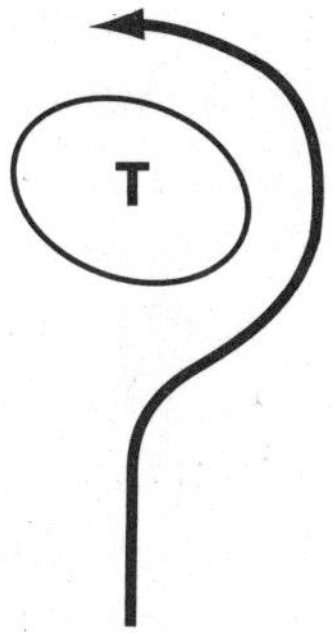

Und was ist nun mit dem Badewannenstrudel? Die Coriolis-Kraft wirkt zwar auch auf das Wasser im Waschbecken. Aber das Waschbecken ist so klein und die Geschwindigkeit der Wasserbewegungen beim Abfließen so gering, dass der Effekt einfach gegenüber allen möglichen anderen Faktoren, die die Bewegung des Wassers beeinflussen, nicht ins Gewicht fällt: Wirbel, die beim Befüllen des Beckens entstehen oder von der Form des Behälters erzeugt werden, und eben auch die Drehungen, die der Trickser in den Demonstrationen am Äquator macht.

Auch wenn sich das physikalisch berechnen lässt – die Geschichte ist einfach nicht auszurotten. Einmal bekam ich einen Anruf von einer Mitarbeiterin der *Sendung mit der Maus*: «Herr Drösser, tun Sie was – der Armin will gerade vor laufender Kamera erzählen, dass sich der Wasserstrudel auf der Südhalbkugel andersherum dreht!» «Der Armin» ist Armin Maiwald, der schon mehrere Generationen von Kindern mit seiner Wissensschau begeistert hat, aber im Fall des Badewannenstrudels zeigte er sich beratungsresistent: Er habe eine Weile in Australien gelebt, erzählte die Kollegin, und sei felsenfest davon überzeugt, dass aufgrund des Coriolis-Effekts dort das Wasser andersherum ablaufe als bei uns.

Ich schlug der Redaktion einen einfachen Test vor, für den man gar nicht nach Australien reisen müsste: Wenn man einfach die Kinder zu Hause auffordern würde, den Test mit allen möglichen Wannen und Waschbecken zu machen, dann müsste nach Armins Meinung ja die überwiegende Mehrheit der Strudel sich gegen den Uhrzeigersinn drehen. Wenn die Sache nichts mit der geographischen Lage zu tun hätte, würde sich dagegen eine einigermaßen ausgeglichene Verteilung ergeben.

Die *Sendung mit der Maus* lehnte die Sache ab, weil die Auswertung der Zuschauerpost zu viel Arbeit machen würde. Ich habe das dann selbst einmal in kleinerem Rahmen im Radioprogramm von Radio Eins gemacht – und es drehten sich 248 Strudel im Uhrzeigersinn, 204 in die «korrekte» andere Richtung.

In unserem alltäglichen Waschbecken spielt der Coriolis-

Effekt also keine Rolle. Trotzdem haben Wissenschaftler versucht, ihn auch in Wasserbecken zu reproduzieren – und damit Erfolg gehabt, glaubt man einem Bericht, der 1962 in der Zeitschrift *Nature* erschien. Der Meteorologe Ascher Shapiro hatte das Experiment gemacht – mit einem exakt kreisrunden Becken von 180 Zentimeter Durchmesser, das einen völlig ebenen Boden hatte. Das Abflussloch lag genau in der Mitte und war so klein, dass die Entleerung 20 Minuten dauerte. Nach der Füllung ließen die Forscher das Wasser 24 Stunden ruhen, damit die Eigenbewegungen zum Stillstand kamen. Shapiro selbst rechnet vor, dass die Coriolis-Kraft in diesem Experiment nur etwa drei Zehnmillionstel der Schwerkraft ausmacht, die auf das Wasser wirkt – trotzdem konnte er berichten, dass sich das Wasser in seinem «Waschbecken» zuverlässig gegen den Uhrzeigersinn zu drehen begann. Drei Jahre später konnten australische Forscher mit einem identischen Versuchsaufbau eine Drehung *mit* dem Uhrzeigersinn nachweisen.

Aber das waren sehr kontrollierte wissenschaftliche Bedingungen. Wenn Sie das nächste Mal in äquatoriale Regionen reisen und einer Coriolis-Show beiwohnen können, seien Sie sicher: Die Sache ist ebenso ein Trick wie das auf dem Äquator balancierte Ei.

Jetzt sind Sie dran: Im Winter sind die Tage kürzer als im Sommer – überall auf der Erde, außer am Äquator, dort sind alle Tage gleich lang. Was aber gilt für die Länge der Dämmerung, egal wo man sich auf dem Globus befindet?

a) Die Dämmerung ist im Winter am kürzesten.
b) Die Dämmerung ist im Sommer am kürzesten.
c) Die Dämmerung ist am Frühlings- und Herbstanfang am kürzesten.

11 Im Kinderzimmer

oder

(Un)gesundes Halbwissen

Matthias Wortmann ärgert sich. Ausgerechnet auf Mittwochnachmittag musste seine Frau ihren Arzttermin legen, und nun hat er Kinderdienst. Sein siebenjähriger Sohn Leon hat die Hausaufgaben erledigt und bastelt an seinem Lego-Space-Shuttle herum.

Im Hause Wortmann sind die Rollen klar verteilt: Der Mann schafft das Geld heran – als freier Investment-Berater –, die Frau kümmert sich um den Haushalt und das gemeinsame Kind. Sein Büro hat er zwar praktischerweise in der geräumigen Eigentumswohnung eingerichtet, aber die Tür ist eine Brandmauer gegen das Familienleben. Acht Stunden am Tag darf der Papa nicht gestört werden, zumindest von Montag bis Freitag. Aber heute schiebt Wortmann Dienst im Kinderzimmer.

Er sitzt in der Ecke, ein wenig krumm auf dem Kinderplastikstuhl. In der rechten Hand hält er das Blackberry, seine Nabelschnur zur Geschäftswelt, alle paar Minuten macht dieses mit einem Piepen darauf aufmerksam, dass eine neue E-Mail eingetroffen ist. Außerdem wollen die Aktienkurse ja live verfolgt werden.

Der Sohn singt vor sich hin, konzentriert schaut er auf die Bauanleitung, so ein Modell erfordert die ganze Aufmerksamkeit. Dann wendet er sich an seinen Vater.

«Papa, darf ich dich was fragen?»

«Jaaa ...» Der Vater antwortet mit einer gewissen Verzögerung, eine Mail hat ihn völlig absorbiert.

«Wieso ist es im Sommer wärmer als im Winter?»

Der Vater legt das Blackberry zur Seite. «Das ist eigentlich ganz einfach», antwortet er, stolz darauf, wieder einmal zur Bildung seines Sprosses beitragen zu können. «Die Erde dreht sich um die Sonne, das weißt du ja schon. Allerdings läuft sie dabei nicht auf einer Kreisbahn, sondern auf einer sogenannten Ellipse, einer eiförmigen Kurve. Das hat ein gewisser Johannes Kepler herausgefunden.» Wortmann ist selbst überrascht darüber, dass ihm der Name so spontan eingefallen ist. «Und die Sonne steht nicht im Zentrum dieser Ellipse, sondern ein bisschen versetzt. Und deshalb ist die Erde mal näher dran an der Sonne und mal weiter entfernt. Wenn sie weit weg ist, ist Winter, und wenn sie nahe dran ist, ist Sommer.»

«Aha.» Leon scheint mit der Antwort zufrieden zu sein. Er setzt den letzten Stein in sein Shuttle-Modell ein, greift den Flieger und lässt ihn durch den Raum segeln, während er mit dem Mund Motorengeräusche macht. Dann lässt er das Shuttle sanft wieder auf dem Teppich landen.

«Darf ich dich noch was fragen?»

«Klar!», antwortet Wortmann. So ein Vater-und-Sohn-Nachmittag kann doch ganz interessant sein!

«Wieso fliegen die Astronauten in der Raumstation schwerelos herum?» Große Kinderaugen blicken auf den allwissenden Vater.

«Die Schwerkraft, mein Sohn», holt Wortmann aus, «entsteht, wie du weißt, durch die Anziehung der Erde. Und die nimmt erstaunlich schnell ab, je weiter man von der Oberfläche weg ist. ‹Mit dem Quadrat der Entfernung›, sagt man auch wissenschaftlich. Und deshalb ist schon in ein paar tausend Kilometern nichts mehr von ihr zu spüren.»

«Wirklich nicht? Auch nicht ein bisschen?»

«Nee, siehst du ja, wenn du die Fernsehaufnahmen aus dem All anguckst!», wehrt der Vater jeden Zweifel ab.

Leon lässt sein Space-Shuttle nochmal senkrecht starten, in den eingebildeten Weltraum fliegen und dann behutsam wie ein Segelflugzeug wieder zu Boden gleiten. Der Vater tippt währenddessen mit zwei Daumen eine Nachricht an einen Kunden in sein Smartphone.

«Papa?»

Jetzt ist Wortmann doch ein bisschen genervt von der Unterbrechung. Außerdem ist er sich nicht mehr so ganz sicher, ob seine Erklärung der Schwerelosigkeit wirklich richtig war. Wie hoch fliegt diese Raumstation eigentlich? Aber das Kind scheint die Antwort akzeptiert zu haben, und man soll ja nicht die eigene Autorität untergraben. «Ja-ha?»

«Eine Frage noch, dann darfst du wieder arbeiten», sagt der Sohn. «Wenn das Shuttle wieder zur Erde runterkommt, dann fliegt es wie ein Segelflugzeug. Dabei hat es doch so kurze Stummelflügel. Wie funktioniert das? Wieso fällt ein Flugzeug nicht vom Himmel, es ist doch viel schwerer als Luft?»

«Oh, das ist kompliziert», antwortet der Vater. Jetzt muss er glatt ein bisschen grübeln. Wie war das noch mit dem Luftdruck? Da war doch dieser holländische Physiker ... richtig: Bernoulli!

Wortmann legt das Blackberry zur Seite und greift sich den Zeichenblock seines Sohnes und einen Filzstift. «Also – du hast recht, ein Flugzeug ist schwerer als Luft, also die Dichte ist größer, und deshalb muss eine Kraft es in der Luft halten. Und diese Kraft entsteht nach dem sogenannten Bernoulli-Prinzip!»

Er malt mit ein paar Strichen das Profil eines Flugzeugflügels auf das Zeichenblatt.

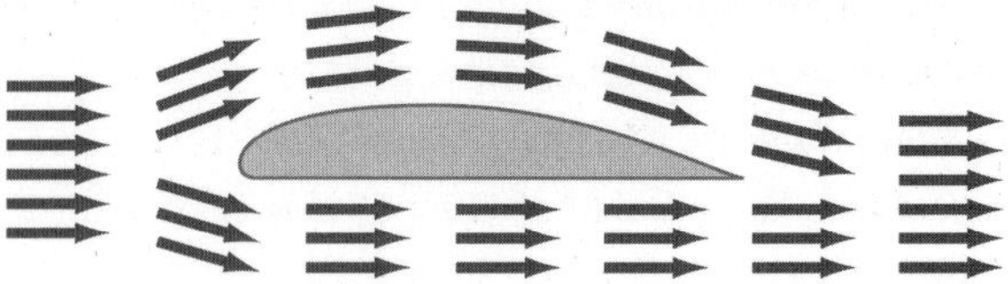

«Ein Flugzeugflügel besteht ja nicht aus einer Lego-Platte mit Noppen, sondern er hat ein Profil. Wenn man ihn durchschneidet, sieht er etwa so aus: Oben ist er gebogen, unten flach. Das heißt, die Luft, die über den Flügel geht, muss einen längeren Weg zurücklegen als die Luft, die unten entlangströmt. Damit die Ströme hinten wieder zusammenkommen, muss die obere Luft schneller strömen. Und dieser Bernoulli hat entdeckt, dass der Luftdruck umso kleiner wird, je schneller die Luft ist. Also herrscht unten mehr Druck als oben, und dieser Druck hält das Flugzeug in der Luft.»

«Tatsächlich?», fragt Leon. «So ein bisschen Luft trägt das ganze schwere Flugzeug?»

«Genau, klingt verrückt, oder?», sagt der Vater. «Deshalb haben es die Leute auch zuerst für ein Wunder gehalten.»

Matthias Wortmann ist richtig zufrieden mit dem heutigen Tag, auch wenn er ein paar Telefonate weniger führen konnte. Der Sohn braucht halt doch den Vater, denkt er sich. Seine Frau hätte diese komplizierten physikalischen Fragen bestimmt nicht so präzise und doch kindgerecht beantworten können.

Der Sohn hat sich wieder seinem Lego-Modell zugewandt und lässt das Shuttle noch ein paar Runden drehen. Der Vater lässt wieder die Daumen über die Blackberry-Tastatur fliegen.

«Papa?»

«Ja, mein Sohn?», fragt Wortmann geduldig. Was jetzt wohl kommt? Relativitätstheorie?

«Woher weiß die Luft über dem Flügel, dass sie schneller fliegen muss, um die untere Luft einzuholen?»

Da fällt dem Vater nicht mehr viel ein. «Ach, Leon», sagt er, «du kannst einem aber auch wirklich Löcher in den Bauch fragen. Das ist eben so!»

Newton gegen Bernoulli

Es geht doch nichts über ein gesundes Halbwissen. Vater Wortmann hat in seine Antworten auf die Fragen, mit denen Leon ihn geplagt hat, zwar einiges an physikalischem Wortgeklingel hineingepackt – aber falsch sind sie alle!

Auf die Sache mit den Jahreszeiten will ich nicht näher eingehen – das können Sie selbst beantworten, oder? Dass mit der Erklärung etwas nicht stimmt, konnte man bei der letzten Fußball-WM sehen: In unserem Sommer war in Südafrika kalter Winter. Tatsächlich sind wir der Sonne in unserem Winter sogar näher als im Sommer, dieser Abstand hat aber mit den Jahreszeiten überhaupt nichts zu tun. Die wahre Ursache ist die Schrägstellung der Erdachse.

Was hat es nun mit der Schwerkraft auf der internationalen Raumstation auf sich? Tatsächlich nimmt die Schwerkraft, wie Vater Wortmann richtig sagt, mit dem Quadrat der Entfernung ab.

Was bedeutet das? Auf der Erdoberfläche sind wir etwa 6500 Kilometer vom Erdmittelpunkt, dem Schwerpunkt der Erde, entfernt, hier herrscht die normale Erdbeschleunigung g von etwa 9,8 m/s^2. An einem Punkt, der x-mal so weit vom Erdmittelpunkt entfernt ist, herrscht eine geringere Beschleunigung g_x, und die berechnet sich so:

$$g_x = g \cdot \frac{1}{x^2}$$

Mit der Formel kann man für verschiedene Entfernungen von der Erde ausrechnen, wie groß die Schwerkraft ist:

Entfernung von der Erde	Faktor x	Schwerkraft im Vergleich zur Erde
10 km	1,001	99,7 %
100 km	1,020	97,0 %
400 km (ISS)	1,060	89,0 %
1000 km	1,150	75,0 %
10 000 km	2,500	16,0 %
100 000 km	16,000	0,4 %

Zwar nimmt die Erdanziehung tatsächlich stark ab – aber die Internationale Raumstation ISS befindet sich in einer Höhe von 400 Kilometern, und da beträgt die Anziehung noch 89 Prozent des Wertes auf der Erde! Sicherlich eine spürbare Erleichterung, aber schweben wird unter diesen Bedingungen niemand.

Auch die Station selbst würde nicht schweben, sondern zurück auf die Erde plumpsen. Deshalb ist sie ja auch nicht stationär am Himmel «aufgehängt», sondern bewegt sich auf einer Umlaufbahn mit konstanter Geschwindigkeit. Diese Geschwindigkeit ist so bemessen, dass die dadurch entstehende Fliehkraft genau die Erdanziehung ausgleicht. Man kann es auch so formulieren: Die Raumstation fällt zwar ständig in Richtung Erde, bewegt sich aber gleichzeitig im rechten Winkel von der Erde weg – sie fällt also «um die Erde herum».

In Zahlen: Die Fliehkraft F einer um die Erde fliegenden Masse berechnet sich aus folgender Gleichung:

$$F = m \cdot \omega^2 \cdot r$$

Dabei ist ω (der griechische Buchstabe Omega) die sogenannte «Winkelgeschwindigkeit». Man misst nicht den Weg, der pro Zeiteinheit zurückgelegt wird, sondern den Winkel im Bogenmaß – eine komplette Umdrehung entspricht dem Wert 2π. Und r ist die Entfernung vom Erdmittelpunkt.

Die Gewichtskraft ist, wie schon mehrmals in diesem Buch berechnet:

$$G = m \cdot g_x$$

Man beachte, dass man hier mit der entsprechend verringerten Erdanziehung rechnen muss!

Setzt man die beiden Kräfte gleich, dann ergibt sich:

$$F = G$$
$$m \cdot \omega^2 \cdot r = m \cdot g_x$$
$$\omega^2 = \frac{g_x}{r}$$

$$\omega = \sqrt{\frac{g_x}{r}} = \sqrt{\frac{0{,}89 \cdot g}{6\,900\,000}} = 0{,}0011$$

Dieses Ergebnis trägt die Einheit «Winkel pro Sekunde» und ist ein ziemlich kleiner Wert. Anschaulicher wird es, wenn man ausrechnet, wie lange die Raumstation für einen Erdumlauf braucht. Dazu dividiert man 2π durch dieses Ergebnis und erhält einen Wert von 5712 Sekunden oder gut eineinhalb Stunden – und das stimmt recht genau mit der tatsächlichen Umlaufbahn der ISS überein.

Jetzt sind Sie dran: Man kann mit derselben Formel auch ausrechnen, wie schnell eine Pistolenkugel hier unten auf der Erde sein müsste, damit sie nicht zu Boden fällt, sondern einmal um die Erde fliegt und den Schützen in den Rücken trifft. Dabei soll der Luftwiderstand vernachlässigt werden!

Vom himmlischen zum irdischen Fluggerät: Was ist mit der Erklärung, warum ein Flugzeug fliegt? Da Vater Wortmann den Physiker Bernoulli bemüht hat, erst einmal ein paar Worte zu dessen Entdeckung.

Daniel Bernoulli beschäftigte sich im 18. Jahrhundert mit strömenden Flüssigkeiten und Gasen – ein für die damalige Zeit sehr komplexes physikalisches Problem. Und nicht alle Ergebnisse entsprechen unserer Intuition: Seine wichtigste Entdeckung, die Bernoulli-Gleichung, sagt nämlich, dass bei höherer Strömungsgeschwindigkeit der Druck in einem strömenden Medium sinkt und nicht steigt, wie man vielleicht vermuten könnte. Schließlich spürt man doch, wenn man einen Wasserhahn weiter aufdreht, mehr Druck auf der Hand, oder?

Betrachten wir Wasser, das durch ein Rohr mit einem gewissen

Querschnitt fließt. Nun wird das Rohr an einer Stelle dünner. Wie verhält sich das Wasser?

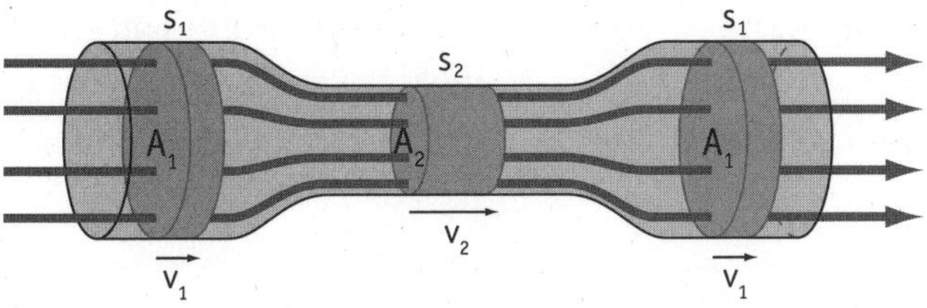

Eine gewisse scheibenförmige Menge Wasser mit dem Volumen V kommt von links und muss durch den Engpass. Von hinten drückt ständig neues Wasser, und Flüssigkeiten sind praktisch nicht komprimierbar. Das Scheibchen kann also nicht einfach kleiner werden, es muss sich in die Länge ziehen, statt der Länge s_1 hat es nun die Länge s_2. Damit aber trotzdem dieselbe Menge Wasser in derselben Zeiteinheit das Rohr passiert, müssen die einzelnen Wasserteilchen schneller werden! Die Fließgeschwindigkeit im Engpass, v_2, ist also entsprechend höher als die Ausgangsgeschwindigkeit v_1.

Das kann man auch präzise in Formeln ausdrücken. Das Volumen des Scheibchens bleibt gleich, also ist

$$A_1 \cdot s_1 = A_2 \cdot s_2$$

Die Fließgeschwindigkeiten sind $v_1 = s_1/t$ und $v_2 = s_2/t$. Also ist

$$A_1 \cdot v_1 \cdot t = A_2 \cdot v_2 \cdot t$$

Ein bisschen umstellen, und es gilt

$$\frac{v_1}{v_2} = \frac{A_2}{A_1}$$

Die Geschwindigkeit wird also in dem Maße größer, wie der Querschnitt des Rohrs abnimmt.

Aber damit die Teilchen beschleunigt werden, brauchen sie Energie. Und die gibt es nicht umsonst – die einzige Quelle dafür ist der Druck, der in der Flüssigkeit herrscht. Und das bedeutet: In dem Engpass hat das fließende Wasser einen geringeren Druck als dort, wo das Rohr dicker ist.

Wem das zu schwammig ist, hier die Erklärung in Formeln:

Im Wasser herrscht ein Druck, dessen Kraft in alle Richtungen wirkt (der sogenannte statische Druck). Insbesondere muss das Wasser gegen diese Druckkraft bewegt werden, dazu muss Arbeit geleistet werden, Kraft mal Weg:

$$W_1 = F_1 \cdot s_1$$
$$W_2 = F_2 \cdot s_2$$

Die Kräfte ergeben sich aber aus dem jeweiligen statischen Druck mal der Querschnittsfläche (siehe Kapitel 5 über den Druck in der Wurst):

$$W_1 = A_1 \cdot p_1 \cdot s_1 = V \cdot p_1$$

$$W_2 = A_2 \cdot p_2 \cdot s_2 = V \cdot p_2$$
$$W_1 - W_2 = V \cdot (p_1 - p_2)$$

V ist das konstant bleibende Volumen des Wasserscheibchens. Die Differenz dieser beiden Energien ist die kinetische Energie, mit der die Wasserteilchen beschleunigt werden können. Die kinetische Energie kennen wir schon aus Kapitel 6 über das Perpetuum mobile, sie berechnet sich aus Masse und Geschwindigkeit:

$$K_1 = \frac{1}{2} \cdot m \cdot v_1^2$$

$$K_2 = \frac{1}{2} \cdot m \cdot v_2^2$$

$$K_2 - K_1 = \frac{1}{2} \cdot m \cdot (v_1^2 - v_2^2)$$

Die beiden Energien können wir gleichsetzen:

$$W_1 - W_2 = K_2 - K_1$$

$$V \cdot (p_1 - p_2) = \frac{1}{2} \cdot m \cdot (v_2^2 - v_1^2)$$

Die Masse des Wasserscheibchens ist aber das Volumen mal der Dichte ϱ:

$$V \cdot (p_1 - p_2) = \frac{1}{2} \cdot V \cdot \varrho \cdot (v_2^2 - v_1^2)$$

$$p_1 - p_2 = \frac{1}{2} \cdot \varrho \cdot (v_2^2 - v_1^2)$$

$$p_1 + \frac{1}{2} \cdot \varrho \cdot v_1^2 = p_2 + \frac{1}{2} \cdot \varrho \cdot v_1^2$$

Der Ausdruck $\frac{1}{2}\varrho \cdot v^2$ wird auch der dynamische Druck genannt – ihn merkt man etwa dann, wenn ein schneller fließender Wasserstrahl mit mehr Wucht auf unseren Körper trifft. Die Gleichung von Bernoulli sagt nun aus, dass die Summe aus statischem und dynamischem Druck immer gleich bleibt!

Kommen wir zurück zu dem Flugzeugflügel und der Frage, woher er seinen Auftrieb bezieht. Vater Wortmann behauptet: Weil die Luft in der gleichen Zeit einen längeren Weg über die Oberseite des Flügels nimmt, muss sie schneller fließen, der Druck wird geringer, und das sorgt für die Auftriebskraft. Mal abgesehen davon, dass die schlaue Frage seines Sohnes damit nicht beantwortet ist, woher die obere Luft denn weiß, dass sie die untere am Ende des Flügels treffen muss: Dieser Auftrieb würde nicht ausreichen, um ein Flugzeug in der Luft zu halten. Ich habe die Rechnung mal aufgemacht: Wenn der Weg über die Oberseite des Flügels 5 Prozent länger ist, dann müsste nach den Bernoulli-Gleichungen ein handelsübliches Piper-Flugzeug mit zehnfacher Schallgeschwindigkeit fliegen, damit der entsprechende Auftrieb die Maschine in der Luft hält!

Wortmanns Erklärung, warum ein Flugzeug fliegt, kann also nicht stimmen – obwohl sie in vielen Kinderbüchern, im Internet und sogar in Lehrbüchern für Physik tausendfach wiederholt wird. Manche greifen daher zu einer anderen Theorie und sagen: Nicht Bernoulli, sondern Newton erklärt, wieso ein Flugzeug fliegt. Genauer gesagt, das Gesetz von *actio* und *reactio*, zu jeder Kraft gibt es eine Gegenkraft (siehe Kapitel 3). Ein Flugzeugflügel, so lautet dieses Argument, liegt ja nicht waagerecht, sondern ist immer ein wenig schräg angestellt, sodass die Luft von unten dagegenprallt. Wie kleine Billardkugeln werden die Luftteilchen von der Tragfläche abgelenkt, und das erzeugt eine entsprechende Kraft nach oben. Jeder kann diese Kraft erfahren, wenn er die Hand aus dem Fenster eines fahrenden Autos hält. Sobald man sie aus der Waagerechten dreht, wird sie vom Fahrtwind schräg nach oben gedrückt.

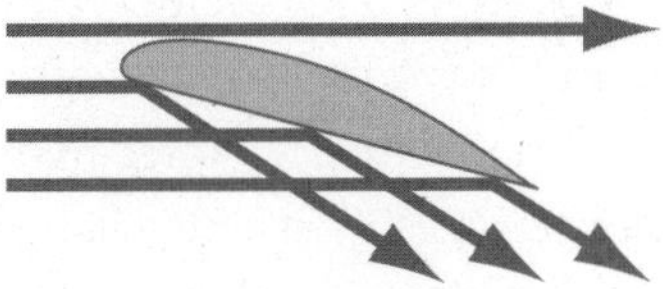

Diese Theorie hat einiges für sich. Die Bernoulli-Fraktion kann nämlich zum Beispiel nicht erklären, wie das erste Flugzeug der Brüder Wright abgehoben haben soll – dessen Flügel hatten ein einfaches gebogenes Profil, bei dem der Weg untenrum genauso lang war wie obenrum. Und Kunstflieger schaffen es regelmäßig, mit ihren Sportmaschinen auf dem Kopf zu fliegen – nach der Bernoulli-Theorie müsste das einen umgekehrten Auftrieb erzeugen und die Flieger abstürzen lassen. Mit der Newton-Erklärung dagegen kann man sogar sprichwörtliche Scheunentore fliegen lassen, wenn nur der Anstellwinkel stimmt.

Wer hat nun recht, Bernoulli oder Newton? Zur Ehrenrettung der beiden Physiker muss man sagen: Keiner von beiden hat sich ja mit Fluggeräten beschäftigt, ihre beiden Naturgesetze sind nicht falsch, die Frage ist nur: Welches von ihnen findet hier Anwendung? Die Antwort: beide.

Schauen wir uns erst einmal an, wie die Strömung an einem Flügel tatsächlich aussieht. Die folgende Zeichnung ist eine Simulation des Luftstroms in einem digitalen Windtunnel-Programm.

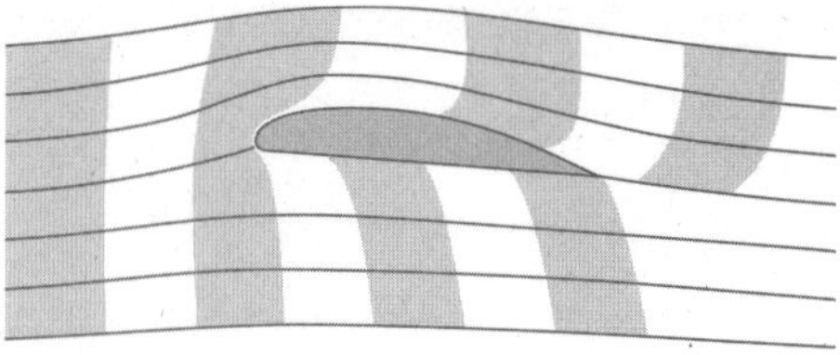

Was sieht man an diesem Bild?

- Die «Luftpakete» werden über dem Flügel tatsächlich länger und schmaler. Das bedeutet: Ihre Geschwindigkeit steigt, der Druck sinkt. Tatsächlich wird oberhalb des Flügels Auftrieb erzeugt. Ein Punkt für Bernoulli!
- Es werden tatsächlich Luftmassen bewegt. Zunächst ein Stück nach oben (an der Flügel-«Nase»), dann aber insgesamt nach unten. Diese *actio* hat eine *reactio* in umgekehrter Richtung zur Folge – eine Kraft, die den Flügel nach oben drückt. Ein Punkt für Newton!
- Vor allem aber: Die Luftteilchen, die vorn am Flügel getrennte Wege gehen, kommen hinten nicht wieder zusammen. Es gibt keine geheime Verabredung zwischen den Partikeln, im Gegenteil: Die Luft über dem Flügel ist viel schneller als die unter dem Flügel, mehr, als der «Umweg» erwarten ließe! Tatsächlich kann sie bis zu doppelt so schnell werden.

Dass nicht das Flügelprofil verantwortlich ist für den schnelleren Luftstrom an der Oberfläche, sieht man auch, wenn man sich Simulationen anderer Flugsituationen ansieht – etwa eines auf dem Kopf fliegenden Flügels oder eines «fliegenden Scheunentors».

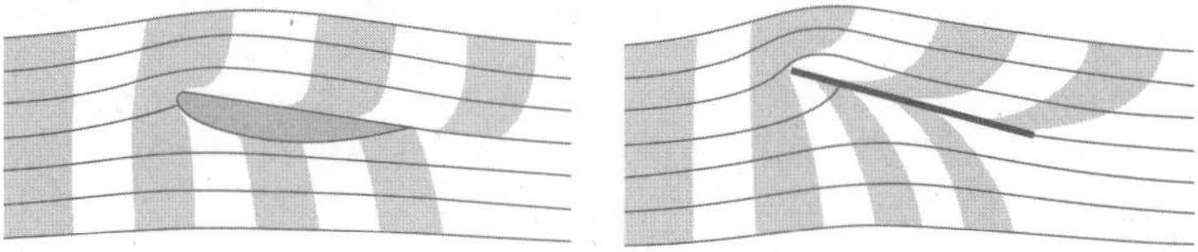

Gerade bei dem völlig profillosen Flügel sieht man: Es kommt vor allem auf den Anstellwinkel an. Wie sorgt der für den Auftrieb?

Am besten teilt man den Luftstrom in drei Teile ein: den unteren Bereich der Luft, die unter dem Flügel wegströmt, den mittleren Bereich der Luft, die auf die Flügelnase trifft und abgelenkt wird, und den oberen Bereich der Luft, die gar nicht direkt mit dem Flügel in Kontakt kommt.

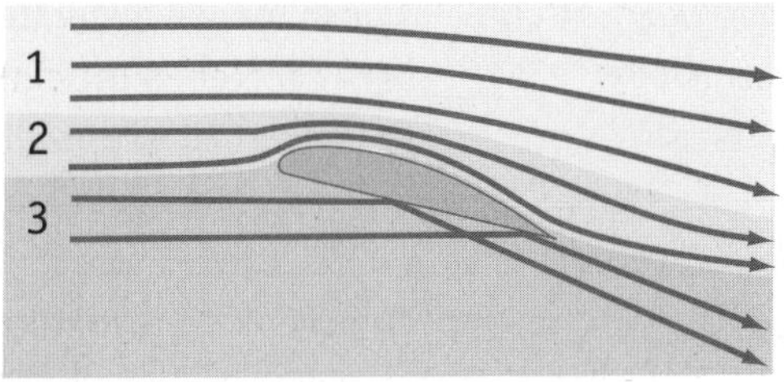

Über die Luft unter dem Flügel herrscht das schon besprochene Newton'sche Gesetz. Luft wird abgelenkt, und nach dem Prinzip von Aktion und Reaktion bekommt der Flügel einen Impuls nach oben. Druckunterschiede spielen hier kaum eine Rolle.

Die Luft, die über den Flügel hinweggeht, könnte eigentlich völlig unbeeindruckt bleiben. Aber dann entstünde ein Vakuum über dem schräggestellten Flügel. Das aber bedeutet Unterdruck – es wird Luft von oben nach unten abgelenkt und dabei beschleunigt, gleichzeitig wird der Flügel «angesogen» und erhält Auftrieb. Oft wird für dieses «Anschmiegen» der Luft an die Flügeloberfläche der Coanda-Effekt verantwortlich gemacht, der dafür sorgt, dass Gas- und Flüssigkeitsströme an gerundeten Oberflächen regelrecht kleben bleiben – aber diese komplizierte Erklärung wird hier gar nicht gebraucht.

Der mittlere Strömungsbereich, also der Bereich der Luft, die direkt auf die Nase trifft und eng an der Flügeloberfläche vorbeigleitet, ist schließlich das Reich von Bernoulli. Hier werden die Luftteilchen von ihrem geradlinigen Weg abgelenkt und zwischen Flügel und oberen Luftschichten «eingeklemmt». Ihr Weg wird enger, sie werden beschleunigt und der Druck sinkt. Das Ergebnis auch hier ist ein Unterdruck, der zum Auftrieb beiträgt.

Insgesamt kann man als Faustregel festhalten, dass die Luft unter dem Flügel etwa ein Drittel des Auftriebs erzeugt und die Luft darüber zwei Drittel. Die gekrümmte Form des Flügels ist keineswegs zufällig – aber sie hat vor allem den Vorteil, dass sie insgesamt den Luftwiderstand verringert. Sie ist einfach strömungsgünstiger als ein glattes Brett, und sie verhindert das Entstehen von Turbulenzen, die man ansatzweise auf dem Strömungsprofil des «Scheunentors» erkennen kann. Denn all das Gesagte funktioniert nur bei sogenannten «laminaren», also glatten und braven Strömungen. Turbulenzen und Wirbel dagegen sind der Horror jedes Piloten.

Strömungen gehören zu den kompliziertesten physikalischen Phänomenen, und deshalb haben wir die Gesetze der Aerodynamik hier auch nur gerade mal angekratzt, die Wirklichkeit ist noch beliebig komplizierter. Aber immerhin funktionieren diese Erklärungen, ohne dass man die Luftteilchen zu intelligenten Wesen erklären muss, die am Ende des Flügels auf ihre Genossen von der anderen Seite warten müssen.

12 Alles Zufall?

oder

Mit dem Schuhcomputer ins Spielcasino

In meinem *Mathematikverführer* gibt es ein Kapitel, in dem es ums Roulette geht. Dort erkläre ich, warum alle Roulette-«Systeme», die auf mathematischen Analysen der Zahlenreihen beruhen, zum Scheitern verurteilt sind. Ein gut austarierter Roulettekessel produziert tatsächlich eine Folge von Zufallszahlen, und die Auszahlungsquoten sind so berechnet, dass der Bank immer ein kleiner Vorteil bleibt. Insbesondere kann man aus der Vergangenheit, also den bisher gefallenen Zahlen, nicht auf die Zukunft schließen. Der Roulettekessel hat kein Gedächtnis.

Mit Mathematik lässt sich dieses Glücksspiel also nicht besiegen. Aber vielleicht mit Physik? Wird unsere Welt nicht von physikalischen Gesetzen regiert, die alle ziemlich genau bekannt sind? Kann man nicht, wenn man die Ausgangsbedingungen einigermaßen exakt kennt, die Bahn der Roulettekugel berechnen und so bestimmen, auf welchem Zahlenfeld sie landen wird?

Das Thema fasziniert mich seit über 20 Jahren. Damals recherchierte ich für einen Artikel über Chaostheorie, und mir fiel ein Buch des amerikanischen Autors Thomas Bass in die Hände. Der Titel: *The Eudaemonic Pie* (auf Deutsch erschienen als *Der Las Vegas Coup).* Bass erzählt darin die Geschichte von ein paar Studenten, die in den siebziger Jahren versuchten, mit selbstgebastelten Minicomputern, die sie in ihren Schuhen versteckten, die Casinos in Las Vegas auszunehmen. Mittels Schaltern, die sie mit den Zehen bedienten, und auf den Körper geklebten Summern als Signalgebern wollten sie den Lauf der Roulettekugel berechnen und dann blitzschnell auf die richtige Zahl setzen. Letztlich scheiterten die Jungs an ihren Hardware-Problemen, immer wieder brannten Schaltelemente durch und fügten ihnen teilweise schmerzhafte Verbrennungen zu, und schließlich gaben sie auf (und wurden ernsthafte Wissenschaftler auf dem neuen Gebiet der Chaosforschung).

Die Tüftler haben aber in einigen erfolgreichen Testserien bewiesen, dass ihr System im Prinzip funktioniert – und seit diesen Tests sind 30 Jahre vergangen, in denen sich die Computer rasant weiterentwickelt haben. Es wäre doch gelacht, wenn es nicht irgendwo auf der Welt Nachahmer gäbe, die mit heutiger Technik Ähnliches versuchen. Natürlich würden sie das nicht an die große Glocke hängen, denn technische Hilfsmittel aller Art sind in den Casinos verboten, und insbesondere mit den Security-Leuten der amerikanischen Spielhöllen möchte man sich nicht anlegen.

Im Jahr 2005 bekam ich dann über den Mathematiker und Roulette-Theoretiker Pierre Basieux Kontakt zu einem Pärchen, das am Niederrhein tatsächlich mit solcher Elektronik experimentiert, und die beiden boten mir an, sie einmal ins Casino zu begleiten – ein Angebot, das ich nicht ausschlagen konnte. Hier also die Geschichte von Sabine Lauerbach und Matthias Seidel, die natürlich eigentlich ganz anders heißen.

Die beiden haben sich für den heutigen Tag das Casino Hohensyburg bei Dortmund ausgesucht. Ein hässlicher Siebziger-Jahre-Bau, die Roulettetische platziert in einem trostlosen, in Brauntönen gehaltenen Saal, der Zigarettenmief steckt in allen Polstern. Im Auto haben die beiden ihre Technik einsatzfähig gemacht: Matthias Seidel hat einen Taschencomputer der Marke Palm in der Tasche, in den er über einen Schalter im Schuh Daten eingeben wird. Sabine Lauerbach trägt, unter ihrer blonden Haarmähne verborgen, einen Ohrstöpsel, über den ihr der Minicomputer eine Prognose für das Ergebnis mitteilt. Die beiden werden nicht mehr miteinander reden, sobald sie das Casino betreten haben – niemand soll merken, dass sie zusammengehören. Sie tun zwar nichts Verbotenes, verstoßen allenfalls mit ihrer Verkabelung gegen die Hausordnung des Casinos. Aber die Spielbank hat das Hausrecht, und sie könnte beide mit einer Sperre belegen. Dann wäre es aus mit dem Traum vom großen Geld, zumindest in den Casinos der Westspiel-Kette.

Der Abend in Hohensyburg bei Dortmund beginnt zunächst einmal ganz langweilig – mit Warten. Eineinhalb Stunden nämlich stehen die beiden scheinbar teilnahmslos am Roulettetisch und schauen nur zu. Dann aber bringt die schlanke, hochgewachsene Blondine die Croupiers plötzlich ganz schön auf Trab und setzt bei jedem Wurf – aber immer erst, wenn die Kugel schon im Kessel rollt. «21–4–4», ruft sie, Sekunden bevor der Croupier mit seinem «Nichts geht mehr!» klarmacht, dass niemand mehr setzen darf. 21–4–4: Das bedeutet, dass sie insgesamt neun Chips setzt, je einen auf die 21 und die vier Zahlen rechts und links davon im Zahlenkranz. Da die Zahlen beim Roulette recht willkürlich über die Scheibe verteilt sind, ist es auch einem trainierten Croupier kaum möglich, die Chips zu diesem Zeitpunkt noch auf dem grünen Tableau zu platzieren. Der Chef du Table am Kopfende des Tisches merkt sich einfach den Einsatz.

Nachdem sie die ersten Spiele verloren hat, beginnt Sabine Lauerbach zu gewinnen. Nicht bei jedem Spiel, aber ungefähr bei jedem dritten, obwohl das bei ihrer Art zu setzen statistisch nur bei etwa jedem vierten zu erwarten ist (ihre neun Chips decken ja etwa ein Viertel der 37 Zahlenfelder ab). «Die Dame arbeitet ja mit allen Tricks», sagt einer der Croupiers, als Sabine Lauerbach einmal zwei Chips miteinander verwechselt. Der milde Spott ist aber durchaus auch als Anerkennung für ihre ansonsten sehr professionelle Spielweise gedacht.

Der Casinoangestellte ahnt natürlich nicht, wie recht er hat. Denn die Spielerin setzt nicht nach Lust und Laune, sondern streng nach den akustischen Kommandos, die Seidels Minicomputer drahtlos in ihren Ohrhörer funkt. Hört sie zwei tiefe Töne und einen hohen, dann bedeutet das die Zahl 21 – die hat der Computer aufgrund der ersten Runden berechnet, die die Kugel im Kessel gedreht hat. Deshalb setzt Lauerbach immer so spät, in einem Moment, in dem das Ergebnis des Wurfs schon vorbestimmt ist. Das Problem ist «nur», die komplexe Bahn der Kugel mit ausreichender Genauigkeit zu berechnen.

Manchmal entsteht Unruhe am Roulettetisch: Wenn zweimal hintereinander dieselbe Zahl fällt oder fünfmal hintereinander Schwarz, strömen die Spieler aus allen Winkeln des Casinos herbei. Die einen sehen ihre Chance darin, auf die gerade erkannte «Serie» zu setzen, die anderen setzen absichtlich dagegen, weil das berühmte «Gesetz der großen Zahlen» ja irgendwie für Ausgleich sorgen muss. Das freut die Spielbanken – nährt es doch die Illusion, man könnte nur anhand der sogenannten Permanenzen, der aufgezeichneten Spielverläufe, den Zufall in den Griff bekommen.

Die Spielbanken sind sich so sicher, dass ihre Roulettekessel wirklich zufällige Ergebnisse produzieren, dass sie das Setzen auch dann noch erlauben, wenn die Kugel schon läuft – wenn also alle physikalischen Größen, die über das Ergebnis entscheiden, bereits feststehen. Die Geschwindigkeit der Kugel, die Geschwindigkeit, mit der sich der Zahlenkranz in entgegengesetzter Richtung dreht, die Reibungskräfte – von nun an handelt es sich um einen streng deterministischen Prozess, in den kein freier Wille mehr eingreift. Würde man alle Gegebenheiten exakt kennen, dann müsste es doch möglich sein, das Ergebnis zu bestimmen, oder?

So einfach ist es nicht. Der Lauf der Kugel setzt sich aus zwei sehr unterschiedlichen Phasen zusammen. Zunächst rollt sie ruhig und gleichmäßig am Rand des Kessels. Eine solche Bewegung ist bei guter Messung perfekt berechenbar. Dann aber kommt die «chaotische» Phase. Sie beginnt, wenn die Kugel ihre Bahn am oberen Rand verlässt und auf eine der «Rauten» trifft. Diese kleinen Erhebungen im Kessel lassen die Kugel hopsen und springen. Irgendwann trifft sie auf die Zahlenfächer und kann auch dort noch ein paar Felder weiterspringen. Chaotisch, das bedeutet: Zwar gehorcht die Kugel weiterhin den Gesetzen der Physik, aber winzige Unterschiede in den Ausgangswerten, etwa im Winkel, in dem sie auf die Raute trifft, führen zu großen Unterschieden im Ergebnis. Niemand kann das im Kopf berechnen, vor allem nicht im Casino, in dem ja technische Hilfsmittel verboten sind. Von jeder Raute aus kann die Kugel in jedes der 37 Zahlenfächer fallen.

Aber sie tut es nicht mit derselben Wahrscheinlichkeit. Das jedenfalls behauptet der Mathematiker Pierre Basieux, auf dessen Verfahren auch die technische Ausrüstung von Matthias Seidel und seiner Freundin beruht. Basieux ist in den deutschen Casinos kein Unbekannter – wohl kaum jemand kennt die Mechanik des Roulettekessels und die Ballistik der weißen Kugel so gut wie er. Seit Jahrzehnten macht er gute Gewinne beim Roulette, mal als «Kesselgucker», mal mit technischen Hilfsmitteln. Er hat schon Beraterverträge mit einigen Spielbanken gehabt, für die er die Qualität der Roulettekessel begutachtete.

Das Roulette mit technischen Mitteln zu besiegen, haben schon viele versucht. Manchmal durch Manipulation des Spielgeräts – etwa indem ein verbündeter Croupier die Elfenbeinkugel gegen eine mit Metallkern austauscht, die dann mit starken Magneten beeinflusst wird. Hier geht es aber um die reine Beobachtung des unbeeinflussten Kugelwurfs. 1978 begann Pierre Basieux, seine

Erkenntnisse technisch umzusetzen. Schon damals waren kleine Taschencomputer erhältlich, wenngleich die heutige Hardware viel komplexere Berechnungen erlaubt. 1983 war sein Verfahren schließlich ausgereift für verlässliche Prognosen. Basieux ging ins Spielcasino von Bad Wiessee, setzte im Übermut ständig den Höchsteinsatz – und gewann. 185 000 Mark. Der «jugendliche Leichtsinn», wie er es rückblickend bezeichnet, trug ihm eine Schlagzeile in der Münchner *Abendzeitung* ein. Sowie Hausverbot im Bad Wiesseer Casino. Zurzeit lassen ihn die bayerischen Spielbanken wieder herein – solange er nicht setzt, wenn die Kugel schon rollt.

Bei seinem Verfahren geht es zunächst um die Vorhersage, an welcher der Rauten die Kugel «streut» und welche Zahl sich zu diesem Zeitpunkt unterhalb dieser Raute befindet. Weil bis dahin alle Bewegungen chaosfrei ablaufen, ist eine solche Prognose ziemlich exakt möglich, sofern die Messwerte genau genug sind. Im Schuh des Beobachters (der entweder mit einem Komplizen zusammenarbeitet oder selbst die Einsätze macht) steckt ein verborgener Schalter. Mit ein paar Klicks der Fußspitze wird die Geschwindigkeit von Ball und Zahlenkranz erfasst. Dazu merkt man sich einen auffälligen Punkt am Rand des Kessels und klickt immer, wenn er eine bestimmte Stelle am Rand passiert. Erster Klick: Beginn der Messung. Zweiter Klick: die Zeit für einen Umlauf. Dritter Klick: die Zeit für den zweiten Umlauf. Diese Zeit wird kürzer sein als die für die erste Runde, und damit hat man gleichzeitig gemessen, wie stark die Rotation abgebremst wird.

In der für den Außenstehenden so langweiligen Messphase, die aus etwa 45 Kugelwürfen besteht, wird außerdem eingegeben, mit welcher Raute die Kugel jeweils zuerst kollidiert ist. Diese Zahlenwerte sind die Grundlage für die spätere Prognose des Westentaschencomputers. Denn in der realen Spielsituation macht der

Rechner keine komplexen ballistischen Berechnungen, sondern sucht aus den gemessenen Beispielen einen Wurf, bei dem die Kugel dieselbe Geschwindigkeit hatte. Dann werden alle anderen Daten entsprechend angepasst und die «Kollisionsraute» sowie die «Kollisionszahl» vorhergesagt.

Die Spielerin am Tisch aber will nicht wissen, an welcher Raute die Kugel abprallt, sondern in welchem Fach sie landet. Es geht also jetzt darum, die zweite, chaotische Phase des Kugellaufs irgendwie vorherzusagen. Dafür hat der Spieler schon im Vorfeld Hunderte von Würfen am selben Kesseltyp mit derselben Kugelsorte analysiert und notiert, wie weit von der Kollisionszahl entfernt die Kugel schließlich landete. Eine exakte Prognose kann man hier nicht erwarten – es geht lediglich um Wahrscheinlichkeitsverteilungen. Hat er Pech, ergibt sich eine gleichmäßige Verteilung über die 37 Felder, und eine Vorhersage ist unmöglich. Basieux' zentrale Erkenntnis lautet aber: Diese Streuweiten sind meist nicht gleich verteilt, sondern haben Minima und Maxima. Beim Hohensyburger Kessel mit seinen zwölf Rauten etwa ergibt sich ein deutliches Maximum, 19 Felder von der Kollisionszahl entfernt. Weil der statistische Vorteil des Casinos sehr schmal ist, reicht schon eine Chance, die etwas besser ist als die Gleichverteilung, um den zu erwartenden Verlust in einen Gewinn zu verkehren.

Seidels Computer berechnet also das Zahlenfeld mit der höchsten Trefferwahrscheinlichkeit und übermittelt diese Prognose über ein akustisches Signal an Sabine Lauerbachs Hörgerät. Und dann muss alles ganz schnell gehen. Selten tritt die Vorhersage genau ein, die Prognose ist ja keine exakte Berechnung, sondern immer noch eine statistische Aussage. Aber selbst wenn sie sich nur bei jedem 20. Wurf als korrekt erweist – statt, wie bei völligem Zufall zu erwarten, bei jedem 37. –, hat die Spielerin einen komfortablen Vorteil gegenüber der Bank. Sie muss allerdings mit längeren

Durststrecken rechnen und braucht auch ein gewisses finanzielles Polster. Um das Risiko etwas zu streuen, setzt sie nicht nur auf die prognostizierte Zahl, sondern auch noch auf die Werte links und rechts davon, daher ihre Ansage «21–4–4».

Nachdem Sabine Lauerbach etwa eine Stunde lang bei fast jedem Wurf gesetzt hat, verlässt ihr Freund seine Position am Kessel. Das Zeichen für den Aufbruch. Auf dem Parkplatz ziehen sie Bilanz: 240 Euro Gewinn in drei Stunden. Nicht eben ein umwerfender Stundenlohn für zwei Personen, wenn man auch noch die Spesen und die Vorbereitungszeit berücksichtigt. In der Bilanz des Casinos werden diese 240 Euro keine Delle hinterlassen. Aber Matthias Seidel ist überzeugt: Der Nachmittag hat bewiesen, dass das System in Hohensyburg funktioniert. Das nächste Mal will er mit höheren Einsätzen spielen.

Das Roulette zu besiegen ist harte Arbeit. Jeder zahlt Lehrgeld – in Form von Anfangsverlusten oder der Gebühr für eine Unterweisung von Basieux oder Seidel, die etwa 3500 Euro kostet. Dabei lernt der künftige Spieler die Feinheiten des Roulettespiels kennen, die Mechanik des Geräts, er lernt das Kesselgucken und das Kesselfehlerspiel, bei dem kleine Unregelmäßigkeiten des Geräts ausgenutzt werden. «Wer das nicht beherrscht», sagt Basieux, «der braucht sich erst gar nicht zu bemühen.»

Der 65-jährige Altmeister spielt inzwischen nur noch selten, und dann ohne Gerät. Jahrelanges Training hat seinen Blick so geschärft, dass er sich auch ohne Computer einen leichten Vorteil gegenüber der Spielbank ausrechnet. Er setzt kleine Beträge, um kein Aufsehen zu erregen, aber die Gewinne, so sagt er, reichen aus, um ihm die Zeit zum Schreiben seiner Bücher zu verschaffen. Die haben Titel wie *Die Zähmung des Zufalls* oder *Anatomie des Kugellaufs* und durchleuchten jeden Aspekt des Spiels. Für diejenigen, die mit Pocket-PC und Funkgerät das Casino besiegen wollen, hat

Basieux einen Rat, den er selbst stets beherzigt hat: «Immer das elfte Gebot beachten – lass dich nicht erwischen!»

Wissenschaft ist Zukunftsvorhersage

Was bringt die Zukunft? Das ist eine der ursprünglichsten Fragen, die sich Menschen gestellt haben. In die Zukunft schauen zu können, sie zumindest in groben Zügen vorhersagen zu können, ist eine überlebenswichtige Fähigkeit. Das reicht von sehr kurzfristigen Prognosen («Wenn ich ein bestimmtes Knacken im Unterholz höre, bricht gleich der Säbelzahntiger durch die Büsche») bis zu sehr langfristigen Perspektiven: Wie wird das Wetter morgen oder in der nächsten Woche? Reicht die Ernte für einen harten Winter? Werde ich einen Partner finden und Kinder bekommen?

Wer gut ist in solchen Vorhersagen, der hat einen evolutionären Vorteil, siehe Säbelzahntiger, und der Psychologe David Huron geht so weit, dieser Fähigkeit zur Antizipation den Rang eines Sinns zuzusprechen, eines «Zukunftssinns». Huron forscht übrigens über Musik, und er glaubt, dass uns Musik unter anderem deshalb so fasziniert, weil wir mit ihr spielerisch diesen Zukunftssinn trainieren. Musik ist geordneter Schall, der sich in der Zeit entwickelt, und beim Hören stellen wir ständig Hypothesen darüber auf, wie sich eine Melodie oder Harmonie weiterentwickelt. Wenn diese Erwartung erfüllt wird, empfinden wir das als angenehm, und wenn sie (in Maßen) enttäuscht wird, sind das kleine Nervenkitzel, die Musik immer aufs Neue interessant machen (mehr dazu steht in meinem Buch *Hast du Töne? Warum wir alle musikalisch sind*).

Das Bedürfnis, mehr über die Zukunft zu wissen, ist der Ursprung von Religion, von Aberglauben (Horoskope!), aber auch von aller Wissenschaft. Naturwissenschaftliche Aussagen haben ja fast immer ein «Wenn-dann»-Muster: Wenn ich diese drei Chemikalien zusammenschütte, dann explodieren sie in einer heftigen Reaktion. Wenn ich die doppelte Kraft an eine Stahlfeder hänge, dann dehnt sie sich auf die doppelte Länge. Wenn ich im Krankenhaus die Instrumente nicht sterilisiere, dann breiten sich Infektionen aus. Wer die Zukunft hinreichend genau vorhersagen kann, der kann berühmt und reich werden. Das geht auch mit falschen Prognosen, die müssen aber möglichst unkonkret sein oder so weit in der Zukunft liegen, dass die Menschen sie schon wieder vergessen haben, wenn sie nicht eingetreten sind – ständig sagen hochbezahlte Astrologen voraus, dass etwa wichtige Politiker im nächsten Jahr einem Attentat zum Opfer fallen werden, und nur ein paar aufrechte Skeptiker erinnern die Öffentlichkeit ein Jahr später an die Fehlprognosen.

Insbesondere die Geschichte der Physik und der von ihr abgeleiteten Astronomie war über Jahrtausende eine Erfolgsgeschichte im Prognostizieren: Schon die alten Griechen konnten den Lauf der Gestirne sehr exakt vorhersagen – und für einen einfachen Menschen muss es damals an Magie gegrenzt haben, dass so ein Gelehrter auf die Minute genau weiß, wann im nächsten Jahr der Mond die Sonne verdunkeln wird. Wenn sogar die großen Geschicke der Welt so präzise berechenbar sind – muss das nicht auch für die kleineren Dinge des Alltags gelten, letztlich auch für den Lauf der Roulettekugel oder der Bälle, die samstags als Lottozahlen gezogen werden?

Vor allem das 18. und das 19. Jahrhundert waren die Hochzeit der Vorstellung, dass die ganze Welt im Prinzip einem präzisen Uhrwerk gleicht, das nach ehernen Gesetzen mechanisch abläuft.

Diese Gesetze wiederum lassen sich mathematisch beschreiben, mit sogenannten Differentialgleichungen, und diese Gleichungen kann man lösen und damit den Fortgang der Welt exakt beschreiben. Den Höhepunkt erreichte diese Weltsicht mit einem Absatz, den der französische Mathematiker und Astronom Pierre-Simon de Laplace im Jahr 1814 niederschrieb: «Eine Intelligenz, die in einem gegebenen Augenblick alle Kräfte kennte, mit denen die Welt begabt ist, und die gegenwärtige Lage der Gebilde, die sie zusammensetzen, und die überdies umfassend genug wäre, diese Kenntnisse der Analyse zu unterwerfen, würde in der gleichen Formel die Bewegungen der größten Himmelskörper und die des leichtesten Atoms einbegreifen. Nichts wäre für sie ungewiss, Zukunft und Vergangenheit lägen klar vor ihren Augen.»

Diese «Intelligenz» ist als der «Laplace'sche Dämon» bekannt geworden – und wie sein Kollege, der Maxwell'sche Dämon (siehe Seite 100), ist er ein Gedankenkonstrukt, das leider in der Wirklichkeit nicht funktioniert. Und das gleich aus mehreren Gründen. Recht trivial ist der praktische Einwand, dass niemand tatsächlich den gegenwärtigen Zustand des Universums mit hinreichender Genauigkeit kennt und über die entsprechende Rechen-Power verfügt, daraus die Zukunft zu berechnen. Mit den physikalischen Theorien des 20. Jahrhunderts kamen zwei grundsätzliche Argumente gegen die Möglichkeit des Laplace'schen Dämons auf: Die Relativitätstheorie sagt, dass wir aufgrund der Begrenztheit der Lichtgeschwindigkeit nur Informationen über einen Teil der Raumzeit bekommen können, es bleiben immer Teile, die für uns im Dunkeln liegen (siehe Kapitel 8). Die Quantentheorie, insbesondere Heisenbergs Unschärferelation, besagt, dass wir nicht gleichzeitig den Ort und die Geschwindigkeit eines Teilchens mit beliebiger Genauigkeit messen können – das aber müsste der Laplace'sche Dämon tun.

Die Chaosforschung muss gar nicht auf diese etwas esoterischen und für den Laien unanschaulichen Zweige der Physik zurückgreifen – sie zeigt, dass auch in einer Welt, die nur von den altbekannten Gesetzen der Newton'schen Mechanik regiert wird, solche Prognosen zum Scheitern verurteilt sein müssen. Es gibt Prozesse, die sind sehr empfindlich gegenüber Störungen der Anfangsbedingungen. Kleine Änderungen dieser Bedingungen führen zu großen Unterschieden im Ergebnis. Das Roulette ist so ein Beispiel: Die Streuung der Kugel an den Rauten im Kessel hängt davon ab, wie die Kugel auf die Raute trifft – ein kleiner Unterschied im Aufprallwinkel, und schon fliegt sie in eine ganz andere Richtung davon. Und weil jede Rechnung die Ausgangsbedingungen nur mit angenäherter Genauigkeit kennt, ist eine exakte Prognose unmöglich. Die spannende Frage beim Roulette, die Tüftler in aller Welt antreibt, lautet: Kann man durch Messungen und Berechnungen zumindest eine Wahrscheinlichkeitsaussage treffen, die einem einen gewissen Vorteil gegenüber der Bank verschafft?

Das Paradebeispiel für ein physikalisches System, welches empfindlich auf Änderungen der Anfangsbedingungen reagiert, ist das Wetter. Dessen kurzfristige Vorhersage haben die Meteorologen heute ganz gut im Griff, aber sobald es um das Wetter der nächsten Woche geht, gleicht die Vorhersage einem Ratespiel. Im Jahr 1961 experimentierte der amerikanische Meteorologe Edward Lorenz mit einem Wetter-Computermodell, das aus sechs Differentialgleichungen bestand. Einmal wollte er dem Rechner ein bisschen Arbeit ersparen und rechnete sein Modell ein zweites Mal durch, wobei er für eine Eingabegröße statt der Zahl 0,506127 den kürzeren Wert 0,506 einsetzte. Er änderte den Eingabewert also um ein winziges bisschen und ging davon aus, dass auch sein Ergebnis nur geringfügig von der ursprünglichen Rechnung abweichen würde. Umso erstaunter war er, als der Computer ein völlig anderes Wetter errechnete! Genau das ist Chaos, genauer gesagt: das sogenannte deterministische Chaos. Obwohl es sich um völlig determinierte, also von Regeln vorbestimmte Vorgänge handelt, ist der Ausgang ungewiss.

Um das Verhalten eines dynamischen Systems zu beschreiben, benutzen Physiker gern den sogenannten Phasenraum. Das ist ein mathematischer Raum mit manchmal sehr vielen Dimensionen – und zwar genau so viele Dimensionen, wie man braucht, um das System vollständig zu beschreiben. Zum Beispiel bei einem einfachen Pendel: Anstatt die Bahn des Pendelgewichts durch den Raum zu beschreiben, bildet man im Phasenraum die Größen Winkel und Geschwindigkeit ab. Mehr ist zur Beschreibung des Pendels nicht nötig.

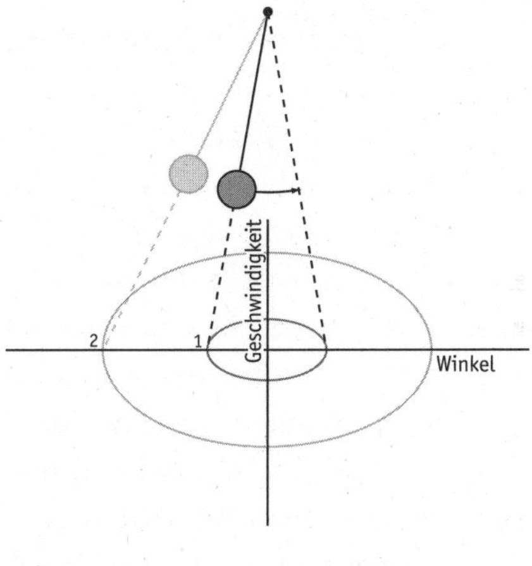

Die Grafik zeigt den Fall eines ungedämpften Pendels, also den idealisierten Fall, in dem es keine Reibung gibt. Dann ist die Kurve, die das Pendel im Phasenraum beschreibt, eine mehr oder weniger große Ellipse – klein, wenn man das Pendel mit einer kleinen Auslenkung anwirft (1), und entsprechend größer, wenn es mit mehr Schwung startet (2).

In der Realität wird jedes Pendel aber von Reibung gebremst. Wenn es durch den Nullpunkt gegangen ist, dann erreicht es auf der anderen Seite niemals ganz die Höhe, von der aus es gestartet ist. Deshalb sieht die realistische Bahn im Phasenraum eher aus wie eine Spirale, und irgendwann kommt das Pendel im Nullpunkt zur Ruhe.

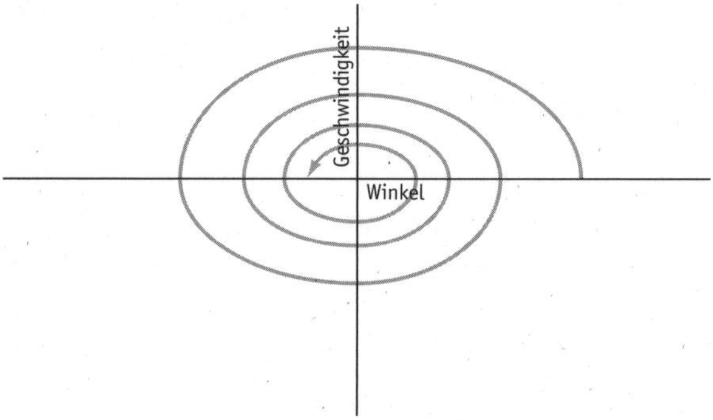

Den Nullpunkt nennt man in diesem Fall einen «Attraktor» – einen Zustand, auf den die Bahnen im Phasenraum zulaufen, egal wo man startet.

Es ist eine besondere Eigenschaft jedes Phasenraums, dass es in der Bahn, die ein System vollführt, keine Schnittpunkte gibt. Das liegt daran, dass der Raum das System vollständig beschreibt – wenn es in einem bestimmten Zustand ist, dann ist damit seine Entwicklung komplett determiniert, es kann nicht in zwei verschiedene Richtungen weitergehen. Beispiel Pendel: Wenn es in einem bestimmten Winkel ausgelenkt ist und eine gewisse Geschwindigkeit hat, dann kann es nur auf eine einzige Art weiterpendeln.

Und das führt dazu, dass Attraktoren im zweidimensionalen Phasenraum relativ langweilig sind: Sie können aus einer geschlossenen Kurve bestehen wie der Ellipse beim ungedämpften Pendel; oder aber aus einem Punkt wie dem Nullpunkt bei der gedämpften Variante.

In höherdimensionalen Phasenräumen dagegen können Attraktoren auch ganz andere Formen annehmen. Der Attraktor, den Edward Lorenz für sein Wettermodell fand und der nach ihm benannt wurde, ist eine sehr komplizierte geometrische Form und das bekannteste Beispiel für einen «seltsamen Attraktor».

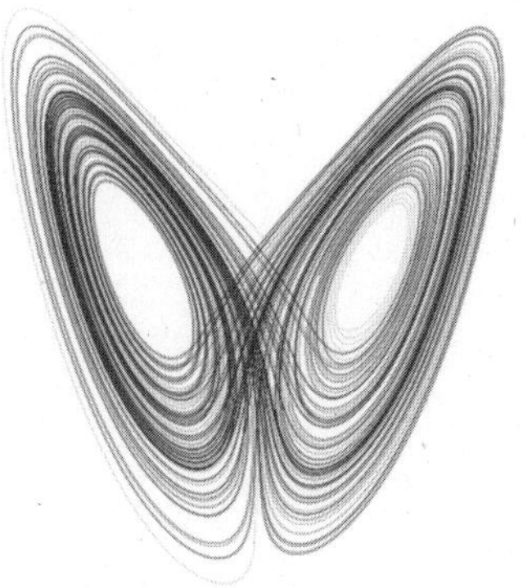

Der Zustand dieses Systems kann eine lange Zeit auf der linken Seite auf relativ ähnlichen Bahnen kreisen – und dann plötzlich zum rechten «Flügel» überwechseln, und umgekehrt. Das hängt nur von winzigen Änderungen der Bahn und damit der Messwerte in der Realität zusammen. So konnte es kommen, dass Lorenz' Wettermodell mit den gerundeten Daten völlig andere Ergebnisse lieferte.

Nun könnte man einwenden, dass man dann eben die Ausgangsdaten immer genauer messen müsste und sie nicht abrunden dürfte. Aber Computer rechnen nur mit einer gewissen Zahl von Stellen hinter dem Komma. Manchmal kommen sogar verschiedene Computer mit demselben Ausgangswert zu unterschiedlichen Ergebnissen – weil der Rechner intern bei Zwischenrechnungen immer wieder Rundungen vornehmen muss. Auch die besten Supercomputer werden also immer wieder mit dem Chaos zu kämpfen haben.

Edward Lorenz prägte auch den Ausdruck vom Schmetterlingseffekt – der Flügelschlag eines Schmetterlings am Amazonas kann einen Hurrikan in der Karibik beeinflussen. Die Sache war übrigens metaphorisch gemeint; dass ein Schmetterlingsflügelschlag tatsächlich solch enorme Auswirkungen hat, glaubt heute eigentlich kein Experte.

Unter den Meteorologen heiß umstritten ist dagegen die Frage: Gibt es eine prinzipielle Grenze, über die hinaus es nie eine verlässliche, detaillierte Wettervorhersage geben kann? Oder lässt sich der Schmetterlingseffekt so weit im Zaum halten, dass wir in einigen Jahren oder Jahrzehnten wirklich gute Vorhersagen für die nächste Woche, den nächsten Monat oder gar den ganzen Sommer haben werden?

Am Wetter kann man auch schön studieren, dass das Chaos längst nicht immer dasselbe ist. Es gibt stabile Wetterlagen, die sich absehbar auf Tage hinaus nicht ändern werden. Ganze Weltgegenden sind meteorologisch äußerst langweilig, man denke nur an die Wüstenstaaten der Sahelzone – wer dort an einem heißen Sommertag voraussagt, dass es auch drei Tage später sonnig und heiß sein wird, der wird nur ein Gähnen ernten. In Mitteleuropa, wo häufig kalte Polarluft und warme, subtropische Winde aufeinandertreffen, wechselt das Wetter viel häufiger, aber auch bei uns kann sich etwa ein großes Tiefdruckgebiet dauerhaft festsetzen und mehrere Tage lang das Wetter dominieren. Dann haben es die Meteorologen leicht, und auch kleine Abweichungen in ihren Modellen machen nicht viel aus.

Wenn das Ziel von Wissenschaft die Vorhersage der Zukunft ist – was nützt einem dann die Erkenntnis, dass ein System chaotisch und daher prinzipiell unvorhersagbar ist? Meistens nicht besonders viel. Der Hype um die Chaostheorie vor etwa 20 Jahren hat nicht zu vielen greifbaren Ergebnissen geführt. Wenn man weiß, dass auch die Börsenkurse gewissen chaotischen Gesetzen gehorchen, dann macht man damit noch keine Gewinne. Und von der Weltfinanzkrise haben die Chaosforscher vorher ebenso wenig gewusst wie die Astrologen.

Jetzt sind Sie dran: Ein umgekehrtes Pendel (mit einer starren Stange) ist eine äußerst labile Angelegenheit. Es ist kaum möglich, das Pendel stabil zu halten – bei der kleinsten Bewegung fällt es um.

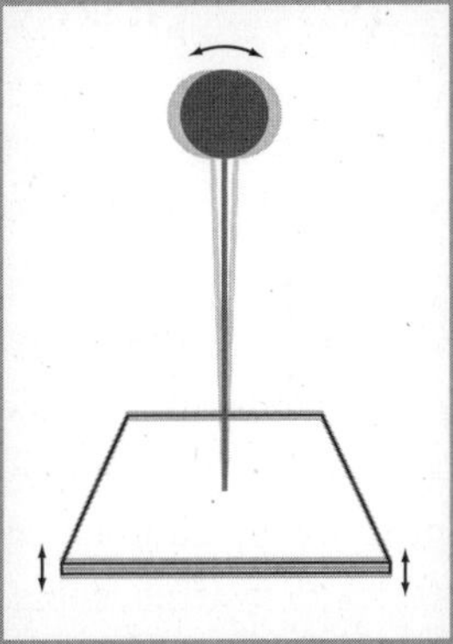

Befestigt man es dagegen auf einer Platte, die in vertikaler Richtung vibriert, dann kann man die vertikale Position stabilisieren. Wie funktioniert das? Und wie muss die Platte im Vergleich zum Pendel vibrieren, damit es funktioniert?

13 Der betrunkene Weinbauer

oder

Wie Eis vor Frost schützen kann

Die Winzer des Weindörfchens in der Toskana treffen sich zur Feierabendrunde in der kleinen Trattoria des Ortes. Tagsüber haben sie ihre Weinberge bestellt, und weil die Märzsonne schon kräftig schien, haben sie auch die Beregnungsanlagen angestellt. Dem jungen Chianti des Vorjahres wird kräftig zugesprochen, und einige haben schon gewisse Artikulationsschwierigkeiten. Im Fernsehen über der Theke laufen die Abendnachrichten des Regionalsenders, und im Wetterbericht kündigt der Meteorologe Nachtfrost an. Das ist im Frühjahr äußerst selten in der Toskana, aber ein solcher Frost hat auch hier schon einige Ernten zerstört. Wenn die Blüten an den Weinreben austreiben, sind sie dem Wetter ziemlich schutzlos ausgeliefert.

«Die Wassersprüher!», ruft einer der Bauern. «Wenn die nassen Blüten Frost abbekommen, sind sie hin!» Ein Raunen geht durch den Raum, fast alle Weinbauern schnappen sich ihre Jacken und eilen nach draußen, schwingen sich auf ihre Vespas oder in ihre Ape-Kleinlaster und fahren heim, um das Wasser abzustellen – in der Hoffnung, dem Nachtfrost noch zuvorzukommen.

Nur einer der Winzer bleibt zurück – Luigi hat wohl etwas zu viel Chianti intus, er hat von der ganzen Aufregung gar nichts mitbekommen. In einer Ecke des Lokals sitzt er und schnarcht. Auch als die anderen später zurückkehren, lässt er sich kaum wachrütteln. Zum Glück kommt zu späterer Stunde Luigis Frau in ihrem

Fiat Cinquecento, packt ihren Mann ins Auto und bringt ihn nach Hause ins Bett. Die Beregnungsanlagen auf Luigis Weinberg aber laufen weiter.

Am nächsten Morgen müssen die Winzer feststellen, dass ihre nächtliche Aktion nichts genützt hat. Große Teile ihrer Weinblüten haben den unerwarteten Frost von minus sieben Grad nicht überlebt. Luigi, der seinen Rausch ausgeschlafen hat, erwartet, dass auch seine Pflanzen dem Frost zum Opfer gefallen sind. Er fährt hinaus zu seinem Weinberg und sieht, dass die Reben von einem dicken Eispanzer überzogen sind. Umso größer ist sein Erstaunen, als ein paar Sonnenscheinstunden später das Eis schmilzt und die Blüten wieder freigibt: Sie sind völlig unversehrt – als einzige im ganzen Dorf! Kann es sein, dass das Eis die Blüten vor dem Frost geschützt hat?

Frost setzt Wärme frei

Heute ist es bei Obst- und Weinbauern eine Standardmethode, die empfindlichen Blüten ihrer Kulturpflanzen im Frühjahr mit einer Eisschicht gegen Nachtfrost zu schützen. Die Kunst besteht darin, dabei die richtige Dosierung zu finden – wird der Eispanzer zu dick, dann ist das natürlich auch nicht gut für die Blüte, es können sogar ganze Äste unter dem Gewicht des Eises abbrechen.

Aber wieso wärmt das Eis überhaupt? Zunächst einmal besteht der «Saft» von Pflanzen nicht aus reinem Wasser, das bei null Grad gefriert. Er enthält Salze und Zucker, und die sorgen dafür, dass sein Gefrierpunkt ein paar Grad tiefer liegt. Unter einer Eisdecke, die nicht kälter als null ist, kann die Pflanze also gut überleben. Hinzu kommt, dass Eis ein sehr schlechter Wärmeleiter ist. Es kann die Kälte von draußen eine ganze Weile abhalten.

Aber auf die Dauer kühlt auch der Eispanzer ab und wird kälter, und das wäre dann der – verzögerte – Tod der Blüte. Setzt man aber die Beregnung fort, dann erzeugt man damit tatsächlich Wärme.

Um das zu verstehen, schaut man sich zunächst einmal den umgekehrten Fall an – nämlich den, was passiert, wenn man einen festen Stoff erhitzt, sodass er flüssig und später gasförmig wird. So sieht etwa das Diagramm für Energie und Temperatur aus:

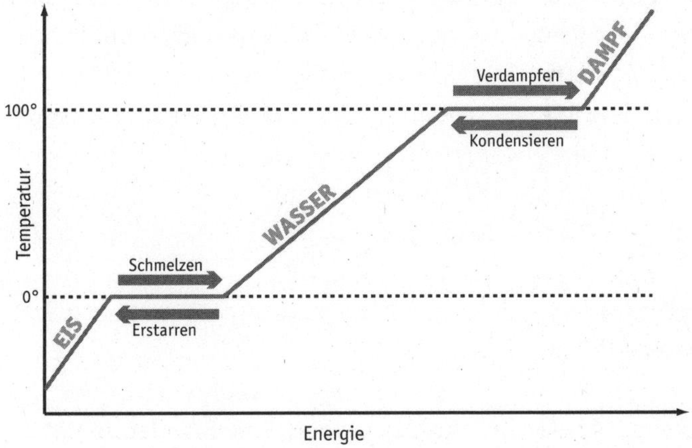

Unter null Grad liegt Wasser in fester Form vor – als Eis. Führt man ihm Energie zu, dann wird das Eis immer wärmer. Bei null Grad beginnt es zu schmelzen. Aber dieser Schmelzvorgang erfordert Energie, weil die Eiskristalle, in denen die Atome gebunden sind, aufgebrochen werden müssen. Deshalb bleibt die Temperatur des Wasser-Eis-Gemischs bei null Grad, obwohl weiter Energie zugeführt wird, bis die gesamte Eisportion geschmolzen ist. Diese Schmelzenergie kann man exakt beziffern – sie beträgt 333 Joule pro Gramm.

Das Wasser heizt sich bei konstanter Wärmezufuhr auf, übrigens langsamer als das Eis, weil seine Wärmekapazität höher ist. Bei einer Temperatur von 100 Grad passiert etwas Ähnliches wie am Schmelzpunkt: Damit das Wasser sich in Dampf verwandelt, müssen die Kräfte überwunden werden, die die Wassermoleküle im flüssigen Zustand eng zusammenhalten. Wieder muss eine gewisse Energie hineingesteckt werden, um diesen Übergang zu schaffen. Die Verdunstungsenergie des Wassers beträgt 2257 Joule pro Gramm. Erst danach beginnt sich der Dampf weiter zu erhitzen.

Der Energieerhaltungssatz besagt nun: Wenn dieser Prozess umgekehrt wird, dann wird auch bei jedem Schritt wieder dieselbe Energie frei, die vorher hineingesteckt wurde. Das gilt für die Abkühlungsprozesse in den drei Aggregatzuständen, das gilt aber auch für die Kondensation (Dampf wird zu Wasser) und die Erstarrung (Wasser wird zu Eis). Wenn das Wasser auf den Blüten gefriert, dann gibt es Energie ab, nicht nur die Temperaturdifferenz zur Umgebung, sondern eine Extraportion – die sogenannte Erstarrungs- oder Kristallisationswärme. Und die kommt auch der Blüte zugute.

Der Bauer tut gut daran, die Berieselung so zu dosieren, dass er sie die ganze Nacht fortsetzen kann. So wird ständig Wasser zu Eis, und es entsteht ununterbrochen diese Erstarrungswärme. Tut er das nicht, besteht nämlich die Gefahr, dass ein anderer Prozess abläuft: die Sublimation, also die direkte Verwandlung von Eis in Wasserdampf unter Umgehung der flüssigen Phase. Dass das möglich ist, sieht man zum Beispiel an Wäsche, die man bei Frost draußen aufhängt. Sie mag zwar zunächst bretthart gefrieren, aber trotzdem kann sie nachher trocknen. Und dieser Sublimationsvorgang braucht Energie (und zwar die Summe aus Schmelz- und Verdampfungsenergie) – die holt er sich unter anderem aus der Pflanze, sodass sie gefährlich abkühlen kann.

Ein ganz besonderer Stoff

Bisher ging es nur um die Vorgänge, die bei gewöhnlichem Luftdruck von etwa 1 Bar geschehen. Aber der Druck hat einen großen Einfluss auf das Verhalten eines Stoffs. Deshalb zeichnen die Physiker sogenannte Phasendiagramme, die beschreiben, in welchem Zustand sich der Stoff bei jeder beliebigen Kombination von Temperatur und Druck befindet. Die Ebene ist wie eine Landkarte, die in drei Bereiche aufgeteilt ist – das feste, das flüssige und das gasförmige Reich. Die Grenzen dazwischen beschreiben die Übergänge zwischen den Aggregatzuständen. Zieht man eine waagerechte Linie bei einem Druck von 1 Bar, dann erhält man die bekannten Phasenübergänge bei normalem Druck. Bei Wasser also einen Schmelzpunkt von null Grad und einen Siedepunkt von 100 Grad.

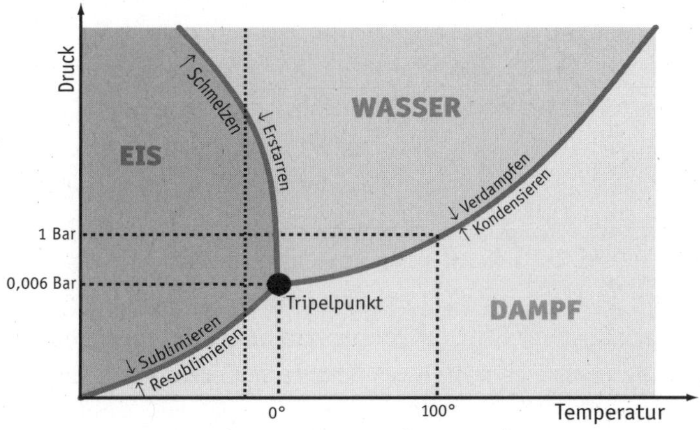

In jedem Phasendiagramm gibt es einen Punkt, an dem die drei «Länder» zusammenstoßen. Bei dieser Temperatur und diesem Druck kann der Stoff in allen drei Aggregatzuständen vorliegen. Wasser hat diesen sogenannten Tripelpunkt bei einer Temperatur von ziemlich genau null Grad und einem sehr niedrigen Druck von etwa 0,006 Bar.

Eine überraschende Eigenschaft von Wasser sieht man entlang der senkrecht gestrichelten Linie auf S. 203: Für Temperaturen unter null gibt es zunächst einen Bereich sehr niedrigen Drucks, bei dem das Wasser als Dampf existiert. Erhöht man den Druck, wird es fest, es «resublimiert». Setzt man dieses Eis dann aber hohem Druck aus, dann wird es plötzlich flüssig! Das liegt an der sogenannten Dichteanomalie des Wassers. Fast alle anderen Stoffe besitzen ihre höchste Dichte in festem Zustand, die Flüssigkeit ist weniger dicht und das Gas natürlich am «dünnsten». Bei Wasser ist das anders: Wenn es bei null Grad schmilzt, steigt seine Dichte sprunghaft an, und bei 4 Grad erreicht es seine höchste Dichte überhaupt.

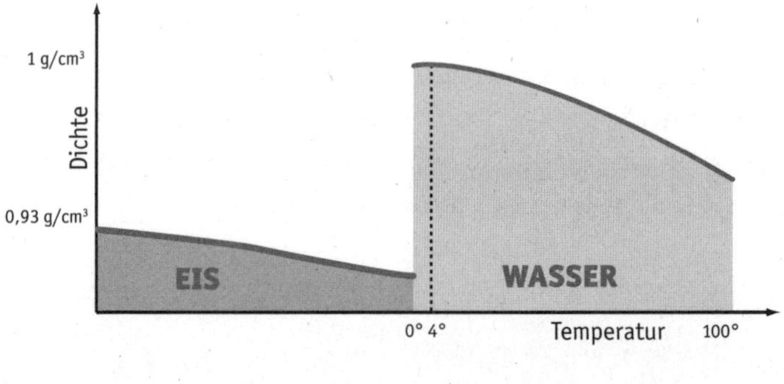

Wenn man also Eis unter Druck setzt, dann wollen die Moleküle in dem Kristallgitter enger zusammenrücken. Das geht aber nicht, weil die Abstände in diesem Gitter nicht sehr variabel sind. Es gibt aber eine dichtere Alternative, nämlich den flüssigen Zustand – also wird das Eis unter Druck flüssig. So funktioniert zum Beispiel das Schlittschuhlaufen.

Die Ursache dieser Anomalie des Wassers liegt darin, dass die Wassermoleküle sogenannte Dipole sind. Die beiden Wasserstoffatome sind an dem Sauerstoffmolekül nicht direkt gegenüber aufgehängt, sondern eher wie die Ohren an einem Teddybär. Da bei den Wasserstoffatomen ein Überschuss an positiver elektrischer Ladung herrscht und beim Sauerstoffatom ein negativer Überschuss, führt das zu starken elektromagnetischen Anziehungskräften zwischen den Molekülen. Sie bilden im flüssigen Zustand, in dem sie frei beweglich sind, sehr dichte «Cluster», dichter als die geometrischen Eiskristalle.

Ohne diese Anomalie des Wassers – das kann man ohne Übertreibung sagen – gäbe es kein Leben auf der Erde. Zunächst einmal würde es bei unseren Temperaturen überhaupt nicht flüssig sein, sondern gasförmig wie das schwerere Kohlendioxid. Weil Wasser schwerer ist als Eis, schwimmt Eis immer an der Oberfläche, und das führt dazu, dass zum Beispiel Seen immer von oben nach unten zufrieren. Selten frieren sie bis auf den Boden durch, und das ermöglicht es Lebewesen, am Grund zu überleben – würde das Gewässer von unten nach oben durchfrieren, dann würde in jedem Winter das Leben ausgelöscht. Zur Entwicklung des Menschen wäre es unter diesen Umständen bestimmt nicht gekommen.

Jetzt sind Sie dran: Wenn man an einem eiskalten Tag einen Topf mit heißem Wasser und einen Topf mit derselben Menge kalten Wassers herausstellt, dann kann es passieren, dass das heiße Wasser schneller gefriert als das kalte. Wie kann das sein?

14 Der Quanten-Kult

oder

Selbstmord für die Wissenschaft

Den Ermittlern bietet sich ein Bild des Schreckens: In der Dreizimmerwohnung, die von den Beamten der Bereitschaftspolizei aufgebrochen worden ist, liegen fünf Leichen, drei Männer und zwei Frauen. Alle offenbar per Kopfschuss getötet. Blut überall.

Eine Nachbarin hatte die Schüsse gehört und die Polizei alarmiert. Jetzt ist die Mordkommission eingetroffen, die Beamten haben mit der Spurensicherung begonnen.

«Sehr seltsame Geschichte», sagt Jungkommissar Hufnagel zu seinem Chef Detlef Behnke. «Alle fünf sind tot, direkt in den Kopf geschossen. Keine Würgemale oder andere Anzeichen von Gewaltanwendung. Und wir haben nur eine Waffe gefunden, diese komische Pistole dort drüben, die in einen technischen Apparat gespannt ist.»

Behnke geht hinüber ins Wohnzimmer und schaut sich die seltsame Todesmaschine an. Eine Walther P5, neun Millimeter, eingespannt in eine Mechanik, die den Auslöser bedient, und der wiederum ist gekoppelt an ein elekronisch aussehendes Kästchen mit ein paar Schaltern und einem Ziffern-Display.

«Keine Gewaltanwendung, sagen Sie?», fragt Behnke. «Und die Tür ist auch nicht aufgebrochen worden?»

Hufnagel schüttelt den Kopf.

«Was können Sie mir denn über die Opfer sagen?», will Behnke wissen.

«Bisher nicht viel. Zwischen 25 und 45 Jahre alt, alle durchaus gebildet, mit Hochschulabschluss – Physiker, Mathematiker, Philosophen und so weiter. Keiner ist bisher irgendwie polizeiauffällig geworden, die Verbrecherdateien geben nichts her.»

«Hm. Es würde mich nicht wundern, wenn die Kugeln in ihren Köpfen alle aus dieser Höllenmaschine stammten», murmelt Behnke. «Hat irgendjemand eine Ahnung, was das für ein Gerät ist?»

Hufnagel zuckt ratlos mit den Schultern. Von Technik versteht er nicht viel, und das geht den meisten seiner Kollegen so. Es gibt einen einzigen Internet-Anschluss fürs gesamte Kommissariat. Der Experte für eine solche digitale Technik muss aus der nächsten Großstadt angefordert werden, und das wird wohl noch eine Weile dauern.

Behnke geht im Wohnzimmer auf und ab. Ist das hier vielleicht gar kein Mord, sondern ein kollektiver Selbstmord? Es hat ja schon einige dieser Spinner gegeben, die sich in der Hoffnung auf eine bessere Welt das Leben genommen haben. Er wirft einen Blick auf die Buchrücken im Regal. Neben ein paar Science-Fiction-Romanen vor allem wissenschaftliche Fachliteratur: Mathematik und Physik. *Das elegante Universum, Die verrückte Welt der Paralleluniversen, Weltanschauliche Deutungen der Quantentheorie.* Nichts zu sehen von esoterischen Titeln, die auf eine destruktive Sekte schließen lassen könnten.

Während er seinen Gedanken nachhängt, hört er einen unterdrückten spitzen Schrei. Behnke dreht sich um, in der offenen Wohnungstür steht eine junge Frau, die die Hände vors Gesicht geschlagen hat und nun leise in sich hineinschluchzt.

Behnke geht sofort zu ihr hinüber. «Sie haben es getan. Sie haben es tatsächlich getan!», jammert die Frau, unterbrochen von weiteren Schluchzern.

«Kommen Sie erst einmal rein und setzen Sie sich», versucht Behnke die Frau zu beruhigen. Er legt einen Arm um ihre Schultern und bugsiert sie in die Küche. Um ihr den weiteren Anblick der schrecklichen Szenerie zu ersparen, aber auch, um ungestört mit ihr reden zu können.

«Behnke, Mordkommission», stellt er sich vor. Behnke hasst diese Situationen, in denen er den nüchternen Beamten geben muss, während für sein Gegenüber eine Welt zusammenbricht. «Sagen Sie mir, wer Sie sind und welche Beziehung Sie zu den Opfern hatten?»

«Fischer, Marina Fischer», sagt die Frau, die sich jetzt etwas beruhigt hat. Behnke schätzt sie auf 25. «Ich bin die Schwester von Christian Fischer, dem diese Wohnung gehört. Oder gehört hat.» Ein neuer Schwall von Tränen bricht aus ihr hervor.

«Sie sagten eben so etwas wie: ‹Sie haben es getan.› Wer hat was getan?», fragt Behnke leise, er versucht dabei möglichst wenig dienstlich zu klingen.

«Christian war Physiker», sagt Marina Fischer, nachdem sie sich ein wenig beruhigt hat. «Quantenphysik war sein Spezialgebiet, und er hat sich auch mit den philosophischen Konsequenzen daraus beschäftigt. Ich selbst habe Germanistik studiert, ich verstehe von dem Kram nicht viel, aber offenbar haben die Physiker immer noch Schwierigkeiten, die Konsequenzen der Quantentheorie zu interpretieren. Christian hat mir mal die Geschichte von Schrödingers Katze erklärt – es geht dabei darum, dass in einer Kiste eine Katze steckt, die gleichzeitig lebendig und tot ist, bis man den Deckel aufmacht.»

«Hm», brummt Behnke nur. Physik war in der Schule nicht seine Stärke, und er hat auch jetzt nicht vor, sich damit intensiver zu beschäftigen, solange das nicht für die Lösung des Falles relevant ist.

«Mal sehen, ob ich's noch zusammenkriege», fährt die Frau fort, ohne sich durch Behnkes offensichtliches Desinteresse beirren zu lassen. «In der Kiste ist eine Apparatur, in der ein Atom zerfällt – oder auch nicht zerfällt; die Chancen, dass das in der nächsten Stunde passiert, stehen 50:50. Wenn das Atom zerfällt, dann wird das von einem Geigerzähler registriert, und der wiederum löst über ein elektronisches Relais einen Hammer aus, der eine Phiole mit Blausäure zertrümmert – die Katze stirbt auf der Stelle.»

Lass sie reden, denkt sich Behnke, auch wenn das mit dem Fall nichts zu tun hat. Er hat das schon öfters bei Menschen erlebt, die unter Schock stehen. «Erzählen Sie weiter – darf ich Ihnen einen Tee eingießen?»

«Ja, gern», sagt die Frau, starrt dabei aber in die Ferne – es fällt ihr sichtlich schwer, sich an die Fachbegriffe zu erinnern, mit denen ihr Bruder sie immer überschüttet hat. «Das Atom aber ist ein quantenmechanisches System oder so», sagt sie dann, «es zerfällt gleichzeitig und zerfällt wiederum nicht, die beiden Zustände überlagern sich irgendwie. Erst wenn es von jemandem beobachtet wird, legt es sich auf einen der Zustände fest. Und das heißt: Solange niemand die Kiste aufmacht, ist das Atom sowohl zerfallen als auch nicht zerfallen, die Phiole ist intakt und kaputt, und die Katze ist sowohl lebendig als auch tot. Erst wenn wir in die Kiste schauen, wird ihr Zustand eindeutig festgelegt.»

«Was für ein Quatsch», entfährt es Behnke.

«Ja, nicht wahr?» Jetzt huscht sogar ein Lächeln über Marina Fischers Gesicht. «Natürlich hat das nie jemand wirklich geglaubt, aber offenbar ist die Quantentheorie die bestüberprüfte physikalische Theorie überhaupt, und irgendwie muss man sich einen Reim auf die Geschichte machen. Was ich gerade beschrieben habe, ist die sogenannte Kopenhagener Deutung. Es gibt aber auch alternative Erklärungen, und eine davon ist die sogenannte Viele-Welten-Theorie eines gewissen Hugh Everett.»

Behnke erinnert sich, den Namen auf einem der Buchrücken gelesen zu haben.

«Nach dieser Theorie gibt es diese Überlagerung nicht, sondern bei jedem Quantenereignis spaltet sich die Welt auf in zwei Welten – eine, in der das Atom zerfällt und die Katze stirbt, und eine, in der es intakt bleibt und die Katze überlebt.»

«Klingt äußerst seltsam», brummt Behnke, der jetzt langsam etwas erfahren möchte, das mit seinem Fall zu tun hat. Schließlich geht es hier nicht um hypothetische tote Vierbeiner, sondern um fünf ganz reale menschliche Leichen, für die sich die überregionalen Medien interessieren werden. Und die wollen von ihm bestimmt keine Geschichte über Schmidts Katze hören oder wie auch immer der Typ heißt. «Meinen Sie denn, diese Theorien haben irgendetwas mit dem zu tun, was heute in dieser Wohnung passiert ist?»

«Aber natürlich», sagt Fischer, «ich komme gleich dazu. Die meisten Physiker gehen davon aus, dass man nicht entscheiden kann, ob die klassische Deutung dieser Geschichte richtig ist, also die mit der überlagerten Katze, oder die Viele-Welten-Theorie. Dann aber hat mein Bruder einen Artikel von einem gewissen Max Tegmark gelesen, einem schwedischen Physiker, der behauptet, dass man die Viele-Welten-Theorie sehr wohl überprüfen kann, und einige interpretieren das sogar so, dass sie einem Unsterblichkeit garantiert!»

Bei dem Wort «Unsterblichkeit» horcht Behnke auf. Das klingt nun doch ganz klar nach Psycho-Sekte – und die Opfer haben offenbar gerade auf brutale Weise erfahren, dass sie äußerst sterblich sind. Er schaut die Schwester des Physikers fragend an.

Marina Fischer nimmt einen Schluck heißen Tee. «Man muss sich in die Katze versetzen, hat mir Christian immer wieder gesagt.

Wie stellt sich das Experiment für sie dar? Wenn die klassische Interpretation stimmt, dann stirbt sie in der Hälfte der Fälle. Wenn aber die Viele-Welten-Theorie stimmt, dann überlebt die Katze subjektiv auf jeden Fall – wenn es überhaupt noch eine Katze gibt.»

«Jetzt haben Sie mich verloren», sagt Behnke resignativ.

«Dieser Tegmark hat eine sogenannte ‹Quanten-Suizid-Maschine› erfunden, QS-Maschine hat Christian sie genannt. Sie besteht aus einer Pistole, deren Abzug an einen elektronischen Apparat gekoppelt ist. Sobald der Knopf einer Fernbedienung betätigt wird, misst die Quantenmaschine den Spin eines beliebigen Photons. Das müssen Sie jetzt nicht verstehen, aber dieser Spin kann zwei Richtungen haben, rechtsrum oder linksrum, beide sind gleich wahrscheinlich. Wenn der Spin rechtsrum ist, macht die Maschine nur ein ‹Klick›-Geräusch, wenn er linksrum ist, löst sie den Abzug der Pistole aus, und die feuert eine Kugel ab.»

«Das heißt, in etwa der Hälfte aller Fälle wird geschossen? Also wie russisches Roulette, nur mit viel schlechteren Chancen?», fragt Behnke. Langsam bewegt sich das Gespräch auf einem Terrain, auf dem er sich zu Hause fühlt.

«Genau», sagt Fischer. «Wenn Sie die Maschine testen und Glück haben, macht es vielleicht zwei- oder dreimal ‹Klick›, aber irgendwann knallt es bestimmt. Dass sie zehnmal nicht schießt, hat eine Wahrscheinlichkeit von weniger als einem Promille! Aber denken Sie an die Viele-Welten-Theorie: Jedes Mal, wenn Sie den Abzug ziehen, spaltet die Quantenmessung die Welt in zwei Welten auf, dann in vier, acht und so weiter – und die Folge von Klicks und Schüssen zeigt Ihnen, in welcher der vielen Welten Sie gelandet sind.»

«Das klingt für mich immer noch ziemlich spitzfindig – das Resultat ist ja offenbar dasselbe», brummt Behnke.

«Nicht wenn Sie sich vor die Maschine setzen und die Waffe auf Ihren Kopf zielt», sagt die Frau. «Wenn Sie den Abzug betätigen, hören Sie immer nur ein ‹Klick›. Denn in dem Paralleluniversum, in dem die Kugel abgefeuert wird, sind Sie sofort tot und hören gar nichts. Stellen Sie sich vor, Sie machen das zehn Mal – dann sind Sie nachher in demjenigen von 1024 Universen, in denen es zehnmal ‹Klick› gemacht hat! Alle anderen Versionen von Ihnen sind tot und haben kein Bewusstsein über die Situation. Und das hat zumindest mein Bruder so interpretiert, dass die Quantentheorie ihn im Prinzip unsterblich macht.»

«Und dann hat er daraus einen Kult gemacht?», fragt Behnke, der jetzt wieder behutsam zu den schrecklichen Geschehnissen des Tages überleiten möchte.

«Kult? So würde ich es nicht nennen. Aber er hat mit einigen Freunden drüber geredet. Die haben sich immer wieder getroffen und die neuesten wissenschaftlichen Arbeiten diskutiert. Max, der Philosoph, Olga, die Mathematikerin, Swantje, auch eine theoretische Physikerin. Und Gero, der Experimentalphysiker, der im Labor für die Versuchsaufbauten zuständig ist. Und Gero ist dann auf die Idee gekommen, die QS-Maschine tatsächlich zu bauen.»

«Und Sie haben davon gewusst?», fragt Behnke, jetzt ein bisschen schärfer.

Marina schaut ihm in die Augen und sieht, was der Kommissar denkt. «Sie meinen, ich hätte zur Polizei gehen sollen? Aber ich wusste doch nicht, dass die das tatsächlich ernst meinten», schluchzt sie. «Und in den letzten drei Wochen hat sich Christian auch gar nicht mehr gemeldet. Wenn, dann habe ich ihn nur noch mit den anderen vier zusammen gesehen, auch in der Mensa haben sie immer nur zusammengesessen und getuschelt. Aber dass sie es wirklich tun würden ...»

In diesem Moment kommt Hufnagel in die Küche. «Chef! Wir haben neben dem Computer einen Brief gefunden. Ich glaube, das ist so eine Art Bekennerschreiben.»

Behnke schaut sich das Papier an. Ein weißes, computergedrucktes DIN-A4-Blatt mit einem kurzen Text. Handschriftlich unterzeichnet mit den Namen der fünf Opfer – sicherlich wird sich bald ein Graphologe daranmachen, die Unterschriften auf ihre Authentizität zu überprüfen. Behnke beginnt zu lesen.

Wir möchten uns ausdrücklich entschuldigen für die Umstände, die wir Ihnen machen, und für das Leid, das wir unseren Freunden und Verwandten zufügen. Wenn Sie diesen Brief finden, dann ist das eingetreten, was mit 99,9-prozentiger Wahrscheinlichkeit zu erwarten war: Wir sind alle tot. Jeder von uns hat die QS-Maschine maximal zehn Mal auf sich schießen lassen, mit einer Trefferwahrscheinlichkeit von jeweils 50 Prozent.

Aber wir sind überzeugte Anhänger der Viele-Welten-Theorie, und deshalb gibt es jetzt eine Unzahl von Universen – einige, in denen nur vier von uns gestorben sind und einer übrig geblieben ist, und andere, in denen einer, zwei oder drei tot sind. Jeder von uns lebt irgendwo weiter, sogar mehrfach. Und es gibt ein Universum, in dem wir alle am Leben geblieben sind. In dieser Welt werden wir unsere Geschichte erzählen, die wir auch per Video dokumentiert haben. Und zumindest dort wird das der Todesstoß für die Kopenhagener Deutung und der endgültige Beweis für die Viele-Welten-Theorie sein – abgesehen von ein paar Unbelehrbaren, die eher an den ungeheurer unwahrscheinlichen Zufall von 1 zu 2^{50} *oder 1 zu 1 000 000 000 000 000 glauben. Dieser wissenschaftliche Durchbruch war uns die Sache wert – zusammen mit dem Beweis, dass Menschen tatsächlich unsterblich sein können. Wir grüßen die Zurückgebliebenen – aus einer anderen Welt, in der wir weiterhin mit ihnen vereint sind.*

Behnke legt den Zettel zur Seite. Marina Fischer schüttelt nur anhaltend den Kopf. Ihre Trauer wird nun von einem Gefühl der Wut abgelöst. Sie schlägt energisch mit der Faust auf den Tisch.

«Was für ein grenzenloser Egoismus!», ruft sie. «Selbst wenn die Theorie stimmt – haben die fünf jemals daran gedacht, dass sie selbst dann zwar subjektiv alle überleben, aber in Milliarden von Welten Milliarden von Menschen unglücklich machen? Wie kann man nur so verblendet sein!»

Auch Behnke schüttelt nun den Kopf. Er hat die Physik bisher für eine sehr rationale Wissenschaft gehalten, die sich sehr präzise und überprüfbar mit den Dingen der Welt beschäftigt – *dieser* Welt. Und in dieser Welt gibt es nun fünf sehr reale Tote.

«Hufnagel!», ruft er. «Packen Sie Ihre Sachen. Ich glaube, das ist kein Fall für die Mordkommission.»

Was ist ein Beobachter?

Willkommen in einer seltsamen Welt, der Welt der Quantentheorie. Wie schon in der Geschichte erwähnt, gehört sie zu den am besten überprüften Theorien der Physik, und sie ist gleichzeitig die am wenigsten verstandene. «Mund halten und rechnen», ist die Antwort vieler Professoren, wenn ein Student fragt, was diese Gesetze denn nun wirklich *bedeuten*. Aber natürlich haben sich auch die Physiker Gedanken über diese Bedeutung gemacht, und zwei dieser Interpretationen wurden in der Geschichte erwähnt – beide lassen den Laien mit unguten Gefühlen zurück.

Am besten kann man die quantenphysikalischen Gesetze an einem klassischen Experiment verdeutlichen, das 2002 von den Lesern der Zeitschrift *Physics World* zum schönsten Experiment aller Zeiten gewählt wurde: das sogenannte Doppelspaltexperiment. Es geht darin ursprünglich um die Frage, ob man Licht als

Welle verstehen soll oder als Teilchen (und wahrscheinlich kennen Sie die Antwort schon: Es ist beides!).

Eine Lichtquelle (mit einfarbigem Licht, also Licht einer ganz bestimmten Wellenlänge) steht vor einer Maske mit zwei Schlitzen, die den größten Teil des Lichts blockieren. Hinter der Maske ist in einiger Entfernung eine Leinwand aufgestellt. Was für ein Bild wird sich dort zeigen?

Betrachten wir zuerst das Licht als ein Teilchenphänomen – die Lichtquelle ist eine Art Maschinengewehr, das wild in alle Richtungen Photonen, also Lichtteilchen, aussendet. Dann müsste sich auf der Leinwand ein Bild mit zwei hellen Streifen ergeben.

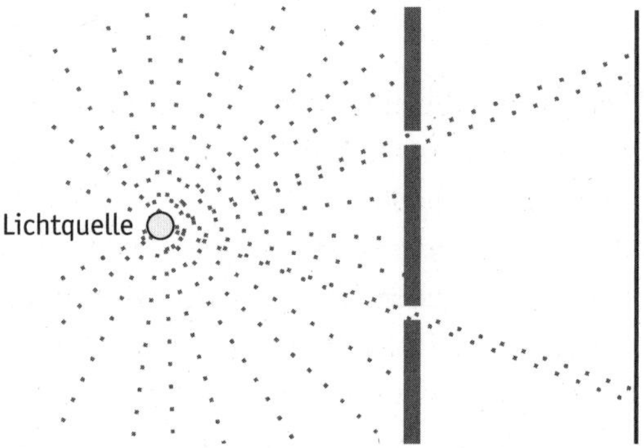

Sieht man dagegen das Licht als eine Welle, dann haben wir es mit Phänomenen zu tun, wie wir sie bereits in Kapitel 7 kennengelernt haben. Die einzelnen Wellenberge und -täler überlagern einander wie zwei Wasserwellen, die auf der Oberfläche eines Teichs aufeinander zulaufen: Trifft ein Berg auf einen Berg, gibt es einen doppelt so hohen Berg. Trifft ein Tal auf ein Tal, dann gibt es ein doppelt so tiefes Tal. Trifft allerdings ein Berg auf ein Tal, dann löschen sich die beiden Wellen gegenseitig aus. Interferenz nennt man das.

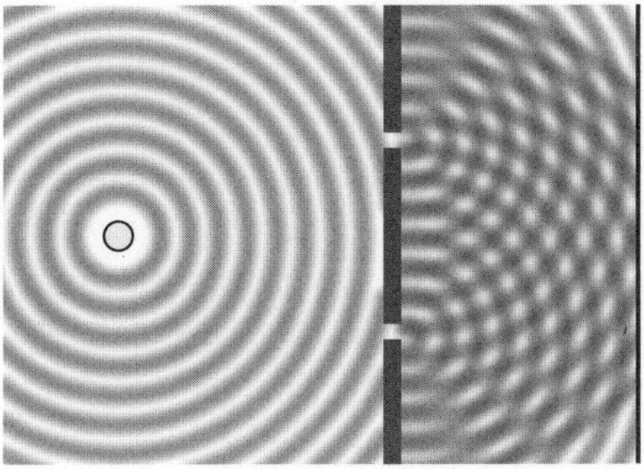

Wie schon bei den Schallwellen sieht man, dass man hinter einem Hindernis, hier dem Spalt, die Welle so betrachten kann, als wäre das Hindernis die neue Quelle!

Das Wellenmodell führt zu einem Streifenmuster auf der Leinwand – mit einem sehr hellen Streifen in der Mitte (wohin ja eigentlich direkt überhaupt kein Licht gelangen kann) und nach rechts und links immer schwächer werdenden Lichtstreifen.

Also ein klarer Sieg für das Wellenmodell. Kann man sich dieses Muster auch mit der Teilchenkanone erklären? Das wird schwierig – man müsste die Lichtteilchen an den Spaltkanten auf komplexe Weise abprallen und dann noch miteinander kollidieren lassen.

Die Teilchen kommen aber wieder ins Spiel, wenn man die Lichtquelle herunterdimmt, also ihren Lichtausstoß immer weiter reduziert. Dann nämlich kann man tatsächlich auf einer entsprechend empfindlichen Leinwand einzelne Lichtpunkte wahrnehmen – die

Einschläge der einzelnen Photonen! Das lässt sich wiederum nicht mit einer Welle erklären – hier greift nur die Teilchentheorie.

Schießt man aber auf diese Weise genügend viele Teilchen auf den Doppelspalt, dann ergibt sich mit der Zeit wieder das bekannte Streifenmuster. Die Lichtteilchen verhalten sich also so, als wären sie Teil einer Welle. Sie interferieren mit anderen Lichtteilchen. Was man sich darunter vorzustellen hat, ist nicht ganz klar, jedenfalls löschen sich ungeladene Teilchen nicht gegenseitig aus, wenn sie aufeinandertreffen.

Aber was heißt «mit anderen Teilchen» interferieren? Man kann das «Maschinengewehr» auch so weit herunterfahren, dass tatsächlich die Photonen nacheinander abgefeuert werden. Zu einem Zeitpunkt ist also nur eine «Gewehrkugel» unterwegs – und trotzdem entsteht das Streifenmuster. Das kann man nur so interpretieren, dass das Teilchen *mit sich selbst* interferiert!

Aber was soll das bedeuten? Ist das Photon nun durch den unteren oder den oberen Spalt geflogen? Wir wissen es nicht. Und man kann mit einer gewissen Berechtigung sagen: Es ist durch beide Spalte geflogen und hat dadurch seine eigene Bahn beeinflusst. Für beide Schlitze bestand eine 50:50-Chance, dass das Photon hindurchfliegt, aber da es von niemandem dabei beobachtet wurde, kann man auch nicht sagen, welchen es nun wirklich passiert hat.

Eine Weile hat man versucht, diesen seltsamen Dualismus so zu erklären, dass das Teilchen sozusagen auf einer Welle «reitet», aber diese Deutung ist verworfen worden. Nein, die Quantentheorie sagt ganz klar: Wir dürfen uns Elementarteilchen nicht wie Gewehrkugeln oder Tischtennisbälle vorstellen. Sie werden definiert durch eine sogenannte Wellenfunktion, und die gibt gewisse Wahrscheinlichkeiten für ihren Aufenthaltsort an – aber das Teilchen *ist* an keinem dieser Orte, solange es dort nicht gemessen wird. Erst wenn man es misst – in diesem Fall: ihm eine Leinwand in den Weg stellt –, bricht die Wahrscheinlichkeit zusammen, und das Teilchen nimmt einen definitiven Ort ein. Ein Lichtpunkt erscheint.

Dass dieser seltsame Welle-Teilchen-Dualismus für Licht gilt, also für die masselosen Photonen, mag man ja noch akzeptieren. Aber tatsächlich haben alle Elementarteilchen diese Eigenschaft, auch diejenigen, aus denen die Materie besteht. 1961 wurde das Doppelspaltexperiment mit Elektronen durchgeführt, auch sie zeigten die typischen Interferenzmuster. Und vor einigen Jahren hat man komplexe Moleküle durch einen Doppelspalt geschossen, sogenannte Buckyballs, die aus 60 Atomen bestehen. Auch hier: Interferenz.

Das heißt aber, dass auch alle Materie Wellencharakter hat. Wie weit kann man die Objekte vergrößern, die man durch den Doppelspalt schießt? Funktioniert das auch mit Viren? Bakterien? Katzen? Menschen?

Eine andere, verwandte Frage ist: Was bringt die Wellenfunktion zum Zusammenbrechen? Was macht eine «Beobachtung» aus? Von einigen Verfechtern der Kopenhagener Deutung wurde das so interpretiert, dass ein bewusstes Wesen eine Messung durchführen muss. Gegen diese Vorstellung richtet sich Erwin Schrödingers Gedankenexperiment mit der Katze, das er im Jahr 1935 vorschlug. Das Pfiffige an dieser Geschichte war, dass er ein Ereignis in der Quantenwelt – das zerfallende Atom – mit einem Ereignis unserer Alltagswelt koppelte: Eine Katze wird mit Blausäure vergiftet. Die Ausrede der Physiker, dass im Mikrokosmos eben andere Gesetze gelten als im Makrokosmos, zog einfach nicht mehr.

Die Frage, die Schrödinger mit seinem Paradox aufwarf, lautet: Woraus besteht die «Beobachtung», die die Wellenfunktion zum Kollabieren bringt? Ist das wie in dem alten Zen-Rätsel: Wenn ein Baum im Wald umfällt, und keiner ist da, um ihn zu hören – macht er dann ein Geräusch? Wie intelligent muss der Beobachter sein? Reicht nicht auch eine Katze?

Die Vorstellung, man bräuchte tatsächlich ein intelligentes Wesen, das eine Messung vornimmt, führt zu recht absurden Konsequenzen. Der Physiker John Stewart Bell schrieb 1990: «Was genau qualifiziert physikalische Systeme, die Rolle des ‹Messers› zu spielen? War die Wellenfunktion der Welt jahrtausendelang auf dem Sprung, bis ein einzelliges Lebewesen auf den Plan trat? Oder musste sie etwas länger warten, auf ein qualifizierteres System ... mit einem Doktorgrad?»

Wenn man am Doppelspalt eine Messapparatur aufstellt, die jedes durchfliegende Teilchen beobachtet, um festzustellen, durch welchen Spalt es denn nun geflogen ist, dann ist das Muster, das auf der Leinwand erscheint, kein Interferenzmuster mehr, sondern besteht nur noch aus den zwei Streifen, die wir aus dem «Maschinengewehr-Modell» erwarten würden. Die Teilchen merken sozusagen, dass sie gemessen werden, und müssen sich für einen Spalt entscheiden, die Überlagerung der beiden Zustände ist nicht mehr möglich. Aber das passiert unabhängig davon, ob ein menschlicher Beobachter anwesend ist oder nicht. Es funktioniert auch, wenn man das Labor verlässt und erst nachher nach dem Ergebnis schaut.

Was die Wellenfunktion zusammenbrechen lässt, so die heute vorherrschende Interpretation, ist nicht die Anwesenheit eines Beobachters, sondern die Interaktion mit anderen physikalischen Systemen – und eine Messung ist ohne eine solche Interaktion nicht möglich. Im Fall von Schrödingers Katze findet eine solche Interaktion schon dann statt, wenn der Geigerzähler den Zerfall des Atoms registriert. Ein Mensch, der den Deckel der Kiste öffnet, ist dann gar nicht mehr nötig, um die Katze umzubringen.

Und je größer ein physikalisches Objekt ist, umso schwieriger ist es, solche Interaktionen mit der Umwelt zu verhindern. Deshalb wird so schnell auch kein Physiker eine ganze Katze gleichzeitig durch zwei Spalte schießen.

Aber Konsens unter Physikern ist das nicht. Es gibt auch die Fraktion, die der Viele-Welten-Theorie anhängt. Ob die Frage, wie man die Quantentheorie interpretiert, überhaupt eine wissenschaftliche ist, ob man die verschiedenen Deutungen überhaupt experimentell voneinander unterscheiden kann, ist heute eine heiß umstrittene Frage unter Physikern. Wenn die parallelen Universen prinzipiell so von uns getrennt sind, dass wir niemals eine Nachricht aus ihnen bekommen können – ist es dann überhaupt wissenschaftlich relevant, ob es sie gibt? Und was heißt das dann noch, «es gibt sie»?

In diesem Zusammenhang muss man das Gedankenexperiment vom Quanten-Suizid sehen, das Max Tegmark 1997 vorgeschlagen hat. Tegmark schrieb in dem entsprechenden Artikel, dass die Entscheidung zwischen der Kopenhagener Deutung und der Viele-Welten-Theorie letztlich eine Geschmacksfrage sei, denn beide Interpretationen führten keineswegs zu unterschiedlichen experimentellen Resultaten – jedenfalls nicht zu objektiven. Subjektiv könnte man tatsächlich in einem Multiversum die paradoxe Erfahrung machen, die sich auch die Selbstmörder in unserer Geschichte erhofften. Sicherlich ging Professor Tegmark nicht davon aus, dass jemand dieses Experiment tatsächlich einmal praktisch durchführen wird.

Jetzt sind Sie dran: Von 1000 heute geborenen Babys lebt statistisch in 80 Jahren noch die Hälfte. Ein hypothetisches radioaktives Element namens Oktogintium habe eine Halbwertszeit von ebenfalls 80 Jahren, das heißt, nach 80 Jahren ist die Hälfte der Atome zerfallen. Was kann man über diese beiden «Zerfallsprozesse» sagen?

a) Die überlebende Prozentzahl von Menschen und Atomen ist zu jedem Zeitpunkt ungefähr gleich.
b) Während der ersten 80 Jahre gibt es mehr überlebende Menschen als Atome, danach ist es umgekehrt.
c) Während der ersten 80 Jahre gibt es mehr überlebende Atome als Menschen, danach ist es umgekehrt.

Die Top Zwölf

oder

Die wichtigsten physikalischen Formeln

Man kann viele Jahre mit dem Studium der Physik zubringen, und ständig tauchen dabei neue Gleichungen auf – wie kann man sagen, welche davon die wichtigsten sind? Es gibt ein paar Formeln, die man immer wieder antrifft, und ich habe Ihnen die meiner Meinung nach wichtigsten davon ausgesucht:

1. Gleichförmige Bewegung

$$v = \frac{s}{t}$$

(v: Geschwindigkeit, s: Weg, t: Zeit)

Die Bewegung mit konstanter Geschwindigkeit ist die «natürliche» Bewegungsform aller Objekte, wenn keine Kraft auf sie wirkt. Wie alle folgenden Gleichungen kann man auch diese Gleichung umformen und dann zum Beispiel den zurückgelegten Weg berechnen, wenn man Geschwindigkeit und Zeit kennt.

2. Beschleunigte Bewegung

$$s = v_0 \cdot t + \frac{1}{2} a \cdot t^2$$

(s: Weg, v_0: Ausgangsgeschwindigkeit, a: Beschleunigung, t: Zeit)

Eine gleichmäßig beschleunigte Bewegung findet statt, wenn auf eine Masse ständig eine konstante Kraft wirkt, zum Beispiel wenn ein Körper reibungsfrei im Gravitationsfeld der Erde fällt. Mit Hilfe der Gleichung kann man zum Beispiel berechnen, welche Strecke er in drei Sekunden zurücklegt (mit $v_0 = 0$).

3. Newtons 2. Gesetz

$$F = m \cdot a$$

(F: Kraft, m: Masse, a: Beschleunigung)

Wahrscheinlich das wichtigste Gesetz der klassischen Mechanik: Eine Kraft, die auf eine Masse wirkt, führt zu einer beschleunigten Bewegung. Diese Gleichung quantifiziert das. Welche Kraft muss ich aufwenden, um einen Wagen von einer Tonne Masse in zehn Sekunden auf 100 km/h zu beschleunigen?

4. Arbeit

$$W = F \cdot s$$

(W: Arbeit, F: Kraft, s: Weg)

Arbeit ist Kraft mal Weg. Klassisches Beispiel: Man hebt eine Masse auf eine gewisse Höhe und arbeitet dabei ständig gegen die Schwerkraft an. Dann muss man sich natürlich für die doppelte Höhe doppelt so viel anstrengen. Wenn man die Reibungskräfte vernachlässigt, verrichtet man keine Arbeit, wenn man eine Masse nur auf gleicher Höhe von A nach B bewegt!

5. Potenzielle und kinetische Energie

$$E = m \cdot g \cdot h$$

$$E = \frac{1}{2} m \cdot v^2$$

(E: Energie, m: Masse, g: die Erdbeschleunigung, h: Höhe, v: Geschwindigkeit)

Energie ist sozusagen «mögliche Arbeit», die in einer Masse steckt. Ihre Größe ist gleich dieser Arbeit. Wenn man also eine Masse auf eine bestimmte Höhe gehoben hat, dann entspricht ihre potenzielle Energie genau dieser Arbeit (man kann die Kraft, die dazu nötig war, auch nach Gleichung 3 durch $m \cdot a$ ausdrücken). Wenn man die Masse dann die Höhe h herunterfallen lässt, dann steckt die Energie, mit der sie zum Beispiel jemandem auf den Kopf fällt, in der Bewegung.

6. Gravitation

$$F = \frac{G \cdot m_1 \cdot m_2}{r^2}$$

(F: Kraft, m_1 und m_2: zwei Massen, r: der Abstand zwischen ihnen, G: die Gravitationskonstante)

Wir kennen Gravitation hauptsächlich als Erdanziehungskraft, aber Newton erkannte, dass zwei beliebige Massen sich anziehen. Jeder Körper im Universum «spürt» also jeden anderen – allerdings nimmt die Kraft mit der Entfernung sehr schnell ab: Bei doppeltem Abstand beträgt sie nur noch ein Viertel. Man sagt mathematisch: Sie nimmt «mit dem Quadrat der Entfernung» ab.

7. Elektrischer Widerstand

$$R_{Reihe} = R_1 + ... + R_n$$

$$R_{parallel} = \frac{1}{\frac{1}{R_1} + ... + \frac{1}{R_n}}$$

R_1, R_2, ... R_n: mehrere elektrische Widerstände. R_{Reihe}: Widerstand einer Reihenschaltung, $R_{parallel}$: Widerstand einer Parallelschaltung

Die grundsätzlichen Formeln, um den Widerstand einer komplexen elektrischen Schaltung zu berechnen.

8. Das Ohm'sche Gesetz

$$U = R \cdot I$$

(U: Spannung, R: Widerstand, I: Stromstärke)

Die grundlegende Formel der Elektrik: Sie berechnet, welche Spannung ich anlegen muss, um bei einem gegebenen Widerstand eine bestimmte Stromstärke zu erzeugen. Oder eine beliebige der drei Größen, wenn die beiden anderen bekannt sind.

9. Elektrische Leistung

$$P = U \cdot I = \frac{U^2}{R} = I^2 \cdot R$$

(P: Leistung, U: Spannung, R: Widerstand, I: Stromstärke)

Diese Gleichung braucht man, wenn Strom Arbeit leisten soll. Leistung ist Arbeit pro Zeiteinheit und wird in Watt gemessen – deshalb misst man die Arbeit in Leistung mal Zeit, die Einheit: Wattsekunde oder Kilowattstunde.

10. Lorentz-Transformation

$$x' = -\gamma \cdot (x - v \cdot t)$$
$$t' = \gamma \cdot (t - \frac{v}{c^2} \cdot x)$$
$$\gamma = \frac{1}{\sqrt{1 - v^2/c^2}}$$

(v: Geschwindigkeit, t, t': Zeit, c: die Lichtgeschwindigkeit, γ: die Lorentz-Zahl)

Diese Gleichungen braucht man, sobald Massen sich mit einer hohen Geschwindigkeit bewegen, die der Lichtgeschwindigkeit nahe kommt. Dann passieren seltsame Dinge, man darf Geschwindigkeiten nicht mehr einfach addieren, die Zeit dehnt sich, Längen verkürzen sich. Die entsprechenden Umrechnungen leistet die Lorentz-Transformation (siehe Kapitel 8).

11. Einsteins Gleichung

$$E = m \cdot c^2$$

(E: Energie, m: Masse, c: die Lichtgeschwindigkeit)

Die berühmteste Formel Einsteins. Sie besagt, dass Masse und Energie im Prinzip dasselbe sind – Masse wird zum Beispiel in der Sonne in Strahlungsenergie verwandelt, und die Gleichung gibt an, wie man Masse und Energie mit dem konstanten Faktor c^2 ineinander umrechnet.

12. Heisenbergs Unschärferelation

$$\Delta x \cdot \Delta p \geq \frac{h}{4\pi}$$

(Δx: Abweichung vom Ort eines Teilchens, Δp: Abweichung vom Impuls eines Teilchens, h: Planck'sche Konstante)

Keine Gleichung, sondern eine Ungleichung. Sie sagt, dass das Produkt auf der linken Seite immer größer als ein wenn auch sehr kleiner konstanter Wert ist. Das bedeutet: Wenn man den Ort eines Teilchens sehr genau messen will, also mit einem kleinen Δx, dann wird die Abweichung bei der Messung seines Impulses, Δp, entsprechend größer. Präzision bei beiden Größen ist prinzipiell unerreichbar.

Lösungen

Detaillierte Rechnungen zu einzelnen Fragen finden Sie unter *www.droesser.net/physikverfuehrer*!

Seite 25:
Nehmen wir der Einfachheit halber an, ein kleiner Eisberg habe eine Masse von 1000 Tonnen. Sein Volumen beträgt dann 1111 Kubikmeter. Er verdrängt eine Meerwassermasse von 1000 Tonnen, die hat ein Volumen von 980 Kubikmetern. Also schauen 131 Kubikmeter aus dem Wasser, das ist zwischen einem Neuntel und einem Achtel! In der Realität kann der Wert schwanken – vor allem die Dichte des Eises kann geringer sein, wenn viel Luft im Eisberg eingeschlossen ist.

Seite 42:
Das Ruckeln auf dem Stuhl verschiebt den Schwerpunkt des Systems Mensch–Stuhl. Da der Schwerpunkt seine Position im Raum beibehalten will, würde sich die Position des Stuhls bei jeder Bewegung geringfügig ändern. Die Haftreibung zwischen Stuhl und Boden verhindert das. Erst bei einem sehr heftigen Impuls wird sie überwunden, und der Stuhl rutscht ein Stück. Heftige Zuckungen in die eine und sanfte Bewegungen in die entgegengesetzte Richtung sorgen für eine Fortbewegung. Oder anders gesagt: Die Haftreibung ist die von außen wirkende Kraft, die zur Bewegung führt!

Seite 52:

Man kann die Sanduhr als «Black Box» betrachten, als geschlossenes System, dessen Masse sich im Verlauf des Experiments nicht ändert. Deshalb wirkt in beiden Fällen dieselbe Kraft, und die Waage bleibt waagerecht. Dabei vernachlässigt man aber die Kräfte, die durch die Bewegung der Sandkörnchen entstehen. Bei gleichmäßig rieselndem Sand heben diese sich auf – der in der Uhr fallende Sand übt genauso viel Kraft auf den Boden aus, wie durch den freien Fall der Körnchen verlorengeht. Zu Beginn des Experiments landen noch keine Körnchen, deshalb gibt es einen kleinen Ausschlag der Waage nach oben, am Ende sorgen die letzten Körnchen für einen kleinen Ausschlag nach unten.

Seite 78:

Auch wenn es leicht aussieht: Selbst der größte Muskelprotz kann das Seil mit dem Telefonbuch nicht in die Waagerechte bringen. Das kann man sich verdeutlichen, wenn man ein Kräfteparallelogramm zeichnet: Solange das Seil einen Winkel kleiner als 90 Grad zur Senkrechten hat, gibt es eine Komponente der ziehenden Kraft, die das Telefonbuch nach oben zieht. Bei gestrecktem Seil aber bildet die Zugkraft einen rechten Winkel mit der Vertikalen – und deshalb wirkt sie dem Gewicht nicht entgegen.

Seite 102:

Es gibt keine «Kälteenergie» – es gibt nur Maschinen, die auf pfiffige Weise Wärmeenergie verlagern. Der Kühlschrank entzieht dem Inneren Wärmeenergie und führt sie – über seine Rückseite – nach außen ab. Dabei «verbraucht» er elektrische Energie, die auch zu Wärme wird. Insgesamt ist nachher also mehr Wärme vorhanden. Lässt man die Kühlschranktür offen, wird dieser Prozess noch verstärkt, weil der Thermostat den Kühlprozess nie abschaltet und der Kühlschrank ständig mit voller Leistung arbeitet. Es wird also wärmer in der Küche!

Seite 116:

Die «Mickymausstimme», die man durch das Einatmen von Helium bekommt, beruht *nicht* darauf, dass sich die Frequenz der Stimme erhöhen würde. Die Stimmbänder schwingen in einer Heliumumgebung nicht schneller oder langsamer als in Luft. Weil sich in Helium aber der Schall schneller bewegt als in Luft (mit 981 statt mit 343 Metern pro Sekunde), verändern sich die Resonanzbedingungen im Mund-Rachen-Raum, es werden andere Oberton-Frequenzen der Stimme verstärkt, und der Klang verändert sich. Dass sich die Tonhöhe nicht ändert, kann man auch feststellen, wenn man singt – man hat überhaupt kein Problem, Lieder in der gewohnten Höhe zu singen.

Seite 135:

Auf Planet A kommen die Signale im Abstand von 12 Minuten an! (Detaillierte Lösung im Internet.)

Seite 149:

Die Sache funktioniert auch, wenn das Glas nur zum Teil gefüllt ist: Von außen drückt der Luftdruck auf den Deckel, von innen der Luftdruck der eingeschlossenen Luft sowie der Druck der relativ kleinen Wassersäule. Das führt zunächst dazu, dass der Deckel nachgibt. Aber sobald das Wasser ein bisschen nach unten gerutscht ist (und seine Oberflächenspannung es noch daran hindert, zwischen Glasrand und Deckel auszutreten), vergrößert sich das Volumen der eingeschlossenen Luft, deren Druck sinkt – und mit etwas Geschick kann man die ganze Sache in der Balance halten, ohne das Wasser zu verschütten.

Seite 163:

Antwort c ist richtig: Die Dämmerung ist am Frühlings- und Herbstanfang am kürzesten. (Detaillierte Lösung im Internet)

Seite 172:

Die theoretische Geschwindigkeit, die eine Pistolenkugel haben müsste, um einmal die Erde zu umkreisen, errechnet sich mit derselben Gleichung, mit der wir die Umlaufzeit der ISS berechnet haben. Es ergibt sich ein Wert von 27 360 km/h.

Seite 197:

Die exakte mathematische Lösung für die Stabilität des invertierten Pendels übersteigt den Rahmen dieses Buches. Aber qualitativ kann man sagen: Wenn die Beschleunigung in der senkrechten Richtung, die das Pendel durch die Vibration erfährt, größer ist als die Fallbeschleunigung durch die Erdanziehung, dann wird diese Gravitationswirkung aufgehoben, und das Pendel kippt nicht um.

Seite 205:

Die Frage, warum heißes Wasser unter gewissen Umständen schneller gefriert als kaltes, hat unter Physikern schon zu heftigen Diskussionen geführt. Die einfachste Erklärung für das Phänomen: Solange das Wasser noch flüssig ist, verdunstet stets ein Teil. Und warmes Wasser verdunstet schneller als kaltes. Das führt dazu, dass letztlich weniger von dem ursprünglich heißen Wasser gefrieren muss als von dem kalten – und so ist es möglich, dass der Prozess insgesamt schneller abläuft.

Seite 221:

Der Zerfallsprozess von radioaktiven Teilchen unterscheidet sich stark vom «Aussterben» einer gegebenen Population von Menschen oder Tieren. Für ein Atom besteht jederzeit dieselbe Wahrscheinlichkeit, zu zerfallen – es «weiß» nicht, wie lange es schon darauf gewartet hat. Lebewesen altern, und deshalb steigt ihre Sterbewahrscheinlichkeit (Mortalität) mit dem Alter. Das heißt für die gestellte Aufgabe: Während der ersten 80 Jahre sterben weniger Menschen als Atome zerfallen, danach nimmt die Menschenpopulation schneller ab. Nach 160 Jahren ist noch ein Viertel der Atome vorhanden – aber wohl kaum noch ein Mensch.

Quellen

Für Internetquellen gebe ich an dieser Stelle nicht die Adressen an – die sind sperrig, und man vertippt sich leicht. Ich stelle das Quellenverzeichnis auch unter *www.droesser.net/physikverfuehrer* ins Internet, Sie können dort die Links direkt anklicken!

Zu früh gefreut

Die erste Überlieferung der «Heureka»-Geschichte stammt, wie im Text erwähnt, von Vitruv (1. Jh. v. Chr.). Der Mathematiker Chris Rorres von der New York University hat eine Archimedes-Seite ins Netz gestellt mit vielen biographischen und wissenschaftlichen Informationen, insbesondere zum Problem der goldenen Krone.

Die letzte Abfahrt

Die Physik des Skifahrens wird gut dargestellt in der Arbeit «Biomechanische Aspekte des Skirennsports» auf der Website des Deutschen Skiverbands. Unabhängig von mir hat der Mathematiker Norbert Herrmann in seinem Buch *Mathematik ist wirklich überall* (Oldenbourg Verlag, 2009) das Problem mit etwas anderen Formeln behandelt – wir kommen aber zum selben Ergebnis.

Die Kraft der zwei Pferde

Informationen über die Historie der Firma Levi's aus mehreren Wirtschaftsdatenbanken bietet die Website answers.com.

Die 20-Meter-Frau

Zwei schöne Artikel über falsch skalierte Film-Physik: Michael C. LaBarbera: «The Biology of B-Movie-Monsters», University of Chicago Digital Library; Thomas R. Tretter: «Godzilla Versus Scaling Laws of Physics», *The Physics Teacher* 43, S. 530. Eine Abhandlung über die Skalierungsgesetze von Lebewesen: Geoffrey B. West und James H. Brown: «Life's Universal Scaling Laws», *Physics Today* 57/9, S. 36.

Wurstphysik

Alles über die Wurst erfährt man auf der Website wurstakademie.com!

Auf dem Patentamt

Eine hervorragende private Website mit allem über das Perpetuum mobile, inklusive vieler Quellenangaben und Weblinks ist die Seite von Hans-Peter Gramatke.

Die Mauer

(Fast) alles über die Schallausbreitung erfährt man in der Dissertation von Sebastian Hampel: «Numerische Simulation der Schallausbreitung unter Berücksichtigung meteorologischer Einflüsse» (Technische Universität Braunschweig). Kompakter auf der Website des Deutschen Zentrums für Luft- und Raumfahrt (DLR): «Hängt der Lärm vom Wetter ab?»

Der verjüngte Zwilling

Eine gutverständliche Abhandlung des Zwillingsparadoxes (und sogar eines Drillingsparadoxes findet sich auf der Website relativitaetsprinzip.info

Am Äquator

Die beste Quelle für alle falschen Vorstellungen von der Coriolis-Kraft ist die Website «Bad Coriolis» von Alistair B. Fraser. Eine umfassende Darstellung des Effekts: Anders Persson: «The Coriolis Effect – a conflict between common sense and mathematics», erhältlich auf der Website des Norwegischen Meteorologischen Instituts.

Im Kinderzimmer

Erklärungen, wieso ein Flugzeug fliegt, findet man haufenweise im Netz – aber Vorsicht, viele sind falsch! Einen exzellenten Überblick über alles, was man über die Aerodynamik des Fliegens wissen will (und noch mehr), liefert das Web-Dokument «See How It Flies» von John S. Denker.

Alles Zufall?

Zur Physik des Roulettes gibt es eine Reihe von Büchern von Pierre Basieux, etwa *Die Zähmung der Schwankungen* (Printul-Verlag, 2003).

Der betrunkene Weinbauer

Die Anekdote mit dem toskanischen Weinbauern steht auf der physikdidaktischen Website leifiphysik.de

Der Quanten-Kult

Das seltsame Konzept des Quanten-Suizids entwickelte Max Tegmark in dem Artikel «The Interpretation of Quantum Mechanics: Many Worlds or Many Words?», erschienen in «Fortschritte der Physik 46», S. 855–862.

Aufgaben

Physikaufgaben findet man natürlich zuhauf im Internet, ich möchte aber insbesondere ein Buch empfehlen, das nicht nur schöne Aufgaben stellt, sondern auch die Antworten hervorragend erklärt: Lewis C. Epstein: *Denksport Physik* (dtv, 2006).

Index